U0204500
“101 计划”核心教材
物理学领域

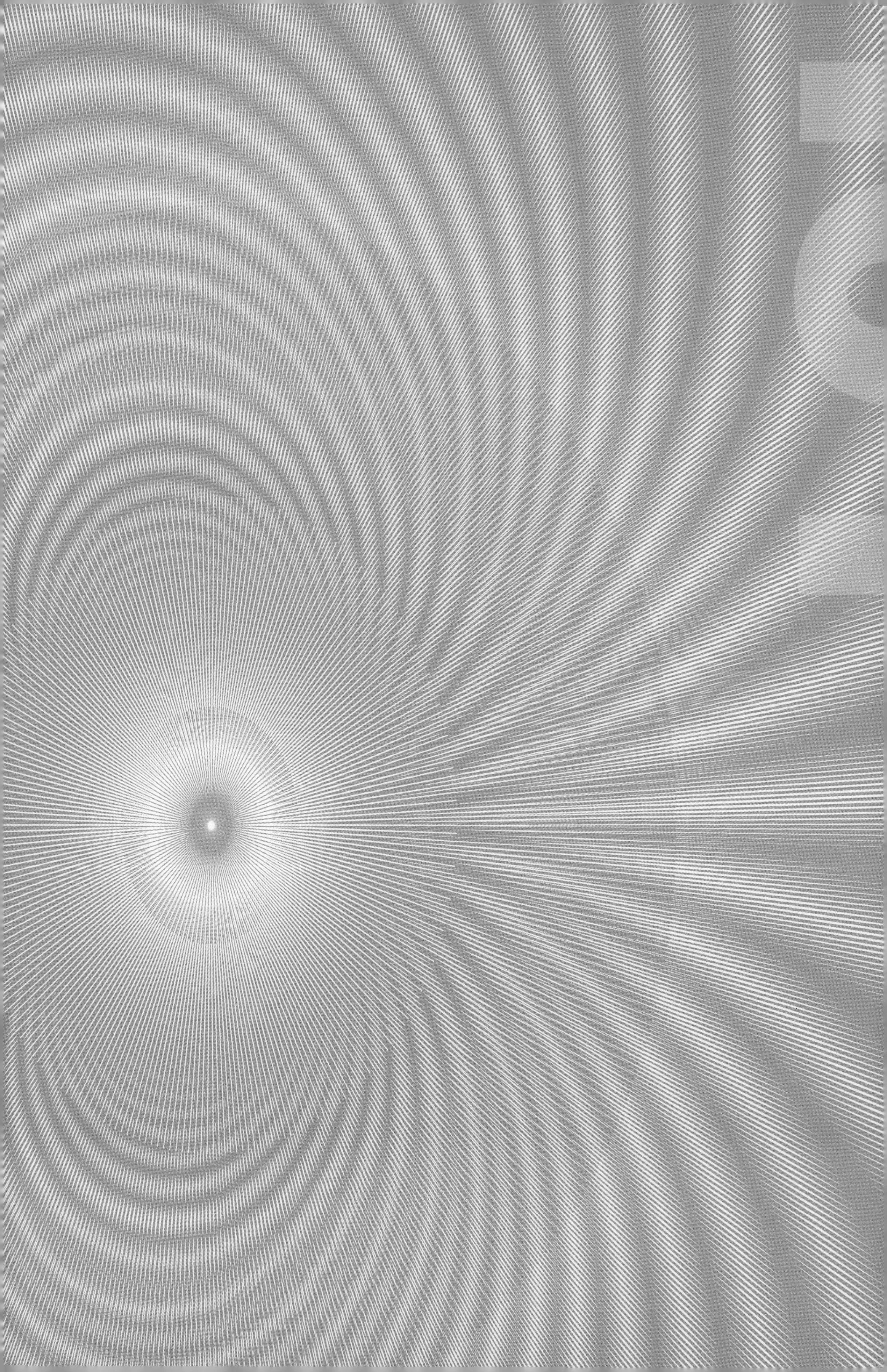

光　学

陈志坚　编著

北京大学出版社
PEKING UNIVERSITY PRESS

图书在版编目 (CIP) 数据

光学 / 陈志坚编著 . -- 北京 : 北京大学出版社,
2024. 9. --（“101 计划”核心教材）. --ISBN 978
-7-301-35144-4
Ⅰ. O43
中国国家版本馆 CIP 数据核字第 2024Q2J439 号

书　　名 光学
GUANGXUE
著作责任者 陈志坚　编著
责 任 编 辑 班文静
标 准 书 号 ISBN 978-7-301-35144-4
出 版 发 行 北京大学出版社
地　　址 北京市海淀区成府路 205 号　100871
网　　址 http://www.pup.cn　新浪微博：@ 北京大学出版社
电 子 邮 箱 zpup@pup.cn
电　　话 邮购部 010-62752015　发行部 010-62750672　编辑部 010-62765014
印 刷 者 北京市科星印刷有限责任公司
经 销 者 新华书店
787 毫米 ×1092 毫米　16 开本　30. 5 印张　580 千字
2024 年 9 月第 1 版　2024 年 9 月第 1 次印刷
定　　价 90. 00 元

出 版 说 明

为深入实施科教兴国战略、人才强国战略、创新驱动发展战略, 统筹推进教育科技人才体制机制一体化改革, 教育部于 2023 年 4 月 19 日正式启动基础学科系列本科教育教学改革试点工作 (下称 “101 计划”). 物理学领域 “101 计划” 工作组邀请国内物理学界教学经验丰富、学术造诣深厚的优秀教师和顶尖专家, 及 31 所基础学科拔尖学生培养计划 2.0 基地建设高校, 从物理学专业教育教学的基本规律和基础要素出发, 共同探索建设一流核心课程、一流核心教材、一流核心教师团队和一流核心实践项目. 这一系列举措有效地提高了我国物理学专业本科教学质量和水平, 引领带动相关专业本科教育教学改革和人才培养质量提升.

通过基础要素建设的 “小切口”, 牵引教育教学模式的 “大改革”, 让人才培养模式从 “知识为主” 转向 “能力为先”, 是基础学科系列 “101 计划” 的主要目标. 物理学领域 “101 计划” 工作组遴选了力学、热学、电磁学、光学、原子物理学、理论力学、电动力学、量子力学、统计力学、固体物理、数学物理方法、计算物理、实验物理、物理学前沿与科学思想选讲等 14 门基础和前沿兼备、深度和广度兼顾的一流核心课程, 由课程负责人牵头, 组织调研并借鉴国际一流大学的先进经验, 主动适应学科发展趋势和新一轮科技革命对拔尖人才培养的要求, 力求将 “世界一流” “中国特色” “101 风格” 统一在配套的教材编写中. 本教材系列在吸纳新知识、新理论、新技术、新方法、新进展的同时, 注重推动弘扬科学家精神, 推进教学理念更新和教学方法创新.

在教育部高等教育司的周密部署下, 物理学领域 “101 计划” 工作组下设的课程建设组、教材建设组, 联合参与的教师、专家和高校, 以及北京大学出版社、高等教育出版社、科学出版社等, 经过反复研讨、协商, 确定了系列教材详尽的出版规划和方案. 为保障系列教材质量, 工作组还专门邀请多位院士和资深专家对每种教材的编写方案进行评审, 并对内容进行把关.

在此, 物理学领域 “101 计划” 工作组谨向教育部高等教育司的悉心指导、31 所参与高校的大力支持、各参与出版社的专业保障表示衷心的感谢; 向北京大学郝平书记、龚旗煌校长, 以及北京大学教师教学发展中心、教务部等相关部门在物理学领域 “101 计划” 酝酿、启动、建设过程中给予的亲切关怀、具体指导和帮助表示由衷的感谢; 特别要向 14 位一流核心课程建设负责人及参与物理学领域 “101 计划” 一流核心教材编写的各位教师的辛勤付出, 致以诚挚的谢意和崇高的敬意.

基础学科系列 “101 计划” 是我国本科教育教学改革的一项筑基性工程. 改革, 改到深处是课程, 改到实处是教材. 物理学领域 “101 计划” 立足世界科技前沿和国家重大战略需求, 以兼具传承经典和探索新知的课程、教材建设为引擎, 着力推进卓越人才自主培养, 激发学生的科学志趣和创新潜力, 推动教师为学生成长成才提供学术引领、精神感召和人生指导. 本教材系列的出版, 是物理学领域 “101 计划” 实施的标志性成果和重要里程碑, 与其他基础要素建设相得益彰, 将为我国物理学及相关专业全面深化本科教育教学改革、构建高质量人才培养体系提供有力支撑.

物理学领域 “101 计划” 工作组

内 容 简 介

本书分为十一章，内容覆盖了几何光学、波动光学、傅里叶变换光学、界面光学、晶体光学，以及光与物质相互作用等. 除了第一章和第十一章外，每章都配有适量习题，以使读者加深和巩固对本章基础知识的理解和掌握.

"光学"课程一般安排在普通物理教学的后期. 为了完成普通物理与理论课程的过渡，本书加强了理论体系的完整性，从麦克斯韦方程组出发，推导出光波的传播、干涉、衍射，力争做好与先修课程"电磁学"的有机衔接，与后继课程"电动力学"的自然过渡. 同时适当介绍了和光学相关的科学前沿内容，例如，隐失场和近场光学、激光干涉仪和引力波探测、光栅对和啁啾脉冲放大等，使读者了解科学前沿，增加读者的学习兴趣和对科学的热爱.

本书可作为高等学校普通物理类"光学"课程的教材或参考书.

序　言

阅志坚教授《光学》初稿, 颇感欣慰.

陈志坚教授自 2010 年起为北京大学物理学院本科生讲授 "光学" 课程, 至今已有十多年的历练, 其间他还参与各类物理竞赛的相关事宜, 因此在基础光学方面积累了丰富的经验和学识. 他已具备条件, 是时候写一本《光学》教材了, 这是笔者的心声.

陈志坚教授曾先后两次为笔者讲授的 "光学" 课程做助教. 第一次是在 20 世纪 90 年代中期, 那时他在北京大学读研究生, 当年所用教材为赵凯华和笔者合写的《光学》(上、下册); 第二次是在 20 世纪初, 那时他刚获得博士学位回国不久, 当年所用教材是笔者撰写的《现代光学基础》(第二版). 因此他谙熟这两本教材的内容和精华.

继承、综合、调整、充实和提高, 正是陈志坚教授所写这本《光学》教材的显著特色. 配图更精致、内容更丰富、习题更多样, 也是这本《光学》教材的一大进步.

总之, 陈志坚教授所写的这本《光学》教材, 是一本值得信赖、有心得、有新意的基础光学教材.

钟锡华

2024 年 9 月

前　言

作者从事“光学”教学工作已经二十余年，之前一直以钟锡华先生撰写的《现代光学基础》(第二版) 为教材，从中受益匪浅．本书继承了《现代光学基础》(第二版) 的特色和优点，参考多本中外著名光学教材，并结合作者的教学体验，调整了章节结构、充实了内容、加强了理论体系的完整性．

在本书撰写过程中，作者得到钟锡华先生的无私帮助．钟锡华先生对本书部分章节提出了一定的修改意见，并为本书撰写序言．

感谢蒋红兵教授对全书的检查，并提出修改意见．感谢杨爽、劳怡楠、王涵韬、李耀斌等同学对样书的检查．

感谢东北师范大学李金环教授、西南交通大学吴平教授和济南大学王霞教授，她们作为本书的审稿专家通读了全书，并提出了宝贵的修改建议．作者根据审稿意见，修正了一些错误和纰漏．

感谢班文静编辑为本书付出的辛勤劳动，她对书中的文字进行了润色，提高了本书的可读性．

尽管作者对本书进行反复校对，但是因水平有限，书中错误之处在所难免，敬请广大读者斧正．

陈志坚

2024 年 9 月

目　　录

第一章　引言 ········· 1

1.1　萌芽期 ········· 2

1.2　机械理论认识期 ········· 8

1.3　电磁理论认识期: 光是电磁波 ········· 16

1.4　量子光学期: 光的波粒二象性 ········· 17

第二章　光的电磁理论和定态波的描述 ········· 20

2.1　光的电磁理论 ········· 20

2.1.1　电磁波的传播速度和介质的折射率 ········· 22

2.1.2　光的横波性质 ········· 24

2.1.3　光的电场和磁场之间正交且同步 ········· 24

2.1.4　光强 ········· 25

2.1.5　光的偏振面和偏振态 ········· 26

2.2　偏振片和马吕斯定律 ········· 29

2.2.1　偏振片 ········· 29

2.2.2　马吕斯定律 ········· 34

2.2.3　偏振态的描述 ········· 39

2.3　定态波的复数描述 ········· 44

2.3.1　定态波的标量描述 ········· 45

2.3.2　定态波的复数描述 ········· 45

2.3.3　复振幅 ········· 48

2.4　波前函数 ········· 49

2.4.1　平面光波的波前函数 ········· 49

2.4.2　球面光波的波前函数 ········· 49

2.5　傍轴条件和远场条件 ········· 51

2.5.1　傍轴条件 ········· 51

2.5.2　远场条件 ········· 52

2.5.3　傍轴条件和远场条件的比较 ········· 52

2.6　波前相因子 ········· 53

2.6.1　平面光波 ········· 53

2.6.2　球面光波 ········· 53

本章小结 54
习题 54

第三章 界面光学 57
3.1 菲涅耳公式 57
3.1.1 电磁场的边界关系 57
3.1.2 特征振动方向和局部坐标系 58
3.1.3 菲涅耳公式 58
3.2 反射率和透射率 60
3.2.1 复振幅的反射率和透射率 60
3.2.2 光强的反射率和透射率 61
3.2.3 光功率的反射率和透射率 62
3.2.4 布儒斯特角 62
3.2.5 斯托克斯倒逆关系 65
3.3 反射光和折射光的相位突变 66
3.3.1 反射光的相位突变 66
3.3.2 折射光的相位突变 70
3.4 全反射时的透射场 —— 隐失波 71
3.4.1 隐失波 71
3.4.2 隐失波的性质 72
3.4.3 隐失波的实验现象与应用 75
3.5 金属光学 79
3.5.1 光在金属中的传播 79
3.5.2 金属界面的反射和折射 82
本章小结 85
习题 85

第四章 几何光学 90
4.1 惠更斯原理 90
4.2 费马原理 92
4.2.1 光程 92
4.2.2 费马原理 93
4.2.3 费马原理与三个实验定律 93
4.3 成像 98
4.3.1 物和像 98
4.3.2 成像和等光程 99

4.4 共轴球面光具组的傍轴成像 · · · 100
4.4.1 单折射球面的傍轴成像 · · · 101
4.4.2 傍轴物点成像与横向放大率 · · · 102
4.4.3 共轴球面光具组的逐次成像 · · · 103
4.4.4 拉格朗日 – 亥姆霍兹定理 · · · 103
4.5 薄透镜 · · · 104
4.5.1 焦距公式 · · · 104
4.5.2 物像公式 · · · 106
4.5.3 密接薄透镜组 · · · 107
4.5.4 焦面 · · · 108
4.5.5 透镜成像的作图法 · · · 109
4.5.6 薄透镜组 · · · 110
4.6 理想光具组理论 · · · 110
4.6.1 共轴理想光具组的基点和基面 · · · 111
4.6.2 理想光具组的物像公式 · · · 113
4.6.3 联合理想光具组 · · · 116
4.7 共轴光具组的 ABCD 矩阵 · · · 117
4.7.1 几个最常用的基本 ABCD 矩阵 · · · 117
4.7.2 共轴光具组的转化矩阵 · · · 120
4.8 光学器件简介 · · · 125
4.8.1 人眼 · · · 125
4.8.2 放大镜 · · · 125
4.8.3 光学显微镜 · · · 126
4.8.4 望远镜 · · · 127
4.8.5 猫眼 · · · 128
4.8.6 投影仪 · · · 128
4.8.7 相机 · · · 129
4.9 几何像差分析 · · · 130
4.9.1 单色像差 · · · 131
4.9.2 色像差 · · · 134
4.10 光纤 · · · 137
4.10.1 阶跃型折射率光纤的基本原理 · · · 137
4.10.2 变折射率介质中的光线传播和梯度折射率光纤 · · · 139
本章小结 · · · 143
习题 · · · 143

第五章 光波干涉 150
5.1 光波的叠加和干涉 150
5.1.1 光波的独立传播原理 150
5.1.2 稳定干涉条件 151
5.1.3 干涉衬比度 154
5.1.4 多列相干光波的干涉 156
5.2 分波前干涉 —— 杨氏干涉实验及其他干涉装置 157
5.2.1 干涉条纹的形状 157
5.2.2 关于杨氏干涉的说明 159
5.2.3 其他类型的分波前干涉装置 163
5.3 空间相干性 164
5.3.1 空间相干性的反比例关系 164
5.3.2 迈克耳孙星体干涉仪 166
5.4 分振幅干涉 167
5.4.1 平面光波干涉 167
5.4.2 薄膜干涉的相位差 169
5.4.3 薄膜干涉条纹的定域和非定域问题 170
5.4.4 等倾干涉 171
5.4.5 等厚干涉 173
5.4.6 牛顿环 175
5.4.7 维纳实验 176
5.5 迈克耳孙干涉仪和其他分振幅干涉装置 178
5.5.1 迈克耳孙干涉仪的结构 178
5.5.2 迈克耳孙干涉仪的应用 179
5.5.3 其他分振幅干涉仪 186
5.6 时间相干性 189
5.7 多光束干涉和法布里 - 珀罗干涉仪 193
5.7.1 多光束干涉 193
5.7.2 FP 干涉仪 197
5.8 光在分层均匀介质中的传播和介质膜理论 201
5.8.1 s 光的反射和透射 202
5.8.2 p 光的反射和透射 208
5.8.3 光学增透膜 213
5.8.4 周期性分层均匀介质膜 213
本章小结 215
习题 215

第六章 光波衍射 226
6.1 惠更斯 – 菲涅耳原理和基尔霍夫衍射公式 226
6.1.1 惠更斯 – 菲涅耳原理 226
6.1.2 基尔霍夫衍射公式 227
6.1.3 衍射系统及其分类 233
6.1.4 巴比涅互补衍射屏的衍射原理 233
6.2 圆孔和圆屏菲涅耳衍射、波带片 234
6.2.1 半波带法 234
6.2.2 利用半波带法分析菲涅耳衍射现象 239
6.2.3 精细波带法 241
6.2.4 半波带的半径公式 243
6.2.5 利用基尔霍夫衍射公式求圆孔菲涅耳衍射光轴上的光强变化函数 245
6.2.6 波带片 245
6.3 单元的夫琅禾费衍射 247
6.3.1 单缝的夫琅禾费衍射 247
6.3.2 矩形孔的夫琅禾费衍射 253
6.3.3 圆孔的夫琅禾费衍射 255
6.4 光学仪器的理论分辨极限 256
6.4.1 人眼的分辨本领 258
6.4.2 望远镜的极限分辨本领 260
6.4.3 显微镜的分辨本领和物镜的数值孔径 262
6.5 夫琅禾费衍射场的位移相移定理和结构衍射 265
6.5.1 位移相移定理 265
6.5.2 全同单元结构的夫琅禾费衍射场 267
6.6 一维周期结构的夫琅禾费衍射 —— 光栅和光栅光谱仪 268
6.6.1 光栅的夫琅禾费衍射 268
6.6.2 光栅衍射的光强分布主要特点 269
6.6.3 光栅光谱仪 272
6.6.4 闪耀光栅 274
6.6.5 光栅的由来和制备 279
6.7 二维周期结构的夫琅禾费衍射 281
6.8 三维光栅 —— X 射线晶体衍射 286
6.8.1 X 射线的发现 286
6.8.2 劳厄方程 288
6.8.3 布拉格方程 291

6.9 光在非均匀介质中的传播 …… 294
6.9.1 基本方程的推导 …… 294
6.9.2 一级玻恩散射近似 …… 298
6.9.3 多重散射 …… 301
本章小结 …… 302
习题 …… 302

第七章 傅里叶变换光学简介 …… 311
7.1 傅里叶变换光学的含义 …… 311
7.1.1 衍射屏的屏函数 …… 311
7.1.2 余弦光栅的夫琅禾费衍射场 …… 315
7.1.3 傅里叶变换光学的原理 …… 316
7.2 阿贝成像原理和光学信息处理 …… 317
7.2.1 阿贝成像原理 …… 317
7.2.2 图像信息处理的 $4f$ 系统 …… 319
7.2.3 图像处理举例 …… 319
7.3 相衬显微镜 …… 325
7.4 全息术 …… 327
7.4.1 余弦波带片的夫琅禾费衍射场 …… 329
7.4.2 全息理论 …… 331
7.4.3 全息的种类 …… 336
7.4.4 全息的应用 …… 339
本章小结 …… 344
习题 …… 344

第八章 晶体光学 …… 348
8.1 双折射现象 …… 349
8.1.1 介质的介电张量 …… 349
8.1.2 晶体的空间对称性和 ε 张量 …… 351
8.1.3 主介电张量 …… 355
8.2 菲涅耳方程 …… 357
8.2.1 相速度和线速度 …… 357
8.2.2 波法线菲涅耳方程 …… 359
8.2.3 图解波法线菲涅耳方程 …… 361
8.2.4 晶体的分类 …… 364
8.2.5 光线菲涅耳方程 …… 365
8.2.6 图解光线菲涅耳方程 …… 368

8.3 光在各向异性晶体中的传播 …… 369
8.3.1 单轴晶体中的相位传播 …… 369
8.3.2 单轴晶体中的光线传播 …… 370
8.3.3 单轴晶体的光线曲面和波法线曲面之间的关系 …… 371
8.3.4 光在双轴晶体中的传播 …… 372
8.4 单轴晶体的界面折射 …… 373
8.4.1 折射光的波法线方向 (即波矢方向) …… 374
8.4.2 折射光的光线方向 (即坡印亭矢量的方向) …… 375
8.4.3 波片 …… 379
8.4.4 相位补偿器 …… 381
8.4.5 偏光棱镜 …… 382
8.5 偏振光干涉 …… 384
8.5.1 偏振光干涉装置 …… 384
8.5.2 光弹性测量 …… 386
8.5.3 泡克耳斯效应 …… 387
8.5.4 克尔效应 …… 393
8.6 旋光现象 …… 394
8.6.1 旋光现象的发现 …… 394
8.6.2 手性和旋光现象 …… 396
8.6.3 磁致旋光效应 …… 400
本章小结 …… 403
习题 …… 404

第九章 光的吸收、色散、散射 …… 410
9.1 光的吸收 …… 410
9.1.1 吸收系数 …… 410
9.1.2 复折射率 …… 412
9.2 色散 …… 412
9.2.1 正常色散 …… 412
9.2.2 反常色散 …… 414
9.2.3 色散的经典解释 …… 415
9.3 波包的群速度和波包的展宽 …… 420
9.3.1 群速度 …… 420
9.3.2 连续光谱的波包的展宽和群速度 …… 422
9.4 散射 …… 425
9.4.1 瑞利散射 …… 426
9.4.2 米氏散射 …… 429

9.4.3 折射率的微观解释 · · · 429
9.4.4 拉曼散射 · · · 432
9.4.5 布里渊散射 · · · 434
本章小结 · · · 438
习题 · · · 438

第十章 光度学和色度学 · · · 442
10.1 光度学的基本概念 · · · 442
10.2 色度学的基本概念 · · · 446
10.2.1 三基色 · · · 446
10.2.2 颜色匹配 · · · 447
10.2.3 色品坐标 · · · 448
10.2.4 颜色相加原理 · · · 449
10.2.5 CIE 1931–RGB 标准色度学系统 · · · 450
10.2.6 CIE 1931–XYZ 标准色度学系统 · · · 450
10.2.7 色温 · · · 456
本章小结 · · · 456
习题 · · · 456

第十一章 光学研究促进现代物理学的诞生和发展 · · · 457
11.1 黑体辐射 · · · 457
11.1.1 黑体辐射的实验规律 · · · 457
11.1.2 黑体辐射特性的经典物理解释和困难 · · · 458
11.1.3 普朗克的能量子假设 · · · 459
11.2 光电效应 · · · 460
11.2.1 光电效应的实验规律和经典物理的无奈 · · · 460
11.2.2 爱因斯坦的解释 · · · 462
11.3 康普顿散射 · · · 463
11.4 激光诞生简史 · · · 466
本章小结 · · · 467

参考书目 · · · 468

第一章　引　　言

本书主要讲解经典光学, 利用经典电磁理论分析光的特性 (例如, 传播、偏振、干涉、衍射等), 以及光与物质的相互作用 (例如, 反射、折射、双折射、色散、散射和吸收等). 当光学元件的特征尺度远远大于光波长, 即 $\rho \gg \lambda$ 时, 光的传播路径可以看成几何线 (光线), 研究光线传播性质的理论体系就是几何光学, 几何光学讨论了费马 (Fermat) 原理和成像、理想成像和 ABCD 矩阵, 并分析像差的产因和矫正. 当光学元件的特征尺度和光波长相当, 即 $\rho \sim \lambda$ 时, 需要考虑光的波动性, 波动光学以波前函数为主线, 分析了波前叠加 (干涉)、波前重组 (衍射)、波前记录和再现 (全息术) 等. 图 1.1 为本书主脉络的示意图.

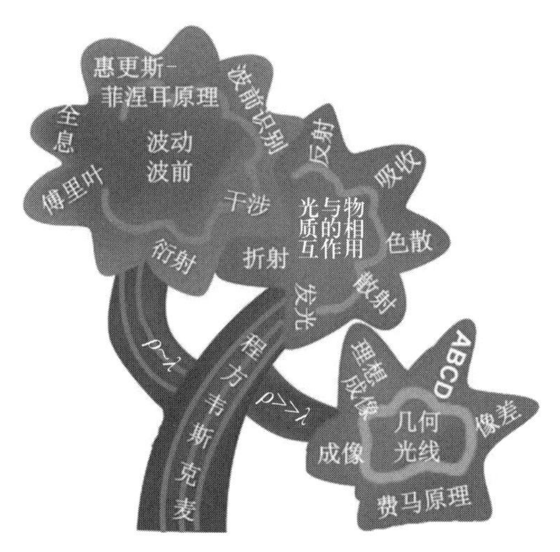

图 1.1　本书的主脉络

说到光, 对于许多人来说, 它就是指人眼能感知的可见光, 按其波长从长到短一般分为红、橙、黄、绿、蓝和紫光. 实际上, 在红光之外, 依次还有红外线、太赫兹波、微波、无线电波等. 在紫光之外, 依次还有紫外线、X 射线和 γ 射线等. 这些非可见光的波长范围远远大于可见光. 我们知道, 无论是可见光还是非可见光, 尽管它们有时表现迥异, 但是都属于电磁波, 具有相同的本质, 只是波长不同而已, 如图 1.2 所示, 可以称它们为广义的光. 光不仅让我们看见周围的一切, 而且对万物的生存至关重要. 阳光为绿色植物的光合作用提供能量, 从而产生动物需要的食物和氧气. 光基技术是现代科技和社会进步的重要驱动力, 是全球经济、社会发展和国防安全的重要基础之一. 世界因为有光而更美好. 正因为光如此重要, 联合国宣布 2015 年是光和光基技术国际年, 简称国际光年.

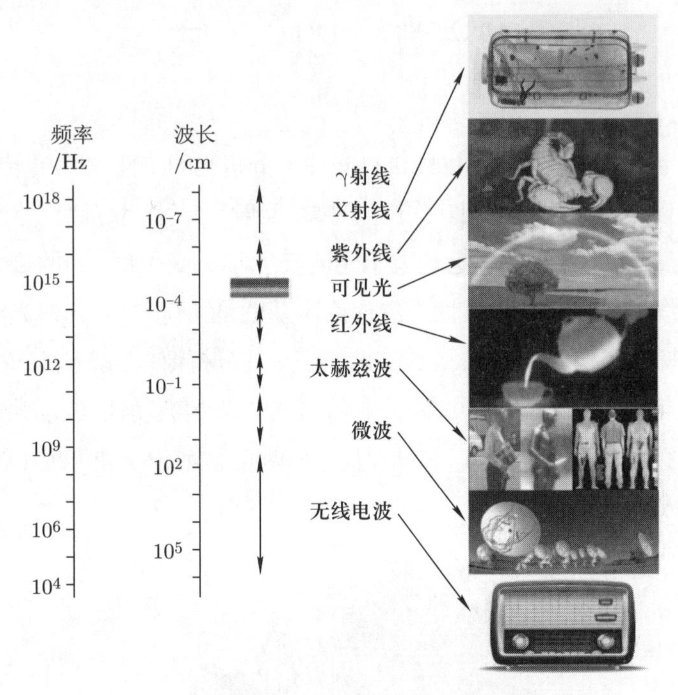

图 1.2 不同类型的光及其对应的波长和频率范围

本书主要以可见光为例, 讨论和分析光的性质, 所用方法和所得结论可以推广到其他波段的光.

光学是物理学中最为古老的学科之一, 同时又是现代科学前沿最为活跃的学科之一. 光学的每一次进步, 都带动了物理学的发展, 使人们能更深刻地认知世界, 同时, 促进工业技术的革新. 按照人们对光的不断深入的认知过程, 可将光学的发展分为四个时期: 萌芽期、机械理论认识期、电磁理论认识期和量子光学期. 当然, 光学的发展是连续的, 并且永无止境. 人们对光的认识不是直线向前, 而是在迂回中渐进, 各发展期之间没有明显的界线, 只是为了方便讲述光学发展史, 人为地分为四个时期.

1.1 萌 芽 期

这个时期人们对光的认识主要停留在直观感受方面, 可以简单地应用光学现象, 对光的行为规律的表述主要是文字描写.

谈到早期光学, 人们津津乐道的是小孔成像, 此现象最早记载于春秋战国时期的《墨经》: “景. 光之人, 煦若射. 下者之人也高; 高者之人也下. 足蔽下光, 故成景于上; 首蔽上光, 故成景于下. 在远近有端与于光, 故景库内也. ” 该处将光比喻成射出的箭, 说明光的直线传播. 宋代沈括在《梦溪笔谈》中记载了他所观察到的小孔成像: "若鸢飞空中, 其影随鸢而移; 或中间为窗隙所束, 则影与鸢遂相违, 鸢东则影西, 鸢西则影东. 又如窗隙中楼塔之影, 中间为窗所束, 亦皆倒垂, 与阳燧一也." 古诗词中也有描述小孔成像的, 例如, 梁朝沈约的《应王中丞思远咏月》中写道: "月华临静夜, 夜静灭氛埃. 方晖竟户入, 圆影隙中来. "

中国古代对光的反射和成像规律有较早的认识. 如《墨经》中记载了光的反射规律: "景迎日, 说在转." 也就是说, 阳光经过镜子的反射而转变了传播方向. 早在公元前 2000 年的夏初就出现了铜镜, 随着制镜技术的逐渐提高, 人们不仅制备了各种平面镜, 还制备了凹面镜和凸面镜.《墨经》中阐述了凹面镜和凸面镜的成像规律, 对于凸面镜, 写道: "鉴者近, 则所鉴大, 景亦大; 其远, 所鉴小, 景亦小, 而必正." 对于凹面镜, 写道: "景一小而易, 一大而正, 说在中之外内." 北宋沈括测量了凹面镜的焦距, 记录于《梦溪笔谈》: "阳燧面洼, 向日照之, 光皆聚向内, 离镜一二寸, 光聚为一点, 大如麻菽, 着物则火发, 此则腰鼓最细处也." 在此之前, 人们很早就知道利用凹面镜聚光取火, 西周时期的《周礼 · 秋官司寇》中记载: "掌以夫遂取明火于日." 夫遂为青铜凹面镜, 又名阳燧. 西汉皇族淮南王刘安及其门客集体编写的《淮南子》中记载: "阳燧见日则燃而为火."《论衡》中记载: "阳燧取火于天, 五月丙午日中之时, 消炼五石, 铸以为器, 磨砺生光, 仰以向日, 则火来至. "《古今注 · 杂注》中记载: "阳燧以铜为之, 形如镜, 照物则影倒现, 向日则生火, 以艾炷之则得火." 《礼记》中记载行军打仗时 "左佩金燧, 右佩木燧". 20 世纪 50 年代, 河南陕县上村岭 1052 号虢国墓出土了春秋早期的一面阳燧 (凹面镜), 直径为 7.5 cm, 凹面呈银白色, 打磨得十分光洁, 背面中心还有一高鼻纽以便携带, 周围是虎、鸟纹.

人们利用光的反射规律, 巧妙地制备了透光镜, 又称为魔镜. 它是由青铜制作的, 正面看起来平整光亮, 能照人影, 背面配有纹饰. 阳光经它反射后, 投射到墙上, 投射光斑中可呈现镜子背面的图案和铭文, 似乎铜镜是透明的, 透光镜由此得名. 出土最早的透光镜为 "见日之光" 镜, 制作于西汉, 现收藏于上海博物馆. 古代文献对透光镜多有记载, 如唐代《古镜记》中记载: "承日照之, 则背上文画, 墨入影内, 纤毫无失." 宋代《梦溪笔谈》中记载: "世有透光鉴, 以鉴承日光, 则背纹及二十字皆透在屋壁上, 了了分明." 透光镜的制作原理是铜镜边缘较厚, 背部有图案, 厚度不均, 导致在铸造时, 冷却速度不同, 产生残余应力, 从而使得镜面形成和背面图案所对应的凹凸变形. 因为变形较小, 所以人眼不易察觉, 但可以呈现在反射光中, 故投射到墙上的投影光斑中出现和背面图案相对应的亮暗花纹.

古人分析了反射镜组合的成像, 如《庄子 · 天下》中记载: "鉴以鉴影, 而鉴以有影,两鉴相鉴, 则重影无穷."《淮南万毕术》中记载: "取大镜高悬, 置水盆于其下, 则见四邻矣." 可以说这是世界上最早阐述潜望镜原理的文献.

人们对光折射现象的记载可以追溯到先秦, 例如,《管子》中写道: "珠者, 阴之阳也, 故胜火. " 西晋张华在《博物志校证》中写道: "取火法, 如用珠取火, 多有说者, 此未试. " 唐代王秦在《外台秘要》中写道: "阳隧是以火珠向日下, 以艾于下承之, 便得火也." 即利用水晶球对阳光的折射会聚来取火. 中国古代还制备了冰透镜, 例如,《淮南万毕术》中写道: "削冷令圆, 举以向日, 以艾承其影, 则火生." 古人还利用折射成像原理创作工艺品, 例如, "鲤鱼杯" "蝴蝶杯", 宋代《春渚纪闻》中记载: "有一鲫, 长寸许, 游泳可爱. 水倒出, 鱼不复见. 复酌水酒中, 须臾一鱼泛然而起."《陶录》中记载: "邑绅刘吏部藏古瓷器, 内绘彩碟, 贮以水, 碟即浮水面, 栩栩如生, 来观者众, 遂秘不示."

对视觉和颜色的认识,《墨经》中认为人眼能看见事物是因为 "目以火见", 即必须有光才能看见东西. 东汉《潜夫论》中更进一步阐明让人们看见物体的光的来源: "夫目之视, 非能有光也, 必因乎日月火炎而后光存焉." 说明人眼不能发出光, 照亮物体的光是从日、月、火焰等光源产生的. 对于颜色, 周代把颜色分为正色和间色, 其中, 正色为青、赤、黄、白、黑五色, 间色是由不同正色混合而成的. 战国时期的《孙子兵法 · 势》中指出: "色不过五, 五色之变, 不可胜观也." 这说明颜色的合成和叠加.

中国古代已经知道滤色及其应用了.《梦溪笔谈》中记录了这样一个故事: "太常博士李处厚知庐州慎县, 尝有殴人死者, 处厚往验伤, 以糟胾灰汤之类薄之, 都无伤迹, 有一老父求见, 曰: '邑之老书吏也, 知验伤不见其迹. 此易辨也, 以新赤油伞日中覆之, 以水沃其尸, 其迹必见.' 处厚如其言, 伤迹宛然. 自此江、淮之间, 官司往往用此法." 大概意思是在阳光下使用红色的伞遮住尸体, 可以发现皮下伤痕. 其原理为红伞起到滤色片的作用, 只许红光透过, 皮下淤血为青紫色, 红光提高了皮下淤血处与周围皮肤的反衬度, 便于观察. 据国外文献记载, 中国是发明和使用墨镜最早的国家, 大约出现在 12 世纪, 中国古代官员在公堂上审理案件时, 为了不让当事人看到他的眼神, 常佩戴墨石英薄片制造的墨镜.

中国古代对自然界的光学现象的观察和认识获得了重要成果. 中国古代把自然现象和国家兴亡、帝王生死联系起来, 早在周代就建立了官方的观测机构, 用于占卜吉凶, 所以长期观测和记载诸如月食、日食、晕、虹、海市蜃楼等自然界的光学现象. 通过观察, 古人已经知道月光来自太阳在月亮上的反射,《梦溪笔谈》中曾这样解释月光: "月本无光, 犹银丸, 日耀之乃光耳." 人们也试图解释所观察到的光学现象, 例如, 彩虹的成因, 唐初孔颖达认为: "若云薄漏日, 日照雨滴, 则虹生." 唐代张志和在《玄真子》中写道: "雨色映日而为虹." 并记载了人造彩虹实验, "背日喷乎水, 成虹霓之状". 虹为何成彩色, 南宋程大昌在《演繁露》中解释道: "凡雨初霁, 或露之未晞, 余点缀于草木枝叶之末, 欲坠不坠, 则皆聚为圆点, 光莹可喜. 日光入之, 五色俱足, 闪烁不定. 是乃日之光品著色于水, 而非雨露有此五色也." 这是对光色散最早的描述和解释.

西方光学发展的起步和东方几乎同时. 西方光学的发展起源于古埃及和美索不达米亚人的透镜制备. 约公元前 700 年, 人们就能够打磨石英等晶体制备透镜, 例如, 1850 年, 莱亚德 (Layard) 在尼姆鲁德的亚述宫殿发现的尼姆鲁德透镜 (见图 1.3), 它的制成年代可追溯至 2700 年前, 是目前发现的最古老的透镜, 它可以用作放大镜和取火镜.

图 1.3 尼姆鲁德透镜

关于透镜的文字记录, 最早见于古希腊剧作家阿里斯托芬 (Aristophanes) 的剧本《云》(公元前 423 年), 其中的对话中提及取火镜, 即 "用透明的石头点火". 一些学者通过考古证实古代凸透镜除了被广泛用于取火外, 还被工匠用于精细加工和辨别邮戳真伪. 古罗马的百科全书作家塞孔都斯 (Secundus) 的著作中提到透镜可用于纠正视力, 古罗马帝国的皇帝日耳曼尼库斯 (Germanicus) 观看角斗游戏时使用绿宝石透镜 (极可能是使用凹透镜矫正近视), 这可能是关于近视镜记载的最早的文献了. 还有记载古罗马和古希腊人使用盛满水的玻璃球制备透镜的.

2 世纪, 希腊人托勒密 (Ptolemaeus) 最早用实验研究了光的折射现象, 他测定了光通过两种介质界面时的入射角和折射角, 并得到折射角正比于入射角的结论.

古代西方学者对视觉的认识存在两个对立的学派 —— “发射理论” 和 “入射理论”. “入射理论” 认为, 人眼捕获物体投射出的 “幻象” 而产生视觉, 支持这一理论的主要代表人物有: 古希腊哲学家毕达哥拉斯 (Pythagoras)、德谟克里特斯 (Democritus)、伊壁鸠鲁 (Epicurus)、亚里士多德 (Aristotle), 以及他们的追随者. 而 “发射理论” 认为, 人眼辐射的某种粒子或射线触及物体而产生视觉, 这一学派的代表人物有: 古希腊哲学家恩培多克勒 (Empedocles)、柏拉图 (Plato) 和欧几里得 (Euclid) 等人.

这一时期最负盛名的光学专著当属欧几里得的《光学》和《反射光学》(注:《反射光学》是否出于欧几里得之手, 尚存争议), 这些专著中叙述了光的直线传播、光的反射规律 (反射角等于入射角)、平面镜和凹面镜的成像和透视的物理规律. 欧几里得认同恩培多克勒和柏拉图等人提出的关于视觉的 “发射理论”, 并基于这一理论研究了透视问题, 但是他也提出了疑问: 人们每次眨眼, 人眼发出的光线为什么都能立即照亮远方的星星. 托勒密撰写了《光学》专著五卷, 他总结了诸如欧几里得等前人的工作, 阐述了人眼与光的关系, 分析了平面镜与曲面镜的反射现象, 并发展了折射角和入射角的测量方法, 试图找出折射定律.

随着 476 年西罗马帝国的灭亡, 西欧进入中世纪, 这一时代属于封建社会, 社会封闭保守, 昏昏沉沉, 科学和艺术停滞不前. 约在 8 世纪, 阿拉伯学者们翻译并研究了从古希腊图书馆抢救出来的古籍, 承继了其科学思想, 让古希腊科学思想在阿拉伯复兴, 出现了科学史上的阿拉伯时代. 数学家、天文学家、光学家海赛姆 (Haytham) 就是这个时期的杰出代表. 他撰写了《光学之书》, 共七卷, 探寻了光的直线传播、反射和折射, 并提出了解释视觉的新观点. 他反对 “发射理论”, 认为光在物体表面反射, 反射光沿直线传播, 进入人眼而产生视觉. 他还研究了人眼的结构, 并详细描绘了人眼的构成, 诸如角膜、玻璃体等一些今天常用的眼科医学术语就来自他的著作. 海赛姆指出光在反射时, 反射角等于入射角, 并且反射光和入射光在同一平面内, 完善了反射定律. 他还设计了带刻度的圆盘, 仔细测量了光从空气入射到水中时的折射角和入射角之间的关系, 指出托勒密得出的折射角正比于入射角的结论是错误的. 谈到对于折射的研究时, 必须介绍阿拉伯科学家沙尔 (Sahl), 因为他最早发现了折射定律, 图 1.4 是他的研究手稿.

如图 1.4 所示, 在直角三角形中, 里面的斜边为入射光线方向, 外面的斜边为折射光线的反向延长线方向, 过两条斜边交点的竖直面为入射界面, 即两个介质的界面. 光折射时, 里、外两条斜边长度之比不变. 沙尔所描述的折射定律和我们现在熟知的折射定律 (又称斯涅耳 (Snell) 定律) 完全一致. 沙尔利用他的折射定律解释透镜聚光原理,

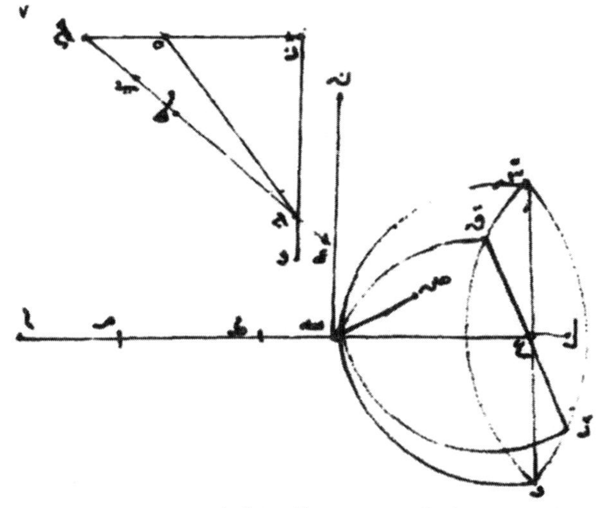

图 1.4 沙尔关于折射定律的研究手稿

并设计非球面透镜来消除聚焦时的像差, 该工作收录在他的专著《取火镜和透镜》中, 并被海赛姆在《光学之书》中引用.《光学之书》在阿拉伯国家并没有引起重视, 而是被欧洲学者翻译成拉丁文, 这才得以流芳后世, 对后面欧洲光学的复兴和发展产生了巨大影响, 所以海赛姆被称为 “光学之父”. 图 1.5 是《光学之书》的拉丁文译本的封面和首页, 首页的图画包含了丰富的光学现象和应用, 例如, 彩虹、光的直线传播、反射、折射、反射镜成像和凹面镜聚光点火等. 这个时期还有一件重要的事情, 影响了光学的发展, 它是眼镜的传播和流行.《光学之书》讲述了凸透镜可放大图像, 在此启发下, 意大利人于 13 世纪 80 年代发明了眼镜, 并将其传播到其他国家和地区, 例如, 中国明代仇英的《南都繁会图》长卷绘画中就出现了戴眼镜的人物和配眼镜的商铺. 眼镜的发展促进了透镜打磨、抛光等光学加工技术的进步, 也激起了人们研究透镜和透镜组成像的兴趣. 波尔塔 (Porta) 制备了成像暗箱, 以研究透镜组成像, 这些工作收录在他于 1589 年撰写的《自然奥秘》一书中, 为将来发展复杂的光学系统奠定了基础.

14 世纪, 最先由意大利发起, 继而扩展到欧洲各国的文艺复兴运动, 带动了文学、艺术、哲学、科学和经济的革命性进步, 光学发展也由萌芽期进入崭新的时代.

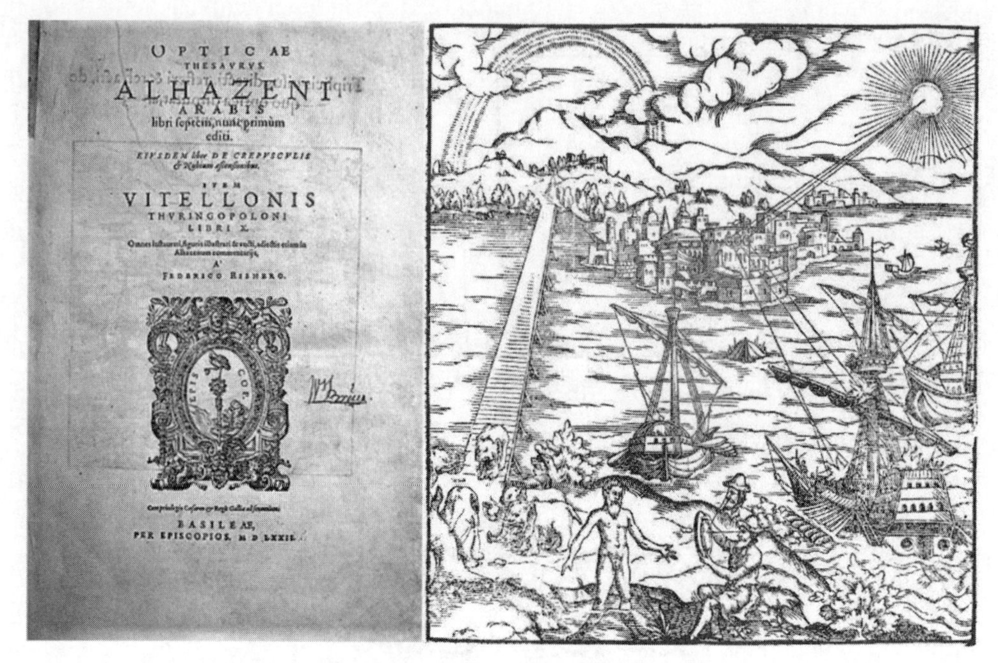

图 1.5 海赛姆的《光学之书》的拉丁文译本的封面和首页

萌芽期的光学发展特征 人们通过直观的自然光学现象, 总结出简单的光学规律, 利用这些简单规律加工成简单工具, 并通过想象试图解决复杂光学现象. 对于光学规律的描述仅限于文字, 没有公式化, 限制了其复杂逻辑推理, 从而制约了复杂光学系统的发明和制备.

纵观东、西方的光学发展, 两者具有许多相似之处. 具有相近的起步时间, 东方起源于 "百家争鸣, 百花齐放" 的春秋战国时期, 西方起源于光辉灿烂的古希腊和古罗马时期. 两者都经过黄金发展期, 进入平淡期. 东方汉代开始罢黜百家, 独尊儒术; 西方中世纪的单一主体思想限制了人性自由和思想发展, 科学裹足不前. 两者不同的地方在于, 西方通过 14 世纪的文艺复兴运动, 解放思想, 迈进了近代和现代社会文明和科技文明, 而中国独尊儒术的单一主体思想一直持续到 20 世纪.

1.2 机械理论认识期

随着光学知识的积累和科学的发展, 人们逐渐开始使用数学公式描述光学规律, 以便进行复杂的逻辑推理, 同时加工技术的提升, 使得人们可以加工出优质的光学元件, 于是出现了诸如望远镜和显微镜等复杂的光学系统. 不再局限于对直观的光学现象的总结, 人们开始有逻辑地设计实验, 以研究光的性质, 揭示光的本质. 对于光的本质的认识, 出现了针锋相对的两个学派, 即粒子学派和波动学派. 两派此消彼长, 此长彼消, 争辩持续近两个世纪. 直到 19 世纪初, 在科学家精心设计的干涉、衍射实验和光速测量实验的无可争议的实验结果下, 波动学派获得完胜, 这场旷日持久的争辩暂时落下帷幕. 无论是粒子学派还是波动学派, 都把光的传播看作一种机械运动. 粒子学派认为光是一种做机械运动的经典粒子, 波动学派认为光是一种与声波、振动波相似的机械波. 所以光学发展的这一时期称为机械理论认识期, 经典光学的理论框架成形于这一时期.

完善几何光学理论体系 1621 年左右, 斯涅耳通过实验再次发现光在各向同性介质界面的折射定律, 即入射光线、界面法线和折射光线在同一平面中, 入射角和折射角的正弦之比为一个常数, 斯涅耳生前并没有将他的发现公诸于世. 笛卡儿 (Descartes) 在他的专著《折射光学》中, 提出光的本质是一种压力在一种完全弹性的、充满整个空间的介质中传播, 基于这个模型, 推导出折射定律. 折射定律与光学萌芽期发现的光的直线传播和反射定律奠定了几何光学的基础. 这使得几何光学成像的精确计算成为可能, 人们有能力设计较为复杂的成像系统, 相继发明了望远镜和显微镜, 它们最先都是由眼镜制造商提出和制备的.

1608 年, 荷兰眼镜制造商利伯希 (Lippershey) 将两个焦距不同的透镜按照一定距离组合在一起, 制造了人类历史上的第一台光学折射望远镜, 利伯希想申请专利, 但是同时梅修斯 (Metius) 和扎卡赖亚斯 · 詹森 (Zacharias Janssen) 等眼镜制造商也声称自己拥有该望远镜的发明权, 最终导致各方都未获得该专利. 1609 年, 伽利略 (Galileo) 采用了利伯希的设计方案, 并加以改造, 制备了以凸透镜为物镜、以凹透镜为目镜的望远镜, 这类望远镜称为伽利略望远镜. 伽利略是用望远镜观测天文现象的第一人, 他发现了月球上的火山口、木星卫星和太阳黑子等, 开启了天文学的新篇章. 1611 年, 开普勒 (Kepler) 发表了《折射光学》, 他提出了双凸透镜望远镜的新结构设计, 即物镜和目镜都是凸透镜, 这种结构的望远镜称为开普勒望远镜. 相对于伽利略望远镜, 它的优点是具有更开阔的视角和较大的良视距, 但是成像是倒立的. 沙伊纳 (Scheiner) 根据开普勒的设计, 于 1613—1617 年间制造出了首台开普勒望远镜. 他进一步改进开普勒望远镜, 在物镜和目镜之间加入第三个凸透镜, 将倒像转变为正像. 1616 年, 祖基 (Zucchi) 提出了利用透镜和反射镜组合成像的原理制备望远镜. 1663 年, 格雷戈里 (Gregory) 提出反射式望远镜的设计方案: 利用中央带孔的大凹面镜为主镜、小凹面镜为副镜, 副镜位于主镜焦点之外, 光线经主、副镜两次反射后从小孔出射, 到达目镜, 这一类型的望远镜称为格雷戈里望远镜, 但是由于工艺的问题, 格雷戈里没有制备出这一望远镜. 1668 年, 牛顿 (Newton) 改进了格雷戈里望远镜, 使用无孔的凹面镜为主镜, 将副镜旋转 45°, 光线经主、副镜两次反射后从侧面出射, 到达目镜. 牛顿成功地制备了第一台可使用的反射式望远镜.

16 世纪 90 年代, 汉斯 · 詹森 (Hans Janssen) 和他的儿子扎卡赖亚斯 · 詹森把两个凸透镜安放在一个圆筒中, 第一个凸透镜成放大倒立实像, 第二个凸透镜成放大虚像, 把第一个凸透镜成的像进一步放大, 制造了第一台复合式显微镜. 英国科学家胡克 (Hooke) 制作了如图 1.6 所示的显微镜, 并通过这台显微镜发现了生命的基本组成单位, 并将其取名为细胞, 开辟了生物学的新天地. 1665 年, 胡克出版了专著《显微术》, 记录了他的显微镜和他的发现.

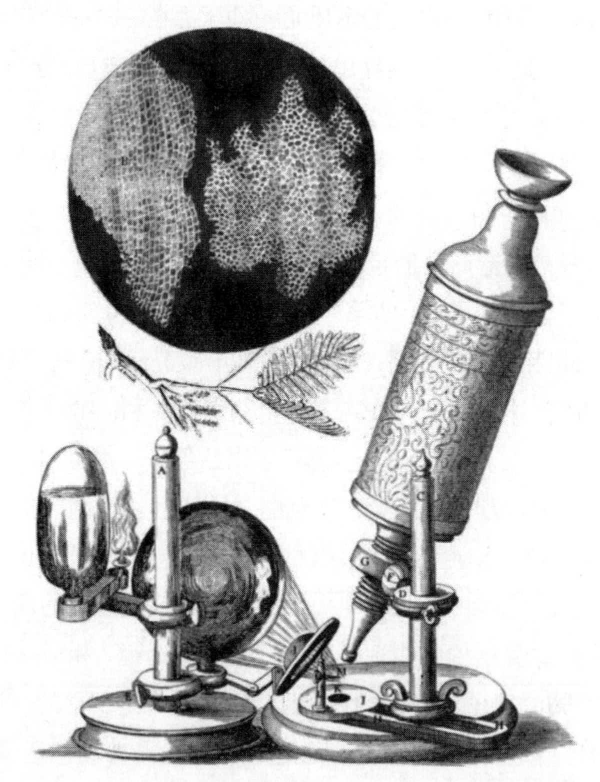

图 1.6　胡克制作的显微镜和他用显微镜观察到的细胞图样

1662 年, 费马提出著名的费马原理 —— 光永远选择一条在最短时间内到达目的地的路径传播. 他开创了利用路径积分和变分原理来描述物理规律的先河. 费马原理对几何光学的高度概括, 使得利用它可以推导出奠定几何光学的三条基本定律, 即光的直线传播、反射和折射定律.

图 1.7 摘自 1728 年再版的《百科全书》, 它描绘了各种几何光学元件和成像系统, 反映了那个时期几何光学的一片欣欣向荣的景象.

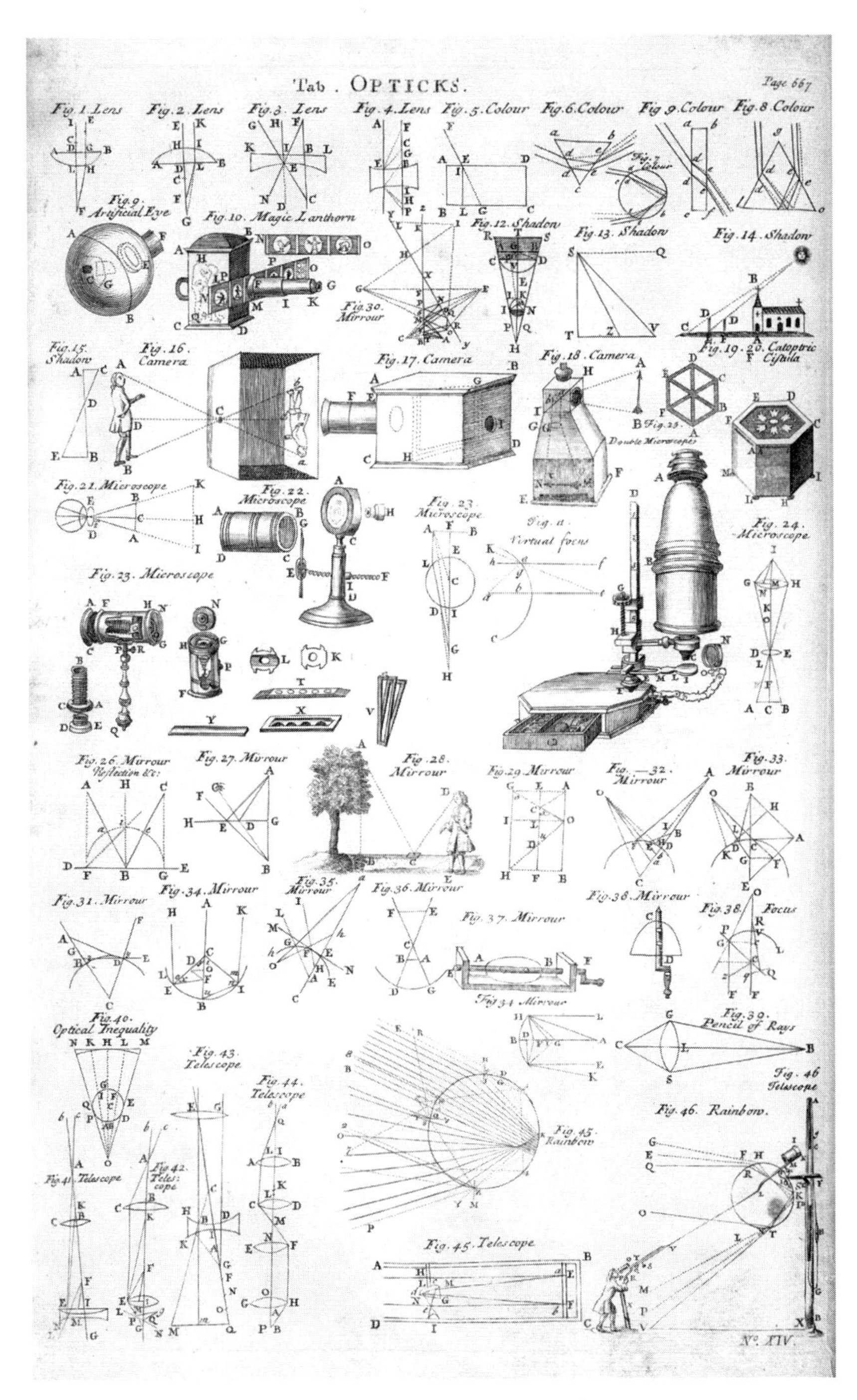

图 1.7 1728 年再版的《百科全书》插图

探索光的本质 随着几何光学的发展和逐步成熟, 人们对光的应用越来越多, 也激起人们对于探索光的本质的浓厚兴趣. 正如中国的一句俗语 —— 画虎画皮难画骨, 知人知面不知心 —— 所说的, 人们很难直接观测到事物的本质, 而只是观测事物外在表现出的现象, 通过大脑的抽象思维, 推演出事物的本质. 对于同一事物, 如果观测不同的外在现象, 可能得到不同的事物侧面. 只有实验技术的不断提升, 使得能够观测的现象越来越全面, 我们才能逐步接近事物的全貌. 探索光的本质也是如此, 初期, 科学家们根据各自观测的光学现象, 演绎出粒子学派和波动学派两个对立的学派.

17 世纪 30 年代, 笛卡儿在研究光的折射时, 最先提出光是一种压力在 “以太” 中传播, 并由此推导出了光的折射定律. 伽桑狄 (Gassendi) 却认为光是粒子. 但是接下来人们观察到了光的衍射和干涉现象, 一些科学家提出波动学说.

1660 年, 格里马尔迪 (Grimaldi) 最先认真观测和描述衍射现象, 由此, 他认为光是一种波. 该工作收录在他的《光的物理学》一书中, 该书于 1665 年出版, 出版时他已经去世两年. 胡克和玻意耳 (Boyle) 各自独立地发现了薄膜干涉, 即在白光照射下薄膜的彩色干涉图样. 胡克观察和研究了肥皂水形成的薄膜和云母片的颜色, 发现颜色的变化跟薄膜厚度有关, 他认为: 当光照在一个透明薄膜上, 薄膜前、后表面的反射光共同产生薄膜的颜色. 胡克解释了孔雀羽毛绚丽的色彩来源于薄膜和空气的交替排列的结构, 最早提出结构色的概念. 根据观察到的光的干涉现象, 胡克推断光是一种波, 可以瞬间传播到空间中的任何地方. 为了描述光在介质中的传播行为, 惠更斯 (Huygens) 在 1690 年出版的《光论》一书中提出了著名的惠更斯原理, 即光振动同时到达的空间曲面称为波面, 波面上的每一点都可以看成一个新的振动中心, 该新的振动中心称为次波源, 次波源向四周发出次波, 下一时刻的波面是这些大量次波面的公切面, 或者称为包络面, 次波源与该次波源发出的次波面和公切面的切点的连线方向为该处光的传播方向. 利用惠更斯原理, 推导出了光的反射和折射定律, 根据惠更斯原理推导出的折射定律为折射角与入射角的正弦之比等于折射介质与入射介质中的光速之比. 惠更斯还解释了光进入冰洲石时所产生的双折射现象, 他认为这是由于冰洲石中除了球面波外, 还有椭球面波所致. 在此研究中, 惠更斯发现了光的偏振现象, 即使冰洲石双折射产生的一条光线再次经过冰洲石, 再次发生双折射, 旋转晶体, 使两条光线的光强发生交替变化. 偏振现象成为困扰着波动学派的一大难题, 因为当时人们认为光是纵波. 此外, 波动学派也无法解释光的直线传播. 这些波动学说遇到的困难, 使牛顿致力于支持粒子学说.

牛顿于 1687 年出版了《自然哲学的数学原理》, 描述了万有引力和三大运动定律, 开辟了经典力学, 奠定了近代乃至现代的物理科学观. 他在光学领域的贡献包括: 发明了反射式望远镜, 研究了三棱镜对白光的色散现象, 发展了颜色理论, 并于 1704 年出版了《光学》. 牛顿研究了笛卡儿和伽桑狄的理论, 于 1675 年创建了他的光粒子学说, 该学说能够很好地解释光的直线传播, 并推导出光的反射和折射定律. 牛顿认为光粒子在界面上受到法向的力, 沿切向的速度分量不变, 由此推导出的折射定律为折射角与入射角的正弦之比等于入射介质与折射介质中的光速之比, 这与惠更斯波动理论所得到的折射定律相反. 如果光从空气斜射入水中, 可以观测到入射角大于折射角, 由牛顿的折射定律可以推算出空气中的光速小于水中的光速, 而由惠更斯的折射定律可以推算出空气中的光速大于水中的光速. 但当时还没有办法测量光速, 所以无法判断谁的折射定律更符合实际. 对于格里马尔迪所观测到的衍射现象, 牛顿的解释为: 光粒子在 "以太" 中传播时遇到衍射物, 故而在 "以太" 中激发局域波. 对于光偏振现象, 他的解释为: 光线具有 "侧边", 对偏振的解释成为光粒子学说的有力证据. 由于牛顿在科学界的绝对权威, 同时他的理论似乎可以合理解释当时所有观察到的光学现象, 因此人们摒弃了波动学说, 使之发展停滞了一个世纪之久.

1801 年, 托马斯 · 杨 (Thomas Young) 做了著名的杨氏干涉实验, 并测量了不同颜色光的波长. 尽管他的工作被权威学者讥讽为荒诞不经和毫无逻辑, 一度被忽视, 但是他的工作还是像一块石头一样在平静的湖面上激起了浪花, 让人们重新审视光的本质, 沉睡百年的波动学说开始苏醒.

1808 年, 马吕斯 (Malus) 发现了反射光的偏振现象. 一天傍晚, 他通过冰洲石晶体观察落日在窗户玻璃上的反射, 以光线为轴转动冰洲石晶体时, 他发现双折射产生的两束光的相对光强发生了变化. 马吕斯是一位忠实的粒子学说的信奉者, 但是他认为当时的理论 (粒子学说) 不能对此进行解释. 拉普拉斯 (Laplace) 和毕奥 (Biot) 进一步发展了粒子学说, 试图解释光的偏振现象. 光的偏振特性也是一直困扰着波动学派的问题. 1811 年, 阿拉戈 (Arago) 在石英中发现了旋光现象, 1812 年, 毕奥在液体和有机物中发现了旋光现象. 1816 年, 菲涅耳 (Fresnel) 和阿拉戈一起研究了偏振光线的干涉, 经冰洲石双折射产生的两条光线不干涉, 这个事实与光为纵波的假设是格格不入的. 阿拉戈给托马斯 · 杨写信, 告知了他们在干涉实验中遇到的困惑. 托马斯 · 杨从阿拉戈的实验结果里, 终于找到了一直困扰着光的波动学说问题的答案, 即假设光是横波. 1817 年, 他写信把他的假设告知了阿拉戈, 阿拉戈又马上将托马斯 · 杨的新思想转告了菲涅耳. 菲涅耳和阿拉戈基于这一假设, 解释了偏振光干涉的实验现象, 发展了反射、折射和双折射理论, 并对旋光效应给出了合理解释. 这才终于拨云见日, 解决了困扰波动学派的难题.

为了巩固粒子学派的地位, 粒子学派的拥护者提出把光的衍射理论列为 1818 年巴黎科学院悬奖征文的题目, 期望借助对这一题目的论述, 使粒子学说获得最后胜利. 拉普拉斯、毕奥、泊松 (Poisson) 和阿拉戈组成评委组. 除了阿拉戈外, 其余三位都是粒子学说的支持者. 基于惠更斯原理, 结合杨氏干涉实验, 菲涅耳提出惠更斯 – 菲涅耳原理, 即波面上的每个面元都可以看成次波源, 它们向四周发射次波; 波场中任一场点的振动都是所有次波源所贡献的次级振动的相干叠加. 菲涅耳计算了直边、小孔和小屏所产生的衍射, 很好地解释了衍射现象. 泊松利用惠更斯 – 菲涅耳原理, 计算出圆屏衍射中心竟会是一个亮斑, 这和人们的日常经验相违背, 影子中间怎么会出现亮斑呢? 泊松认为这是十分荒谬的结果, 这差点儿使得菲涅耳的论文中途夭折. 阿拉戈立刻进行实验检测, 发现果真有一个亮斑奇迹般地出现在圆盘阴影的正中心, 这和理论计算结果符合得相当完美. 菲涅耳最终赢得奖金, 他在接下来几年的系列工作使粒子学派一败涂地, 就连当时坚定的粒子学说的拥护者毕奥也在 1820 年发表论文赞同波动学说.

阿拉戈提出仲裁实验, 分别基于粒子学说和波动学说推导出形式不同的折射定律, 如果测量出水和空气中的光速, 就可以判断出谁对谁错. 傅科 (Foucault) 直接测量了空气和水中的光速, 结果毫无疑问, 判定波动学说获胜.

在光学的发展过程中, 不仅有波粒之争, 还有对于光速是否有限的不同认识. 光速是物理学中的重要参数之一, 对其测量具有重大的科学意义. 下面简单回顾一下光速测量的发展历史.

伽利略认为光速是有限的, 17 世纪初, 他设计实验试图测量光速. 他让两个人分别站在相距一英里的两座山上, 每人拿一个灯, 第一个人举起灯的同时记下时间, 当第二个人看到第一个人举起的灯时, 立即举起自己的灯, 第一个人看到第二个人举起的灯时立即计时. 从第一个人举起灯到他看到第二个人举起灯的时间间隔就是光传播两英里的时间, 由此测量出光速. 但是, 由于光传播的速度实在是太快了, 这种方法根本行不通. 但伽利略的实验拉开了人类历史上对光速进行测量的序幕.

第一次测量出光速为有限值是通过天文观测. 1672—1676 年间, 丹麦天文学家罗默 (Roemer) 在巴黎对木星的卫星食进行观测, 他发现卫星食的周期有些不规则. 他认为是光有一定的速度的缘故. 1676 年 9 月, 罗默向巴黎科学院宣布, 原来预计于 11 月 9 日上午 5 点 25 分 45 秒发生的木卫食将推迟 10 分钟, 并解释说, 这是因为光穿过地球的轨道需要 22 分钟. 惠更斯根据罗默提供的数据, 第一次得到了光速的有限值: $c = 2.14 \times 10^8$ m/s. 1725 年, 英国天文学家布拉德雷 (Bradley) 观察到光行差现象. 所谓光行差现象, 即运动中的观测者所观测到的天体的方向同静止的观测者所观测到的天体的方向之差, 可以用一个简单的例子来说明: 无风的雨天, 雨滴垂直下落, 如果你在雨里奔跑, 雨滴会斜打到你身上. 1728 年, 布拉德雷和莫利纽克斯 (Molyneux) 对天龙座 γ 星进行观测, 根据它的方向的改变计算出的光速约为 3.1×10^8 m/s.

第一次在地球范围内测定光速是斐索 (Fizeau) 在 1849 年利用旋转齿轮法实现的,

测量出空气中的光速约为 3.15×10^8 m/s. 1850 年, 法国物理学家傅科改进了斐索的方法, 创造了旋转镜法, 直接测量了空气和水中的光速, 发现空气中的光速大于水中的光速, 证明了波动学说推导的折射定律的正确性. 1862 年, 傅科采用旋转镜测得光速约为 2.98×10^8 m/s. 迈克耳孙 (Michelson) 从 1879 年开始测量光速, 他发展了旋转八角棱镜法, 于 1926 年测得光速为 2.99796×10^8 m/s. 1928 年, 卡罗卢斯 (Karolus) 和米特斯达德 (Mittelstaedt) 首先利用克尔 (Kerr) 盒调制光强的方法测得光速约为 2.99778×10^8 m/s. 1950 年, 埃森 (Essen) 和史密斯 (Smith) 利用谐振腔测得光速约为 2.997925×10^8 m/s. 1972 年, 埃文森 (Evenson) 等人利用激光干涉仪测得光速约为 2.997924562×10^8 m/s.

1983 年, 第 17 届国际计量大会正式通过米的重新定义: 米是光在真空中 1/299792458 s 的时间间隔内行驶的长度, 这样, 真空中的光速就成了约定值.

至此, 大家都认可了光是一种波, 并且以极高的速度传播. 人们熟知的机械波的传播都需要媒介, 且传播速度正比于 $\sqrt{T/\rho}$, 其中, T 和 ρ 分别为媒介的弹性系数和密度. 因此人们自然认为光的传播也需要媒介, 这种媒介一定充满整个宇宙, 并且具有极高的弹性系数和极低的密度. 关于这种媒介是什么和光怎么在其中传播的问题, 科学家提出了弹性 "以太" 理论, 纳维 (Navier) 首先提出了固体理论, 他认为物质由粒子 (质点、原子) 组成, 这些粒子沿它们的连线有相互作用力. 19 世纪到 20 世纪初, 著名的物理学家大都为发展和完善 "以太" 理论做出贡献, 例如, 泊松、格林 (Green)、麦卡拉 (MacCullagh)、汤姆孙 (Thomson, 也就是开尔文勋爵 (Lord Kelvin))、诺伊曼 (Neumann)、斯特拉特 (Strutt, 也就是瑞利男爵三世 (3rd Baron Rayleigh)) 和基尔霍夫 (Kirchhoff) 等. 在这个时期, 许多光学问题得到了解决, 但是对一些基本光学问题的解释还不能令人满意, 特别是弹性 "以太" 的边界条件问题. 光波从一种介质斜入射到另一种折射率不同的介质. 因为折射角不等于入射角, 按照力学定律, 入射光波为横波, 则折射光波既有横波分量也有纵波分量. 阿拉戈和菲涅耳的实验结果表明入射光波和折射光波皆为横波. 为解决这个矛盾, 科学家们建立了各种各样的模型, 提出了不同的边界条件, 但是结果都不尽如人意.

麦卡拉提出新的 "以太" 模型, 他认为 "以太" 的体积元转动时会存储或释放能量，但是体积元发生形变时无能量变化，这一点和原来的弹性 "以太" 的性质恰好相反. 在麦卡拉的 "以太" 模型中光波传播的规律和麦克斯韦 (Maxwell) 的电磁波方程的形式极为相似. 真正解决 "以太" 模型和实验结果之间的矛盾, 需要借助几乎独立于光学而发展的电磁学.

1.3 电磁理论认识期: 光是电磁波

1785 年, 库仑 (Coulomb) 发表了他根据实验总结的库仑定律. 1813 年, 高斯 (Gauss) 发表了电荷分布和电场的关系规律, 即电场的高斯定律, 并确定了静电场的无旋性. 1826 年, 欧姆 (Ohm) 发表了电流和电压的关系定律, 即欧姆定律. 基尔霍夫将欧姆定律改变为电流密度和电场之间关系的定律. 1820 年 7 月, 奥斯特 (Oersted) 通过实验表明电流可以产生磁场, 首次发现了电和磁的联系, 开启了电磁学的研究. 同年 9 月 11 日, 法国物理学家阿拉戈在法国科学院介绍了奥斯特实验, 安培 (Ampère) 得到启示. 9 月 25 日, 安培提交了论文, 阐述了载流导线之间的相互作用, 12 月 4 日, 安培给出电流元相互作用公式, 即安培定律. 同年, 毕奥和萨伐尔 (Savart) 总结出电流分布与空间激发磁场的关系, 即毕奥 – 萨伐尔定律. 基于毕奥 – 萨伐尔定律可以得到磁场的高斯定律, 并确定了磁场无散度. 1823 年, 安培报道了安培环路定理, 这一定理可由毕奥 – 萨伐尔定律推导获得. 1831 年, 法拉第 (Faraday) 通过实验发现变化的磁场可以产生电, 总结出了著名的电磁感应定律.

麦克斯韦分析了前面的各实验定理和定律的使用条件, 特别是发现将安培环路定理应用到非恒定情形时遇到了矛盾. 为了化解这一矛盾, 他提出了最重要的假设 —— 位移电流. 他于 1864 年在英国皇家学会宣读了《电磁场的动力学理论》, 提出了他总结的 “电磁场的普遍方程”, 即著名的麦克斯韦方程组. 1865 年, 麦克斯韦推导出电磁波的存在, 并计算出其传播速度和光速相同, 提出光就是电磁波. 1888 年, 赫兹 (Hertz) 通过实验证实了电磁波的存在, 并且指出电磁波是横波, 它的速度和光速相同, 具有和光一样的反射和折射规律. 1888 年底, 赫兹在柏林科学院做了题为《论电辐射》的报告, 他以充分的实验证据全面证实了电磁波和光的同一性. 报告中指出: “我认为这些实验有力地铲除了对光、辐射热和电磁波之间的同一性的任何怀疑.” 尽管如此, 麦克斯韦的电磁理论还是经历了长期斗争才赢得人们的普遍承认. 人的思维是有惯性的, 只有在足够强大的力的作用下, 才会迫不得已地改变已有的观念, 这就是我们所说的 “先入为主” 效应. 麦克斯韦预言了电磁波, 但是他本人及其跟随者长期以来仍然试图借助机械模型来描述电磁波, 为电磁波寻找 “以太”. 1879 年, 麦克斯韦在给美国天文年鉴局的托德 (Todd) 的一封信中, 提出了测定太阳系相对于传播光的 “以太” 的运动速度的一个方案. 迈克耳孙看到这封信, 得到启示, 决定进行 “以太” 漂移实验, 为此, 他于 1881 年发明了高精度的迈克耳孙干涉仪. 1887 年, 迈克耳孙与莫雷 (Morley) 合作, 进行了著名的迈克耳孙 – 莫雷实验, 实验结果否认了 “以太” 的存在. 人们才开始逐渐放弃寻求用机械模型 “解释” 麦克斯韦方程组. 人们摆脱了寻找 “以太” 的困难,光学进入电磁理论认识期, 形成了经典光学理论. 玻恩 (Born) 和沃尔夫 (Wolf) 合著的《光学原理》对经典光学进行了系统和翔实的总结和描述, 是经典光学中最为重要的文献, 北京大学的杨葭荪教授将其翻译成中文, 并在电子工业出版社出版. 许多现在用的光学教材都在不同程度上参考和直接使用了《光学原理》的内容, 本书很多地方也借鉴了此书.

1.4 量子光学期: 光的波粒二象性

19 世纪末, 牛顿力学的确立、光的波动性的确定、麦克斯韦方程组预言了电磁波并确认光就是电磁波, 以及统计物理规律的建立, 意味着经典物理的大厦已经建成, 它能成功解释当时的绝大多数现象, 并正确预言了一些事物的存在. 物理学家们自信地认为今后物理学家的任务就是修饰、完善这座大厦了. 但是仍然有些和光学有关的问题让经典物理束手无策, 例如, 迈克耳孙 – 莫雷实验的示零结果、黑体辐射、夫琅禾费 (Fraunhofer) 于 1814—1817 年发现的太阳光谱中的暗线、赫兹发现的光电效应等问题. 为了解决这些问题, 科学家们创建了相对论和量子力学, 光学开启了现代物理的大门, 使物理学进入崭新的时代, 同时也使人们重新认识了光.

为了解决黑体辐射与经典物理的矛盾, 1900 年, 普朗克 (Planck) 提出了量子假设. 黑体辐射是以分离的能量模式进行的, 把黑体看作由大量具有不同固有频率的振子组成的系统, 振子能量的最小单元为 $\varepsilon = h\nu$, 能量只能为最小单元的整数倍, 其中, $h = 6.62607015 \times 10^{-34}$ J·s, 是普朗克常量; ν 为振子的振动频率. 在普朗克的量子假设下, 推导出的辐射本领和实验数据完美吻合.

1887 年, 赫兹发现用紫外线照射负电极时更易于放电, 即出现光电效应. 德国物理学家莱纳德 (Lenard) 设计了关于光电效应的实验, 并得到经典物理无法揭示的实验规律. 1905 年, 爱因斯坦 (Einstein) 在普朗克黑体中的振子能量量子化的基础上, 提出了光量子假设, 认为光是由大量光子组成的, 每个光子的能量为 $\varepsilon = h\nu$, 其中, ν 为光频率. 在光电过程中, 电子一次只能吸收整数个光子, 一般光强下, 电子一次吸收一个光子. 根据光量子假设和能量守恒定律, 爱因斯坦给出光电效应方程, 完美地解释了光电效应的各种现象. 1916 年, 密立根 (Millikan) 用精确的实验证实了爱因斯坦的光电效应方程, 并求出普朗克常量, 该结果与普朗克按黑体辐射定律得到的值完全一致.

1923 年, 康普顿 (Compton) 和德拜 (Debye) 在实验中发现 X 射线与电子相互作用时, 散射 X 射线的波长和入射 X 射线的波长不同. 对于这一实验结果, 经典物理无法解释. 他们采用了爱因斯坦的光量子的概念, 认为 X 射线与电子相互作用时以粒子的形式出现, 它们在碰撞过程中交换能量和动量, 满足能量和动量守恒定律, 成功地解释了实验现象, 再一次证明了光量子假设的正确性.

综上所述, 光在传播和叠加等方面表现出波的性质; 光与粒子相互作用时, 和粒子交换能量和动量, 又表现出粒子的性质. 因此光具有波粒二象性.

1913 年, 玻尔 (Bohr) 受到光谱学的实验结果, 特别是氢原子谱线巴耳末 (Balmer) 系的经验公式的启迪, 提出了原子的量子模型.

既然经典的光具有粒子性, 那么经典的粒子也应该具有波动性. 1911 年, 原本学习历史和文学的德布罗意 (de Broglie) 得知爱因斯坦的光量子理论, 对物理产生了浓厚的兴趣, 他转向研究理论物理, 于 1913 年获得理学学士学位, 于 1924 年获得理学博士学位. 他在读博士期间, 发表了关于物质波概念的理论文章, 指出: 既然粒子具有波动性, 那么就应该满足一定的波动方程. 1926 年, 薛定谔 (Schrödinger) 发表了关于物质波的动力学的论文, 给出了薛定谔方程, 他承认: "这些考虑的灵感, 主要归因于德布罗意先生的独创性的论文." 怎么把粒子性和波动性统一起来? 具体地说, 即把实物粒子的原子性和波的相干性统一起来, 1926 年, 玻恩提出了波函数的统计诠释, 即概率波的概念, 这是目前唯一的自洽方案. 在量子力学的创立和完善过程中, 还有许多科学家做出了不朽的贡献, 例如, 海森伯 (Heisenberg)、诺伊曼、狄拉克 (Dirac)、费米 (Fermi)、玻色 (Bose)、泡利 (Pauli)、费曼 (Feynman)、劳厄 (Laue)、戴森 (Dyson)、索末菲 (Sommerfeld)、希尔伯特 (Hilbert)、维恩 (Wien) 等.

光学的发展促使量子力学的诞生, 量子力学对光学最伟大的反馈是受激辐射, 并最终产生了激光. 1917 年, 爱因斯坦提出受激辐射的概念. 1954 年, 汤斯 (Townes) 和他的博士生戈登 (Gordon) 成功制备了一台微波激射器 (Microwave Amplification by Stimulated Emission of Radiation, 简称 MASER). 1958 年, 汤斯和肖洛 (Schawlow) 提出了一维谐振腔在激光器中的应用, 为后来激光技术和应用领域的发展开辟了道路. 1960 年, 休斯顿航空公司的梅曼 (Maiman) 用人造红宝石制造了第一台可见光波段的激光器 (发出激光的波长为 694 nm). 此后, 各种工作介质、各种泵浦方式、各种波段的连续和脉冲激光如雨后春笋般地涌现出来. 激光的出现为光学注入了新鲜血液, 让光学再次焕发青春. 光学迅速派生出许多新的分支, 例如, 激光物理、非线性光学、量子光学、现代光谱学、超快 (超强) 光学、原子光学、介观光学等. 激光的诞生也带来了技术革新, 例如, 光纤通信、量子通信、激光加工、激光医疗等. 光学依然是一门年轻的、朝气蓬勃的科学, 并已经渗入社会的每个角落, 深深地影响和改变着每个人的生活.

总而言之, 光学既古老又年轻.

正如 "历史是个小姑娘, 可以任人打扮", 科学史也是如此, 很难准确无误地再现其真实面貌. 历史发展的一些细节往往是偶然的、缺乏逻辑的, 人们在叙述历史时总是希望它按照自己的逻辑发展, 所以会有意无意地采用 “历史修正主义” 的手法来记述它. 人们也会根据当时社会环境的需要或个人喜恶, 夸大或贬低某些事件的影响, 甚至篡改历史. 这使我们看历史就像雾里看花, 难以分辨纷扰的细节, 但可窥其轮廓. 光学从远古到古代, 到近代, 再到现代的发展轮廓还是比较清晰的, 希望上面的叙述能够勾勒出光学发展的概貌.

第二章　光的电磁理论和定态波的描述

我们已经知道光是一种电磁波, 可见光的波长范围约为 $380 \sim 780$ nm, 频率范围约为 $8 \times 10^{14} \sim 4 \times 10^{14}$ Hz. 本章使用电磁理论来讨论光的性质, 并给出定态波的数学描述. 本章主要内容包括: 光的电磁理论、偏振片和马吕斯定律、定态波的复数描述、波前函数、傍轴条件和远场条件, 以及波前相因子.

2.1　光的电磁理论

电磁学独立于光学发展起来, 当光学在波粒方面争论, 继而寻求传播光的 "以太" 之际, 电磁学总结出了一些基本实验规律, 例如,

(1) 电场的高斯定理:

$$\oiint \boldsymbol{D} \cdot \mathrm{d}\boldsymbol{S} = q_0,$$

其中, $\boldsymbol{D}$ 为电位移矢量, q_0 为闭合曲面 S 内的自由电荷.

(2) 静电场的环路定理:

$$\oint \boldsymbol{E} \cdot \mathrm{d}\boldsymbol{l} = 0,$$

其中, $\boldsymbol{E}$ 为电场强度, 静电场为无旋场.

(3) 磁场的高斯定理:

$$\oiint \boldsymbol{B} \cdot \mathrm{d}\boldsymbol{S} = 0,$$

其中, $\boldsymbol{B}$ 为磁感应强度, 磁场为无源场.

(4) 安培环路定理:

$$\oint \boldsymbol{H} \cdot \mathrm{d}\boldsymbol{l} = I_0,$$

其中, $\boldsymbol{H}$ 为磁场强度, I_0 为闭合曲线 l 内的传导电流.

(5) 法拉第电磁感应定律:

$$\xi = -\frac{\partial \varPhi_B}{\partial t},$$

这表明任意回路上的感应电动势 ξ 与穿过它的磁通量 $\varPhi_B$ 随时间 t 的变化率成正比.

麦克斯韦分析了各个定理和定律的使用条件, 特别是安培环路定理, 发现将它应用到非恒定情形时遇到了矛盾. 为了化解这一矛盾, 他提出了最重要的假设 —— 位移

电流, 并提出了著名的麦克斯韦方程组:

$$\begin{cases} \oiint \boldsymbol{D} \cdot \mathrm{d}\boldsymbol{S} = q_0, \\ \oint \boldsymbol{E} \cdot \mathrm{d}\boldsymbol{l} = -\iint \dfrac{\partial \boldsymbol{B}}{\partial t} \cdot \mathrm{d}\boldsymbol{S}, \\ \oiint \boldsymbol{B} \cdot \mathrm{d}\boldsymbol{S} = 0, \\ \oint \boldsymbol{H} \cdot \mathrm{d}\boldsymbol{l} = I_0 + \iint \dfrac{\partial \boldsymbol{D}}{\partial t} \cdot \mathrm{d}\boldsymbol{S}, \end{cases} \tag{2.1}$$

其中, $\iint \dfrac{\partial \boldsymbol{D}}{\partial t} \cdot \mathrm{d}\boldsymbol{S}$ 为麦克斯韦引入的位移电流. 麦克斯韦方程组的微分形式为

$$\begin{cases} \nabla \cdot \boldsymbol{D} = \rho_{\mathrm{e}0}, \\ \nabla \times \boldsymbol{E} = -\dfrac{\partial \boldsymbol{B}}{\partial t}, \\ \nabla \cdot \boldsymbol{B} = 0, \\ \nabla \times \boldsymbol{H} = \boldsymbol{j}_0 + \dfrac{\partial \boldsymbol{D}}{\partial t}, \end{cases} \tag{2.2}$$

其中, $\rho_{\mathrm{e}0}$ 为空间中的自由电荷密度, $\boldsymbol{j}_0$ 为传导电流密度. 在各向同性线性介质中, 电位移矢量和电场强度、磁感应强度和磁场强度、传导电流密度和电场强度之间的关系分别为

$$\begin{cases} \boldsymbol{D} = \varepsilon\varepsilon_0 \boldsymbol{E}, \\ \boldsymbol{B} = \mu\mu_0 \boldsymbol{H}, \\ \boldsymbol{j}_0 = \sigma \boldsymbol{E}, \end{cases} \tag{2.3}$$

其中, $\varepsilon_0 = \dfrac{1}{4\pi c^2} \times 10^7\ \mathrm{F/m} \approx 8.85418 \times 10^{-12}\ \mathrm{F/m}$ 是真空介电常量, $\mu_0 = 4\pi \times 10^{-7}\ \mathrm{H/m} \approx 1.25664 \times 10^{-6}\ \mathrm{H/m}$ 是真空磁导率, ε, μ 和 σ 分别是相对介电常量、相对磁导率和电导率. 由麦克斯韦方程组可以推导出电磁波的波动方程. 下面我们讨论均匀自由空间 (即 $\rho_{\mathrm{e}0} = 0, j_0 = 0, \varepsilon$ 和 μ 不随空间位置变化而变化) 中的波动方程, 并分析光的性质. 对麦克斯韦方程组 (2.2) 中的第二和第四式的等号两边分别做 $\nabla \times (\cdots)$ 的运算, 可得

$$\begin{cases} \nabla \times (\nabla \times \boldsymbol{E}) = -\mu\mu_0 \dfrac{\partial}{\partial t} \nabla \times \boldsymbol{H}, \\ \nabla \times (\nabla \times \boldsymbol{H}) = \varepsilon\varepsilon_0 \dfrac{\partial}{\partial t} \nabla \times \boldsymbol{E}. \end{cases} \tag{2.4}$$

根据矢量运算 $\nabla \times (\nabla \times \boldsymbol{A}) = \nabla(\nabla \cdot \boldsymbol{A}) - \nabla^2 \boldsymbol{A}$, 方程组 (2.4) 可变为

$$\begin{cases} \nabla(\nabla \cdot \boldsymbol{E}) - \nabla^2 \boldsymbol{E} = -\mu\mu_0 \dfrac{\partial}{\partial t} \nabla \times \boldsymbol{H}, \\ \nabla(\nabla \cdot \boldsymbol{H}) - \nabla^2 \boldsymbol{H} = \varepsilon\varepsilon_0 \dfrac{\partial}{\partial t} \nabla \times \boldsymbol{E}. \end{cases} \tag{2.5}$$

将麦克斯韦方程组 (2.2) 代入方程组 (2.5), 可以得到电磁波的波动方程:

$$\begin{cases} \nabla^2 \boldsymbol{E} - \varepsilon\varepsilon_0\mu\mu_0 \dfrac{\partial^2 \boldsymbol{E}}{\partial t^2} = \boldsymbol{0}, \\ \nabla^2 \boldsymbol{H} - \varepsilon\varepsilon_0\mu\mu_0 \dfrac{\partial^2 \boldsymbol{H}}{\partial t^2} = \boldsymbol{0}. \end{cases} \tag{2.6}$$

方程组 (2.6) 是标准的波动方程, 表明了自由空间中交变的电场和磁场的运动和变化具有波动形式, 会形成电磁波. 平面简谐电磁波是自由空间中电磁波的一个基元成分. 任意复杂的光波都可以表示成基元成分的线性组合, 所以光波的一般性质可以通过平面光波来分析. 平面光波的波动方程可以写为

$$\begin{cases} \boldsymbol{E}(\boldsymbol{r},t) = \boldsymbol{E}_0 \cos(\omega t - \boldsymbol{k}\cdot\boldsymbol{r} + \phi_E), \\ \boldsymbol{H}(\boldsymbol{r},t) = \boldsymbol{H}_0 \cos(\omega t - \boldsymbol{k}\cdot\boldsymbol{r} + \phi_H), \end{cases} \tag{2.7}$$

其中, ϕ_E 和 ϕ_H 为初始相位, 即 $t=0$ 时 $\boldsymbol{r}=\boldsymbol{0}$ 处的相位值.

2.1.1 电磁波的传播速度和介质的折射率

方程组 (2.7) 中的 $\boldsymbol{k}$ 称为波矢, 其方向与等相位面正交, 即为波面的法向. 将简谐电磁波的函数代入波动方程, 可以得到波矢的大小 k 满足

$$k^2 = \varepsilon\varepsilon_0\mu\mu_0\omega^2,$$

即

$$k = \sqrt{\varepsilon\mu}\cdot\sqrt{\varepsilon_0\mu_0}\cdot\omega.$$

相位传播速度 设有一束光沿 x 轴传播, 空间中某一点 (x_0, t_0) 的运动状态由它的相位 $\omega t_0 - kx_0 + \phi_E$ 刻画, 经历 $\mathrm{d}t$ 时间后, 该运动状态传播到 $x_0 + \mathrm{d}x$ 处. 显然, (x_0, t_0) 和 $(x_0 + \mathrm{d}x, t_0 + \mathrm{d}t)$ 两点的相位相等:

$$\omega(t_0 + \mathrm{d}t) - k(x_0 + \mathrm{d}x) + \phi_E = \omega t_0 - kx_0 + \phi_E,$$

即

$$\omega\mathrm{d}t = k\mathrm{d}x.$$

光的相位传播速度为单位时间内运动状态的传播距离:

$$v = \frac{\mathrm{d}x}{\mathrm{d}t} = \frac{\omega}{k} = \frac{\omega}{\sqrt{\varepsilon\mu}\cdot\sqrt{\varepsilon_0\mu_0}\cdot\omega} = \frac{1}{\sqrt{\varepsilon\mu}\cdot\sqrt{\varepsilon_0\mu_0}}.$$

在真空中, $\varepsilon=1, \mu=1$, 所以真空中电磁波的传播速度为

$$c = \frac{1}{\sqrt{\varepsilon_0\mu_0}},$$

将 ε_0, μ_0 的数值代入上式, 可以算出 $c \approx 3.0 \times 10^8$ m/s, 和实验测量出的光速相等, 证明光就是电磁波.

根据介质和真空中的光速, 可以给出介质相对于真空的折射率, 简称介质的折射率:

$$n = \frac{c}{v} = \sqrt{\varepsilon\mu}. \tag{2.8}$$

(2.8) 式描述了介质的折射率的深层微观机理和性质, 称为麦克斯韦公式.

我们再来看一下波矢 $\boldsymbol{k}$, 其大小为

$$k = \sqrt{\varepsilon\mu} \cdot \sqrt{\varepsilon_0\mu_0} \cdot \omega = n \cdot \frac{1}{c} \cdot \omega = \frac{1}{\frac{c}{n}} \cdot \frac{2\pi}{T} = \frac{2\pi}{v \cdot T},$$

即

$$k = \frac{2\pi}{\lambda}, \tag{2.9}$$

其中, λ 为光在介质中的波长, 即光在一个周期内传播的距离.

问题 2.1 在一般的介质中, $n = \sqrt{\varepsilon\mu}$, 折射率为正值, 那么, 是否存在 $n = -\sqrt{\varepsilon\mu}$, 即折射率为负值的介质?

答案 肯定存在. 1968 年, 苏联物理研究者韦谢拉戈 (Veselago) 提出当相对介电常量 ε 和相对磁导率 μ 同时为负值时, 介质的折射率为负值的理论 (Sov. Phys. Usp., 1968, 10: 509). 光在负折射率介质中传播时, 相位传播和能流传播的方向相反. 光在正、负折射率介质界面的折射仍然满足折射定律, 此时的折射角为负值, 如图 2.1 所示.

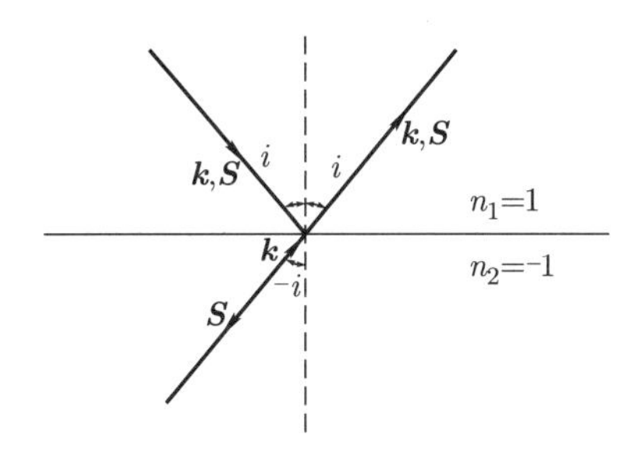

图 2.1 光在正、负折射率介质界面的反射与折射 ($\boldsymbol{k}$ 为波矢, $\boldsymbol{S}$ 为坡印亭 (Poynting) 矢量)

至今都没有找到天然的负折射率介质材料, 但是人们可以设计人工材料, 以实现负折射率. 20 世纪 90 年代, 英国皇家学会院士彭德里 (Pendry) 等人设计了利用金属条和开口金属谐振环构成的三维周期结构, 通过理论分析证明它在微波波段同时具有等效的负相对介电常量和负相对磁导率 (Phys. Rev. Lett., 1996, 76: 4773; IEEE Trans. Microwave Theo. and Tech., 1999, 47: 2075). 2001 年, 美国加州大学圣迭戈分校的谢尔比 (Shelby) 等人把铜质方形裂环振荡器和一条细铜线分别嵌在玻璃纤维的基板两

面, 制备出如图 2.2 所示的三维周期结构, 首次在实验上实现了当电磁波斜入射到这种人工材料的界面时折射波的方向与入射波的方向在界面法线的同侧, 即证明了这种材料具有负折射率 (Science, 2001, 292: 77). 2003 年, *Science* 杂志把负折射率材料的研究工作选为当年的年度全球十大科学进展之一.

图 2.2　由铜质方形裂环振荡器和一条细铜线分别嵌在玻璃纤维的基板两面, 制备出的负折射率介质材料 (Science, 2001, 292: 77)

负折射率介质材料在完美透镜和隐形技术等领域有重大的潜在应用价值. 目前, 此领域的研究方向是努力提升人工微纳结构的制备工艺, 实现可见光波段可使用的负折射率介质材料.

2.1.2　光的横波性质

将方程组 (2.7) 中的第一式代入麦克斯韦方程组中的 $\nabla \cdot \boldsymbol{E} = 0$, 可得

$$\begin{aligned}\nabla \cdot \boldsymbol{E}(\boldsymbol{r}, t) &= \nabla \cdot [\boldsymbol{E}_0 \cos(\omega t - \boldsymbol{k} \cdot \boldsymbol{r} + \phi_E)] \\ &= (E_{0x} \cdot k_x + E_{0y} \cdot k_y + E_{0z} \cdot k_z) \sin(\omega t - \boldsymbol{k} \cdot \boldsymbol{r} + \phi_E) \\ &= (\boldsymbol{E}_0 \cdot \boldsymbol{k}) \sin(\omega t - \boldsymbol{k} \cdot \boldsymbol{r} + \phi_E) = 0,\end{aligned}$$

因为 $\sin(\omega t - \boldsymbol{k} \cdot \boldsymbol{r} + \phi_E)$ 不可能恒等于零, 所以 $\boldsymbol{E}_0 \cdot \boldsymbol{k} = 0$, 即 $\boldsymbol{E}_0 \perp \boldsymbol{k}$. 同理, 将方程组 (2.7) 中的第二式代入麦克斯韦方程组中的 $\nabla \cdot \boldsymbol{B} = 0$, 可得 $\boldsymbol{B}_0 \perp \boldsymbol{k}$.

由此可知, 光的电磁场在与波矢正交的横平面内振动, 即在自由空间中, 光为横波.

2.1.3　光的电场和磁场之间正交且同步

将方程组 (2.7) 中的第一式代入麦克斯韦方程组中的 $\nabla \times \boldsymbol{E} = -\mu\mu_0 \dfrac{\partial \boldsymbol{H}}{\partial t}$, 可得

$$\mu\mu_0 \boldsymbol{H} = \frac{1}{\omega} \boldsymbol{k} \times \boldsymbol{E}, \tag{2.10}$$

所以 $\boldsymbol{H} \perp \boldsymbol{E}$, $\phi_H = \phi_E$, $\sqrt{\mu\mu_0} H_0 = \sqrt{\varepsilon\varepsilon_0} E_0$, 即光的电场和磁场的振动方向垂直, 相位相同, 并且电场和磁场的大小关系确定, 如图 2.3 所示.

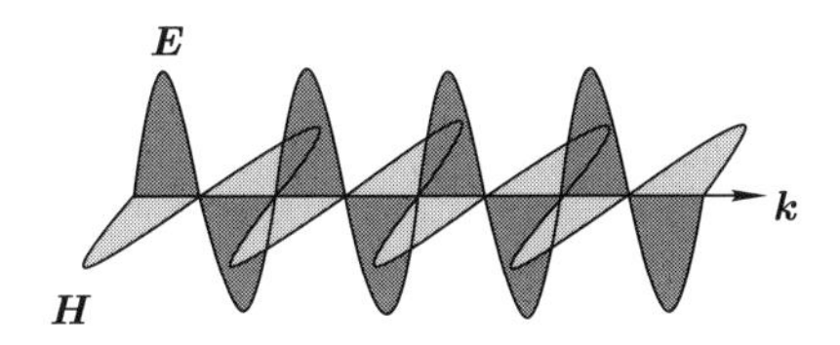

图 2.3 光的电场和磁场的振动关系

2.1.4 光强

坡印亭矢量 $\boldsymbol{S} = \boldsymbol{E} \times \boldsymbol{H}$ 是电磁波的能流密度矢量, 其大小代表单位时间内流过单位横截面积的电磁能, 其方向代表电磁能传播的方向. 光在正折射率介质中传播时, 其相位和能量的传播方向相同, 坡印亭矢量 $\boldsymbol{S}$ 和波矢 $\boldsymbol{k}$ 两者的方向与电场 $\boldsymbol{E}$、磁场 $\boldsymbol{H}$ 的方向之间都满足右手法则, 如图 2.4 所示, 所以正折射率介质材料称为 "右手" 材料.

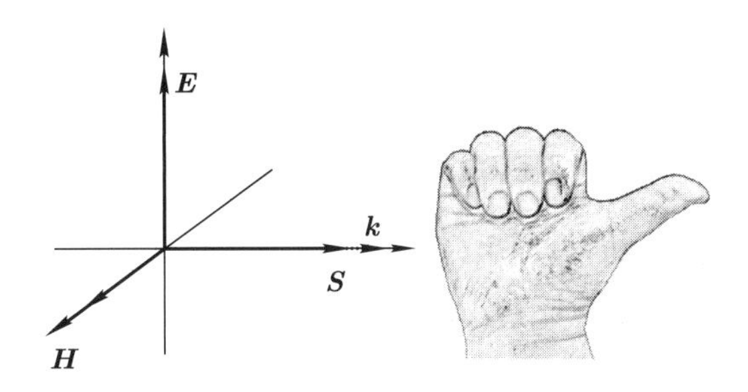

图 2.4 光在正折射率介质中传播时, 坡印亭矢量和波矢两者的方向与电场、磁场的方向之间的关系

光在负折射率介质中传播时, 其相位和能量的传播方向与正折射率介质中的情形相反, 即坡印亭矢量的方向与电场、磁场的方向之间仍然满足右手法则, 但是波矢的方向与电场、磁场的方向之间满足左手法则, 所以负折射率介质材料又称为 "左手" 材料 (注: 本书所涉及的介质, 如果没有特别说明, 都是指正折射率介质).

光强 (I) 是电磁波的平均能流密度, 所以

$$I = \overline{S} = \left|\frac{1}{T}\int_0^T \boldsymbol{E} \times \boldsymbol{H}\mathrm{d}t\right| = \sqrt{\frac{\varepsilon\varepsilon_0}{\mu\mu_0}}\frac{1}{T}\int_0^T E^2\mathrm{d}t = \sqrt{\frac{\varepsilon\varepsilon_0}{\mu\mu_0}}\langle E^2\rangle, \tag{2.11}$$

其中, $\langle E^2\rangle = \dfrac{1}{T}\displaystyle\int_0^T E^2\mathrm{d}t$ 表示对时间的平均.

在可见光波段, 介质分子的磁化几乎完全冻结, 即 $\mu \approx 1$, 所以 $n = \sqrt{\varepsilon}$, 因此 (2.11) 式可近似改写为

$$I = \sqrt{\frac{\varepsilon_0}{\mu_0}}n\langle E^2\rangle \propto n\langle E^2\rangle.$$

本书所涉及的光强一般不是绝对光强，而是相对光强，也就是说，我们关心的是光场中各点光强的相互比较值，所以上式中保持不变的系数可以省略，那么光强可简写为

$$I = n\langle E^2\rangle. \tag{2.12}$$

对于简谐光波，$\langle E^2\rangle = \dfrac{1}{2}E_0^2$，既然是相对光强，那么常数 1/2 也可省略，于是

$$I = nE_0^2. \tag{2.13}$$

如果在我们研究的空间内，介质的折射率恒定，那么光强可以更简单地写为

$$I = E_0^2. \tag{2.14}$$

2.1.5 光的偏振面和偏振态

在自由空间中，光是横波，其电磁场在与波矢正交的横平面内振动，如图 2.3 所示. 因为光与物质的相互作用主要是电场的作用 (见 5.4.7 小节中的维纳实验)，所以定义电场 $\boldsymbol{E}$ 和波矢 $\boldsymbol{k}$ 组成的平面为偏振面. 根据光在传播过程中其偏振面的变化，可以将光分为线偏振光、圆偏振光、椭圆偏振光、自然光和部分偏振光五类.

1. 线偏振光

偏振面不随时间和空间位置的变化而变化，即具有稳定的电场振动方向的光称为线偏振光.

电场是矢量，可以在与波矢正交的横平面内分解成两个相互垂直的分量，如图 2.5 所示.

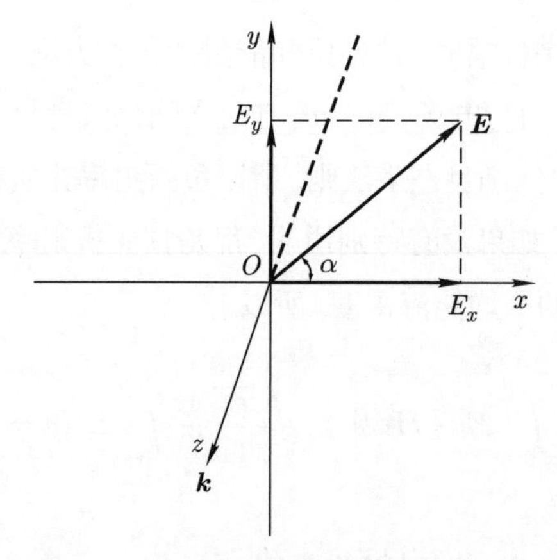

图 2.5 光的电场在与波矢正交的横平面内沿两个相互垂直方向的投影

设线偏振光沿 z 轴正方向传播，偏振面与 x 轴之间的夹角为 α，其电场沿 x 方向和 y 方向的投影分别为

$$\begin{cases} E_x = E_{0x}\cos(\omega t - \boldsymbol{k}\cdot\boldsymbol{r}), \\ E_y = E_{0y}\cos(\omega t - \boldsymbol{k}\cdot\boldsymbol{r}), \end{cases} \tag{2.15}$$

其中,

$$\begin{cases} E_{0x} = E_0 \cos\alpha, \\ E_{0y} = E_0 \sin\alpha, \end{cases} \tag{2.16}$$

即线偏振光可分解成相同传播方向 (同向)、相同频率 (同频)、偏振面相互垂直的两线偏振光. 如果偏振面相互垂直的两线偏振光的相位相同, 那么合成的线偏振光的偏振面位于 1, 3 象限; 如果偏振面相互垂直的两线偏振光的相位相差 π, 那么合成的线偏振光的偏振面位于 2, 4 象限.

线偏振光可作图表示为图 2.6 (a) 或图 2.6 (b).

图 2.6 线偏振光的作图表示方式, (a) 偏振面垂直于纸面, (b) 偏振面平行于纸面

2. 圆偏振光和椭圆偏振光

在垂直于光的传播方向的平面内, 光的电场矢量以一定的速率旋转, 如图 2.7 所示. 如果电场矢量的端点轨迹为圆, 则称其为圆偏振光; 如果电场矢量的端点轨迹为椭圆, 则称其为椭圆偏振光. 圆偏振光和椭圆偏振光还可细分为左旋和右旋两种情况.

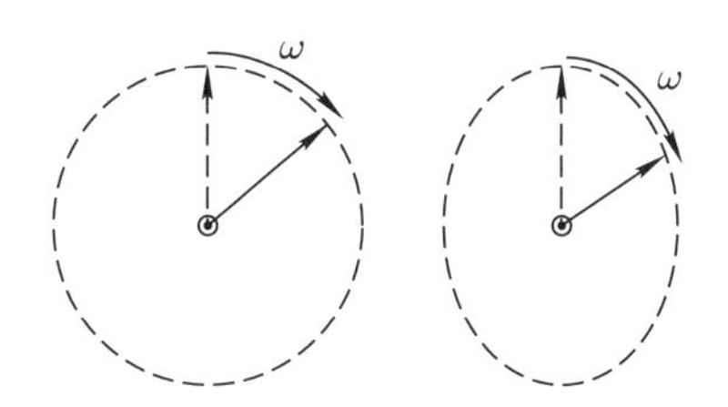

图 2.7 圆偏振光和椭圆偏振光的电场矢量的运动状态

我们迎着光看, 如果在空间中某一固定点的电场矢量沿顺时针方向旋转, 则称其为右旋偏振光; 如果沿逆时针方向旋转, 则称其为左旋偏振光.

问题 2.2 图 2.8 为沿 z 轴正方向传播的圆偏振光在某一时刻的电场矢量在空间内的分布, 判断它是左旋圆偏振光还是右旋圆偏振光?

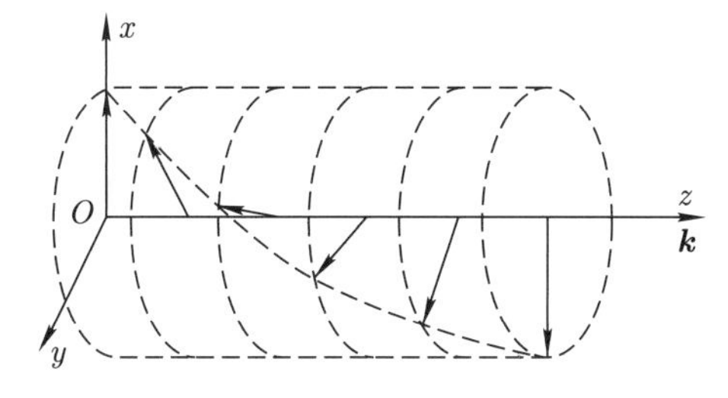

图 2.8 沿 z 轴正方向传播的圆偏振光在某一时刻的电场矢量在空间内的分布

答案　右旋圆偏振光.

圆偏振光和椭圆偏振光可以看成同向、同频、偏振面相互垂直, 并且有固定相位关系的两线偏振光合成的结果. 设光沿 z 轴正方向传播, 其电场沿 x 方向和 y 方向的投影分别为

$$\begin{cases} E_x = E_{0x}\cos(\omega t - \boldsymbol{k}\cdot\boldsymbol{r}), \\ E_y = E_{0y}\cos(\omega t - \boldsymbol{k}\cdot\boldsymbol{r} + \Delta\phi). \end{cases} \tag{2.17}$$

两线偏振光的相位差 $\Delta\phi$ 为确定值, 其偏振态取决于 E_{0x}, E_{0y} 和 $\Delta\phi$ 的值, 如图 2.9 所示.

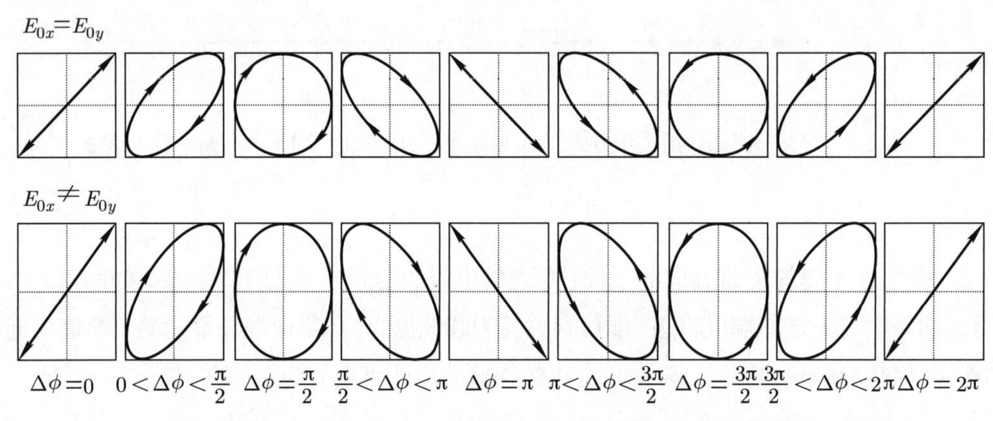

图 2.9　偏振面相互垂直的两线偏振光合成的圆偏振光和椭圆偏振光

由图 2.9 可知,

当 $\Delta\phi = 0$ 或 π 时, 合成的光为在 1, 3 象限或 2, 4 象限振动的线偏振光.

当 $\Delta\phi = \dfrac{\pi}{2}$ 或 $\dfrac{3\pi}{2}$, $E_{0x} = E_{0y}$ 时, 合成的光为右旋或左旋圆偏振光.

当 $\Delta\phi = \dfrac{\pi}{2}$ 或 $\dfrac{3\pi}{2}$, $E_{0x} \neq E_{0y}$ 时, 合成的光为右旋或左旋正椭圆偏振光. 所谓正椭圆偏振光是指电场矢量端点的椭圆轨迹的长半轴或短半轴分别与 x 轴或 y 轴平行. 其他情况为斜椭圆偏振光.

3. 自然光和部分偏振光

如图 2.10 所示, 在垂直于光的传播方向的平面内, 光的电场矢量方向随机变化. 如果电场矢量沿各个方向出现的概率均等, 且每出现一次对光强的贡献相同, 则这类光称为自然光; 如果电场矢量沿各个方向出现的概率不等, 则这类光称为部分偏振光.

一自然光或部分偏振光可分解为同向、同频、偏振面相互垂直, 但无固定相位关系的两线偏振光. 设光沿 z 轴正方向传播, 其电场沿 x 方向和 y 方向的投影分别为

$$\begin{cases} E_x = E_{0x}\cos(\omega t - \boldsymbol{k}\cdot\boldsymbol{r}), \\ E_y = E_{0y}\cos(\omega t - \boldsymbol{k}\cdot\boldsymbol{r} + \Delta\phi). \end{cases} \tag{2.18}$$

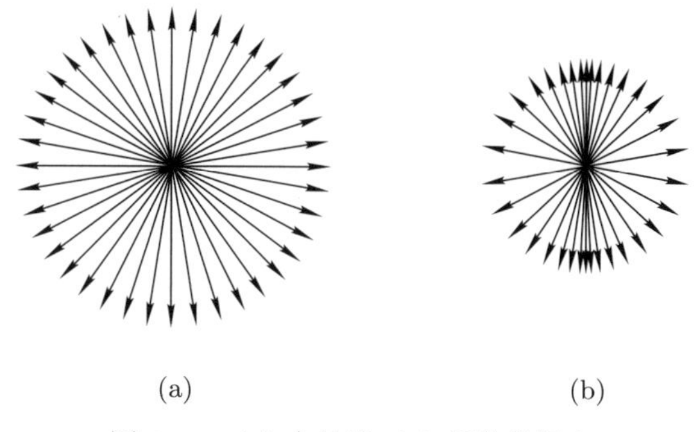

(a) (b)

图 2.10 (a) 自然光, (b) 部分偏振光

这与圆偏振光和椭圆偏振光的投影公式 (2.17) 的形式一样, 不同的是, 方程组 (2.18) 中两线偏振光的相位差 $\Delta\phi$ 为随时间变化的值.

对于自然光, $E_{0x} = E_{0y}, I = I_x + I_y$, $I_x = I_y = \frac{1}{2}I$. 其可作图表示为图 2.11 (a) 或图 2.11 (b).

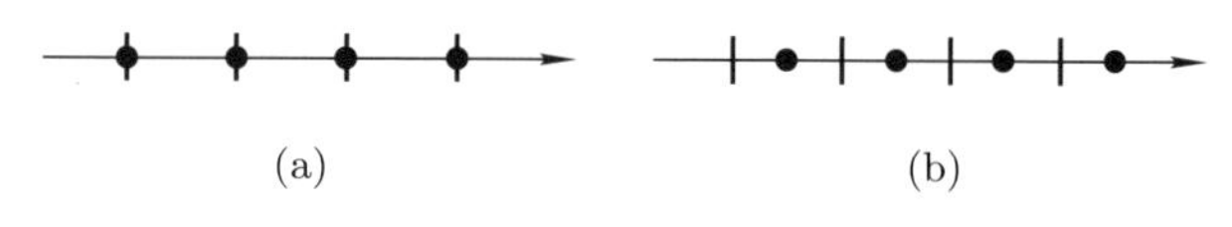

(a) (b)

图 2.11 自然光的作图表示方式

对于部分偏振光, $E_{0x} \neq E_{0y}, I = I_x + I_y, I_x \neq I_y$. 其可作图表示为图 2.12 (a) 或图 2.12 (b).

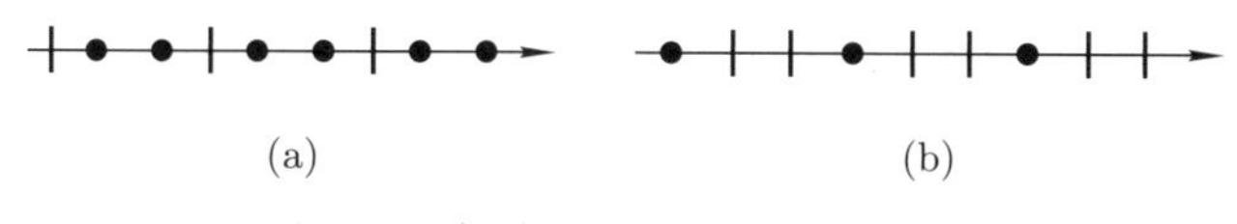

(a) (b)

图 2.12 部分偏振光的作图表示方式

总之, 任意一偏振光都可以由同向、同频、偏振面相互垂直的两线偏振光合成, 两线偏振光的相位差和振幅大小关系确定了合成的偏振光的偏振态.

2.2 偏振片和马吕斯定律

2.2.1 偏振片

能实现将自然光转化成线偏振光的光学元件称为偏振元件, 其起偏机制有二向色性、反射和折射、散射、双折射等. 关于利用反射和折射、散射、双折射原理获得偏振元件的知识, 我们会陆续在界面光学、光散射、晶体光学等章节中介绍. 本小节着重介绍一种十分廉价又非常实用的基于二向色性的片状偏振元件 —— 偏振片 (P). 二向色性指的是材料对不同偏振方向光的吸收系数不同.

下面介绍偏振片的制备方法, 例如, 聚乙烯醇的聚合物薄膜在碘溶液中浸泡后, 在高温下拉伸、烘干, 然后粘在两块玻璃片之间, 就形成了偏振片. 它具有二向色性, 对偏振面平行于其拉伸方向的偏振光具有强烈的吸收, 而对偏振面垂直于其拉伸方向的偏振光不吸收或吸收较小. 其原理为: 聚合物薄膜在碘溶液中浸泡, 相当于进行碘掺杂. 碘分子是电子受体, 它附着于聚合物主链上, 导致电荷发生转移, 使得位于聚合物最高占有态分子能级的电子转移到碘分子上, 相当于在聚合物主链上多了一个可以导电的空穴, 从而改善了聚合物主链的导电性. 如图 2.13 所示, 聚合物薄膜本来是无序排列的, 拉伸使其排列有了方向性, 从而形成了导电线栅.

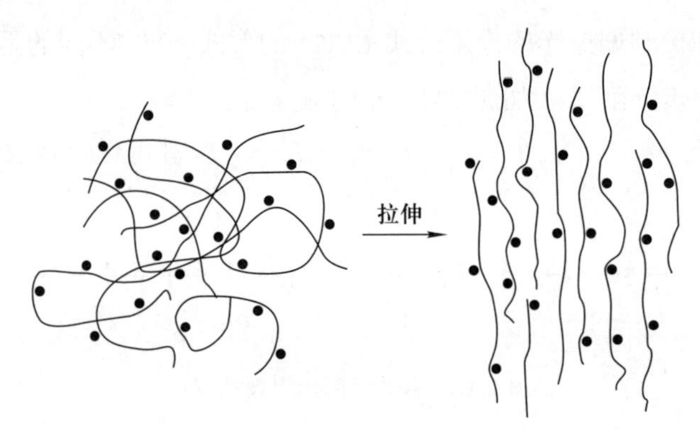

图 2.13 偏振片的制备方法

如果入射光的电场矢量平行于聚合物主链的取向, 那么, 在电场的作用下, 电子在聚合物主链上做受迫阻尼振动, 光能转化成电子的振动能, 最终以热能的形式耗散掉; 如果入射光的电场矢量垂直于聚合物主链的取向, 那么, 被束缚在聚合物主链上的电子将无法在电场的作用下运动, 所以光才会不被吸收地透射, 这个方向称为偏振片的透偏方向. 这类偏振片称为 H 偏振片, 它是现在最为常用的偏振元件, 已经被广泛应用于液晶显示、立体显示、偏振光显微技术和偏光太阳镜等.

当线偏振光入射时, 如果其偏振面平行于偏振片的透偏方向, 则能量 100% 透射; 如果其偏振面与偏振片的透偏方向垂直, 则能量 100% 吸收. 这种偏振片称为理想偏振片. 当自然光入射到理想偏振片时, 透射光为偏振面平行于偏振片的透偏方向的线偏振光, 透射光的光强为入射光的光强的 1/2, 如图 2.14 所示.

1928 年, 当时年仅 19 岁的美国大学生兰德 (Land) 发明了 J 偏振片, 1929 年, 他申请了专利, 1932 年, 他发展和改善了偏振片, 1932 年, 他和合作者成立公司, 1937 年, 该公司更名为宝丽来公司 (Polaroid Corporation), 1938 年, 他发明了 H 偏振片. 兰德一生共获得 535 个专利, 并获得多项殊荣.

兰德发明偏振片的过程很有趣, 据兰德回忆, 他的发明受到赫勒帕思 (Herapath)

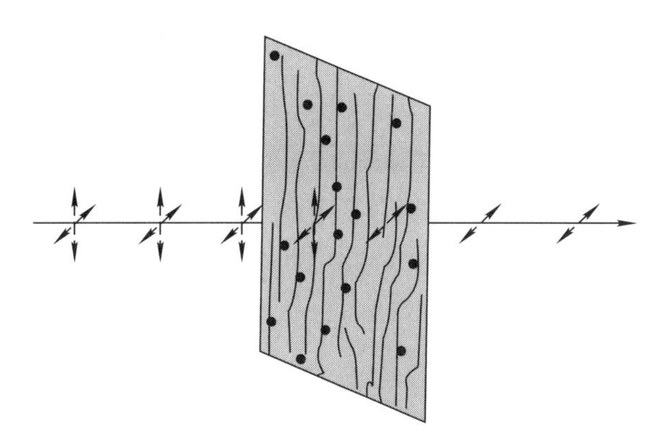

图 2.14 自然光经过理想偏振片

工作的启发. 赫勒帕思是一位医生, 1852 年的一天, 他的学生弗尔普斯 (Phelps) 不小心把碘酒撒到喂食过药物硫酸奎宁的狗的尿里, 弗尔普斯惊奇地发现, 在狗尿里形成了针状透明绿色小晶粒, 他马上告诉了赫勒帕思. 赫勒帕思做了一件匪夷所思的事情, 他俯下身体仔细观察, 并小心翼翼地把小晶粒收集起来, 放在显微镜下观察. 他发现这些针状晶粒的平行重叠区透明, 而垂直重叠区不透明. 经研究确定该针状晶粒为高碘硫酸奎宁, 这是赫勒帕思发现的一种新的二向色性晶体. 赫勒帕思的发现引起了布儒斯特 (Brewster) 的兴趣, 因为他设计了新奇的万花筒, 希望把这种具有二向色性的晶粒用于万花筒. 布儒斯特后来写了一本关于万花筒的书, 他在书中详细记录了这件事情. 1926 年, 兰德阅读了这本书, 知道了这种奇特的晶体, 启发他设计一种新的偏振元件. 开始时, 兰德把针状高碘硫酸奎宁晶粒混合在胶水中 (形成悬浊液), 通过一条细缝把悬浊液刮涂到透明衬底上, 这样, 这些细小的针状晶粒就方向一致地排列在衬底上, 从而制备出了偏振片, 这种偏振片称为 J 偏振片. 因为针状晶粒的尺度比较大, 对光有散射, 所以偏振片有些发雾. 后来, 兰德又发明了 H 偏振片. H 偏振片中二向色性单元的大小为分子尺度, 解决了光散射的问题.

偏振片的起偏原理和 2000 年获得诺贝尔化学奖的工作存在深层的关联. 20 世纪 70 年代, 日本科学家白川英树 (Shirakawa) 等人在高催化剂浓度下得到了具有金属光泽的膜状聚乙炔. 其发现过程据说是这样: 当时他指导学生做以钛酸四丁酯 ($Ti(OC_4H_9)_4$)、三乙基铝 ($Al(C_2H_5)_3$) 为催化剂的聚乙炔合成, 但是学生听错了剂量, 将催化剂的剂量增加了 1000 倍, 结果使原本的黑色聚乙炔粉末变成了具有金属光泽的银色薄膜. 白川英树通过研究发现银色的薄膜主要是由全反式的聚乙炔组成的, 他进一步合成了主要由顺式的聚乙炔组成的紫铜色薄膜. 金属光泽意味着良好的导电性, 白川英树的实验结果引起了当时在日本访学的美国教授麦克迪尔米德 (MacDiarmid) 的浓厚兴趣, 他邀请白川英树到美国宾夕法尼亚大学, 共同研究导电聚合物. 为了更深入地揭示导电的物理机理, 他们还邀请了同校物理系的教授黑格 (Heeger) 展开合作研究. 他们利用碘等电子受体对聚合物进行掺杂, 将电绝缘的聚合物掺杂到 "金属区", 并详细研究了其物理机理. 聚乙炔是由碳原子的外层电子发生 sp^2 杂化形成的共轭聚合材料, 掺杂电子受体 (或给体) 使得聚合物主链失去部分电子 (氧化), 即产生空穴 (或者注入电子 (还原)), 这些额外的空穴 (或电子) 可以在聚合物主链上移动, 使聚合物变成导体. 1977 年, 他们发表了该研究结果 (J. C. S. Chem. Comm., 1977, 16: 578), 这一研究开创了导电聚合物研究的先河. 目前, 导电聚合物已经被广泛应用, 例如, 有机电致发光、有机光伏电池、有机场效应管等. 2000 年, 瑞典皇家科学院宣布诺贝尔化学奖授予麦克迪尔米德、白川英树和黑格, 以表彰他们在导电聚合物研究方面做出的开创性贡献. 这和我们上面讨论的偏振片有什么关系? 发明偏振片和发现导电聚合物这两个事情相隔近半个世纪, 从表面上看完全不相关. 然而, 透过表面看本质, 可以发现它们具有相同的物理机理, 即聚合物材料中掺杂电子受体或给体, 使得电荷发生转移, 从而改善聚合物主链的导电性. 如果人们早一些探索偏振片的工作机理, 发现它们深层的关联, 也许导电聚合物和有机半导体器件的研究可以提前 50 年. 这使我们想起泽尼克 (Zernike) 在 1953 年因发明相衬显微镜而获得诺贝尔物理学奖时的演讲, 他讲道: 在他发明和推广相衬显微镜的过程中, 让他触动最深的是人类思维的巨大局限性. 人们具有极强的学习能力, 也就是说, 人们可以很快地模仿出前人所做和所想的事物, 但是理解它们、认识到它们的较深层次的关联是如此之慢, 其中最慢的事情是发现新的联系, 或者将已有的观点应用于新的领域. 这在偏振片和导电聚合物的研究中得到充分体现.

随着微纳加工技术的提高, 出现了一些新型偏振片, 例如, 如图 2.15 所示的金属线栅偏振片.

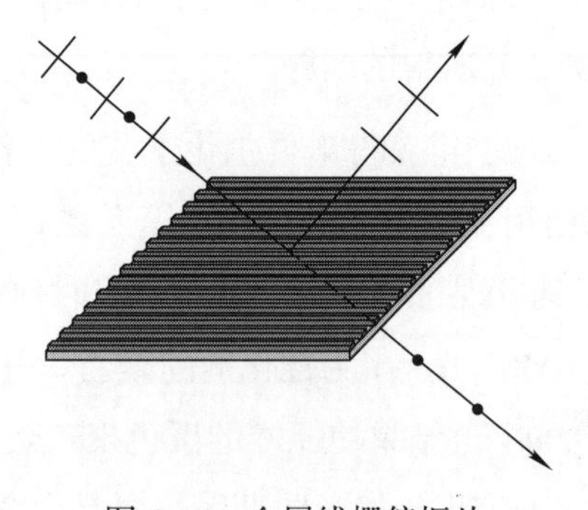

图 2.15 金属线栅偏振片

金属线栅偏振片具有光利用率高的优点, 它的透射光为偏振面垂直于线栅方向的线偏振光, 反射光为偏振面平行于线栅方向的线偏振光, 并且光能的反射率和透射率之和接近 100%. 金属具有良好的导电性, 金属表面有大量近似自由的电子. 如果电场矢量平行于线栅方向, 则在电场的作用下, 自由电子将沿线栅做近无阻尼振动, 等同于光入射到金属表面, 可以接近 100% 反射. 如果电场矢量垂直于线栅方向, 则电子被束缚在金属线栅上, 从而无法在电场的作用下运动, 所以光能不被吸收地透射. 此类偏振片要求金属线栅的周期小于工作波长与衬底介质折射率的比值, 所以工作波长越短的金属线栅偏振片对加工精度的要求越高.

金属线栅偏振片的雏形出现在 100 多年前, 1888 年, 赫兹使用直径为 1 mm 的铜丝制备了金属线栅, 用于研究他新发现的无线电波的偏振特性. 1911 年, 杜波依斯 (du Bois) 和鲁宾斯 (Rubens) 采用赫兹的方法使用直径为 25 μm 的贵金属丝制备了工作在远红外波段的偏振元件 (Ann. Physik, 1911, 35: 243). 1960 年, 伯德 (Bird) 和帕里什 (Parrish) 发明了一种新制备方法, 他们在刻有锯齿形条纹的塑料板上斜蒸镀金属, 如图 2.16 所示, 利用自掩膜现象制成周期为 463 nm 的可工作于近红外波段的金属线栅偏振片 (Journal of the Optical Society of America, 1960, 50(9): 886).

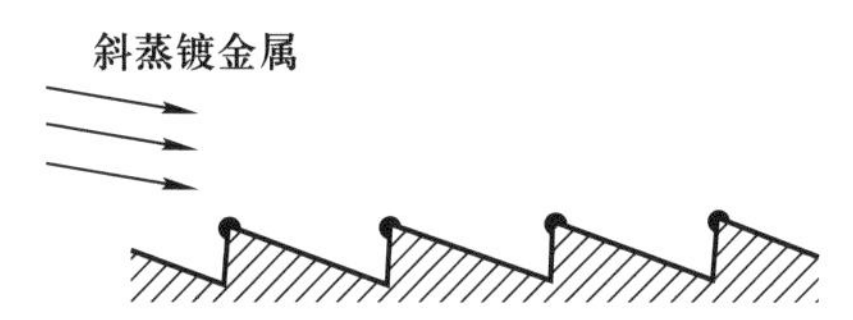

图 2.16 通过自掩膜现象制备金属线栅偏振片 (Journal of the Optical Society of America, 1960, 50(9): 886)

随着纳米压印、光刻、离子束刻蚀和电子束曝光等加工技术的进步, 目前, 金属线栅偏振片的工作波段已经拓展到可见光、紫外和深紫外波段 (Appl. Phys. Lett., 2006, 88: 211114; Journal of Applied Physics, 2003, 93: 4407; Adv. Optical Mater., 2016, 4: 1780).

根据在光路中位置和作用的不同, 偏振片往往有不同的名称, 如图 2.17 所示. 偏振片 1 将自然光转变成线偏振光, 将它称为起偏器; 偏振片 2 用于检查偏振光的偏振性质, 将它称为检偏器. 图 2.17 的偏振片中的实线表示其透偏方向.

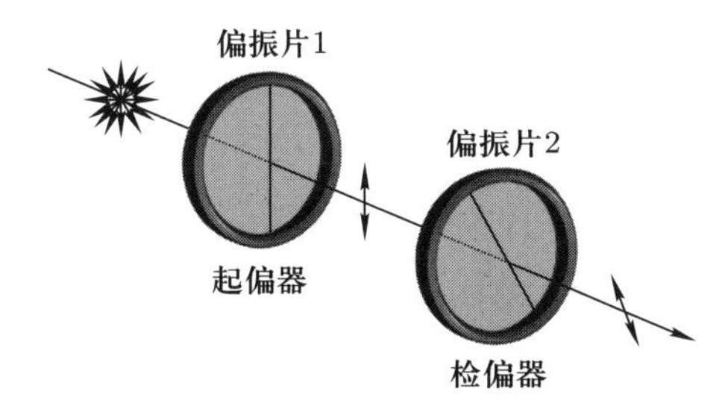

图 2.17 光路中不同位置和作用的偏振片的名称

2.2.2 马吕斯定律

马吕斯是法国物理学家和军事工程师, 1796 年毕业于巴黎工艺学院, 曾在工程兵部队中任职, 1808 年起在巴黎工艺学院工作, 1810 年被选为巴黎科学院院士, 曾获得英国伦敦皇家学会奖章. 马吕斯主要从事光学方面的研究, 1808 年, 他发现反射光的偏振. 1811 年, 他与毕奥各自独立地发现折射光的偏振, 提出了确定晶体光轴的方法, 研制成一系列偏振元件.

马吕斯定律告诉我们光经过理想偏振片时透射光的光强变化. 如图 2.18 所示, 入射线偏振光的偏振面和理想偏振片的透偏方向之间的夹角为 α.

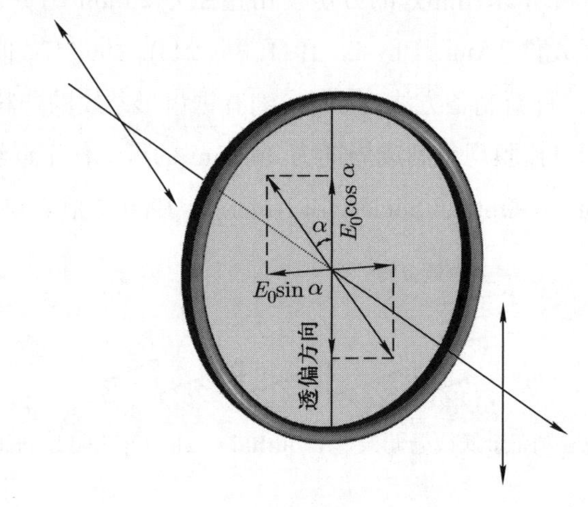

图 2.18 入射线偏振光的电场矢量沿平行于理想偏振片的透偏方向和垂直于理想偏振片的透偏方向的投影

入射线偏振光的电场矢量可分解成沿平行于理想偏振片的透偏方向和垂直于理想偏振片的透偏方向的分量. 垂直于理想偏振片的透偏方向的投影部分的光完全被阻挡, 而平行于理想偏振片的透偏方向的投影部分的光全部透射. 所以透射光的偏振面一定平行于理想偏振片的透偏方向. 设入射光的振幅为 E_0, 则透射光的振幅为 $E_0\cos\alpha$. 因为光强正比于振幅的平方, 所以入射光和透射光的光强之间的关系为

$$I = I_0\cos^2\alpha, \tag{2.19}$$

其中, I 为透射光的光强, I_0 为入射光的光强. (2.19) 式便是马吕斯定律.

当 $\alpha = 0$ 或 π 时, $I = I_0$, 透射光的光强最大. 当 $\alpha = \pi/2$ 或 $3\pi/2$ 时, $I = 0$, 即出现消光. 所以, 当在线偏振光的光路中插入检偏器时, 检偏器旋转一周, 透射光出现两次光强最强、两次消光. 据此, 可以判断入射光是否为线偏振光.

下面介绍圆偏振光或椭圆偏振光经过理想偏振片的透射光的光强变化. 圆偏振光

和椭圆偏振光可分解为同向、同频、偏振面相互垂直的两线偏振光, 见方程组 (2.17). 设入射光的传播方向沿 z 轴正方向, 偏振片的透偏方向和 y 轴之间的夹角为 α, E_x 和 E_y 在平行于偏振片的透偏方向和垂直于偏振片的透偏方向的投影如图 2.19 所示.

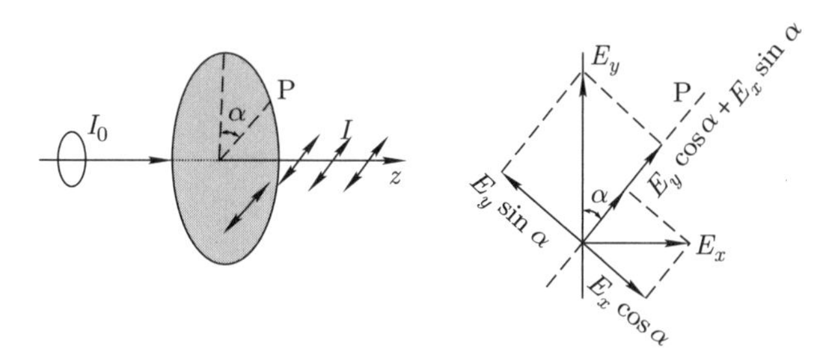

图 2.19 圆偏振光和椭圆偏振光的 E_x 和 E_y 在平行于偏振片的透偏方向和垂直于偏振片的透偏方向的投影

只有平行于偏振片透偏方向的分量才能透射, 所以透射光是偏振面平行于偏振片透偏方向的线偏振光, 电场矢量的大小为

$$E_{\mathrm{P}}=E_{0y}\cos\alpha\cos(\omega t-\boldsymbol{k}\cdot\boldsymbol{r}+\Delta\phi)+E_{0x}\sin\alpha\cos(\omega t-\boldsymbol{k}\cdot\boldsymbol{r}), \tag{2.20}$$

光强为平均能量密度:

$$\begin{aligned}I_{\mathrm{P}}=\langle E_{\mathrm{P}}^2\rangle&=\langle[E_{0y}\cos\alpha\cos(\omega t-\boldsymbol{k}\cdot\boldsymbol{r}+\Delta\phi)+E_{0x}\sin\alpha\cos(\omega t-\boldsymbol{k}\cdot\boldsymbol{r})]^2\rangle\\&=\langle[E_{0y}\cos(\omega t-\boldsymbol{k}\cdot\boldsymbol{r}+\Delta\phi)]^2\rangle\cos^2\alpha+\langle[E_{0x}\cos(\omega t-\boldsymbol{k}\cdot\boldsymbol{r})]^2\rangle\sin^2\alpha\\&\quad+2\langle E_{0y}E_{0x}\cos(\omega t-\boldsymbol{k}\cdot\boldsymbol{r}+\Delta\phi)\cos(\omega t-\boldsymbol{k}\cdot\boldsymbol{r})\rangle\cos\alpha\sin\alpha,\end{aligned}$$

其中,

$$\begin{cases}I_{0y}=\langle[E_{0y}\cos(\omega t-\boldsymbol{k}\cdot\boldsymbol{r}+\Delta\phi)]^2\rangle=\dfrac{1}{2}E_{0y}^2,\\ I_{0x}=\langle[E_{0x}\cos(\omega t-\boldsymbol{k}\cdot\boldsymbol{r})]^2\rangle=\dfrac{1}{2}E_{0x}^2,\\ 2\langle E_{0y}E_{0x}\cos(\omega t-\boldsymbol{k}\cdot\boldsymbol{r}+\Delta\phi)\cos(\omega t-\boldsymbol{k}\cdot\boldsymbol{r})\rangle\\ \quad=\langle E_{0y}E_{0x}\cos(2\omega t-2\boldsymbol{k}\cdot\boldsymbol{r}+\Delta\phi)\rangle+\langle E_{0y}E_{0x}\cos\Delta\phi\rangle\\ \quad=E_{0y}E_{0x}\cos\Delta\phi,\end{cases}$$

于是

$$I_{\mathrm{P}}=I_{0y}\cos^2\alpha+I_{0x}\sin^2\alpha+2\sqrt{I_{0x}I_{0y}}\cos\Delta\phi\sin\alpha\cos\alpha. \tag{2.21}$$

根据 $\cos^2\alpha=\dfrac{1}{2}(1+\cos2\alpha),\sin^2\alpha=\dfrac{1}{2}(1-\cos2\alpha),2\sin\alpha\cos\alpha=\sin2\alpha$, 可得

$$I_{\mathrm{P}}=\frac{1}{2}(I_{0x}+I_{0y})+\frac{1}{2}(I_{0y}-I_{0x})\cos2\alpha+\sqrt{I_{0x}I_{0y}}\cos\Delta\phi\sin2\alpha.$$

令 $a=\dfrac{1}{2}(I_{0y}-I_{0x}), b=\sqrt{I_{0x}I_{0y}}\cos\Delta\phi$, 可得

$$\begin{aligned}I_{\rm P}&=\frac{1}{2}(I_{0x}+I_{0y})+a\cos 2\alpha+b\sin 2\alpha\\&=\frac{1}{2}(I_{0x}+I_{0y})+\sqrt{a^2+b^2}\left(\frac{a}{\sqrt{a^2+b^2}}\cos 2\alpha+\frac{b}{\sqrt{a^2+b^2}}\sin 2\alpha\right).\end{aligned}$$

令 $\cos\theta_0=\dfrac{a}{\sqrt{a^2+b^2}}, \sin\theta_0=\dfrac{b}{\sqrt{a^2+b^2}}$, 可得

$$\begin{aligned}I_{\rm P}&=\frac{1}{2}(I_{0x}+I_{0y})+\sqrt{a^2+b^2}\cos(2\alpha-\theta_0)\\&=\frac{1}{2}(I_{0x}+I_{0y})+\frac{1}{2}\sqrt{I_{0x}^2+I_{0y}^2+2I_{0x}I_{0y}\cos 2\Delta\phi}\cos(2\alpha-\theta_0).\end{aligned}\tag{2.22}$$

由 (2.22) 式可知,

当 $\alpha=\dfrac{1}{2}\theta_0$ 或 $\dfrac{1}{2}\theta_0+\pi$ 时, 透射光的光强最大, 即

$$I_{\rm M}=\frac{1}{2}(I_{0x}+I_{0y})+\frac{1}{2}\sqrt{I_{0x}^2+I_{0y}^2+2I_{0x}I_{0y}\cos 2\Delta\phi};$$

当 $\alpha=\dfrac{1}{2}\theta_0\pm\dfrac{\pi}{2}$ 时, 透射光的光强最小, 即

$$I_{\rm m}=\frac{1}{2}(I_{0x}+I_{0y})-\frac{1}{2}\sqrt{I_{0x}^2+I_{0y}^2+2I_{0x}I_{0y}\cos 2\Delta\phi}.$$

如果选择透射光的光强最大或最小时的偏振面沿 x 轴或 y 轴, 则其为正椭圆偏振光, 即 $\Delta\phi=\dfrac{1}{2}\pi$ 或 $\dfrac{3}{2}\pi$.

如果选择透射光的光强最大时的偏振面沿 y 轴 (α 为偏振片的透偏方向与 y 轴之间的夹角, 下同), 则

$$I_{\rm P}=I_{\rm M}\cos^2\alpha+I_{\rm m}\sin^2\alpha.\tag{2.23}$$

如果选择透射光的光强最小时的偏振面沿 y 轴, 则

$$I_{\rm P}=I_{\rm M}\sin^2\alpha+I_{\rm m}\cos^2\alpha.\tag{2.24}$$

根据上述分析可知, 当在椭圆偏振光的光路中插入检偏器时, 检偏器旋转一周, 透射光的光强出现两次最大和两次最小, 并且光强最大和光强最小时的透偏方向相互垂直, 光强最小时并没有消光.

如果入射光为圆偏振光, 则 $I_{\rm m}=I_{\rm M}=\dfrac{1}{2}I_0$, 所以 $I_{\rm P}=I_{\rm M}\cos^2\alpha+I_{\rm m}\sin^2\alpha=\dfrac{1}{2}I_0$, 当在圆偏振光的光路中插入检偏器时, 透射光的光强减为入射光的光强的一半. 旋转检偏器时, 透射光的光强不变.

为了分析部分偏振光和自然光经过偏振片后的光强变化, 引入线偏振密度:

$$\rho(\theta)=\frac{\mathrm{d}N}{\mathrm{d}\theta},\tag{2.25}$$

其中, $\mathrm{d}N$ 为单位时间内偏振面在 $\theta\sim\theta+\mathrm{d}\theta$ 角度范围内出现的次数, 偏振面每一次出现对光强的贡献都相同, 记为 i_0.

图 2.20 给出某一部分偏振光的线偏振密度的角度分布, 因为部分偏振光的偏振面随机变化, 即它们无固定的相位关系, 彼此非相干, 所以它们是非相干叠加, 即为光强叠加, 于是 $\theta\sim\theta+\mathrm{d}\theta$ 角度范围内的光强为

$$\mathrm{d}I_0=i_0\mathrm{d}N=i_0\rho(\theta)\mathrm{d}\theta,$$

部分偏振光的总光强为

$$I_0=i_0\int_0^{\pi}\rho(\theta)\mathrm{d}\theta.$$

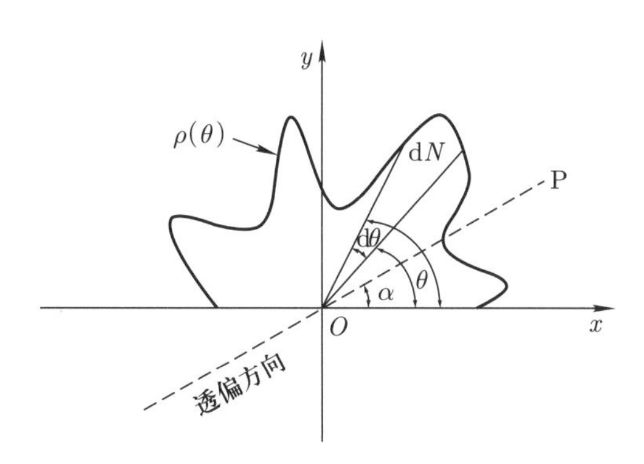

图 2.20 部分偏振光的线偏振密度的角度分布

在光的电场矢量中, 只有平行于偏振片透偏方向的分量才能透射, 所以通过偏振片的透射光的光强为

$$\begin{aligned}I_{\mathrm{P}}&=i_0\int_0^{\pi}\rho(\theta)\cos^2(\theta-\alpha)\mathrm{d}\theta=i_0\int_0^{\pi}\rho(\theta)\frac{1}{2}[1+\cos(2\theta-2\alpha)]\mathrm{d}\theta\\&=\frac{1}{2}i_0\int_0^{\pi}\rho(\theta)\mathrm{d}\theta+\frac{1}{2}i_0\int_0^{\pi}\rho(\theta)\cos(2\theta-2\alpha)\mathrm{d}\theta\\&=\frac{1}{2}I_0+\frac{1}{2}i_0\int_0^{\pi}\rho(\theta)(\cos2\theta\cos2\alpha+\sin2\theta\sin2\alpha)\mathrm{d}\theta\\&=\frac{1}{2}I_0+\left[\frac{1}{2}i_0\int_0^{\pi}\rho(\theta)\cos2\theta\mathrm{d}\theta\right]\cos2\alpha+\left[\frac{1}{2}i_0\int_0^{\pi}\rho(\theta)\sin2\theta\mathrm{d}\theta\right]\sin2\alpha,\end{aligned}$$

其中, $I_0=i_0\int_0^{\pi}\rho(\theta)\mathrm{d}\theta$ 为入射光的光强.

令 $a=\frac{1}{2}i_0\int_0^{\pi}\rho(\theta)\cos 2\theta\mathrm{d}\theta, b=\frac{1}{2}i_0\int_0^{\pi}\rho(\theta)\sin 2\theta\mathrm{d}\theta$, 它们取决于入射光的性质, 与 α 无关. 再令 $\cos\theta_0=\frac{a}{\sqrt{a^2+b^2}}, \sin\theta_0=\frac{b}{\sqrt{a^2+b^2}}$, 可得

$$\begin{aligned}I_{\mathrm{P}}&=\frac{1}{2}I_0+a\cos 2\alpha+b\sin 2\alpha=\frac{1}{2}I_0+\sqrt{a^2+b^2}(\cos\theta_0\cos 2\alpha+\sin\theta_0\sin 2\alpha)\\&=\frac{1}{2}I_0+\sqrt{a^2+b^2}\cos(2\alpha-\theta_0).\end{aligned}$$

由此可知,

当 $\alpha=\frac{1}{2}\theta_0$ 或 $\frac{1}{2}\theta_0+\pi$ 时, 透射光的光强最大, 即 $I_{\mathrm{M}}=\frac{1}{2}I_0+\sqrt{a^2+b^2}$;

当 $\alpha=\frac{1}{2}\theta_0\pm\frac{\pi}{2}$ 时, 透射光的光强最小, 即 $I_{\mathrm{m}}=\frac{1}{2}I_0-\sqrt{a^2+b^2}$.

如果选择透射光的光强最大或最小时的偏振面沿 x 轴或 y 轴, 则

$$I_{\mathrm{P}}=I_{\mathrm{M}}\cos^2\alpha+I_{\mathrm{m}}\sin^2\alpha \quad 或 \quad I_{\mathrm{P}}=I_{\mathrm{M}}\sin^2\alpha+I_{\mathrm{m}}\cos^2\alpha.$$

当在部分偏振光的光路中插入检偏器时, 检偏器旋转一周, 透射光的光强出现两次最大和两次最小, 并且光强最大和光强最小时的透偏方向相互垂直. 这和椭圆偏振光的情况完全一致.

对于入射光为自然光的情况, $I_{\mathrm{m}}=I_{\mathrm{M}}=\frac{1}{2}I_0$, 所以 $I_{\mathrm{P}}=\frac{1}{2}I_0$. 当在自然光的光路中插入检偏器时, 透射光的光强减为入射光的光强的一半. 旋转检偏器时, 透射光的光强不变. 这和圆偏振光的情况完全一致.

根据上述分析可知, 仅用偏振片就可以区分出线偏振光, 但是无法区分出自然光和圆偏振光, 也无法区分出部分偏振光和椭圆偏振光. 区分自然光和圆偏振光、部分偏振光和椭圆偏振光还需要其他光学元件, 这部分内容以后讲解.

为了表示光的偏振程度, 我们引入偏振度:

$$P=\frac{I_{\mathrm{M}}-I_{\mathrm{m}}}{I_{\mathrm{M}}+I_{\mathrm{m}}}, \tag{2.26}$$

其中, I_{M} 和 I_{m} 分别是旋转理想偏振片所获得的透射光的最大和最小光强.

对于线偏振光, $I_{\mathrm{M}}=I_0, I_{\mathrm{m}}=0$, 则 $P=1$;

对于自然光, $I_{\mathrm{M}}=I_{\mathrm{m}}$, 则 $P=0$;

对于部分偏振光, $0<P<1$.

例题 2.1 有三块偏振片堆叠在一起, 第一块偏振片与第三块偏振片的透偏方向相互垂直, 开始时, 第二块偏振片与第一块偏振片的透偏方向相互平行, 然后, 第二块

偏振片以恒定的角速度 ω 绕光的传播方向旋转, 设入射自然光的光强为 I_0, 求透射光的光强随时间的变化.

解 如图 2.21 所示, 由马吕斯定律可得

$$I_{\mathrm{P}} = \frac{I_0}{2}\cos^2\omega t\cos^2\left(\frac{\pi}{2}-\omega t\right) = \frac{I_0\cos^2\omega t\sin^2\omega t}{2} = \frac{I_0\sin^2 2\omega t}{8}.$$

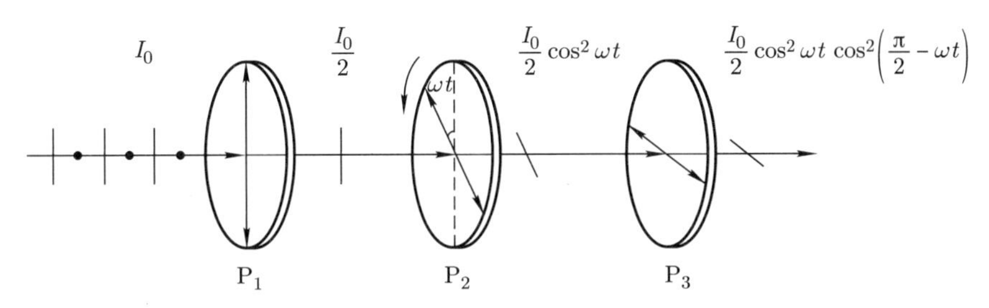

图 2.21 光经过三块偏振片后的透射光的光强变化

2.2.3 偏振态的描述

1. 琼斯矢量

任意一偏振光都可以由偏振面相互垂直的两线偏振光合成, 两线偏振光的振幅大小之比和相位差确定了合成的偏振光的偏振态, 见方程组 (2.17). 根据这一点, 琼斯 (Jones) 于 1941 年创造了琼斯矢量来描述偏振光的偏振态. 偏振光的偏振态可描述为

$$\widetilde{E} = \begin{bmatrix} E_{0x} \\ E_{0y}\mathrm{e}^{-\mathrm{i}\Delta\phi} \end{bmatrix},$$

其中, $\Delta\phi$ 表示沿 y 轴振动的相位比沿 x 轴振动的相位的超前量. 在琼斯矢量中采用 $-\Delta\phi$, 是因为在定态波的复数描述中, 采用 $\mathrm{e}^{-\mathrm{i}(\omega t-\boldsymbol{k}\cdot\boldsymbol{r}+\Delta\phi)}$ 来描述 $\cos(\omega t-\boldsymbol{k}\cdot\boldsymbol{r}+\Delta\phi)$, 这导致的结果是相位落后时为正, 相位超前时为负. 这部分内容将在 2.3 节详细解释. 有时不需要知道振幅的绝对大小, 因此可采用归一化的琼斯矢量:

$$\mathcal{P} = \frac{1}{\sqrt{E_{0x}^2+E_{0y}^2}}\begin{bmatrix} E_{0x} \\ E_{0y}\mathrm{e}^{-\mathrm{i}\Delta\phi} \end{bmatrix}.$$

下面列举几种常见偏振光的琼斯矢量:

对于偏振面平行于 x 方向的线偏振光: $\mathcal{P} = \begin{bmatrix} 1 \\ 0 \end{bmatrix}$;

对于偏振面平行于 y 方向的线偏振光, $\mathcal{P} = \begin{bmatrix} 0 \\ 1 \end{bmatrix}$;

对于偏振面在 1, 3 象限, 和 x 轴之间夹角为 45° 的线偏振光, $\mathcal{P} = \frac{1}{\sqrt{2}}\begin{bmatrix} 1 \\ 1 \end{bmatrix}$;

对于偏振面在 2, 4 象限, 和 x 轴之间夹角为 $-45°$ 的线偏振光, $\mathcal{P}=\frac{1}{\sqrt{2}}\begin{bmatrix}1\\-1\end{bmatrix}$;

对于左旋圆偏振光, $\mathcal{P}_{\mathrm{L}}=\frac{1}{\sqrt{2}}\begin{bmatrix}1\\\mathrm{e}^{-\mathrm{i}\frac{3\pi}{2}}\end{bmatrix}=\frac{1}{\sqrt{2}}\begin{bmatrix}1\\\mathrm{i}\end{bmatrix}$;

对于右旋圆偏振光, $\mathcal{P}_{\mathrm{R}}=\frac{1}{\sqrt{2}}\begin{bmatrix}1\\\mathrm{e}^{-\mathrm{i}\frac{\pi}{2}}\end{bmatrix}=\frac{1}{\sqrt{2}}\begin{bmatrix}1\\-\mathrm{i}\end{bmatrix}$.

对左旋和右旋圆偏振光的琼斯矢量求和, 可得

$$\mathcal{P}_{\mathrm{L}}+\mathcal{P}_{\mathrm{R}}=\frac{1}{\sqrt{2}}\begin{bmatrix}1\\\mathrm{i}\end{bmatrix}+\frac{1}{\sqrt{2}}\begin{bmatrix}1\\-\mathrm{i}\end{bmatrix}=\frac{1}{\sqrt{2}}\begin{bmatrix}1+1\\\mathrm{i}-\mathrm{i}\end{bmatrix}=\frac{2}{\sqrt{2}}\begin{bmatrix}1\\0\end{bmatrix},$$

即线偏振光可以由振幅相等的左旋和右旋圆偏振光合成, 合成的线偏振光的振幅是两圆偏振光的每个分量的振幅的 2 倍.

2. 琼斯矩阵

偏振元件可将光的琼斯矢量 $\mathcal{P}_1$ 改变成 $\mathcal{P}_2$, 这个改变可使用一个 2×2 矩阵表示为

$$\mathcal{P}_2=J\mathcal{P}_1,$$

其中, $J=\begin{bmatrix}a_{11}&a_{12}\\a_{21}&a_{22}\end{bmatrix}$ 为琼斯矩阵.

下面列举几种不同透偏方向的偏振片的琼斯矩阵:

对于透偏方向沿 x 轴的偏振片, $J_{\parallel}=\begin{bmatrix}1&0\\0&0\end{bmatrix}$;

对于透偏方向沿 y 轴的偏振片, $J_{\perp}=\begin{bmatrix}0&0\\0&1\end{bmatrix}$;

对于透偏方向和 x 轴之间夹角为 $45°$ 的偏振片, $J_{45°}=\frac{1}{2}\begin{bmatrix}1&1\\1&1\end{bmatrix}$;

对于透偏方向和 x 轴之间夹角为 $-45°$ 的偏振片, $J_{-45°}=\frac{1}{2}\begin{bmatrix}1&-1\\-1&1\end{bmatrix}$.

例题 2.2 求右旋圆偏振光经过两透偏方向相互垂直的理想偏振片后的透射光的琼斯矢量.

解 透射光的琼斯矢量为

$$\mathcal{P}_2=J_{\perp}J_{\parallel}\mathcal{P}_1=\begin{bmatrix}0&0\\0&1\end{bmatrix}\begin{bmatrix}1&0\\0&0\end{bmatrix}\frac{1}{\sqrt{2}}\begin{bmatrix}1\\-\mathrm{i}\end{bmatrix}=\begin{bmatrix}0&0\\0&0\end{bmatrix}\frac{1}{\sqrt{2}}\begin{bmatrix}1\\-\mathrm{i}\end{bmatrix}=\begin{bmatrix}0\\0\end{bmatrix},$$

即出现消光.

3. 斯托克斯参量

1854 年, 斯托克斯 (Stokes) 引入 4 个参量来描述光的偏振态, 称之为斯托克斯参量.

设入射光的光强为 $2I_0$, 分别经过四种滤波器, 它们对自然光的透射率均为50%, 使用对偏振态不敏感的光强探测器测量透射光的光强.

滤波器 1 对不同偏振态的光的透射率相同, 均为50%, 测得其透射光的光强为 I_0;

滤波器 2 为透偏方向与水平方向平行的理想偏振片, 测得其透射光的光强为 I_1;

滤波器 3 为透偏方向与水平方向之间的夹角为 45° 的理想偏振片, 测得其透射光的光强为 I_2;

滤波器 4 只允许右旋圆偏振光透过, 测得其透射光的光强为 I_3.

斯托克斯参量定义为

$$\begin{bmatrix} \mathcal{S}_0 \\ \mathcal{S}_1 \\ \mathcal{S}_2 \\ \mathcal{S}_3 \end{bmatrix} = \begin{bmatrix} 2I_0 \\ 2I_1 - 2I_0 \\ 2I_2 - 2I_0 \\ 2I_3 - 2I_0 \end{bmatrix},$$

其中, $\mathcal{S}_0$ 为入射光的光强, 将每个斯托克斯参量除以 $\mathcal{S}_0$ 可以得到归一化的斯托克斯参量.

根据方程组 (2.17), 可将入射光的光强写为

$$I = 2I_0 = \langle E_x^2 \rangle + \langle E_y^2 \rangle = \frac{1}{2}E_{0x}^2 + \frac{1}{2}E_{0y}^2.$$

入射光经过滤波器 2, 偏振面沿 x 方向的线偏振光无吸收地透射, 而偏振面沿 y 方向的线偏振光全部被吸收, 于是透射光的光强为

$$I_1 = \langle E_x^2 \rangle = \frac{1}{2}E_{0x}^2.$$

入射光经过滤波器 3, 只有沿滤波器 3 透偏方向的偏振分量才能透射, 于是透射光的场强为

$$E_2 = E_{0x}\sin\frac{\pi}{4}\cos(\omega t - \boldsymbol{k}\cdot\boldsymbol{r}) + E_{0y}\cos\frac{\pi}{4}\cos(\omega t - \boldsymbol{k}\cdot\boldsymbol{r} + \Delta\phi),$$

透射光的光强为

$$\begin{aligned} I_2 = \langle E_2^2 \rangle &= \frac{1}{2}\langle [E_{0x}\cos(\omega t - \boldsymbol{k}\cdot\boldsymbol{r})]^2 \rangle + \frac{1}{2}\langle [E_{0y}\cos(\omega t - \boldsymbol{k}\cdot\boldsymbol{r} + \Delta\phi)]^2 \rangle \\ &\quad + \langle E_{0x}E_{0y}\cos(\omega t - \boldsymbol{k}\cdot\boldsymbol{r})\cos(\omega t - \boldsymbol{k}\cdot\boldsymbol{r} + \Delta\phi) \rangle \\ &= \frac{1}{4}E_{0x}^2 + \frac{1}{4}E_{0y}^2 + \frac{1}{2}E_{0x}E_{0y}\langle \cos\Delta\phi \rangle. \end{aligned}$$

根据前面的分析可知, 线偏振光由振幅相等的左旋和右旋圆偏振光合成, 于是入射光的场强可写为

$$\begin{aligned}
\boldsymbol{E} &= \boldsymbol{e}_x E_{0x}\cos(\omega t-\boldsymbol{k}\cdot\boldsymbol{r})+\boldsymbol{e}_y E_{0y}\cos(\omega t-\boldsymbol{k}\cdot\boldsymbol{r}+\Delta\phi) \\
&= \underbrace{\boldsymbol{e}_x\frac{E_{0x}}{2}\cos(\omega t-\boldsymbol{k}\cdot\boldsymbol{r})+\boldsymbol{e}_y\frac{E_{0x}}{2}\cos\left(\omega t-\boldsymbol{k}\cdot\boldsymbol{r}+\frac{\pi}{2}\right)}_{\text{右旋圆偏振光}} \\
&\quad+\underbrace{\boldsymbol{e}_x\frac{E_{0x}}{2}\cos(\omega t-\boldsymbol{k}\cdot\boldsymbol{r})+\boldsymbol{e}_y\frac{E_{0x}}{2}\cos\left(\omega t-\boldsymbol{k}\cdot\boldsymbol{r}+\frac{3\pi}{2}\right)}_{\text{左旋圆偏振光}} \\
&\quad+\underbrace{\boldsymbol{e}_x\frac{E_{0y}}{2}\cos\left(\omega t-\boldsymbol{k}\cdot\boldsymbol{r}+\Delta\phi+\frac{3\pi}{2}\right)+\boldsymbol{e}_y\frac{E_{0y}}{2}\cos(\omega t-\boldsymbol{k}\cdot\boldsymbol{r}+\Delta\phi)}_{\text{右旋圆偏振光}} \\
&\quad+\underbrace{\boldsymbol{e}_x\frac{E_{0y}}{2}\cos\left(\omega t-\boldsymbol{k}\cdot\boldsymbol{r}+\Delta\phi+\frac{\pi}{2}\right)+\boldsymbol{e}_y\frac{E_{0y}}{2}\cos(\omega t-\boldsymbol{k}\cdot\boldsymbol{r}+\Delta\phi)}_{\text{左旋圆偏振光}}.
\end{aligned}$$

因为滤波器 4 只允许右旋圆偏振光透过, 所以透射光的场强为

$$\begin{aligned}
\boldsymbol{E}_3 &= \boldsymbol{e}_x\frac{E_{0x}}{2}\cos(\omega t-\boldsymbol{k}\cdot\boldsymbol{r})+\boldsymbol{e}_y\frac{E_{0x}}{2}\cos\left(\omega t-\boldsymbol{k}\cdot\boldsymbol{r}+\frac{\pi}{2}\right) \\
&\quad+\boldsymbol{e}_x\frac{E_{0y}}{2}\cos\left(\omega t-\boldsymbol{k}\cdot\boldsymbol{r}+\Delta\phi+\frac{3\pi}{2}\right)+\boldsymbol{e}_y\frac{E_{0y}}{2}\cos(\omega t-\boldsymbol{k}\cdot\boldsymbol{r}+\Delta\phi) \\
&= \boldsymbol{e}_x\left[\frac{E_{0x}}{2}\cos(\omega t-\boldsymbol{k}\cdot\boldsymbol{r})+\frac{E_{0y}}{2}\cos\left(\omega t-\boldsymbol{k}\cdot\boldsymbol{r}+\Delta\phi+\frac{3\pi}{2}\right)\right] \\
&\quad+\boldsymbol{e}_y\left[\frac{E_{0x}}{2}\cos\left(\omega t-\boldsymbol{k}\cdot\boldsymbol{r}+\frac{\pi}{2}\right)+\frac{E_{0y}}{2}\cos(\omega t-\boldsymbol{k}\cdot\boldsymbol{r}+\Delta\phi)\right],
\end{aligned}$$

透射光的光强为

$$\begin{aligned}
I_3 &= \langle \boldsymbol{E}_3^2\rangle \\
&= \left\langle\left[\frac{E_{0x}}{2}\cos(\omega t-\boldsymbol{k}\cdot\boldsymbol{r})+\frac{E_{0y}}{2}\cos\left(\omega t-\boldsymbol{k}\cdot\boldsymbol{r}+\Delta\phi+\frac{3\pi}{2}\right)\right]^2\right\rangle \\
&\quad+\left\langle\left[\frac{E_{0x}}{2}\cos\left(\omega t-\boldsymbol{k}\cdot\boldsymbol{r}+\frac{\pi}{2}\right)+\frac{E_{0y}}{2}\cos(\omega t-\boldsymbol{k}\cdot\boldsymbol{r}+\Delta\phi)\right]^2\right\rangle \\
&= \frac{1}{4}E_{0x}^2+\frac{1}{4}E_{0y}^2+\frac{1}{2}E_{0x}E_{0y}\langle\sin\Delta\phi\rangle.
\end{aligned}$$

于是得到描述入射光偏振态的斯托克斯参量. 注意: 在不关注绝对光强时, 将斯托克斯参量的 4 个分量同时乘以同一常数, 不改变它所描述的偏振态. 下面的斯托克斯参

量是各分量同时乘以 2 后所得的:

$$\begin{bmatrix} \mathcal{S}_0 \\ \mathcal{S}_1 \\ \mathcal{S}_2 \\ \mathcal{S}_3 \end{bmatrix} = \begin{bmatrix} E_{0x}^2 + E_{0y}^2 \\ E_{0x}^2 - E_{0y}^2 \\ 2E_{0x}E_{0y}\langle\cos\Delta\phi\rangle \\ 2E_{0x}E_{0y}\langle\sin\Delta\phi\rangle \end{bmatrix}.$$

斯托克斯参量能够更好地描述自然光和部分偏振光. 将每个斯托克斯参量除以 $\mathcal{S}_0$ 可以得到归一化的斯托克斯参量. 下面列举几种常见偏振光的斯托克斯参量:

对于自然光, 斯托克斯参量为 $\begin{bmatrix} 1 \\ 0 \\ 0 \\ 0 \end{bmatrix}$;

对于偏振面平行于 x 方向的线偏振光, 斯托克斯参量为 $\begin{bmatrix} 1 \\ 1 \\ 0 \\ 0 \end{bmatrix}$;

对于偏振面平行于 y 方向的线偏振光, 斯托克斯参量为 $\begin{bmatrix} 1 \\ -1 \\ 0 \\ 0 \end{bmatrix}$;

对于和 x 轴之间夹角为 45° 的线偏振光, 斯托克斯参量为 $\begin{bmatrix} 1 \\ 0 \\ 1 \\ 0 \end{bmatrix}$;

对于和 x 轴之间夹角为 -45° 的线偏振光, 斯托克斯参量为 $\begin{bmatrix} 1 \\ 0 \\ -1 \\ 0 \end{bmatrix}$;

对于右旋圆偏振光, 斯托克斯参量为 $\begin{bmatrix} 1 \\ 0 \\ 0 \\ 1 \end{bmatrix}$;

对于左旋圆偏振光, 斯托克斯参量为 $\begin{bmatrix} 1 \\ 0 \\ 0 \\ -1 \end{bmatrix}$.

4. 缪勒矩阵

1943 年, 缪勒 (Mueller) 发明了 4×4 矩阵 $\mathcal{M}$, 用以处理偏振片对斯托克斯参量的变换. 下面列举几种不同透偏方向的偏振片的缪勒矩阵:

对于透偏方向沿 x 轴的偏振片, 缪勒矩阵为 $\frac{1}{2}\begin{bmatrix}1 & 1 & 0 & 0\\ 1 & 1 & 0 & 0\\ 0 & 0 & 0 & 0\\ 0 & 0 & 0 & 0\end{bmatrix}$;

对于透偏方向沿 y 轴的偏振片, 缪勒矩阵为 $\frac{1}{2}\begin{bmatrix}1 & -1 & 0 & 0\\ -1 & 1 & 0 & 0\\ 0 & 0 & 0 & 0\\ 0 & 0 & 0 & 0\end{bmatrix}$;

对于透偏方向和 x 轴之间夹角为 45° 的偏振片, 缪勒矩阵为 $\frac{1}{2}\begin{bmatrix}1 & 0 & 1 & 0\\ 0 & 0 & 0 & 0\\ 1 & 0 & 1 & 0\\ 0 & 0 & 0 & 0\end{bmatrix}$;

对于透偏方向和 x 轴之间夹角为 -45° 的偏振片, 缪勒矩阵为 $\frac{1}{2}\begin{bmatrix}1 & 0 & -1 & 0\\ 0 & 0 & 0 & 0\\ -1 & 0 & 1 & 0\\ 0 & 0 & 0 & 0\end{bmatrix}$.

例题 2.3 求左旋圆偏振光经过透偏方向沿 x 轴的偏振片后, 透射光的斯托克斯参量.

解 透射光的斯托克斯参量为

$$\mathcal{S}_{\mathrm{t}} = \mathcal{M}\mathcal{S}_i = \frac{1}{2}\begin{bmatrix}1 & 1 & 0 & 0\\ 1 & 1 & 0 & 0\\ 0 & 0 & 0 & 0\\ 0 & 0 & 0 & 0\end{bmatrix}\begin{bmatrix}1\\ 0\\ 0\\ -1\end{bmatrix} = \frac{1}{2}\begin{bmatrix}1\\ 1\\ 0\\ 0\end{bmatrix}.$$

这里只是简单地介绍了斯托克斯参量和缪勒矩阵, 不再对之做详细讨论.

2.3 定态波的复数描述

定态波具有如下性质:

(1) 空间内各点的振动是同频率的简谐振动 (频率与振源相同);

(2) 波场中各点振动的振幅不随时间变化, 在空间内形成一个稳定的振幅分布.

严格的定态波要求波列无限长, 在实际中, 如果波列的持续时间远远大于光的振动周期, 便可将其近似看成定态波. 我们常用的光源多是自发辐射, 一次自发辐射发光

的持续时间为 $\tau \sim 10^{-8}$ s, 可见光的振动周期为 $T \sim 10^{-15}$ s, 所以一次发光波列包含 $\frac{\tau}{T} \sim 10^7$ 个周期, 足可以近似为定态波.

与定态波相对的是脉冲波, 利用锁模技术实现了皮秒 (10^{-12} s)、飞秒 (10^{-15} s) 脉冲波, 2001 年, 通过高次谐波实现了阿秒 (10^{-18} s) 脉冲波 (Nature, 2001, 414: 509). 脉冲波提供了极端实验条件, 可广泛应用于生物、化学、物理等领域.

本书所讲的光都可以近似为定态波.

2.3.1 定态波的标量描述

光是电磁波, 由相互耦合的电场和磁场组成. 在自由空间内, 电场和磁场的大小、方向和相位都有确定的关系, 只要知道一个量, 另一个量就可以完全确定, 因此我们只需任选其中一个量来描述即可. 因为光与物质的相互作用主要是电场对分子或原子的外层电子的作用, 所以我们选择利用电场来描述光. 电场矢量 (E_x, E_y, E_z) 的各个分量满足相同的波动方程: $\nabla^2 E_i - \varepsilon\varepsilon_0\mu\mu_0 \dfrac{\partial^2 E_i}{\partial t^2} = 0$, 其中, $i = x, y, z$. 在不考虑偏振特性时, 光可以用标量 U 描述, 电场标量和电场矢量的各个分量之间满足相同的波动方程:

$$\nabla^2 U - \varepsilon\varepsilon_0\mu\mu_0 \frac{\partial^2 U}{\partial t^2} = 0.$$

简谐光为定态波的基元成分, 其标量描述为

$$U(P,t) = A(P)\cos[\omega t - \phi(P)], \tag{2.27}$$

其中, P 表示空间内的某一点, 振幅 $A(P)$ 相对于时间稳定, 等于电场的振幅, 角频率 ω 单一.

2.3.2 定态波的复数描述

为了便于计算, 常把定态波的三角函数描述形式 (见 (2.27) 式) 转化成以振幅为模、以相位为复角的复数描述形式, 如图 2.22 所示. (2.27) 式是它对应的复数的实部, 即

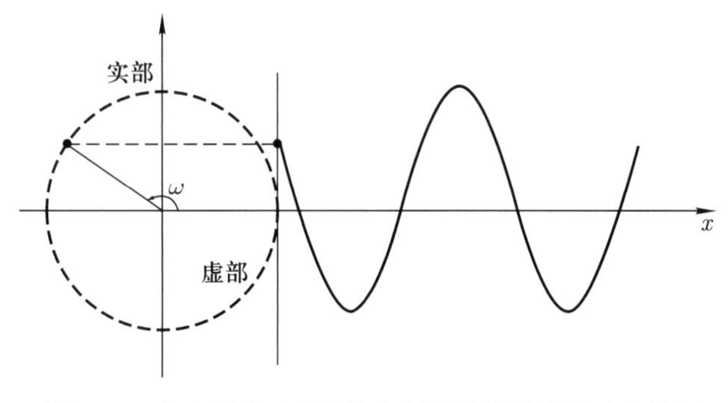

图 2.22 定态波的三角函数和复数描述形式的对应关系

$$U(P,t) = A(P)\cos[\omega t - \phi(P)] = \mathrm{Re}\,\{A(P)\mathrm{e}^{\pm \mathrm{i}[\omega t - \phi(P)]}\}.$$

在复数描述中, 复角前的符号可为正也可为负. 在本书中规定一律取负号, 这样, $\phi(P)$ 为正值时表示相位落后. 因此波的复数描述为

$$\widetilde{U}(P,t) = A(P)\mathrm{e}^{-\mathrm{i}[\omega t - \phi(P)]}. \tag{2.28}$$

下面介绍几种典型光波的复数描述:

(1) 平面光波, 即等相位面为相互平行的无限大平面, 如图 2.23 所示.

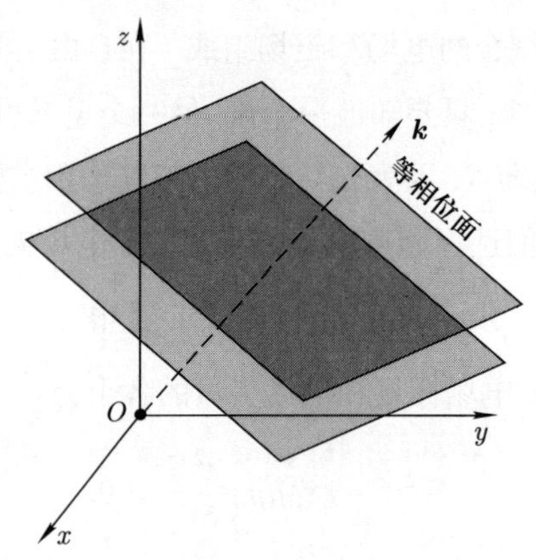

图 2.23　平面光波的等相位面

平面光波的波函数为

$$U(\boldsymbol{r},t) = A\cos(\omega t - \boldsymbol{k}\cdot\boldsymbol{r} + \phi_0) = A\cos[\omega t - (k_x x + k_y y + k_z z) + \phi_0],$$

其中, ϕ_0 为初始相位. 其复数描述为

$$\widetilde{U}(\boldsymbol{r},t) = A\mathrm{e}^{-\mathrm{i}[\omega t - (k_x x + k_y y + k_z z) + \phi_0]} = A\mathrm{e}^{\mathrm{i}(k_x x + k_y y + k_z z)}\mathrm{e}^{-\mathrm{i}\omega t}\mathrm{e}^{-\mathrm{i}\phi_0}.$$

平面光波的特征为: 具有线性相因子, 振幅是常量.

(2) 球面光波, 即等相位面为相互平行的球面, 如图 2.24 所示.

球面光波的波函数为

$$\begin{aligned} U(\boldsymbol{r},t) &= \frac{A}{r}\cos(\omega t - \boldsymbol{k}\cdot\boldsymbol{r} + \phi_0) = \frac{A}{r}\cos[\omega t - (\boldsymbol{e}_k\cdot\boldsymbol{e}_r)kr + \phi_0] \\ &= \frac{A}{\sqrt{x^2+y^2+z^2}}\cos[\omega t - (\boldsymbol{e}_k\cdot\boldsymbol{e}_r)k\sqrt{x^2+y^2+z^2} + \phi_0], \end{aligned}$$

其复数描述为

$$\begin{aligned} \widetilde{U}(\boldsymbol{r},t) &= \frac{A}{\sqrt{x^2+y^2+z^2}}\mathrm{e}^{-\mathrm{i}[\omega t - (\boldsymbol{e}_k\cdot\boldsymbol{e}_r)k\sqrt{x^2+y^2+z^2} + \phi_0]} \\ &= \frac{A}{\sqrt{x^2+y^2+z^2}}\mathrm{e}^{\mathrm{i}(\boldsymbol{e}_k\cdot\boldsymbol{e}_r)k\sqrt{x^2+y^2+z^2}}\mathrm{e}^{-\mathrm{i}\omega t}\mathrm{e}^{-\mathrm{i}\phi_0}. \end{aligned}$$

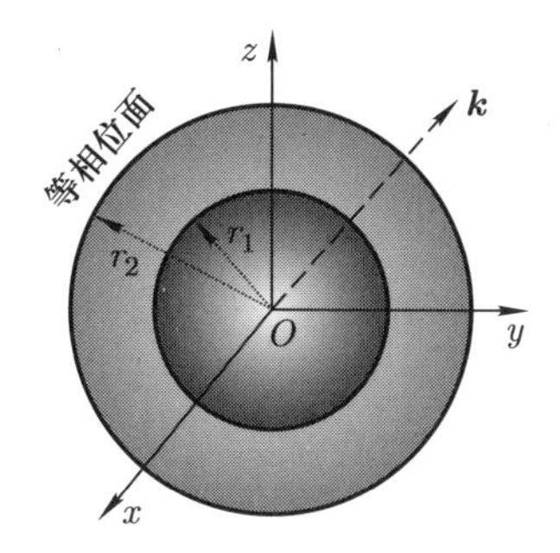

图 2.24 球面光波的等相位面

对于发散球面光波, $\boldsymbol{e}_k$ 和 $\boldsymbol{e}_r$ 同向, 则 $\boldsymbol{e}_k\cdot\boldsymbol{e}_r=1$; 对于会聚球面光波, $\boldsymbol{e}_k$ 和 $\boldsymbol{e}_r$ 反向, 则 $\boldsymbol{e}_k\cdot\boldsymbol{e}_r=-1$. 如果发散点和会聚点不在原点, 而是在 (x_0,y_0,z_0) 点处, 则球面光波可以表示为

$$\begin{aligned}\widetilde{U}(P,t)&=\frac{A}{r}\mathrm{e}^{\pm\mathrm{i}kr}\mathrm{e}^{-\mathrm{i}\omega t}\mathrm{e}^{-\mathrm{i}\phi_0}\\&=\frac{A}{\sqrt{(x-x_0)^2+(y-y_0)^2+(z-z_0)^2}}\mathrm{e}^{\pm\mathrm{i}k\sqrt{(x-x_0)^2+(y-y_0)^2+(z-z_0)^2}}\mathrm{e}^{-\mathrm{i}\omega t}\mathrm{e}^{-\mathrm{i}\phi_0}.\end{aligned}$$

球面光波的特征为: 相因子和空间位置的笛卡儿坐标为非线性关系, 振幅正比于 $1/r$.

振幅因子的说明 设光在空间内传播时无能量损耗和增益, 所以从半径为 r_1 的球面和半径为 r_2 的球面 (见图 2.24) 辐射出的能量应该相等, 即 $4\pi r_1^2\cdot A_1^2=4\pi r_2^2\cdot A_2^2$, 因此可得 $\dfrac{A_2}{A_1}=\dfrac{r_1}{r_2}$, 即振幅正比于 $1/r$.

(3) 柱面光波, 即等相位面为相互平行的无限大柱面, 如图 2.25 所示.

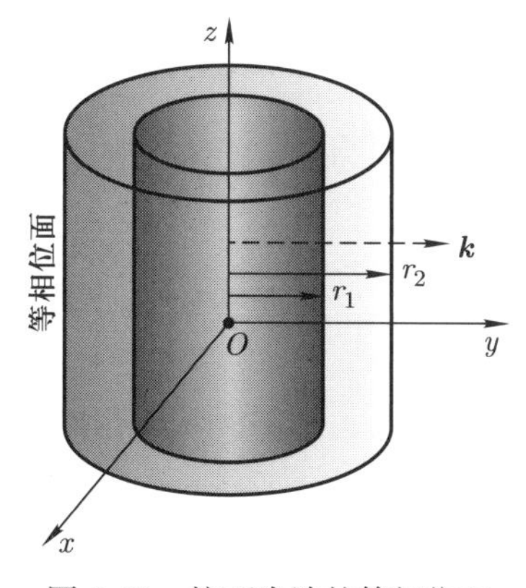

图 2.25 柱面光波的等相位面

柱面光波的波函数为

$$
\begin{aligned}
U(\boldsymbol{r},t) &= \frac{A}{\sqrt{r}}\cos(\omega t - \boldsymbol{k}\cdot\boldsymbol{r}+\phi_0)\\
&= \frac{A}{\sqrt[4]{x^2+y^2}}\cos[\omega t-(\boldsymbol{e}_k\cdot\boldsymbol{e}_r)k\sqrt{x^2+y^2}+\phi_0],
\end{aligned}
$$

其复数描述为

$$
\begin{aligned}
\widetilde{U}(\boldsymbol{r},t) &= \frac{A}{\sqrt[4]{x^2+y^2}}\mathrm{e}^{-\mathrm{i}[\omega t-(\boldsymbol{e}_k\cdot\boldsymbol{e}_r)k\sqrt{x^2+y^2}+\phi_0]}\\
&= \frac{A}{\sqrt[4]{x^2+y^2}}\mathrm{e}^{\mathrm{i}(\boldsymbol{e}_k\cdot\boldsymbol{e}_r)k\sqrt{x^2+y^2}}\mathrm{e}^{-\mathrm{i}\omega t}\mathrm{e}^{-\mathrm{i}\phi_0}.
\end{aligned}
$$

对于发散柱面光波, $\boldsymbol{e}_k\cdot\boldsymbol{e}_r=1$; 对于会聚柱面光波, $\boldsymbol{e}_k\cdot\boldsymbol{e}_r=-1$.

柱面光波的特征为: 相因子和空间位置坐标为非线性关系, 振幅正比于 $1/\sqrt{r}$. 关于振幅因子的说明请参考球面光波.

2.3.3　复振幅

定态波的频率单一, 且振幅相对于时间稳定, 确定光波性质的是振幅的空间分布 $A(P)$ 和相位的空间分布 $\phi(P)$, 所以引入复振幅的概念:

$$
\widetilde{U}(P)=A(P)\mathrm{e}^{\mathrm{i}\phi(P)}. \tag{2.29}
$$

下面介绍三种典型光波的复振幅:

对于平面光波, 有

$$
\widetilde{U}(\boldsymbol{r})=A\mathrm{e}^{\mathrm{i}\boldsymbol{k}\cdot\boldsymbol{r}}=A\mathrm{e}^{\mathrm{i}(k_x x+k_y y+k_z z)}.
$$

对于球面光波 (发射点或会聚点在原点), 有

$$
\widetilde{U}(\boldsymbol{r})=\frac{A}{r}\mathrm{e}^{\mathrm{i}\boldsymbol{k}\cdot\boldsymbol{r}}=\frac{A}{\sqrt{x^2+y^2+z^2}}\mathrm{e}^{\mathrm{i}(\boldsymbol{e}_k\cdot\boldsymbol{e}_r)k\sqrt{x^2+y^2+z^2}}.
$$

对于柱面光波 (发散线或会聚线为 z 轴), 有

$$
\widetilde{U}(\boldsymbol{r})=\frac{A}{\sqrt{r}}\mathrm{e}^{\mathrm{i}\boldsymbol{k}\cdot\boldsymbol{r}}=\frac{A}{\sqrt[4]{x^2+y^2}}\mathrm{e}^{\mathrm{i}(\boldsymbol{e}_k\cdot\boldsymbol{e}_r)k\sqrt{x^2+y^2}}.
$$

光强和复振幅之间的关系为

$$
I(\boldsymbol{r})=\widetilde{U}(\boldsymbol{r})\cdot\widetilde{U}^*(\boldsymbol{r})=A^2(\boldsymbol{r}), \tag{2.30}
$$

其中, $\widetilde{U}^*(\boldsymbol{r})$ 是 $\widetilde{U}(\boldsymbol{r})$ 的复共轭. 在后面的章节中, 经常利用 (2.30) 式计算光强分布.

2.4 波前函数

复振幅是振幅和相位在三维空间 (x,y,z) 内的函数, 而我们往往在诸如记录介质、感光底片、接收屏等某一平面 (x,y) 上观察光场. 如图 2.26 所示, 复振幅在观察平面上的分布 $\widetilde{U}(x,y)$ 称为波前函数. 注意: 在讨论波前函数时, 一定要给出所研究的平面 (广义的波前).

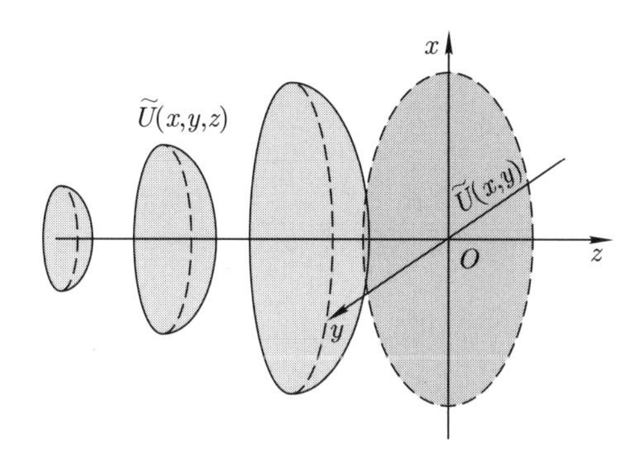

图 2.26 复振幅和波前函数

波前函数是分析波动光学行为的重要工具, 应用于本书的许多章节, 包括: 波前的描述和识别、波前的叠加和干涉、波前的变换和分析、波前的记录和再现等.

2.4.1 平面光波的波前函数

平面光波的复振幅为

$$\widetilde{U}(\boldsymbol{r}) = A\mathrm{e}^{\mathrm{i}(k_x x + k_y y + k_z z)},$$

它在 (x,y) 平面上的波前函数 (即在 $z=0$ 平面上的波前函数) 为

$$\widetilde{U}(x,y) = A\mathrm{e}^{\mathrm{i}(k_x x + k_y y)},$$

其共轭光波的波前函数为

$$\widetilde{U}^*(x,y) = A\mathrm{e}^{-\mathrm{i}(k_x x + k_y y)}.$$

在无特别说明的情况下, 认定光波从左向右, 即沿 z 轴正方向传播, 所以平面光波和其共轭光波的波矢之间的关系为 $k_x^* = -k_x, k_y^* = -k_y, k_z^* = k_z$. 图 2.27 给出了平面光波和其共轭光波.

2.4.2 球面光波的波前函数

以 $Q(x_0, y_0, -z_0)$ 点为发散点的球面光波的复振幅为

$$\widetilde{U}(x,y,z) = \frac{A}{\sqrt{(x-x_0)^2 + (y-y_0)^2 + (z+z_0)^2}}\mathrm{e}^{\mathrm{i}k\sqrt{(x-x_0)^2+(y-y_0)^2+(z+z_0)^2}},$$

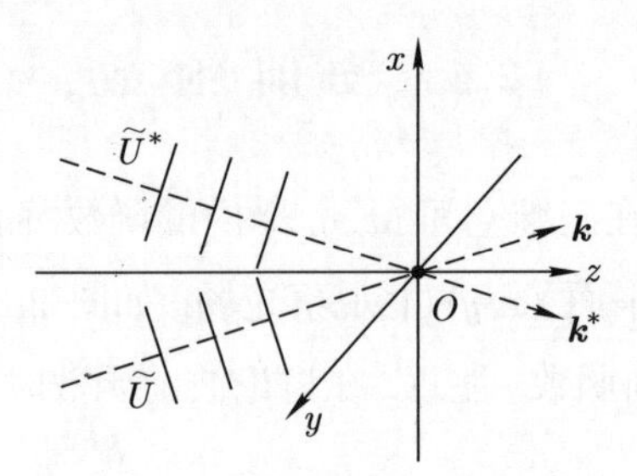

图 2.27 平面光波和其共轭光波

它在 $z=0$ 平面上的波前函数为

$$\widetilde{U}(x,y)=\frac{A}{\sqrt{(x-x_0)^2+(y-y_0)^2+z_0^2}}\mathrm{e}^{\mathrm{i}k\sqrt{(x-x_0)^2+(y-y_0)^2+z_0^2}},$$

其共轭光波的波前函数为

$$\widetilde{U}^*(x,y)=\frac{A}{\sqrt{(x-x_0)^2+(y-y_0)^2+z_0^2}}\mathrm{e}^{-\mathrm{i}k\sqrt{(x-x_0)^2+(y-y_0)^2+z_0^2}}.$$

根据光波从左向右传播的约定, 上述球面光波的共轭光波为以 $Q'(x_0,y_0,z_0)$ 点为会聚点的球面光波, 见图 2.28.

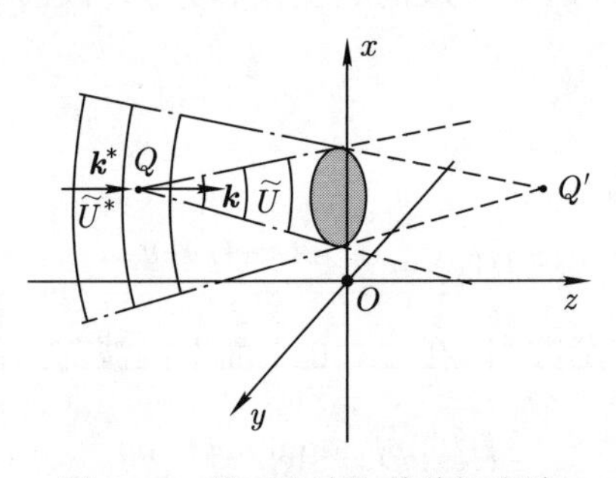

图 2.28 球面光波和其共轭光波

例题 2.4 已知一列波长为 λ 的光波, 在 (x,y) 平面上的波前函数为 $\widetilde{U}(x,y)=A\mathrm{e}^{\mathrm{i}(2\pi f_x x+2\pi f_y y)}$, 试分析与该波前函数相联系的光波的类型和特征.

解 (x,y) 平面上的波前函数为

$$\widetilde{U}(x,y)=A\mathrm{e}^{\mathrm{i}(2\pi f_x x+2\pi f_y y)}=A\mathrm{e}^{\mathrm{i}\frac{2\pi}{\lambda}(f_x\lambda x+f_y\lambda y)}=A\mathrm{e}^{\mathrm{i}k(f_x\lambda x+f_y\lambda y)}.$$

因为 x,y 的线性相位因子对应于平面光波, 所以该光波的传播方向为

$$\begin{cases}k_x=k\cos\alpha=kf_x\lambda, & \text{即}\quad \cos\alpha=f_x\lambda,\\ k_y=k\cos\beta=kf_y\lambda, & \text{即}\quad \cos\beta=f_y\lambda,\end{cases}$$

其中, α,β 分别是波矢与 x 轴和 y 轴之间的夹角. 波矢与 z 轴之间的夹角 γ 满足

$$\cos\gamma=\sqrt{1-\cos^2\alpha-\cos^2\beta}=\sqrt{1-f_x^2\lambda^2-f_y^2\lambda^2}.$$

所以光波的传播方向为

$$\boldsymbol{e}_k=(\cos\alpha,\cos\beta,\cos\gamma)=(f_x\lambda,f_y\lambda,\sqrt{1-f_x^2\lambda^2-f_y^2\lambda^2}).$$

2.5 傍轴条件和远场条件

当球面光波的会聚点或发散点到观察屏的距离满足一定条件时, 观察屏上的实振幅分布可以看成常量, 这一条件称为傍轴条件. 满足傍轴条件的球面光波称为傍轴球面光波. 能把球面光波的波前函数的相因子近似为线性相因子的距离条件称为远场条件. 同时满足傍轴条件和远场条件的球面光波可以看成平面光波.

2.5.1 傍轴条件

如图 2.29 所示, 点光源 $Q(0,0,-z_0)$ 发出的球面光波在 (x,y) 平面上的波前函数为

$$\widetilde{U}(x,y)=\frac{A}{r}\mathrm{e}^{\mathrm{i}kr},$$

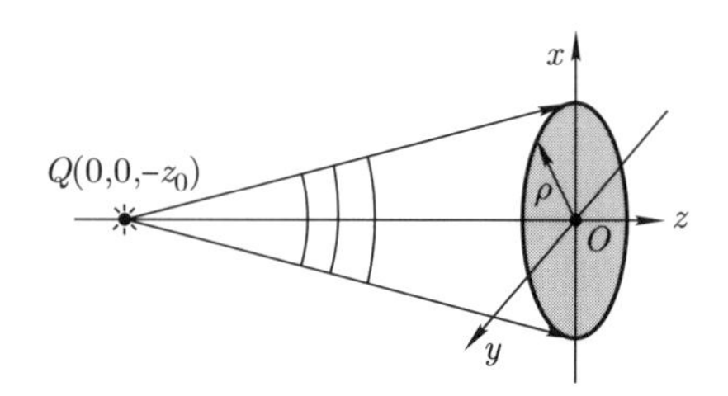

图 2.29 在屏上观察 Q 点发出的球面光波

其中,

$$r=\sqrt{x^2+y^2+z_0^2}=z_0\sqrt{1+\frac{x^2+y^2}{z_0^2}}=z_0\left[1+\frac{x^2+y^2}{2z_0^2}-\frac{(x^2+y^2)^2}{8z_0^4}+\cdots\right].$$

横向距离为 ρ, 如果 $z_0^2\gg\rho^2$, 则波前函数中的振幅可以近似为

$$\frac{A}{r}\approx\frac{A}{z_0}.$$

但是相因子是以 2π 为周期的函数, 所以它的二次项不能轻易舍弃, 即

$$\widetilde{U}(x,y)\approx\frac{A}{z_0}\mathrm{e}^{\mathrm{i}k\frac{x^2+y^2}{2z_0}}\cdot\mathrm{e}^{\mathrm{i}kz_0}.$$

上式是以 $Q(0,0,-z_0)$ 点为发散点的傍轴球面光波的波前函数. 其特点为: 振幅为常量, 相因子为非线性. 相因子只保留到二次项, 舍弃更高次项的合理性是: 因为随着位置 (x,y) 的变化, 二次项的改变量远远大于更高次项, 所以光波的传播特性主要体现在二次项上, 因此仅需保留到二次项.

$z_0^2 \gg \rho^2$ 称为傍轴条件或振幅条件.

2.5.2 远场条件

对球面光波的波前函数中的相位分布做泰勒 (Taylor) 展开:

$$kr = k\sqrt{x^2+y^2+z_0^2} = kz_0 + k\frac{x^2+y^2}{2z_0} - k\frac{(x^2+y^2)^2}{8z_0^3} + \cdots .$$

相因子中可以忽略的小量应该是远远小于它的周期的, 即

$$k\frac{x^2+y^2}{2z_0} = k\frac{\rho^2}{2z_0} = \frac{2\pi}{\lambda}\frac{\rho^2}{2z_0} \ll \pi.$$

由此可得, $z_0\lambda \gg \rho^2$, 这便是远场条件或相位条件. 此时, 波前函数可表示为

$$\widetilde{U}(x,y) \approx \frac{A}{z_0 + \dfrac{x^2+y^2}{2z_0}}\mathrm{e}^{\mathrm{i}kz_0}.$$

注意: 振幅因子必须保留到二次项. 只有同时满足傍轴条件和远场条件才能把球面光波近似为平面光波, 即

$$\widetilde{U}(x,y) \approx \frac{A}{z_0}\mathrm{e}^{\mathrm{i}kz_0}.$$

2.5.3 傍轴条件和远场条件的比较

对于傍轴条件和远场条件, 哪一个要求的纵向距离更大? 下面我们用两个例题来说明这个问题.

例题 2.5 设一列光波的波长为 $\lambda \approx 500$ nm, 横向距离 $\rho \approx 1$ cm, 约定 “$\gg$” 为 100 倍, 推算傍轴条件下的纵向距离 Z_{p} 和远场条件下的纵向距离 Z_{f}.

解 傍轴条件下,

$$Z_{\mathrm{p}} \approx \sqrt{100}\rho = 10 \times 1\ \mathrm{cm} = 10\ \mathrm{cm}.$$

远场条件下,

$$Z_{\mathrm{f}} \approx 100\frac{\rho^2}{\lambda} = 100\rho\frac{\rho}{\lambda} = 100 \times 1 \times 2 \times 10^4\ \mathrm{cm} = 2 \times 10^4\ \mathrm{m}.$$

此时, $Z_{\mathrm{f}} \gg Z_{\mathrm{p}}$, 这是因为 $\rho/\lambda \gg 1$.

例题 2.6 设一列光波的波长为 $\lambda \approx 5$ m, 横向距离 $\rho \approx 1$ cm, 约定 "$\gg$" 为 100 倍, 推算傍轴条件下的纵向距离 Z_{p} 和远场条件下的纵向距离 Z_{f}.

解 傍轴条件下,

$$Z_{\mathrm{p}} \approx \sqrt{100}\rho = 10 \times 1 \text{ cm} = 10 \text{ cm}.$$

远场条件下,

$$Z_{\mathrm{f}} \approx 100\rho\frac{\rho}{\lambda} = 100 \times 1 \times 2 \times 10^{-3} \text{ cm} = 0.2 \text{ cm}.$$

此时, $Z_{\mathrm{p}} \gg Z_{\mathrm{f}}$, 这是因为 $\rho/\lambda \ll 1$.

根据例题 2.5 和例题 2.6, 可以得到如下结论:

(1) 傍轴条件和远场条件对纵向距离的要求取决于 ρ/λ 的大小.

(2) 在可见光波段, 通常有 $\rho/\lambda \gg 1$, 故 $Z_{\mathrm{f}} \gg Z_{\mathrm{p}}$.

2.6 波前相因子

光波传播的主要特征取决于波前相因子, 所以我们可以根据波前相因子判断光波的性质. 平面光波或球面光波可以看成复杂光波的基元成分, 所有复杂光波都可以分解成一系列球面光波或平面光波. 下面介绍平面光波和球面光波的波前相因子.

2.6.1 平面光波

平面光波的波前函数具有线性相因子, 它在 $z=0$ 平面上的波前相因子为

$$\widetilde{U}(x,y) \propto \mathrm{e}^{\mathrm{i}(k_x x + k_y y)} = \mathrm{e}^{\mathrm{i}k(x\cos\alpha + y\cos\beta)}.$$

线性相因子的系数与平面光波的传播方向一一对应.

2.6.2 球面光波

1. 发散球面光波

以 $Q(x_0, y_0, -z_0)$ 点为发散点的球面光波在 $z=0$ 平面上的波前函数为

$$\widetilde{U}(x,y) = \frac{A}{\sqrt{(x-x_0)^2+(y-y_0)^2+z_0^2}}\mathrm{e}^{\mathrm{i}k\sqrt{(x-x_0)^2+(y-y_0)^2+z_0^2}},$$

其在傍轴条件下可写为

$$\widetilde{U}(x,y) = \frac{A}{z_0}\mathrm{e}^{\mathrm{i}k\frac{(x-x_0)^2+(y-y_0)^2}{2z_0}} \cdot \mathrm{e}^{\mathrm{i}kz_0} \propto \mathrm{e}^{\mathrm{i}k\left(\frac{x^2+y^2}{2z_0} - \frac{x_0 x + y_0 y}{z_0}\right)} \cdot \mathrm{e}^{\mathrm{i}k\frac{x_0^2+y_0^2}{2z_0}} \cdot \mathrm{e}^{\mathrm{i}kz_0}.$$

常量项 $\mathrm{e}^{\mathrm{i}k\frac{x_0^2+y_0^2}{2z_0}}\cdot\mathrm{e}^{\mathrm{i}kz_0}$ 不影响光波的传播性质, 所以上式中的波前相因子可简写为

$$\widetilde{U}(x,y)\propto\mathrm{e}^{\mathrm{i}k\left(\frac{x^2+y^2}{2z_0}-\frac{x_0x+y_0y}{z_0}\right)}.$$

该波前相因子代表的光波是发散点为 $Q(x_0,y_0,-z_0)$ 点的傍轴球面光波.

2. 会聚球面光波

以 $Q(x_0,y_0,z_0)$ 点为会聚点的球面光波在 $z=0$ 平面上的波前函数为

$$\widetilde{U}(x,y)=\frac{A}{\sqrt{(x-x_0)^2+(y-y_0)^2+z_0^2}}\mathrm{e}^{-\mathrm{i}k\sqrt{(x-x_0)^2+(y-y_0)^2+z_0^2}},$$

其在傍轴条件下可写为

$$\widetilde{U}(x,y)=\frac{A}{z_0}\mathrm{e}^{-\mathrm{i}k\frac{(x-x_0)^2+(y-y_0)^2}{2z_0}}\cdot\mathrm{e}^{\mathrm{i}kz_0}\propto\mathrm{e}^{-\mathrm{i}k\left(\frac{x^2+y^2}{2z_0}-\frac{x_0x+y_0y}{z_0}\right)}.$$

该波前相因子代表的光波是会聚点为 $Q(x_0,y_0,z_0)$ 点的傍轴球面光波.

例题 2.7 (x,y) 平面上的光波的波前函数的波前相因子为 $\mathrm{e}^{-\mathrm{i}k\left(\frac{x^2+y^2}{a}-x-2y\right)}$, 试分析该光波的类型和特征.

解 二次相因子对应于傍轴球面光波, 二次相因子中的负号对应于会聚球面光波, 有一次相因子对应于会聚点不在 z 轴上.

下面进一步确定会聚点的位置. 把波前相因子改写成标准形式:

$$\mathrm{e}^{-\mathrm{i}k\left(\frac{x^2+y^2}{a}-x-2y\right)}=\mathrm{e}^{-\mathrm{i}k\left[\frac{x^2+y^2}{2\left(\frac{a}{2}\right)}-\frac{\frac{a}{2}x+ay}{\frac{a}{2}}\right]}.$$

由此可知, 该光波是会聚点为 $(a/2,a,a/2)$ 点的傍轴球面光波.

本章小结

本章从电磁理论出发, 讨论了光的基本性质, 例如, 折射率、光强、偏振等. 分析了不同偏振态的光的性质, 计算了偏振光透过理想偏振片的透射光的光强. 给出了定态波的复数描述, 讨论了平面光波和球面光波的复振幅、波前函数和波前相因子. 分析了傍轴条件和远场条件.

习 题

1. He–Ne 激光在真空中的波长为 632.8 nm, 求:

(1) 该激光的时间频率?

(2) 该激光在折射率为 1.33 的水中的波长为多少? 光速为多少?

2. 一列光波的波函数为 $E(x,y,z,t)=E_0\cos(5t-2x+3y-4z)$, 其中, x,y,z 的单位为 cm, t 的单位为 s, 请写出它的复数描述、复振幅、$z=0$ 平面上的波前函数, 并给出该光波的传播方向、波矢的大小、波长和频率.

3. 一列平面光波在介质中沿 x 轴正方向传播, 其波函数可以写为 $U(x,t)=A\cos(3.14\times10^{15}t-1.57\times10^{7}x+\phi_0)$, 其中, t 的单位为 s, x 的单位为 m, ϕ_0 和 A 为常量. 求: 该平面光波在介质中的波长, 以及此介质的折射率.

4. 讨论下列光的偏振态:

(1) $\begin{cases}E_x=E_0\sin(\omega t+kz),\\ E_y=E_0\cos(\omega t+kz).\end{cases}$

(2) $\begin{cases}E_x=E_0\cos\left(\omega t-kz-\dfrac{\pi}{3}\right),\\ E_y=E_0\cos(\omega t-kz).\end{cases}$

(3) $\begin{cases}E_x=E_0\cos(\omega t-kz),\\ E_y=\dfrac{1}{2}E_0\cos(\omega t-kz+\pi).\end{cases}$

5. 设两同频、光强相同的左旋和右旋圆偏振光沿 z 轴正方向传播, 且左旋圆偏振光的相位超前于右旋圆偏振光 $\pi/3$, 求它们合成的光的偏振态.

6. 计算自然光透过理想偏振片的透射光的光强 (设入射光的光强为 I_0).

7. 一束由非相干的自然光和线偏振光组成的混合光, 垂直通过一块旋转的理想偏振片, 透射光的最大光强是最小光强的 5 倍, 求混合光中自然光与线偏振光的光强之比.

8. 一束光由两束光强相等的非相干的线偏振光组成 (两束线偏振光的偏振面之间的夹角为 θ). 令其垂直通过一块旋转的理想偏振片, 求透射光的光强随偏振片旋转角度的变化, 以及出现最大光强和最小光强时理想偏振片的透偏方向.

9. 使用理想偏振片将一束线偏振光的偏振面旋转 $90°$, 并且要求光强的透射率大于 0.95, 问需要多少块理想偏振片?

10. 一块理想偏振片对着一束部分偏振光, 当它相对于透射光的光强最大值 I_{M} 出现的位置旋转 $45°$ 角时, 透射光的光强减为 I_{M} 的 2/3, 求入射的部分偏振光的偏振度.

11. 在两透偏方向正交的偏振片之间插入第三块偏振片, 入射光为自然光, 求:

(1) 当透过三块偏振片后的光强为入射光的光强的 1/16 时, 第三块偏振片的方位如何?

(2) 透过三块偏振片的光强最大为多大? 此时, 第三块偏振片的方位如何?

12. 证明柱面光波的振幅正比于 $1/\sqrt{r}$.

13. 一列平面光波的波长为 λ, 其传播方向在 $Oxyz$ 坐标系的方向余弦角为 (α,β,γ), 已知 $\alpha=30^\circ,\beta=70^\circ$.

(1) 写出复振幅 $\widetilde{U}(x,y,z)$, 设振幅为 A, 初始相位为 0.

(2) 写出 $z=0$ 平面上的波前函数.

14. 太阳上的一点发出的球面光波到达地球上, 那么, 在多大范围内可以将其看成平面光波, 已知太阳到地球的距离为 1.5×10^8 km, 光波的波长取为 0.5 μm.

15. 在 (x,y) 平面上, 波前相因子具有下面的形式, 分别判断这些波前相因子对应的光波的类型和特征:

$$\widetilde{U}_1\propto \mathrm{e}^{\mathrm{i}5k\frac{x^2+y^2}{z_0}},\quad \widetilde{U}_2\propto \mathrm{e}^{\mathrm{i}k\frac{x^2+y^2}{2z_0}}\mathrm{e}^{-\mathrm{i}k\frac{5x+8y}{2z_0}},\quad \widetilde{U}_3\propto \mathrm{e}^{-\mathrm{i}k\frac{x^2+y^2}{2z_0}}\mathrm{e}^{-\mathrm{i}k\frac{5x+8y}{2z_0}},\quad \widetilde{U}_4\propto \mathrm{e}^{-\mathrm{i}k\frac{x}{2}}.$$

注: k 为波矢的大小.

16. 给出如习题 16 图所示的光波在傍轴条件下在 $z=0$ 平面上的波前函数.

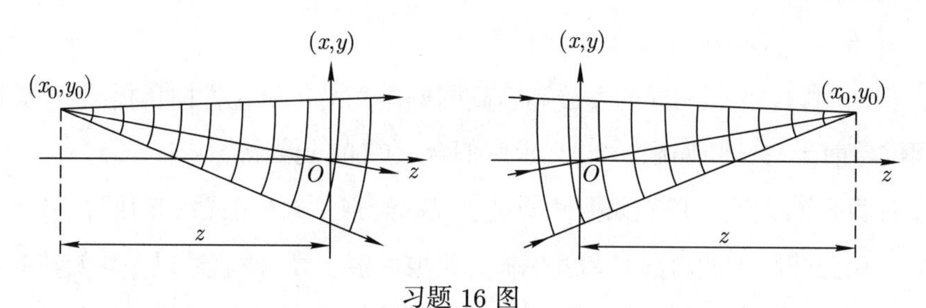

习题 16 图

17. 如习题 17 图所示, 一薄透镜位于 (x,y) 平面上, 薄透镜的物方焦距和像方焦距均为 f, 在薄透镜前方 $(x_0,y_0,-z_0)$ 处有一点光源. 设以下两问的光波均满足傍轴条件.

(1) 如果 $z_0=2f$, 求点光源发出的波长为 λ 的光波在薄透镜前表面和后表面所在平面上的波前函数.

(2) 如果 $z_0=f$, 求此光波在薄透镜前表面和后表面所在平面上的波前函数.

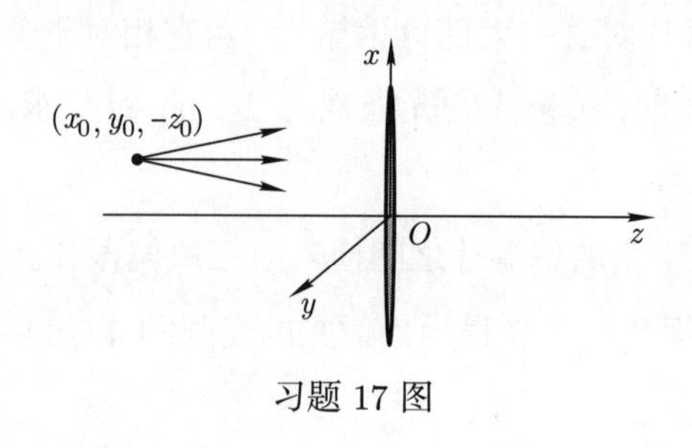

习题 17 图

第三章　界面光学

光从一种介质传播到另一种介质, 将在界面处发生反射和折射. 我们熟知的反射定律和折射定律只是给出了反射光和折射光的传播方向, 而无法给出反射光和折射光的振幅和相位在界面处的变化. 为了解决这一问题, 本章将由电磁场的边界关系推导出菲涅耳公式, 讲解复振幅、光强、光功率的反射率和透射率, 以及全反射和隐失场、近场显微镜、金属光学 (光在导体中的传播, 以及在金属界面的反射和折射).

3.1　菲涅耳公式

光是横波, 具有振幅、相位、频率、传播方向和偏振态等诸多特性. 本节通过电磁场的边界关系, 分析光在两种介质的界面处发生反射和折射时的能流分配、相位变更和偏振态变化, 以帮助读者全面了解光在界面处的传播规律.

3.1.1　电磁场的边界关系

电磁场的边界关系由麦克斯韦积分方程给出, 它反映了电磁场在两种介质界面处的变化规律:

$$\begin{cases} \boldsymbol{e}_\mathrm{n} \times (\boldsymbol{E}_2 - \boldsymbol{E}_1) = \boldsymbol{0}, \\ \boldsymbol{e}_\mathrm{n} \times (\boldsymbol{H}_2 - \boldsymbol{H}_1) = \boldsymbol{\alpha}, \\ \boldsymbol{e}_\mathrm{n} \cdot (\boldsymbol{D}_2 - \boldsymbol{D}_1) = \sigma, \\ \boldsymbol{e}_\mathrm{n} \cdot (\boldsymbol{B}_2 - \boldsymbol{B}_1) = 0, \end{cases}$$

其中, $\boldsymbol{e}_\mathrm{n}$ 为界面法线的单位方向矢量, $\boldsymbol{\alpha}$ 为界面处的面电流密度, σ 为界面处的面电荷密度. 如果两种介质都是各向同性的绝缘介质, 无自由电荷和传导电流, 则边界关系可以改写为

$$\begin{cases} \varepsilon_1 E_{1\mathrm{n}} = \varepsilon_2 E_{2\mathrm{n}}, \\ E_{1\mathrm{t}} = E_{2\mathrm{t}}, \\ \mu_1 H_{1\mathrm{n}} = \mu_2 H_{2\mathrm{n}}, \\ H_{1\mathrm{t}} = H_{2\mathrm{t}}. \end{cases} \tag{3.1}$$

方程组 (3.1) 中, 各方程代表的物理意义依次为: 电位移矢量的法向分量连续、电场强度矢量的切向分量连续、磁感应强度矢量的法向分量连续, 以及磁场强度矢量的切向分量连续. 光是电磁波, 它在界面处的反射和折射应该满足方程组 (3.1) 给出的边界关系, 由此可以推导出菲涅耳公式.

3.1.2　特征振动方向和局部坐标系

入射光和入射点处的界面法线构成的平面称为入射面, 光在两种各向同性介质的界面处发生反射和折射时, 反射光和折射光都在入射面内. 任意偏振态的光都可以分解成同向、同频、偏振面相互垂直的两线偏振光. 为了便于菲涅耳公式的推导, 将偏振面相互垂直的两线偏振光的电场振动方向选为 s 和 p 两个特殊方向. s 是垂直于入射面的方向, 电场沿 s 方向振动的线偏振光称为 s 光; p 是平行于入射面的方向, 电场沿 p 方向振动的线偏振光称为 p 光. 图 3.1 分别给出入射光、反射光和折射光的 s, p 方向.

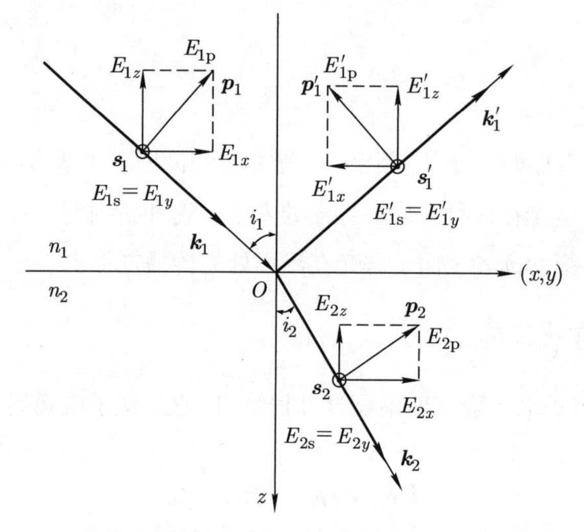

图 3.1　s, p 方向和局部坐标系 ($\boldsymbol{p}, \boldsymbol{s}$ 分别为 p, s 方向的单位矢量)

为什么一定要选 s 和 p 方向呢? 因为如果入射光是 s 光, 则反射光和折射光皆是 s 光; 如果入射光是 p 光, 则反射光和折射光皆是 p 光. 换言之, s 光和 p 光彼此独立, 各自有不同的传播特性. 关于这一结论, 可以从下面的菲涅耳公式的推导过程中得到证实.

$\boldsymbol{p}, \boldsymbol{s}, \boldsymbol{k}$ 构成局部坐标系, 约定 $(\boldsymbol{p} \times \boldsymbol{s})//\boldsymbol{k}$, 且 $\boldsymbol{s}$ 的正方向朝外. 如图 3.1 所示, $(\boldsymbol{p}_1, \boldsymbol{s}_1, \boldsymbol{k}_1)$ 组成入射光的局部坐标系, $(\boldsymbol{p}'_1, \boldsymbol{s}'_1, \boldsymbol{k}'_1)$ 组成反射光的局部坐标系, $(\boldsymbol{p}_2, \boldsymbol{s}_2, \boldsymbol{k}_2)$ 组成折射光的局部坐标系. 在菲涅耳公式中, 界面处的反射光和折射光相对于入射光的相位突变是指其相对于各自局部坐标系的相位突变.

3.1.3　菲涅耳公式

由图 3.1 和电场的边界关系可得

$$
\begin{cases}
E_{1x} - E'_{1x} = E_{2x}, \\
E_{1y} + E'_{1y} = E_{2y}, \\
\varepsilon_1(E_{1z} + E'_{1z}) = \varepsilon_2 E_{2z},
\end{cases}
$$

其中,

$$
\begin{cases}
E_{1x} = E_{1\mathrm{p}} \cos i_1, \\
E'_{1x} = E'_{1\mathrm{p}} \cos i_1, \\
E_{2x} = E_{2\mathrm{p}} \cos i_2, \\
E_{1y} = E_{1\mathrm{s}}, \quad E'_{1y} = E'_{1\mathrm{s}}, \quad E_{2y} = E_{2\mathrm{s}}, \\
E_{1z} = E_{1\mathrm{p}} \sin i_1, \\
E'_{1z} = E'_{1\mathrm{p}} \sin i_1, \\
E_{2z} = E_{2\mathrm{p}} \sin i_2.
\end{cases}
$$

如果入射光是 p 光, 可以推导出界面处的反射光和折射光的电场强度与入射光的电场强度之间的关系为

$$
\begin{cases}
E'_{1\mathrm{p}} = E_{1\mathrm{p}} \dfrac{\varepsilon_2 \tan i_2 - \varepsilon_1 \tan i_1}{\varepsilon_2 \tan i_2 + \varepsilon_1 \tan i_1}, \\
E_{2\mathrm{p}} = E_{1\mathrm{p}} \dfrac{2\varepsilon_1 \sin i_1 \cos i_1}{\varepsilon_1 \cos i_2 \sin i_1 + \varepsilon_2 \cos i_1 \sin i_2}.
\end{cases} \tag{3.2}
$$

如果入射光是 s 光, 利用磁场的边界关系, 可以推导出界面处的反射光和折射光的磁场强度与入射光的磁场强度之间的关系. 再根据电磁波的电场和磁场之间的关系, 可以推导出界面处的反射光和折射光的电场强度与入射光的电场强度之间的关系为

$$
\begin{cases}
E'_{1\mathrm{s}} = E_{1\mathrm{s}} \dfrac{\mu_2 \cos i_1 \sin i_2 - \mu_1 \sin i_1 \cos i_2}{\mu_2 \cos i_1 \sin i_2 + \mu_1 \sin i_1 \cos i_2}, \\
E_{2\mathrm{s}} = \sqrt{\dfrac{\varepsilon_1 \mu_2}{\varepsilon_2 \mu_1}} E_{1\mathrm{s}} \dfrac{2\mu_1 \sin i_1 \cos i_1}{\mu_1 \sin i_1 \cos i_2 + \mu_2 \cos i_1 \sin i_2}.
\end{cases} \tag{3.3}
$$

在光频段的高频率条件下, 介质的磁化几乎完全冻结, 故磁导率 $\mu \approx 1$, 于是介质的折射率为 $n = \sqrt{\varepsilon\mu} \approx \sqrt{\varepsilon}$, 这样, 方程组 (3.2) 和方程组 (3.3) 可以改写为

$$
\begin{cases}
E'_{1\mathrm{p}} = \dfrac{n_2 \cos i_1 - n_1 \cos i_2}{n_2 \cos i_1 + n_1 \cos i_2} E_{1\mathrm{p}} = \dfrac{\tan(i_1 - i_2)}{\tan(i_1 + i_2)} E_{1\mathrm{p}}, \\
E_{2\mathrm{p}} = \dfrac{2n_1 \cos i_1}{n_2 \cos i_1 + n_1 \cos i_2} E_{1\mathrm{p}}, \\
E'_{1\mathrm{s}} = \dfrac{n_1 \cos i_1 - n_2 \cos i_2}{n_1 \cos i_1 + n_2 \cos i_2} E_{1\mathrm{s}} = \dfrac{\sin(i_2 - i_1)}{\sin(i_2 + i_1)} E_{1\mathrm{s}}, \\
E_{2\mathrm{s}} = \dfrac{2n_1 \cos i_1}{n_1 \cos i_1 + n_2 \cos i_2} E_{1\mathrm{s}} = \dfrac{2 \cos i_1 \sin i_2}{\sin(i_1 + i_2)} E_{1\mathrm{s}}.
\end{cases} \tag{3.4}
$$

方程组 (3.4) 便是菲涅耳公式. 注意: 这里的 $E_{1\mathrm{p}}, E_{1\mathrm{s}}, E'_{1\mathrm{p}}, E'_{1\mathrm{s}}, E_{2\mathrm{p}}$ 和 $E_{2\mathrm{s}}$ 是界面处同一时刻的电场强度, 所以方程组 (3.4) 中包含了反射光和折射光的振幅和相位信息.

我们可以根据菲涅耳公式的推导过程中采用的假设和近似, 知道它的适用范围:

(1) 适用于绝缘介质, 无表面自由电荷和传导电流.

(2) 适用于各向同性介质.

(3) 适用于线性介质 (弱光强), 满足 $\boldsymbol{D}=\varepsilon_0\varepsilon\boldsymbol{E}$.

(4) 适用于光频段、高频率波段.

问题 3.1 菲涅耳公式是菲涅耳于 1823 年提出的, 当时还没有建立麦克斯韦的电磁理论, 菲涅耳公式是如何推导出来的?

答案 当时他利用弹性 "以太" 模型, 并假设了光的边界关系. 他的理论并不完善, 且存在一些矛盾, 但是推导出的结果是正确的.

3.2 反射率和透射率

本节利用菲涅耳公式讨论复振幅、光强、光功率的反射率和透射率, 并给出一个特殊角度 —— 布儒斯特角.

3.2.1 复振幅的反射率和透射率

由菲涅耳公式推导出的复振幅的反射率和透射率如下所示, 它们包含了实振幅的比值和相位差 (注: 该相位差指的是相对于各自局部坐标系的相位差):

复振幅的反射率为

$$\begin{cases}\widetilde{r}_{\mathrm{p}}\equiv\dfrac{\widetilde{E}'_{1\mathrm{p}}}{\widetilde{E}_{1\mathrm{p}}}=\dfrac{n_2\cos i_1-n_1\cos i_2}{n_2\cos i_1+n_1\cos i_2},\\ \widetilde{r}_{\mathrm{s}}\equiv\dfrac{\widetilde{E}'_{1\mathrm{s}}}{\widetilde{E}_{1\mathrm{s}}}=\dfrac{n_1\cos i_1-n_2\cos i_2}{n_1\cos i_1+n_2\cos i_2},\end{cases}\tag{3.5}$$

复振幅的透射率为

$$\begin{cases}\widetilde{t}_{\mathrm{p}}\equiv\dfrac{\widetilde{E}_{2\mathrm{p}}}{\widetilde{E}_{1\mathrm{p}}}=\dfrac{2n_1\cos i_1}{n_2\cos i_1+n_1\cos i_2},\\ \widetilde{t}_{\mathrm{s}}\equiv\dfrac{\widetilde{E}_{2\mathrm{s}}}{\widetilde{E}_{1\mathrm{s}}}=\dfrac{2n_1\cos i_1}{n_1\cos i_1+n_2\cos i_2}.\end{cases}\tag{3.6}$$

例题 3.1 一束光从折射率为 1.0 的介质正入射到折射率为 1.5 的介质, 求其复振幅的反射率和透射率.

解 将 $i_1=i_2=0$ 代入复振幅的反射率 (见方程组 (3.5)), 可得

$$\begin{cases}\widetilde{r}_{\mathrm{p}}=\dfrac{n_2-n_1}{n_2+n_1},\\ \widetilde{r}_{\mathrm{s}}=\dfrac{n_1-n_2}{n_1+n_2},\end{cases}$$

其中, $n_1 = 1.0$, $n_2 = 1.5$, 于是

$$\begin{cases} \widetilde{r}_{\mathrm{p}} = 0.2, \\ \widetilde{r}_{\mathrm{s}} = -0.2. \end{cases}$$

问题 3.2 由例题 3.1 可知, 正入射时, s 光和 p 光完全相同, 为什么复振幅的反射率一正一负? 正、负号代表什么物理含义?

答案 负号代表界面处的反射光相对于其局部坐标系的振动相位和入射光相对于其局部坐标系的振动相位相差 π; 正号代表两者同相位. 当 $\widetilde{r}_{\mathrm{p}} > 0$, 为同相位, 但是正入射时, 入射场和反射场的局部坐标系的 p 的正方向相反, 所以在实验室坐标系 $Oxyz$ 下, 反射光的振动方向与入射光的振动方向相反, 即反射光的相位突变 π; 当 $\widetilde{r}_{\mathrm{s}} < 0$ 时, 在局部坐标系下, s 光反射时相位突变 π, 因为反射场和入射场的局部坐标系的 s 的正方向相同, 所以在实验室坐标系 $Oxyz$ 下, 反射光的相位也突变 π. 由此可知, 正入射时, s 光和 p 光的反射情况完全相同.

复振幅的透射率为

$$\begin{cases} \widetilde{t}_{\mathrm{p}} = \dfrac{2n_1}{n_2 + n_1} = 0.8, \\ \widetilde{t}_{\mathrm{s}} = \dfrac{2n_1}{n_1 + n_2} = 0.8. \end{cases}$$

如果光由光密介质入射到光疏介质, 设 $n_1 = 1.5, n_2 = 1.0$, 则

$$\begin{cases} \widetilde{t}_{\mathrm{p}} = 1.2, \\ \widetilde{t}_{\mathrm{s}} = 1.2. \end{cases}$$

$\widetilde{t}_{\mathrm{p}}$ 和 $\widetilde{t}_{\mathrm{s}}$ 可以大于 1, 这并不违背能量守恒定律, 因为它们是复振幅的透射率, 而非光功率的透射率.

3.2.2 光强的反射率和透射率

光强 $I = nE_0^2$, 所以光强的反射率和透射率为

$$\begin{cases} R_{\mathrm{p}} \equiv \dfrac{I'_{1\mathrm{p}}}{I_{1\mathrm{p}}} = \dfrac{n_1|\widetilde{E}'_{1\mathrm{p}}|^2}{n_1|\widetilde{E}_{1\mathrm{p}}|^2} = |\widetilde{r}_{\mathrm{p}}|^2 = r_{\mathrm{p}}^2, \\ R_{\mathrm{s}} \equiv \dfrac{I'_{1\mathrm{s}}}{I_{1\mathrm{s}}} = r_{\mathrm{s}}^2, \end{cases} \tag{3.7}$$

$$\begin{cases} T_{\mathrm{p}} \equiv \dfrac{I_{2\mathrm{p}}}{I_{1\mathrm{p}}} = \dfrac{n_2|\widetilde{E}_{2\mathrm{p}}|^2}{n_1|\widetilde{E}_{1\mathrm{p}}|^2} = \dfrac{n_2}{n_1}t_{\mathrm{p}}^2, \\ T_{\mathrm{s}} \equiv \dfrac{I_{2\mathrm{s}}}{I_{1\mathrm{s}}} = \dfrac{n_2}{n_1}t_{\mathrm{s}}^2, \end{cases} \tag{3.8}$$

其中, $r_{\mathrm{p}}, r_{\mathrm{s}}$ 和 $t_{\mathrm{p}}, t_{\mathrm{s}}$ 分别表示实振幅的反射率和透射率.

例题 3.2 一束光以 60° 的入射角入射, 求其光强的反射率和透射率 (设 $n_1 = 1.0, n_2 = 1.5$).

解 由方程组 (3.7) 和方程组 (3.8) 可得

$$\begin{cases} R_{\mathrm{p}} \equiv \dfrac{I'_{1\mathrm{p}}}{I_{1\mathrm{p}}} = r_{\mathrm{p}}^2 \approx 0.002, \\ T_{\mathrm{p}} \equiv \dfrac{I_{2\mathrm{p}}}{I_{1\mathrm{p}}} = \dfrac{n_2}{n_1} t_{\mathrm{p}}^2 \approx 0.609, \end{cases} \quad \begin{cases} R_{\mathrm{s}} \equiv \dfrac{I'_{1\mathrm{s}}}{I_{1\mathrm{s}}} = r_{\mathrm{s}}^2 \approx 0.178, \\ T_{\mathrm{s}} \equiv \dfrac{I_{2\mathrm{s}}}{I_{1\mathrm{s}}} = \dfrac{n_2}{n_1} t_{\mathrm{s}}^2 \approx 0.501, \end{cases}$$

$R_{\mathrm{p}} + T_{\mathrm{p}} \neq 1, R_{\mathrm{s}} + T_{\mathrm{s}} \neq 1$. 光强 I 是平均光能流密度, 其单位是瓦/米^2 ($\mathrm{W/m^2}$). 若要考虑光功率, 则应考虑光强和横截面积两个因素.

3.2.3 光功率的反射率和透射率

光功率等于光强乘以横截面积: $W_1 = I_1 \Delta S_1, W'_1 = I'_1 \Delta S_1, W_2 = I_2 \Delta S_2$, 其中, ΔS_1 为入射光束和反射光束的横截面积, ΔS_2 为折射光束的横截面积. 如图 3.2 所示, $\dfrac{\Delta S_1}{\Delta S_2} = \dfrac{\cos i_1}{\cos i_2}$, 所以光功率的反射率和透射率为

$$\begin{cases} \mathfrak{R}_{\mathrm{p}} \equiv \dfrac{W'_{1\mathrm{p}}}{W_{1\mathrm{p}}} = R_{\mathrm{p}}, \\ \mathfrak{R}_{\mathrm{s}} \equiv \dfrac{W'_{1\mathrm{s}}}{W_{1\mathrm{s}}} = R_{\mathrm{s}}, \end{cases} \tag{3.9}$$

$$\begin{cases} \mathfrak{J}_{\mathrm{p}} \equiv \dfrac{W_{2\mathrm{p}}}{W_{1\mathrm{p}}} = \dfrac{\cos i_2}{\cos i_1} T_{\mathrm{p}}, \\ \mathfrak{J}_{\mathrm{s}} \equiv \dfrac{W_{2\mathrm{s}}}{W_{1\mathrm{s}}} = \dfrac{\cos i_2}{\cos i_1} T_{\mathrm{s}}. \end{cases} \tag{3.10}$$

因为能量守恒, 所以 $\mathfrak{R}_{\mathrm{s}} + \mathfrak{J}_{\mathrm{s}} = 1, \mathfrak{R}_{\mathrm{p}} + \mathfrak{J}_{\mathrm{p}} = 1$.

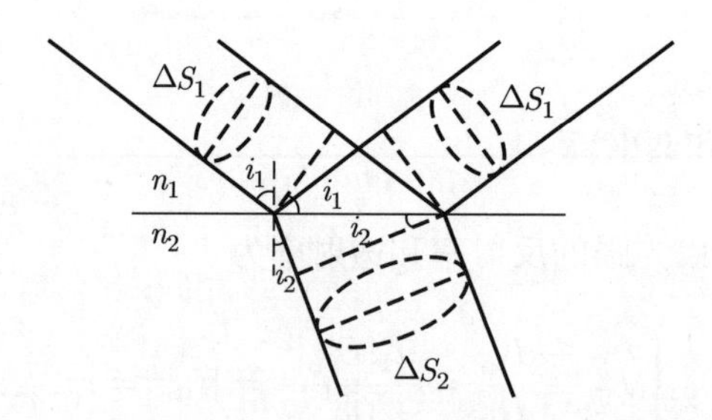

图 3.2 入射光束、反射光束和折射光束的横截面积

3.2.4 布儒斯特角

由方程组 (3.7) 可以计算出 s 光和 p 光光强的反射率与入射角之间的关系, 见图 3.3. s 光和 p 光光强的反射率不同, 开始时, s 光光强的反射率随入射角增大而增大, p 光光强的反射率随入射角增大而减小, 所以当自然光入射时, 反射光变成部分偏振光,

偏振度随入射角增大而增大. 当入射角等于 i_B 时, $R_p = 0, R_s \neq 0$, 即反射光是电场振动沿 s 方向的线偏振光, 偏振度达到最大值 1. 布儒斯特于 1815 年发现这个特殊的入射角, 所以称之为布儒斯特角, 也称为起偏角. 当入射角大于 i_B, 再增大时, s 光和 p 光光强的反射率都随入射角增大而增大, 自然光的反射光的偏振度随入射角增大而减小. 当入射角等于 90° 或大于等于全反射临界角时, s 光和 p 光光强的反射率同时增大到 1, 自然光的反射光的偏振度减小到 0, 即反射光仍为自然光.

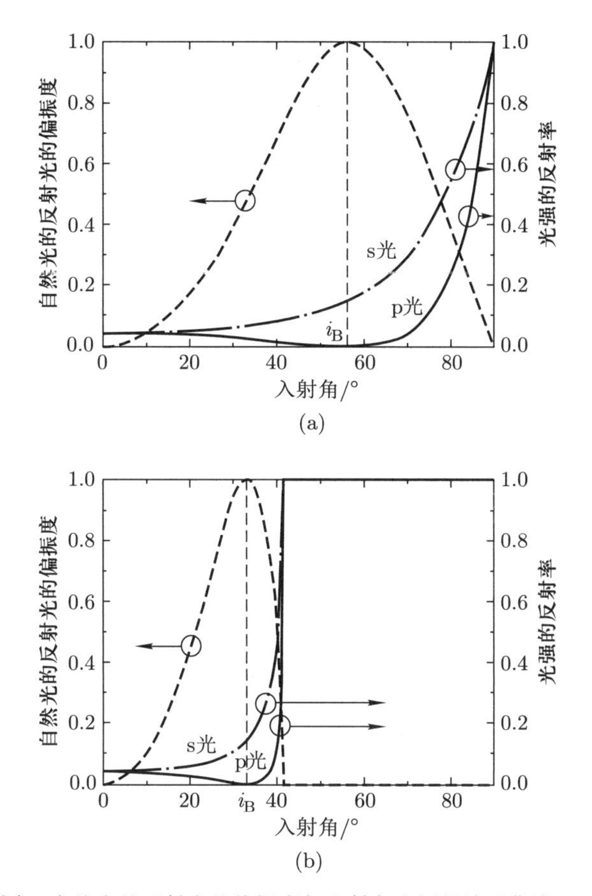

图 3.3 光强的反射率、自然光的反射光的偏振度与入射角之间的关系曲线, (a) 光从光疏介质入射到光密介质, (b) 光从光密介质入射到光疏介质

当入射角等于布儒斯特角时, 由方程组 (3.7) 可得

$$R_p = \left(\frac{n_2 \cos i_B - n_1 \cos i_2}{n_2 \cos i_B + n_1 \cos i_2}\right)^2 = 0,$$

即

$$n_2 \cos i_B = n_1 \cos i_2.$$

结合折射定律 $n_1 \sin i_{\mathrm{B}} = n_2 \sin i_2$, 可得布儒斯特角满足

$$\tan i_{\mathrm{B}} = \frac{n_2}{n_1}. \tag{3.11}$$

利用布儒斯特角, 使用平行玻璃片组 (玻璃堆起偏器, 如图 3.4 所示) 可以获得偏振度比较高的偏振光.

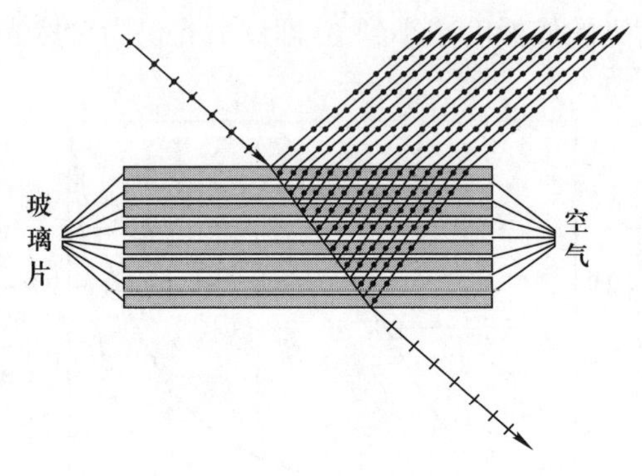

图 3.4　玻璃堆起偏器

玻璃的折射率约为 1.5, 空气的折射率为 1.0, 光从空气中以布儒斯特角入射到空气/玻璃界面, 通过计算可得, s 光光强的反射率约为 15%, p 光光强的反射率为 0, 即无损耗透射. 可以证明, 当玻璃中的透射光入射到玻璃/空气界面时, 入射角依然是该界面的布儒斯特角, 则 s 光光强的反射率依然为 15%, p 光仍无损耗透射. 忽略玻璃对光的吸收和散射, 经过 n 块玻璃片, 有 $2n$ 个反射面, 则 s 光光强的透射率为 $(1-0.15)^{2n}$, 而 p 光无损耗透射. 如果是自然光入射, 则透射光的偏振度为

$$P = \frac{I_{\mathrm{M}} - I_{\mathrm{m}}}{I_{\mathrm{M}} + I_{\mathrm{m}}} = \frac{1 - 0.85^{2n}}{1 + 0.85^{2n}}.$$

经过 5 块玻璃片组成的玻璃堆起偏器的透射光的偏振度为 0.67, 经过 10 块玻璃片组成的玻璃堆起偏器的透射光的偏振度为 0.93.

如图 3.5 所示, 在激光器中为了获得线偏振光输出, 常使用布儒斯特窗镜, 反射 s 光, 使 p 光无损耗透射, 于是 s 光的损耗大于 p 光. 通过模式竞争, 最终产生的激光为

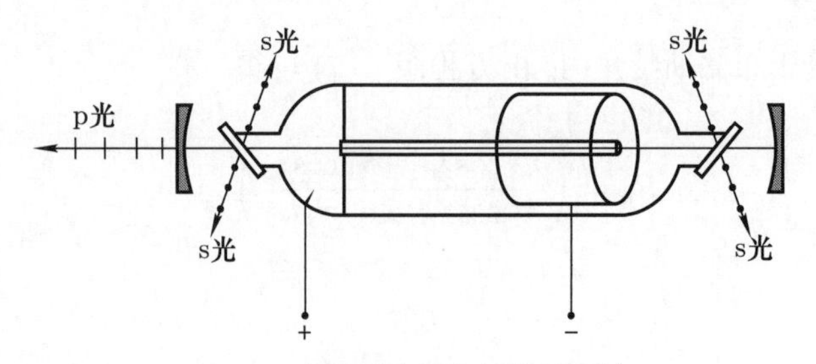

图 3.5　激光器中的布儒斯特窗镜

p 光.

为了清晰地拍摄玻璃镜框内的物品或水中的鱼, 需要在相机镜头处安装偏振片, 旋转偏振片, 使其透偏方向沿 p 方向, 调节拍摄角度, 尽量以布儒斯特角拍摄, 这样, 可滤掉反射光的主要成分 (s 光), 减少反射光的干扰. 图 3.6 为作者拍摄的同一玻璃镜框内的摄影作品, 图 3.6 (a) 未使用偏振片, 图 3.6 (b) 使用偏振片. 两幅图对比明显, 可见图 3.6 (b) 滤掉了大部分反射光, 能更清晰地拍摄下玻璃镜框内的图片.

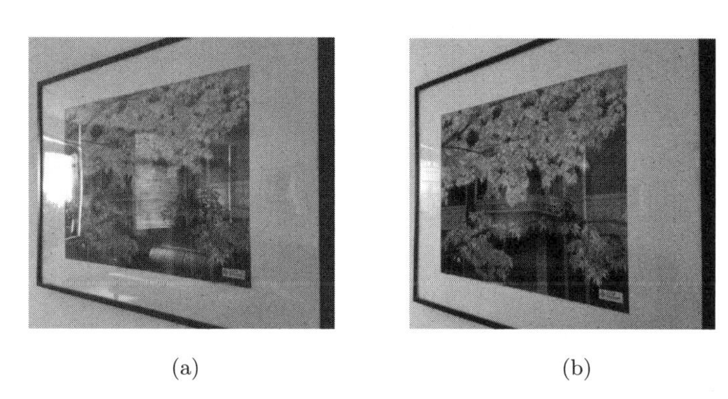

(a) (b)

图 3.6 拍摄玻璃镜框内的图片, (a) 未使用偏振片, (b) 使用偏振片

3.2.5 斯托克斯倒逆关系

如图 3.7 所示的斯托克斯倒逆光路方法, 巧妙地解决了光从 n_1 介质到 n_2 介质的 n_1/n_2 界面处的复振幅的反射率、透射率 $(\widetilde{r},\widetilde{t})$ 和光从 n_2 介质到 n_1 介质的 n_2/n_1 界面处的复振幅的反射率、透射率 $(\widetilde{r}',\widetilde{t}')$ 之间的关系. 设入射光的振幅为 1, 则反射光的振幅为 $\widetilde{r}$, 折射光的振幅为 $\widetilde{t}$. 假定沿反射光的反方向入射振幅为 $\widetilde{r}$ 的光, 则其反射光的振幅为 $\widetilde{r}^2$, 折射光的振幅为 $\widetilde{t}\widetilde{r}$. 假定沿折射光的反方向入射振幅为 $\widetilde{t}$ 的光, 则其反射光的振幅为 $\widetilde{r}'\widetilde{t}$, 折射光的振幅为 $\widetilde{t}'\widetilde{t}$. 于是, 在反射场 (横截面 1) 和折射场 (横截面 2), 反射光和折射光的能流均被抵消, 当然, 另外两束光 ((横截面 4) 和 (横截面 3)) 的

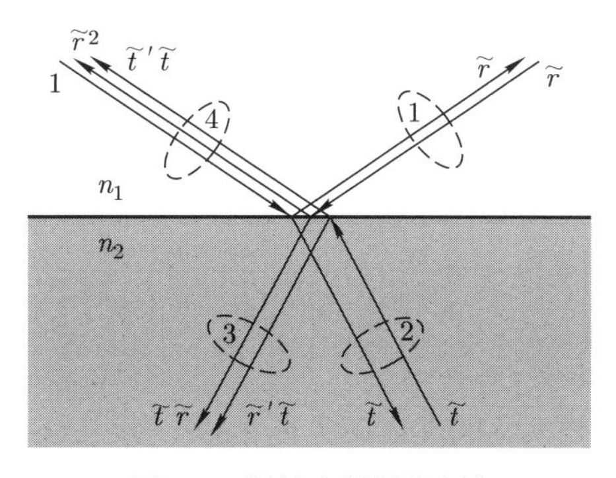

图 3.7 斯托克斯倒逆光路

能流也不复存在. 由此可以得到斯托克斯倒逆关系:

$$\begin{cases} \widetilde{r}\,\widetilde{t}+\widetilde{r}'\,\widetilde{t}=0, \\ 1-(\widetilde{t}\widetilde{t}'+\widetilde{r}^2)=0, \end{cases}$$

即

$$\begin{cases} \widetilde{r}=-\widetilde{r}', \\ \widetilde{t}\widetilde{t}'+\widetilde{r}^2=1. \end{cases} \tag{3.12}$$

斯托克斯倒逆关系也可以由菲涅耳公式直接推导出来.

3.3 反射光和折射光的相位突变

3.3.1 反射光的相位突变

定态波为

$$E(\boldsymbol{r},t)=E\cos(\omega t-\boldsymbol{k}\cdot\boldsymbol{r}+\phi),$$

其复数描述为

$$\widetilde{E}(\boldsymbol{r},t)=E\mathrm{e}^{-\mathrm{i}(\omega t-\boldsymbol{k}\cdot\boldsymbol{r}+\phi)}.$$

入射光为

$$\widetilde{E}_1(\boldsymbol{r},t)=E_1\mathrm{e}^{-\mathrm{i}(\omega t-\boldsymbol{k}_1\cdot\boldsymbol{r}+\phi_1)},$$

反射光为

$$\widetilde{E}_1'(\boldsymbol{r},t)=E_1'\mathrm{e}^{-\mathrm{i}(\omega t-\boldsymbol{k}_1'\cdot\boldsymbol{r}+\phi_1')}.$$

在界面处, $\omega t-\boldsymbol{k}_1\cdot\boldsymbol{r}=\omega t-\boldsymbol{k}_1'\cdot\boldsymbol{r}$. 反射光相对于入射光的相位突变 $\delta'=\phi_1'-\phi_1$, 为相位突变超前量 (相对于各自的局部坐标系).

复振幅的反射率为

$$\widetilde{r}=\frac{\widetilde{E}_1'}{\widetilde{E}_1}=\frac{E_1'}{E_1}\mathrm{e}^{-\mathrm{i}(\phi_1'-\phi_1)}=r\mathrm{e}^{-\mathrm{i}\delta'},$$

其中, r 为实振幅的反射率. 由方程组 (3.5) 给出了 p 光和 s 光的复振幅的反射率:

$$\begin{cases} \widetilde{r}_\mathrm{p}=r_\mathrm{p}\mathrm{e}^{-\mathrm{i}\delta_\mathrm{p}'}=\dfrac{n_2\cos i_1-n_1\cos i_2}{n_2\cos i_1+n_1\cos i_2}, \\ \widetilde{r}_\mathrm{s}=r_\mathrm{s}\mathrm{e}^{-\mathrm{i}\delta_\mathrm{s}'}=\dfrac{n_1\cos i_1-n_2\cos i_2}{n_1\cos i_1+n_2\cos i_2}, \end{cases} \tag{3.13}$$

其中, $\delta_\mathrm{p}'=\phi_{1\mathrm{p}}'-\phi_{1\mathrm{p}}$, $\delta_\mathrm{s}'=\phi_{1\mathrm{s}}'-\phi_{1\mathrm{s}}$.

(1) 当 $\delta'=0$ 时, 复振幅的反射率为正实数, 表明反射光相对于其局部坐标系 $(\boldsymbol{p}_1',\boldsymbol{s}_1',\boldsymbol{k}_1')$ 的振动状态和入射光相对于其局部坐标系 $(\boldsymbol{p}_1,\boldsymbol{s}_1,\boldsymbol{k}_1)$ 的振动状态一致.

(2) 当 $\delta' = \pi$ 时, 复振幅的反射率为负实数, 表明反射光相对于其局部坐标系 $(\boldsymbol{p}_1', \boldsymbol{s}_1', \boldsymbol{k}_1')$ 的振动状态与入射光相对于其局部坐标系 $(\boldsymbol{p}_1, \boldsymbol{s}_1, \boldsymbol{k}_1)$ 的振动状态相反.

(3) 当 $\delta' \in (0, \pi)$ 时, 复振幅的反射率为复数, 若入射光为非 s 非 p 的线偏振光, 则反射光为椭圆偏振光.

1. $n_1 < n_2$, 即光由光疏介质入射到光密介质

由方程组 (3.13) 可以计算出 $\tilde{r}_\mathrm{p}$ 和 $\tilde{r}_\mathrm{s}$ 与入射角之间的关系, 其关系曲线见图 3.8.

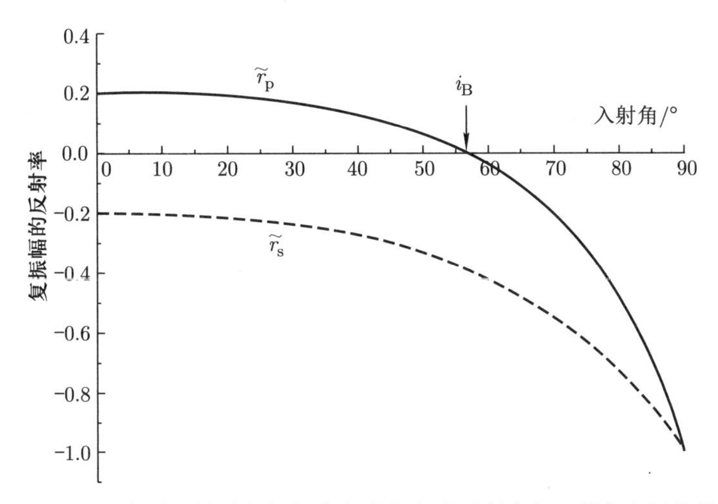

图 3.8 光由光疏介质入射到光密介质时, 复振幅的反射率与入射角之间的关系曲线

$\tilde{r}_\mathrm{p}$ 在入射角等于布儒斯特角处, 由正值变为负值, $\tilde{r}_\mathrm{s}$ 始终为负值. 相位突变 δ_p', δ_s' 比较简单, 非 0 即 π, 如图 3.9 所示.

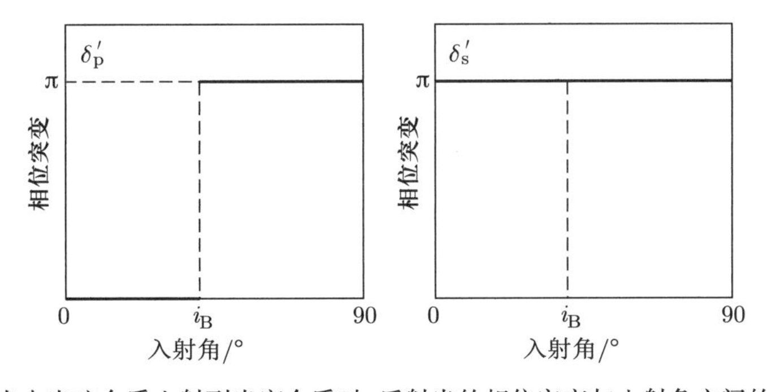

图 3.9 光由光疏介质入射到光密介质时, 反射光的相位突变与入射角之间的关系曲线

2. $n_1 > n_2$, 即光由光密介质入射到光疏介质

图 3.10 给出了光由光密介质入射到光疏介质时, 复振幅的反射率与入射角之间的关系曲线. 当入射角小于全反射临界角 i_c 时, 折射角具有明确的物理含义, 此时, 复振幅的反射率为实数, 相位突变比较简单, 非 0 即 π. 当入射角大于全反射临界角 i_c 时, 折射角的物理含义是什么? 复振幅的反射率怎么计算? 下面分析此问题.

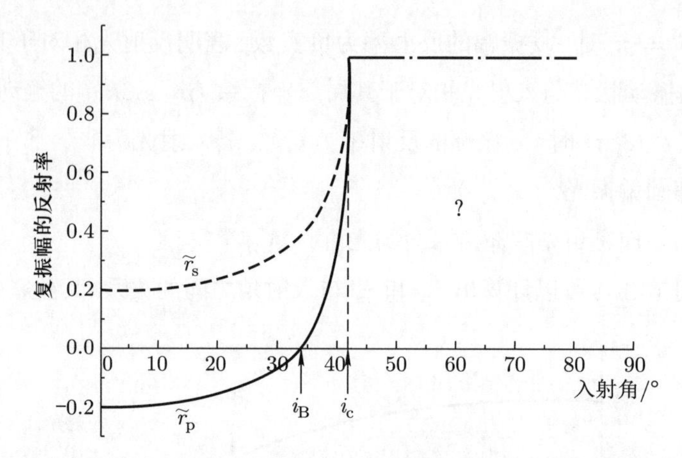

图 3.10　光由光密介质入射到光疏介质时, 复振幅的反射率与入射角之间的关系曲线

当入射角 $i_1 > i_c$ 时, 按照折射定律, 在形式上可得

$$\sin i_2 = \frac{n_1}{n_2}\sin i_1 > 1,$$

所以

$$\cos i_2 = \sqrt{1-\sin^2 i_2} = \sqrt{1-\frac{n_1^2}{n_2^2}\sin^2 i_1} = \sqrt{-1}\cdot\sqrt{\frac{n_1^2}{n_2^2}\sin^2 i_1 - 1} = \mathrm{i}\sqrt{\frac{n_1^2}{n_2^2}\sin^2 i_1 - 1}.$$

注意: -1 开根号等于 $\pm\mathrm{i}$, 为什么这里只保留了 i? 我们将在后面说明此问题.

令

$$a_1 = n_2\cos i_1,\quad \mathrm{i}b_1 = n_1\cos i_2 = \mathrm{i}n_1\cdot\sqrt{\left(\frac{n_1}{n_2}\sin i_1\right)^2 - 1},$$

$$a_2 = n_1\cos i_1,\quad \mathrm{i}b_2 = n_2\cos i_2 = \mathrm{i}n_2\cdot\sqrt{\left(\frac{n_1}{n_2}\sin i_1\right)^2 - 1},$$

于是复振幅的反射率为

$$\widetilde{r}_p = \frac{a_1 - \mathrm{i}b_1}{a_1 + \mathrm{i}b_1} = 1\cdot \mathrm{e}^{-\mathrm{i}\delta'_p},\quad \widetilde{r}_s = \frac{a_2 - \mathrm{i}b_2}{a_2 + \mathrm{i}b_2} = 1\cdot \mathrm{e}^{-\mathrm{i}\delta'_s}.$$

实振幅的反射率为 1, 能量 100% 反射, 相位突变为

$$\begin{cases} \delta'_p = 2\arctan\dfrac{b_1}{a_1} = 2\arctan\dfrac{n_1}{n_2}\dfrac{\sqrt{\left(\dfrac{n_1}{n_2}\sin i_1\right)^2 - 1}}{\cos i_1}, \\ \delta'_s = 2\arctan\dfrac{b_2}{a_2} = 2\arctan\dfrac{n_2}{n_1}\dfrac{\sqrt{\left(\dfrac{n_1}{n_2}\sin i_1\right)^2 - 1}}{\cos i_1}. \end{cases} \tag{3.14}$$

图 3.11 给出了光由光密介质入射到光疏介质时, 反射光的相位突变与入射角之间的关系曲线.

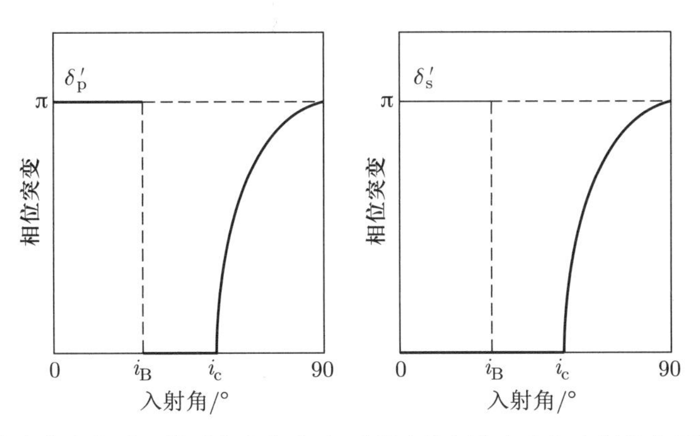

图 3.11 光由光密介质入射到光疏介质时, 反射光的相位突变与入射角之间的关系曲线

当入射角大于全反射临界角时, 反射光的相位从 0 变到 π, 并且 $\delta'_{\rm p} \neq \delta'_{\rm s}$. 如果入射光为非 s 非 p 的线偏振光, 则反射光为椭圆偏振光. 1817 年, 菲涅耳根据此原理设计了菲涅耳菱形棱镜, 如图 3.12 所示, 该棱镜可将线偏振光转化成圆偏振光.

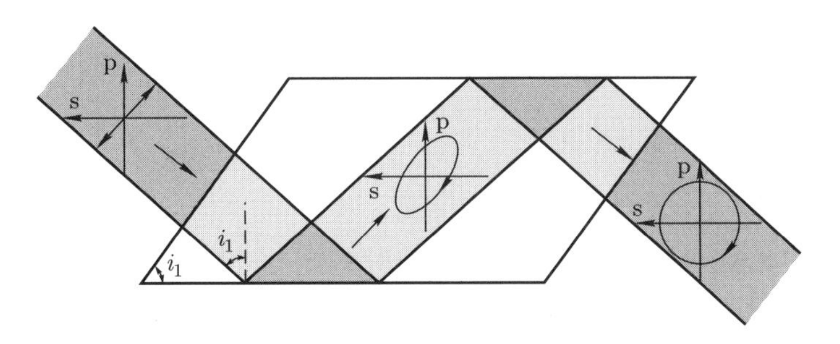

图 3.12 菲涅耳菱形棱镜示意图

设玻璃的折射率为 $n_1 = 1.51$, 空气的折射率为 $n_2 = 1$, 菱形棱镜的顶角为 $i_1 = 54.6°$. 一线偏振光垂直于棱镜侧边入射, 则在棱镜底边, 其入射角为 i_1. 入射光的偏振方向与入射面之间成 45° 角, 可把入射光分解成 p 光和 s 光, 且 p 光和 s 光等振幅: $E^0_{1\rm p} = E^0_{1\rm s}$, 等相位: $\phi_{1\rm p} = \phi_{1\rm s}$. 下面分析反射光的偏振态.

先分析经过第一次反射后, p 光和 s 光的振幅和相位的变化. 首先判断入射角是否大于全反射临界角, 因为

$$i_{\rm c} = \arcsin\frac{n_2}{n_1} \approx 41.5° < i_1 = 54.6°,$$

即入射角大于全反射临界角, 所以反射光的实振幅不变. 由方程组 (3.14) 可以计算出

反射时 p 光和 s 光的相位突变, 由此可以得到它们的相位差为

$$\varDelta' = \phi'_{\mathrm{p}} - \phi'_{\mathrm{s}} = (\phi_{1\mathrm{p}} + \delta'_{\mathrm{p}}) - (\phi_{1\mathrm{s}} + \delta'_{\mathrm{s}}) \approx \frac{\pi}{4}.$$

再经过第二次全反射后, 它们的相位差为

$$\varDelta'' = \phi''_{\mathrm{p}} - \phi''_{\mathrm{s}} = (\phi'_{\mathrm{p}} + \delta'_{\mathrm{p}}) - (\phi'_{\mathrm{s}} + \delta'_{\mathrm{s}}) \approx \frac{\pi}{2}.$$

于是出射光为圆偏振光.

3. 反射光的相位突变问题

根据上述知识, 可以总结出反射光的相位突变问题. 在 $Oxyz$ 坐标系 (非局部坐标系) 下, 入射光和反射光在反射点处的振动状态恰好相反, 即相位相差 π, 称为半波损失.

(1) 正入射时, 若 $n_1 < n_2$, 则反射光有相位突变 π, 即有半波损失; 若 $n_1 > n_2$, 则反射光无相位突变, 即没有半波损失.

(2) 掠入射时, 无论 $n_1 > n_2$ 还是 $n_1 < n_2$, 反射光均有半波损失.

(3) 正入射时, 无论 $n_1 > n_2$ 还是 $n_1 < n_2$, 若入射光为左旋偏振光, 则反射光为右旋偏振光.

将来学习光波的干涉, 分析某处干涉条纹的亮暗时经常要用到这些结论.

3.3.2 折射光的相位突变

1. $n_1 < n_2$, 即光由光疏介质入射到光密介质

由方程组 (3.6) 可以计算出复振幅的透射率与入射角之间的关系, 其关系曲线如图 3.13 所示. 因为入射角从 0°到 90°, p 光和 s 光的复振幅的透射率始终为大于等于零

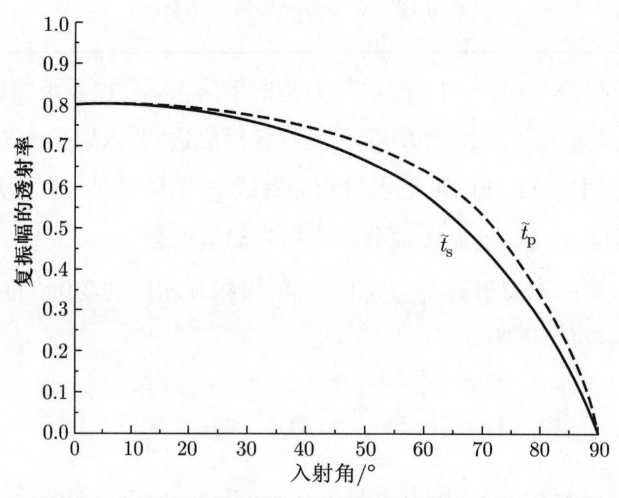

图 3.13 光由光疏介质入射到光密介质时, 复振幅的透射率与入射角之间的关系曲线

的实数, 所以折射光相对于入射光的相位突变为 $\delta_{\rm p}=\phi_{\rm 2p}-\phi_{\rm 1p}=0$, $\delta_{\rm s}=\phi_{\rm 2s}-\phi_{\rm 1s}=0$, 其中, $\phi_{\rm 2p}$, $\phi_{\rm 1p}$, $\phi_{\rm 2s}$ 和 $\phi_{\rm 1s}$ 分别为界面处 p 光和 s 光的折射光、入射光相对于各自的局部坐标系的相位.

2. $n_1>n_2$, 即光由光密介质入射到光疏介质

折射光的复振幅的透射率和相位突变与入射角的关系如图 3.14 所示.

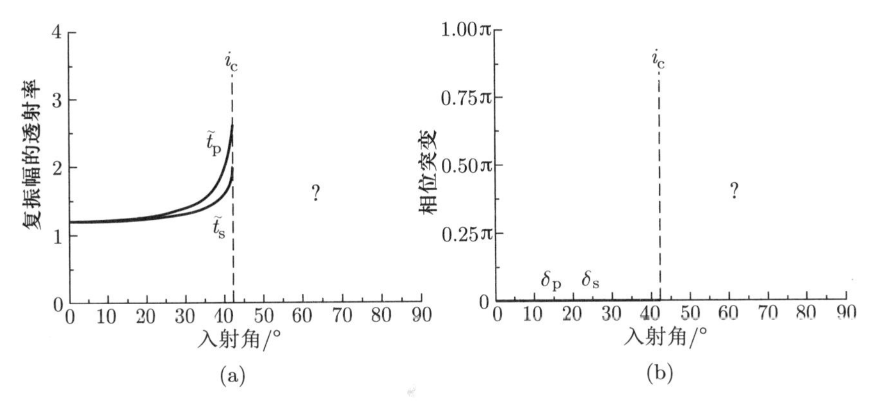

图 3.14 光由光密介质入射到光疏介质时, 复振幅的透射率 (a) 和相位突变 (b) 与入射角之间的关系曲线

光由光密介质入射到光疏介质时, 当入射角从 0° 增大到全反射临界角 $i_{\rm c}$ 时, 复振幅的透射率单调上升, 且始终为正实数, 所以此过程中折射光的相位突变为 $\delta_{\rm p}=0$, $\delta_{\rm s}=0$. 当入射角等于全反射临界角时, 实振幅的反射率为 1, 即能量 100% 反射, 但此时复振幅的透射率竟然大于 1, 这是为什么? 是否违背能量守恒定律? 下面我们讨论全反射时的透射场的情况.

3.4 全反射时的透射场 —— 隐失波

当入射角大于全反射临界角时, 出现全反射现象, 实验观测和理论计算均证实全反射光的光强等于入射光的光强, 即能量 100% 反射. 此时, 透射光的场强是否为零? 显然不是, 因为如果透射光的场强为零, 则不能满足光场 (电磁场) 的边界关系. 3.3 节已经由菲涅耳公式计算得到全反射时复振幅的透射率也不为零. 这样, 怎么满足能量守恒定律呢? 下面我们介绍全反射时透射场的波动性质和能流情况.

3.4.1 隐失波

折射光的波函数 (设初始相位 $\phi_0=0$) 为

$$\boldsymbol{E}_2(\boldsymbol{r},t)=\boldsymbol{E}_{20}{\rm e}^{{\rm i}\boldsymbol{k}_2\cdot\boldsymbol{r}}{\rm e}^{-{\rm i}\omega t}=\boldsymbol{E}_{20}{\rm e}^{{\rm i}(k_{2x}x+k_{2y}y+k_{2z}z)}{\rm e}^{-{\rm i}\omega t},$$

其中, $k_2 = \sqrt{k_{2x}^2 + k_{2y}^2 + k_{2z}^2} = n_2 k_0$, k_0 为光在真空中的波矢大小.

设入射面为 (x, z) 平面, 则 $k_{2y} = k_{1y} = 0$. 由折射定律 $n_1 \sin i_1 = n_2 \sin i_2$, 可得

$$\begin{cases} k_{2x} = k_2 \sin i_2 = n_2 k_0 \sin i_2 = n_1 k_0 \sin i_1, \\ k_{2z} = k_2 \cos i_2. \end{cases}$$

当 $n_1 \sin i_1 < n_2$, 即入射角小于全反射临界角时, k_{2z} 为实数, 折射光在 n_2 介质中为一列我们所熟知的行波.

当 $n_1 \sin i_1 > n_2$ 时, 发生全反射, k_{2z} 为虚数:

$$\begin{cases} \cos i_2 = \sqrt{1 - \sin^2 i_2} = \mathrm{i}\sqrt{\dfrac{n_1^2}{n_2^2}\sin^2 i_1 - 1}, \\ k_{2z} = \mathrm{i}\dfrac{k_2}{n_2}\sqrt{n_1^2 \sin^2 i_1 - n_2^2} = \mathrm{i}k'_{2z}, \end{cases}$$

其中, k'_{2z} 为正实数.

于是, 可以得到折射光的波函数为

$$\boldsymbol{E}_2(\boldsymbol{r}, t) = \boldsymbol{E}_{20} \mathrm{e}^{-k'_{2z} z} \mathrm{e}^{\mathrm{i}(k_{2x} x - \omega t)}. \tag{3.15}$$

透射场随着纵向深度 z 的增大以指数形式衰减, 此时的折射光称为隐失波. 这里说明一下: 求 $\cos i_2$ 时, -1 开根号为什么只保留了 i. 这是因为取 $-\mathrm{i}$ 的结果是透射场随着纵向深度的增大以指数形式增强, 显然违背能量守恒定律.

3.4.2 隐失波的性质

1. 穿透深度

隐失波的穿透深度定义为振幅衰减到原来的 1/e 时的纵向深度, 由 (3.15) 式可得

$$d = \frac{1}{k'_{2z}} = \frac{\lambda_0}{2\pi\sqrt{(n_1 \sin i_1)^2 - n_2^2}}.$$

下面给出一个具体的例子, 让我们对穿透深度的大小有一个感性的认识. 设 $n_1 = 1.5$, $n_2 = 1.0$, 则 $i_\mathrm{c} \approx 42°$.

当 $i_1 = 45°$ 时, $d \approx \dfrac{1}{2}\lambda_0$;

当 $i_1 = 60°$ 时, $d \approx \dfrac{1}{5}\lambda_0$;

当 $i_1 \approx 90°$ 时, $d \approx \dfrac{1}{7}\lambda_0$.

由此可知, 隐失波的穿透深度为波长量级.

2. 波动性

(3.15) 式显示隐失波在界面处沿 x 方向为行波, 等相位面垂直于 x 轴; 而沿 z 方向无波动性, 但它决定了振幅的大小, 等振幅面垂直于 z 轴. 如图 3.15 所示, 隐失波的等振幅面与等相位面恰好正交, 凡是等相位面与等振幅面不重合或不平行的波, 通常称为非均匀波.

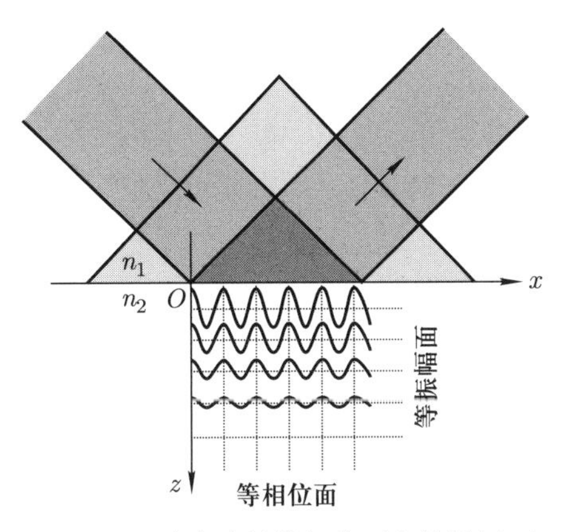

图 3.15 隐失波的等相位面和等振幅面

由 (3.15) 式可得, x 方向行波的传播速度为

$$v_{2x} = \frac{\omega}{k_{2x}} = \frac{\omega}{k_1 \sin i_1} = \frac{v_1}{\sin i_1},$$

x 方向行波的波长为

$$\lambda_{2x} = \frac{2\pi}{k_{2x}} = \frac{\lambda_1}{\sin i_1}.$$

由此可知, n_2 介质中的隐失波的传播速度和波长与 n_1 介质中的行波的传播速度、波长和入射角有关, 这与非全反射时的折射光的性质不同.

3. 横纵特性

隐失波不是单纯的横波. 将 (3.15) 式代入自由空间 (无自由电荷和传导电流的介质) 内的麦克斯韦方程组中的 $\nabla \cdot \boldsymbol{E} = 0$, 可得

$$(\mathrm{i}k_{2x}E_{20x} - k'_{2z}E_{20z})\mathrm{e}^{-k'_{2z}z}\mathrm{e}^{\mathrm{i}(k_{2x}x-\omega t)} = 0,$$

于是

$$\frac{E_{20x}}{E_{20z}} = -\mathrm{i}\frac{k'_{2z}}{k_{2x}} = -\mathrm{i}\frac{\sqrt{(n_1 \sin i_1)^2 - n_2^2}}{n_1 \sin i_1}.$$

隐失波在界面处沿 x 方向为行波, 但是同时存在 x 方向和 z 方向的电场分量, 所以隐失波既有纵波成分, 也有横波成分, 并且两者的相位差为 $\pi/2$.

4. 纵向能流密度

将 (3.15) 式代入自由空间内的麦克斯韦方程组中的 $\nabla\times\boldsymbol{E}=-\mu\mu_0\dfrac{\partial\boldsymbol{H}}{\partial t}$, 可得

$$\begin{cases}H_{2x}=\dfrac{1}{\mu\mu_0\omega}(k_{2y}E_{2z}-k_{2z}E_{2y})=-\dfrac{\mathrm{i}}{\mu\mu_0\omega}k'_{2z}E_{2y},\\ H_{2y}=\dfrac{1}{\mu\mu_0\omega}(k_{2z}E_{2x}-k_{2x}E_{2z})=-\dfrac{\mathrm{i}}{\mu\mu_0\omega}\dfrac{k_{2x}^2+k_{2z}^2}{k'_{2z}}E_{2x}=-\dfrac{\mathrm{i}}{\mu\mu_0\omega}\dfrac{k^2}{k'_{2z}}E_{2x},\\ H_{2z}=\dfrac{1}{\mu\mu_0\omega}(k_{2x}E_{2y}-k_{2y}E_{2x})=\dfrac{1}{\mu\mu_0\omega}k_{2x}E_{2y}.\end{cases}$$

由此可知, E_{2x} 和 H_{2y}, E_{2y} 和 H_{2x} 的相位差都为 $\pi/2$. 能流密度为 $\boldsymbol{S}=\boldsymbol{E}\times\boldsymbol{H}$, 则纵向能流密度为 $S_{2z}=E_{2x}H_{2y}-E_{2y}H_{2x}$. 以简谐光为例, 分析纵向平均能流密度:

$$\begin{aligned}\langle S_{2z}\rangle&=\langle E_{2x}H_{2y}\rangle-\langle E_{2y}H_{2x}\rangle\\&=\frac{1}{\mu\mu_0\omega}\left(k'_{2z}E_{20y}^2-\frac{k^2}{k'_{2z}}E_{20x}^2\right)\frac{1}{T}\int_0^T\cos\omega t\cdot\cos\left(\omega t+\frac{\pi}{2}\right)\mathrm{d}t=0,\end{aligned}$$

即隐失波的纵向平均能流密度为零, 它是一列局域波. 这就解释了全反射时入射能量 100% 反射, 但是透射光的场强不为零, 而不违背能量守恒定律的问题.

下面我们分析沿 x 方向和 y 方向的能流密度:

$$\begin{aligned}S_{2y}&=E_{2z}H_{2x}-E_{2x}H_{2z}=-\frac{\mathrm{i}}{\mu\mu_0\omega}k'_{2z}E_{2y}E_{2z}-\frac{1}{\mu\mu_0\omega}k_{2x}E_{2y}E_{2x}\\&=0\left(\text{因为 }\frac{\widetilde{E}_{20x}}{\widetilde{E}_{20z}}=-\mathrm{i}\frac{k'_{2z}}{k_{2x}}\right),\end{aligned}$$

当然, S_{2y} 对时间的平均也为零, 即 $\langle S_{2y}\rangle=0$.

$$\begin{aligned}S_{2x}&=E_{2y}H_{2z}-E_{2z}H_{2y}=\frac{1}{\mu\mu_0\omega}k_{2x}E_{2y}^2+\frac{\mathrm{i}}{\mu\mu_0\omega}\frac{k^2}{k'_{2z}}E_{2z}E_{2x}\\&=\frac{k_{2x}}{\mu\mu_0\omega}E_{2y}^2+\frac{k^2}{\mu\mu_0\omega k_{2x}}E_{2z}^2,\end{aligned}$$

S_{2x} 对时间的平均:

$$\langle S_{2x}\rangle=\frac{k_{2x}}{\mu\mu_0\omega}\langle E_{2y}^2\rangle+\frac{k^2}{\mu\mu_0\omega k_{2x}}\langle E_{2z}^2\rangle\neq0.$$

$\langle S_{2x}\rangle\neq0$ 和前面分析的隐失波在界面处沿 x 方向为行波的结论一致. 为了使读者更好地理解全反射时隐失波的能流问题, 我们可以做一类比. 一辆公交车有前后两门, 要求乘客前门上后门下, 那么从后门下的总人数一定等于从前门上的总人数, 就像全反射时光强和光功率的反射率等于 1; 在公交车的两门之间存在瞬间和平均都不为零的人流, 就像 $S_{2x}\neq0$ 和 $\langle S_{2x}\rangle\neq0$; 在两门连线的垂直方向, 瞬间人流可以不为零, 但是平均人流一定为零, 就像 $\langle S_{2z}\rangle=0$. 这个类比可能并不十分恰当, 但可以帮助我们理解全反射和隐失波.

3.4.3 隐失波的实验现象与应用

1. 古斯 – 汉欣位移 (Goos-Hänchen (GH) shift)

有限截面的线偏振光由光密介质入射到光疏介质, 当光在界面处发生全反射时, 反射光相对于入射光在入射面内沿界面产生了位移, 如图 3.16 所示, 此现象称为古斯 – 汉欣位移 (Annalen der Physik, 1947, 1: 333; Annalen der Physik, 1949, 5: 251).

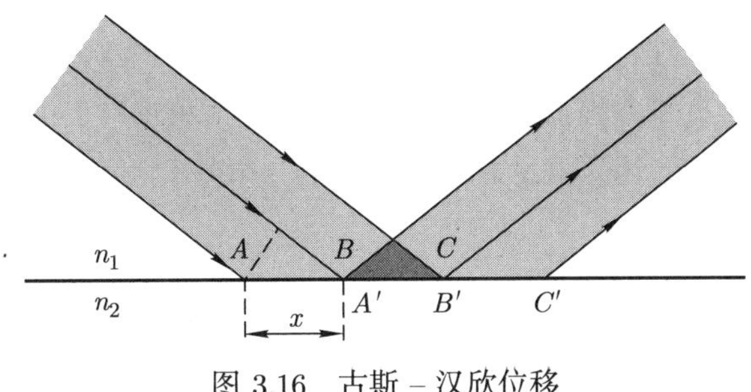

图 3.16 古斯 – 汉欣位移

古斯 – 汉欣位移的定性解释 当入射角大于全反射临界角时, 发生全反射, 反射光的相位突变与入射角有关. 窄光束可分解成一系列不同波矢方向的平面光, 不同波矢方向的平面光的入射角不同, 所以反射光的相位突变不同, 导致反射的平面光再次合成窄光束时产生了位移.

文献 “College Physics, 1994, 13(4): 6” 中给出了古斯 – 汉欣位移的简单推导. 设反射光的反射点由 A 点移至 A' 点. 反射光在 A' 点和入射光在 A 点的相位差 Δ 由两部分组成:

(1) 隐失波在 n_2 介质中从 A 点传播到 A' 点的相位落后 $\delta = k_{2x}x = n_1\dfrac{2\pi}{\lambda}x\sin i_1$;

(2) 全反射光的相位超前 δ'.

所以反射光在 A' 点和入射光在 A 点的相位差为 $\Delta = \delta - \delta'$.

全反射光和入射光保持相同的性质, 也就是说, A' 点的反射光的波形与 A 点的入射光的波形一致. 这就要求 A' 点的反射光中与 A 点的入射光中各平面光成分的相对相位关系保持不变, 即相位差 Δ 与入射角无关:

$$\frac{\partial \Delta}{\partial i_1} = \frac{\partial}{\partial i_1}(\delta - \delta') = \frac{\partial}{\partial i_1}\left(n_1\frac{2\pi}{\lambda}x\sin i_1 - \delta'\right) = 0,$$

因此

$$x = \frac{\lambda}{2\pi n_1 \cos i_1}\frac{\partial \delta'}{\partial i_1} = \frac{\lambda_1}{2\pi \cos i_1}\frac{\partial \delta'}{\partial i_1},$$

其中, $\lambda_1 = \dfrac{\lambda}{n_1}$. p 光和 s 光的反射光的相位突变不同, 将方程组 (3.14) 中的 δ'_{p} 和 δ'_{s}

代入上式, 可得 p 光和 s 光在全反射时的古斯 – 汉欣位移分别为

$$\begin{cases} x_{\mathrm{p}} = \dfrac{\lambda(n_1^2 n_2^2 - n_2^4)\tan i_1}{\pi(n_2^4\cos^2 i_1 + n_1^4\sin^2 i_1 - n_1^2 n_2^2)\sqrt{n_1^2\sin^2 i_1 - n_2^2}}, \\ x_{\mathrm{s}} = \dfrac{\lambda\tan i_1}{\pi\sqrt{n_1^2\sin^2 i_1 - n_2^2}}. \end{cases}$$

在全反射时, 除了古斯 – 汉欣位移外, 还有英伯特 – 费多罗夫位移 (Imbert–Fedorov (IF) shift). 圆偏振或椭圆偏振的空间受限光束在全反射时, 反射点相对于入射点在横向 (即垂直于入射面方向) 发生位移, 称为英伯特 – 费多罗夫位移 (Dokl. Akad. Nauk SSSR, 1955, 105: 465; Phys. Rev. D, 1972, 5: 787).

2. 光学隧道效应

当物体进入全反射的隐失场时, 可以改变隐失场的能流分配, 如图 3.17(a) 所示, 光在棱镜内发生全反射. 如图 3.17(b) 所示, 当另一棱镜进入全反射的隐失场时, 隐失波被耦合成行波出射, 耦合出射的光的强度随两棱镜的间距减小而增大. 这种光学现象称为光学隧道效应, 可应用于波导耦合, 具有非常高的耦合效率, 如图 3.18 所示.

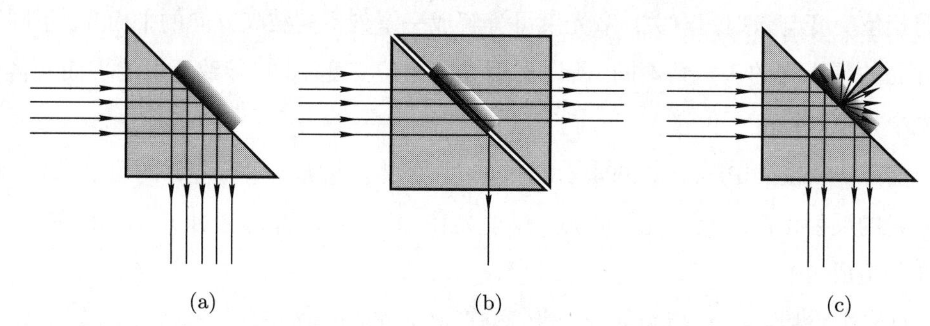

图 3.17 光学隧道效应, (a) 全反射, (b) 隐失波耦合, (c) 隐失波散射

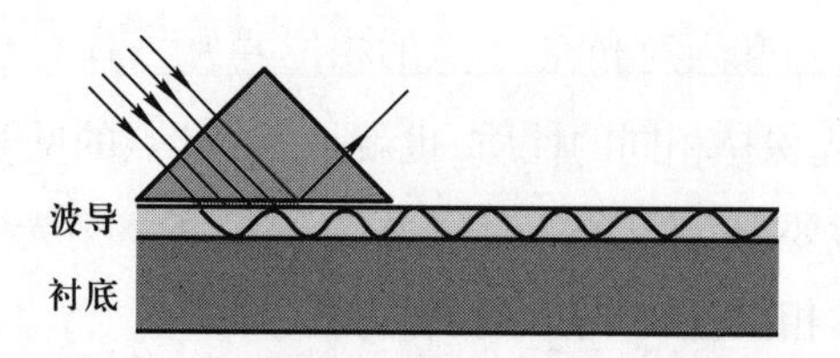

图 3.18 利用光学隧道效应进行波导耦合

如图 3.17 (c) 所示, 当探针进入隐失场, 可以将处于束缚态的隐失波散射成行波. 例如, 一些指纹机对指纹图像采集就是利用此原理, 如图 3.19 所示. 全反射在棱镜上表面形成隐失场, 手指按在棱镜上, 指纹凸起部分进入隐失场, 引起隐失波的散射, 此处的反射光较弱. 因为隐失波的穿透深度很小, 所以指纹凹陷部分没有进入隐失场, 不影响全反射, 此处的反射光较强. 这样, 反射光就出现了和指纹一致的亮暗条纹.

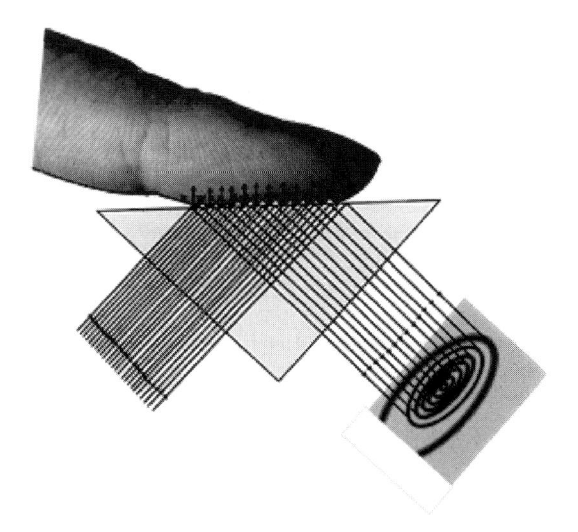

图 3.19 利用隐失波的散射采集指纹图像

3. 近场显微镜

如图 3.20 所示, 近场显微镜工作在光学近场区, 探针进入隐失场, 引起隐失波的散射. 收集散射光, 逐点扫描成像, 具有极高的分辨率, 可以分辨纳米量级的结构 (Sci. Technol. Adv. Mater., 2007, 8: 181). 它的主要结构有: 光学探针、探针 – 样品间距的反馈控制系统、驱动样品或针尖在 (x, y) 平面内运动的二维扫描系统、信号采集系统和图像处理系统.

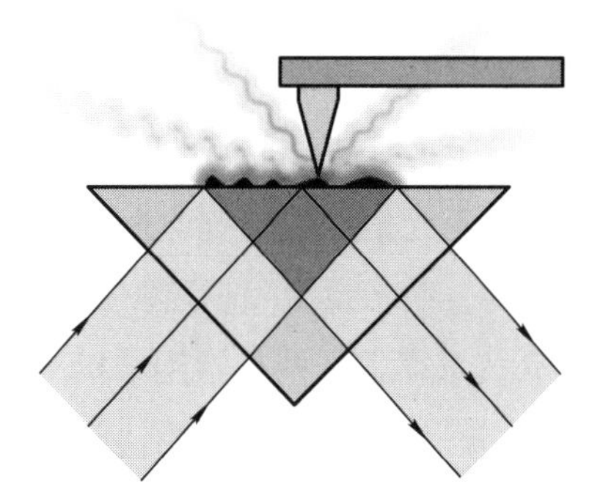

图 3.20 隐失场扫描探测示意图

1928 年, 辛格 (Synge) 首先提出了 “3 个 10 nm” 的近场扫描成像的设想 (Phil. Mag., 1928, 6: 356), 即照明光透过孔径为 10 nm 的小孔照射样品, 样品和小孔之间的距离保持为 10 nm, 以 10 nm 为步长在两个横向移动样品, 并且收集微区的光信号, 就能获得样品的超高分辨率成像. 辛格的设想和现在的近场显微镜的工作模式非常相似, 但是受当时加工技术的限制, 辛格无法实现他的设想. 1950 年, 穆恩 (Moon) 利用针孔扫描样品, 获得了比普通光学显微镜更高放大倍数的显微图像 (Science, 1950, 112: 389). 1956 年, 奥基夫 (O'Keefe) 发展了和辛格设想相似的近场扫描显微镜的理论 (J. Opt. Soc. Am., 1956, 46: 359). 1972 年, 阿什 (Ash) 和尼科尔斯 (Nicholls) 应用近场的概念第一次实现了突破衍射极限的显微成像, 在微波波段 ($\lambda = 3$ cm) 实现了分辨率为 $\lambda/60$ 的二维成像 (Nature, 1972, 237: 510). 1984 年, 波尔 (Pohl)、登克 (Denk) 和兰斯 (Lanz) 成功研制出第一台扫描近场光学显微镜, 工作波长为 488 nm, 分辨率达到 $\lambda/20$ (Appl. Phys. Lett., 1984, 44: 651). 1992 年, 贝齐格 (Betzig) 和特劳特曼 (Trautman) 利用光学纤维制成高通光率的锥形光孔, 侧面蒸镀金属薄膜使得透光通量增加了几个数量级, 并结合剪切力稳定、可靠地测控探针和样品间距, 针尖和样品之间的距离控制在纳米量级 (Science, 1992, 257: 189). 这一工作使得近场扫描显微镜真正得以使用.

为了满足不同的需求, 目前已经开发了各种工作模式的近场显微镜. 按探针的作用分为: 照明模式、收集模式和照明 – 收集模式; 按光信号获取方式分为: 反射模式、透射模式和荧光模式; 近场光学显微镜的扫描模式可以分为: 等高度模式 (探针在同一水平面上扫描) 和等间距模式 (扫描时保持探针和样品的间距不变). 控制探针和样品间距的主要方法为: 隧道电流、隐失场的场强, 以及针尖与样品之间的相互作用等.

近场扫描显微镜已经得到了广泛应用, 例如, 超分辨成像、近场光谱、近场光存储、近场光学在生物领域的应用、近场与表面等离激元、时间分辨近场光谱等. 近场光学显微镜技术及其应用还在不断地探索和进步.

4. 全反射荧光显微镜

在细胞和分子生物学中, 许多分子的活动发生在细胞组织的表面. 研究这些分子活动的最常用的手段是荧光显微镜, 但是普通荧光显微镜探测样品表面的分子荧光信号时, 容易受到样品内部的分子荧光信号的干扰. 为此, 人们想到全反射隐失场的局域性, 以及隐失波的穿透深度为百纳米量级, 使用隐失波激发分子可使荧光源局域在样品表面. 图 3.21 是全反射荧光显微镜的两种常用结构, 激发光在样品表面发生全反射, 产生局域的隐失场. 隐失波激发分子荧光, 被物镜收集成像, 可获得高信噪比的样品表面信息.

1956 年, 安布罗斯 (Ambrose) 最先提出了全反射隐失波激发生物分子荧光 (Nature, 1956, 178: 1194). 1965 年, 赫希菲尔德 (Hirschfeld) 完成了第一个全反射荧光实验 (Can. Spectrosc., 1965, 10: 128). 1981 年, 阿克塞尔罗德 (Axelrod) 发展了这一方法, 制备了全反射荧光显微镜 (J. Cell Biol., 1981, 89: 141), 开启了单分子荧光检测技术的研究. 1995 年, 柳田 (Yanagida) 等人使用全反射荧光显微镜首次获得了溶液中荧光标记的蛋白质单分子成像 (Nature, 1995, 374: 555). 近些年, 全反射荧光显微

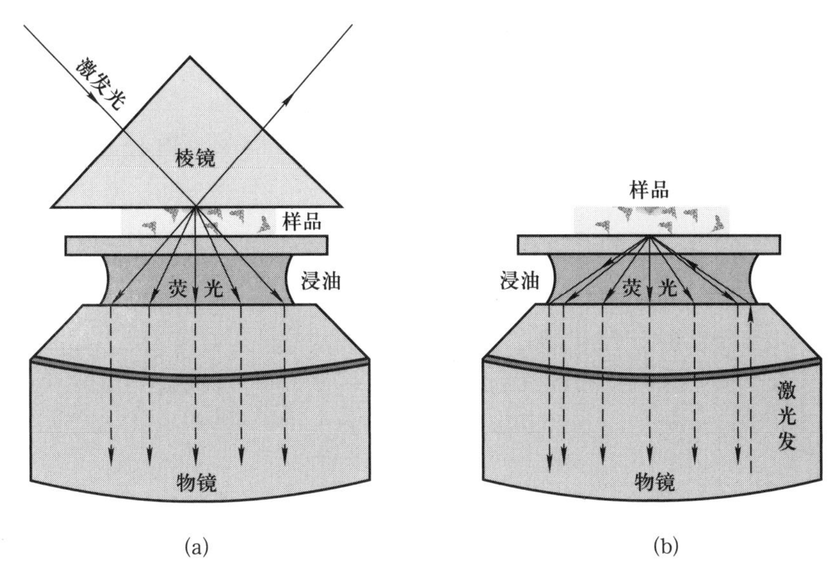

图 3.21 全反射荧光显微镜, (a) 反式结构 (激发光和荧光收集在两侧), (b) 顺式结构 (激发光和荧光收集在同侧)

镜成为生物学研究的重要工具之一 (Mol. Pharmaceutics, 2015, 12: 3862; Journal of Pharmacological Sciences, 2015, 128: 1; PNAS, 2010, 107: 2693), 广泛应用于探索蛋白质的相互作用、观察生物大分子的动态构像变化, 以及研究离子通道等.

除了上面提到的, 全反射和隐失波还有其他更广泛的应用. 在几何光学中, 利用全反射无损耗地改变光线方向, 例如, 将望远镜、显微镜等成的倒立的像转变为正立的像; 在光纤通信中, 利用全反射低损耗、长距离传导光信号; 也可使用隐失波传递信息, 例如, 2003 年, 童利民教授等人实现了纳米光纤隐失波波导 (Nature, 2003, 426: 816). 诸多应用不再一一赘述.

3.5 金属光学

我们前面讨论的问题都是基于绝缘介质, 包括光在绝缘介质中的传播, 以及在绝缘介质界面处的反射和折射. 在光学器件中还会用到金属材料, 例如, 常用的金属薄膜反射镜. 我们在这一节简单介绍一下金属光学.

3.5.1 光在金属中的传播

设金属为一均匀各向同性介质, 其相对介电常量为 ε, 相对磁导率为 μ, 且都为标量. 在金属中, $\nabla \cdot \boldsymbol{D} = \rho = 0$, 现证明如下:

将 $\boldsymbol{j}_0 = \sigma \boldsymbol{E}$ 代入麦克斯韦方程组中的 $\nabla \times \boldsymbol{H} = \boldsymbol{j}_0 + \partial \boldsymbol{D}/\partial t$, 并对其等号两边求

散度, 可得

$$\sigma\frac{1}{\varepsilon\varepsilon_0}\nabla\cdot\boldsymbol{D}+\frac{\partial}{\partial t}(\nabla\cdot\boldsymbol{D})=0,$$

将 $\nabla\cdot\boldsymbol{D}=\rho$ 代入上式, 可得

$$\frac{\partial\rho}{\partial t}+\frac{\sigma}{\varepsilon\varepsilon_0}\rho=0.$$

对上式求解可得

$$\rho=\rho_0\mathrm{e}^{-\frac{t}{\tau}},$$

其中,

$$\tau=\frac{\varepsilon\varepsilon_0}{\sigma}.$$

如果金属内出现电荷积累, 电荷密度将以指数规律衰减掉, τ 为弛豫时间. 金属具有良好的导电性, σ 约为 $10\sim 100$ S/m, τ 约为 10^{-18} s, 远远小于光的振动周期, 因此可以假设金属中的 ρ 永远为零.

根据麦克斯韦方程组, 可以得到光在金属介质中的传播方程. 对麦克斯韦方程组中的两个方程分别求旋度和时间偏导, 即

$$\nabla\times\left(\nabla\times\boldsymbol{E}=-\frac{\partial\boldsymbol{B}}{\partial t}\right),\quad \frac{\partial}{\partial t}\left(\nabla\times\boldsymbol{H}=\boldsymbol{j}_0+\frac{\partial\boldsymbol{D}}{\partial t}\right),$$

可得

$$\begin{cases}\nabla\times(\nabla\times\boldsymbol{E})=-\mu\mu_0\nabla\times\dfrac{\partial\boldsymbol{H}}{\partial t},\\ \nabla\times\dfrac{\partial\boldsymbol{H}}{\partial t}=\sigma\dfrac{\partial\boldsymbol{E}}{\partial t}+\varepsilon\varepsilon_0\dfrac{\partial^2\boldsymbol{E}}{\partial t^2}.\end{cases}$$

将上述方程组中的第二式代入第一式, 可以得到光在金属介质中的波动方程:

$$\nabla^2\boldsymbol{E}-\varepsilon\varepsilon_0\mu\mu_0\frac{\partial^2\boldsymbol{E}}{\partial t^2}-\sigma\mu\mu_0\frac{\partial\boldsymbol{E}}{\partial t}=\boldsymbol{0},$$

其中, $\sigma\mu\mu_0\partial\boldsymbol{E}/\partial t$ 是阻尼项, 意味着金属介质中的光是阻尼波, 即其光强不断衰减. 如果场是严格单色的, 角频率为 ω, 则算符 $\partial/\partial t\equiv-\mathrm{i}\omega$, 于是波动方程可改写为

$$\nabla^2\boldsymbol{E}+\mu\mu_0\omega^2\left(\varepsilon\varepsilon_0+\mathrm{i}\frac{\sigma}{\omega}\right)\boldsymbol{E}=\boldsymbol{0}.$$

引入复波矢: $\widetilde{\boldsymbol{k}}^2=\mu\mu_0\omega^2\left(\varepsilon\varepsilon_0+\mathrm{i}\dfrac{\sigma}{\omega}\right)$, 根据波矢和介电常量, 以及折射率和介电常量之间的关系, 引入相应的复介电常量和复折射率:

$$\begin{cases}\widetilde{\varepsilon}\varepsilon_0=\varepsilon\varepsilon_0+\mathrm{i}\dfrac{\sigma}{\omega},\\ \widetilde{n}=\sqrt{\mu\widetilde{\varepsilon}}=\dfrac{c}{\omega}\widetilde{k},\end{cases}$$

复折射率一般记成

$$\widetilde{n}=n(1+\mathrm{i}\kappa),$$

其中, n 和 κ 是实数, n 为实折射率, κ 叫作衰减指数, 有些书里也称它为消光系数. 因为

$$\widetilde{n}^2=n^2(1+\mathrm{i}2\kappa-\kappa^2)=\widetilde{\varepsilon}\mu=\varepsilon\mu+\mathrm{i}\frac{\mu\sigma}{\varepsilon_0\omega},$$

所以

$$\begin{cases} n^2=\dfrac{1}{2}\left[\varepsilon\mu+\sqrt{(\mu\varepsilon)^2+\left(\dfrac{\mu\sigma}{\varepsilon_0\omega}\right)^2}\right], \\ \kappa=\dfrac{\sigma}{\varepsilon_0\omega\left[\varepsilon+\sqrt{\varepsilon^2+\left(\dfrac{\sigma}{\varepsilon_0\omega}\right)^2}\right]}. \end{cases}$$

引入复波矢和复折射率后, 光在金属介质和绝缘介质中的波动方程在形式上相同, 都可写为

$$\nabla^2\boldsymbol{E}+\widetilde{k}^2\boldsymbol{E}=0.$$

它的平面光波解为

$$\boldsymbol{E}=\boldsymbol{E}_0\mathrm{e}^{-\mathrm{i}(\omega t-\widetilde{k}\boldsymbol{e}_k\cdot\boldsymbol{r})}=\boldsymbol{E}_0\mathrm{e}^{-n\kappa\frac{2\pi}{\lambda_0}\boldsymbol{e}_k\cdot\boldsymbol{r}}\mathrm{e}^{-\mathrm{i}\left(\omega t-n\frac{2\pi}{\lambda_0}\boldsymbol{e}_k\cdot\boldsymbol{r}\right)},$$

其中, $\boldsymbol{e}_k$ 为波矢的单位方向矢量, λ_0 为光在真空中的波长, $\mathrm{e}^{-\mathrm{i}\left(\omega t-n\frac{2\pi}{\lambda_0}\boldsymbol{e}_k\cdot\boldsymbol{r}\right)}$ 表示光在传播过程中的相位突变, $\mathrm{e}^{-n\kappa\frac{2\pi}{\lambda_0}\boldsymbol{e}_k\cdot\boldsymbol{r}}$ 为振幅的衰减. 定义 $\alpha=n\kappa\dfrac{2\pi}{\lambda_0}$ 为吸收系数, 穿透深度 d 为使振幅衰减到原来的 $1/\mathrm{e}$ 时的空间传播距离:

$$d=\frac{1}{\alpha}=\frac{\lambda_0}{2\pi n\kappa}=\frac{\lambda_0\varepsilon_0\omega\left[\varepsilon+\sqrt{\varepsilon^2+\left(\dfrac{\sigma}{\varepsilon_0\omega}\right)^2}\right]}{2\pi\sigma\sqrt{\dfrac{1}{2}\left[\varepsilon\mu+\sqrt{(\mu\varepsilon)^2+\left(\dfrac{\mu\sigma}{\varepsilon_0\omega}\right)^2}\right]}}.$$

表 3.1 给出了不同波段的光在金属铜中的穿透深度.

表 3.1 不同波段的光在金属铜中的穿透深度 (单位: cm)

	红外	微波	长无线电波
λ_0	10^{-3}	10	10^5
d	6×10^{-7}	6×10^{-5}	6×10^{-3}

对于金属导体, $\sigma \gg \varepsilon_0\omega$, 于是 d 可以简化为

$$d = \frac{\lambda_0\sqrt{\varepsilon_0\omega}}{\pi\sqrt{2\mu\sigma}} = c\sqrt{\frac{2\varepsilon_0}{\mu\sigma\omega}}.$$

对于理想导体, $\sigma \to \infty$, 则 $\kappa \to 1, n \to \infty$, 这样的导体丝毫不允许电磁波进入, 因此入射光的能量将全部反射.

3.5.2 金属界面的反射和折射

在金属介质中, 简谐平面光传播所服从的基本方程与透明绝缘介质中的方程形式相同, 只不过使用复量 $\widetilde{\varepsilon}, \widetilde{n}$ 和 $\widetilde{k}$ 替代实量 ε, n 和 k.

1. 金属界面的折射

如图 3.22 所示, 光由空气入射到金属, 设入射面在 (x, z) 平面上, z 轴为界面法线. 折射光在形式上满足透明绝缘介质的折射定律:

$$\sin\widetilde{\theta}_{\mathrm{t}} = \frac{1}{\widetilde{n}}\sin\theta_{\mathrm{i}},$$

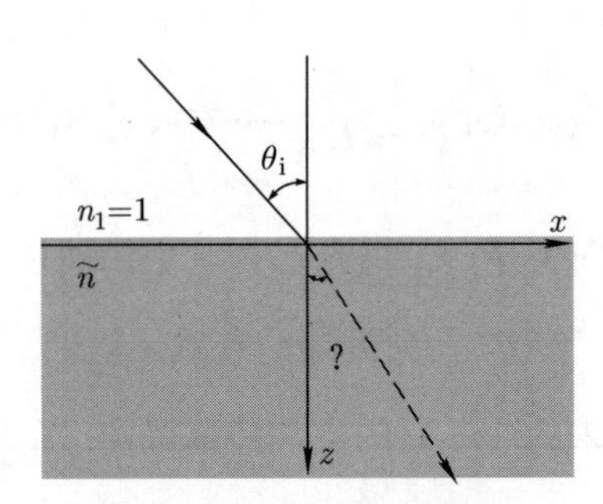

图 3.22 金属界面的折射

其中, $\widetilde{n}$ 是复量, 折射角 $\widetilde{\theta}_{\mathrm{t}}$ 也是复量, 因此它不再是简单的折射角的意义. 折射光的波函数为

$$\boldsymbol{E}^{\mathrm{t}} = \boldsymbol{E}_0^{\mathrm{t}}\mathrm{e}^{-\mathrm{i}(\omega t - \widetilde{k}\boldsymbol{e}_k^{\mathrm{t}}\cdot\boldsymbol{r})},$$

其中, 波矢的单位方向矢量的各个分量为

$$\begin{cases} e_{k_x}^{\mathrm{t}} = \sin\widetilde{\theta}_{\mathrm{t}} = \dfrac{\sin\theta_{\mathrm{i}}}{n(1+\mathrm{i}\kappa)} = \dfrac{1-\mathrm{i}\kappa}{n(1+\kappa^2)}\sin\theta_{\mathrm{i}}, \\ e_{k_y}^{\mathrm{t}} = 0, \\ e_{k_z}^{\mathrm{t}} = \cos\widetilde{\theta}_{\mathrm{t}} = \sqrt{1-\sin^2\widetilde{\theta}_{\mathrm{t}}} = \sqrt{1 - \dfrac{1-\kappa^2}{n^2(1+\kappa^2)^2}\sin^2\theta_{\mathrm{i}} + \mathrm{i}\dfrac{2\kappa}{n^2(1+\kappa^2)^2}\sin^2\theta_{\mathrm{i}}}. \end{cases}$$

令 $q\mathrm{e}^{\mathrm{i}\gamma} = e^{\mathrm{t}}_{k_z} = \cos\widetilde{\theta}_{\mathrm{t}}$, 对上式等号两边求平方, 由于它们的实部和实部、虚部和虚部分别相等, 因此可得

$$\begin{cases} q^2\cos 2\gamma = 1 - \dfrac{1-\kappa^2}{n^2(1+\kappa^2)^2}\sin^2\theta_{\mathrm{i}}, \\ q^2\sin 2\gamma = \dfrac{2\kappa}{n^2(1+\kappa^2)^2}\sin^2\theta_{\mathrm{i}}. \end{cases}$$

将波矢的复单位方向矢量代入折射光的波函数, 可得

$$\begin{aligned} \boldsymbol{E}^{\mathrm{t}} &= \boldsymbol{E}^{\mathrm{t}}_0 \mathrm{e}^{\mathrm{i}\frac{\omega}{c}n(1+\mathrm{i}\kappa)(xe^{\mathrm{t}}_{k_x}+ze^{\mathrm{t}}_{k_z})-\mathrm{i}\omega t} \\ &= \boldsymbol{E}^{\mathrm{t}}_0 \mathrm{e}^{-\frac{\omega}{c}nzq(\kappa\cos\gamma+\sin\gamma)}\mathrm{e}^{\mathrm{i}\frac{\omega}{c}[x\sin\theta_{\mathrm{i}}+znq(\cos\gamma-\kappa\sin\gamma)]}\mathrm{e}^{-\mathrm{i}\omega t}, \end{aligned}$$

其中, $\mathrm{e}^{-\frac{\omega}{c}nzq(\kappa\cos\gamma+\sin\gamma)}$ 决定振幅的空间变化, $\mathrm{e}^{\mathrm{i}\frac{\omega}{c}[x\sin\theta_{\mathrm{i}}+znq(\cos\gamma-\kappa\sin\gamma)]}$ 决定相位的空间变化.

等振幅面为 $-nzq(\kappa\cos\gamma+\sin\gamma)$ 等于常量的平面, 即 z=常量, 如图 3.23 所示.

等相位面为 $x\sin\theta_{\mathrm{i}} + znq(\cos\gamma - \kappa\sin\gamma)$ 等于常量的平面, 如图 3.23 所示. 相位传播方向, 即等相位面的法向为

$$\begin{cases} \sin\theta'_{\mathrm{t}} = \dfrac{\sin\theta_{\mathrm{i}}}{\sqrt{\sin^2\theta_{\mathrm{i}} + n^2q^2(\cos\gamma-\kappa\sin\gamma)^2}}, \\ \cos\theta'_{\mathrm{t}} = \dfrac{nq(\cos\gamma-\kappa\sin\gamma)}{\sqrt{\sin^2\theta_{\mathrm{i}} + n^2q^2(\cos\gamma-\kappa\sin\gamma)^2}}, \end{cases}$$

其中, θ'_{t} 为相位传播方向和界面法向之间的夹角.

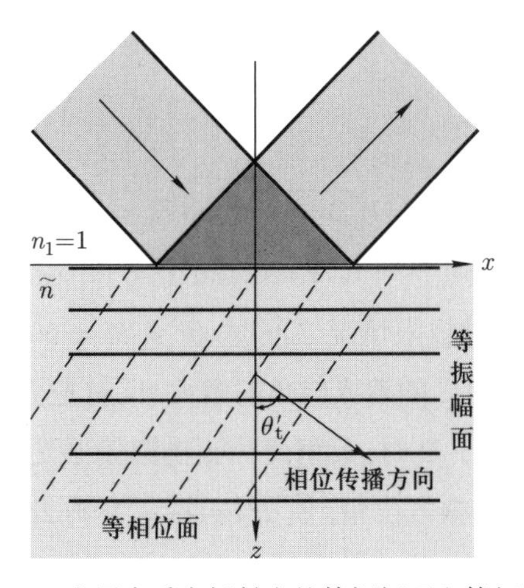

图 3.23 金属介质中折射光的等振幅面和等相位面

由上述分析可知, 金属介质中折射光的等相位面和等振幅面一般不平行, 故为非均匀光.

2. 金属界面的反射和光学参数测量

透明材料的折射率可以利用光折射来测量, 对于金属, 这种测量方法非常困难. 尽管如此, 1888 年左右, 孔脱 (Kundt) 制备了金属棱镜, 并直接测量了金属的复折射率. 不过, 通常情况下, 金属的光学参数是借助光在金属表面的反射来测量的.

将金属介质中的复折射角和复折射率代入菲涅耳公式, 可得光由空气入射到金属介质时的复振幅的反射率 (空气的折射率为 1, 金属介质的复折射率为 $\widetilde{n}=n(1+\mathrm{i}\kappa)$):

$$\begin{cases} \widetilde{r}_{\mathrm{p}}=\dfrac{\widetilde{E}_{\mathrm{p}}^{\mathrm{r}}}{\widetilde{E}_{\mathrm{p}}^{\mathrm{A}}}=\dfrac{\widetilde{n}\cos\theta_{\mathrm{i}}-\cos\widetilde{\theta}_{\mathrm{t}}}{\widetilde{n}\cos\theta_{\mathrm{i}}+\cos\widetilde{\theta}_{\mathrm{t}}}=\dfrac{\tan(\theta_{\mathrm{i}}-\widetilde{\theta}_{\mathrm{t}})}{\tan(\theta_{\mathrm{i}}+\widetilde{\theta}_{\mathrm{t}})}=r_{\mathrm{p}}\mathrm{e}^{\mathrm{i}\phi_{\mathrm{p}}}, \\ \widetilde{r}_{\mathrm{s}}=\dfrac{\widetilde{E}_{\mathrm{s}}^{\mathrm{r}}}{\widetilde{E}_{\mathrm{s}}^{\mathrm{A}}}=\dfrac{\cos\theta_{\mathrm{i}}-\widetilde{n}\cos\widetilde{\theta}_{\mathrm{t}}}{\cos\theta_{\mathrm{i}}+\widetilde{n}\cos\widetilde{\theta}_{\mathrm{t}}}=\dfrac{\sin(\widetilde{\theta}_{\mathrm{t}}-\theta_{\mathrm{i}})}{\sin(\widetilde{\theta}_{\mathrm{t}}+\theta_{\mathrm{i}})}=r_{\mathrm{s}}\mathrm{e}^{\mathrm{i}\phi_{\mathrm{s}}}, \end{cases} \tag{3.16}$$

其中, $\widetilde{E}_{\mathrm{p}}^{\mathrm{A}},\widetilde{E}_{\mathrm{p}}^{\mathrm{r}}$ 和 $\widetilde{E}_{\mathrm{s}}^{\mathrm{A}},\widetilde{E}_{\mathrm{s}}^{\mathrm{r}}$ 分别为 p 光和 s 光在金属界面处的入射光和反射光的复振幅; $r_{\mathrm{p}},r_{\mathrm{s}}$ 为实振幅的反射率; $\phi_{\mathrm{p}},\phi_{\mathrm{s}}$ 为金属界面处反射光的相位突变. 假设入射光是线偏振光, 其偏振方位角 α_{i} 定义为偏振面和 p 方向之间的夹角, 满足

$$\tan\alpha_{\mathrm{i}}=\frac{\widetilde{E}_{\mathrm{s}}^{\mathrm{A}}}{\widetilde{E}_{\mathrm{p}}^{\mathrm{A}}}.$$

定义 $\widetilde{\alpha}_{\mathrm{r}}$ 为反射光的振动方位角 (一般为复量), 它满足

$$\begin{aligned} \tan\widetilde{\alpha}_{\mathrm{r}}&=\frac{\widetilde{E}_{\mathrm{s}}^{\mathrm{r}}}{\widetilde{E}_{\mathrm{p}}^{\mathrm{r}}}=\frac{\widetilde{r}_{\mathrm{s}}\widetilde{E}_{\mathrm{s}}^{\mathrm{A}}}{\widetilde{r}_{\mathrm{p}}\widetilde{E}_{\mathrm{p}}^{\mathrm{A}}}=-\frac{\cos(\theta_{\mathrm{i}}-\widetilde{\theta}_{\mathrm{t}})}{\cos(\theta_{\mathrm{i}}+\widetilde{\theta}_{\mathrm{t}})}\tan\alpha_{\mathrm{i}}=\frac{r_{\mathrm{s}}}{r_{\mathrm{p}}}\mathrm{e}^{-\mathrm{i}(\phi_{\mathrm{p}}-\phi_{\mathrm{s}})}\tan\alpha_{\mathrm{i}} \\ &=P\mathrm{e}^{-\mathrm{i}\varDelta}\tan\alpha_{\mathrm{i}}, \end{aligned} \tag{3.17}$$

其中, $P=r_{\mathrm{s}}/r_{\mathrm{p}}$, $\varDelta=\phi_{\mathrm{p}}-\phi_{\mathrm{s}}$.

当正入射时, $\theta_{\mathrm{i}}=0^{\circ}$, 则 $P=1,\varDelta=-\pi,\tan\widetilde{\alpha}_{\mathrm{r}}=-\tan\alpha_{\mathrm{i}}$.

当掠入射时, $\theta_{\mathrm{i}}=90^{\circ}$, 则 $P=1,\varDelta=0,\tan\widetilde{\alpha}_{\mathrm{r}}=\tan\alpha_{\mathrm{i}}$.

当入射角介于上述两种极限情况之间时, $0^{\circ}<\theta_{\mathrm{i}}<90^{\circ}$, 则 $\varDelta$ 在 $-\pi\sim0$ 之间变化, 这意味着线偏振光入射时, 随着入射角的增大, 反射光从线偏振光变为椭圆偏振光, 再变为线偏振光. 当 $\varDelta=-\pi/2$ 时, 反射光为正椭圆偏振光, 这时对应的入射角称为主入射角 $\overline{\theta}_{\mathrm{i}}$. 调整入射光的偏振方位角, 使 $P\tan\alpha_{\mathrm{i}}=1$, 则此时的反射光为圆偏振光.

在绝缘介质界面反射时, 若入射角等于布儒斯特角, 则 P 为无穷大, 反射光为 s 光, 所以这个角度也称为起偏角. 在金属介质界面反射时, P 也随入射角变化而变化, 但是和绝缘介质界面不同, 这里, P 始终为有限值. P 取极大值所对应的入射角称为准起偏角.

在实验上, 一般测量出反射光的振幅和相位突变, 即 P 和 $\varDelta$, 再推算出金属介质的光学常数 (n 和 κ). 下面介绍由 $P, \varDelta$ 求 n 和 κ 的方法.

由 (3.17) 式可得

$$\frac{1-P\mathrm{e}^{-\mathrm{i}\varDelta}}{1+P\mathrm{e}^{-\mathrm{i}\varDelta}}=-\frac{\cos\theta_{\mathrm{i}}\cos\widetilde{\theta}_{\mathrm{t}}}{\sin\theta_{\mathrm{i}}\sin\widetilde{\theta}_{\mathrm{t}}}=-\frac{\sqrt{\widetilde{n}^2-\sin^2\theta_{\mathrm{i}}}}{\sin\theta_{\mathrm{i}}\tan\theta_{\mathrm{i}}}. \tag{3.18}$$

为了计算方便, 引入一个角度 $\varPsi$, 定义为 $\tan\varPsi=P$, 于是

$$\frac{1-P\mathrm{e}^{-\mathrm{i}\varDelta}}{1+P\mathrm{e}^{-\mathrm{i}\varDelta}}=\frac{1-\mathrm{e}^{-\mathrm{i}\varDelta}\tan\varPsi}{1+\mathrm{e}^{-\mathrm{i}\varDelta}\tan\varPsi}=\frac{\cos 2\varPsi+\mathrm{i}\sin 2\varPsi\sin\varDelta}{1+\sin 2\varPsi\cos\varDelta}. \tag{3.19}$$

对比 (3.18) 式和 (3.19) 式, 可得

$$-\frac{\sqrt{\widetilde{n}^2-\sin^2\theta_{\mathrm{i}}}}{\sin\theta_{\mathrm{i}}\tan\theta_{\mathrm{i}}}=\frac{\cos 2\varPsi+\mathrm{i}\sin 2\varPsi\sin\varDelta}{1+\sin 2\varPsi\cos\varDelta}.$$

对上式等号两边同时求平方, 由于它们的实部和实部、虚部和虚部分别相等, 因此可得

$$\begin{cases} n^2(1-\kappa^2)=\sin^2\theta_{\mathrm{i}}\left[1+\dfrac{\tan^2\theta_{\mathrm{i}}(\cos^2 2\varPsi-\sin^2 2\varPsi\sin^2\varDelta)}{(1+\sin 2\varPsi\cos\varDelta)^2}\right], \\ 2n^2\kappa=\dfrac{\sin^2\theta_{\mathrm{i}}\tan^2\theta_{\mathrm{i}}\sin 4\varPsi\sin\varDelta}{(1+\sin 2\varPsi\cos\varDelta)^2}. \end{cases}$$

实验中测量 P 和 $\varDelta$ 的常用仪器为椭偏仪.

本章小结

本章从电磁场的边界关系推导出界面处反射光、折射光的振幅和相位与入射光的振幅和相位之间的关系, 即菲涅耳公式. 由此公式分析了界面处的复振幅、光强、光功率的反射率和透射率; 给出了两个特殊的角度 —— 起偏角和全反射临界角. 讨论了全反射隐失波的性质和应用. 最后介绍了金属光学, 引入了复波矢和复折射率, 分析了光在金属介质中的传播性质, 以及金属界面的反射和折射特性.

习 题

1. 利用电磁场的边界关系证明 s 光和 p 光在界面处反射和折射时互不交混, 彼此独立.

2. 一束 p 偏振的平行光由 n_1 介质入射到 n_2 介质, 其入射角为 θ, 利用电磁场的边界关系求:

(1) 复振幅的反射率和透射率.

(2) 入射角为多大时, 反射率为零? 此时, 复振幅、光强、光功率的透射率分别为多大?

3. 玻璃的折射率为 1.54, 一束自然光以布儒斯特角入射到用玻璃片组成的玻璃堆起偏器, 如果要求透射光的偏振度大于等于 0.99, 试求至少需要多少块玻璃片?

4. 诺伦贝格 (Norrenberg) 反射偏振计如习题 4 图所示, 其中含两块相同的玻璃片, 开始时, 两玻璃片平行, 一束自然光以布儒斯特角入射到玻璃片 1, 以 z 轴为转动轴转动玻璃片 2, 探测透射光的光强. 如果玻璃片 2 转动 45°, 则透射光的光强增大到开始时的 1.2 倍. 求此玻璃片对以布儒斯特角入射的 s 光的光强的反射率.

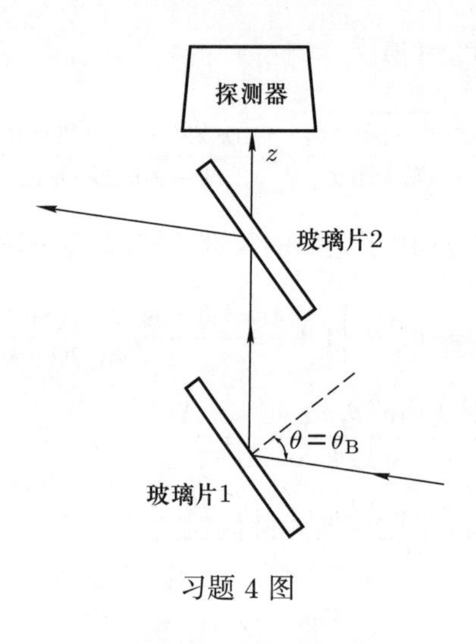

习题 4 图

5. 偏振分束镜可以把入射的自然光分成传播方向相互垂直的两线偏振光, 其结构如习题 5 图所示, 两直角玻璃棱镜斜面对斜面地叠放在一起, 两斜面之间夹放着由高折射率和低折射率介质交替组成的多层膜, 高折射率为 n_h, 低折射率为 n_l, 自然光以 45° 角入射到多层膜, 问: 为使反射光为线偏振光, 玻璃棱镜的折射率应该为多大?

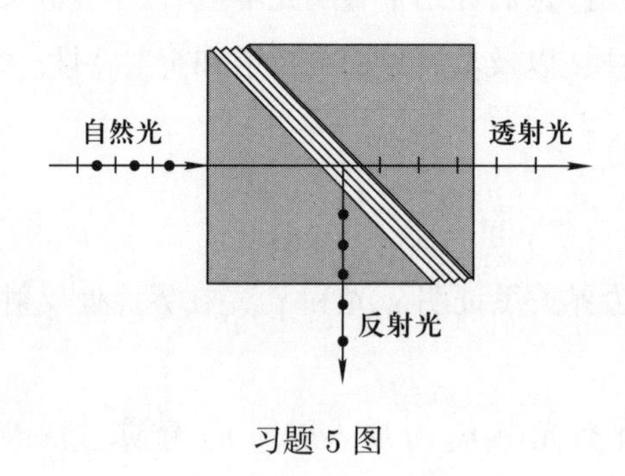

习题 5 图

6. 如果一束自然光由 n_1 介质入射到 n_2 介质, 其反射光为线偏振光, 求入射角和折射角之和.

7. 如习题 7 图所示, 从 n_1 介质到 n_2 介质的入射角为布儒斯特角, 分析 n_2 介质中的折射光在 n_2 介质到 n_1 介质界面处反射时反射光的偏振态.

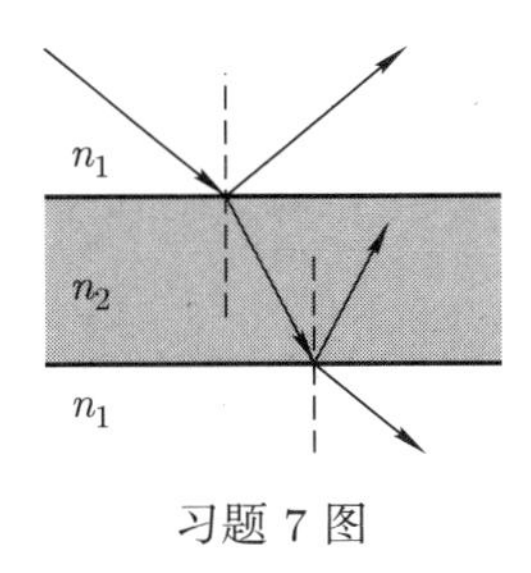

习题 7 图

8. 一束自然光由空气入射到待测介质, 入射角为 θ, 测量出反射的 p 光和 s 光的光强之比为 G, 请计算出待测介质的折射率.

9. 设介质各向同性且无吸收, 试从电磁场的边界关系和能量守恒定律推算出折射定律.

10. 利用菲涅耳公式证明斯托克斯倒逆关系.

11. 设计一光学器件, 使得线偏振光入射时, 出射光为圆偏振光, 并简单说明其工作原理.

12. 有一种测量液体折射率的装置, 如习题 12 图所示. ABC 为直角棱镜, 其折射率 $n_{\mathrm{g}} = 1.52$, 将待测液体涂一薄层于棱镜上表面 AB, 再掩盖一毛玻璃片, 用扩展光源在掠入射方向照明. 在棱镜一侧 BC 附近放置一薄凸透镜 L, 其焦距为 5 cm, 在其像方焦面上放置一屏幕, 屏幕呈现半亮半暗, 其分界线到透镜焦点 F 的距离为 3 cm. 求待测液体的折射率.

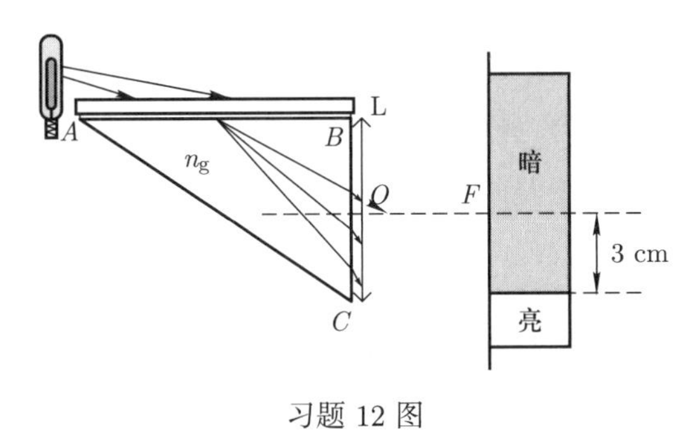

习题 12 图

13. 设平行光由玻璃入射到空气 (如习题 13 图所示), 设该平行光在真空中的波长为 500 nm, 玻璃的折射率为 1.5, 空气的折射率为 1.0.

(1) 如果入射光的能量 100% 反射, 求入射角 θ 满足的条件.

(2) 当入射角为 $\theta = 60°$ 时, 将一块同种材质的平面玻璃板沿平行方向逐渐靠近玻璃, 如果观察到反射光的光强开始变小, 估算此时玻璃板和玻璃之间的距离 d.

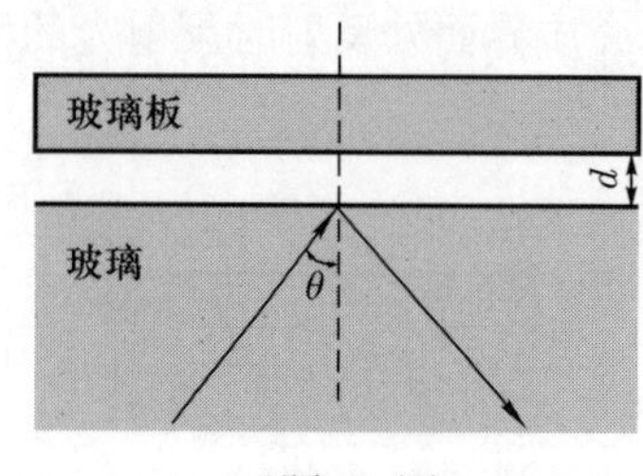

习题 13 图

14. 如习题 14 图所示, 由三层均匀介质膜组成的平面波导, 从下至上各层介质的折射率分别为 n_0, n_1 和 n_2, 已知 $n_1 > n_0 \geqslant n_2$.

(1) 要求光线被束缚在波导中, 入射角应满足什么条件?

(2) 已知波导的厚度为 d, 设入射光为线偏振光, 偏振方向在入射面内, 即 p 偏振, 求能够在介质膜组成的波导中传输的光的最大波长.

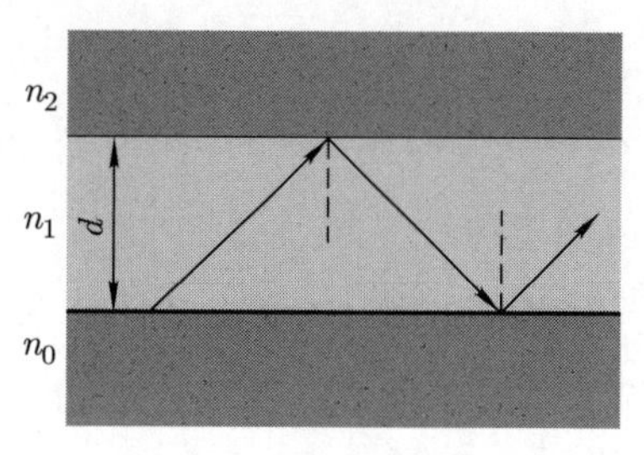

习题 14 图

15. 如习题 15 图所示, 有一等腰直角棱镜, 其折射率为 $n = 2.0$, 空气的折射率为 1.0. 一线偏振光垂直于棱镜的直角边入射, 偏振面与 s 和 p 方向之间的夹角都为 45°, 忽略棱镜直角边对光的反射.

(1) 判断透射光的偏振态, 并给出理由.

(2) 让透射光经过一理想偏振片, 旋转该偏振片, 求透射光的光强最大值和最小值之比.

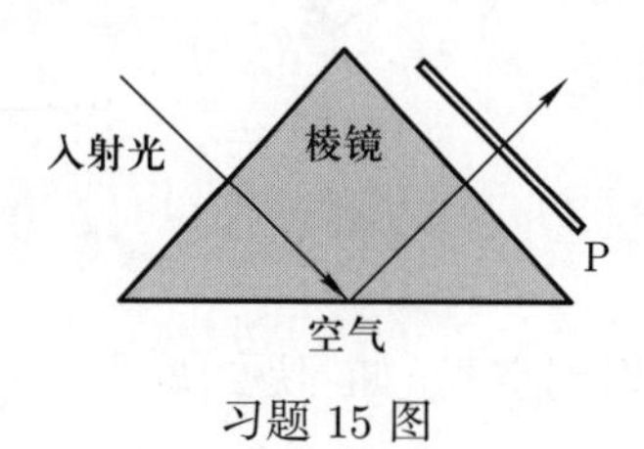

习题 15 图

16. 对于在真空中波长为 589.3 nm 的电磁波，铜的复折射率为 $\tilde{n} = 0.62 + 2.57\mathrm{i}$.

设在真空中波长为 589.3 nm 的线偏振光由空气入射到光滑铜的表面, 入射光的偏振方位角为 $\alpha_{\mathrm{i}} = 45°$, 入射角为 45°, 求反射光的偏振态; 使反射光经过一理想偏振片, 并以反射光为转动轴旋转偏振片, 求透射光的光强最大值和最小值之比.

第四章　几 何 光 学

当光学元件的特征尺度远远大于工作波长时, 光的波动性可以忽略, 光可看成光线, 研究光线传播的学科称为几何光学.

本章将讲解描述光的传播特性的基本原理 —— 惠更斯原理和费马原理. 由惠更斯原理推导出几何光学的基本定律 —— 反射定律和折射定律. 费马原理是对几何光学的高度概括, 利用费马原理分析等光程和成像之间的关系. 严格等光程得到严格成像, 能严格成像的光学系统称为理想光具组. 给出两种处理复杂光具组的理想成像的常用方法, 即基点、基面法和 ABCD 矩阵法. 介绍诸如显微镜、望远镜、投影仪和相机等日常生活和科研中经常使用的几何光学器件. 由于实际成像过程必然产生像差, 因此分析不同种类几何像差的表现和产生原因, 讨论消除或降低像差的方法. 最后介绍变折射率光线传播, 分析基于全反射的光纤中的光的传播性质.

4.1　惠更斯原理

惠更斯原理描述了光的传播规律: 光振动同时到达的空间曲面称为波面, 波面上的每一个点都可以看成一个新的振动中心, 称为子波源或次波源, 次波源向四周发出次波. 下一时刻的波面就是这些大量次波面的公切面, 或者称为包络面. 次波源与该次波源发出的次波面和公切面切点的连线方向给出了该处光的传播方向, 图 4.1 给出惠更斯原理的图示说明.

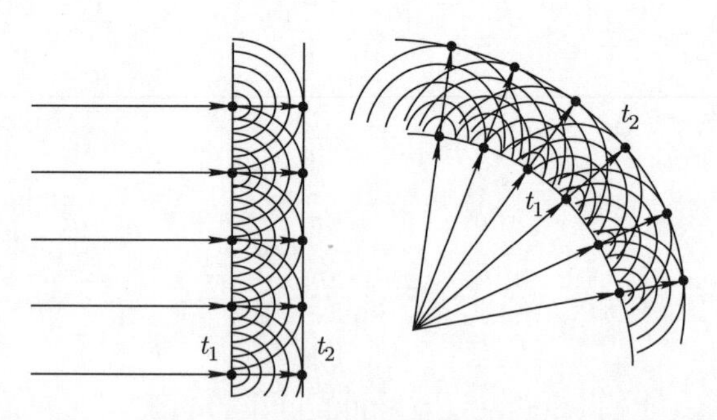

图 4.1　惠更斯原理的图示说明

可利用惠更斯原理推导出反射定律和折射定律. 下面以折射定律为例, 说明推导过程. 如图 4.2 所示, 平面光从 n_1 介质入射到 n_2 介质, 入射角为 i_1. t_1 时刻, 光振动同时到达的波面为垂直于入射光传播方向的平面 (AC), 波面上的每一个点都可以看成一个新的次波源, 次波源向四周发出次波. C 点发出的次波依然在 n_1 介质中传播, 传播速度为 $v_1 = c/n_1$; A 点发出的次波在 n_2 介质中传播, 传播速度为 $v_2 = c/n_2$. t_2 时刻, C 点发出的次波到达介质界面上的 B 点, 传播时间为 $\Delta t = \overline{CB}/v_1$, A 点发出的次波在 n_2 介质中传播的距离为 $\overline{AD} = v_2\Delta t = v_2 \cdot \overline{CB}/v_1$.

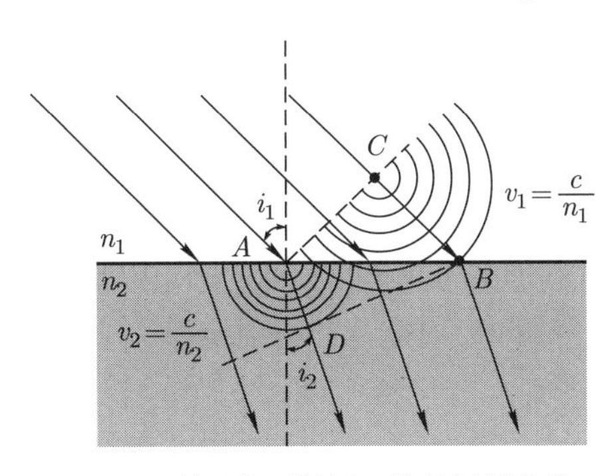

图 4.2 利用惠更斯原理推导折射定律

过 B 点作 A 点发出的次波在 t_2 时刻的次波面的切线, D 为切点. 过 A 点作其与 D 点的连线, 连线方向便是折射光的传播方向. 可以证明其他点在 t_2 时刻的次波面也与 BD 相切.

由图 4.2 中的几何关系可知

$$\Delta t = \frac{\overline{CB}}{v_1} = \frac{\overline{AB}\sin i_1}{v_1} = \frac{\overline{AD}}{v_2} = \frac{\overline{AB}\sin i_2}{v_2},$$

于是

$$\frac{\sin i_1}{\sin i_2} = \frac{v_1}{v_2},$$

其中, i_1 和 i_2 分别为入射角和折射角, 上式便是由波动学说推导出的折射定律.

粒子学说根据牛顿力学原理也推导出了折射定律. 光在两个介质的界面处反射时满足反射定律, 即反射角等于入射角, 也就是说反射光和入射光沿界面切向的速度分量守恒, 于是粒子学说认为光粒子在两个介质的界面处只受到沿界面法向的力, 沿切向的力为零, 所以折射时光粒子沿切向动量守恒, 于是 $v_1 \sin i_1 = v_2 \sin i_2$, 由此得到粒子学说推导出的折射定律: $\dfrac{\sin i_1}{\sin i_2} = \dfrac{v_2}{v_1}$.

两个学说得到的折射定律不同, 例如, 光从空气入射到水, 可以观察到, 折射角小于入射角, 由波动学说推导出的折射定律可知, 光在空气中的传播速度大于水中的传播速度, 而粒子学说推导出的折射定律给出相反的结论, 即光在空气中的传播速度小于水中的传播速度. 但是当时人们无法在地面上测量出光速, 所以也无法判断哪个正确. 直到 1850 年, 傅科精确测量了空气中和水中的光速, 表明光在空气中的传播速度大于水中的传播速度, 才证实了波动学说推导出的折射定律是正确的.

惠更斯原理的精华之处在于给出了次波源的概念, 这一概念不仅适用于光, 也可用于研究其他种类的波的传播规律. 当然, 作为早期描述光的传播规律的原理, 惠更斯原理也存在一些不足, 主要为两点: 不能回答光振幅或光强的传播问题; 不能回答光相位的传播问题. 菲涅耳对这两点做了补充, 引入了杨氏干涉的思想, 提出了惠更斯 - 菲涅耳原理, 它是光的标量场衍射理论的基础.

4.2　费 马 原 理

费马原理高度概括了几何光学中光的传播规律, 由它可推导出构建几何光学基础的三个实验定律, 即直线传播、反射定律和折射定律.

4.2.1　光程

光程定义为光传播路径的几何长度与所经过介质的折射率的乘积.

如图 4.3 所示的光在不同介质中从 Q 点到 P 点的光程为: 对于同一种均匀介质,

$$L(QP) = nl;$$

对于分段均匀介质, 例如, 透镜组,

$$L(QP) = n_1 l_1 + n_2 l_2 + \cdots = \sum_i n_i l_i;$$

对于折射率渐变介质,

$$L(QP) = \int_Q^P n(r)\mathrm{d}s.$$

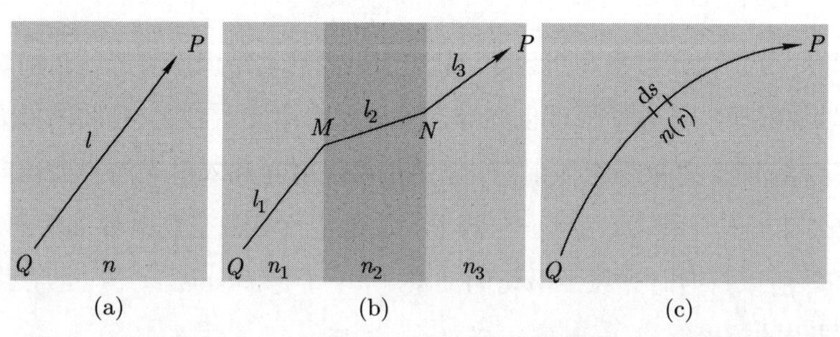

图 4.3　光在均匀 (a) 、分段均匀 (b) 和折射率渐变 (c) 介质中的光程

光程与相位差的关系　从 $Q \to M \to N \to \cdots \to P$, 相位逐点落后. 根据我们前面的约定, 相位落后则符号为正, 则 P, Q 两点的相位差为

$$\phi(P) - \phi(Q) = \sum_i \frac{2\pi}{\lambda_i} l_i = \sum_i \frac{2\pi}{\dfrac{\lambda_0}{n_i}} l_i = \frac{2\pi}{\lambda_0} \sum_i n_i l_i = \frac{2\pi}{\lambda_0} L(QP),$$

其中, λ_0 为光在真空中的波长, λ_i 为光在 n_i 介质中的波长.

光从 Q 点到 P 点所用时间为

$$\Delta t = t_P - t_Q = \sum_i \Delta t_i = \sum_i \frac{l_i}{v_i} = \sum_i \frac{l_i}{\dfrac{c}{n_i}} = \frac{1}{c}\sum_i n_i l_i = \frac{1}{c}L(QP).$$

上式可改写为

$$L(QP) = c\Delta t.$$

上式给我们提供了另一个认识光程的角度: 光从 Q 点到 P 点的光程等于光的传播时间乘以真空中的光速.

4.2.2 费马原理

如图 4.4 所示, 光从 Q 点到 P 点可能有 l, l_1, l_2 等众多路径选择, 光会选择哪条路径? 费马原理告诉我们, 光沿光程为平稳值的路径传播.

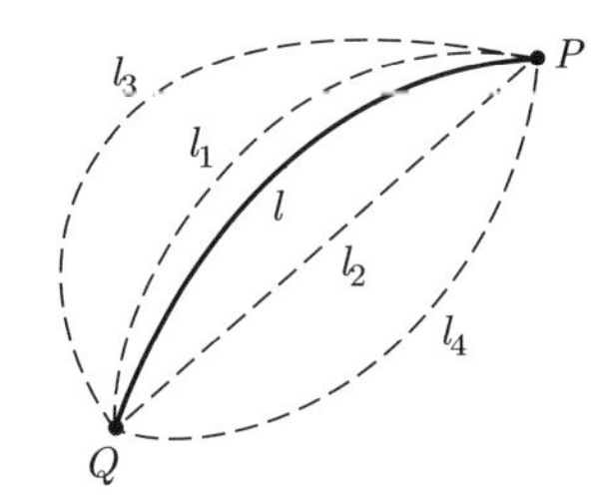

图 4.4 光从 Q 点到 P 点的路径选择

平稳值有三种基本含义: (1) 极小值, 比较常见, 例如, 光在均匀介质中的直线传播; (2) 常量, 例如, 成像系统的物点和像点之间的光程; (3) 极大值, 个别情况下可以是光程极大.

光程 $L(QP) = \int_{Q \atop (l)}^{P} n(r)\mathrm{d}s = L(l)$ 是路径的泛函, 光程取平稳值要求 L 的变分为零, 即

$$\delta\left[\int_{Q \atop (l)}^{P} n(r)\mathrm{d}s\right] = 0$$

或

$$\delta L(l) = 0.$$

这是费马原理的数学表达式.

4.2.3 费马原理与三个实验定律

1. 光在均匀介质中的直线传播

空间两点之间直线距离最短. 在均匀介质中, 直线是光程为平稳值的路径, 所以光在均匀介质中的直线传播满足费马原理.

2. 反射定律

如图 4.5 所示, Q 点发出的光经反射面反射到达 P 点, 过 Q 点和 P 点作反射面的垂直面, 设该垂直面与反射面的交线为 z 轴. 作 Q 点相对于反射面的镜像对称点 Q', 连接 Q' 点和 P 点的直线与 z 轴交于 M 点, $L(QMP)$ 为光程极小值. 为了证明这一点, 我们可以在 M 点之外任意选择一些点, 例如, M_1, M_2, M_3, M_4. 如图 4.5 所示, $L(QMP) = L(Q'MP), L(QM_1P) = L(Q'M_1P), L(QM_2P) = L(Q'M_2P), L(QM_3P) = L(Q'M_3P), L(QM_4P) = L(Q'M_4P)$, 因为空间两点之间直线距离最短, 所以 $L(QMP)$ 为极小值, 满足费马原理允许的光路径, 即光通过 Q 点经 M 点反射到达 P 点. 由此得到结论: 反射光在入射面内, 反射角等于入射角.

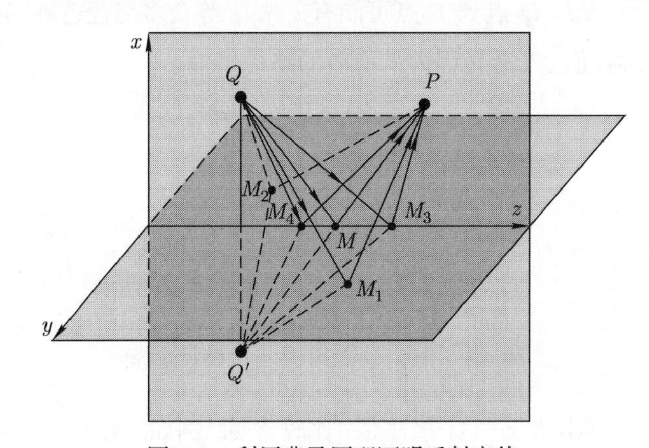

图 4.5 利用费马原理证明反射定律

3. 折射定律

如图 4.6 所示, Q 点发出的光在 n_1 介质和 n_2 介质的界面处经折射到达 P 点, 过 Q 点和 P 点作界面的垂直面, 设该垂直面与界面的交线为 z 轴, x 轴垂直于界面, y 轴在界面内.

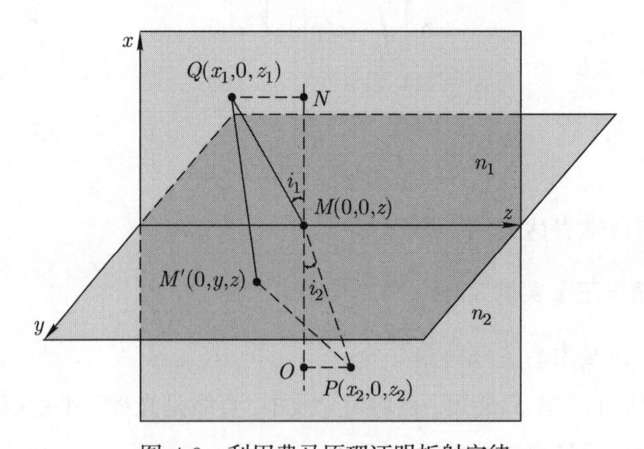

图 4.6 利用费马原理证明折射定律

设光经界面上任一点 $M'(0,y,z)$ 折射到达 P 点. 根据前面的论证可知, 光在均匀介质中沿直线传播, 则 Q 点到 P 点的光程为

$$L=n_1\overline{QM'}+n_2\overline{M'P}=n_1\sqrt{x_1^2+y^2+(z-z_1)^2}+n_2\sqrt{x_2^2+y^2+(z-z_2)^2}.$$

光程 L 取平稳值的条件是 $\dfrac{\partial}{\partial y}L=0,\ \dfrac{\partial}{\partial z}L=0$, 即

$$\frac{\partial}{\partial y}L=n_1\frac{y}{\sqrt{x_1^2+y^2+(z-z_1)^2}}+n_2\frac{y}{\sqrt{x_2^2+y^2+(z-z_2)^2}}=0,$$

所以 $y=0$, 折射点位于 z 轴上的 M 点, 即折射光在入射面内;

$$\frac{\partial}{\partial z}L=n_1\frac{z-z_1}{\sqrt{x_1^2+(z-z_1)^2}}-n_2\frac{z_2-z}{\sqrt{x_2^2+(z-z_2)^2}}=0,$$

用图 4.6 中的线段表示上式, 可得

$$\frac{\partial}{\partial z}L=n_1\frac{\overline{QN}}{\overline{QM}}-n_2\frac{\overline{PO}}{\overline{PM}}=n_1\sin i_1-n_2\sin i_2=0,$$

于是

$$n_1\sin i_1=n_2\sin i_2.$$

这便是折射定律.

4. 费马原理和成像

图 4.7 (a) 表示物点 Q 经光具组成实像于 Q' 点, 图 4.7 (b) 表示物点 Q 经光具组成虚像于 Q' 点.

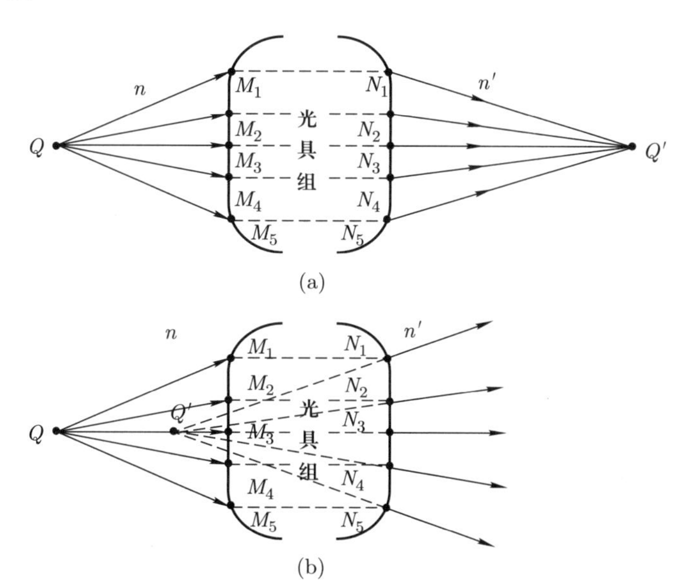

图 4.7 (a) 物点 Q 经光具组成实像于 Q' 点, (b) 物点 Q 经光具组成虚像于 Q' 点

物点与实像点之间等光程, 即

$$L(QM_1N_1Q') = L(QM_2N_2Q') = \cdots = L(QM_iN_iQ') = \cdots,$$

其中, i 代表 $1, 2, 3, \cdots$. 可利用费马原理, 通过反证法来证明上式. 假设物点和实像点之间的光程不相等, 根据费马原理可知, 它们的光程必然是极大值或极小值. 如果某一条光线 $L(QM_3N_3Q')$ 是极大值, 则它近邻的光线 $L(QM_2N_2Q')$ 和 $L(QM_4N_4Q')$ 不可能是极值, 这违背了费马原理, 所以它近邻的光线 $L(QM_2N_2Q')$ 和 $L(QM_4N_4Q')$ 不存在. 同样, 如果某一条光线 $L(QM_3N_3Q')$ 是极小值, 则它近邻的光线也不存在. 利用此法依次推导出 $L(QM_1N_1Q'), L(QM_2N_2Q'), L(QM_3N_3Q')$ 等所有光线都不存在, 这和成像相违背, 所以物点和实像点之间必须等光程.

上面是利用图 4.7(a) 所示实物成实像的情况分析的物像之间的等光程性. 对于图 4.7(b) 所示的实物成虚像的情况, 物点和虚像点之间同样等光程, 此时的等光程方程可以写为

$$\begin{aligned} L(QM_1N_1) - L(N_1Q') &= L(QM_2N_2) - L(N_2Q') = \cdots \\ &= L(QM_iN_i) - L(N_iQ') = \cdots, \end{aligned}$$

其中, $L(QM_iN_i)$ 为光线 $Q \to M_i \to N_i$ 的实光程, $L(N_iQ') = n' \cdot \overline{N_iQ'}$ 称为虚光程. 注意: n' 为像方折射率. 上式的证明留为课下练习题.

下面总结等光程性和成像之间的关系:

严格等光程 $\Leftrightarrow$ 严格成像;

近似等光程 $\Leftrightarrow$ 近似成像;

非等光程 $\Leftrightarrow$ 不成像.

下面举两个例子, 一个是严格成像, 另一个是近似成像.

例题 4.1 设计凹面镜, 要求将宽平行光束严格聚焦于 F 点, 试问凹面应该是何形状?

解 如图 4.8 所示, 设焦点 F 到凹面 Σ 顶点 O 的距离为 $r_0, r(\theta)$ 与光轴之间的夹角为 θ.

平行光的等相位面为垂直于光传播方向的平面 (AB), 根据惠更斯原理可知, 严格成像对应于严格等光程, 因此

$$L(ACF) = L(FOF),$$

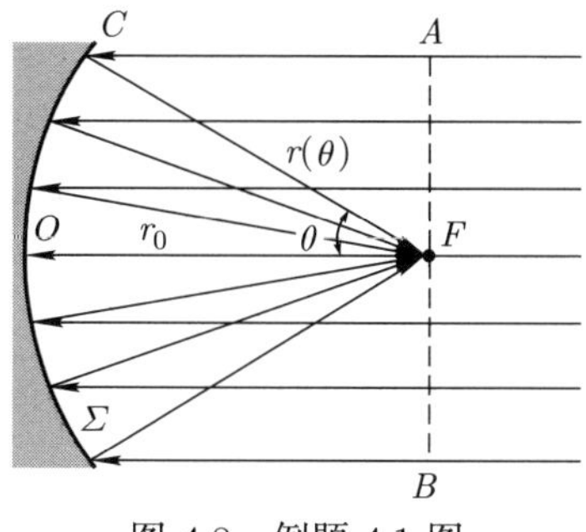

图 4.8 例题 4.1 图

即

$$r(\theta) + r(\theta)\cos\theta = 2r_0.$$

对上式求解可以得出

$$r(\theta) = \frac{2r_0}{1+\cos\theta}.$$

这是一条抛物线, 凹面 Σ 是旋转抛物面.

例题 4.2 推导单折射球面的傍轴物像公式.

解 如图 4.9 所示, 设物距为 s (光轴上物点 Q 和折射球面顶点 O 之间的距离), 像距为 s' (光轴上像点 Q' 和折射球面顶点 O 之间的距离), 折射球面的曲率半径为 r, 物方折射率为 n, 像方折射率为 n'.

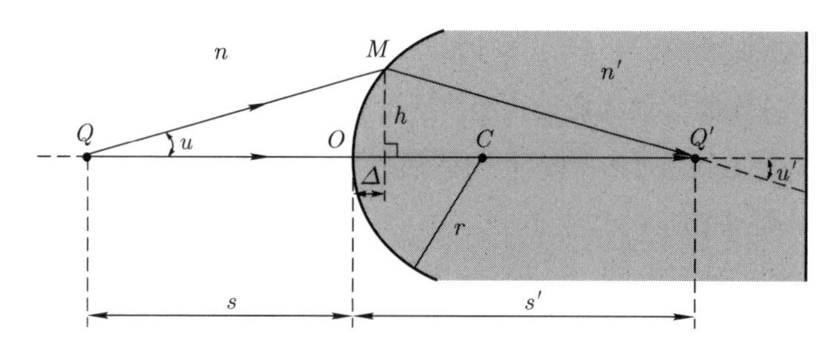

图 4.9 推导单折射球面的傍轴物像公式

根据等光程性, 有

$$L(QMQ') = L(QOQ'),$$

其中,

$$\begin{cases} L(QMQ') = n\overline{QM} + n'\overline{MQ'} = n\sqrt{(s+\Delta)^2+h^2} + n'\sqrt{(s'-\Delta)^2+h^2}, \\ L(QOQ') = ns + n's'. \end{cases}$$

由傍轴条件 $\Delta \ll s, s', r$, 可得

$$h^2 \approx 2r\Delta, \quad \sqrt{(s'-\Delta)^2+h^2} \approx s'\left(1+\frac{r-s'}{s'^2}\Delta\right), \quad \sqrt{(s+\Delta)^2+h^2} \approx s\left(1+\frac{r+s}{s^2}\Delta\right).$$

将之代入等光程公式, 可得

$$ns\left(1+\frac{r+s}{s^2}\Delta\right)+n's'\left(1+\frac{r-s'}{s'^2}\Delta\right)=ns+n's',$$

即

$$\frac{n}{s}+\frac{n'}{s'}=\frac{n'-n}{r}. \tag{4.1}$$

这便是单折射球面的傍轴物像公式.

当 $s'\to\infty$ 时, 经折射球面折射后的出射光为平行光, 此时对应的物点称为物方焦点, 物距就是物方焦距:

$$f=\frac{n}{n'-n}r; \tag{4.2}$$

当 $s\to\infty$ 时, 入射光为平行光, 此时像点称为像方焦点, 像距就是像方焦距:

$$f'=\frac{n'}{n'-n}r. \tag{4.3}$$

物方焦距和像方焦距之间的关系为

$$\frac{f}{f'}=\frac{n}{n'}. \tag{4.4}$$

需要指出的两点是:

(1) 推导过程中使用了傍轴条件, 即 $\Delta\ll s,s',r$, 物点和像点之间是傍轴条件下的等光程, 所以是近似成像.

(2) 单折射球面的傍轴物像公式的获得没有利用折射定律, 结果和利用折射定律所得结果一致. 请使用折射定律推导出傍轴物像公式, 并分析所使用的近似条件.

下面对费马原理进行一些评述:

(1) 费马原理的使用限度: 费马原理是几何光学的理论基础, 几何光学的使用限度也是费马原理的使用限度.

(2) 费马原理在物理学发展史上的贡献: 开创了以 “路径积分, 变分原理” 表述物理规律的新思维方式.

4.3 成 像

几何光学仪器中很大一部分是成像的仪器, 例如, 显微镜、望远镜、投影仪和相机等. 成像是几何光学研究的中心问题之一.

4.3.1 物和像

同心光束: 各光线本身或延长线交于同一点的光束, 如图 4.10 所示.

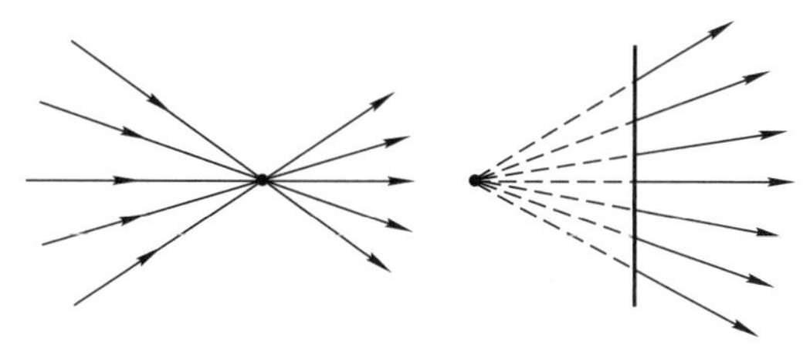

图 4.10 同心光束

光具组: 由若干反射面或折射面组成的光学系统.

成像: 如图 4.11 所示, 利用光具组将一同心光束转化成另一同心光束.

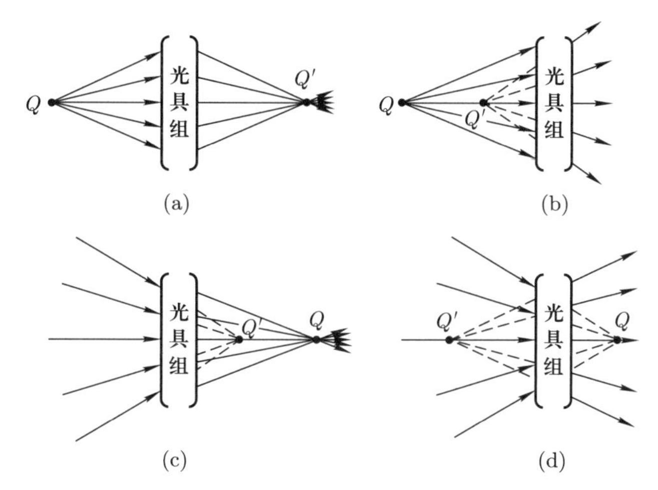

图 4.11 成像, (a) 实物成实像, (b) 实物成虚像, (c) 虚物成实像, (d) 虚物成虚像

理想光具组: 成像过程能将任一严格同心光束转化成另一严格同心光束, 这样的光具组称为理想光具组. 理想光具组将空间每个物点 Q 和相应的像点 Q' 组成一对一的映射关系. Q 点和 Q' 点称为一对共轭点.

4.3.2 成像和等光程

根据费马原理可知, 严格成像, 则严格等光程; 近似成像, 则近似等光程; 不成像, 则非等光程. 所以理想光具组能使空间每个物点 Q 和相应的像点 Q' 之间严格等光程.

1. 等光程面

给定 Q 和 Q' 两点, 如果存在这样一个曲面, 使得凡是从 Q 点发出的光经此曲面的反射或折射到达 Q' 点的光程严格相等, 则此曲面称为等光程面.

2. 齐明点

给定一个反射或折射曲面, 如果存在这样两个点 (Q 和 Q'), 使得凡是从一个点 (Q) 发出的光经此曲面的反射或折射到达另一个点 (Q') 的光程严格相等, 则这两个点称为给定曲面的齐明点.

一般来说, 折射等光程面是四次曲面 (笛卡儿卵形面), 这种形状不易加工, 但是折射球面也存在一对齐明点. 如图 4.12 所示, 齐明点 Q 和 Q' 位于过球心 C 的同一条直线上, 该直线称为光轴. $\overline{QC}=\dfrac{n'}{n}r, \overline{Q'C}=\dfrac{n}{n'}r$, 其中, r 为折射球面的曲率半径, n 为球体的折射率, n' 为环境的折射率.

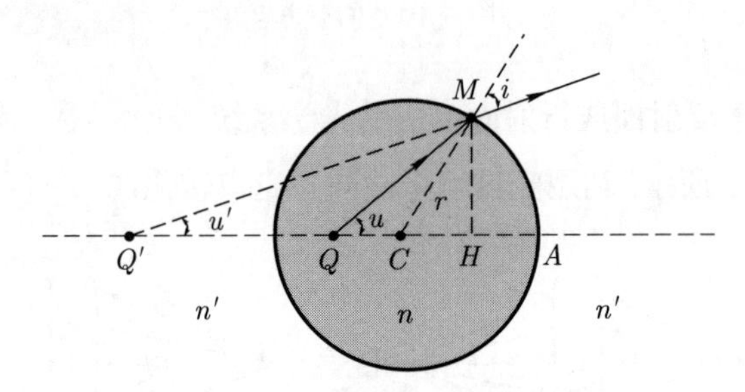

图 4.12　折射球面的齐明点

下面证明 Q 点和 Q' 点为折射球面的齐明点, 即证明 Q 点和 Q' 点之间严格等光程. Q 点发出的光在球面上 M 点经折射而射出.

ΔQMC 和 $\Delta MQ'C$ 共有一个顶角 $\angle Q'CM$, 并且

$$\frac{\overline{CQ}}{\overline{CM}}=\frac{\overline{CM}}{\overline{CQ'}}=\frac{n'}{n},$$

所以 $\Delta QMC\sim\Delta MQ'C$, 于是

$$\frac{\overline{MQ}}{\overline{MQ'}}=\frac{\overline{CQ}}{\overline{CM}}=\frac{\overline{CM}}{\overline{CQ'}}=\frac{n'}{n},$$

即

$$n\overline{MQ}=n'\overline{MQ'},$$

因此可得

$$L(QMQ')=L(QM)-L(MQ')=n\overline{MQ}-n'\overline{MQ'}=0.$$

对于任意选取的 M 点, 其到 Q 点和 Q' 点的光程都为一个常量, 即 Q 点和 Q' 点之间严格等光程, 所以这两个点是折射球面的齐明点.

4.4　共轴球面光具组的傍轴成像

大多数几何光学仪器是由球心位于同一条直线上的一系列折射或反射球面组成的, 这种光学仪器叫作共轴球面光具组, 过各球心的直线叫作光具组的光轴. 前面我们

看到, 除了个别特殊共轭点外, 球面不能严格成像. 但是若将参与成像的光线限制在光轴附近, 即所谓傍轴光线, 则可以近似成像.

为了研究共轴球面光具组在傍轴条件下成像的规律, 我们从单个球面开始, 然后利用逐次成像的概念推广到多个球面.

4.4.1 单折射球面的傍轴成像

前面我们已经使用费马原理和傍轴条件, 推导出了单折射球面的傍轴物像公式和焦距, 见 (4.1) ~ (4.3) 式. 使用焦距将物像公式改写为

$$\frac{f}{s}+\frac{f'}{s'}=1. \tag{4.5}$$

为了方便求解成像问题, 对实物和虚物的物距、实像和虚像的像距、物方焦距和像方焦距的正负号做统一约定. 设光线从左到右传播, 见图 4.9, 我们约定:

(1) 若 Q 点在顶点 O 之左, 为实物, 则 $s>0$; 若 Q 点在顶点 O 之右, 为虚物, 则 $s<0$.

(2) 若 Q' 点在顶点 O 之右, 为实像, 则 $s'>0$; 若 Q' 点在顶点 O 之左, 为虚像, 则 $s'<0$.

(3) 若球心 C 在顶点 O 之右, 则半径 $r>0$; 若球心 C 在顶点 O 之左, 则半径 $r<0$.

(4) 焦距 f 和 f' 是特殊的物距和像距, 对它们的正负号的约定分别与 s 和 s' 相同.

如果光线从右到左传播, 则前面约定的左右和正负的对应关系应倒置.

对于反射球面的傍轴成像, 如图 4.13 所示.

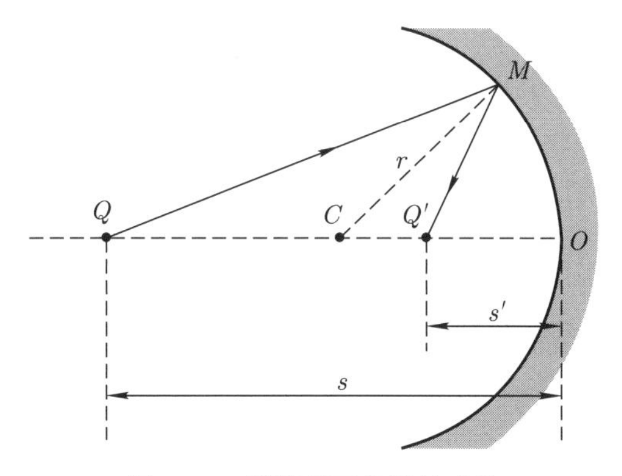

图 4.13 反射球面的傍轴成像

反射球面成像也满足前面的约定. 根据约定, 光线从左到右传播, Q 点在顶点 O 之左, 则 $s>0$; 球心 C 位于顶点 O 之左, 则 $r<0$; 光线经凹面镜反射, 传播方向变为从右到左, Q' 点在顶点 O 之左, 则 $s'>0$.

傍轴条件下反射球面成像的普遍物距和像距公式为

$$\frac{1}{s}+\frac{1}{s'}=-\frac{2}{r}. \tag{4.6}$$

物方焦距和像方焦距相同, 都为

$$f=f'=-\frac{r}{2}. \tag{4.7}$$

注意: 可以利用费马原理或反射定律推导出反射球面的傍轴物像公式.

4.4.2 傍轴物点成像与横向放大率

光轴上一物点 Q 经折射球面成像于光轴上的 Q' 点, 根据球面的对称性可知, 若 Q 点和 Q' 点同时以球心 C 为中心旋转, 则 Q 点扫出的曲面 Π 上的所有点都成像于 Q' 点扫出的曲面 Π' 上, 如图 4.14 所示. 这样, Π 和 Π' 形成一对物像共轭面, 其中, Π 叫作物面, Π' 叫作像面. 如果旋转仅限于光轴的傍轴区域, 则 Π 和 Π' 可近似看成垂直于光轴的平面. 今后在没有特别说明时, 描述的均为傍轴条件下的成像.

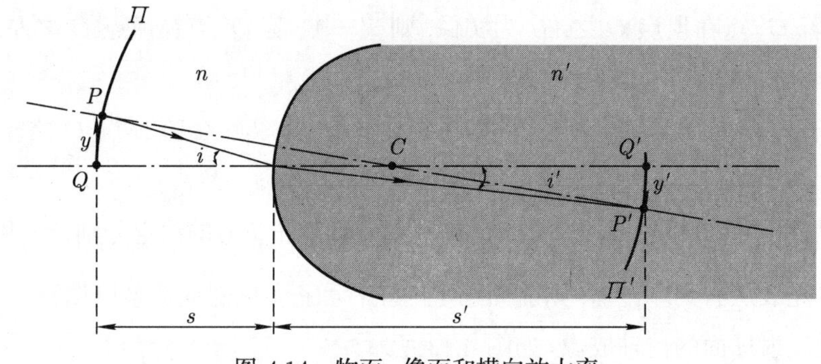

图 4.14 物面、像面和横向放大率

在物面 Π 上的一点 P, 高度为 y (距光轴的垂直距离), 成像于像面 Π' 上的 P' 点, 高度为 y', 定义横向放大率为

$$V=\frac{y'}{y},$$

约定: 若 P 点 (或 P' 点) 在光轴上方, 则 y (或 y') 为正值, 若 P 点 (或 P' 点) 在光轴下方, 则 y (或 y') 为负值.

因为 $y\approx si, y'\approx -s'i'$, 且傍轴条件下的折射定律近似为 $ni\approx n'i'$, 所以

$$V=-\frac{ns'}{n's}. \tag{4.8}$$

在反射球面的傍轴成像中, y 和 y' 的正负号约定与上面一样, 则反射球面的傍轴成像的横向放大率为

$$V=-\frac{s'}{s}. \tag{4.9}$$

4.4.3 共轴球面光具组的逐次成像

如图 4.15 所示的成像问题, 可以逐次使用单折射球面的傍轴物像公式:

$$\frac{n}{s_1}+\frac{n'}{s_1'}=\frac{n'-n}{r_1},\quad \frac{n'}{s_2}+\frac{n''}{s_2'}=\frac{n''-n'}{r_2},\quad \frac{n''}{s_3}+\frac{n'''}{s_3'}=\frac{n'''-n''}{r_3},\quad \cdots.$$

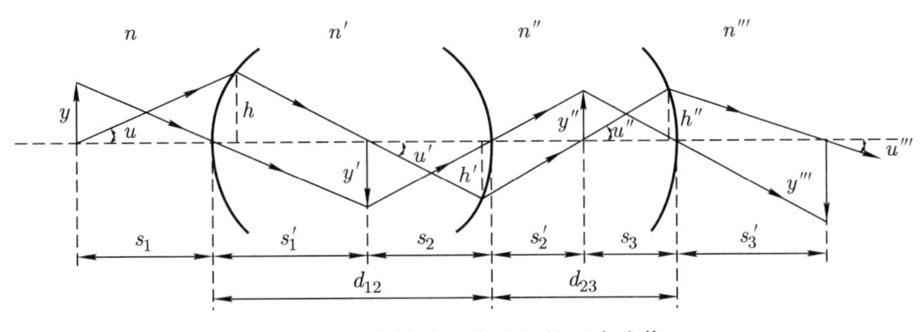

图 4.15 共轴球面光具组的逐次成像

前一个折射球面的像便是后一个折射球面的物, 则 $s_2=d_{12}-s_1', s_3=d_{23}-s_2'$. 横向放大率依次为

$$V_1=\frac{y'}{y}=-\frac{ns_1'}{n's_1},\quad V_2=\frac{y''}{y'}=-\frac{n's_2'}{n''s_2},\quad V_3=\frac{y'''}{y''}=-\frac{n''s_3'}{n'''s_3},\quad \cdots,$$

总横向放大率为

$$V=V_1V_2V_3\cdots. \tag{4.10}$$

原则上逐次成像的方法可以解决任何数目的共轴球面光具组的成像问题, 但是计算量比较大.

4.4.4 拉格朗日 – 亥姆霍兹定理

如图 4.15 所示的逐次成像的过程中, 有一个量保持不变, 这为我们处理某些问题带来了方便.

设光轴上物点发出的光线和光轴之间的夹角为 u, 光线经折射到达光轴上的像点, 折射光线和光轴之间的夹角为 u'. 对 u 和 u' 做如下约定: u 和 u' 皆取锐角. 光线由左向右传播, 由光轴旋转一个锐角到光线的方向, 如果是逆时针旋转, 则夹角 u 或 u' 为正值, 如果是顺时针旋转, 则夹角 u 或 u' 为负值. 若光线由右向左传播, 则关于夹角正负的约定和上面的约定相反, 即顺时针旋转时为正值, 逆时针旋转时为负值.

由图 4.15 可知, $u\approx\dfrac{h}{s_1}, u'\approx-\dfrac{h}{s_1'}$, 于是 $\dfrac{u}{u'}=-\dfrac{s_1'}{s_1}$. 再根据 $V=\dfrac{y'}{y}=-\dfrac{ns_1'}{n's_1}$, 可得物方和像方的不变量:

$$ynu=y'n'u'.$$

这个关系式称为拉格朗日 – 亥姆霍兹 (Lagrange–Helmholtz) 定理. 每次经折射成像时, ynu 都保持不变, 称之为拉格朗日 – 亥姆霍兹不变量. 很容易将拉格朗日 – 亥姆霍兹定理推广到多个共轴折射球面的成像, 即

$$ynu = y'n'u' = y''n''u'' = \cdots . \tag{4.11}$$

它把整个光具组的物方量和像方量联系起来了.

4.5　薄　透　镜

如图 4.16 所示, 透镜一般是由两个共轴折射球面组成的, 如果这两个球面顶点之间的距离, 即透镜的厚度 d, 远远小于折射球面的焦距、物距和像距, 则在计算成像的过程中可以忽略厚度 d 的影响, 这种透镜称为薄透镜.

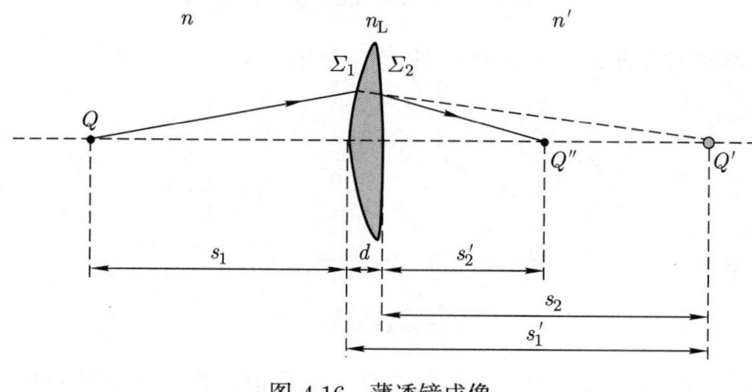

图 4.16　薄透镜成像

4.5.1　焦距公式

薄透镜成像的问题可以利用逐次成像的方法求解. 如图 4.16 所示, 对于第一个折射球面 Σ_1 , 物点 Q 成像于 Q' 点, 由单折射球面的物像公式 (4.5) 可得

$$\Sigma_1 : \frac{f_1}{s_1} + \frac{f_1'}{s_1'} = 1.$$

Q' 点是第二个折射球面 Σ_2 的物点, 成像于 Q'' 点, 物像公式为

$$\Sigma_2 : \frac{f_2}{s_2} + \frac{f_2'}{s_2'} = 1.$$

对于薄透镜, $d \ll s_1'$, 所以 $s_2 = d - s_1' \approx -s_1'$, 将之代入上述两式消去 s_1' 和 s_2, 得

$$\frac{\dfrac{f_1 f_2}{f_1' + f_2}}{s_1} + \frac{\dfrac{f_1' f_2'}{f_1' + f_2}}{s_2'} = 1.$$

对于薄透镜, s_1 和 s_2' 便是其物距 s 和像距 s', 则上式可改写为

$$\frac{\dfrac{f_1 f_2}{f_1' + f_2}}{s} + \frac{\dfrac{f_1' f_2'}{f_1' + f_2}}{s'} = 1. \tag{4.12}$$

所以薄透镜的物方焦距 f 和像方焦距 f' 分别为

$$\begin{cases} f = \dfrac{f_1 f_2}{f_1' + f_2}, \\ f' = \dfrac{f_1' f_2'}{f_1' + f_2}. \end{cases}$$

由

$$\begin{cases} f_1 = \dfrac{n}{n_{\mathrm{L}} - n} r_1, \\ f_1' = \dfrac{n_{\mathrm{L}}}{n_{\mathrm{L}} - n} r_1, \end{cases} \quad 和 \quad \begin{cases} f_2 = \dfrac{n_{\mathrm{L}}}{n' - n_{\mathrm{L}}} r_2, \\ f_2' = \dfrac{n'}{n' - n_{\mathrm{L}}} r_2, \end{cases}$$

可得薄透镜的物方焦距 f 和像方焦距 f' 分别为

$$\begin{cases} f = \dfrac{n}{\dfrac{n_{\mathrm{L}} - n}{r_1} + \dfrac{n' - n_{\mathrm{L}}}{r_2}}, \\ f' = \dfrac{n'}{\dfrac{n_{\mathrm{L}} - n}{r_1} + \dfrac{n' - n_{\mathrm{L}}}{r_2}}, \end{cases} \tag{4.13}$$

其中, n, n' 和 n_{L} 分别为物方、像方和透镜的折射率; r_1 和 r_2 分别为折射球面 Σ_1 和 Σ_2 的曲率半径. 物方焦距和像方焦距之比等于物方折射率和像方折射率之比, 即

$$\frac{f}{f'} = \frac{n}{n'}.$$

一般情况下, 物方和像方介质均为空气, 即 $n = n' \approx 1$, 所以方程组 (4.13) 可近似写为

$$f = f' = \frac{1}{(n_{\mathrm{L}} - 1)\left(\dfrac{1}{r_1} - \dfrac{1}{r_2}\right)}. \tag{4.14}$$

(4.14) 式称为磨镜公式, 对其说明如下:

(1) 当 $\dfrac{1}{r_1} > \dfrac{1}{r_2}$ 时, 中间厚边缘薄, f 和 f' 大于零, 即具有实焦点, 称为正透镜、会聚透镜或凸透镜.

(2) 当 $\dfrac{1}{r_1} < \dfrac{1}{r_2}$ 时, 中间薄边缘厚, f 和 f' 小于零, 即具有虚焦点, 称为负透镜、发散透镜或凹透镜.

图 4.17 列举了各种形状的透镜. 在作图时, 薄透镜可简单地表示为图 4.18.

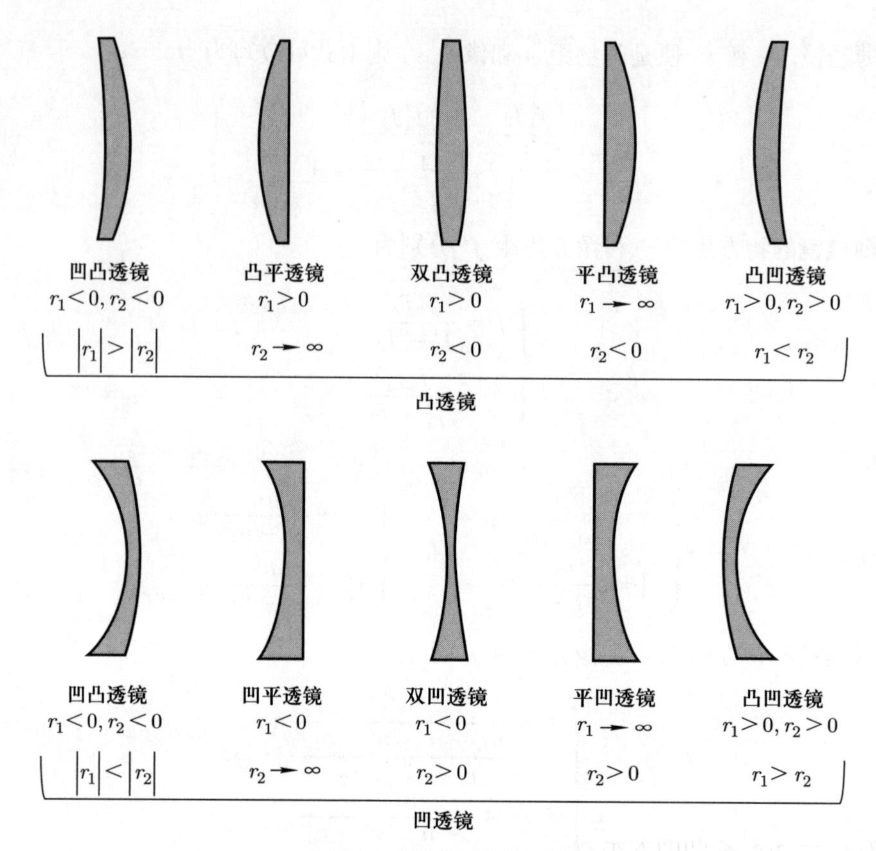

图 4.17 各种形状的透镜

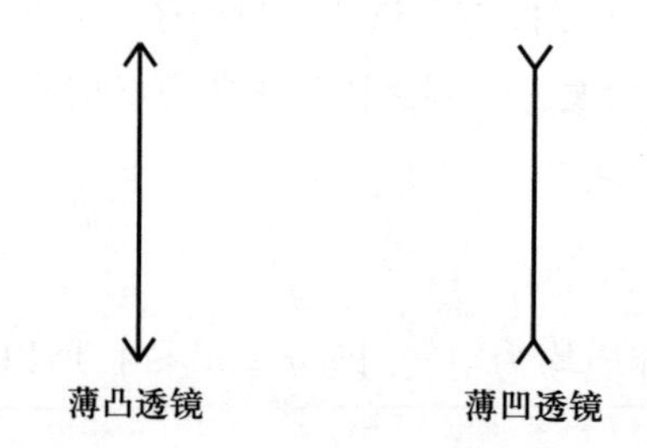

图 4.18 薄凸透镜和薄凹透镜的图形表示

4.5.2 物像公式

将薄透镜的焦距公式代入物像公式 (4.12), 可得

$$\frac{f}{s}+\frac{f'}{s'}=1, \tag{4.15}$$

当 $f=f'$ 时,

$$\frac{1}{s}+\frac{1}{s'}=\frac{1}{f}. \tag{4.16}$$

这便是薄透镜物像公式的高斯形式. 除了高斯形式外, 物像公式还有常用的牛顿形式.

引入参量 x 和 x', 如图 4.19 所示, x 为光轴上的物点和物方焦点之间的距离, x' 为光轴上的像点和像方焦点之间的距离.

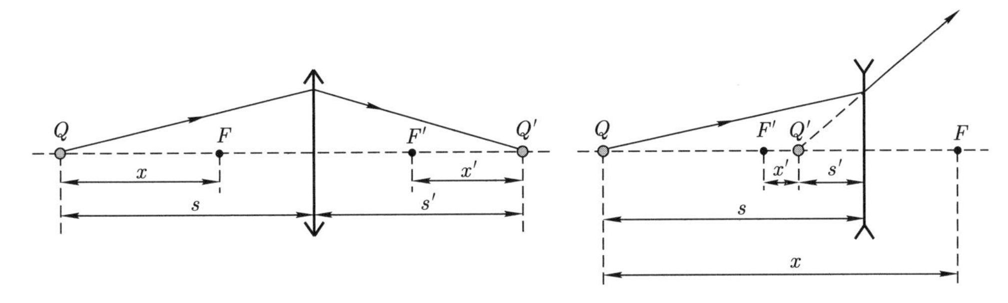

图 4.19 薄凸透镜和薄凹透镜成像中 x 和 x' 的定义

如果光线从左到右传播, 则 x 和 x' 的正负号约定为:

(1) 当物点 Q 在物方焦点 F 之左时, $x>0$; 当物点 Q 在物方焦点 F 之右时, $x<0$.

(2) 当像点 Q' 在像方焦点 F' 之右时, $x'>0$; 当像点 Q' 在像方焦点 F' 之左时, $x'<0$.

如果光线从右到左传播, 则正负和左右关系的约定与前述相反.

x, x' 与 s, s' 之间的关系为

$$\begin{cases} s=x+f, \\ s'=x'+f'. \end{cases}$$

将之代入 (4.15) 式, 可得

$$xx'=ff'. \tag{4.17}$$

此式便是薄透镜物像公式的牛顿形式.

成像的横向放大率可用 x, x' 表示为

$$V=-\frac{ns'}{n's}=-\frac{fs'}{f's}=-\frac{f}{x}=-\frac{x'}{f'}. \tag{4.18}$$

4.5.3 密接薄透镜组

如图 4.20 所示, 几何光学仪器中经常将两个或多个薄透镜密接在一起, 组成新的透镜. 下面分析密接薄透镜组的等效焦距, 假设物方和像方的折射率相同, 利用逐次成像的方法可得:

第一个薄透镜成像时,

$$\frac{1}{s_1}+\frac{1}{s_1'}=\frac{1}{f_1};$$

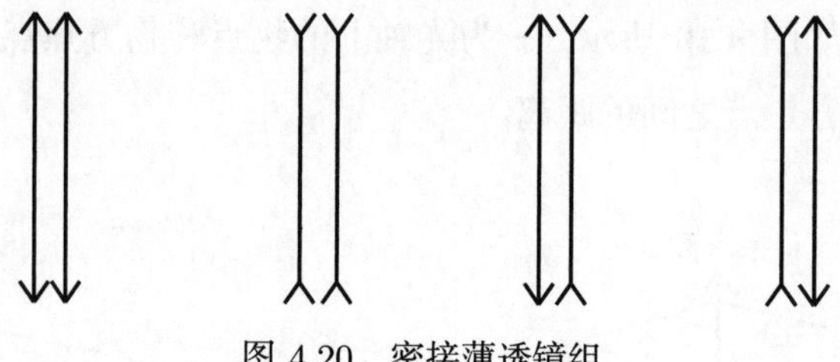

图 4.20　密接薄透镜组

第二个薄透镜成像时,

$$\frac{1}{s_2}+\frac{1}{s_2'}=\frac{1}{f_2}.$$

因为是薄透镜密接, 所以 $s_2=-s_1'$, 将之代入上述两式消去 s_1' 和 s_2, 可得

$$\frac{1}{s_1}+\frac{1}{s_2'}=\frac{1}{f_1}+\frac{1}{f_2},$$

其中, s_1, s_2' 也是薄透镜组成像时的物距和像距, 所以上式可改写为

$$\frac{1}{s}+\frac{1}{s'}=\frac{1}{f_1}+\frac{1}{f_2}.$$

所以等效焦距 f 为

$$\frac{1}{f}=\frac{1}{f_1}+\frac{1}{f_2}. \tag{4.19}$$

定义 $P=\dfrac{1}{f}$ 为透镜的光焦度, 单位为 m^{-1}, 此单位又称为屈光度. 由 (4.19) 式可知, 密接薄透镜组的光焦度 P 等于各薄透镜的光焦度之和, 即

$$P=P_1+P_2. \tag{4.20}$$

我们佩戴的眼镜的度数和光焦度之间的关系为

$$\text{度数}=P\times 100.$$

其中, P 以屈光度为单位.

4.5.4　焦面

如图 4.21 所示, 通过物方焦点 F 与光轴垂直的平面叫作物方焦面 (又称为第一焦面、前焦面), 以花写 $\mathscr{F}$ 表示. 以物方焦面上任一点 P 为中心的同心光束经透镜折射后转化为平行光束.

如图 4.22 所示, 通过像方焦点 F' 与光轴垂直的平面叫作像方焦面 (又称为第二焦面、后焦面), 以花写 $\mathscr{F}'$ 表示. 平行光束经透镜折射的出射光线 (或其反向延长线) 会聚于像方焦面上的一点.

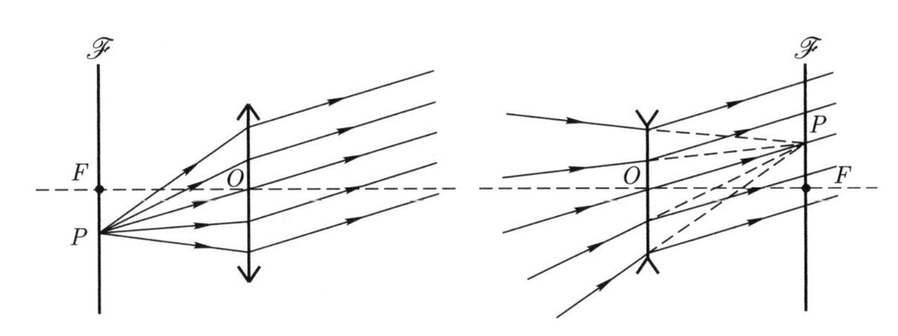

图 4.21 薄凸透镜和薄凹透镜的物方焦面

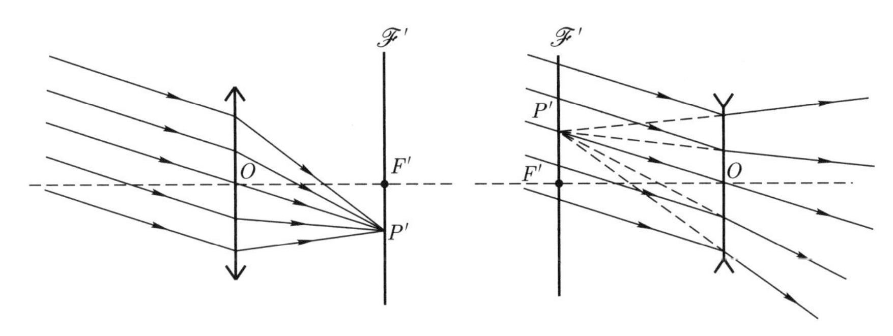

图 4.22 薄凸透镜和薄凹透镜的像方焦面

4.5.5 透镜成像的作图法

入射光线及其经透镜转化成的出射光线, 称为共轭光线. 下面选择几条特殊的共轭光线, 使用作图法确定像点的位置和像的大小.

如图 4.23 所示, 选择以下三条共轭光线中的两条确定像点.

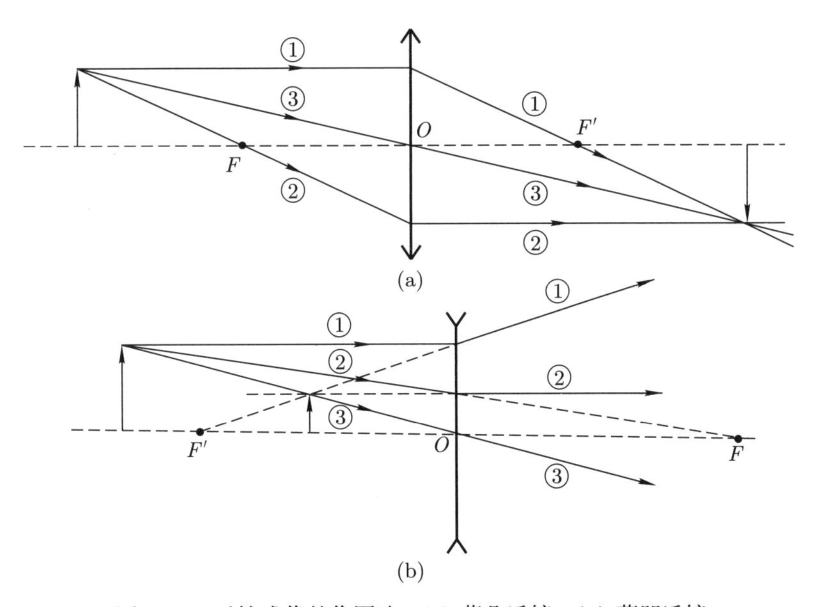

图 4.23 透镜成像的作图法, (a) 薄凸透镜, (b) 薄凹透镜

① 由物点发出的平行于光轴的光线, 经透镜折射的出射光线 (或其反向延长线) 过像方焦点.

② 如果光线 (或其延长线) 过物方焦点, 则经透镜折射的出射光线平行于光轴.

③ 如果物方和像方的折射率相同, 则通过光心 O 的入射光线, 经透镜折射的出射光线方向不变.

4.5.6 薄透镜组

这里的薄透镜组不是密接, 如图 4.24 所示. 可使用逐次成像法处理此类问题, 但一定要注意各个光学参量的正负号及其含义.

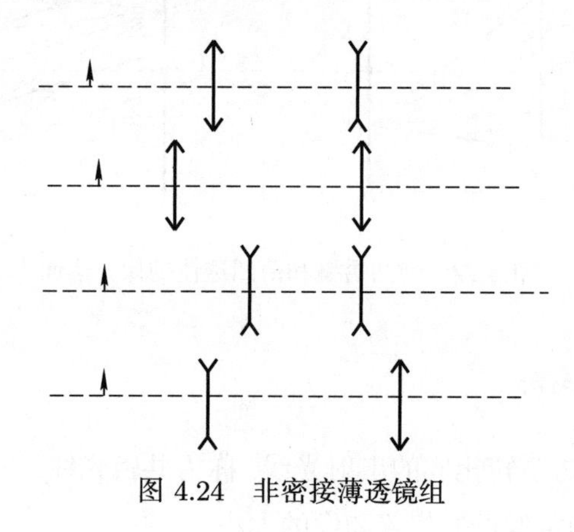

图 4.24 非密接薄透镜组

4.6 理想光具组理论

理想成像要求物方的每个严格同心光束都能转化为像方的一个严格同心光束, 即物点和对应的像点之间严格等光程. 能够实现理想成像的光学系统称为理想光具组. 理想光具组成像, 以及物方和像方之间的点点、线线、面面的一一对应关系, 称为共线变换, 具有如下特征:

(1) 物方的每个点都对应像方的一个点 (共轭点).

(2) 物方的每条直线都对应像方的一条直线 (共轭线).

(3) 物方的每个平面都对应像方的一个平面 (共轭面).

(4) 光轴上任一点的共轭点仍在光轴上.

(5) 任何垂直于光轴的平面的共轭面仍与光轴垂直.

(6) 垂直于光轴的同一平面内的横向放大率相等.

(7) 垂直于光轴的不同平面内的横向放大率一般不等.

4.6.1 共轴理想光具组的基点和基面

任何共轴光具组, 从单折射面、单透镜, 直至多透镜构成的复杂系统, 只要把它看成共轴理想光具组, 那么物像之间的共轭关系完全由几对特殊的点和面所决定, 这些特殊的点和面称为共轴理想光具组的基点和基面. 只要确定了基点、基面, 那么无论光具组结构简单还是复杂, 都可以看成薄透镜成像.

1. 焦点和焦面

与距光具组无穷远的像面共轭的物面为物方焦面, 其在光轴上的点是物方焦点; 与距光具组无穷远的物面共轭的像面为像方焦面, 其在光轴上的点是像方焦点.

2. 主点和主面

横向放大率等于 1 的一对共轭面叫作主面. 属于物方的叫作物方主面 ($\mathscr{H}$), 其在光轴上的点是物方主点 (H). 属于像方的叫作像方主面 ($\mathscr{H}'$), 其在光轴上的点是像方主点 (H').

例题 4.3 求单折射球面的主点和主面的位置.

解 设物方主点的物距为 s_H, 像方主点的像距为 $s'_{H'}$, 根据主面的定义可得

$$V=-\frac{ns'_{H'}}{n's_H}=1.$$

将之代入物像公式

$$\frac{f}{s_H}+\frac{f'}{s'_{H'}}=1,$$

其中,

$$\frac{f}{f'}=\frac{n}{n'},$$

可以解得

$$s_H=0,\quad s'_{H'}=0.$$

即物方、像方主点与单折射球面的顶点重合, 主面为过顶点并与光轴垂直的平面.

并不是所有光具组的物方和像方主面都重叠, 一般情况下, 两者是分离的. 下面使用作图法确定主点和主面的位置, 见图 4.25.

物方主面、主点 由物方焦点发出的入射光线经透镜组各个折射球面折射, 最终的出射光线平行于光轴. 各入射光线的延长线和其对应的出射光线的反向延长线的交点组成轴对称的曲面, 在理想光具组或傍轴范围内, 它可近似为垂直于光轴的平面, 这就是物方主面, 其与光轴的交点为物方主点.

像方主面、主点 平行于光轴的入射光线经透镜组各个折射球面折射, 最终的出射光线过像方焦点. 各入射光线的延长线和其对应的出射光线的反向延长线的交点组

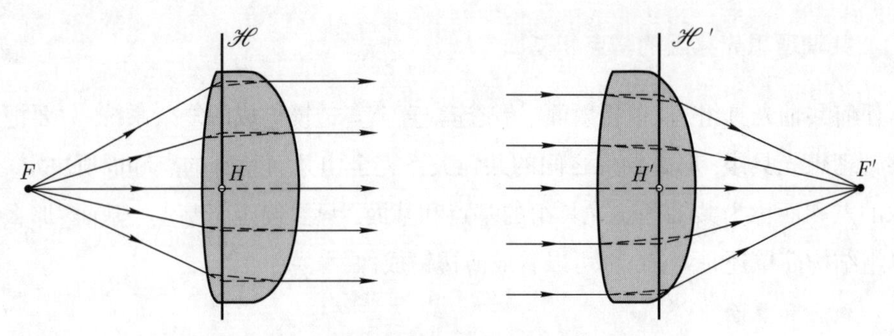

图 4.25　使用作图法确定透镜组的主点和主面

成轴对称的曲面, 在理想光具组或傍轴范围内, 它可近似为垂直于光轴的平面, 这就是像方主面, 其与光轴的交点为像方主点.

可以证明这样作图确定的两个平面就是横向放大率为 1 的一对共轭面, 即主面, 具体的证明过程不再赘述, 留为思考题.

如图 4.26 所示, 主面不一定在透镜的两界面之间.

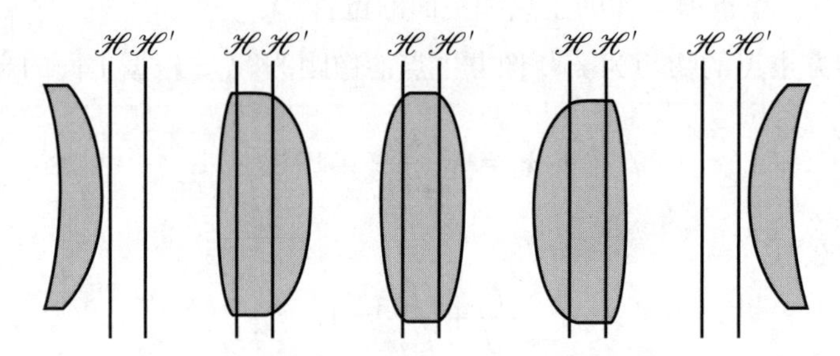

图 4.26　不同形状透镜的主面位置

当透镜的厚度趋于零时, 透镜的两顶点和两主点都重合在一起, 成为光心, 即薄透镜本身所在的平面就是主面, 光心就是主点.

3. 节点

引入角放大率:

$$W = \frac{u'}{u}, \tag{4.21}$$

其中, u 和 u' 的定义见图 4.15. 在傍轴条件下, W 可近似为

$$W \approx \frac{\tan u'}{\tan u} = \frac{-\dfrac{h}{s'}}{\dfrac{h}{s}} = -\frac{s}{s'}. \tag{4.22}$$

横向放大率为 $V = -\dfrac{fs'}{f's}$, 所以

$$WV = \frac{f}{f'}.$$

当物方和像方焦距相同时, $WV = 1$, 其物理含义为光具组成像时不改变像的亮度 (注: 第十章介绍光亮度的概念时, 大家会理解像的亮度不变的含义).

光轴上角放大率为 1 的一对共轭点称为节点. 属于物方的叫作物方节点, 属于像方的叫作像方节点. 如图 4.27 所示, $u = u'$, N 和 N' 分别为物方和像方节点.

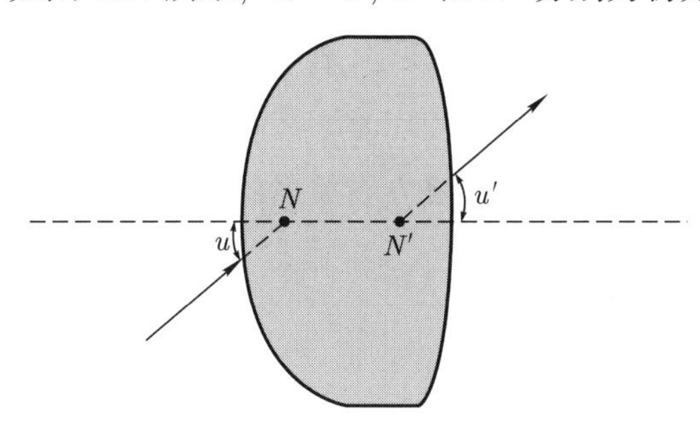

图 4.27 物方和像方节点

节点和主点之间的关联:

(1) 当物方和像方的折射率相同时, 节点和主点重合, 薄透镜的节点、主点和透镜光心重叠.

(2) 当物方和像方的折射率不同时, 节点和主点不重合, 薄透镜的节点在透镜之外.

4.6.2 理想光具组的物像公式

1. 物距、像距和焦距的定义

确定了光具组的基点、基面, 可以将光具组看成薄透镜, 其成像规律满足薄透镜的物像公式, 但是我们要重新定义焦距、物距和像距. 它们都从光具组的主点算起, 即物距是光轴上物点到物方主点的距离, 像距是光轴上像点到像方主点的距离. 与此相应, 物方焦距是物方焦点到物方主点的距离, 像方焦距是像方焦点到像方主点的距离. x, x' 的定义与前面相同, 分别等于物点到物方焦点、像点到像方焦点的距离. 图 4.28 给出了它们的定义.

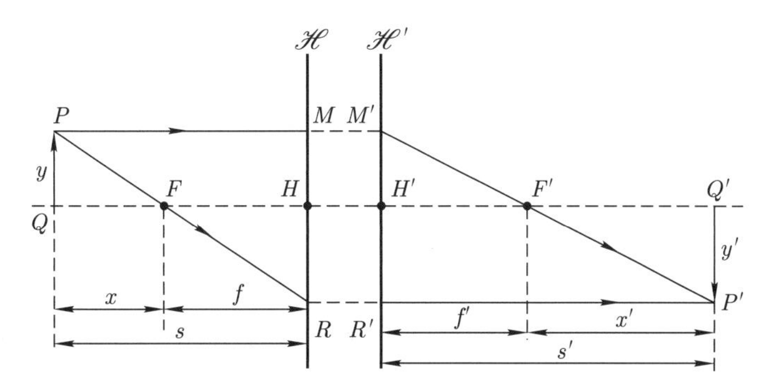

图 4.28 光具组成像的物距、像距和焦距的定义

正负号法则可仿照以前的约定. 若光线从左到右传播, 则

(1) 在物方, 若 Q 点 (或 F 点) 在 H 点之左, 则 s (或 f) 为正值; 若 Q 点 (或 F 点) 在 H 点之右, 则 s (或 f) 为负值.

(2) 在像方, 若 Q' 点 (或 F' 点) 在 H' 点之右, 则 s' (或 f') 为正值; 若 Q' 点 (或 F' 点) 在 H' 点之左, 则 s' (或 f') 为负值.

(3) 若 Q 点在 F 点之左, 则 x 为正值; 若 Q 点在 F 点之右, 则 x 为负值.

(4) 若 Q' 点在 F' 点之右, 则 x' 为正值; 若 Q' 点在 F' 点之左, 则 x' 为负值.

如果光线从右到左传播, 则正负和左右关系的约定与前述相反.

2. 物像关系

由图 4.28 可以得到

$$\overline{PQ}=\overline{M'H'}=y,\quad \overline{HR}=\overline{P'Q'}=-y',\quad \overline{QF}=s-f=x,$$
$$\overline{Q'F'}=s'-f'=x',\quad \overline{HF}=f,\quad \overline{H'F'}=f',$$

再由三角形相似: $\Delta PQF\sim\Delta RHF$ 和 $\Delta P'Q'F'\sim\Delta M'H'F'$, 可得

$$\frac{-y'}{y}=\frac{f}{x}=\frac{f}{s-f}=\frac{x'}{f'}=\frac{s'-f'}{f'}.$$

于是得到高斯公式:

$$\frac{f}{s}+\frac{f'}{s'}=1; \tag{4.23}$$

牛顿公式:

$$xx'=ff'; \tag{4.24}$$

横向放大率:

$$V=\frac{y'}{y}=-\frac{fs'}{f's}=-\frac{f}{x}=-\frac{x'}{f'}. \tag{4.25}$$

这些公式和薄透镜成像的公式在形式上完全一样.

例题 4.4 求在空气中透镜 L_1 和 L_2 组成的共轴光具组的主面和焦点, 已知: L_1 和 L_2 透镜的焦距分别为 f_1 和 f_2, L_1 的像方焦点到 L_2 的物方焦点的距离为 Δ.

解 先确定像方主面和像方焦点, 见图 4.29, 平行于光轴的入射光线由左向右传播, 经 L_1 折射, 出射光线过 L_1 的像方焦点 F_1' ; 再经 L_2 折射, 出射光线与光轴交于 F' 点; F' 点便是光具组的像方焦点, 它也是 F_1' 点相对于 L_2 的像点; 作入射光线的延长线, 其与经 L_2 的出射光线相交于 M_3 点, 过 M_3 点作垂直于光轴的平面, 于是得到像方主面, 其与光轴的交点是像方主点 H'.

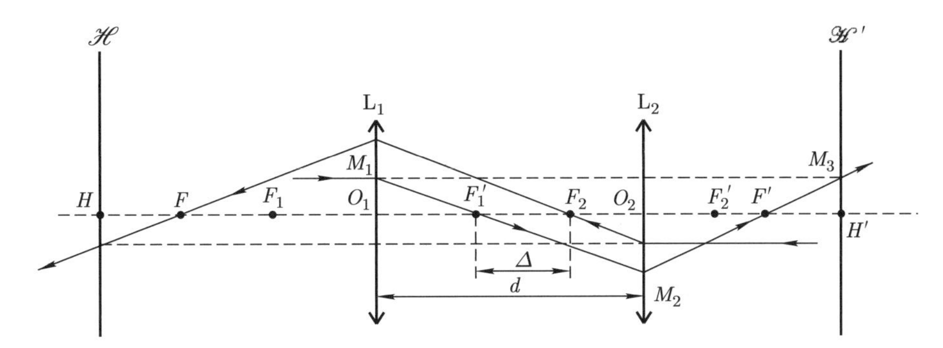

图 4.29 确定两透镜组成的共轴光具组的主面和焦点

根据三角形的相似性, 可得

$$\frac{\overline{M_1O_1}}{\overline{M_2O_2}}=\frac{f_1}{\Delta+f_2}=\frac{\overline{M_3H'}}{\overline{M_2O_2}}=\frac{\overline{F'H'}}{\overline{O_2F'}},$$

所以

$$\overline{F'H'}=\frac{f_1}{\Delta+f_2}\overline{O_2F'}.$$

根据物像公式, 可得

$$\frac{1}{\Delta+f_2}+\frac{1}{\overline{O_2F'}}=\frac{1}{f_2},$$

则

$$\overline{O_2F'}=\frac{f_2(f_2+\Delta)}{\Delta},$$

因此可得, 像方焦距为

$$f'=-\overline{F'H'}=-\frac{f_1}{\Delta+f_2}\overline{O_2F'}=-\frac{f_1}{\Delta+f_2}\frac{f_2(f_2+\Delta)}{\Delta}=-\frac{f_1f_2}{\Delta},$$

像方主面到 L_2 的距离为

$$X_{H'}=\overline{O_2H'}=\overline{O_2F'}+\overline{F'H'}=\frac{f_2(f_2+\Delta)}{\Delta}+\frac{f_1f_2}{\Delta}=\frac{f_2(f_1+f_2+\Delta)}{\Delta}=\frac{f_2d}{\Delta}.$$

下面确定物方主面和物方焦点, 根据光线的可逆性, 使平行于光轴的光线由右向左传播, 作图和计算与求像方主面和像方焦点的方法一样, 可以得到物方焦距为

$$f=-\overline{FH}=-\frac{f_1f_2}{\Delta},$$

物方主面到 L_1 的距离为

$$X_H=\overline{O_1H}=\frac{f_1d}{\Delta}.$$

例题 4.5 惠更斯目镜的结构如图 4.30 所示, 它由焦距分别为 $3a$ 和 a 的两个凸透镜 L_1 和 L_2 组成, 光心之间的距离为 $2a$, 求它的焦点和主面的位置 (注: 像方和物方介质均为空气).

解 由题意可得

$$d=2a,\quad f_1=3a,\quad f_2=a,\quad \Delta=d-f_1-f_2=-2a.$$

直接使用例题 4.4 的结果, 可得

$$f=f'=-\frac{f_1f_2}{\Delta}=\frac{3}{2}a,\quad X_H=-3a,\quad X_{H'}=-a.$$

所以惠更斯目镜的主面和焦点的位置如图 4.30 所示.

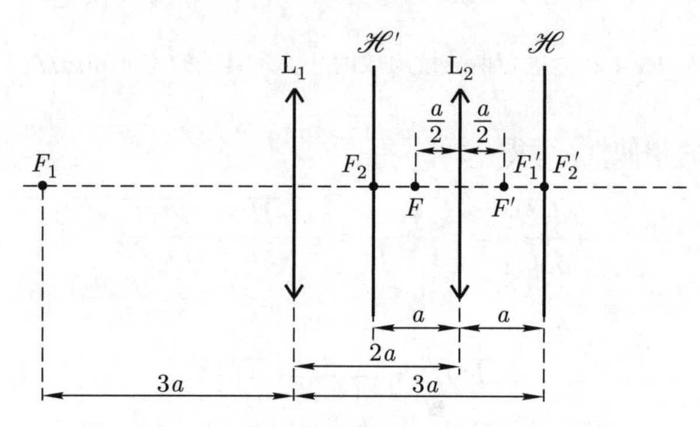

图 4.30 确定惠更斯目镜的主面和焦点

注意: 像方主面有可能在物方主面之前, 例题 4.5 就是如此. 无论物方主面和像方主面哪个在前, 作图时, 物方光线一定先到物方主面, 然后由物方主面到达像方主面, 再由像方主面出射. 两个主面之间的光线用虚线表示, 且虚线一定要平行于光轴.

4.6.3 联合理想光具组

如果理想光具组有确定的基点、基面, 则可以等效于薄透镜, 所以联合理想光具组的处理方法完全等同于前述薄透镜的组合. 不过需要注意, 光具组之间的距离 d 是前一个光具组的像方主面和后一个光具组的物方主面之间的距离, 如图 4.31 所示.

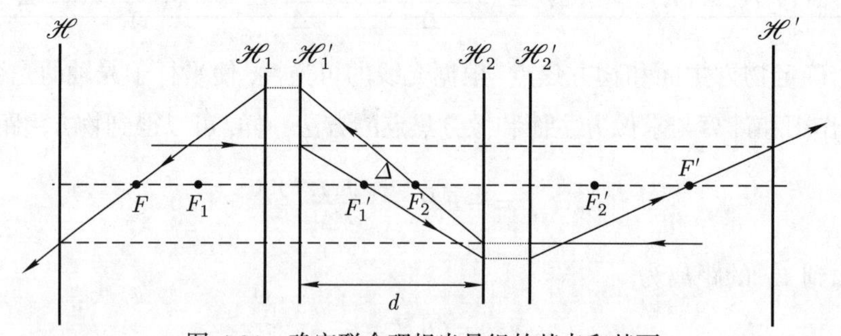

图 4.31 确定联合理想光具组的基点和基面

图 4.31 中的联合理想光具组的主面位置为

$$X_H=\frac{f_1d}{\Delta},\quad X_{H'}=\frac{f_2'd}{\Delta},$$

其中, X_H 为物方主面到第一个光具组的物方主面的距离; $X_{H'}$ 为像方主面到第二个光具组的像方主面的距离.

联合理想光具组的焦距为

$$f=-\frac{f_1f_2}{\Delta},\quad f'=-\frac{f_1'f_2'}{\Delta}.$$

4.7 共轴光具组的 ABCD 矩阵

对于较复杂的、由多透镜和多反射镜组成的系统, 求其成像的步骤较为烦琐. 光学系统的成像可以看成物点发出的光线经各个折射曲面折射、反射曲面反射, 以及在均匀介质中直线传播, 最终会聚于像点. 每次折射、反射和直线传播都是对光线的一次变换, 在傍轴条件下, 这个变换是线性的, 可以用矩阵表述, 即可以用矩阵法来求解光学系统的成像规律.

描述某点处的光线时, 常使用该点距光轴的高度 y 和该光线与光轴之间的夹角 u, 记为 $\begin{bmatrix} y \\ u \end{bmatrix}$. 如图 4.32 所示, 光线 $\begin{bmatrix} y_1 \\ u_1 \end{bmatrix}$ 经光具组变换为光线 $\begin{bmatrix} y_2 \\ u_2 \end{bmatrix}$, 这个变换可以写成 2×2 矩阵, 即

$$\begin{bmatrix} y_2 \\ u_2 \end{bmatrix}=\begin{bmatrix} A & B \\ C & D \end{bmatrix}\begin{bmatrix} y_1 \\ u_1 \end{bmatrix}. \tag{4.26}$$

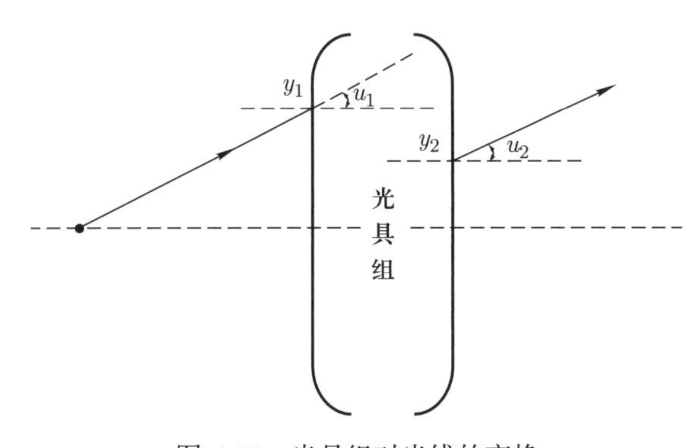

图 4.32 光具组对光线的变换

此 $\begin{bmatrix} A & B \\ C & D \end{bmatrix}$ 矩阵称为光具组的 ABCD 矩阵.

4.7.1 几个最常用的基本 ABCD 矩阵

1. 单折射球面

如图 4.33 所示, C 点为单折射球面的球心, 入射光线 $\begin{bmatrix} y_1 \\ u_1 \end{bmatrix}$ 在 M 点折射, 变换

为光线 $\begin{bmatrix} y_2 \\ u_2 \end{bmatrix}$, 过 M 点的直线 CN 为入射点的界面法线, 所以入射角和折射角分别为 $i_1 = \phi + u_1$, $i_2 = \phi + u_2$. 在傍轴条件下, 折射定律可写为 $n_1(\phi + u_1) = n_2(\phi + u_2)$, 其中, $\phi \approx \dfrac{y_1}{R}$, R 为单折射球面的曲率半径, 求解得

$$u_2 = \frac{n_1 - n_2}{n_2 R} y_1 + \frac{n_1}{n_2} u_1.$$

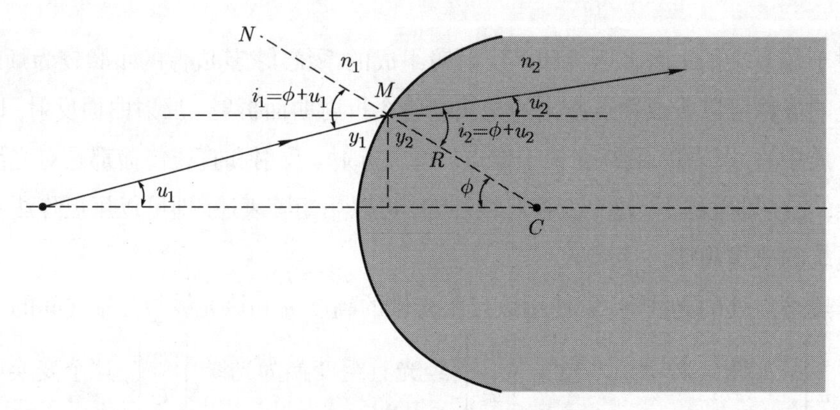

图 4.33 单折射球面的 ABCD 矩阵

在 M 点折射时,

$$y_2 = y_1.$$

$\begin{bmatrix} y_1 \\ u_1 \end{bmatrix}$ 到 $\begin{bmatrix} y_2 \\ u_2 \end{bmatrix}$ 为线性变换, 写成矩阵形式为

$$\begin{bmatrix} y_2 \\ u_2 \end{bmatrix} = \begin{bmatrix} 1 & 0 \\ \dfrac{n_1 - n_2}{n_2 R} & \dfrac{n_1}{n_2} \end{bmatrix} \begin{bmatrix} y_1 \\ u_1 \end{bmatrix},$$

则单折射球面的转化矩阵为

$$M = \begin{bmatrix} 1 & 0 \\ \dfrac{n_1 - n_2}{n_2 R} & \dfrac{n_1}{n_2} \end{bmatrix}. \tag{4.27}$$

2. 折射平面

折射平面相当于曲率半径为无穷大的折射球面, 令 (4.27) 式中的 $R \to \infty$, 便可得到它的转化矩阵:

$$M = \begin{bmatrix} 1 & 0 \\ 0 & \dfrac{n_1}{n_2} \end{bmatrix}. \tag{4.28}$$

3. 光在均匀介质中沿直线传播

如图 4.34 所示, 光线 $\begin{bmatrix} y_1 \\ u_1 \end{bmatrix}$ 从 M 点沿直线传播到 N 点, 变换为光线 $\begin{bmatrix} y_2 \\ u_2 \end{bmatrix}$, 在傍轴条件下, 有

$$y_2 = y_1 + du_1.$$

因为是直线传播, 即

$$u_2 = u_1,$$

所以

$$\begin{bmatrix} y_2 \\ u_2 \end{bmatrix} = \begin{bmatrix} 1 & d \\ 0 & 1 \end{bmatrix} \begin{bmatrix} y_1 \\ u_1 \end{bmatrix}.$$

则光在均匀介质中沿直线传播的转化矩阵为

$$M = \begin{bmatrix} 1 & d \\ 0 & 1 \end{bmatrix}. \tag{4.29}$$

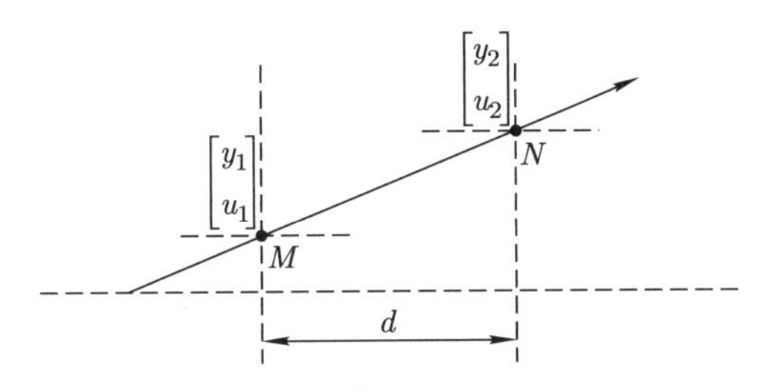

图 4.34 直线传播的转化矩阵

4. 反射球面

如图 4.35 所示, C 点为反射球面的球心, 球面半径为 R, 根据前述各个光学参量的正负号约定可知, $R < 0$. 对于入射光线, $u > 0$, 对于反射光线, $u' < 0$. 根据反射定律可知

$$-u' - \phi = \phi - u.$$

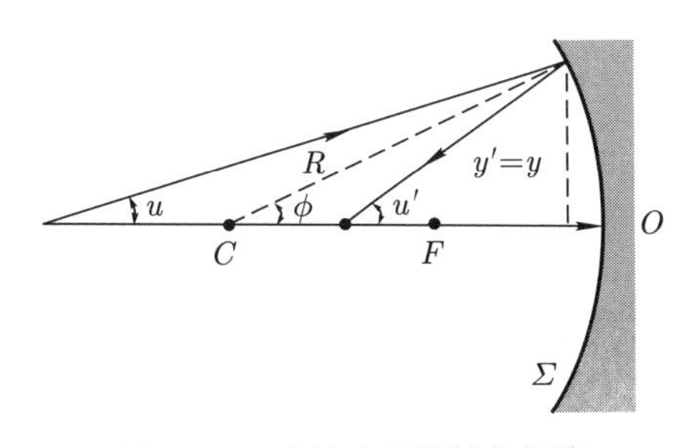

图 4.35 反射球面的转化矩阵

在傍轴条件下, 有

$$\phi = \frac{y}{-R},$$

于是

$$\begin{cases} u' = \dfrac{2}{R}y + u, \\ y' = y, \end{cases}$$

即

$$\begin{bmatrix} y' \\ u' \end{bmatrix} = \begin{bmatrix} 1 & 0 \\ \dfrac{2}{R} & 1 \end{bmatrix} \begin{bmatrix} y \\ u \end{bmatrix}.$$

则反射球面的转化矩阵为

$$M = \begin{bmatrix} 1 & 0 \\ \dfrac{2}{R} & 1 \end{bmatrix}. \tag{4.30}$$

5. 反射平面

反射平面相当于曲率半径为无穷大的反射球面, 令 (4.30) 式中的 $R \to \infty$, 便可得到它的转化矩阵:

$$M = \begin{bmatrix} 1 & 0 \\ 0 & 1 \end{bmatrix}. \tag{4.31}$$

4.7.2　共轴光具组的转化矩阵

图 4.36 中, $M_1, M_2, M_3, \cdots$ 是组成共轴光具组的各个光学元件的转化矩阵, 光线经过各个光学元件的变换如下:

$$\begin{bmatrix} y_2 \\ u_2 \end{bmatrix} = M_1 \begin{bmatrix} y_1 \\ u_1 \end{bmatrix}, \quad \begin{bmatrix} y_3 \\ u_3 \end{bmatrix} = M_2 \begin{bmatrix} y_2 \\ u_2 \end{bmatrix}, \quad \begin{bmatrix} y_4 \\ u_4 \end{bmatrix} = M_3 \begin{bmatrix} y_3 \\ u_3 \end{bmatrix}, \quad \cdots,$$
$$\begin{bmatrix} y_{n+1} \\ u_{n+1} \end{bmatrix} = M_n \begin{bmatrix} y_n \\ u_n \end{bmatrix}.$$

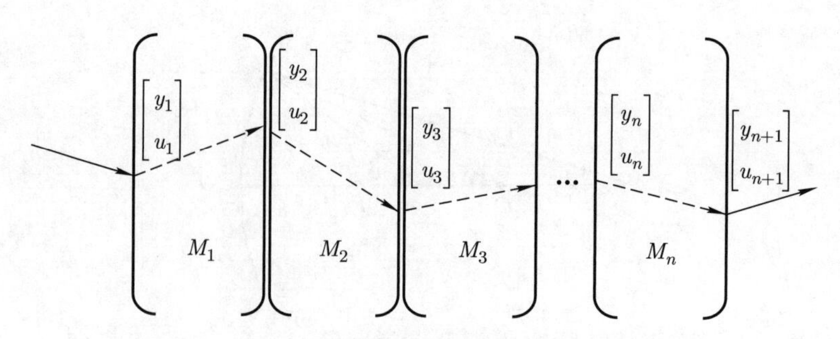

图 4.36　共轴光具组的转化矩阵

从入射光线 $\begin{bmatrix} y_1 \\ u_1 \end{bmatrix}$ 到最终的出射光线 $\begin{bmatrix} y_{n+1} \\ u_{n+1} \end{bmatrix}$ 的变换为

$$\begin{bmatrix} y_{n+1} \\ u_{n+1} \end{bmatrix} = M_n M_{n-1} \cdots M_1 \begin{bmatrix} y_1 \\ u_1 \end{bmatrix},$$

所以共轴光具组的转化矩阵为

$$M = M_n M_{n-1} \cdots M_1, \tag{4.32}$$

即共轴光具组的转化矩阵为组成共轴光具组的各个光学元件的转化矩阵的乘积. 设光线由左向右传播, 则各个光学元件的转化矩阵由右向左相乘, 也就是紧靠终点的光学元件的转化矩阵 M_n 为矩阵乘积的第一个矩阵, 紧靠始点的光学元件的转化矩阵 M_1 为矩阵乘积的最后一个矩阵. 如果光线由右向左传播, 则各个矩阵相乘的次序颠倒.

因为反射和直线传播的 ABCD 矩阵的行列式的值均为 1, 折射矩阵的行列式的值为入射介质和折射介质的折射率之比, 所以共轴光具组的总矩阵的行列式的值 $AD-BC = n_{\mathrm{i}}/n_{\mathrm{o}}$, 其中, n_{i} 是最开始的入射介质的折射率, n_{o} 是最终的出射介质的折射率.

例题 4.6 利用转化矩阵求空气中薄透镜的物像公式.

解 如图 4.37 所示, 物点发出的光线沿直线传播到达第一个球面处发生折射, 因为是薄透镜, 所以光线在透镜中的传播对成像的影响可以忽略, 光线在第二个球面处发生折射, 出射光线沿直线传播到达像点. 这一系列变换可用矩阵表示为

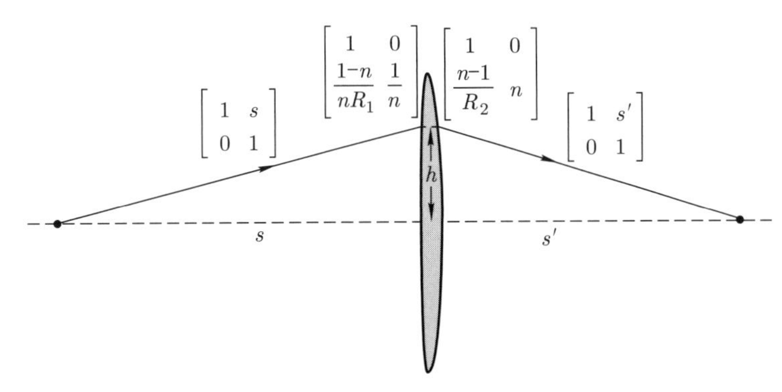

图 4.37 薄透镜成像

$$
\begin{bmatrix} y' \\ u' \end{bmatrix} = \begin{bmatrix} 1 & s' \\ 0 & 1 \end{bmatrix} \begin{bmatrix} 1 & 0 \\ \dfrac{n-1}{R_2} & n \end{bmatrix} \begin{bmatrix} 1 & 0 \\ \dfrac{1-n}{nR_1} & \dfrac{1}{n} \end{bmatrix} \begin{bmatrix} 1 & s \\ 0 & 1 \end{bmatrix} \begin{bmatrix} y \\ u \end{bmatrix}
$$

$$
= \begin{bmatrix} 1+s'\left(\dfrac{n-1}{R_2}+\dfrac{1-n}{R_1}\right) & s+s'\left[s\left(\dfrac{n-1}{R_2}+\dfrac{1-n}{R_1}\right)+1\right] \\ \dfrac{n-1}{R_2}+\dfrac{1-n}{R_1} & s\left(\dfrac{n-1}{R_2}+\dfrac{1-n}{R_1}\right)+1 \end{bmatrix} \begin{bmatrix} y \\ u \end{bmatrix},
$$

其中, R_1 和 R_2 为薄透镜前后折射球面的曲率半径, n 为透镜的折射率. 对于物点, $\begin{bmatrix} y \\ u \end{bmatrix} = \begin{bmatrix} 0 \\ \dfrac{h}{s} \end{bmatrix}$, 对于像点, $\begin{bmatrix} y' \\ u' \end{bmatrix} = \begin{bmatrix} 0 \\ -\dfrac{h}{s'} \end{bmatrix}$, 将之代入上式, 可得

$$
\frac{1}{s}+\frac{1}{s'}=\frac{n-1}{R_1}+\frac{1-n}{R_2},
$$

所以薄透镜的焦距为

$$
\frac{1}{f}=\frac{n-1}{R_1}+\frac{1-n}{R_2}.
$$

这和前面章节分析薄透镜成像时的结果完全一致.

薄透镜的转化矩阵为

$$
M = \begin{bmatrix} 1 & 0 \\ \dfrac{n-1}{R_2} & n \end{bmatrix} \begin{bmatrix} 1 & 0 \\ \dfrac{1-n}{nR_1} & \dfrac{1}{n} \end{bmatrix} = \begin{bmatrix} 1 & 0 \\ \dfrac{n-1}{R_2}+\dfrac{1-n}{R_1} & 1 \end{bmatrix} = \begin{bmatrix} 1 & 0 \\ -\dfrac{1}{f} & 1 \end{bmatrix}. \tag{4.33}
$$

对于如图 4.38 所示的厚透镜, 光在透镜中的传播不能忽略, 所以厚透镜的转化矩

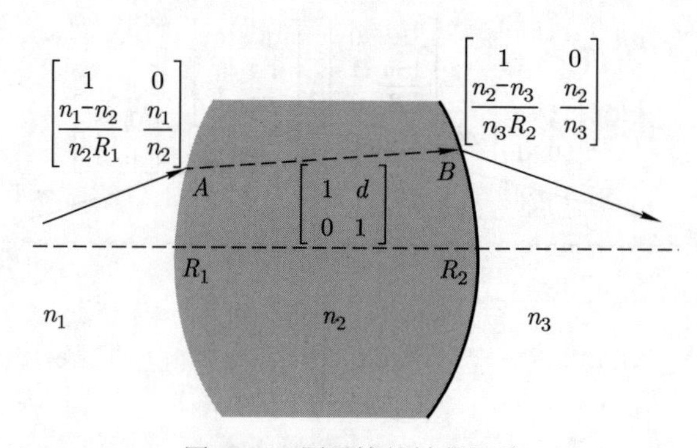

图 4.38　厚透镜的转化矩阵

阵为

$$
\begin{aligned}
M &= \begin{bmatrix} 1 & 0 \\ \dfrac{n_2-n_3}{n_3R_2} & \dfrac{n_2}{n_3} \end{bmatrix} \begin{bmatrix} 1 & d \\ 0 & 1 \end{bmatrix} \begin{bmatrix} 1 & 0 \\ \dfrac{n_1-n_2}{n_2R_1} & \dfrac{n_1}{n_2} \end{bmatrix} \\
&= \begin{bmatrix} 1+\dfrac{n_1-n_2}{n_2R_1}d & \dfrac{n_1}{n_2}d \\ \dfrac{n_2-n_3}{n_3R_2}+\dfrac{n_1-n_2}{n_2R_1}\dfrac{n_2-n_3}{n_3R_2}d+\dfrac{n_1-n_2}{n_3R_1} & \dfrac{n_1}{n_2}\left(\dfrac{n_2}{n_3}+\dfrac{n_2-n_3}{n_3R_2}d\right) \end{bmatrix}.
\end{aligned}
$$

例题 4.7 已知光具组的转化矩阵为 $\begin{bmatrix} A & B \\ C & D \end{bmatrix}$, 求其主面位置和焦距.

解 如图 4.39 所示, 设物方主面到光具组第一个界面的距离为 d, 像方主面到光具组最后一个界面的距离为 d'.

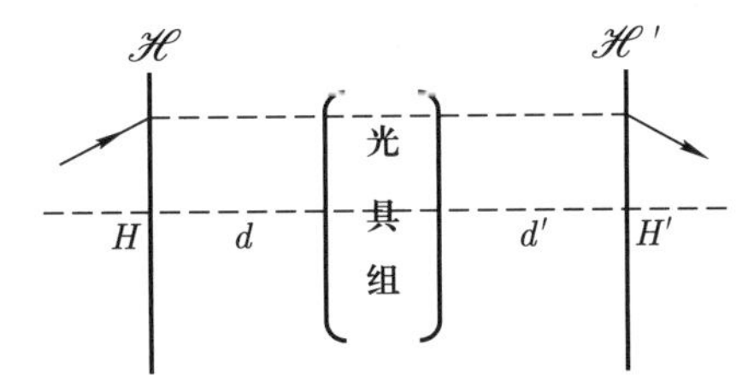

图 4.39 光具组的主面位置和焦距

从物方主面上一点发出的光线 $(y,u)^{\mathrm{T}}$ 沿直线传播距离 d, 经过光具组, 继续沿直线传播距离 d' 之后, 从像方主面出射, 像方主面上的出射光线为 $(y',u')^{\mathrm{T}}$, 则

$$
\begin{aligned}
\begin{bmatrix} y' \\ u' \end{bmatrix} &= \begin{bmatrix} 1 & d' \\ 0 & 1 \end{bmatrix} \begin{bmatrix} A & B \\ C & D \end{bmatrix} \begin{bmatrix} 1 & d \\ 0 & 1 \end{bmatrix} \begin{bmatrix} y \\ u \end{bmatrix} \\
&= \begin{bmatrix} A+d'C & Ad+B+d'(Cd+D) \\ C & Cd+D \end{bmatrix} \begin{bmatrix} y \\ u \end{bmatrix},
\end{aligned}
$$

可以解得

$$
y' = (A+d'C)y + [Ad+B+d'(Cd+D)]u.
$$

因为光线的入射点位于物方主面, 其对应的出射点位于像方主面, 所以无论入射光线的角度 u 为多大, y' 恒等于 y. 因此由上式可以得到下列关系:

$$
\begin{cases} A+d'C = 1, \\ Ad+B+d'(Cd+D) = 0, \end{cases}
$$

可以解得

$$
\begin{cases} d' = \dfrac{1-A}{C}, \\ d = \dfrac{AD-BC-D}{C}. \end{cases}
$$

两主面的位置确定了, 就可以得到两主面之间的转化矩阵:

$$M_{HH'} = \begin{bmatrix} 1 & 0 \\ C & AD - BC \end{bmatrix}.$$

下面计算焦距, 如图 4.40 所示.

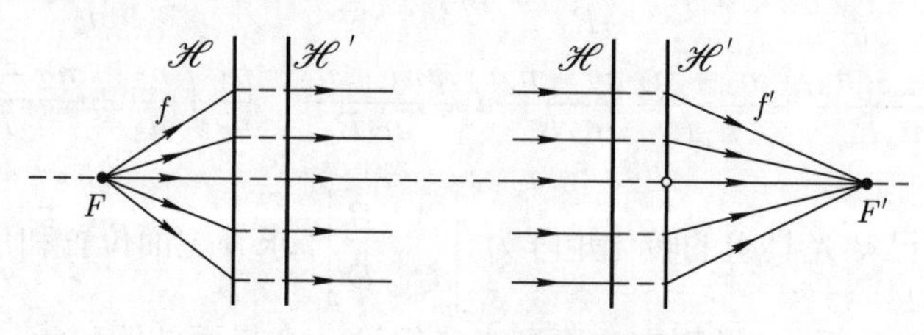

图 4.40 光具组的焦点和焦距

(1) 设像方焦距为 f', 则物方主面到像方焦面的转化矩阵为

$$M = \begin{bmatrix} 1 & f' \\ 0 & 1 \end{bmatrix} \begin{bmatrix} 1 & 0 \\ C & AD - BC \end{bmatrix}.$$

由于是平行于光轴的光线入射, y 可以是任意值, u 必等于 0, 出射光线会聚到像方焦点, 即 y' 必为 0, u' 可不为 0, 因此

$$\begin{bmatrix} 0 \\ u' \end{bmatrix} = \begin{bmatrix} 1 & f' \\ 0 & 1 \end{bmatrix} \begin{bmatrix} 1 & 0 \\ C & AD - BC \end{bmatrix} \begin{bmatrix} y \\ 0 \end{bmatrix},$$

可以解得

$$1 + Cf' = 0,$$

即

$$f' = -\frac{1}{C}.$$

(2) 设物方焦距为 f, 则物方焦面到像方主面的转化矩阵为

$$M = \begin{bmatrix} 1 & 0 \\ C & AD - BC \end{bmatrix} \begin{bmatrix} 1 & f \\ 0 & 1 \end{bmatrix}.$$

过物方焦点的光线, 即 $y = 0$, 变成平行于光轴的出射光线, 即 $u' = 0$, 所以

$$\begin{bmatrix} y' \\ 0 \end{bmatrix} = \begin{bmatrix} 1 & 0 \\ C & AD - BC \end{bmatrix} \begin{bmatrix} 1 & f \\ 0 & 1 \end{bmatrix} \begin{bmatrix} 0 \\ u \end{bmatrix},$$

可以解得

$$Cf + AD - BC = 0,$$

即

$$f = \frac{BC - AD}{C}.$$

4.8 光学器件简介

本节简单介绍一些常见的几何光学相关的光学构造 (器件) 及其工作原理, 首先从人眼开始.

4.8.1 人眼

人眼是一个精密的变焦成像系统, 晶状体将周围的物体成像于视网膜. 视网膜中三种圆锥细胞有重叠的频率响应曲线, 但响应强度有所不同, 它们分别对红、绿、蓝光最敏感, 并共同决定了对色彩的感觉. 人眼可见的距离范围, 从近点的约 10 cm 到远点的无穷远. 如果可见距离偏离这个范围, 人眼便是出了问题. 最为常见的问题是近视眼和老花眼.

对于近视眼, 远处的物体无法成像于视网膜, 而是成像于视网膜之前, 使得人眼看不清远处的物体. 近视一般有两种: 轴向近视, 产因是眼球前后径过长, 这类近视最为常见; 屈光近视, 产因是角膜或晶状体的曲率过大. 可以佩戴凹透镜来矫正近视眼.

老花眼是随着年龄增长, 晶状体逐渐硬化、增厚, 眼部肌肉的调节能力也随之减退, 调焦能力减弱, 使得近处的物体无法成像于视网膜, 而是成像于视网膜之后. 可以佩戴凸透镜来矫正老花眼.

4.8.2 放大镜

为了看清物体的细节, 例如, 精细加工或辨别图像的真伪, 人们经常使用放大镜, 放大镜的主要组成部分就是一个凸透镜, 是一种比较简单的光学器件.

人眼的明视距离 $s_0 \approx 25$ cm, 是长时间观察物体时, 人眼最为轻松的距离. 如图 4.41 所示, 裸眼看图中花朵的视角约为 $w = -y/s_0$, 其中, y 是物体的高度. 借助放大镜来观察其细节, 将图片放在透镜物方焦点的右侧, 则成放大的虚像, 像的位置应该在明视点, 即像距的绝对值等于明视距离. 因此可以求得物距为 $s = \dfrac{s_0 f}{s_0 + f}$, 其中, f 是放大镜的焦距, 如果 $f \ll s_0$, 则 $s \approx f$, 即图片应该置于焦点内侧附近. 此时的视角为 $w' = -y/f$, 视角放大率为

$$M = \frac{w'}{w} \approx \frac{s_0}{f}. \tag{4.34}$$

显微镜和望远镜的目镜, 从原理上看就是一个放大镜. 为了获得好的成像质量, 目镜常采用复合透镜形式.

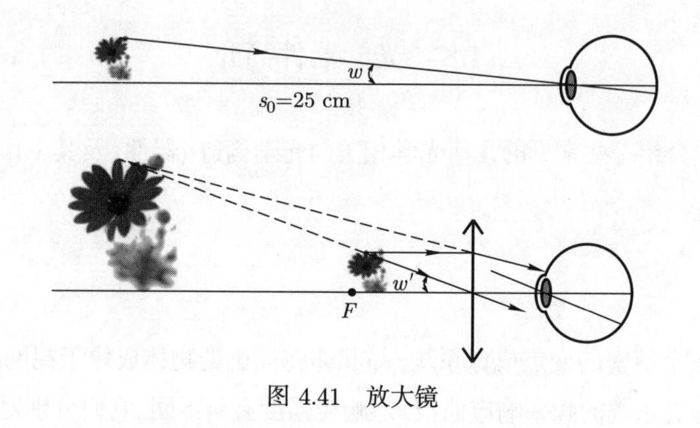

图 4.41 放大镜

4.8.3 光学显微镜

16 世纪 90 年代, 荷兰的眼镜制造商汉斯 · 詹森和他的儿子把几个透镜放进一个圆筒中, 制造了第一台复合式显微镜. 样品通过物镜成放大的实像, 目镜相当于放大镜, 用于进一步放大物镜所成的像, 这就是复合式显微镜的基本原理. 1610 年前后, 伽利略和开普勒在研究望远镜的同时, 改变物镜和目镜之间的距离, 得出了合理的显微镜光路结构. 1665 年前后, 胡克通过他自己制作的显微镜发现了生命的基本组成单位 —— 细胞. 发展到今天, 光学显微镜的性能已经得到了巨大的改善, 为了提升分辨率, 并根据观察样品的不同, 派生出了不同种类的显微镜, 例如, 偏振光显微镜、荧光显微镜、共焦显微镜、相差显微镜、微分干涉显微镜、多光子显微镜、自发辐射耗尽显微镜等, 它们在生物、医学、化学和物理等学科发挥着巨大的作用.

图 4.42 给出了复合式显微镜的结构和工作原理示意图.

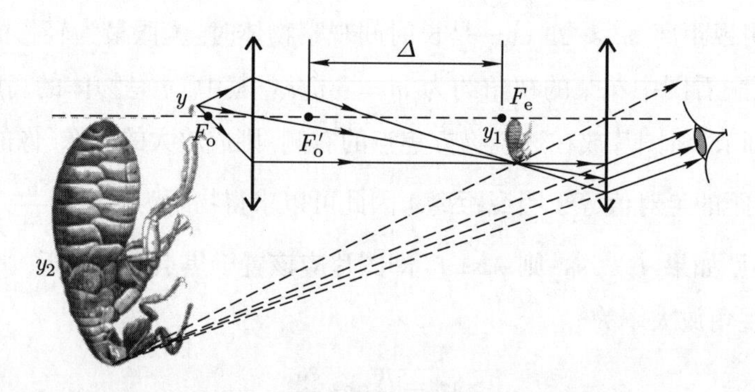

图 4.42 复合式显微镜的结构和工作原理示意图

显微镜的物镜像方焦点和目镜物方焦点之间相距 Δ, 称为光学筒长. 样品通过物镜成放大的实像, 像点位于目镜物方焦点内侧附近, 物镜的像经目镜成放大的虚像, 像

距为人眼的明视距离. 最终的视角放大率为

$$M = \frac{w'}{w} = \frac{\dfrac{y_1}{f_e}}{\dfrac{y}{s_0}} = \frac{y_1 s_0}{y f_e} = V_o M_e, \tag{4.35}$$

其中, y 是样品的尺度, y_1 是物镜所成像的尺度, f_e 是目镜的焦距, s_0 是明视距离, $f_e \ll s_0$. $V_o = y_1/y = -\Delta/f_o$ 是物镜的横向放大率; $M_e = s_0/f_e$ 是目镜的视角放大率. 将之代入 (4.35) 式可得

$$M = -\frac{s_0 \Delta}{f_o f_e}, \tag{4.36}$$

即物镜和目镜的焦距越短、光学筒长 (Δ) 越长, 显微镜的视角放大率越大.

显微镜的主要组成部分是物镜和目镜. 物镜要求: (1) 由物点射入物镜的光束立体角应该尽量大, 它影响像的分辨率和亮度. (2) 物镜必须消除各种像差, 主要是球差、彗差、色差等. 目镜从原理上看就是一个放大镜. 为了获得好的成像质量, 消除像差, 如球差、彗差、色差等, 目镜常采用复合透镜形式.

4.8.4 望远镜

2009 年被定为国际天文年, 该年评选出了人类历史上 14 台最著名的望远镜. 其中, 第一台望远镜就是伽利略望远镜, 1609 年, 伽利略制作了一台口径 4.2 cm, 长约 1.2 m 的望远镜, 首次对月球进行了科学观测. 伽利略借助望远镜发现了木星的四颗卫星、土星光环、太阳黑子、金星和水星的盈亏等天文现象. 这些发现开辟了近代天文学的新篇章. 入选的望远镜还有牛顿反射式望远镜、赫歇尔 (Herschel) 望远镜、耶基斯折射望远镜、威尔逊山望远镜、胡克望远镜、海尔 (Hale) 望远镜、喇叭天线、甚大阵射电望远镜、哈勃 (Hubble) 空间望远镜、凯克 (Keck) 望远镜、斯隆 (Sloan) 望远镜、威尔金森 (Wilkinson) 宇宙微波各向异性探测器和雨燕观测卫星. 它们都为天文学的发展做出了重大贡献, 有些仍在服役.

2016 年, 500 米口径球面射电望远镜在贵州省黔南布依族苗族自治州境内落成启用, 单口径目前世界最大, 被誉为 “中国天眼”.

图 4.43 为光学折射望远镜的工作原理示意图.

望远镜的物镜像方焦点和目镜物方焦点重叠. 遥远的星光经物镜会聚于目镜物方焦点, 经目镜观察, 其视角得到放大. 由图 4.43 可知, 直接观察的视角为 $w = -y/f_o$, 其中, f_o 为物镜焦距. 借助望远镜观察的视角为 $w' = y/f_e$, 其中, f_e 为目镜焦距. 望远镜的视角放大率为

$$M = \frac{w'}{w} = -\frac{f_o}{f_e}, \tag{4.37}$$

即物镜焦距越长、目镜焦距越短, 望远镜的视角放大率越大.

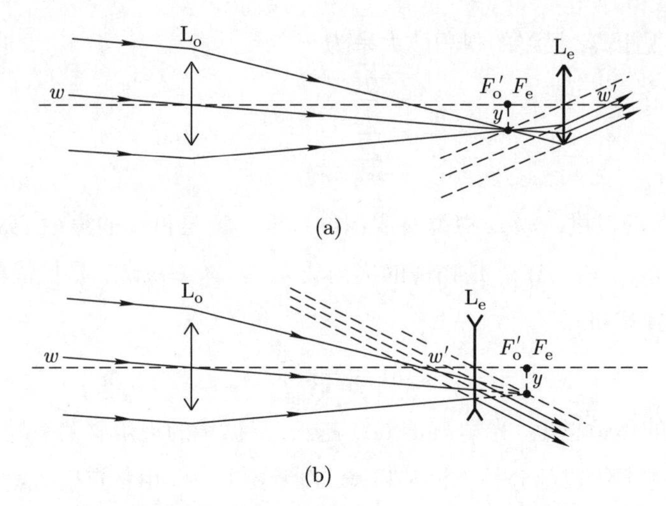

图 4.43　光学折射望远镜的工作原理示意图, (a) 开普勒型, (b) 伽利略型

4.8.5　猫眼

猫眼是防盗门镜的俗称, 是最常用的光学器件之一. 它能使室内的人大视场地观察室外的情况, 而室外的人无法看清室内的情况. 安装猫眼能发挥一定的安全作用.

猫眼的结构和工作原理如图 4.44 所示, 一般由一个凹透镜和一个凸透镜组成, 选择适当的透镜焦距和透镜之间的距离, 使室外的景物成缩小正立的虚像, 像点的位置位于眼睛的可见范围内, 即大于近点 (约 10 cm), 具有很大的视场, 使室内的人可以洞察室外的一切. 而从室外往室内看, 室内的景物成像于近点之内, 无法观察; 如果人眼离猫眼远一些, 确实可以看见室内的东西, 但是视场太小, 无法窥视全貌.

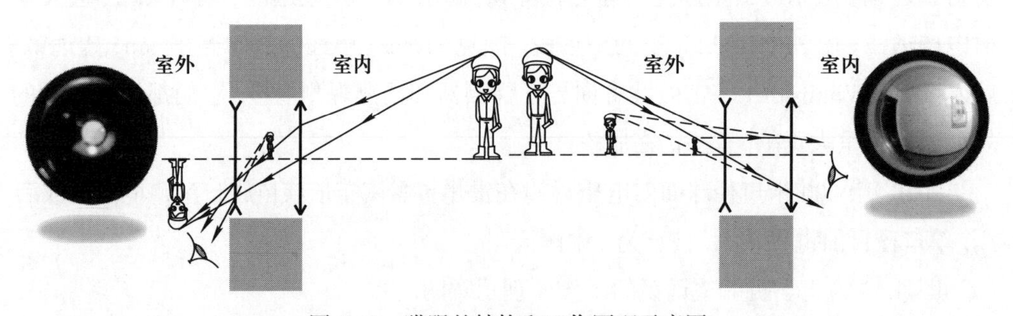

图 4.44　猫眼的结构和工作原理示意图

4.8.6　投影仪

图 4.45 给出了投影仪的光路图, 聚光镜使得照明均匀, 聚光系统可以分为两类: (1) 图片较小, 聚光镜将光源成像于图片上或附近, 例如, 电影机. (2) 图片较大, 聚光镜将光源成像于投影镜头上, 例如, 幻灯片机.

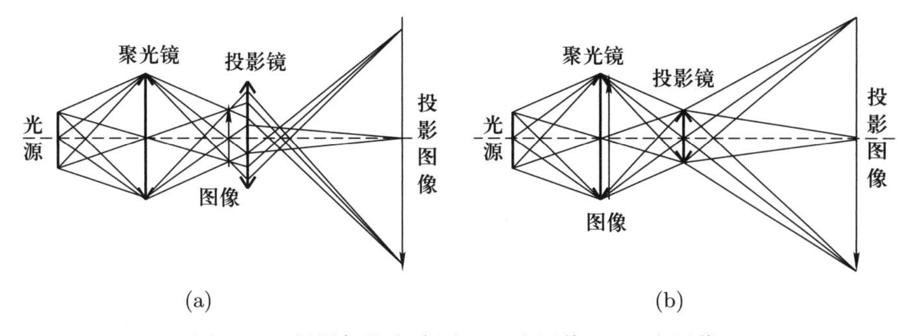

图 4.45 投影仪的光路图, (a) 小图像, (b) 大图像

液晶投影仪和数字光处理投影仪被广泛应用于家庭、办公室、学校和娱乐场所. 它们的投影的光学原理和图 4.45 相似, 只是图像变成了可数字处理的图. 液晶投影仪的图像单元是放置于起偏器和检偏器之间的液晶囊, 液晶囊两端有透明电极 (例如, 氧化铟锡). 照明光经过起偏器变为线偏振光, 线偏振光经过液晶囊, 偏振面发生旋转, 旋转的角度随液晶囊两端所加电压变化而变化, 于是经检偏器的透射光的光强受电压控制, 通过调节阵列液晶囊两端的电压产生图像, 由投影镜成像于屏幕. 数字光处理投影仪的图像单元是数控微反射镜. 它们按行列紧密地排列在一起贴在一块硅晶片 (例如, 数字微镜 (DMD) 芯片) 的电子节点上, 通过电路可以控制每个微反射镜的反射角度. 如果微反射镜的反射光照射到投影镜, 则经投影镜会在屏幕上产生亮点, 如果微反射镜的反射光无法照射到投影镜, 则在屏幕上对应的位置出现暗点, 于是产生投影图像. 对于目前的商业数字光处理投影仪, 0.47 英寸 (1 英寸 = 2.54 cm) 的 DMD 芯片具有 207 万个微反射镜, 每个微反射镜的尺度约为 5 μm.

4.8.7 相机

相机是把景物成像于感光干板, 并记录下来. 很久之前景物是靠人和笔记录的, 称为写真, 所以有时也把照相称为写真.

1822 年, 法国发明家尼普瑟 (Niepce) 使用感光材料卤化银制作了第一张感光干板. 使用感光干板记录透镜成像, 诞生了真正意义上的照相机, 图 4.46 是由尼普瑟拍摄的世界上最古老的照片之一.

1910 年, 格雷费斯 (Graflex) 干板式相机配备了速度范围宽至 $10^{-1} \sim 10^{-3}$ s 的焦面快门, 可以捕获瞬间景象, 使得格雷费斯干板式相机声名远扬.

目前, 相机的种类很多, 可应用于不同领域. 相机快门时间达到纳秒量级, 大多采用电荷耦合器件 (CCD) 记录, 感光波段从可见光拓宽到了红外、紫外, 乃至 X 射线和 γ 射线.

相机的光学原理就是凸透镜成像, 如图 4.47 所示. 为了提高成像质量, 往往采用

图 4.46 尼普瑟拍摄的一张照片

复合透镜、透镜组和放置光阑的方法.

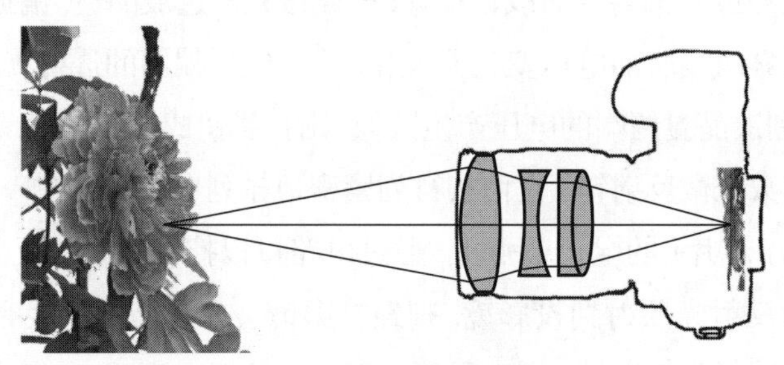

图 4.47 相机成像

下面谈一下景深. 如果物点位于和干板共轭的物面上, 光线经透镜会聚于干板上, 如果物点位于物面前方或后方, 则光线会聚于干板的后方或前方, 而在干板上形成一光斑, 如果光斑的线度小于干板的最小分辨距离, 则不影响干板记录的像的清晰度. 光斑的尺度小于这一限制所允许的物点在物面前方或后方的距离称为景深. 如果在透镜处加一个光阑, 当光阑的口径变小时, 光束变窄, 物面前方或后方的物点在干板上形成的光斑变小, 从而景深加大. 景深与焦距和物距有关, 根据牛顿物像公式

$$\frac{\delta x'}{\delta x} = -\frac{f^2}{x^2}$$

可知, 当物点偏离物面 δx 时, 像点偏离干板的 $\delta x'$ 越小, 越有利于增大景深. 所以焦距越小、物距越大, 景深越大.

4.9 几何像差分析

任何偏离理想成像的现象, 皆称为像差. 几何像差可分为单色像差和色像差.

4.9.1 单色像差

将 $\sin\theta$ 进行泰勒展开:

$$\sin\theta = \theta - \frac{\theta^3}{3!} + \frac{\theta^5}{5!} - \frac{\theta^7}{7!} + \frac{\theta^9}{9!} - \cdots .$$

我们在推导物像公式时, 使用了傍轴近似, 则折射定律可近似为 $n_1\theta_1 = n_2\theta_2$, 即角度正弦的泰勒展开只保留第一项 θ, 如此可计算共轴球面光具组的理想成像. 如果考虑角度正弦的泰勒展开的高阶项, 则可计算出光线经过共轴球面光具组后的会聚点与理想像点之间的偏离. 德国数学家赛德尔 (Seidel) 于 1856 年对几何像差进行了系统分析, 并将研究工作详细发表出来. 他考虑了一般共轴球面光具组折射成像时角度正弦泰勒展开的 θ^3 项产生的像差, 称为三级像差理论或初级像差理论. 单色像差可大致分为球差、彗差、像散、场曲、畸变. 下面分别对各种像差做一简单说明.

1. 球差

光轴上物点发出的大孔径光线经透镜折射后的出射光线不聚焦于光轴上的一点, 而是沿光轴展宽成丝, 如图 4.48 所示.

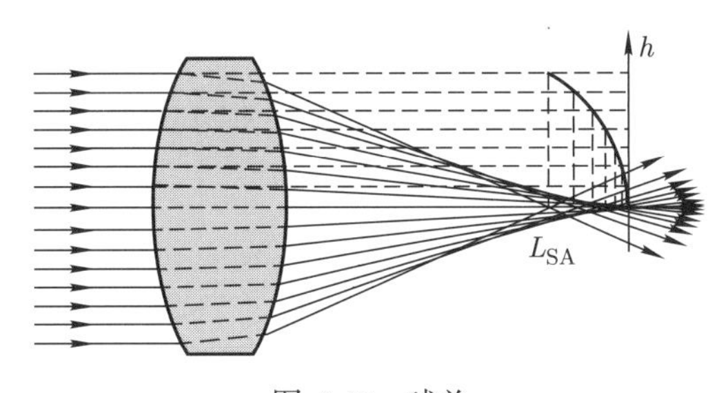

图 4.48 球差

定义大孔径光线在光轴上会聚点和傍轴光线会聚点之间的偏离距离为球差长度 L_{SA}. 设平行光线正入射, 光线距光轴的高度为 h, 因为光路的轴对称性, 距光轴高度为 $\pm h$ 的两光线应该会聚于光轴上的同一点, 所以 L_{SA} 应该是 h 的偶函数, 即

$$L_{SA} = A_1h^2 + A_2h^4 + A_3h^6 + \cdots ,$$

其中, 系数 $A_1, A_2, A_3, \cdots$ 和透镜的 n, r_1, r_2 有关, 所以选择合适的透镜参数可以减少球差, 称为配曲法, 但是单透镜自身是无法消除球差的, 一般使用组合透镜来消除球差. 正透镜总是产生负球差, 负透镜总是产生正球差, 并且不同形状透镜的球差大小不同, 我们可以采用合适形状的正负透镜的组合来消除球差, 并且获得所需的光具组焦距. 简单组合的形式有双胶合透镜和双分离透镜. 还可以采用非球面透镜来消除球差, 由图 4.48 可知, 球差的产因是球面透镜对不同孔径光线的偏折程度不同, 使得它们的

会聚点分开, 可以设计非球面透镜, 调节透镜对不同孔径光线的偏折大小, 使它们都会聚于一点, 从而消除球差.

2. 彗差

傍轴物点发出的大孔径光线经光具组折射后的出射光线不再会聚于像面上的一点, 而是形成状如彗星的亮斑, 如图 4.49 所示, 这种像差称为彗差. 球差和彗差往往混在一起, 只有当光轴上物点的球差已消除时, 才能明显观察到傍轴物点的彗差. 利用配曲法可消除单透镜的彗差, 也可利用胶合透镜来消除彗差. 然而, 消除球差和消除彗差所要求的条件往往不一致, 所以二者不容易同时消除.

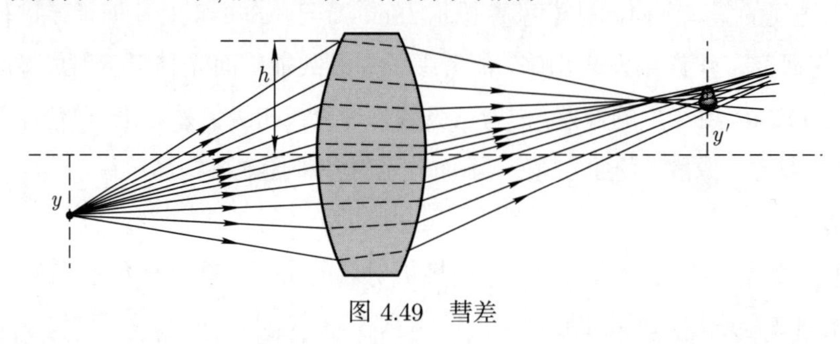

图 4.49　彗差

在消除球差的条件下, 傍轴物点发出的大孔径光线消除彗差的充分必要条件是阿贝 (Abbe) 正弦条件, 其实质是等光程条件, 如图 4.50 所示.

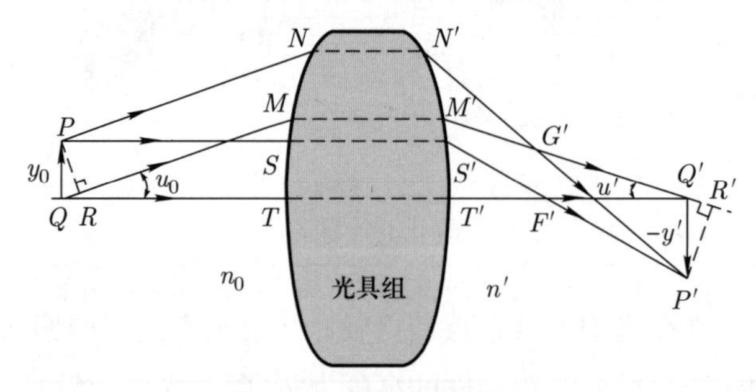

图 4.50　阿贝正弦条件

在傍轴物点条件下, 有

$$L(G'P') \approx L(G'R'), \quad L(F'P') \approx L(F'Q'),$$

因为物像等光程, 即

$$L(PNN'P') = L(PSS'P'), \quad L(QMM'Q') = L(QTT'Q'),$$
$$L(PNN'G') = L(RMM'G'), \quad L(PSS'F') = L(QTT'F'),$$

所以

$$L(QR) = L(Q'R'),$$

其中, $L(QR) = n_0 y_0 \sin u_0$, $L(Q'R') = n'y' \sin u'$. 即

$$n_0 y_0 \sin u_0 = n'y' \sin u'. \tag{4.38}$$

此式就是阿贝正弦条件.

3. 像散

如图 4.51 所示, 光轴外物点发出的大孔径同心光线的位于水平面和竖直面内的光线经透镜折射后的出射光线分别会聚于两个不同的平面, 并且两处的会聚点演化为两条相互垂直的线, 称为子午焦线和弧矢焦线散焦线.

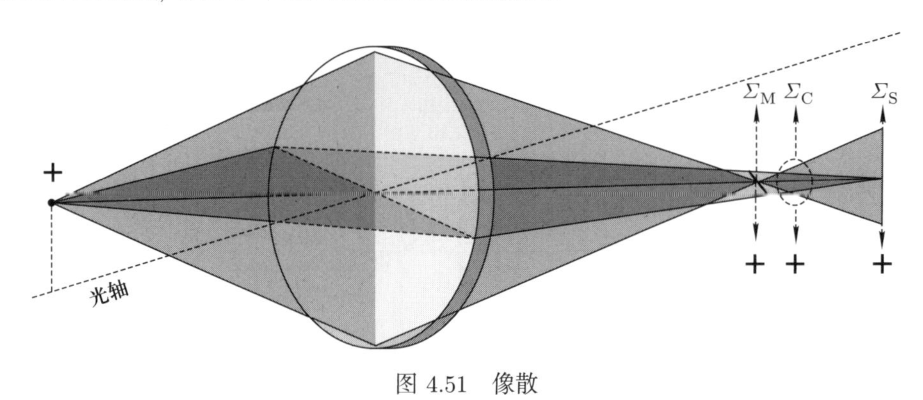

图 4.51 像散

图 4.51 中, Σ_M 为子午焦线面, Σ_S 为弧矢焦线面, 两者之间是最小模糊圆面 Σ_C, 成像时将接收屏放置于此面处.

4. 场曲

对于物面上的所有点, Σ_M, Σ_S 和 Σ_C 的轨迹一般是一个曲面, 称为场曲, 如图 4.52 所示. 在透镜前方适当的位置处放置光阑可以矫正场曲.

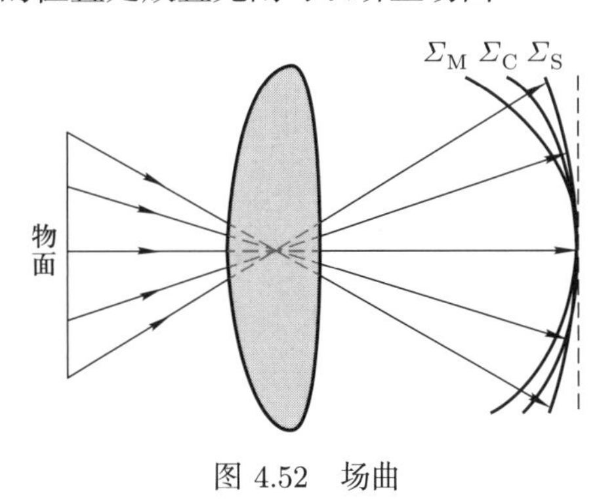

图 4.52 场曲

5. 畸变

畸变也是由于光线的倾斜度较大引起的. 与球差、彗差和像散不同, 畸变并不破坏光线的同心性, 从而不影响像的清晰度. 畸变表现在垂直于光轴的同一平面内不同

点的横向放大率不同, 使得像面内图形的各部分与原物不成比例.

在透镜组中放置光阑可以矫正畸变. 如图 4.53 所示, 将光阑置于透镜之前可以产生桶形畸变 (外层较中心的横向放大率小); 而将光阑置于透镜之后可以产生枕形畸变 (外层较中心的横向放大率大); 如果将光阑置于两透镜之间, 则两种畸变可以相互抵消.

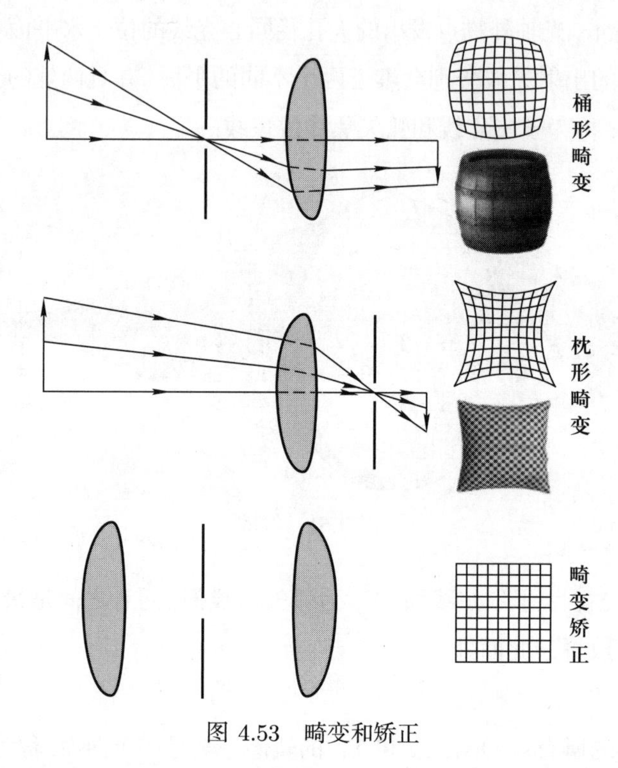

图 4.53 畸变和矫正

4.9.2 色像差

介质的折射率随光波长变化而变化的现象称为色散. 色散有正常色散, 即折射率随波长减小而增大, 还有反常色散, 即折射率随波长增大而增大. 一般透镜所用的透明介质在可见光波段属于正常色散. 因为色散, 使得单透镜对不同颜色的光具有不同的焦距, 所以不同颜色的光所成像的位置和大小都不同, 前者称为位置色像差 (或轴向色像差), 后者称为放大率色像差 (或横向色像差), 如图 4.54 所示.

单透镜的色像差难以消除, 但可以将两个 (或几个) 用不同介质制备的凸、凹透镜复合在一起, 在选定的两个 (或几个) 波长处消除色像差. 下面举一个例子来说明这种情况.

例题 4.8 用冕牌玻璃和火石玻璃 (折射率见表 4.1) 来做焦距为 10.0 cm 的消色像差组合透镜, 求组合透镜的性质.

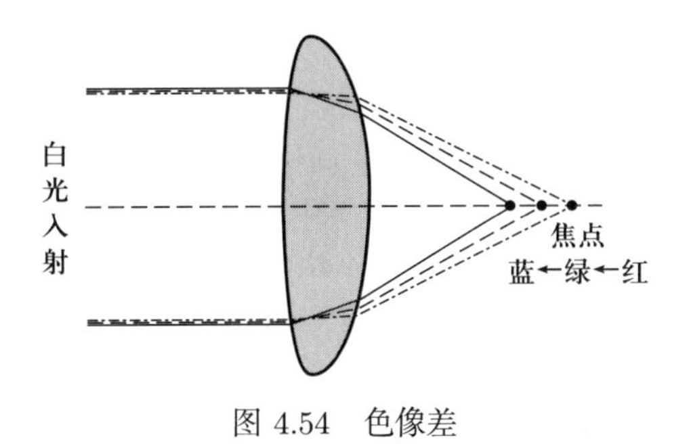

图 4.54 色像差

表 4.1 冕牌玻璃和火石玻璃对不同光的折射率

	F	D	C
冕牌玻璃	1.517	1.511	1.509
火石玻璃	1.633	1.621	1.616

注: F 和 C 分别为氢光谱中的 F 线 (波长为 486.1 nm, 蓝色) 和 C 线 (波长为 656.3 nm, 红色), D 为钠光谱中的 D 线 (波长为 589.3 nm, 黄色), 焦距通常以可见光区域中部的钠光谱中的 D 线为准.

解 根据磨镜公式, 两透镜的光焦度可分别写成

$$\begin{cases} P_1 = \dfrac{1}{f_1} = (n_1 - 1)\left(\dfrac{1}{r_1} - \dfrac{1}{r_2}\right) = (n_1 - 1)K_1, \\ P_2 = \dfrac{1}{f_2} = (n_2 - 1)\left(\dfrac{1}{r_2} - \dfrac{1}{r_3}\right) = (n_2 - 1)K_2, \end{cases}$$

其中, r_1, r_2 分别是第一个透镜前后球面的曲率半径, r_3 是第二个透镜后球面的曲率半径. 因为两个透镜密接在一起, 所以第二个透镜前球面的曲率半径也是 r_2. $K_1 = \dfrac{1}{r_1} - \dfrac{1}{r_2}, K_2 = \dfrac{1}{r_2} - \dfrac{1}{r_3}$.

密接透镜组的光焦度为

$$P = P_1 + P_2 = (n_1 - 1)K_1 + (n_2 - 1)K_2.$$

对于目视光学仪器, 通常在人眼最敏感的黄绿波长两侧各选一波长来消除色像差, 一般选氢光谱中的 C 线和 F 线. 密接透镜组对这两个波长的光焦度分别为

$$\begin{cases} P_{\mathrm{C}} = (n_{1\mathrm{C}} - 1)K_1 + (n_{2\mathrm{C}} - 1)K_2, \\ P_{\mathrm{F}} = (n_{1\mathrm{F}} - 1)K_1 + (n_{2\mathrm{F}} - 1)K_2. \end{cases}$$

在 C 线和 F 线处消除色像差, 要求 $P_{\mathrm{C}} = P_{\mathrm{F}}$, 即

$$P_{\mathrm{F}} - P_{\mathrm{C}} = (n_{1\mathrm{F}} - n_{1\mathrm{C}})K_1 + (n_{2\mathrm{F}} - n_{2\mathrm{C}})K_2 = 0. \tag{4.39}$$

一般玻璃在可见光波段属于正常色散, 即 $n_{1\mathrm{F}} - n_{1\mathrm{C}} > 0$, $n_{2\mathrm{F}} - n_{2\mathrm{C}} > 0$, 所以满足 $P_{\mathrm{F}} - P_{\mathrm{C}} = 0$ 的 K_1 和 K_2 的正负号必然相反, 亦即只有一个凸透镜和一个凹透镜

黏合起来, 才能消除色像差. 根据题目对密接透镜组的焦距要求, 有

$$P_{\rm D}=(n_{1\rm D}-1)K_1+(n_{2\rm D}-1)K_2=10.0\rm D. \tag{4.40}$$

将表 4.1 中的数据代入 (4.39) 式和 (4.40) 式, 联立求解, 可得

$$K_1=45.7\ \mathrm{m}^{-1}\ (\text{冕牌玻璃}),\quad K_2=-21.5\ \mathrm{m}^{-1}\ (\text{火石玻璃}).$$

所以

$$P_{1\rm D}=(n_{1\rm D}-1)K_1=23.4\rm D,\quad P_{2\rm D}=(n_{2\rm D}-1)K_2=-13.4\rm D,$$

即两个透镜的焦距分别为 $f_{1\rm D}=4.27$ cm, $f_{2\rm D}=-7.46$ cm.

在透镜形状方面, 密接透镜组中有 r_1, r_2, r_3 三个未知数, 但是只有两个条件方程, 所以三个曲率半径的选择除了保证上述两个焦距满足要求之外, 还可考虑消除球差和彗差的问题.

除了采用两个不同材质的密接透镜来消除色像差外, 光学仪器中常用两个同一材质的非密接透镜来消除某一波长附近的色像差. 例如, 常见的目镜多由两个材质相同的薄透镜组成, 它们之间相隔一定距离 d, 如图 4.29 所示.

非密接透镜组的焦距为

$$f=-\frac{f_1f_2}{\varDelta},$$

光焦度为

$$\begin{aligned}P=\frac{1}{f}&=-\frac{\varDelta}{f_1f_2}=-\frac{d-f_1-f_2}{f_1f_2}\\&=P_1+P_2-P_1P_2d=(n-1)(K_1+K_2)-(n-1)^2K_1K_2d.\end{aligned}$$

要求 P 不随折射率 n 变化, 则

$$\frac{\mathrm{d}P}{\mathrm{d}n}=K_1+K_2-2(n-1)K_1K_2d=0,$$

所以

$$d=\frac{K_1+K_2}{2(n-1)K_1K_2}=\frac{(n-1)K_1+(n-1)K_2}{2(n-1)K_1(n-1)K_2}=\frac{P_1+P_2}{2P_1P_2}=\frac{f_1+f_2}{2}.$$

采用这种结构的目镜有惠更斯目镜、拉姆斯登 (Ramsden) 目镜等. 因 f_1, f_2 与折射率 n 有关, n 又与波长 λ 有关, 故仅限于对给定波长附近的光来说是消除了色像差.

上面我们简单介绍了各种像差的成因和消除方法. 完全消除所有的几何像差是不可能的, 也是不必要的, 因为各种光学仪器都有特定的用途, 又都会遇到不同的问题, 所以需要重点考虑的只是某几种类型的像差.

4.10 光 纤

1840 年左右, 科拉东 (Colladon) 和巴比内 (Babinet) 最先在巴黎提出可以依靠光折射现象来引导光线的理论. 1927 年, 英国的贝尔德 (Baird) 首次利用光的全反射现象制成石英纤维, 可用于解析图像. 1951 年, 荷兰和英国开始进行柔软纤维镜的研制. 1957 年, 希尔朔维茨 (Hirschowitz) 及其助手在美国胃镜学会上展示了他们自行研制的光导纤维内镜. 20 世纪 60 年代初, 激光器的发明为光纤通信提供了可用光源. 1963 年, 日本科学家西泽润一 (Nishizawa Junichi) 提出了使用光纤进行通信的理论, 但是因为当时光纤的光损耗太大, 成为其在通信领域应用的不可逾越的障碍. 1966 年, 高锟分析了玻璃光纤高损耗的原因, 指出如果能够减少玻璃中的杂质含量, 就可以制造出损耗低于 20 dB/km 的光纤. 1970 年, 美国康宁公司根据高锟的设想, 利用改进型化学气相沉积法制造出第一根超低损耗光纤, 首次突破了 "20 dB/km" 的门槛. 1990 年, 康宁公司研制的光纤损耗降到 0.14 dB/km. 这些突破使得光纤通信成为现实. 1976 年, 美国贝尔实验室在亚特兰大与华盛顿之间建立了世界上第一条实用化的光纤通信线路. 1980 年, 多模光纤通信系统商用化. 1990 年, 单模光纤通信系统进入商用化阶段. 数据传输速度不断刷新. 现在, 光缆覆盖了世界的各个角落, 真正实现了 "天涯若比邻".

根据传光特性, 常用光纤可分为两种: 一种是阶跃型折射率光纤, 即光纤的内芯和包层分别为折射率不同的两种均匀透明介质, 因此光线在阶跃型折射率光纤内的传输是以全反射和直线传播的方式进行的. 另一种是梯度折射率光纤, 即折射率从光纤中心到边缘呈梯度变化, 因此光线在光纤内的传播轨迹呈正弦曲线.

4.10.1 阶跃型折射率光纤的基本原理

阶跃型折射率光纤是根据全反射原理制成的细而长的光学纤维. 当光由光密介质 (折射率为 n_1) 入射到光疏介质 (折射率为 n_2) 时, 若入射角大于全反射临界角, 则入射光将发生全反射, 如图 4.55 所示.

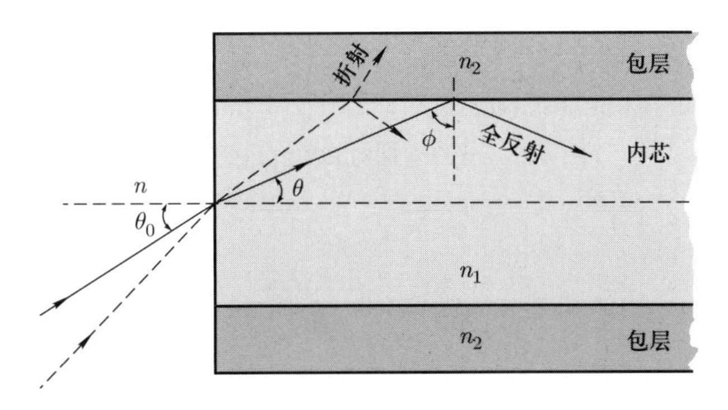

图 4.55 光纤的全反射

全反射要求 $\sin\phi \geqslant \dfrac{n_2}{n_1}$, 这就要求在光纤输入端面的光的入射角必须在一定范围内. 当光由折射率为 n 的介质入射到光纤时, 入射角为 θ_0, 则经端面折射后, 其折射角为 θ, 由折射定律可得

$$n\sin\theta_0 = n_1\sin\theta = n_1\sin\left(\frac{\pi}{2}-\phi\right) = n_1\cos\phi = n_1\sqrt{1-\sin^2\phi}.$$

根据全反射的要求, 有

$$n\sin\theta_0 \leqslant n\sin\theta_{0\mathrm{M}} = \sqrt{n_1^2-n_2^2},$$

即光在光纤输入端面的最大入射角为 $\theta_{0\mathrm{M}}$, 大于此角度的光在光纤内因不发生全反射而损耗很大, 无法在光纤中长距离传输.

定义光纤的数值孔径为

$$NA = n\sin\theta_{0\mathrm{M}} = \sqrt{n_1^2-n_2^2}.$$

一般情况下, 内芯和包层的折射率大小相近, 即 $n_1 - n_2 \ll n_1, n_2$, 于是光纤的数值孔径可近似为

$$NA \approx n_1\sqrt{2\varDelta},$$

其中, $\varDelta = (n_1-n_2)/n_1$.

光纤的数值孔径表示光纤接收光能的多少, 要想使更多的光能进入光纤, 必须增大光纤的数值孔径 NA.

光纤弯曲时会增加光损耗, 如图 4.56 所示, 当光纤被弯曲成曲率半径为 R 的圆弧状时, 光在光纤内的入射角和反射角也会发生改变.

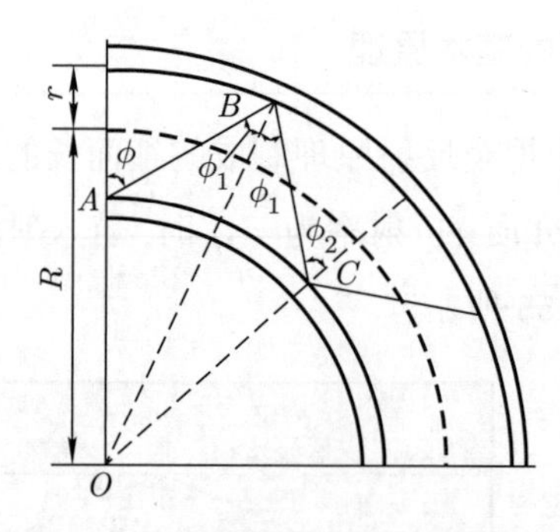

图 4.56 光纤弯曲对其数值孔径的影响

在 ΔOAB 中, 有

$$\frac{\sin\phi_1}{\overline{AO}} = \frac{\sin\angle BAO}{\overline{BO}},$$

因此可得

$$\sin\phi_1 = \frac{\overline{AO}}{\overline{BO}}\sin\angle BAO = \frac{R-r}{R+r}\sin\phi,$$

其中, r 为光纤内芯的半径.

在 ΔOBC 中, 有

$$\frac{\sin\phi_1}{\overline{CO}} = \frac{\sin\angle BCO}{\overline{BO}},$$

因此可得

$$\sin\phi_2 = \sin\angle BCO = \frac{\overline{BO}}{\overline{CO}}\sin\phi_1 = \frac{R+r}{R-r}\sin\phi_1 = \sin\phi.$$

因为全反射要求

$$\sin\phi_1 = \frac{R-r}{R+r}\sin\phi \geqslant \frac{n_2}{n_1},$$

即

$$\sin\phi \geqslant \frac{n_2}{n_1}\frac{R+r}{R-r},$$

所以弯曲光纤的数值孔径为

$$NA = n\sin\theta_{0\mathrm{M}} = \sqrt{n_1^2 - n_2^2\left(\frac{R+r}{R-r}\right)^2},$$

即光纤弯曲后的数值孔径变小.

4.10.2 变折射率介质中的光线传播和梯度折射率光纤

1. 变折射率介质中的光线传播

炎炎烈日下, 如果马路上没有遮挡视线的物体, 你会看到前面水汪汪一片, 还会呈现出周围楼房和树木的倒影. 但是当你走到近前时, 却会发现地面是干燥的. 生活在海边的人, 有时可以看到飘浮在天空中的城市, 街道和行人隐约可见, 这种现象称为海市蜃楼. 这些自然现象源于空气的折射率随高度增大而变化, 使得光在变折射率介质中传播时发生弯曲, 但是人们判断所见物体的位置时, 总是认为光是沿直线传播的, 所以会产生上面提到的幻觉.

下面我们分析非均匀介质中的光线传播, 首先讨论折射率在一维连续变化的情况, 即折射率分层均匀的情况.

如图 4.57 所示, 设介质的折射率在 (x,z) 平面上均匀分布且不变, 沿 y 轴连续变化. 沿 y轴将介质分成 N 层等厚薄膜, N 趋于无穷大, 则每层薄膜的厚度趋于零, 因此可认为每层薄膜的折射率均匀分布且不变, 光在每层薄膜中沿直线传播. 光以入射角 θ_0 从 n_0 介质入射到非均匀介质, 根据折射定律可得

$$n_0\sin\theta_0 = n(y_1)\sin\theta_1 = n(y_2)\sin\theta_2 = \cdots = n(y_m)\sin\theta_m = \cdots.$$

因为每层薄膜的厚度趋于零, 即 y 是连续变化的, 所以

$$n(y)\sin\theta(y) = n_0\sin\theta_0.$$

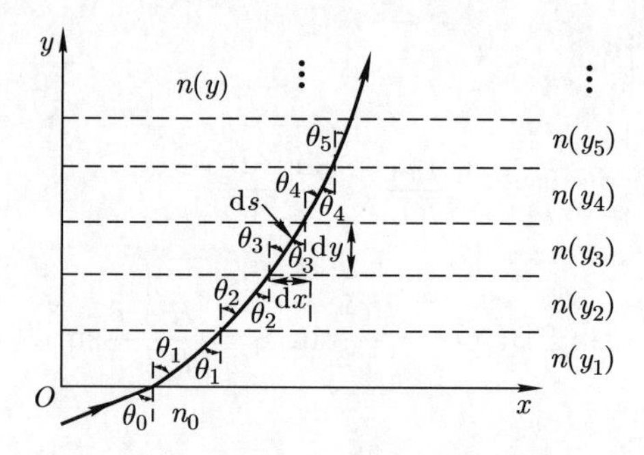

图 4.57 非均匀介质中的光线传播

由图 4.57 可知

$$\sin\theta(y)=\frac{\mathrm{d}x}{\mathrm{d}s}=\frac{\mathrm{d}x}{\sqrt{(\mathrm{d}x)^2+(\mathrm{d}y)^2}},$$

将上式代入折射定律公式, 可得

$$\left(\frac{\mathrm{d}y}{\mathrm{d}x}\right)^2=\frac{n^2(y)}{n_0^2\sin^2\theta_0}-1. \tag{4.41}$$

这便是在折射率沿 y 轴连续变化 (在 (x,z) 平面上均匀分布且不变) 的介质中的光线方程. 我们可根据变折射率函数 $n(y)$ 和边界条件, 由光线方程求得光在非均匀介质中的传播轨迹. 光线方程还有其他表述形式, 将 (4.41) 式对 x 求导, 可将它从一阶非线性微分方程转变为二阶微分方程:

$$\frac{\mathrm{d}^2y}{\mathrm{d}x^2}=\frac{1}{2n_0^2\sin^2\theta_0}\frac{\mathrm{d}n^2}{\mathrm{d}y}. \tag{4.42}$$

这也是常用的光线方程的表述形式.

接下来讨论在三维非均匀介质中光线的微分方程. 根据费马原理可知, 光的传播轨迹应该满足

$$\delta\int_P^Q n(x,y,z)\mathrm{d}s=0. \tag{4.43}$$

光由空间内的 P 点传播到 Q 点, 折射率 $n(x,y,z)$ 是三维空间函数, 其中, $\mathrm{d}s$ 为

$$\mathrm{d}s=\sqrt{(\mathrm{d}x)^2+(\mathrm{d}y)^2+(\mathrm{d}z)^2}=\sqrt{1+\left(\frac{\mathrm{d}y}{\mathrm{d}x}\right)^2+\left(\frac{\mathrm{d}z}{\mathrm{d}x}\right)^2}\mathrm{d}x=\sqrt{1+\dot{y}^2+\dot{z}^2}\mathrm{d}x,$$

这里,

$$\dot{y}=\frac{\mathrm{d}y}{\mathrm{d}x},\quad \dot{z}=\frac{\mathrm{d}z}{\mathrm{d}x}.$$

将 $\mathrm{d}s$ 的表达式代入 (4.43) 式, 可得

$$\delta\int_P^Q n(x,y,z)\sqrt{1+\dot{y}^2+\dot{z}^2}\mathrm{d}x=0. \tag{4.44}$$

定义光学拉格朗日函数:

$$L(y,z,\dot{y},\dot{z};x)=n(x,y,z)\sqrt{1+\dot{y}^2+\dot{z}^2},$$

则 (4.44) 式可写为

$$\delta\int_P^Q L(y,z,\dot{y},\dot{z};x)\mathrm{d}x=0.$$

该式称为光学哈密顿 (Hamilton) 原理, 模仿经典力学的处理方法, 假设 y,z 为广义坐标, $\dot{y},\dot{z}$ 为广义速度. 根据欧拉 (Euler) 公式可以得到光学拉格朗日方程:

$$\begin{cases}\dfrac{\mathrm{d}}{\mathrm{d}x}\left(\dfrac{\partial L}{\partial \dot{y}}\right)-\dfrac{\partial L}{\partial y}=0,\\ \dfrac{\mathrm{d}}{\mathrm{d}x}\left(\dfrac{\partial L}{\partial \dot{z}}\right)-\dfrac{\partial L}{\partial z}=0.\end{cases}$$

因为

$$\mathrm{d}s=\sqrt{1+\dot{y}^2+\dot{z}^2}\mathrm{d}x,$$

所以

$$\mathrm{d}x=\frac{\mathrm{d}s}{\sqrt{1+\dot{y}^2+\dot{z}^2}}.$$

将之代入光学拉格朗日方程的第一式, 可得

$$\sqrt{1+\dot{y}^2+\dot{z}^2}\frac{\mathrm{d}}{\mathrm{d}s}\left(\frac{n\dfrac{\mathrm{d}y}{\mathrm{d}x}}{\sqrt{1+\dot{y}^2+\dot{z}^2}}\right)-\sqrt{1+\dot{y}^2+\dot{z}^2}\frac{\partial n}{\partial y}=0,$$

即

$$\frac{\mathrm{d}}{\mathrm{d}s}\left(\frac{n\dfrac{\mathrm{d}y}{\mathrm{d}x}}{\sqrt{1+\dot{y}^2+\dot{z}^2}}\right)-\frac{\partial n}{\partial y}=0,$$

因此可得

$$\frac{\mathrm{d}}{\mathrm{d}s}\left(n\frac{\mathrm{d}y}{\mathrm{d}s}\right)-\frac{\partial n}{\partial y}=0.$$

因为坐标 x,y,z 是具有相同地位的独立变量, 所以

$$\begin{cases}\dfrac{\mathrm{d}}{\mathrm{d}s}\left(n\dfrac{\mathrm{d}x}{\mathrm{d}s}\right)-\dfrac{\partial n}{\partial x}=0,\\ \dfrac{\mathrm{d}}{\mathrm{d}s}\left(n\dfrac{\mathrm{d}y}{\mathrm{d}s}\right)-\dfrac{\partial n}{\partial y}=0,\\ \dfrac{\mathrm{d}}{\mathrm{d}s}\left(n\dfrac{\mathrm{d}z}{\mathrm{d}s}\right)-\dfrac{\partial n}{\partial z}=0.\end{cases}$$

引入位置矢量: $\boldsymbol{r}=x\boldsymbol{i}+y\boldsymbol{j}+z\boldsymbol{k}$, 将上面的方程组写成矢量方程:

$$\frac{\mathrm{d}}{\mathrm{d}s}\left(n\frac{\mathrm{d}\boldsymbol{r}}{\mathrm{d}s}\right)-\nabla n=0. \tag{4.45}$$

如果光的传播始终和 x 轴成傍轴关系, 则 $\mathrm{d}x \approx \mathrm{d}s$, (4.45) 式可近似为

$$\frac{\mathrm{d}}{\mathrm{d}x}\left(n\frac{\mathrm{d}\boldsymbol{r}}{\mathrm{d}x}\right) - \nabla n = 0. \tag{4.46}$$

2. 梯度折射率光纤

(1) 梯度折射率光纤中的光线径迹.

如图 4.58 所示, 入射光线或其延长线与光纤对称中心轴相交. 梯度折射率光纤的折射率随 r 的变化关系为

$$n(r) = n_0\left(1 - \frac{1}{2}ar^2\right).$$

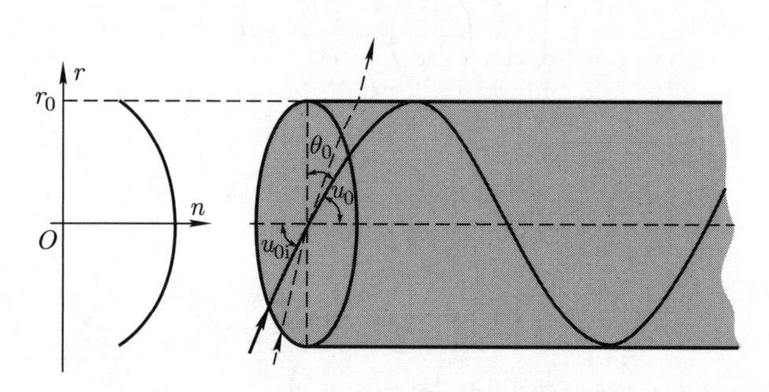

图 4.58 梯度折射率光纤

当折射率函数为慢变函数, 即 $ar^2 \ll 1$ 时,

$$n^2(r) = n_0^2\left(1 - \frac{1}{2}ar^2\right)^2 \approx n_0^2(1 - ar^2),$$

将之代入 (4.42) 式, 可得

$$\frac{\mathrm{d}^2 r}{\mathrm{d}x^2} = -\frac{a}{\sin^2\theta_0}r,$$

其解为简谐函数:

$$r(x) = C\cos\left(\frac{\sqrt{a}}{\sin\theta_0}x + \phi_0\right),$$

其中, C 和 ϕ_0 由边界条件 (光线入射点的位置和折射角) 确定.

简谐函数的周期为

$$L = \frac{2\pi\sin\theta_0}{\sqrt{a}} = \frac{2\pi\cos u_0}{\sqrt{a}}.$$

对于大倾角入射的光线, 其周期短; 对于小倾角入射的光线, 其周期长. 在傍轴条件下, $\cos u_0 \approx 1$, 则简谐函数的周期为一常量:

$$L_0 = \frac{2\pi}{\sqrt{a}},$$

即光轴上一点发出的傍轴光线经同一周期 L_0 后又会聚于光轴上一点.

(2) 梯度折射率光纤的数值孔径.

由图 4.58 可知, 当光线在光纤输入端面处的入射角 $u_{0\mathrm{i}}$ 过大时, 光线会从光纤中逃逸, 增加损耗, 使得光线无法长距离传输, 所以要求入射角必须在一定范围内.

设光线从折射率为 n_0 的介质入射到光纤输入端面中心, 根据折射定律可知, 光线在光纤输入端面处的折射满足 $n_0 \sin u_{0\mathrm{i}} = n(0) \sin u_0$. 光线在光纤中传播时, 满足

$$n(r) \sin\left[\frac{\pi}{2} - u(r)\right] = n(0) \sin\left(\frac{\pi}{2} - u_0\right).$$

将上式代入光纤输入端面处的折射定律公式, 可得

$$n_0 \sin u_{0\mathrm{i}} = \sqrt{n^2(0) - n^2(0)\cos^2 u_0} = \sqrt{n^2(0) - n^2(r)\cos^2 u(r)}.$$

要使光线不发生逃逸, 必须要求当 $u(r) = 0$ 时, $r \leqslant r_0$, 所以

$$n_0 \sin u_{0\mathrm{i}} \leqslant \sqrt{n^2(0) - n^2(r_0)},$$

即梯度折射率光纤的数值孔径为

$$NA = \sqrt{n^2(0) - n^2(r_0)}. \tag{4.47}$$

本 章 小 结

本章首先介绍了惠更斯原理和费马原理. 利用费马原理分析了几何光学成像, 并推导出傍轴条件下单折射球面的物像公式. 由单折射球面成像推广到多折射球面成像, 如薄透镜和光具组成像. 讲解了复杂理想光具组成像的处理方法, 即利用基点、基面将其等效于薄透镜; 利用 ABCD 矩阵描述了光线的变换. 介绍了常见的几何光学仪器及其光学原理. 说明了几何像差的种类、产因和矫正方法. 最后讲述了变折射率介质中光线的传播方程, 并介绍了光纤导波原理.

习 题

1. 光在高速运动的镜子上反射, 设在地面参考系观察, 光相对于镜子的入射角为 θ_i, 镜子沿其法向运动, 速度为 v, 如习题 1 图所示. 求反射角和入射角之间的关系.

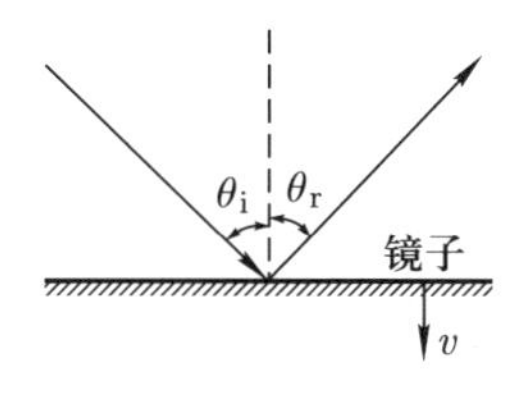

习题 1 图

2. 设空间内存在两点 P 和 Q, 请给出这两点的三种反射等光程面.

3. 如习题 3 图所示, 一宽平行光线正入射到一平凸透镜, 要求其透射光线严格聚焦于 F 点, 设 F 点到凸面的顶点 O' 的距离为 r_0. 试问 Σ 应该是何形状?

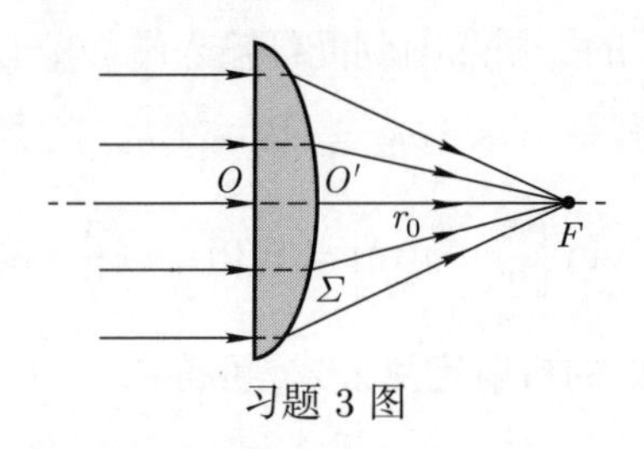

习题 3 图

4. 如习题 4 图所示的透镜由 Σ_1 和 Σ_2 两个折射面组成, Σ_1 为球面, 其曲率半径为 R, 球心为 O 点, 透镜的厚度 (光轴方向的厚度) 为 d, 透镜的折射率为 n, 透镜置于空气中, 空气的折射率为 1. 一束会聚球面光, 其会聚点为 O 点, 要求此会聚球面光经透镜折射后变成严格平行于光轴的平行光, 试根据费马原理, 推导 Σ_2 折射面满足的方程.

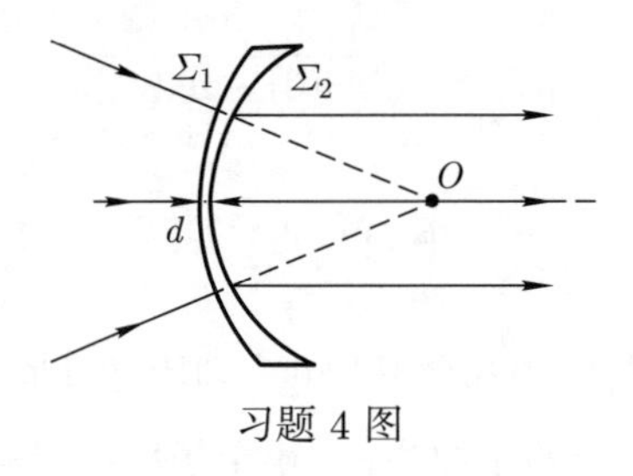

习题 4 图

5. 如习题 5 图所示成像系统, 物方折射率为 n, 像方折射率为 n', 透镜的折射率为 $n_{\rm g}$. 写出图中各情形的等光程性关系式.

6. 一薄透镜由两个折射球面组成, 前一个折射球面的曲率半径为 r_1, 后一个折射球面的曲率半径为 r_2, 透镜的折射率为 $n_{\rm L} = 1.5$. 在空气中 (空气的折射率为 $n_{\rm a} = 1.0$) 使用该透镜成像, 当测得物距为 20.0 cm 时, 像距为 20.0 cm. 如果将后一个折射球面浸入水中 (水的折射率为 $n_{\rm w} = 1.3$), 物方仍然是空气, 物距保持 20.0 cm 不变, 此时测得的像距为 –26.0 cm. 求:

(1) 薄透镜在空气中的物方和像方焦距.

(2) 薄透镜的两个折射球面的曲率半径 r_1 和 r_2.

7. 有两个薄透镜 $\rm L_1$ 和 $\rm L_2$, 它们在空气中的焦距分别为 f_1 和 f_2, 用这两个薄透镜按下列要求组成光学系统:

(1) 两个薄透镜的间距不变, 物距任意变化, 而横向放大率不变, 问两个薄透镜如何摆放? 此时的横向放大率是多大?

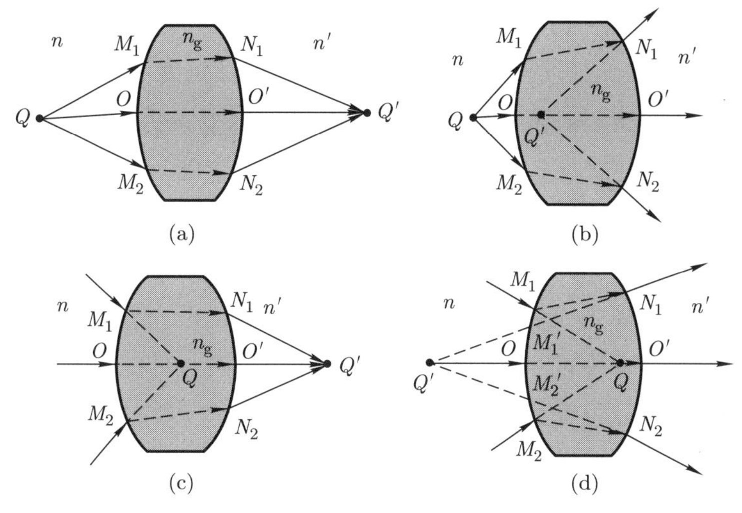

习题 5 图

(2) 物距不变, 两个薄透镜的间距任意变化, 而横向放大率不变, 问物点位于何处? 此时的横向放大率是多大?

8. 一个光具组由两个共轴的正薄透镜组成, 要求物点沿光轴做匀速直线运动, 像点也沿光轴做匀速直线运动, 并且其运动速度等于物点运动速度的 4 倍, 它们的运动方向相同. 已知第一个薄透镜的焦距为 $f_1 = 10$ cm, 求:

(1) 第二个薄透镜的焦距.

(2) 成像的横向放大率.

9. 物体对一个薄透镜成一个实像, 横向放大率为 $V = -1$, 若以另一个薄透镜紧贴在第一个薄透镜上, 则像向薄透镜方向移动 20 mm, 横向放大率变为原来的 3/4, 求两个薄透镜的焦距. 设像方和物方均为空气.

10. 一个厚度为 15 mm 的平凸透镜放在报纸上, 当平面朝上时, 报纸上文字的虚像在平面下 10 mm 处, 当凸面朝上时, 像的横向放大率为 $V = 3$, 求平凸透镜凸面的曲率半径.

11. 设一光学系统位于空气中, 物面和像面之间的距离为 7200 mm, 横向放大率为 $V = -10$, 系统两焦点之间的距离为 1140 mm. 求该光学系统的焦距和两主点之间的距离, 并绘出基点和基面.

12. 一个焦距为 100 mm 的薄透镜和另一个焦距为 50 mm 的薄透镜共轴组合, 组合透镜的焦距为 100 mm, 求:

(1) 两个薄透镜的相对位置.

(2) 组合透镜的焦点和主点位置.

13. 一平行窄光束入射到一个半径为 30 mm、折射率为 1.5 的玻璃球上, 求:

(1) 经过玻璃球折射后的像点位置, 并说明是实像还是虚像.

(2) 如果在第二个折射面镀上反射膜, 求像点位置, 并说明是实像还是虚像.

(3) 在第 (2) 问的情况下, 写出光学系统的 ABCD 矩阵.

14. 一厚透镜位于空气中, 透镜的折射率为 $n = 1.6$, 透镜前后球面的曲率半径分别为 $r_1 = 120$ mm, $r_2 = -320$ mm, 厚度为 $d = 30$ mm. 求:

(1) 厚透镜的 ABCD 矩阵.

(2) 厚透镜的主面位置.

(3) 厚透镜的焦点位置.

15. 如习题 15 图所示, 两个主面之间的距离为 $2a$, 焦距 $f = f' = \dfrac{3}{2}a$.

(1) 画出物成的像.

(2) 求两主面之间的 ABCD 矩阵.

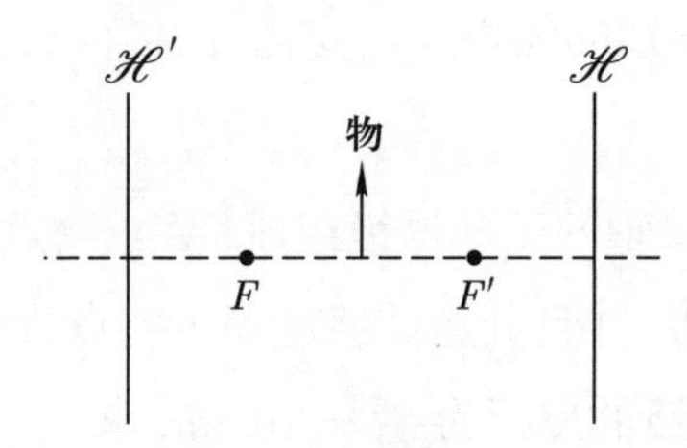

习题 15 图

16. 习题 16 图给出了光学系统的主面和焦点的位置.

(1) 用作图法画出图中光线的共轭光线.

(2) 用作图法求图中光具组的节点 (即角放大率等于 1 的一对共轭点), 如果 $H'H = a$, 物方焦距为 $f = 3a$, 像方焦距为 $f' = 2a$, 请计算节点的位置 (a 为已知量).

(3) 已知 $H'H = a$, 物方焦距为 $f = 3a$, 像方焦距为 $f' = 2a$, 请给出物方和像方主面之间的 ABCD 矩阵.

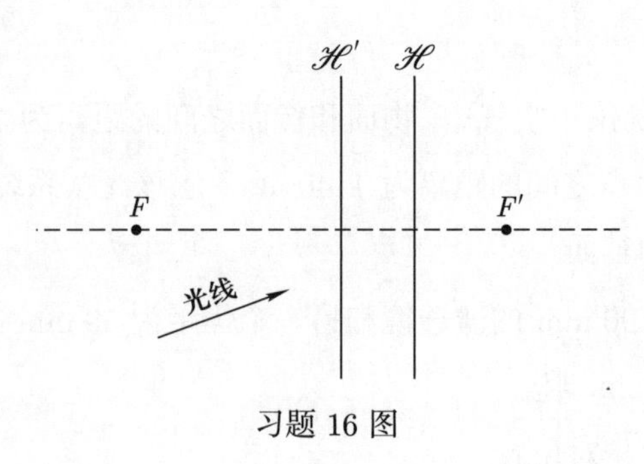

习题 16 图

17. 薄透镜的物方焦距为 $2a$, 像方焦距为 a. 已知像方介质为空气, 折射率为 1.

(1) 求物方折射率.

(2) 试给出此种情况下薄透镜的 ABCD 矩阵.

(3) 求薄透镜的节点位置.

18. 有一个光具组的 ABCD 矩阵为

$$M=\begin{bmatrix}A & B\\ C & D\end{bmatrix}.$$

(1) 求光具组的主面位置.

(2) 求光具组的节点位置.

(3) 已知物方介质为空气, 折射率为 1, 求像方折射率.

19. 请计算望远镜系统的 ABCD 矩阵, 设物镜的焦距为 f_{o}, 目镜的焦距为 f_{e}, 并且物镜和目镜可以看成薄透镜.

20. 现有一个折射率为 1.5、长度为 45.0 cm 的玻璃棒, 将玻璃棒两端磨成球面, 玻璃棒的中心轴长不变, 制成开普勒望远镜, 要求使用该望远镜观看远方的物体时, 视角可以放大 15 倍. 求玻璃棒两端的曲率半径.

21. 反射式拍摄远方景物的镜头由两个反射球面组成, 如习题 21 图所示. 主镜的曲率半径为 3.0 m, 副镜的曲率半径为 0.9 m, 主镜顶点和副镜顶点相距 1.2 m.

(1) 请给出镜头的 ABCD 矩阵.

(2) 镜头的等效焦距为多大?

(3) 如果使用这个镜头拍摄夜空的星星, 胶片应该放在距离副镜多远的地方?

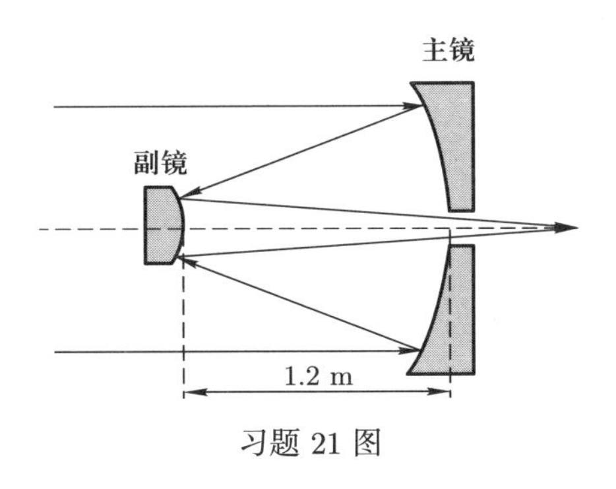

习题 21 图

22. 设有两个焦距为 20 mm 的凸透镜, 用它们组成一台复式显微镜, 如果样品到物镜的距离为 22 mm, 要求观察者尽可能长时间观察, 而人眼不太疲劳. 求:

(1) 两个凸透镜之间的距离应该为多大?

(2) 该显微镜的放大倍数为多大?

23. 已知相机镜头的焦距为 5.0 cm, 镜头的通光孔直径为 2.0 cm, 被拍摄物体距离相机 3.0 m, 所用记录胶卷的分辨率为 100 线/mm. 求此时的相机拍摄景深.

24. 防盗门上的猫眼能使室内的人大视场地观察室外的情况, 而室外的人无法看清室内的情况. 猫眼由两个共轴的薄透镜组成, 外侧透镜的焦距为 f_1, 内侧透镜的焦距为 f_2. 两个薄透镜之间的距离为 $l = 5$ cm, 要求室内的人通过猫眼观察室外距外侧透镜 100 cm 处的人时, 最终成像于距内侧透镜 25 cm 处, 像位于防盗门外; 室外的人通过猫眼观察室内距内侧透镜 100 cm 处的人时, 最终成像于两个薄透镜的中心位置, 即距观察者的眼睛 2.5 cm, 超出人眼可观察的范围, 使得室外的人无法看清室内的人.

(1) 根据上面的参数, 求猫眼的两个薄透镜的焦距.

(2) 设光线从室外向室内传播, 请给出猫眼的 ABCD 矩阵 (如果第 (1) 问没有求出, 可以使用 f_1, f_2 和 l 来表示).

(3) 设光线从室外向室内传播, 求猫眼的主面位置 (即求出物方主面到外侧透镜的距离, 像方主面到内侧透镜的距离).

(4) 求猫眼的节点位置.

(5) 求猫眼的等效焦距.

25. 如习题 25 图所示, 玻璃板的厚度为 h, 折射率为 n, 物点位于玻璃板下侧, 到玻璃板下表面的距离为 a, 在玻璃板上方大视角观察物点的像. 求平面折射成像的球差 L_{SA}.

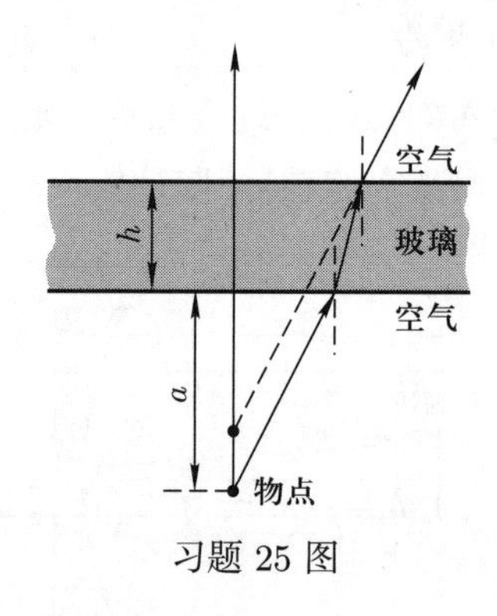

习题 25 图

26. 在可见光波段, 玻璃的色散关系遵循柯西 (Cauchy) 公式: $n = A + B/\lambda^2$, 其中, A 和 B 为常量. 有两种玻璃, 它们的 A 和 B 分别为 A_1, B_1 和 A_2, B_2, 如果使用这两种玻璃制备一个消色像差的复合透镜, 要求复合透镜的焦距为 f, 求这两种玻璃制备的单透镜的焦距分别为多大?

27. 在烈日炎炎下的马路上方可以观察到沙漠绿洲的现象, 即远方的路面上出现水汪汪的一片. 已知空气的折射率 n 和高度 y 之间的函数关系可以表示成 $n(y) = n_0(1 + \beta y)$, $\beta = 1.5 \times 10^{-6}$/m, 设人眼到地面的高度为 1.75 m, 求:

(1) 能够看到的沙漠绿洲的最近距离是多大?

(2) 此人感觉沙漠绿洲到自己的最近距离是多大?

28. 使用焦距为 10 cm 的薄透镜, 将直径为 6 cm 的平行光束耦合到阶跃型折射率光纤中, 光纤内芯的折射率为 $n_1 = 1.46$, 直径为 0.1 mm, 光纤包层的折射率为 $n_2 = 1.40$.

(1) 光纤平直时, 求光从光纤出射的角度.

(2) 光纤弯曲时, 出射光的角度怎么变化? 求出射角变小时的光纤弯曲的最大曲率半径.

第五章 光波干涉

干涉是波的共性，光是电磁波，自然具有干涉现象. 第一次明确提出光波干涉的是托马斯·杨，1801 年，他最先用双缝演示了光的干涉现象，并成功测量了不同颜色光的波长，他还用干涉原理解释了白光照射下薄膜呈现的彩色条纹. 托马斯·杨的实验是光学发展的转折点，它动摇了光的粒子学说，最终让人们认识到光的波动性. 目前，光波干涉在诸如精密测量、传感和光学薄膜等领域得到广泛应用. 现在物理学界最热门的话题之一是 2016 年观察到了引力波的存在，引力波的探测就基于光波干涉 (Phys. Rev. Lett., 2016, 116: 061102). 本章按以下几个方面介绍光波干涉：光波的叠加和干涉、分波前干涉 —— 杨氏干涉及其他分波前干涉装置、空间相干性、分振幅干涉 —— 薄膜干涉、迈克耳孙干涉仪和马赫 - 曾德尔 (Mach–Zehnder) 干涉仪、时间相干性、多光束干涉和多层介质光学膜等.

5.1 光波的叠加和干涉

5.1.1 光波的独立传播原理

第一列光波单独存在时在空间中的 P 点的振动为 $\boldsymbol{U}_1(P,t)$，第二列光波单独存在时在空间中的 P 点的振动为 $\boldsymbol{U}_2(P,t)$. 则当这两列光波同时存在时，在空间中的 P 点的振动为

$$\boldsymbol{U}(P,t)=\boldsymbol{U}_1(P,t)+\boldsymbol{U}_2(P,t). \tag{5.1}$$

由于光波是矢量波，因此 (5.1) 式是矢量相加. 这表明，第一列光波的存在不影响第二列光波的传播行为，同样，第二列光波的存在也不影响第一列光波的传播行为，即它们是彼此独立的. (5.1) 式称为光波的独立传播原理，又称为光波的叠加原理.

光波的叠加原理适用于光强较弱的情况，此时，光与介质的相互作用近似是线性的，我们平时所见的自然界中的光学现象多属于这种情况. 光强较强时，光与介质的相互作用呈现明显的非线性效应，例如，和频、差频等，此时，光波的叠加原理不再适用.

光强是平均电磁能流密度，即 $I=\dfrac{1}{T}\displaystyle\int_0^T|\boldsymbol{U}|^2\mathrm{d}t=\langle|\boldsymbol{U}|^2\rangle$，其中，$T$ 为光波的振动周期. 由光波的叠加原理可得，第一列光波和第二列光波在叠加区的光强为

$$I(P)=\langle|\boldsymbol{U}_1+\boldsymbol{U}_2|^2\rangle=\langle|\boldsymbol{U}_1|^2\rangle+\langle|\boldsymbol{U}_2|^2\rangle+2\langle\boldsymbol{U}_1\cdot\boldsymbol{U}_2\rangle, \tag{5.2}$$

其中, $\langle|\boldsymbol{U}_1|^2\rangle = I_1(P)$ 为第一列光波单独存在时 P 点的光强, $\langle|\boldsymbol{U}_2|^2\rangle = I_2(P)$ 为第二列光波单独存在时 P 点的光强, $2\langle\boldsymbol{U}_1\cdot\boldsymbol{U}_2\rangle = \Delta I(P)$ 为这两列光波同时存在时的干涉项. (5.2) 式可以写成

$$I(P) = I_1(P) + I_2(P) + \Delta I(P). \tag{5.3}$$

当 $\Delta I(P) \equiv 0$ 时, $I(P) = I_1(P) + I_2(P)$, 这种情况属于非相干叠加. 均匀照明的 I_1 和 I_2 的叠加只是使得叠加区更明亮, 如图 5.1 (a) 所示.

当 $\Delta I(P)$ 不恒等于零时, 叠加区出现亮暗相间的条纹, $\Delta I(P)$ 是空间函数, 使得光强在空间有一定的分布, 如图 5.1 (b) 所示, 这种情况属于相干叠加.

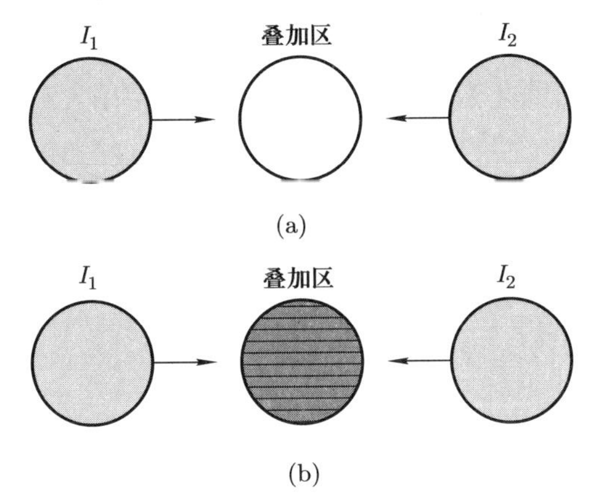

图 5.1 光波的叠加, (a) 非相干叠加, (b) 相干叠加

5.1.2 稳定干涉条件

(1) 两列光波的振动方向一致, 或者振动有方向一致的平行分量, 是获得干涉条纹的必要条件之一. 如果两列光波的振动方向正交, 则必然无干涉条纹.

如图 5.2 所示, 当 $\boldsymbol{U}_1\perp\boldsymbol{U}_2$ 时, 由矢量叠加的性质可得

$$|\boldsymbol{U}|^2 = |\boldsymbol{U}_1|^2 + |\boldsymbol{U}_2|^2.$$

将上式等号两边分别对时间求平均, 可得

$$\langle|\boldsymbol{U}|^2\rangle = \langle|\boldsymbol{U}_1|^2\rangle + \langle|\boldsymbol{U}_2|^2\rangle,$$

即

$$I(P) = I_1(P) + I_2(P).$$

对于振动方向正交的两列光波的叠加, 叠加区的光强为参与叠加的两列光波单独存在时的光强的线性和, 无干涉图样.

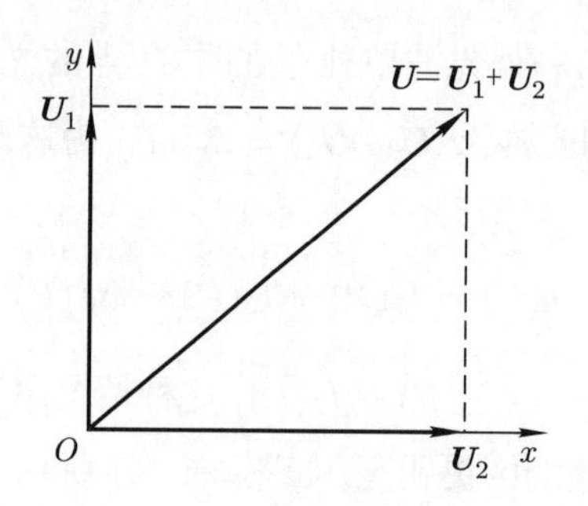

图 5.2 光波振动的矢量叠加

振动方向上的一致性这一条件适用于矢量波, 光波是矢量波, 且是横波. 在下面所讨论的问题中, 认为光波已经满足了这一条件, 参与叠加的各列光波具有相同的振动方向, 这样, 矢量叠加可简化为标量和, 所以之后不再使用矢量符号 $\boldsymbol{U}_1$ 和 $\boldsymbol{U}_2$, 而是改用标量符号 U_1 和 U_2.

(2) 频率相同是相干叠加的必要条件之一. 若两列光波的频率不同, 则必然是非相干叠加. 这一条件适用于任何种类的波.

例如, 有两列光波:

$$U_1(P,t) = A_1\cos[\omega_1 t - \phi_1(P)], \quad U_2(P,t) = A_2\cos[\omega_2 t - \phi_2(P)],$$

它们的干涉项为

$$\begin{aligned}\Delta I(P) &= 2\langle U_1 U_2\rangle = \langle 2A_1A_2\cos[\omega_1 t - \phi_1(P)]\cos[\omega_2 t - \phi_2(P)]\rangle \\ &= A_1A_2\langle\cos[(\omega_1+\omega_2)t - (\phi_1+\phi_2)]\rangle + A_1A_2\langle\cos[(\omega_1-\omega_2)t - (\phi_1-\phi_2)]\rangle,\end{aligned}$$

其中, $\langle\cos[(\omega_1+\omega_2)t - (\phi_1+\phi_2)]\rangle \equiv 0$, $\langle\cos[(\omega_1-\omega_2)t - (\phi_1-\phi_2)]\rangle$ 是否恒为零要看两列光波的振动频率之间的关系.

如果 $\omega_1 \neq \omega_2$, 则 $\langle\cos[(\omega_1-\omega_2)t - (\phi_1-\phi_2)]\rangle = 0$, 此时, 两列光波的叠加光强为

$$I(P) = I_1(P) + I_2(P),$$

即为非相干叠加.

如果 $\omega_1 = \omega_2$, 则 $\Delta I(P) = A_1A_2\langle\cos(\phi_1-\phi_2)\rangle = 2\sqrt{I_1I_2}\langle\cos\delta(P)\rangle$ (其中, $\delta(P) = \phi_1 - \phi_2$) 可以不为零, 此时, 两列光波的叠加光强为

$$I(P) = I_1(P) + I_2(P) + 2\sqrt{I_1I_2}\langle\cos\delta(P)\rangle. \tag{5.4}$$

(5.4) 式是否代表相干叠加取决于两列光波的相位差 $\delta(P)$ 是否对时间稳定.

(3) 只有具有稳定的相位差, 两列光波叠加时才能获得稳定的干涉图样. 对于宏观波源发出的波, 例如, 机械波, 获得稳定的相位差不是大问题, 但是对于光波, 需要认真考虑这个问题.

如图 5.3 所示, S_1 发出的光波 U_1 经光具组 1 到达 P 点时的相位为

$$\phi_1(P) = -\phi_{10}(t) + \frac{2\pi}{\lambda} L_{S_1P},$$

S_2 发出的光波 U_2 经光具组 2 到达 P 点时的相位为

$$\phi_2(P) = -\phi_{20}(t) + \frac{2\pi}{\lambda} L_{S_2P}.$$

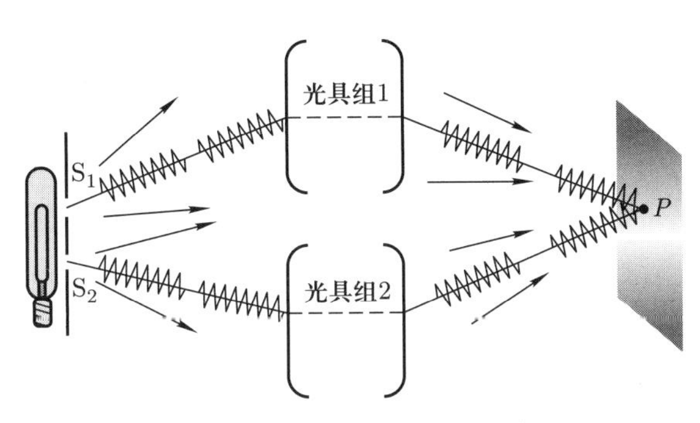

图 5.3 两列光波叠加时的相位差

它们的相位都由两部分组成: 一是发光的初始相位 $\phi_{10}(t)$ 和 $\phi_{20}(t)$, 二是从发光点到达 P 点的光程产生的相位落后 $\frac{2\pi}{\lambda}L_{S_1P}$ 和 $\frac{2\pi}{\lambda}L_{S_2P}$. 因为在定态波的复数描述中, 时间相位项取负号, 即为 $e^{-i\omega t}$, 所以相位落后为正值, 见 2.3.2 小节, 故光程产生的相位落后为正值.

两列光波的相位差为

$$\delta(P) = \phi_1(P) - \phi_2(P) = \frac{2\pi}{\lambda}(L_{S_1P} - L_{S_2P}) - [\phi_{10}(t) - \phi_{20}(t)]. \tag{5.5}$$

(5.5) 式的第一项取决于两者的光程差, 一旦光路给定, 光程差就确定了, 所以它对时间稳定; 第二项取决于发光的初始相位, 它是否对时间稳定要看光源的发光性质. 我们生活中常见光源的发光都是自发辐射. 自发辐射发光是间歇性的, 相位、偏振方向都是随机的, 每列光波的持续时间约为 10^{-8} s. 所以两个独立的普通光源发出的光波的相位差的稳定时间约为 10^{-8} s, 而人眼对时间的分辨约为 0.1 s, 即在人眼视觉暂留时间内干涉条纹的空间分布变化了约 10^7 次, 我们看到的两列光波的叠加区的光强是约 10^7 次变化的平均结果, 所以是均匀照明, 即非相干叠加. 注意: 干涉条纹是否稳定还取决于观测仪器的时间分辨率, 例如, 我们用眼睛观察时, 要求干涉条纹的稳定时间超过 0.1 s; 普通相机的快门时间约为 1 ms, 所以使用相机观察时, 要求干涉条纹的稳定时间超过 1 ms; 对于超快光开关, 例如, 克尔或泡克耳斯 (Pockels) 开关, 时间响应可达到 $10^{-9} \sim 10^{-8}$ s, 使用它们观察时, 要求干涉条纹的稳定时间为 $10^{-9} \sim 10^{-8}$ s.

怎样利用普通光源获得对于人眼稳定的干涉? 方法如图 5.4 所示, 使普通光源上同一点同一次发出的同一列光波经过光学系统 0 一分为二, 然后使它们分别经过光学系统 1 和 2, 再让它们叠加. 由于参与叠加的两列光波实际上是来自同一发光原子的同一次发光, 因此它们具有相同的初始相位, 即 $\phi_{10}=\phi_{20}$, 于是 $\phi_{10}-\phi_{20}\equiv 0$, 这样, 在叠加区的相位差仅取决于两列光波所走的路程不同而产生的光程差, 即 $\delta(P)=\dfrac{2\pi}{\lambda}(L_{S_1P}-L_{S_2P})$, 光程差对时间稳定, 所以两列光波具有稳定的 $\delta(P)$, 叠加可以获得稳定的干涉图样. 如图 5.4 所示, 尽管光波列 $1,2,\cdots$ 的初始相位是随机的, 彼此非相干, 但是由它们分成的光波列 1_1 和 $1_2, 2_1$ 和 $2_2,\cdots$ 在叠加区的相位差的空间分布不变, 即干涉条纹的分布不变. 这样, 亮条纹和亮条纹叠加, 暗条纹和暗条纹叠加, 从而不改变干涉条纹的清晰度, 只是叠加区的亮度更高, 更利于观察. 此时, 在 (5.4) 式给出的两列光波的叠加光强中, $\langle\cos\delta(P)\rangle=\cos\delta(P)$, 所以叠加光强为

$$I(P)=I_1(P)+I_2(P)+2\sqrt{I_1I_2}\cos\delta(P). \tag{5.6}$$

(5.6) 式是两列光波相干叠加的光强公式.

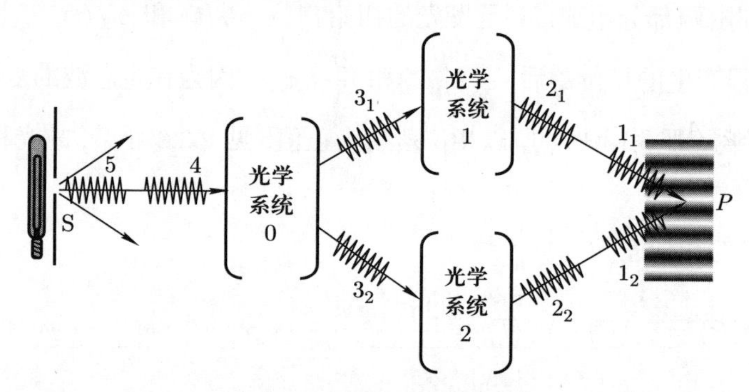

图 5.4　普通光源获得稳定干涉的方法

实现由普通光源获得稳定干涉的方法有两种: 分波前干涉和分振幅干涉. 5.2 节和 5.3 节会详细介绍这两种干涉.

5.1.3　干涉衬比度

由两列光波相干叠加的光强公式 (5.6) 可得:

当 $\delta(P)=2k\pi$ (k 为整数) 时, 干涉光强极大: $I_{\mathrm{M}}=I_1+I_2+2\sqrt{I_1I_2}$;

当 $\delta(P)=(2k+1)\pi$ (k 为整数) 时, 干涉光强极小: $I_{\mathrm{m}}=I_1+I_2-2\sqrt{I_1I_2}$.

定义干涉衬比度为

$$\gamma=\frac{I_{\mathrm{M}}-I_{\mathrm{m}}}{I_{\mathrm{M}}+I_{\mathrm{m}}}. \tag{5.7}$$

干涉衬比度的值在 0 和 1 之间, 当 $\gamma=1$ 时, 即 $I_{\mathrm{M}}\neq 0$, 而 $I_{\mathrm{m}}=0$, 此时, 干涉条纹最清晰. 当 $\gamma=0$ 时, 即 $I_{\mathrm{M}}=I_{\mathrm{m}}$, 此时, 叠加区为均匀光照明, 是非相干叠加. 利用干涉衬比度, 可将两列光波相干叠加的光强公式改写为

$$I=I_0[1+\gamma\cos\delta(P)], \tag{5.8}$$

其中, $I_0=I_1+I_2$.

下面介绍影响干涉衬比度的因素:

(1) 要获得比较大的干涉衬比度, 参与相干叠加的两列光波的振幅应尽量相等.

将两列光波相干叠加的光强极大值和极小值代入干涉衬比度的定义式 (5.7), 可以得到两列光波的干涉衬比度:

$$\gamma=\frac{2\sqrt{I_1I_2}}{I_1+I_2}.$$

因为 $I\propto A^2$, 所以

$$\gamma=\frac{2\dfrac{A_1}{A_2}}{1+\left(\dfrac{A_1}{A_2}\right)^2}=\frac{2\dfrac{A_2}{A_1}}{1+\left(\dfrac{A_2}{A_1}\right)^2}.$$

计算结果为: 当 $\dfrac{A_1}{A_2}=1$ 时, $\gamma=1$; 当 $\dfrac{A_1}{A_2}=3$ 时, $\gamma=0.6$; 当 $\dfrac{A_1}{A_2}=10$ 时, $\gamma\approx 0.2$; $\cdots$.

由此可知, 参与相干叠加的两列光波的振幅比较接近时, 干涉衬比度较大; 两列光波的振幅相差比较大时, 干涉衬比度较小. 所以, 要获得比较大的干涉衬比度, 要求两列光波的振幅尽量相等.

(2) 干涉衬比度和参与相干叠加的两列光波的传播方向之间的夹角有关.

如图 5.5 所示, 设参与相干叠加的两自然光为光强相等的相干光, 即 $I_1=I_2=I$, 它们的传播方向之间的夹角为 α (α 为锐角). 自然光可以分解成 s 光和 p 光, 即 $I_{1\mathrm{s}}=I_{2\mathrm{s}}=I_{1\mathrm{p}}=I_{2\mathrm{p}}=\dfrac{1}{2}I$. s 光和 p 光的振动方向垂直, 所以 $\boldsymbol{U}_{1\mathrm{s}}$ 和 $\boldsymbol{U}_{2\mathrm{p}}$, $\boldsymbol{U}_{2\mathrm{s}}$ 和 $\boldsymbol{U}_{1\mathrm{p}}$ 之间为非相干叠加, 因此干涉可以分为 s 光和 s 光的干涉、p 光和 p 光的干涉.

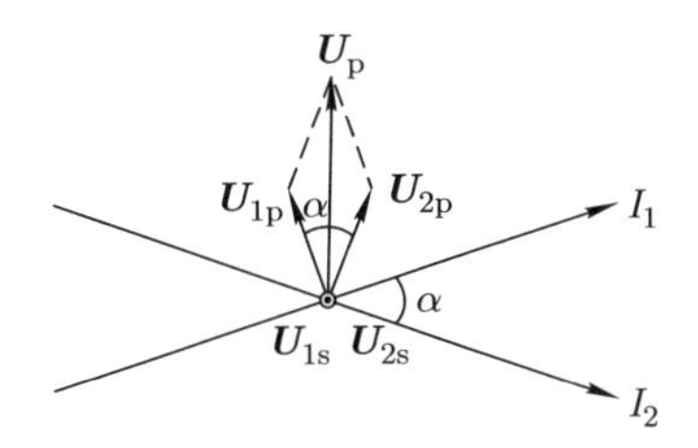

图 5.5 两自然光的干涉衬比度与其传播方向的夹角之间的关系

$\boldsymbol{U}_{1\mathrm{s}}$ 和 $\boldsymbol{U}_{2\mathrm{s}}$ 的振动方向相同, 它们的干涉比较简单, 由 (5.6) 式可得

$$\begin{cases} I_{\mathrm{Ms}} = 2I, \\ I_{\mathrm{ms}} = 0. \end{cases} \tag{5.9}$$

$\boldsymbol{U}_{1\mathrm{p}}$ 和 $\boldsymbol{U}_{2\mathrm{p}}$ 之间的夹角为 α, 根据矢量叠加的性质可得

$$\boldsymbol{U}_{\mathrm{p}}^2 = \boldsymbol{U}_{1\mathrm{p}}^2 + \boldsymbol{U}_{2\mathrm{p}}^2 + 2U_{1\mathrm{p}}U_{2\mathrm{p}}\cos\alpha,$$

将上式等号两边分别对时间求平均可得

$$I_{\mathrm{p}} = I_{1\mathrm{p}} + I_{2\mathrm{p}} + 2\sqrt{I_{1\mathrm{p}}I_{2\mathrm{p}}}\cos\delta(P)\cos\alpha,$$

所以

$$\begin{cases} I_{\mathrm{Mp}} = I(1+\cos\alpha), \\ I_{\mathrm{mp}} = I(1-\cos\alpha). \end{cases} \tag{5.10}$$

因为光是在各向同性介质中传播的, s 光和 p 光的光程相等, 所以两 s 光之间和两 p 光之间的相位差相等, 因此它们的相干叠加的光强同时达到极大值和极小值. 由方程组 (5.9) 和方程组 (5.10) 可得, 两自然光相干叠加的光强极大值和极小值分别为

$$\begin{cases} I_{\mathrm{M}} = I_{\mathrm{Ms}} + I_{\mathrm{Mp}} = I(3+\cos\alpha), \\ I_{\mathrm{m}} = I_{\mathrm{ms}} + I_{\mathrm{mp}} = I(1-\cos\alpha), \end{cases}$$

将之代入干涉衬比度的定义式 (5.7), 可得

$$\gamma = \frac{1+\cos\alpha}{2}.$$

通过计算可得: 当 $\alpha = 10^\circ$ 时, $\gamma \approx 0.99$; 当 $\alpha = 20^\circ$ 时, $\gamma \approx 0.97$; 当 $\alpha = 30^\circ$ 时, $\gamma \approx 0.93$; 当 $\alpha = 60^\circ$ 时, $\gamma = 0.75$; $\cdots$.

由此可知, 干涉衬比度随着夹角 α 的增大而减小, 在傍轴情况下, 即 $\alpha < 20^\circ$ 时, γ 与 1 非常接近, 可以忽略光的矢量特性对干涉的影响, 把自然光干涉近似为标量干涉.

5.1.4 多列相干光波的干涉

根据光波的叠加原理可知, 观察屏上总的波前函数为参与相干叠加的各列光波的波前函数的线性叠加, 即

$$\widetilde{U}(x,y) = \widetilde{U}_1(x,y) + \widetilde{U}_2(x,y) + \cdots,$$

光强分布为

$$\begin{aligned} I(x,y) &= \widetilde{U}(x,y)\cdot\widetilde{U}^*(x,y) \\ &= [\widetilde{U}_1(x,y) + \widetilde{U}_2(x,y) + \cdots]\cdot[\widetilde{U}_1(x,y) + \widetilde{U}_2(x,y) + \cdots]^*. \end{aligned}$$

5.2 分波前干涉 —— 杨氏干涉实验及其他干涉装置

1801 年, 托马斯 · 杨利用分波前法实现普通光源照明下的光波干涉, 并利用干涉测量不同颜色光的波长. 杨氏干涉实验在光学发展中具有非常重大的意义, 它证实了惠更斯原理中提出的次波的存在, 并证明了波前上各次波源的相干性, 为光的衍射理论奠定了思想基础. 科学家们以杨氏干涉模型为基础展开了对光场的空间相干性等问题的讨论. 许多分波前干涉装置均可归结成杨氏双缝干涉模式.

杨氏干涉实验装置如图 5.6 所示, 在普通光源之后放置一挡光板, 在挡光板上开一个小孔 S_0, 通过小孔 S_0 之后的光源可近似为点光源, 它向周围发出光波. 再在小孔 S_0 之后放置开有两个小孔 S_1 和 S_2 的衍射屏, 小孔 S_1 和 S_2 分割通过 S_0 的光波的波前, 形成两个次波源, 并发出次波. 因为 S_1 和 S_2 是同一列光波的波前上的两个点, 两次波具有相同的初始相位, 所以在空间相干叠加, 出现稳定的干涉条纹.

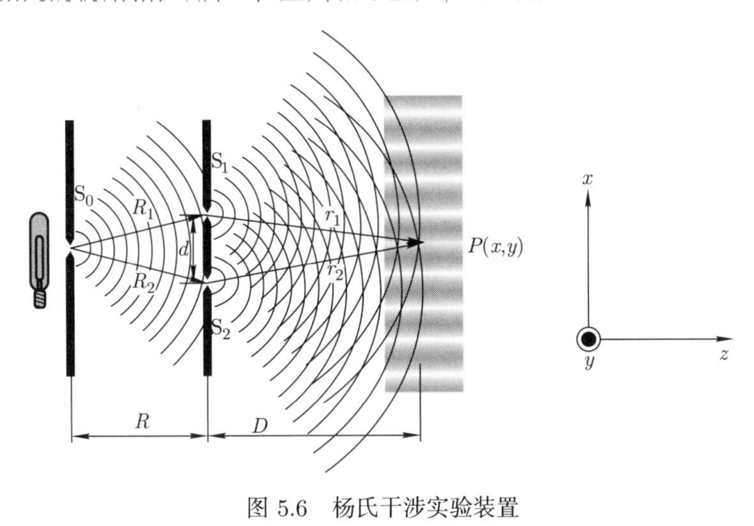

图 5.6 杨氏干涉实验装置

5.2.1 干涉条纹的形状

干涉条纹的亮暗取决于两干涉光波的相位差, 由图 5.6 可得

$$\delta(P)=\frac{2\pi}{\lambda}[(R_2+r_2)-(R_1+r_1)].$$

一旦干涉装置给定, R_1 和 R_2 就确定了. 所以 r_1-r_2 的值相同的点, 干涉情况相同. r_1-r_2 等于常量的点的轨迹是以 S_1 和 S_2 为焦点的旋转双曲面. 观察屏上的干涉条纹是观察屏与以 S_1 和 S_2 为焦点的旋转双曲面相交出的一组双曲线. 如果观察屏比较小, 符合傍轴条件, 则这组双曲线可近似为相互平行的直线组. 下面求解条纹间距.

设干涉装置是对称的, 即 $R_1=R_2$, 则

$$\delta(P)=\frac{2\pi}{\lambda}(r_2-r_1), \tag{5.11}$$

其中,

$$r_1=\sqrt{D^2+\left(x-\frac{1}{2}d\right)^2+y^2},\quad r_2=\sqrt{D^2+\left(x+\frac{1}{2}d\right)^2+y^2}.$$

在傍轴条件下, $d,x,y \ll D$, 将 r_1 和 r_2 做泰勒展开, 保留到一阶小量, 并将之代入 (5.11) 式, 可得

$$\delta(P)=\frac{2\pi}{\lambda}\frac{d}{D}x. \tag{5.12}$$

由 (5.12) 式可知, 相位差和 y 无关, 所以干涉条纹平行于 y 轴.

当 $\delta=\frac{2\pi d}{\lambda D}x=2k\pi$ (k 为整数), 即 $x=\frac{D}{d}k\lambda$ 时, 干涉相长, 为亮条纹;

当 $\delta=\frac{2\pi d}{\lambda D}x=(2k+1)\pi$ (k 为整数), 即 $x=\frac{D}{d}\left(k+\frac{1}{2}\right)\lambda$ 时, 干涉相消, 为暗条纹.

如图 5.7 所示, 定义两相邻亮条纹或两相邻暗条纹之间的距离为条纹间距, 则条纹间距 Δx 为

$$\Delta x=\frac{D}{d}\lambda. \tag{5.13}$$

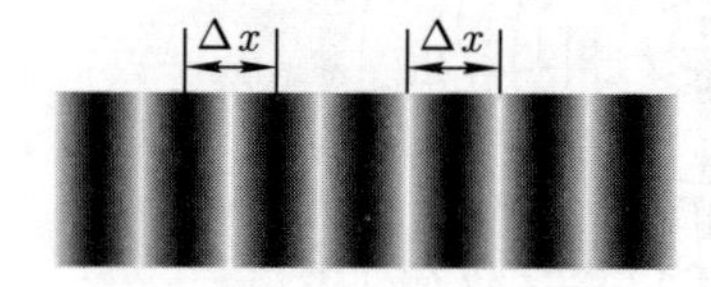

图 5.7　干涉条纹间距

对于对称的干涉装置, $I_{S_1}=I_{S_2}=I_0$, 干涉光强分布为

$$I=2I_0(1+\cos\delta)=4I_0\cos^2\frac{\delta}{2}=4I_0\cos^2\frac{\pi d}{\lambda D}x. \tag{5.14}$$

下面用波前函数的叠加来处理杨氏双缝干涉, 会使问题更加简单明了. 通过小孔 $S_1\left(\frac{d}{2},0,-D\right)$ 和 $S_2\left(-\frac{d}{2},0,-D\right)$ 发出的次波为傍轴发散球面光波, 它们在 (x,y) 平面上的波前函数分别为

$$\widetilde{U}_1(x,y)=A\mathrm{e}^{\mathrm{i}k\frac{x^2+y^2}{2D}}\cdot\mathrm{e}^{-\mathrm{i}k\frac{\frac{d}{2}x}{D}},\quad \widetilde{U}_2(x,y)=A\mathrm{e}^{\mathrm{i}k\frac{x^2+y^2}{2D}}\cdot\mathrm{e}^{\mathrm{i}k\frac{\frac{d}{2}x}{D}},$$

观察屏上的总波前函数为

$$\widetilde{U}=\widetilde{U}_1+\widetilde{U}_2,$$

光强分布为

$$\begin{aligned}I(x,y)&=(\widetilde{U}_1+\widetilde{U}_2)\cdot(\widetilde{U}_1+\widetilde{U}_2)^*=\widetilde{U}_1\cdot\widetilde{U}_1^*+\widetilde{U}_2\cdot\widetilde{U}_2^*+\widetilde{U}_1\cdot\widetilde{U}_2^*+\widetilde{U}_2\cdot\widetilde{U}_1^*\\&=2A^2+2A^2\cos k\frac{d}{D}x=2I_0\left(1+\cos\frac{2\pi d}{\lambda D}x\right)=4I_0\cos^2\frac{\pi d}{\lambda D}x.\end{aligned}$$

这和上面利用求解相位差时所获得的干涉光强分布完全一样.

下面使用一例题来说明利用杨氏干涉测量光波长的方法.

例题 5.1 在杨氏干涉装置中, 双孔间距 $d = 0.233$ mm, 观察屏到双孔的距离 D =100 cm, 用单色光照明, 测得条纹间距 Δx =2.53 mm, 求单色光的波长.

解 由干涉条纹间距公式 $\Delta x = \dfrac{D}{d}\lambda$, 可得

$$\lambda = \frac{d}{D}\Delta x = \frac{0.0233}{100} \times 0.253 \text{ cm} \approx 5.89 \times 10^{-5} \text{ cm} = 589 \text{ nm}.$$

5.2.2 关于杨氏干涉的说明

1. 非单色光照明

对于白光照明, 因为亮条纹和暗条纹的位置, 以及条纹间距与波长有关, 所以不同波长光的干涉条纹从零级亮条纹 (相位差为 0) 开始彼此错开, 干涉条纹呈彩色, 最后混合为均匀照明, 干涉条纹消失, 如图 5.8 所示. 这就像在环形跑道上比赛跑步, 开始时一队运动员都站在同一起跑线上, 比赛开始后, 有人跑得快, 有人跑得慢, 队伍逐渐散开, 但是我们还可以分清队头和队尾. 随着队伍继续拉长, 当跑得最快的运动员超过跑得最慢的运动员一圈时, 我们就无法分辨队头和队尾了.

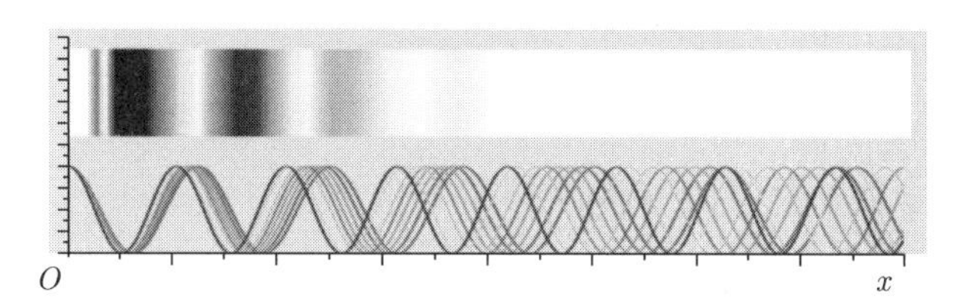

图 5.8 白光照明的杨氏干涉条纹

例题 5.2 蓝绿光为杨氏干涉实验的光源, 波长范围 $\Delta\lambda = 10$ nm, 中心波长 $\lambda =$ 490 nm, 估算从第几级开始条纹变得无法分辨?

解 对于长波长光, $\lambda_{\text{L}} = \lambda + \dfrac{1}{2}\Delta\lambda$; 对于短波长光, $\lambda_{\text{S}} = \lambda - \dfrac{1}{2}\Delta\lambda$.

如果短波长光的 $k+1$ 级亮条纹和长波长光的 k 级亮条纹重合, 则条纹无法分辨, 于是

$$k\Delta x_{\text{L}} = (k+1)\Delta x_{\text{S}},$$

因此可得

$$k\Delta\lambda = \lambda - \frac{\Delta\lambda}{2} \approx \lambda,$$

即

$$k \approx \frac{\lambda}{\Delta\lambda} = 49.$$

也就是说, 从第 49 级开始条纹变得无法分辨. 条纹消失时, S_1 和 S_2 到 P 点的光程差为

$$\Delta L = k\lambda \approx \frac{\lambda^2}{\Delta\lambda}.$$

上式包含着重要的物理性质, 即光的时间相干性, 我们将在后面章节讲解这个问题.

2. S_0 移动对干涉条纹的影响

如图 5.9 所示, 当 S_0 向上移动 ξ 至 S_0' 时, R_1 和 R_2, r_1 和 r_2 分别为

$$\begin{cases} R_1 = \sqrt{R^2 + \left(\xi - \frac{1}{2}d\right)^2}, \\ R_2 = \sqrt{R^2 + \left(\xi + \frac{1}{2}d\right)^2}, \end{cases} \quad \begin{cases} r_1 = \sqrt{D^2 + \left(x - \frac{1}{2}d\right)^2 + y^2}, \\ r_2 = \sqrt{D^2 + \left(x + \frac{1}{2}d\right)^2 + y^2}. \end{cases}$$

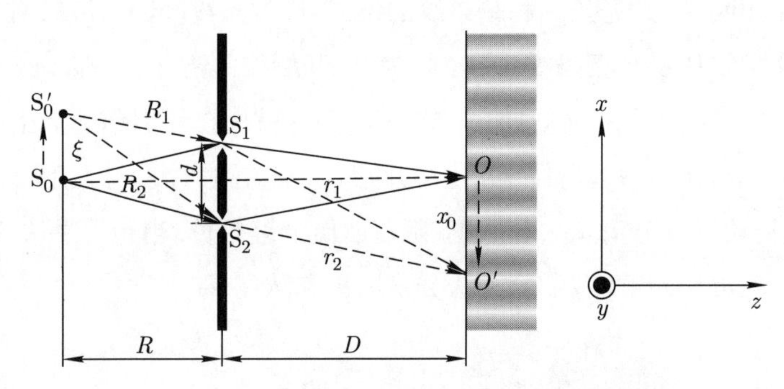

图 5.9 S_0 的横向移动对干涉条纹的影响

在傍轴条件下, $\xi, d, x, y \ll D, R$, 两列光波的相位差近似为

$$\delta = \frac{2\pi}{\lambda}[(R_2 + r_2) - (R_1 + r_1)] \approx \frac{2\pi}{\lambda}\left(\frac{d}{R}\xi + \frac{d}{D}x\right). \tag{5.15}$$

(1) 零级亮条纹的位置.

零级亮条纹处的相位差为零, 即

$$\frac{d}{R}\xi + \frac{d}{D}x_0 = 0,$$

所以零级亮条纹的位置为

$$x_0 = -\frac{D}{R}\xi.$$

上式中的负号表示零级亮条纹的移动方向和 S_0 的移动方向相反, 两者移动的幅度之比为 D/R.

(2) 条纹间距.

两相邻亮条纹 (暗条纹) 之间的相位差的变化为 $\Delta\delta = 2\pi$, 由 (5.15) 式可得条纹间距为

$$\Delta x = \frac{D}{d}\lambda.$$

该间距与对称装置的干涉条纹间距相同, 即 S_0 在横向移动时, 干涉条纹整体移动.

(3) 干涉光强的空间分布 (设 $I_1 = I_2 = I_0$).

尽管 S_1 和 S_2 相对于 S_0 不对称, 但是 S_0 的移动是在傍轴条件下的, 所以 $I_{S_1} = I_{S_2} = I_0$, 干涉光强的空间分布为

$$I = 2I_0(1+\cos\delta) = 4I_0\cos^2\frac{\delta}{2} = 4I_0\cos^2\left[\frac{\pi d}{\lambda D}\left(x+\frac{D}{R}\xi\right)\right]. \tag{5.16}$$

3. 光源宽度对干涉条纹的影响

如图 5.10 所示, 设非相干、均匀光源的宽度为 b, 把光源平分成很多小份, 每份 $\mathrm{d}\xi$ 可以看成点光源, 分波前光强为 $\mathrm{d}I_1 = \mathrm{d}I_2 = I_0\dfrac{\mathrm{d}\xi}{b}$, 则干涉场为

$$\mathrm{d}I(x) = 4\frac{I_0}{b}\mathrm{d}\xi\cos^2\left[\frac{\pi d}{\lambda D}\left(x+\frac{D}{R}\xi\right)\right].$$

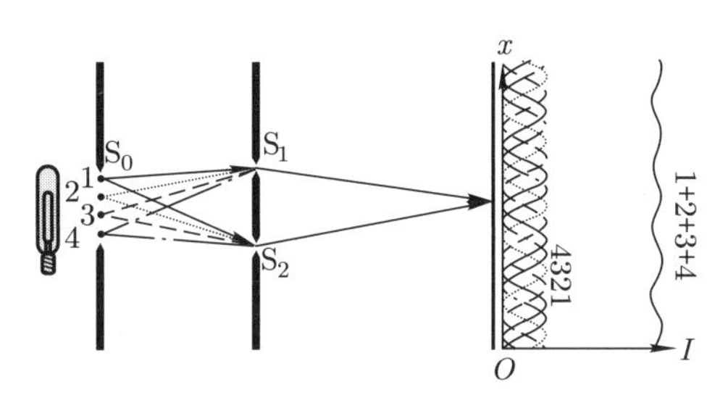

图 5.10 光源宽度对干涉场的影响

因为光源的每份和每份之间是非相干的, 所以总的干涉场为各个点光源的干涉场的光强的线性叠加:

$$I(x) = \int_{-\frac{b}{2}}^{\frac{b}{2}}\mathrm{d}I(x) = 4\frac{I_0}{b}\int_{-\frac{b}{2}}^{\frac{b}{2}}\cos^2\left[\frac{\pi d}{\lambda D}\left(x+\frac{D}{R}\xi\right)\right]\mathrm{d}\xi = 2I_0\left(1+\frac{\lambda R}{\pi db}\sin\frac{\pi db}{\lambda R}\cos\frac{2\pi dx}{\lambda D}\right).$$

令 $u = \dfrac{\pi db}{\lambda R}$, 可得

$$I(x) = 2I_0\left(1+\frac{1}{u}\sin u\cos\frac{2\pi dx}{\lambda D}\right). \tag{5.17}$$

由 (5.17) 式可得, 干涉光强的极大值和极小值分别为

$$I_{\mathrm{M}} = 2I_0\left(1+\left|\frac{1}{u}\sin u\right|\right),\quad I_{\mathrm{m}} = 2I_0\left(1-\left|\frac{1}{u}\sin u\right|\right),$$

所以干涉衬比度为

$$\gamma = \left|\frac{\sin u}{u}\right|. \tag{5.18}$$

如图 5.11 所示, 当 $u=0$ 时, 干涉衬比度 γ 为 1, 随着 u 增大, γ 减小. 当 $u=\pi$ 时, γ 第一次减小到 0. 然后, γ 随着 u 的增大而增大, 最大达到约 0.217. 当 $u=2\pi$

时, γ 再次减小到 0, 随后再增大, 但是最大值更小. 人眼分辨亮暗的干涉衬比度最小约为 0.2, 所以干涉衬比度第一次减小到 0 的光源宽度被认定为可以观察到干涉条纹的光源的极限宽度. 根据上面的分析可知, 光源的极限宽度为

$$\frac{\pi d}{\lambda R}b_0=\pi,$$

即

$$b_0=\lambda R\frac{1}{d}. \tag{5.19}$$

同理可知, 如果光源宽度 b 确定, 则可以观察到干涉条纹的 S_1 和 S_2 的极限间距 d_0 为

$$d_0=\lambda R\frac{1}{b}. \tag{5.20}$$

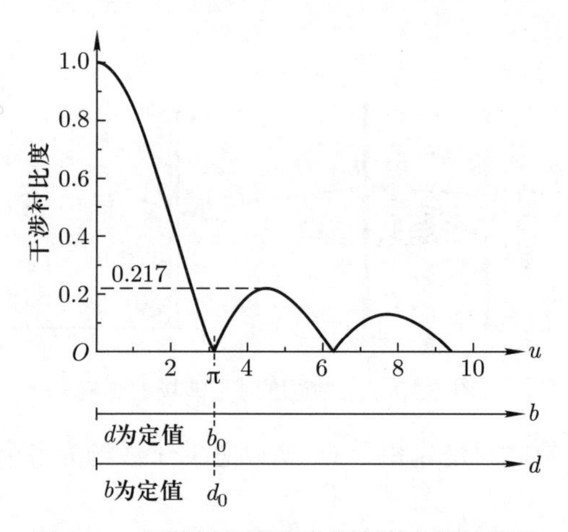

图 5.11 干涉衬比度和光源宽度之间的关系

例题 5.3 设 $R=100$ cm, $\lambda=600$ nm. 如果 S_1 和 S_2 的间距为 $d=1.00$ mm, 求光源的极限宽度. 如果光源的宽度为 1.50 mm, 求 S_1 和 S_2 的极限间距.

解 光源的极限宽度为

$$b_0=\lambda R\frac{1}{d}=\frac{6.00\times10^{-4}\times1000}{1.00}\ \text{mm}=0.60\ \text{mm}.$$

如果光源的宽度 b 限定为 1.50 mm, 则双孔的极限间距 d_0 为

$$d_0=\lambda R\frac{1}{b}=\frac{6.00\times10^{-4}\times1000}{1.50}\ \text{mm}=0.40\ \text{mm}.$$

4. S_0 和 S_1, S_2 的长度对干涉衬比度的影响

为了提高干涉场的亮度, 在实际的杨氏干涉装置中, S_0, S_1 和 S_2 不是小孔, 而是三条平行的狭缝. 光源的宽度增大会减小干涉衬比度, 但是, 在满足傍轴条件下, 长度

增大不会影响干涉衬比度. 尽管长光源上的每个点都是非相干的, 但是每个点光源发出的光经 S_1 和 S_2 后在观察屏上形成的干涉条纹分布都是相同的, 即不同点光源分波前干涉场的叠加是亮条纹和亮条纹叠加、暗条纹和暗条纹叠加, 这种叠加不会改变干涉衬比度, 只是增大干涉场的亮度, 从而更利于观察.

5.2.3 其他类型的分波前干涉装置

1. 菲涅耳双面镜分波前干涉装置

如图 5.12 所示, 菲涅耳双面镜分波前干涉装置由两个平面镜 (M_1 和 M_2) 相对倾斜了一个小角度 (α) 拼接而成.

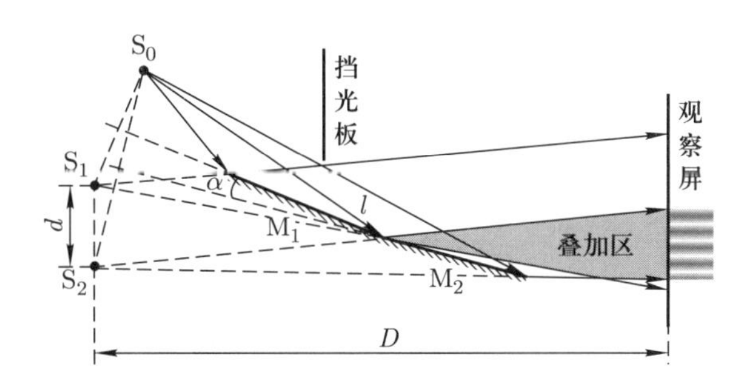

图 5.12 菲涅耳双面镜分波前干涉装置

S_0 发出光的波前, 一部分经 M_1 反射, 另一部分经 M_2 反射, 照射到观察屏上, 在叠加区形成干涉条纹. M_1 的反射光可以看成由 S_0 对 M_1 成的像 S_1 发出的, M_2 的反射光可以看成由 S_0 对 M_2 成的像 S_2 发出的. 设 S_0 到 M_1 和 M_2 拼接线的距离为 l, 则 S_1 和 S_2 之间的距离为 $d = 2l\alpha$, 它相当于杨氏干涉中的双孔之间的距离, S_1 和 S_2 至观察屏的距离相当于杨氏干涉中的 D, 根据 (5.13) 式可以计算出干涉条纹间距.

2. 菲涅耳双棱镜分波前干涉装置

如图 5.13 所示, 菲涅耳双棱镜分波前干涉装置由两个顶角 α 很小的直角棱镜底

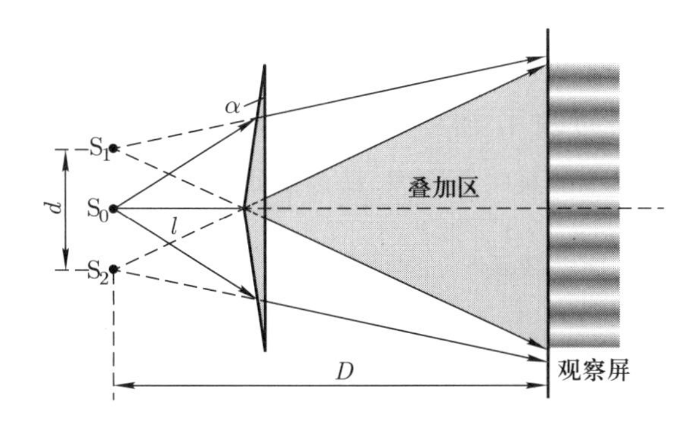

图 5.13 菲涅耳双棱镜分波前干涉装置

边相接而成. S_0 发出光的波前被双棱镜折射而分成两束光, 在叠加区形成干涉条纹. 两束折射光可以看成由 S_0 对两个棱镜成的像 S_1 和 S_2 发出的, 设 S_0 到棱镜的距离为 l, 则 S_1 和 S_2 之间的距离为 $d=2(n-1)\alpha l$ (其中, n 为棱镜的折射率), 它相当于杨氏干涉中的双孔之间的距离, S_1 和 S_2 至观察屏的距离相当于杨氏干涉中的 D.

3. 劳埃德镜分波前干涉装置

如图 5.14 所示, 劳埃德 (Lloyd) 镜分波前干涉装置非常简单, 主要由一个平面反射镜构成.

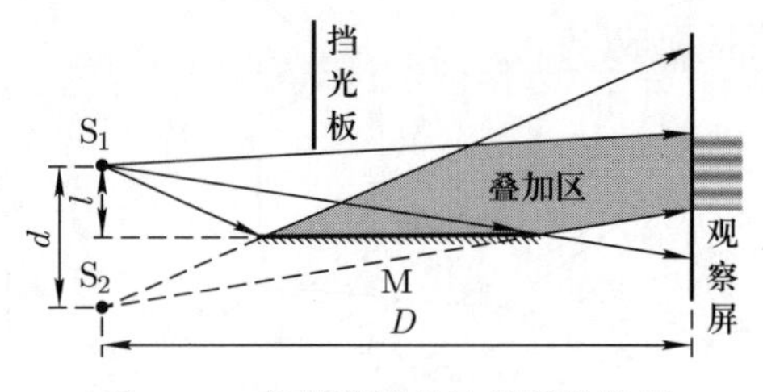

图 5.14　劳埃德镜分波前干涉装置

S_1 发出光的波前, 一部分直接照射到观察屏上, 另一部分由 M 反射后再照射到观察屏上, 在叠加区形成干涉条纹. 反射光可以看成由 S_1 对 M 成的像 S_2 发出的, S_1 和 S_2 之间的距离为 $d=2l$, 它相当于杨氏干涉中的双孔之间的距离, S_1 和 S_2 至观察屏的距离相当于杨氏干涉中的 D. 注意: 掠入射光的反射存在相位突变 π.

除了上面列举的装置外, 还有很多实现分波前干涉的方法, 例如, 梅斯林 (Meslin) 对切透镜干涉装置, 它是将薄透镜对切, 然后在纵向或横向错开一定的距离, 使得光源发出的光的不同部分经错开的透镜叠加在一起, 从而产生干涉.

5.3　空间相干性

5.2 节分析了如果杨氏干涉中非相干光源 S_0 具有一定的宽度, 则光源上各个点光源发出的光波经 S_1 和 S_2 分波前的次波中既有相干成分, 也有非相干成分, 从而会降低干涉衬比度. 干涉衬比度随 S_1 和 S_2 的间距增大而减小, 这样, 要获得相干叠加就必须要求 S_1 和 S_2 在空间中的某一范围内, 称为空间相干性.

5.3.1　空间相干性的反比例关系

如果光源宽度 b 给定, 则能够观察到干涉条纹的 S_1 和 S_2 的极限间距为 $d_0=\lambda R\dfrac{1}{b}$, 此式可改写为 $b\dfrac{d_0}{R}=\lambda$. 在傍轴条件下, $\dfrac{d_0}{R}\approx\Delta\theta_0$ 为 S_1 和 S_2 对光源中心张开的极限

角度 (称为极限方位角), 于是

$$b\Delta\theta_0 \approx \lambda. \tag{5.21}$$

(5.21) 式为空间相干性的反比例关系. 其物理意义为: 设 S_1 和 S_2 对光源中心张开的角度为 $\Delta\theta$, 如果 $\Delta\theta < \Delta\theta_0$, 即 S_1 和 S_2 落在极限方位角内, 则 $\gamma > 0$, 为相干叠加; 如果 $\Delta\theta > \Delta\theta_0$, 即 S_1 和 S_2 落在极限方位角之外, 则 $\gamma \approx 0$, 为非相干叠加.

可使用 $\Delta\theta$ 和 $\Delta\theta_0$ 表示式 (5.17) 中的宗量 u, 即

$$u = \frac{\pi db}{\lambda R} \xrightarrow{\Delta\theta \approx \frac{d}{R}, b\Delta\theta_0 \approx \lambda} u \approx \pi\frac{\Delta\theta}{\Delta\theta_0}.$$

于是干涉衬比度 (见 (5.18) 式) 可近似改写为

$$\gamma = \left|\frac{\sin u}{u}\right| = \left|\frac{\sin\left(\pi\dfrac{\Delta\theta}{\Delta\theta_0}\right)}{\pi\dfrac{\Delta\theta}{\Delta\theta_0}}\right|. \tag{5.22}$$

由 (5.22) 式可知:

当 $\Delta\theta \ll \Delta\theta_0$ 时, $\gamma \approx 1$, 即为完全相干叠加;

当 $\Delta\theta < \Delta\theta_0$ 时, $0 < \gamma < 1$, 即为部分相干叠加;

当 $\Delta\theta \geqslant \Delta\theta_0$ 时, $\gamma \approx 0$, 即为非相干叠加.

将 $d_0 = \lambda R\dfrac{1}{b}$ 再变形为 $d_0\dfrac{b}{R} = \lambda$. 如图 5.15 所示, 在傍轴条件下, $\dfrac{b}{R} \approx \Delta\beta$ 为展宽光源对 S_1 和 S_2 中心张开的角度 (称为光源的孔径角), 这样, 空间相干性的反比例关系 (见 (5.21) 式) 可以改写为

$$d_0\Delta\beta \approx \lambda. \tag{5.23}$$

利用 (5.23) 式可以测量星体对地球张开的角度, 测量出干涉条纹消失时 S_1 和 S_2 的极限间距 d_0, 就可以计算出光源的孔径角 $\Delta\beta$.

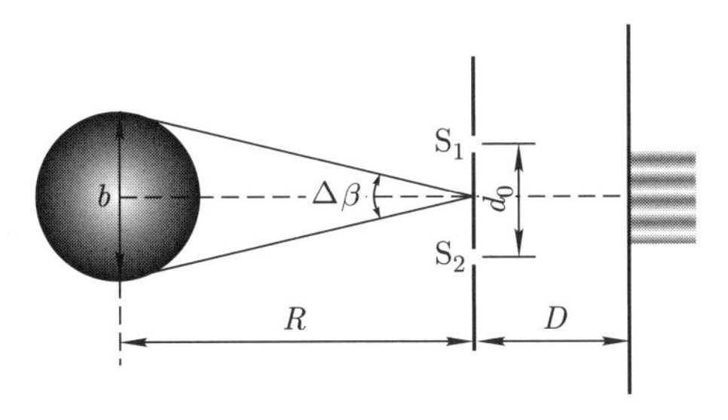

图 5.15 测量星体对地球张开的角度

例题 5.4 一杨氏干涉装置以太阳为光源, 当双缝的间距增大到 59 μm 时, 干涉条纹消失. 已知阳光的有效波长为 550 nm, 太阳到地球的距离为 $R = 1.5 \times 10^8$ km. 试估算太阳对地球张开的角度和太阳的直径.

解 由 (5.23) 式可得

$$\Delta\beta \approx \frac{\lambda}{d_0} \approx 0.0093 \text{ rad},$$

太阳的直径为

$$b = R\Delta\beta \approx 1.5 \times 10^8 \times 0.0093 \text{ km} \approx 1.4 \times 10^6 \text{ km}.$$

一般星体对地球张开的角度 $\Delta\beta$ 都非常小, 例如, 猎户座参宿四的 $\Delta\beta \approx 2 \times 10^{-7}$ rad. 可使用杨氏干涉装置测量参宿四对地球张开的这一角度, 根据空间相干性可知, 当 S_1 和 S_2 的间距增大到 d =3.07 m 时, 参宿四星光的杨氏干涉条纹才会消失. d 增大不仅会导致干涉衬比度减小, 还会导致干涉条纹间距减小. d 如此大, 导致条纹过于密集, 早已超过了人眼或仪器的空间分辨本领. 此时, 我们无法判断条纹消失是因为 S_1 和 S_2 的间距超过了空间相干距离, 还是因为条纹过密超过了人眼或仪器的空间分辨本领. 为了解决条纹间距的变化对星体视角的测量精度的干扰, 迈克耳孙发明了迈克耳孙星体干涉仪.

5.3.2 迈克耳孙星体干涉仪

迈克耳孙因创造精密光学仪器, 用以进行光谱学和度量学的研究, 并精确测出光速, 于 1907 年获得诺贝尔物理学奖. 迈克耳孙干涉仪至今仍是许多光学仪器的核心部件. 爱因斯坦称他为科学家中的艺术家, 用于赞誉他的实验优美, 以及所使用的方法非常精湛.

迈克耳孙利用物像的等光程性, 巧妙地把对应空间相干性的 d' 和决定干涉条纹间距的 d 分开. 如图 5.16 所示, S_1 是 S_1' 对反射镜 M_1 和 M_2 成的像, 根据物像的等光程性可知, S_1 和 S_1' 具有相同的相位, 同理可知, S_2 和 S_2' 具有相同的相位, 所以 S_1 和 S_2, S_1' 和 S_2' 之间的相位关系相同, 即如果 S_1' 和 S_2' 相干, 则 S_1 和 S_2 也相干; 如果 S_1' 和 S_2' 不相干, 则 S_1 和 S_2 也不相干. S_1' 和 S_2' 的间距 d' 对应空间相干性, 可通过调节

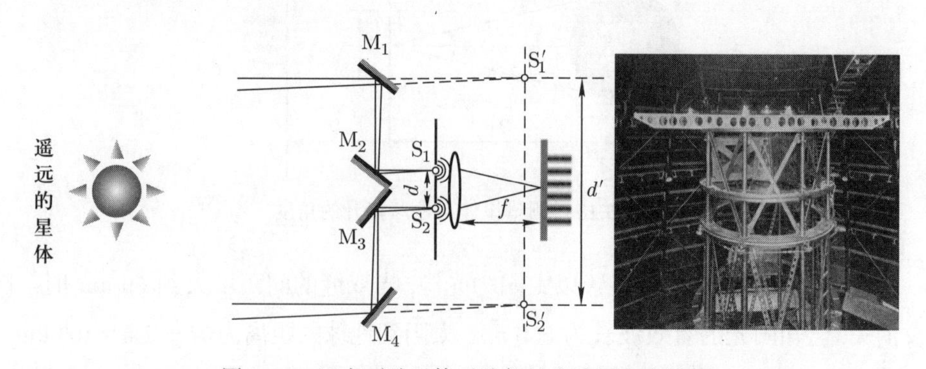

图 5.16 迈克耳孙星体干涉仪的光路图和实物图

M_1 和 M_4的间距来改变. S_1 和 S_2 的间距 d 决定了干涉条纹间距, M_2 和 M_3 固定, 所以调节 d' 时, d 不变, 即干涉条纹间距不变. 如果干涉条纹消失, 便可判断出是因为 d' 超出了空间相干距离导致干涉条纹消失. 根据 M_1 和 M_4 的间距, 以及 (5.23) 式, 可以计算出星体对地球张开的角度.

若 S_1 和 S_2 的间距 $d \sim \text{mm}$, 则干涉条纹间距 $\Delta x = \dfrac{f\lambda}{d} \sim \text{mm}$;

若 S_1' 和 S_2' 的间距 $d' \sim \text{m}$, 则可测量的最小光源视角 $\Delta\beta = \dfrac{\lambda}{d'} \sim 10^{-7}\ \text{rad}$.

1920 年 12 月的一个寒夜, 迈克耳孙使用自己设计的仪器, 测量了猎户座参宿四对地球张开的角度, 当 M_1 和 M_4 的间距 d' 增大到 3.07 m 时, 干涉条纹消失, 星光的中心波长为 570 nm, 故可推算出参宿四对地球张开的角度为

$$\Delta\beta = \frac{\lambda}{d'} = \frac{570 \times 10^{-9}}{3.07}\ \text{rad} \approx 1.86 \times 10^{-7}\ \text{rad}.$$

5.4 分振幅干涉

分波前干涉是取同一波前上的不同部位作为次波源, 次波叠加产生干涉. 分振幅干涉与其不同, 它取的是波前上的相同部位, 通过诸如薄膜、半反半透镜等分束器将其能量分开, 形成两列相干光波, 然后再让它们叠加以产生干涉.

5.4.1 平面光波干涉

如图 5.17 所示, 半反半透镜 G 将入射的平面光波按能量一分为二, 反射镜 M_1 和 M_2 将分开的两平面光波叠加在观察屏上, 出现干涉条纹. 设观察屏所在平面为 $z = 0$, 两平面光波在观察屏上的波前函数为

$$\widetilde{U}_1(x,y) = A_1\mathrm{e}^{\mathrm{i}[kx\sin(-\theta_1)-\phi_{10}]}, \quad \widetilde{U}_2(x,y) = A_2\mathrm{e}^{\mathrm{i}(kx\sin\theta_2-\phi_{20})},$$

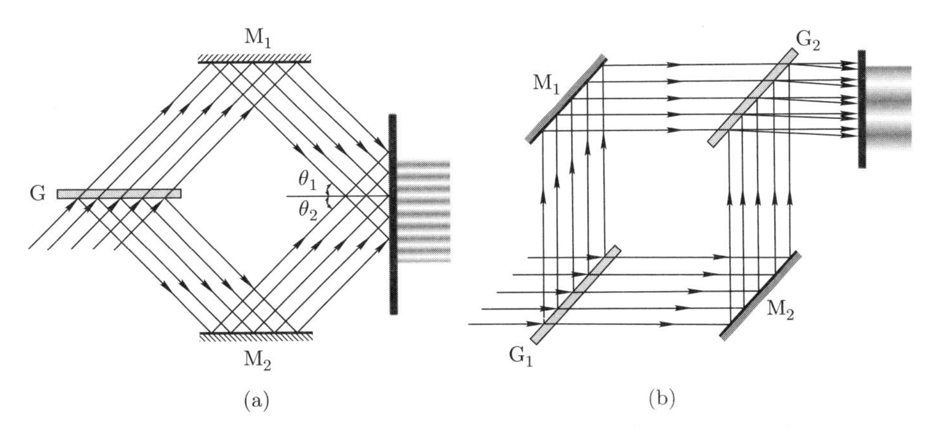

图 5.17 分振幅平面光波干涉实验装置, (a) 夹角较大的平面光波, (b) 夹角较小的平面光波

其中, $k = 2\pi/\lambda$ 为波矢, 干涉光强的空间分布为

$$\begin{aligned}I(x,y) &= (\widetilde{U}_1 + \widetilde{U}_2)\cdot(\widetilde{U}_1 + \widetilde{U}_2)^* = A_1^2 + A_2^2 + 2A_1A_2\cos[k(\sin\theta_1 + \sin\theta_2)x - (\phi_{10} - \phi_{20})] \\ &= I_1 + I_2 + 2\sqrt{I_1I_2}\cos\delta(x,y),\end{aligned}$$

这里, $\delta(x,y) = k(\sin\theta_1 + \sin\theta_2)x - (\phi_{10} - \phi_{20})$.

两相邻亮条纹 (暗条纹) 之间的相位差的变化为 $\Delta\delta = 2\pi$, 即 $k(\sin\theta_1 + \sin\theta_2)\Delta x = 2\pi$, 所以条纹间距为

$$\Delta x = \frac{\lambda}{\sin\theta_1 + \sin\theta_2}. \tag{5.24}$$

条纹的空间周期 (条纹间距) 的倒数 $(1/\Delta x)$ 被定义为空间频率, 记为 f, 常用单位为 mm^{-1}. 两平面光波的干涉条纹的空间频率为

$$f = \frac{\sin\theta_1 + \sin\theta_2}{\lambda}. \tag{5.25}$$

干涉光强的空间分布可以用空间频率改写为

$$I = I_0[1 + \gamma\cos(2\pi fx + \phi_0)],$$

其中, $I_0 = I_1 + I_2$.

例题 5.5 两相干平面光波, 传播方向角 $\theta_1 = \theta_2 = \pi/6$, 光波长为 633 nm, 求干涉条纹的间距和空间频率.

解 干涉条纹的间距为

$$\Delta x = \frac{\lambda}{\sin\theta_1 + \sin\theta_2} = \frac{633}{2\sin\frac{\pi}{6}}\ \text{nm} = 0.633\ \mu\text{m},$$

空间频率为

$$f = \frac{1}{\Delta x} = \frac{1}{0.633}\ \mu\text{m}^{-1} = 1580\ \text{mm}^{-1}.$$

例题 5.6 利用平面光波干涉获得低空间频率 $f = 10\ \text{mm}^{-1}$, 求两平面光波之间的夹角, 设光波长为 633 nm.

解 当两平面光波之间的夹角比较小时, f 可以近似为

$$f = \frac{\sin\theta_1 + \sin\theta_2}{\lambda} \approx \frac{\theta_1 + \theta_2}{\lambda} = \frac{\Delta\theta}{\lambda},$$

所以

$$\Delta\theta \approx f\lambda = 10 \times 633 \times 10^{-6}\ \text{rad} = 6.33 \times 10^{-3}\ \text{rad} \approx 22'.$$

由例题 5.5 和例题 5.6 可见如下关系: 大夹角 $\Leftrightarrow$ 高空间频率, 小夹角 $\Leftrightarrow$ 低空间频率. 要获得高空间频率的干涉条纹可以采用如图 5.17 (a) 所示的实验装置, 要获得低空间频率的干涉条纹可以采用如图 5.17 (b) 所示的实验装置.

5.4.2 薄膜干涉的相位差

光源 S 发出的光, 部分能量经薄膜上表面反射, 部分能量经薄膜上表面透射、经薄膜下表面反射, 再经薄膜上表面透射, 两列光波叠加于空间中的 P 点. 设光入射处薄膜的厚度为 d、倾角为 α; 入射光的发散角为 β. 在图 5.18 中, 分别过 C 点和 B 点, 作 $\overline{CN}\perp\overline{SF}$, $\overline{BM}\perp\overline{PF}$. 因为薄膜的倾角 α 很小, 则 β 也很小, 所以 $\overline{\mathrm{SC}}\approx\overline{\mathrm{SN}}$, $\overline{PB}\approx\overline{PM}$. 于是两列光波在 P 点的光程差近似为

$$\varDelta = n_2(\overline{AC}+\overline{AB}) - n_1(\overline{FN}+\overline{FM}).$$

设 C 点的入射角为 θ, 则 $\angle CFN = \pi/2-(\theta+\beta)$.

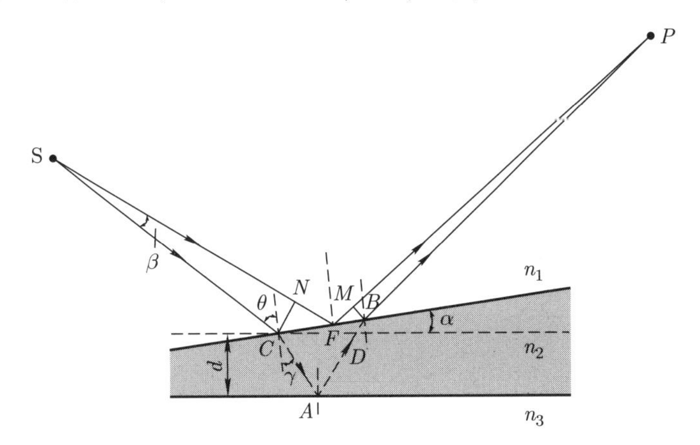

图 5.18 薄膜干涉的光程差

由反射定律可得 $\angle CFN = \angle BFM$, 所以

$$\overline{FN}+\overline{FM} = \overline{FC}\sin(\theta+\beta)+\overline{FB}\sin(\theta+\beta) = \overline{CB}\sin(\theta+\beta).$$

设 C 点的折射角为 γ, 过 C 点作平行于底边的直线, 该直线和 $\overline{AB}$ 交于 D 点, 所以

$$\overline{AC} = \overline{AD} = \frac{d}{\cos(\gamma+\alpha)}.$$

在 ΔCDB 中利用正弦定理, 可得

$$\begin{cases} \overline{DB} = \dfrac{\overline{CD}\sin\alpha}{\sin\left(\dfrac{\pi}{2}-\gamma-2\alpha\right)} = \dfrac{2d\tan(\gamma+\alpha)\sin\alpha}{\cos(\gamma+2\alpha)}, \\ \overline{CB} = \dfrac{\overline{CD}\sin\left(\dfrac{\pi}{2}-\gamma-\alpha\right)}{\sin\left(\dfrac{\pi}{2}-\gamma-2\alpha\right)} = \dfrac{2d\tan(\gamma+\alpha)\cos(\gamma+\alpha)}{\cos(\gamma+2\alpha)}, \end{cases}$$

于是

$$\overline{AC}+\overline{AB} = \overline{AC}+\overline{AD}+\overline{DB} = \frac{2d}{\cos(\gamma+\alpha)}+\frac{2d\tan(\gamma+\alpha)\sin\alpha}{\cos(\gamma+2\alpha)},$$

所以光程差 Δ 为

$$\Delta = n_2\left[\frac{2d}{\cos(\gamma+\alpha)} + \frac{2d\tan(\gamma+\alpha)\sin\alpha}{\cos(\gamma+2\alpha)}\right] - n_1\left[\frac{2d\tan(\gamma+\alpha)\cos(\gamma+\alpha)}{\cos(\gamma+2\alpha)}\sin(\theta+\beta)\right].$$

α 和 β 一般都非常小, 可近似为零, 再根据折射定律, 可将上式简化和近似为

$$\Delta = 2d\left(\frac{n_2}{\cos\gamma} - \frac{\sin\gamma}{\cos\gamma}n_1\sin\theta\right) = 2n_2 d\cos\gamma. \tag{5.26}$$

注意: 在薄膜干涉的光程差公式 (5.26) 中, d 为薄膜的厚度, n_2 为薄膜的折射率, γ 为光在薄膜中的折射角.

图 5.18 中 P 点的相位差除了包含上下表面反射的两束光的传播路径不同引起的相位差, 还可能包含因为这两束光在不同表面反射带来的大小为 π 的相位突变, 这种大小为 π 的相位突变也称为半波损失. 在什么情况下出现半波损失呢? 在入射角小于布儒斯特角时, 总结如下:

(1) 当 $n_1 > n_2 < n_3$ 或 $n_1 < n_2 > n_3$ 时, 相位突变 π, 相位差为

$$\delta = \frac{2\pi}{\lambda}\Delta + \pi = \frac{4\pi}{\lambda}n_2 d\cos\gamma + \pi.$$

(2) 当 $n_1 > n_2 > n_3$ 或 $n_1 < n_2 < n_3$ 时, 没有相位突变, 相位差为

$$\delta = \frac{2\pi}{\lambda}\Delta = \frac{4\pi}{\lambda}n_2 d\cos\gamma.$$

5.4.3 薄膜干涉条纹的定域和非定域问题

1. 点光源照明

经薄膜的上下表面反射的两束光, 相当于来自光源 S 对上下表面所成的两个虚像点的辐射, 如果照明光源是严格的点光源, 根据空间相干性可知, 在空间中的任意点 P 处都能获得干涉条纹, 即为非定域干涉.

2. 展宽光源照明

如图 5.19 所示, 光源的宽度为 b, P 点处为相干叠加, 必须满足空间相干性, 即入射光之间的夹角 β 满足

$$b\beta < \lambda,$$

即

$$\beta < \frac{\lambda}{b}.$$

并不是空间中的任意点 P 都能满足上式, 所以只有在空间中的一些特定区域才能观察到干涉条纹, 即为定域干涉. 一般光源的宽度 $b \gg \lambda$, 所以要求 $\beta \approx 0$. 在实际应用中, 通常采用特殊的薄膜干涉, 即等倾干涉和等厚干涉.

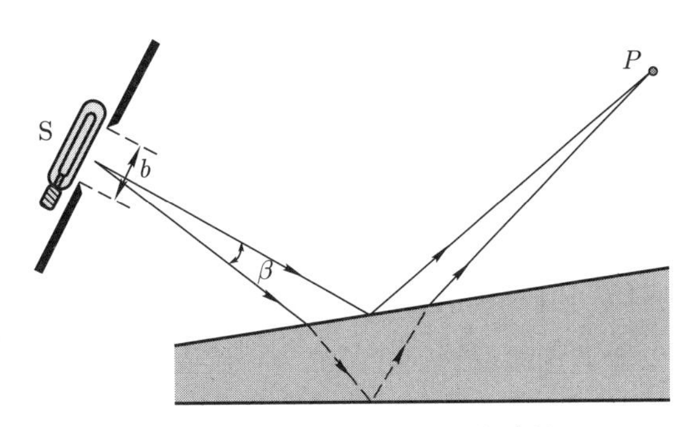

图 5.19 薄膜干涉条纹的定域性

5.4.4 等倾干涉

如果薄膜的厚度和折射率均匀, 在 $\beta=0$ 时, 平行的薄膜上下表面的反射光平行, 即干涉条纹定域于无穷远处. 使用发散光照明时, 路径不同导致的光程差为 $\Delta=2nd\cos\gamma$, 其中, n 为薄膜的折射率, d 为薄膜的厚度, n 和 d 均一且不变, 所以光程差 Δ 仅随着入射角 (或折射角) 的变化而变化, 同一干涉条纹具有相同的光程差, 即同一干涉条纹对应着同一倾角, 故这类薄膜干涉称为等倾干涉.

等倾干涉实验装置如图 5.20 所示. 使用非相干展宽光源照射厚度和材质均匀的薄膜, 利用透镜将定域在无穷远的干涉条纹成像于透镜的像方焦面, 干涉条纹呈一族同心圆环. 尽管光源是非相干展宽的, 但是不影响干涉衬比度. 因为光源上不同点发出的光照射厚度均匀的薄膜时, 薄膜上下表面的反射光经透镜后能够会聚在透镜像方焦面上的同一点, 要求照射光必须具有相同的倾角, 相同的倾角意味着具有相同的光程

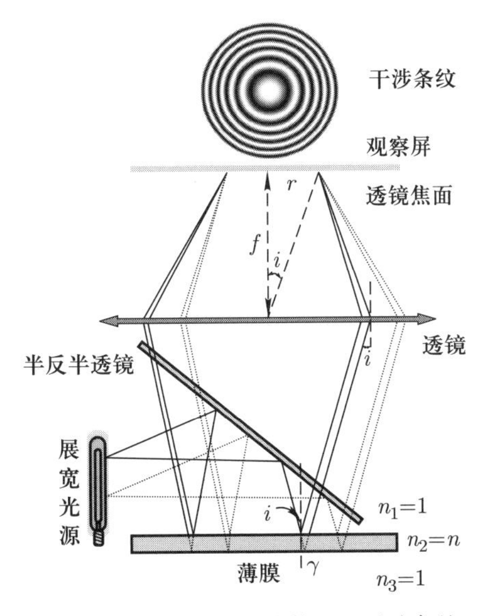

图 5.20 等倾干涉实验装置和干涉条纹

差, 即具有相同的干涉光强的空间分布, 这样, 光源上不同点光源发光产生的干涉条纹总是亮条纹和亮条纹叠加, 暗条纹和暗条纹叠加, 所以非相干光源展宽不会改变干涉衬比度, 只是增加整体的亮度.

1. 干涉条纹的形状

相同倾角的光经薄膜上下表面反射后到达透镜像方焦面时的光程差相同, 即处于同一干涉条纹上, 所以像方焦面上的干涉条纹为一族同心圆环.

如果存在半波损失, 则亮条纹的位置为 $2nd\cos\gamma+\dfrac{\lambda}{2}=k\lambda$, 其中, n 为薄膜的折射率; d 为薄膜的厚度; k 为整数, k 越大, 干涉条纹的级次越高. 暗条纹的位置为 $2nd\cos\gamma=k\lambda$. 当 d 确定时, 越靠近中心处 γ 越小, $\cos\gamma$ 越大, 所以光程差越大, 干涉条纹的级次越高.

2. 条纹间距

如图 5.20 所示, 两相邻条纹的光程差之差为 λ, 即

$$\delta\varDelta\approx\frac{\partial\varDelta}{\partial\gamma}(-\delta\gamma)=2nd\sin\gamma\delta\gamma=\lambda,$$

其中, $\delta\gamma=\gamma_k-\gamma_{k+1}$, 所以

$$\delta\gamma=\frac{\lambda}{2nd\sin\gamma}.$$

根据折射定律 $n\sin\gamma=\sin i$, 可得 $n\cos\gamma\delta\gamma=\cos i\delta i$, 于是

$$\delta i=\frac{n\cos\gamma}{\cos i}\delta\gamma=\frac{\lambda\cos\gamma}{2d\cos i\cdot\sin\gamma}.$$

透镜像方焦面上的干涉条纹半径为

$$r_{环}=f\tan i,$$

两相邻条纹的间距为

$$\delta r_{环}=f\frac{\mathrm{d}}{\mathrm{d}i}(\tan i)\delta i=\frac{f\lambda\cos\gamma}{2d\cos^3 i\cdot\sin\gamma}.$$

从中心到边缘, γ 逐渐增大, 而 $\delta\gamma$ 逐渐减小, 所以同心等倾干涉条纹的中心较疏, 外沿较密.

3. 薄膜厚度改变对干涉条纹的影响

设薄膜的折射率不变, 薄膜的厚度变化, 则中心处亮暗交替. 当薄膜的厚度增大时, 中心条纹外吐, 视场中的条纹密度增大; 当薄膜的厚度减小时, 中心条纹内吞, 视场中的条纹密度减小. 中心每内吞或外吐一条纹, 薄膜的厚度变化 $\Delta d=\lambda/(2n)$.

5.4.5 等厚干涉

若薄膜的入射光为平面光, 则入射角或者在薄膜中的折射角为一常量, 当薄膜的厚度不均匀时, 光程差将取决于薄膜的厚度, 所以同一干涉条纹对应着薄膜的一条等厚线, 故称这种干涉为等厚干涉, 条纹为等厚干涉条纹. 如图 5.21 所示, 等厚干涉条纹定域在薄膜附近.

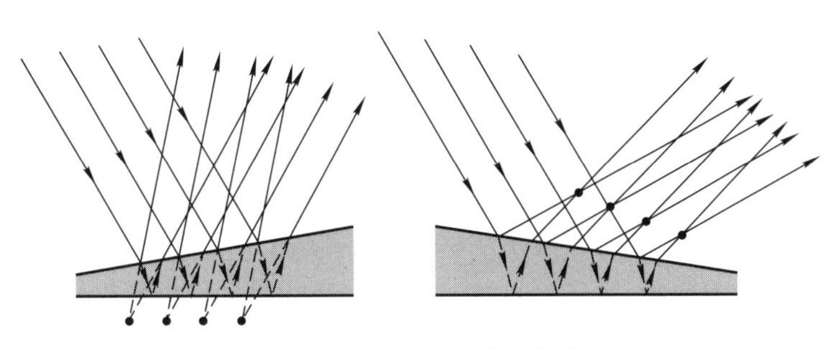

图 5.21 等厚干涉条纹的定域性

等厚干涉在科学研究和工业生产中有着广泛的应用, 可用于光波长的测定、精密长度的测量、光学元件及精密加工机械表面光洁度的判断等. 实验装置如图 5.22 所示, 使用两块平整玻璃片构成空气楔, 入射的平面光在空气楔上下表面的反射光产生干涉.

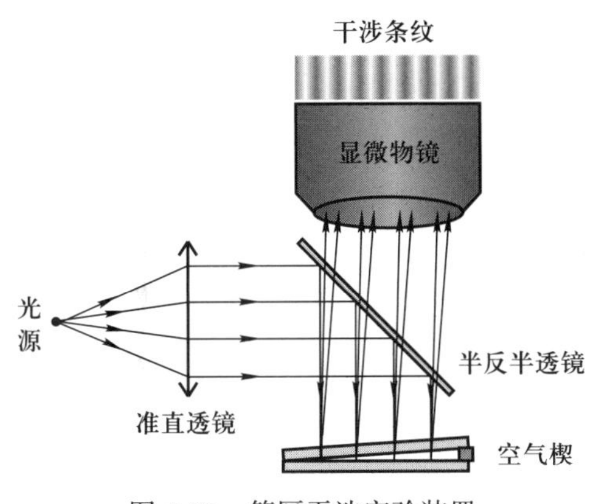

图 5.22 等厚干涉实验装置

通常使用单色光垂直照射薄膜, 即 $\gamma \approx 0$, 所以总光程差 (假设上下表面的反射光存在半波损失) 为 $\varDelta = 2nd + \dfrac{\lambda}{2}$.

1. 条纹间距和所对应的厚度差

当 $2nd + \dfrac{\lambda}{2} = k\lambda$ (k 为整数) 时, 为亮条纹; 当 $2nd = k\lambda$ (k 为整数) 时, 为暗条纹.

如图 5.23 所示, 两相邻亮条纹 (暗条纹) 之间的厚度差为

$$\Delta d = d_{k+1} - d_k = \frac{\lambda}{2n}, \tag{5.27}$$

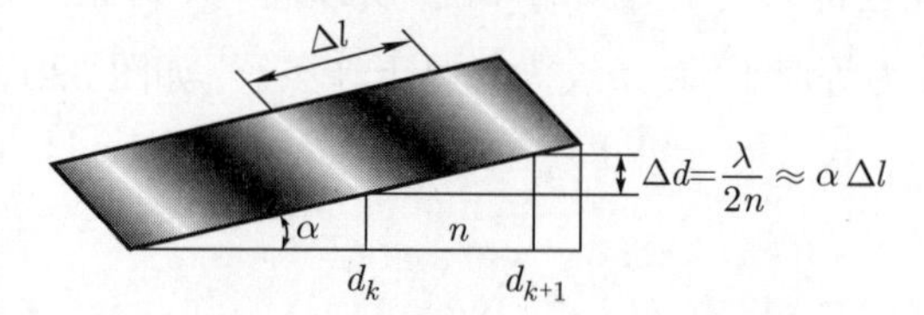

图 5.23　等厚干涉条纹的间距和厚度差

条纹间距为

$$\Delta l = \frac{\Delta d}{\alpha} = \frac{\lambda}{2n\alpha}. \tag{5.28}$$

条纹间距和薄膜劈角 α 成反比. 当劈角增大时, 条纹向薄膜顶角方向移动, 同时条纹密度增大; 当劈角减小时, 条纹反向移动, 同时条纹密度减小. 因为存在半波损失, 所以顶角处的条纹始终为暗条纹. 当劈角不变, 构成空气楔的某一玻璃片上下移动时, 干涉条纹平移, 但条纹间距保持不变. 每平移一干涉条纹, 玻璃片移动 $\lambda/(2n)$.

2. 等厚干涉的应用

等厚干涉可用于测量一些涉及长度的量, 以及检测工件表面的平整度. 下面列举一些例子来说明它的应用.

例题 5.7　图 5.24 为测量钢球直径的实验装置, 波长为 589.3 nm 的钠黄光垂直照射到长度为 L =30.0 mm 的空气楔上, 测得条纹间距为 Δl =1.50 mm. 求钢球直径 d.

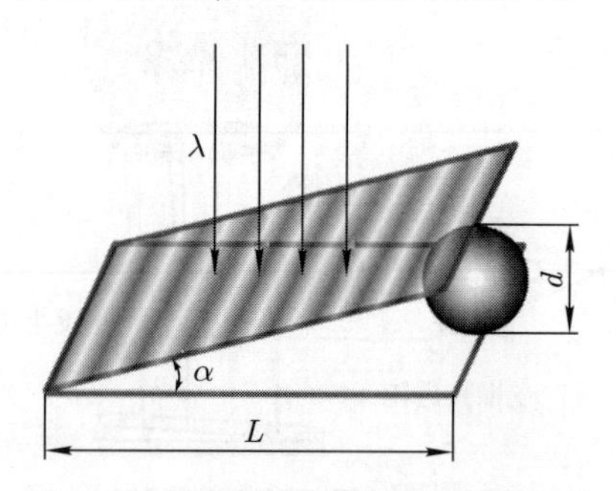

图 5.24　利用等厚干涉测量钢球直径

解　空气楔的劈角为 $\alpha = \frac{\lambda}{2\Delta l}$ (空气的折射率为 1), 则钢球直径为

$$d = L\alpha = \frac{L\lambda}{2\Delta l} = 30.0 \times 10^{-3} \times \frac{589.3 \times 10^{-9}}{2 \times 1.50 \times 10^{-3}}\ \text{m} = 5.89\ \mu\text{m}.$$

例题 5.8　为检测某一工件的表面平整度, 在它的表面上放一标准平板玻璃, 一端垫一薄垫片, 使平板玻璃与待测物体之间形成空气楔, 波长为 633 nm 的光垂直照射到

该空气楔上, 观测到一般的干涉条纹间距为 $\Delta l = 3.00$ mm, 但某处干涉条纹发生弯曲, 如图 5.25 所示, 其弯曲的最大畸变量为 a =1.50 mm. 问: 此处工件表面有怎样的缺陷, 其深度 (或高度) 如何?

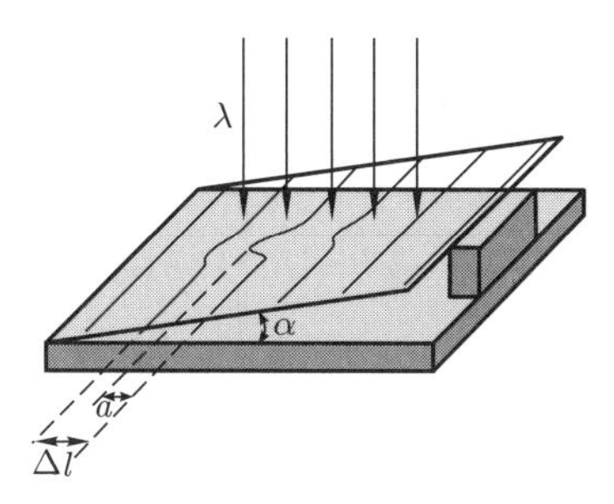

图 5.25 检测工件的表面平整度

解 首先判断此处工件表面是凹坑还是鼓包. 由于同一干涉条纹对应相同的薄膜厚度, 因此干涉条纹向顶角方向弯曲表明此处一定是凹坑. 因为凹坑使得薄膜厚度增大, 所以条纹向薄膜厚度减小的方向弯曲, 以抵消薄膜厚度的增大, 保持同一干涉条纹对应的薄膜厚度不变. 凹坑的深度等于条纹弯曲对应的薄膜厚度的减小量, 即

$$h = a \cdot \alpha = a\frac{\lambda}{2\Delta l} = 1.50 \times 10^{-3} \times \frac{633 \times 10^{-9}}{2 \times 3.00 \times 10^{-3}} \text{ m} \approx 0.158 \text{ μm}.$$

我们通过例题 5.7 和例题 5.8 说明了薄膜等厚干涉的应用, 由此可知, 干涉测量具有非常高的精度.

5.4.6 牛顿环

牛顿环是一种典型的分振幅等厚干涉实验装置, 它常用于检验透镜的球表面质量. 其实验装置如图 5.26 所示. 如果平凸透镜的凸面是一个严格的球面, 则干涉条纹为一

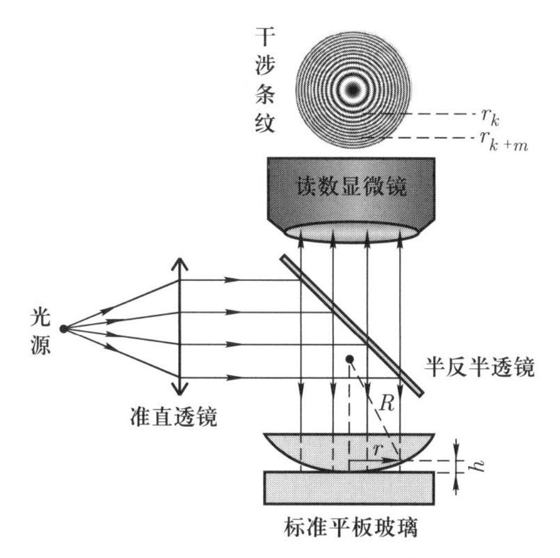

图 5.26 牛顿环干涉实验装置

族同心圆环, 因为存在半波损失, 所以光程差公式可写为

$$\Delta = 2h + \lambda/2 = \begin{cases} k\lambda, & \text{亮条纹}, \\ \left(k + \dfrac{1}{2}\right)\lambda, & \text{暗条纹}, \end{cases}$$

其中, k 为整数; h 为平凸透镜的凸面和平板玻璃之间的空气膜的厚度:

$$h = R - \sqrt{R^2 - r^2} = R\left[1 - \sqrt{1 - \left(\frac{r}{R}\right)^2}\right].$$

因为 $r \ll R$, 所以 h 可近似为

$$h \approx \frac{r^2}{2R}.$$

亮条纹和暗条纹的半径分别为

$$r_k^2 = \begin{cases} \left(k - \dfrac{1}{2}\right)R\lambda, & \text{亮条纹}, \\ kR\lambda, & \text{暗条纹}, \end{cases}$$

其中, k 为整数.

下面介绍测量平凸透镜曲率半径的方法. 如图 5.26 所示, 测量出 r_k 和 r_{k+m}, 即可计算出 R. 因为

$$r_{k+m}^2 - r_k^2 = \left(k + m - \frac{1}{2}\right)R\lambda - \left(k - \frac{1}{2}\right)R\lambda = mR\lambda,$$

所以

$$R = \frac{r_{k+m}^2 - r_k^2}{m\lambda},$$

其中, k 和 m 为整数.

5.4.7　维纳实验

光与物质的相互作用主要是光与分子 (或原子) 的外层电子的相互作用. 光是电磁波, 运动的电子在光场中同时受到电场力和磁场力. 电场力和磁场力哪个起主要作用, 还是作用等同? 1890 年, 德国科学家维纳 (Wiener) 用干涉实验回答了这个问题, 实验装置如图 5.27 所示.

将一感光胶板以一定的倾角置于平面反射镜之上, 相干照明光正入射, 入射光和反射镜的反射光相干叠加形成干涉场. 从光疏介质到光密介质的正入射, 反射光的电场矢量有半波损失, 而磁场矢量没有, 于是在图 5.27 中的顶角, 即空气薄膜的厚度为零处, 电场干涉相消, 而磁场干涉相长. 对于光和感光材料分子的相互作用, 如果电场力起主要作用, 则顶角处的感光胶不被曝光, 记录下暗条纹; 如果磁场力起主要作用,

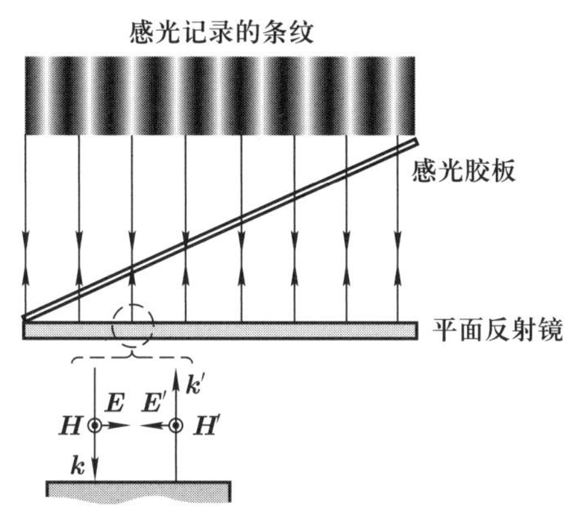

图 5.27 维纳实验装置

则顶角处的感光胶被曝光, 记录下亮条纹. 实验观测到顶角处的感光胶板记录下的是暗条纹, 表明光与物质的相互作用主要是由光的电场力产生的.

维纳利用相干叠加的条件, 又设计了一个干涉实验, 进一步证实了他的结论. 图 5.28 给出了他的实验方案.

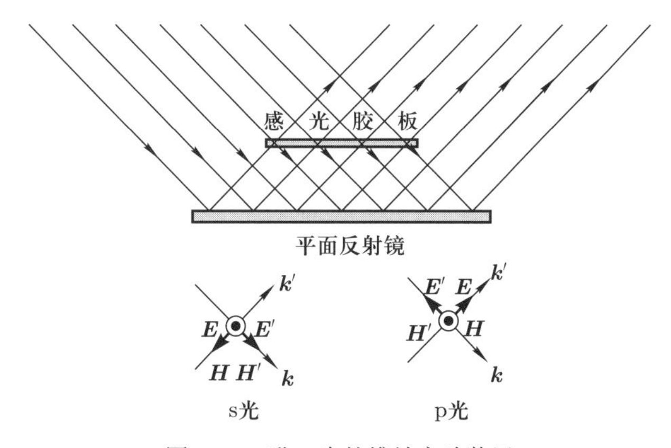

图 5.28 进一步的维纳实验装置

如图 5.28 所示, 线偏振相干平面光以 45° 角入射到平面反射镜上, 入射光 ($\boldsymbol{k}$) 和反射光 ($\boldsymbol{k}'$) 的传播方向垂直. 相干叠加的必要条件之一是参与叠加的两列光波的振动方向必须有平行分量, 即振动方向垂直的两列光波的叠加必然是非相干的. 对于 s 光入射, $\boldsymbol{E}//\boldsymbol{E}'$, $\boldsymbol{H}\perp\boldsymbol{H}'$, 则电场为相干叠加, 而磁场为非相干叠加, 实验结果为感光胶板记录下亮暗相间的条纹. 对于 p 光入射, $\boldsymbol{E}\perp\boldsymbol{E}'$, $\boldsymbol{H}//\boldsymbol{H}'$, 则电场为非相干叠加, 而磁场为相干叠加, 实验结果为感光胶板上亮度均匀, 无干涉条纹出现. 这些结果表明, 在光与物质的相互作用中, 电场力起主要作用, 而磁场力的作用可以忽略.

也可以通过理论估算出在一般强度的光中, 作用于电子上的电场力远远大于磁场

力. 电子在电磁场中受到的力为

$$\boldsymbol{f} = -e(\boldsymbol{E} + \boldsymbol{v} \times \boldsymbol{B}).$$

光的电场和磁场对电子的作用力之比为

$$\frac{|f_B|}{|f_E|} = v\frac{|\boldsymbol{B}|}{|\boldsymbol{E}|},$$

因为

$$\boldsymbol{B} = \frac{1}{\omega}\boldsymbol{k} \times \boldsymbol{E},$$

所以

$$\frac{|f_B|}{|f_E|} = n\frac{v}{c}.$$

一般情况下, 分子外层电子的运动速度远远小于光速, 所以光中的磁场力远远小于电场力, 因此磁场力的作用可以忽略. 仅在光强极强, 光的电场将电子加速到可以和光速相比拟时, 在光与物质的相互作用中, 磁场力的作用才不能忽略.

5.5 迈克耳孙干涉仪和其他分振幅干涉装置

5.5.1 迈克耳孙干涉仪的结构

迈克耳孙干涉仪是分振幅干涉装置, 最初设计迈克耳孙干涉仪的目的是测量 “以太” 的漂移速度, 目前, 它广泛应用于精密测量. 图 5.29 给出迈克耳孙干涉仪的光路图, 它具有相互垂直的两臂. 分束镜 G_1 为厚度和折射率均匀的石英板, 并在其背面镀了一层半反半透的金属膜. 入射光经 G_1 一分为二, 一束 (反射) 光经固定平面反射镜 M_2 反射, 原路返回, 再经 G_1 透射; 另一束 (透射) 光由前后位置和俯仰角均可调节的平面反射镜 M_1 反射, 来回两次经过补偿板 G_2, 再经 G_1 反射. 之后, 两束光叠加在一起. M_1 对 G_1 成的像为 M_1', M_1 的反射光可以看成来自 M_1' 的反射, 这样, M_1 和 M_2 的反射光在叠加区的干涉等价于以 M_1' 和 M_2 为表面的薄膜干涉. G_2 是和 G_1 完全相同的石英板, G_2 和 G_1 平行, 用于补偿反射光多经过 G_1 两次的色散引起的光程差. 如果照明光为严格单色光, 则 G_2 存在与否不影响干涉效果. 如果照明光为非单色光, 例如, 白光, 则 G_2 必须存在; 若无 G_2, 则两束光往返玻璃板的次数不同, 而玻璃有色散, 调节 M_1 的臂长不可能使所有波长的光同时达到两臂等光程, 即不同波长光的零级干涉条纹将彼此错开, 使得干涉条纹变得模糊, 甚至无法观察到干涉条纹. 注意: 两束在 G_1 背面金属膜反射的光, 一束在 G_1 内部, 另一束在 G_1 外部, 因反射的表面不同而产生相位突变, 由于是金属表面, 相位突变并非恰好为 π.

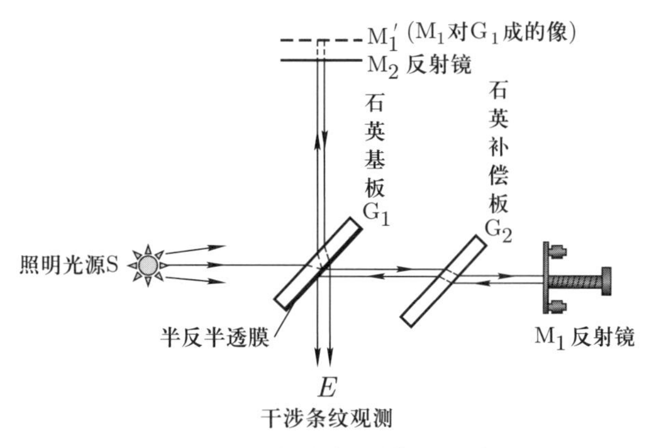

图 5.29 迈克耳孙干涉仪的光路图

迈克耳孙干涉仪有两个工作模式:

(1) 发散光源照明. 如果 M_1 和 M_2 严格垂直于两臂, 则 M_1 成的像 M_1' 平行于 M_2. 以 M_1' 和 M_2 为表面构成的虚膜厚度均匀, 此时的干涉等价于等倾干涉, 干涉条纹为一族同心圆环. 当 M_1 的臂长改变时, 相当于虚膜的厚度改变, 条纹出现吞吐现象. M_1 的臂长每改变 $\Delta l = \lambda/(2n)$ 时, 吞吐一条条纹, 其中, n 为空气的折射率.

(2) 照明光为平面光. 如果 M_1 有一定的倾角, 则以 M_1' 和 M_2 为表面构成的虚膜具有一定的倾角, 此时的干涉等价于等厚干涉, 干涉条纹为一族等间距的平行线. 当 M_1 的臂长改变时, 干涉条纹发生平移. M_1 的臂长每改变 $\Delta l = \lambda/(2n)$ 时, 平移一条条纹, 其中, n 为空气的折射率.

5.5.2 迈克耳孙干涉仪的应用

1. 长度的精密测量

迈克耳孙干涉仪的 M_1 臂由丝杠操纵做长程平移时, 干涉条纹出现平移或吞吐现象. 平移 (或吞吐) N 条条纹, 对应 M_1 臂的平移距离为

$$l = N\frac{\lambda}{2n},$$

其中, n 为空气的折射率. 迈克耳孙干涉仪的长度测量精度为

$$\delta l = \delta N\frac{\lambda}{2n}.$$

它取决于对干涉光强变化的计数精度 δN, 目前, δN 的精度一般可以达到 $1/20 \sim 1/10$, 所以使用可见光 ($\lambda \approx 500$ nm) 照明时, 长度的测量精度约为

$$\delta l \approx 20 \text{ nm}.$$

迈克耳孙干涉仪测量长度时所用的单位为波长, 这启发人们重新定义了长度的单位 “米”. 1889 年第一届国际计量大会, 制定铂铱米尺, 称为米原尺, 规定了 “米”

的实物基准. 1960 年第十一届国际计量大会将“米”的实物基准改成自然基准, 规定“1 米的长度等于氪 86 原子的 $2p^{10}$ 和 $5d^{5}$ 能级之间跃迁的辐射光在真空中波长的 1650763.73 倍”. 1983 年第十七届国际计量大会再次定义“米”, 规定“米是光在真空中 1/299792458 s 时间间隔内所经路径的长度”, 把基本单位“米”和“秒”与真空中的光速联系起来.

2. 傅里叶红外光谱仪

傅里叶 (Fourier) 红外光谱仪用于测量物质对红外线的吸收和辐射光谱, 可以进行分子结构、化学组分的分析, 它的发展始于 20 世纪 50 年代和 60 年代, 见参考文献 (J. Physique, 1958, 19: 187; J. Opt. Soc. Am., 1964, 54: 1474; J. Opt. Soc. Am., 1966, 56: 896 等). 目前, 傅里叶红外光谱仪已经在诸如医药卫生、化工、环保、石油等众多领域中具有广泛的应用. 仪器的主要组成部分为迈克耳孙干涉仪, 如图 5.30 所示. 设已知照明光的光强分布 $I_0(\lambda)$, 频率或波长相同是两束光相干叠加的必要条件. 对于非单色光照明, 我们可以如此处理: 把光谱分割成波长宽度为 $\mathrm{d}\lambda$ 的无限多小份, 每份可以看成严格单色光, 它通过分振幅产生的两束光相干叠加. 不同小份之间为非相干叠加, 即光强求和.

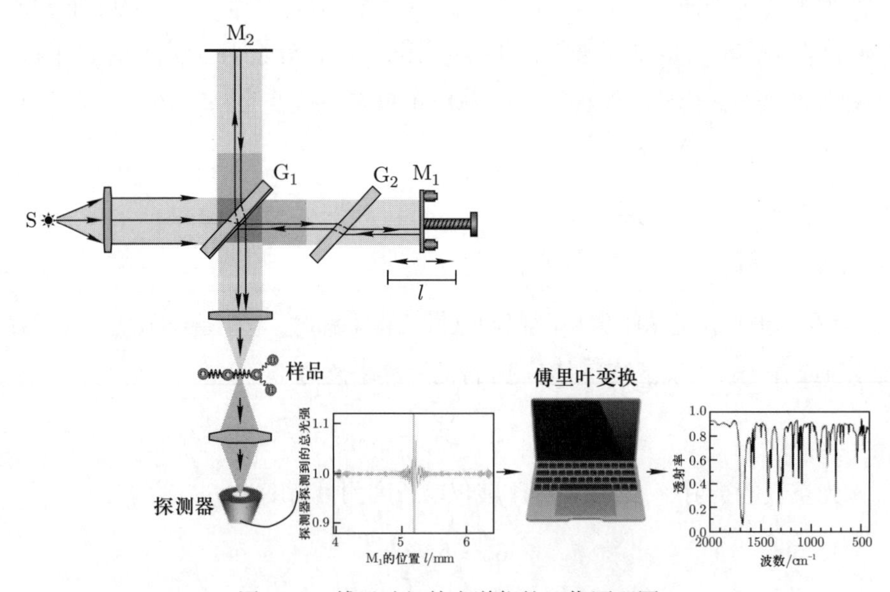

图 5.30　傅里叶红外光谱仪的工作原理图

设 M_1 和 M_2 的反射率为 100%, G_1 的反射率和透射率相等, 均为 50%, 所以每份分振幅产生的两束光的光强均可写成 $\dfrac{1}{4}I_0(\lambda)\mathrm{d}\lambda$ (两束光均反射和透射一次), 则干涉光强为

$$\mathrm{d}I = \frac{1}{2}I_0(\lambda)[1+\cos\delta(\lambda)]\mathrm{d}\lambda,$$

其中, $\delta(\lambda)=2lk$ 为两束光的相位差; $k=\dfrac{2\pi}{\lambda}$ 为波矢, 可用波矢 k 代替 λ 作为上式的变量; l 为可移动的 M_1 的位置, 设两臂等光程 (含相位突变) 时, $l=0$. 设待测样品的透射率为 $T(k)$, 经过样品的透射光的光强为 $T(k)I_0(k)$, 于是有样品时, 干涉光强为

$$\mathrm{d}I_{\mathrm{t}}=\frac{1}{2}T(k)I_0(k)(1+\cos 2lk)\mathrm{d}k.$$

不同波长光的叠加为非相干叠加, 所以探测器探测到的总光强与 l 之间的关系为

$$\begin{aligned}I_{\mathrm{t}}(l)&=\frac{1}{2}\int_0^{+\infty}T(k)I_0(k)(1+\cos 2lk)\mathrm{d}k=\frac{1}{2}\int_{-\infty}^{+\infty}T(k)I_0(k)(1+\cos 2lk)\mathrm{d}k\\&=\frac{1}{2}\int_{-\infty}^{+\infty}T(k)I_0(k)\mathrm{d}k+\frac{1}{2}\int_{-\infty}^{+\infty}T(k)I_0(k)\cos 2lk\,\mathrm{d}k\\&-I_{\mathrm{t}0}+\frac{1}{2}\int_{-\infty}^{+\infty}T(k)I_0(k)\cos 2lk\,\mathrm{d}k,\end{aligned}$$

其中, $2I_{\mathrm{t}0}$ 为 $l=0$ 时探测器探测到的光强. 因为 $\lim\limits_{k\to 0}I_0(k)=0$, 所以上式中的积分范围可以扩展到 $(-\infty,+\infty)$. 由傅里叶变换可得

$$T(k)I_0(k)=\frac{1}{\pi}\int_{-\infty}^{+\infty}[I_{\mathrm{t}}(l)-I_{\mathrm{t}0}]\cos 2lk\,\mathrm{d}l.$$

根据测量得到的 $I_{\mathrm{t}}(l)$ 和已知的光源光强分布 $I_0(k)$, 可以从上式求出样品的透射谱或吸收谱.

傅里叶变换光谱仪具有测量速度快、分辨本领高和信噪比高等优点, 这些优点在红外区显得更为重要, 因此它多用于红外光谱的测量.

3. 光学相干层析术

光学相干层析术 (OCT) 多用于医学诊断和监测. 这种仪器具有很多优点, 例如, 分辨率高, 可达到微米量级, 即使是单个细胞出现的病变也可以准确地检测出来; 扫描速度快, 每秒两千次的速度使得其可以快速完成生物体内活细胞的动态成像, 可以实时观察活细胞的动态过程和变化; 照明光的光子能量较低, 不会像 X 射线、核磁共振等检查那样会杀死活细胞. OCT 的主要组成部分为迈克耳孙干涉仪, 如图 5.31 所示, 照明光采用低相干性的白光或飞秒脉冲光, 其工作模式有两种: 傅里叶变换和时间扫描. 下面以时间扫描为例说明其工作原理.

飞秒脉冲光照明时, 经分束镜 G_1 一分为二, 一束光经 M_1 反射而折返, 为参考光, 另一束光经样品的不同界面反射而折返, 为信号光. 当参考光和信号光脉冲序列中的某一列脉冲同时到达探测器表面时, 就会产生干涉现象. 这种情形, 只有当参考光和信号光经过相等的光程时才会产生. 测量不同结构层面返回的光延迟时, 只需

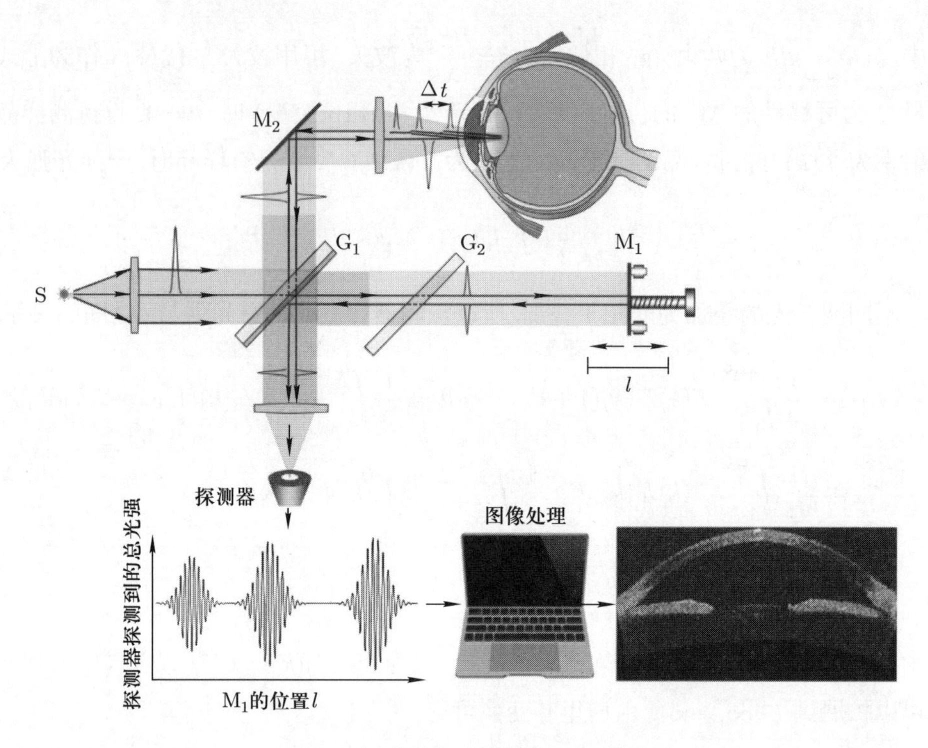

图 5.31 光学相干层析术的原理图

移动 M_1, 使参考光分别与不同的信号光产生干涉. 分别记录下相应的 M_1 的空间位置, 这些位置便反映了样品内不同结构的纵向位置, 即可得到样品在深度方向的一维测量数据. 通过 M_2 的转动可得到样品在横向方向的一维测量数据. 将得到的数据经计算机处理, 便可得到样品的立体断层图像. 不同材料或结构的样品反射光的光强不同, 根据反射光信号的强弱, 赋予其相应的色彩, 这样, 便可得到样品的假彩色图. 它的纵向分辨率取决于时间分辨率. 通过扫描 M_1 测量出样品两个界面反射的时间差:

$$\Delta t = \frac{2n\Delta d}{c},$$

其中, n 为样品的折射率, Δd 为样品的厚度. 改写上式为

$$\Delta d = \frac{c\Delta t}{2n}.$$

如果照明光脉冲的脉冲时间为 100 fs, 则纵向分辨率为 (设 $n \approx 1.5$)

$$\delta d \approx \frac{100 \times 10^{-15} \times 3 \times 10^{8}}{2 \times 1.5}\ \mathrm{m} = 10\ \mu\mathrm{m}.$$

OCT 的发展始于 20 世纪 80 年代的白光干涉仪, 它可应用于生物组织的实时成像. 20 世纪 90 年代, OCT 得到快速发展 (Optical Instrumentation for Biomedical Laser

Applications, 1986, 658: 48; Optics Letters, 1988, 13: 186), 例如, 1993 年报道了视网膜 OCT 成像 (American Journal of Ophthalmology, 1993, 116: 113), 1997 年报道了 OCT 内窥镜. 除了医学检查外, OCT 还可应用于文物保护、分析油画的不同涂层结构等.

4. 迈克耳孙 – 莫雷实验

1887 年, 迈克耳孙和莫雷利用迈克耳孙干涉仪测量了两束方向垂直的光的光速差, 试图探测地球相对于绝对静止的 "以太" 参考系的相对移动 (American Journal of Science, 1887, 34: 333). 但是实验结果显示不同方向的光速相同, 即光速差为零, 否认了 "以太" 的绝对静止参考系的观点, 动摇了经典物理的时空观. 随后, 不同研究者在不同季节、不同地点重复了迈克耳孙 – 莫雷实验, 结果都表明光速差为零. 该结果最终导致人们放弃了伽利略变换, 去寻求与相对性原理和麦克斯韦电磁理论和谐统一的新的时空变化, 产生了狭义相对论.

迈克耳孙 – 莫雷的实验中假定: 光 (麦克斯韦电磁波) 必须在 "以太" 中传播, 并且在 "以太" 参考系下, 光速沿各个方向都相同. 在其他参考系下, 光速满足伽利略变换. 如图 5.32 所示, 设实验室参考系相对于 "以太" 参考系的运动速度为 v, 在 "以太" 参考系下看, 光在真空中沿各个方向的速度都为 c, 根据伽利略变换可知, 在实验室参考系下, 光在真空中的速度不再是沿各个方向都为 c, 而是各向异性的.

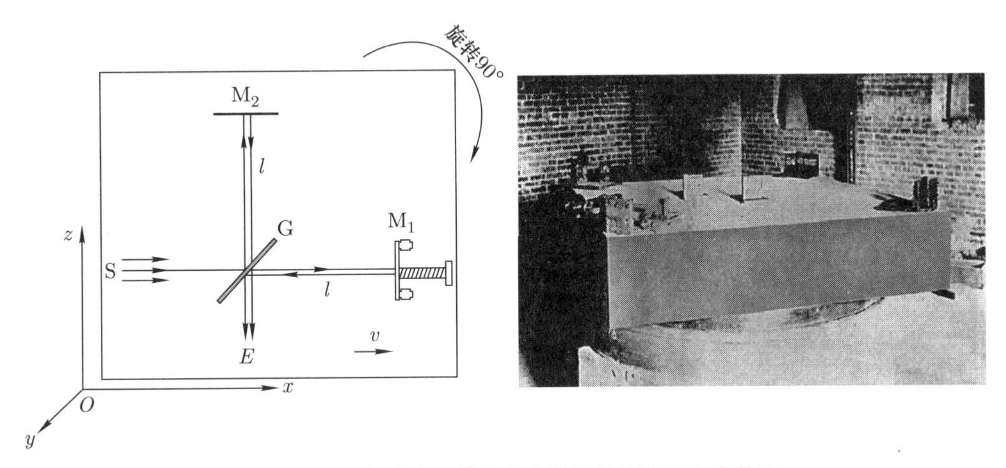

图 5.32 迈克耳孙 – 莫雷实验装置的原理图和实物图

如图 5.33(a) 所示, 在实验室参考系下, 光从 $\mathrm{G} \to \mathrm{M}_1$ 的速度为

$$v_1' = c - v;$$

光从 $\mathrm{M}_1 \to \mathrm{G}$ 的速度为

$$v_1'' = c + v.$$

所以光在 G 和 M_1 之间的往返时间为

$$t_1 = \frac{l}{c-v} + \frac{l}{c+v} = \frac{2l}{c} \cdot \frac{1}{1-\left(\frac{v}{c}\right)^2} \approx \frac{2l}{c} \cdot \left[1+\left(\frac{v}{c}\right)^2\right].$$

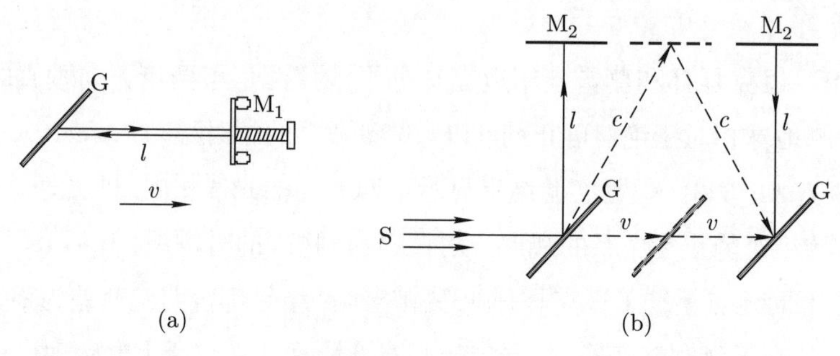

图 5.33 (a) G→ M_1 的光的往返时间, (b) G→ M_2 的光的往返时间

如图 5.33(b) 所示, 在实验室参考系下, 光在 G 和 M_2 之间的往返速度为

$$v_2' = v_2'' = \sqrt{c^2 - v^2},$$

则往返时间为

$$t_2 = \frac{2l}{\sqrt{c^2 - v^2}} = \frac{2l}{c} \cdot \frac{1}{\sqrt{1-\left(\frac{v}{c}\right)^2}} \approx \frac{2l}{c} \cdot \left[1+\frac{1}{2}\left(\frac{v}{c}\right)^2\right].$$

注意: 因为一般情况下, $v \ll c$, 所以上面表示 t_1 和 t_2 的两式使用了泰勒展开, 并保留到一阶小量. 由此可知, $t_1 \neq t_2$, 即分振幅产生的两束光再次回到 G 发生相干叠加时有了一个时间差 $\Delta t = t_1 - t_2$, 相当于两臂有了光程差:

$$\Delta L_0 = c\Delta t = c(t_1 - t_2) \approx l\left(\frac{v}{c}\right)^2.$$

若将干涉仪沿竖直轴旋转 90°, 则光在两臂的往返时间对换, 即时间差或光程差改变正负号, 所以在旋转过程中, 相对于观察点, 光程差有一个改变量:

$$\delta(\Delta L) = 2\Delta L_0 \approx 2l\left(\frac{v}{c}\right)^2.$$

因此在干涉仪的旋转过程中, 干涉条纹会发生移动. 若光源为钠黄光, $\lambda = 589$ nm, 地球公转和自转的速度约为 $v = 30$ km/s, 臂长 l =11 m, 则可以推算出条纹移动 ΔN =0.4, 但是没有观察到条纹移动. 经过多次重复实验, 都是否定的结果. 图 5.34 为实验测量结果和理论计算值的对比, 图中的理论值乘了 1/8.

这个否定的结果开启了新的时空观, 成为物理学发展史上的一个里程碑. 庞加莱 (Poincaré) 于 1900 年提出: “我们的 ‘以太’ 真的存在吗? 我相信, 再精确的观测也绝不

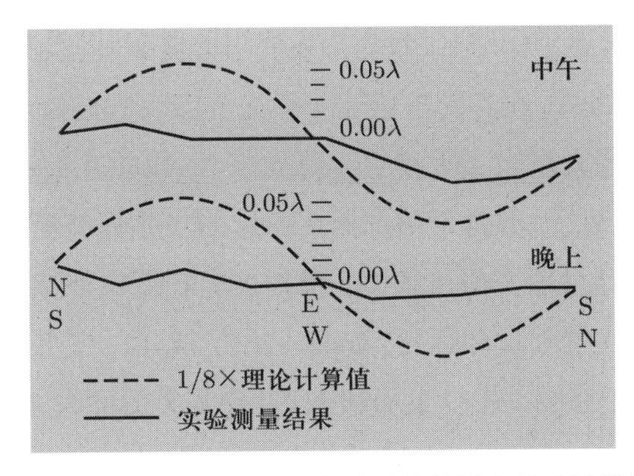

图 5.34 迈克耳孙 – 莫雷实验的实验测量结果和理论计算值的对比

能揭示任何比相对位移更多的东西.” 爱因斯坦评价这个实验: “许多否定的结果不是十分重要的, 但是迈克耳孙实验却给出了一个任何人都应当理解的真正伟大的结果.” 之后, 爱因斯坦建立了狭义相对论, 成功诠释了迈克耳孙 – 莫雷实验的结果. 但是科学家们并没有停止迈克耳孙 – 莫雷实验. 1881 年, 迈克耳孙开始了这个实验; 1887 年, 迈克耳孙和莫雷合作进行实验测量; 1902—1904 年, 莫雷和米勒 (Miller) 升级干涉仪, 继续测量; 1921—1926 年, 米勒再次测量; 1924 年, 托纳斯查克 (Tornascheck) 重复迈克耳孙 – 莫雷实验; 1926 年, 肯尼迪 (Kennedy), 1927 年, 伊林沃思 (Illingworth)、皮卡德 (Piccard) 和斯塔赫尔 (Stahel) 分别重复实验; 1929 年, 迈克耳孙再次重复实验; 1930 年, 约斯 (Joos) 进行了迈克耳孙 – 莫雷实验 …… 所有的实验都是否定的结果. 可能大家会感觉这些科学家们过于执着和保守, 爱因斯坦的理论已经取得了重大成功, 并解决了这些问题, 但是他们还是坚守了几十年, 正是科学家们的坚守, 才使物理学能够沿着正确和科学的方向发展.

5. 引力波的探测

迈克耳孙 – 莫雷实验开启了新的时空观, 爱因斯坦先后创建了狭义相对论和广义相对论. 1916 年, 爱因斯坦根据广义相对论预言了引力波的存在. 引力波的成功探测成为证实广义相对论的重要依据.

天文观测结果佐证了引力波的存在. 20 世纪 70 年代, 普林斯顿大学的赫尔斯 (Hulse) 和泰勒发现并观测了脉冲双星 PSR 1913+16 的轨道周期的变化, 该变化可以用引力波辐射理论精确地计算出来. 这两位科学家因为这个工作荣获 1993 年的诺贝尔物理学奖.

人们一直试图找到引力波的直接证据. 20 世纪 60 年代, 美国科学家韦伯 (Weber) 和苏联科学家赫尔岑施泰因 (Gertsenshtein)、普斯托沃伊特 (Pustovoit) 提出测量引力波的激光干涉仪的雏形. 1967 年, 韦斯 (Weiss) 通过理论分析了激光干涉仪对引力波的探测, 同时期的索恩 (Thorne) 致力于发展引力波和其波源的理论, 20 世纪 60 年代末期, 福沃德 (Forward) 和其同事组建了激光干涉引力波探测的锥形器件. 20 世纪 80—90 年代, 美国筹建大型激光干涉引力波观测站 (LIGO), 为确保探测的可信性, 建设了两个独立的观测站, 一个位于美国西北海岸的华盛顿汉福德, 1994 年动工, 另一个位于美国南海岸的路易斯安那州利文斯顿, 1995 年破土, 两者相距 3000 km. 巴里什 (Barish) 主导了 LIGO 的建设和运行. 2002—2010 年, LIGO 并没有探测到引力波. 历经 5 年, 2015 年 9 月, 完成 LIGO 的升级改造, 探测灵敏度为原来的 4 倍.

2015 年 9 月 14 日, 人们首次探测到引力波, 其信号频率从 35 Hz 徐徐上升至 250 Hz, 峰值振幅为 1.0×10^{-21}, 它的波形特征符合广义相对论预言的由一对黑洞旋近和合并产生引力波. 这是第一次直接证实引力波的存在, 引起了科学界的轰动. 图 5.35 为改造后的 LIGO 工作原理图和探测到的数据图. LIGO 就是一巨大的迈克耳孙干涉仪, 臂长 4 km, 由直径为 1.2 m 的真空钢管组成, 并采用被动阻尼和主动阻尼的隔震技术. 为了提升探测灵敏度, 增加光程, 两臂中引入法布里 - 珀罗 (Fabry–Perot, 简称 FP) 腔. 引力波引起空间扭曲和两臂的光程差的改变, 从而探测出干涉信号的变化. 截至 2017 年 8 月, LIGO 先后 5 次探测到引力波, 前 4 次都是由黑洞的合并产生的, 2017 年 8 月 17 日, 第 5 次, 也是首次探测到源于两中子星碰撞产生的引力波, 并且, 同时探测到同一源点辐射的电磁信号, 这证实引力波的传播速度和光一样. 2017 年, 诺贝尔物理学奖授予韦斯、巴里什和索恩, 以表彰他们在引力波探测中的卓越贡献.

除了 LIGO, 世界上还有多个类似的引力波观测站, 它们都是基于迈克耳孙干涉仪建设的, 例如, 意大利比萨的 Virgo, 臂长 3 km; 日本的 TAMA, 臂长 300 m, CLIO, 臂长 1000 m; 德国和英国合建的 GEO600, 臂长 600 m; 等等.

基于迈克耳孙干涉仪的迈克耳孙 - 莫雷实验开启了新的时空观, 促使爱因斯坦创建了狭义相对论和广义相对论, 相对论理论预言了引力波. 百年后, 还是基于迈克耳孙干涉仪的引力波观测站探测到了引力波, 证实了爱因斯坦的理论.

迈克耳孙干涉仪已应用于很多领域, 这里不再一一赘述, 相信它还能再创辉煌.

5.5.3 其他分振幅干涉仪

1. 马赫 - 曾德尔干涉仪

图 5.36 给出了马赫 - 曾德尔干涉仪的原理图 (Zeitschrift für Instrumentenkunde, 1891, 11: 275; Zeitschrift für Instrumentenkunde, 1892, 12: 89). 光源发出的平面光经半反半透镜 G_1 分束, 一束为物光 C_2, 另一束为参考光 C_1, 它们分别经反射镜反射, 再由半反半透镜 G_2 反射和透射, 之后两束光叠加, 探测器探测到干涉信号. 它可用于研究气流的分子数密度的动态分布, 在光通信中可作为电光调制器, 目前, 它也广泛应用

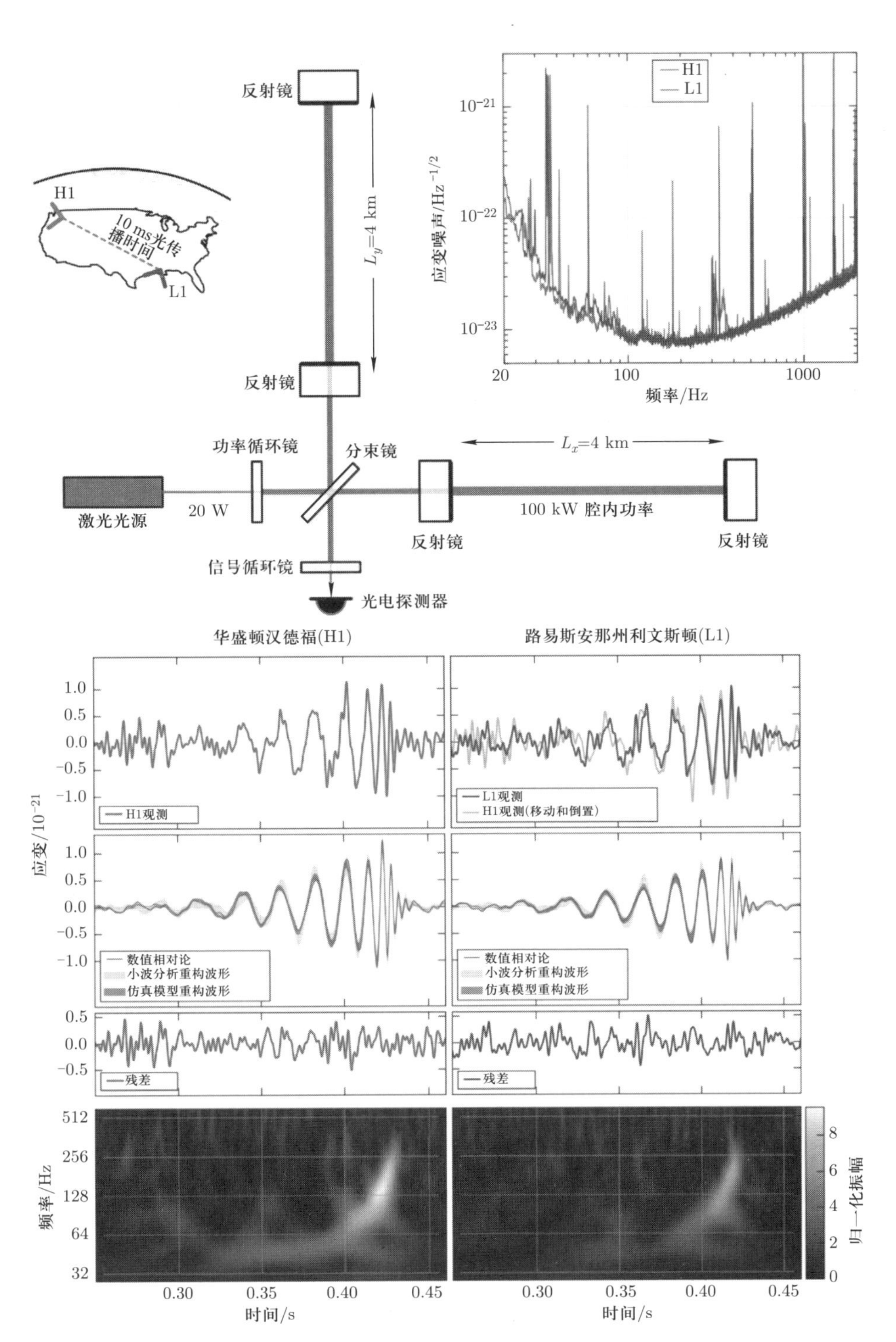

图 5.35 改造后的LIGO工作原理图和探测到的引力波信号 (Phys. Rev. Lett., 2016, 116: 061102)

于量子光学研究, 例如, 贝尔不等式、量子纠缠、伊利泽 – 威德曼 (Elitzur–Vaidman) 炸弹测试等.

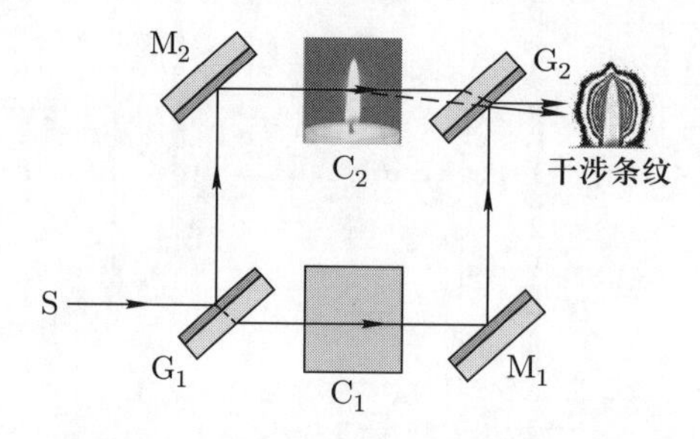

图 5.36 马赫 – 曾德尔干涉仪的原理图

2. 萨尼亚克干涉仪

1913 年, 法国物理学家萨尼亚克 (Sagnac) 制备了闭合回路干涉仪, 如图 5.37, 一束光经分束镜 G 一分为二, 分别进入同一回路, 一束光顺时针传播, 另一束光逆时针传播, 再经 G, 之后两束光叠加, 照射到探测器上. 他在物理实验中发现, 当回路绕其垂直轴旋转时, 干涉条纹会移动, 条纹的位移量和旋转角速率有关, 此现象称为萨尼亚克效应 (Comptes Rendus, 1913, 157: 708; Comptes Rendus, 1913, 157: 1410). 当萨尼亚克干涉仪静止时, 两束光的光程相等. 当萨尼亚克干涉仪旋转时, 两束光产生相位差. 设萨尼亚克干涉仪的回路为一个圆, 回路绕其垂直轴的旋转角速率为 Ω. 光从 G 出发, 再回到 G 时, 所用时间分别为

一束光: $ct_1 = 2\pi R + R\Omega t_1$, 即 $t_1 = \dfrac{2\pi R}{c - R\Omega}$;

另一束光: $ct_2 = 2\pi R - R\Omega t_2$, 即 $t_2 = \dfrac{2\pi R}{c + R\Omega}$.

两束光回到 G 时的相位差为

$$\delta\phi = \frac{2\pi}{\lambda} c(t_1 - t_2) = \frac{2\pi}{\lambda} c \frac{4\pi R^2 \Omega}{(c - R\Omega)(c + R\Omega)}.$$

因为 $c \gg R\Omega$, 所以

$$\delta\phi \approx \frac{8\pi}{\lambda} \frac{A\Omega}{c}, \tag{5.29}$$

其中, $A = \pi R^2$, 即为回路面积.

测量出条纹移动后, 可根据 (5.29) 式计算出干涉仪的旋转角速率. 这启发人们利用光的干涉现象来测量旋转角速率. 20 世纪 60 年代相继发明了激光器和低损耗光纤. 1976 年, 瓦利 (Vali) 和肖特希尔 (Shorthill) 基于萨尼亚克干涉仪的原理首次提出了光纤陀螺仪的概念 (Appl. Opt., 1976, 15: 1099), 利用多匝光纤增加回路面积 (见图 5.37(b)), 以提升测量灵敏度, 并能实现器件的小型化. 自此, 光纤陀螺仪引起科学家们

极大的重视, 世界许多科研机构和大学都投入了大量的人力和物力, 使得光纤陀螺仪的性能得到迅速提升. 光纤陀螺仪是一种结构简单、尺寸小、重量轻、寿命长、成本低、精度高的全固态惯性器件, 已经得到广泛应用, 例如, 各种运载火箭、舰船、巡航导弹、汽车导航仪、卫星定向和跟踪、光学罗盘、高精度寻北系统、天体观测望远镜的稳定和调向、石油钻井定向、机器人控制, 以及军、民用飞机的惯性导航等.

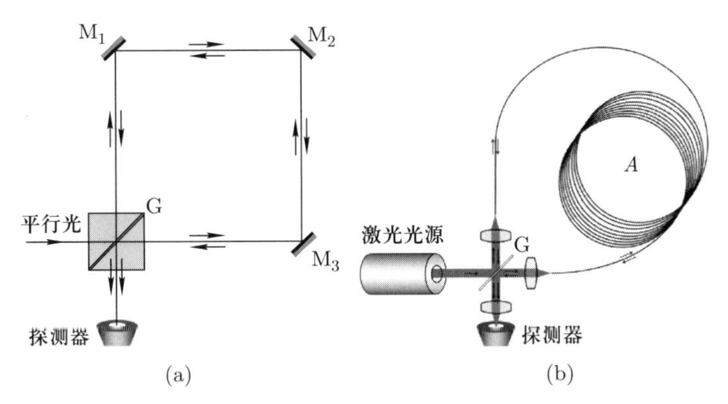

图 5.37　(a) 萨尼亚克干涉仪和 (b) 基于其原理制造的光纤陀螺仪

还有很多种类的分振幅干涉仪, 例如, 特外曼 (Twyman) – 格林干涉仪、雅明 (Jamin) 干涉仪, 它们在各个领域中都发挥着重要作用, 这里不再一一叙述.

5.6　时间相干性

如果用非单色光照射迈克耳孙干涉仪, 会对干涉场产生什么影响? 设照明光为准单色光, 其光谱分布如图 5.38 所示, 其振幅和波矢之间的关系为

$$a(k) = \begin{cases} A, & k \in [k_1, k_2], \\ 0, & k \notin [k_1, k_2], \end{cases}$$

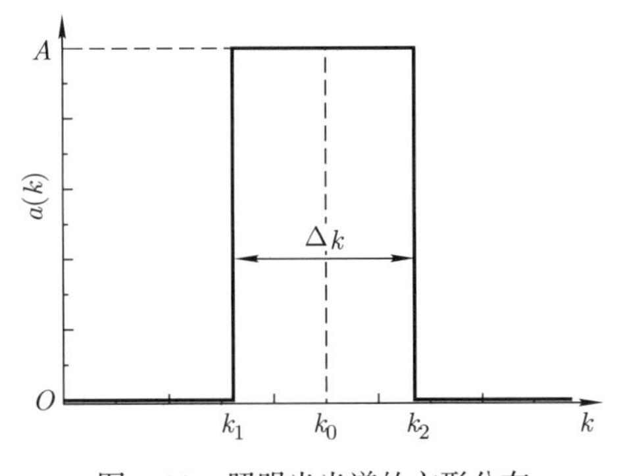

图 5.38　照明光光谱的方形分布

则光强分布为

$$I(k)=\begin{cases}A^2, & k\in[k_1,k_2],\\ 0, & k\notin[k_1,k_2],\end{cases}$$

其中, $k=2\pi/\lambda$ 为波矢, k_1 和 k_2 为光谱的起始和结束波矢, Δk 为光谱宽度, 对于准单色光, $\Delta k\ll k_1,k_2,k_0$, $k_0=2\pi/\lambda_0$ 为中心波矢. 根据相干叠加条件可知, 参与叠加的光必须具有相同的振动频率, 即振动频率相同的光为相干叠加, 振动频率不同的光为非相干叠加, 所以干涉光强为

$$\begin{aligned}I(l)&=\int_{k_1}^{k_2}I(k)(1+\cos 2lk)\mathrm{d}k=\int_{-\frac{\Delta k}{2}}^{\frac{\Delta k}{2}}I(K)[1+\cos(2lK+2lk_0)]\mathrm{d}K\\&=A^2\left(1+\frac{\sin l\Delta k}{l\Delta k}\cos 2k_0 l\right),\end{aligned}$$

其中, l 为两臂的光学长度差 (注: 光学长度为几何长度乘以所在介质的折射率), 则两臂的光程差为 $2l$; $K=k-k_0$. 因为 $\Delta k\ll k_0$, 使得 $\cos 2k_0 l$ 随光程差的变化速度远远快于 $\dfrac{\sin l\Delta k}{l\Delta k}$, 所以 $\cos 2k_0 l$ 决定了干涉条纹的间距, $\dfrac{\sin l\Delta k}{l\Delta k}$ 决定了干涉衬比度. 因此干涉衬比度为

$$\gamma=\left|\frac{\sin l\Delta k}{l\Delta k}\right|. \tag{5.30}$$

当两臂等光程时, $l=0,\gamma=1$; 当移动一臂, 使 l 增大时, 干涉衬比度减小; 当 l 增大到使得 $l\Delta k=\pi$ 时, 干涉衬比度减小到零. 即能观察到干涉条纹的两臂的最大光程差为

$$\Delta L_0=2l_{\mathrm{M}}=\frac{2\pi}{\Delta k}.$$

因为 $\Delta k\ll k_0$ 或 $\Delta\lambda\ll\lambda_0$, 则 $\Delta k\approx 2\pi\Delta\lambda/\lambda_0^2$, 所以

$$\Delta L_0\approx\frac{\lambda_0^2}{\Delta\lambda}. \tag{5.31}$$

满足高斯分布的光谱更为常见. 设迈克耳孙干涉仪的照明光的光谱满足高斯分布, 如图 5.39 所示. 光谱的高斯分布为 $a(k)=A\mathrm{e}^{-\left(\frac{k-k_0}{\Delta k}\right)^2}$, 对于准单色光, $\Delta k\ll k_0$, 则光强分布为

$$I(k)=A^2\mathrm{e}^{-2\left(\frac{k-k_0}{\Delta k}\right)^2},$$

干涉光强为

$$\begin{aligned}I(l)&=\int_0^{+\infty}I(k)(1+\cos 2lk)\mathrm{d}k=\int_{-k_0}^{+\infty}A^2\mathrm{e}^{-2\left(\frac{K}{\Delta k}\right)^2}[1+\cos(2lK+2lk_0)]\mathrm{d}K\\&\approx\int_{-\infty}^{+\infty}A^2\mathrm{e}^{-2\left(\frac{K}{\Delta k}\right)^2}[1+\cos(2lK+2lk_0)]\mathrm{d}K\\&=\sqrt{2\pi}A^2\Delta k\left[1+\mathrm{e}^{-\frac{1}{2}(l\Delta k)^2}\cos 2k_0 l\right],\end{aligned}$$

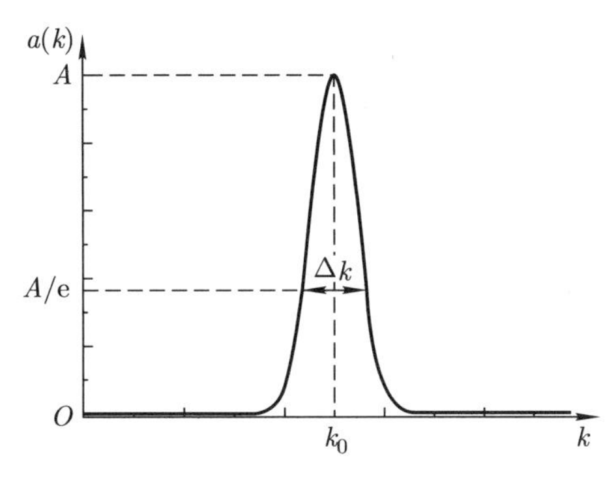

图 5.39 照明光光谱的高斯分布

其中, $K=k-k_0$. 注: 因为照明光为准单色光, 即 $\Delta k \ll k_0$, 所以当 k 趋近 0 时, $a(k)\approx 0$, 因此当 K 的积分上下限由 $(-k_0,+\infty)$ 拓展到 $(-\infty,+\infty)$ 时, 对积分结果的影响可以忽略. 所以干涉衬比度为

$$\gamma = \mathrm{e}^{-\frac{1}{2}(l\Delta k)^2}.$$

人眼能分辨的最小干涉衬比度约为 0.2, 所以可假定 $\gamma=\mathrm{e}^{-2}$ 时干涉条纹消失, 因此可以看到干涉条纹的最大光程差为

$$\Delta L_0 = 2l_{\mathrm{M}} \approx \frac{4}{\Delta k} \approx \frac{2}{\pi}\frac{\lambda_0^2}{\Delta\lambda} \sim \frac{\lambda_0^2}{\Delta\lambda}.$$

通过分析非单色光照射迈克耳孙干涉仪时光谱宽度对干涉衬比度的影响可知, 无论是方形分布光谱, 还是高斯分布光谱, 当参与叠加的两束光的光程差超过 $\lambda_0^2/\Delta\lambda$ 时, 干涉条纹都会消失. 那么, $\lambda_0^2/\Delta\lambda$ 代表着光的什么性质? 光程差超过 $\lambda_0^2/\Delta\lambda$ 时, 干涉条纹消失的物理机理是什么?

为了回答这些问题, 我们分析具有高斯分布光谱的一平面光在真空中的传播性质. 设这一平面光沿 x 轴传播, 它可以看成一系列不同波矢大小的单色平面光的叠加, 单色平面光的振幅和波矢大小之间的关系满足高斯分布, 即

$$\begin{aligned}
U(x,t) &= \int_0^{+\infty} a(k)\mathrm{e}^{-\mathrm{i}(\omega t-kx)}\mathrm{d}k = \int_0^{+\infty} A\mathrm{e}^{-[(k-k_0)/\Delta k]^2}\mathrm{e}^{\mathrm{i}k(x-ct)}\mathrm{d}k \\
&= \int_{-k_0}^{+\infty} A\mathrm{e}^{-(K/\Delta k)^2}\mathrm{e}^{\mathrm{i}(K+k_0)(x-ct)}\mathrm{d}K \approx \mathrm{e}^{\mathrm{i}k_0(x-ct)}\int_{-\infty}^{+\infty} A\mathrm{e}^{-(K/\Delta k)^2}\mathrm{e}^{\mathrm{i}K(x-ct)}\mathrm{d}K \\
&= A\Delta k\sqrt{\pi}\mathrm{e}^{-\frac{1}{4}(x-ct)^2(\Delta k)^2}\mathrm{e}^{\mathrm{i}k_0(x-ct)}.
\end{aligned}$$

上式的推导过程中使用了光的传播速度 $c=\omega/k$.

波函数 $U(x,t)$ 给出了非单色平面光的传播性质, 波列在空间呈现波包的形式, 波包中心以速度 c 向前传播, 偏离波包中心时, 其振幅呈指数衰减, 如图 5.40 所示. 衰减

到最大值的 1/e 的位置 $x_\pm$ 满足

$$\frac{1}{4}(x_\pm - ct)^2(\Delta k)^2 = 1.$$

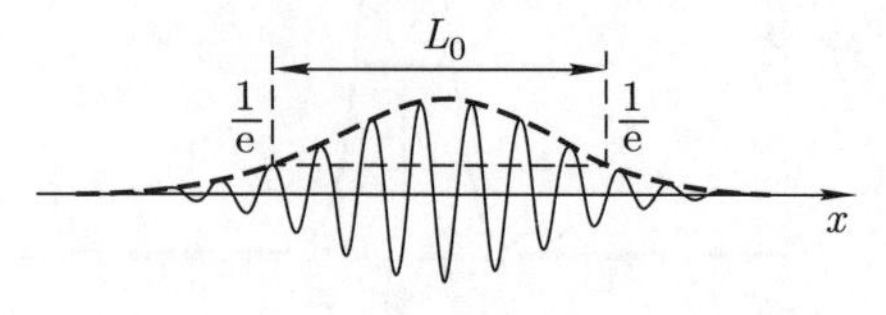

图 5.40 波列长度

定义波列长度为

$$L_0 = x_+ - x_- = \frac{4}{\Delta k} \approx \frac{2}{\pi}\frac{\lambda_0^2}{\Delta\lambda} \sim \frac{\lambda_0^2}{\Delta\lambda}. \tag{5.32}$$

由上面的分析可知, 干涉条纹消失时两束光的光程差 $\lambda_0^2/\Delta\lambda$ 是波列长度. 干涉条纹消失的物理机理也清楚了: 当光程差大于波列长度时, 同一束光分振幅产生的两束光经两臂往返, 无时间上的重叠, 也就是说, 参与叠加的光不是光源同一次辐射的, 所以没有稳定的初始相位差, 为非相干叠加, 于是干涉条纹消失.

波列长度 $L_0 = \lambda_0^2/\Delta\lambda$ 为光场纵向两点是否相干的标记, 称为相干长度. 相干长度除以真空中的光速等于相干时间, 即 $\tau_0 = L_0/c$, 它是波列的持续时间. 光场纵向的时间相干性也可以用相干时间表示. 对于准单色光, $\Delta\lambda/\lambda \approx \Delta\nu/\nu$, 其中, $\nu = c/\lambda$ 为光的频率, $\Delta\nu$ 为光谱频宽, 所以

$$\tau_0\Delta\nu \approx 1. \tag{5.33}$$

(5.33) 式是时间相干性的反比例关系, 是判断两束光是否相干叠加的必要条件.

薄膜干涉具有相同的性质, 光程差为 $\Delta L = 2nd\cos\gamma$, 时间差为 $\Delta t = \Delta L/c$, 其中, n 为薄膜的折射率, d 为薄膜的厚度, γ 为薄膜中的折射角.

当 $\Delta L > L_0$ 或 $\Delta t > \tau_0$ 时, 为非相干叠加, 无干涉条纹;

当 $\Delta L < L_0$ 或 $\Delta t < \tau_0$ 时, 为部分相干叠加, 干涉衬比度小于 1;

当 $\Delta L \approx 0$ 或 $\Delta t \approx 0$ 时, 为近全相干叠加, 干涉衬比度约等于 1.

我们给出了两个相干条件, 即空间相干性 ($b\Delta\theta_0 \approx \lambda$) 和时间相干性 ($\tau_0\Delta\nu \approx 1$). 尽管它们分别在分析分波前干涉 (杨氏干涉) 和分振幅干涉 (迈克耳孙干涉) 中提出, 但是无论是分波前干涉还是分振幅干涉, 要想获得稳定的干涉条纹都需要同时满足两个相干条件. 比如 2.2 节中的分析, 使用非单色光照射杨氏干涉装置时, 最多可以观察到 $\lambda/\Delta\lambda$ 级干涉条纹, 其实这就是时间相干性的限制; 再比如前面分析的薄膜干涉条纹的定域性, 其实这就是空间相干性的要求.

两个相干条件是量子力学中两个基本的不确定关系在经典光学中的表现. 空间相干性对应着位置和动量的不确定关系, 光源的宽度 b 为光子位置的不确定度, 空间的角度表示光子动量的不确定度: $\Delta p = \hbar k \Delta\theta_0$, 其中, $k = 2\pi/\lambda$. 时间相干性对应着时间和能量的不确定关系, 相干时间 τ_0 为时间不确定度, 光谱频宽 $\Delta\nu$ 表示光子能量的不确定度: $\Delta E = h\Delta\nu$.

5.7 多光束干涉和法布里 – 珀罗干涉仪

本节将介绍多光束干涉和法布里 – 珀罗干涉仪 (简称 FP 干涉仪) 及其应用, 例如, 超精细光谱分辨、谐振腔的选频等.

5.7.1 多光束干涉

前面讨论薄膜的分振幅干涉时只考虑了如图 5.41 中的反射光 1 和反射光 2 的相干叠加, 这是因为一般薄膜介质的界面反射率都比较低, 例如, 空气和玻璃界面的光强的反射率约为 4%, 所以反射光 1 和反射光 2 的光强大小相当, 都远远大于反射光 3, 并且反射光 3 又远远大于反射光 4 $\cdots\cdots$ 因此反射光 3, 4, 5 等对干涉条纹的影响可以忽略. 当反射率比较大时, 反射光 3, 4, 5 等对干涉的贡献不能忽略, 所以应该考虑多光束干涉.

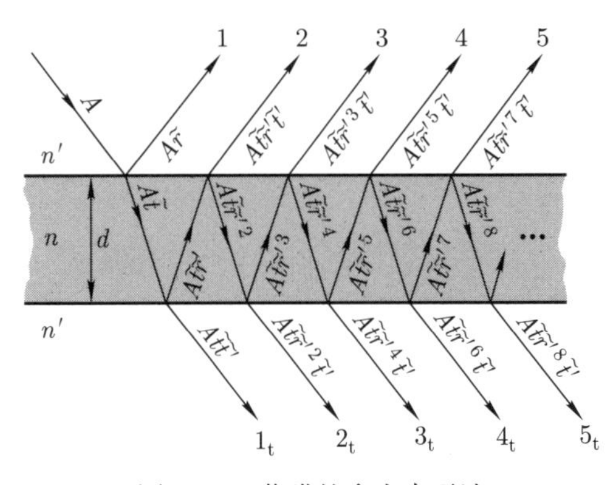

图 5.41 薄膜的多光束干涉

求解多光束干涉时, 可以使用光的叠加原理. 如图 5.41 所示, 各反射光和透射光的波前函数满足

$$\text{反射光}: \begin{cases} \widetilde{U}_1 = A\widetilde{r}, \\ \widetilde{U}_2 = A\widetilde{t}\widetilde{r}'\widetilde{t}'\mathrm{e}^{\mathrm{i}\delta}, \\ \widetilde{U}_3 = A\widetilde{t}\widetilde{r}'^3\widetilde{t}'\mathrm{e}^{\mathrm{i}2\delta}, \\ \widetilde{U}_4 = A\widetilde{t}\widetilde{r}'^5\widetilde{t}'\mathrm{e}^{\mathrm{i}3\delta}, \\ \cdots, \end{cases} \quad \text{透射光}: \begin{cases} \widetilde{U}'_1 = A\widetilde{t}\widetilde{t}', \\ \widetilde{U}'_2 = A\widetilde{t}\widetilde{t}'\widetilde{r}'^2\mathrm{e}^{\mathrm{i}\delta}, \\ \widetilde{U}'_3 = A\widetilde{t}\widetilde{t}'\widetilde{r}'^4\mathrm{e}^{\mathrm{i}2\delta}, \\ \widetilde{U}'_4 = A\widetilde{t}\widetilde{t}'\widetilde{r}'^6\mathrm{e}^{\mathrm{i}3\delta}, \\ \cdots, \end{cases}$$

其中, $\widetilde{r}$ 和 $\widetilde{r}'$ 分别为 n'/n 和 n/n' 界面的复振幅的反射率; $\widetilde{t}$ 和 $\widetilde{t}'$ 分别为 n'/n 和 n/n' 界面的复振幅的透射率; δ 为薄膜干涉的相位差, 即

$$\delta = \frac{2\pi}{\lambda}\Delta L = \frac{2\pi}{\lambda}2nd\cos\gamma.$$

注意: 反射光之间的相位突变已计入复振幅的反射率, 则反射光和透射光的总复振幅分别为

$$\begin{cases} \widetilde{U}_{\mathrm{R}} = \sum\limits_{j=1}^{\infty}\widetilde{U}_j, \\ \widetilde{U}_{\mathrm{T}} = \sum\limits_{j=1}^{\infty}\widetilde{U}_j'. \end{cases}$$

根据等比数列的求和方法可得, 透射光的总复振幅为

$$\widetilde{U}_{\mathrm{T}} = \frac{A\widetilde{t}\widetilde{t}'}{1-\widetilde{r}'^2\mathrm{e}^{\mathrm{i}\delta}}.$$

将斯托克斯倒逆关系 $\widetilde{r} = -\widetilde{r}', \widetilde{r}^2 + \widetilde{t}\widetilde{t}' = 1$ 和 $R = |\widetilde{r}|^2$ 代入上式, 可得透射光的光强为

$$I_{\mathrm{T}} = \widetilde{U}_{\mathrm{T}}\cdot\widetilde{U}_{\mathrm{T}}^* = \frac{I_0}{1+\dfrac{4R\sin^2\dfrac{\delta}{2}}{(1-R)^2}}. \tag{5.34}$$

图 5.42 为透射光的光强 I_{T} 和相位差 δ、光强的反射率 R 之间的关系.

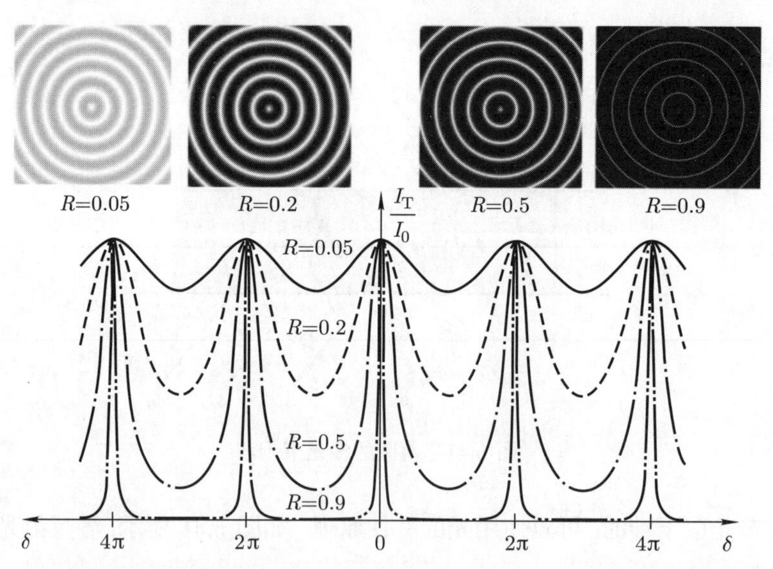

图 5.42　对于薄膜的多光束干涉, 透射光的光强 I_{T} 和相位差 δ、光强的反射率 R 之间的关系

由能量守恒定律可得, 反射光的光强为

$$I_{\mathrm{R}} = I_0 - I_{\mathrm{T}} = \frac{I_0}{1+\dfrac{(1-R)^2}{4R\sin^2\dfrac{\delta}{2}}}. \tag{5.35}$$

图 5.43 为反射光的光强 I_{R} 和相位差 δ、光强的反射率 R 之间的关系.

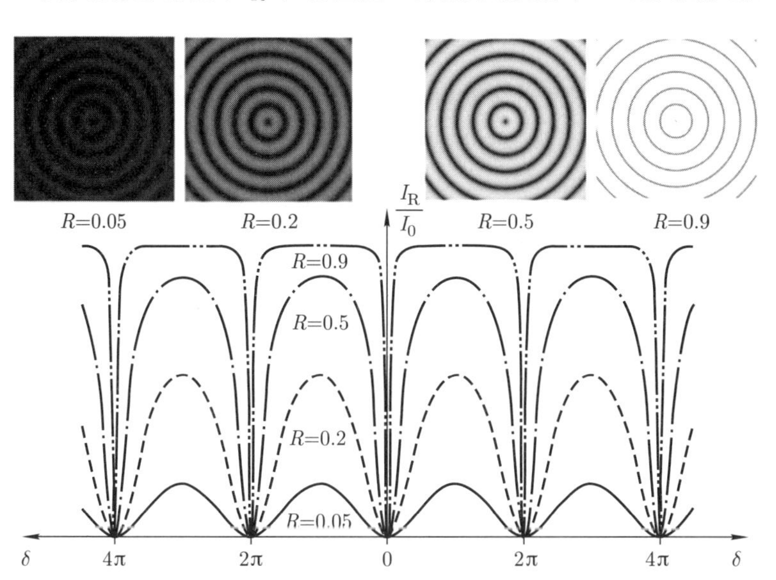

图 5.43 对于薄膜的多光束干涉, 反射光的光强 I_{R} 和相位差 δ、光强的反射率 R 之间的关系

由图 5.42 和图 5.43 可知, 随着反射率的增大, 干涉条纹越来越锐利.

注意: 前面讨论的透射光的光强和反射光的光强的推导和结果只适用于没有全反射的情况. 如果存在全反射, 则复振幅的反射率和透射率是复数, 相位差也是复数. 下面通过一个例题来说明存在全发射时的处理方法.

例题 5.9 如图 5.44 所示, 使用两个等腰直角棱镜组成一个分束镜, 棱镜的折射率为 $n' = 1.52$, 两棱镜之间的空气膜的厚度为 d, 空气的折射率为 $n = 1.00$. s 光垂直于棱镜的直角边入射, 入射光的波长为 $\lambda = 500$ nm. 忽略直角边对光的反射, 要求两棱镜组成的分束镜的光强的反射率为 $R = 0.5$, 计算 d 的大小.

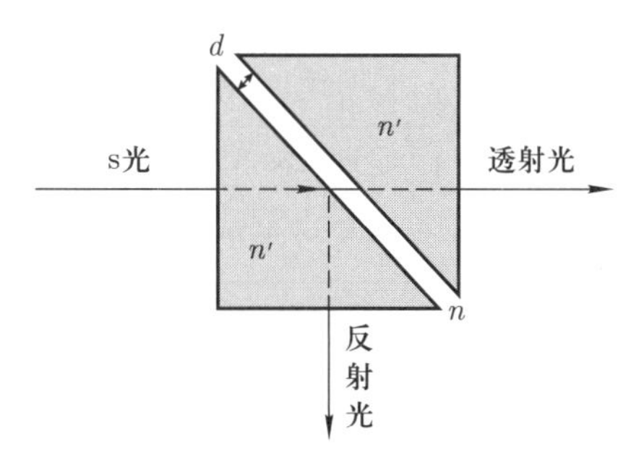

图 5.44 两个等腰直角棱镜组成的分束镜

解 此题中, $n' = 1.52$, $n = 1.00$, 光从 n' 介质入射到 n 介质的全反射临界角满足

$$\sin i_{\mathrm{c}} = \frac{n}{n'},$$

即

$$i_{\mathrm{c}}=\arcsin\frac{n}{n'}\approx 41.1^\circ.$$

入射角 $i_1=45^\circ>i_{\mathrm{c}}$, 所以发生全发射, 这相当于 $n'/n(d)/n'$ 的薄膜介质的多光束干涉, 参看图 5.41, 可得反射光的总复振幅为

$$\widetilde{U}_{\mathrm{R}}=\sum_j\widetilde{U}_j=A\widetilde{r}+\frac{A\widetilde{t}\,\widetilde{t}'\widetilde{r}'\mathrm{e}^{\mathrm{i}\delta}}{1-\widetilde{r}'^2\mathrm{e}^{\mathrm{i}\delta}},$$

其中,

$$\delta=\frac{2\pi}{\lambda}\cdot 2d\cos i_2=\mathrm{i}\frac{4\pi}{\lambda}d\sqrt{n'^2\sin^2 i_1-1},$$

其中, i_2 为空气膜中的折射角, 因为此时入射角大于全反射临界角, 所以 i_2 为复数, 其余弦值为

$$\cos i_2=\mathrm{i}\sqrt{n'^2\sin^2 i_1-1}.$$

s 光的复振幅的反射率为

$$\widetilde{r}=\frac{n'\cos i_1-\cos i_2}{n'\cos i_1+\cos i_2}=\frac{n'\cos i_1-\mathrm{i}\sqrt{n'^2\sin^2 i_1-1}}{n'\cos i_1+\mathrm{i}\sqrt{n'^2\sin^2 i_1-1}}=1\cdot\mathrm{e}^{-\mathrm{i}\delta_{\mathrm{s}}'},$$

其中,

$$\delta_{\mathrm{s}}'=2\arctan\frac{\sqrt{n'^2\sin^2 i_1-1}}{n'\cos i_1}\approx 40.2^\circ\approx 0.702\ \mathrm{rad}.$$

根据斯托克斯倒逆关系可知, $\widetilde{r}'=-\widetilde{r}=-1\cdot\mathrm{e}^{-\mathrm{i}\delta_{\mathrm{s}}'}$, $\widetilde{t}\,\widetilde{t}'=1-\widetilde{r}^2=1-\mathrm{e}^{-\mathrm{i}2\delta_{\mathrm{s}}'}$, 将之代入反射光的总复振幅, 可得

$$\widetilde{U}_{\mathrm{R}}=A\mathrm{e}^{-\mathrm{i}\delta_{\mathrm{s}}'}-\frac{A(1-\mathrm{e}^{-\mathrm{i}2\delta_{\mathrm{s}}'})\mathrm{e}^{-\mathrm{i}\delta_{\mathrm{s}}'}\mathrm{e}^{-\frac{4\pi}{\lambda}d\sqrt{n'^2\sin^2 i_1-1}}}{1-\mathrm{e}^{-\mathrm{i}2\delta_{\mathrm{s}}'}\mathrm{e}^{-\frac{4\pi}{\lambda}d\sqrt{n'^2\sin^2 i_1-1}}},$$

则光强的反射率为

$$\begin{aligned}R=\frac{\left|\widetilde{U}_{\mathrm{R}}\right|^2}{|A|^2}&=\left|1-\frac{(1-\mathrm{e}^{-\mathrm{i}2\delta_{\mathrm{s}}'})\mathrm{e}^{-\frac{4\pi}{\lambda}d\sqrt{n'^2\sin^2 i_1-1}}}{1-\mathrm{e}^{-\mathrm{i}2\delta_{\mathrm{s}}'}\mathrm{e}^{-\frac{4\pi}{\lambda}d\sqrt{n'^2\sin^2 i_1-1}}}\right|^2\\&=\frac{\left(1-\mathrm{e}^{-\frac{4\pi}{\lambda}d\sqrt{n'^2\sin^2 i_1-1}}\right)^2}{1+\mathrm{e}^{-\frac{8\pi}{\lambda}d\sqrt{n'^2\sin^2 i_1-1}}-2\mathrm{e}^{-\frac{4\pi}{\lambda}d\sqrt{n'^2\sin^2 i_1-1}}\cos 2\delta_{\mathrm{s}}'}.\end{aligned}$$

令 $x=\mathrm{e}^{-\frac{4\pi}{\lambda}d\sqrt{n'^2\sin^2 i_1-1}}$, 则

$$R=\frac{(1-x)^2}{1+x^2-2x\cos 2\delta_{\mathrm{s}}'}=0.5,$$

对上式求解可得

$$x=\frac{(4-2\cos 2\delta_{\mathrm{s}}')\pm\sqrt{(4-2\cos 2\delta_{\mathrm{s}}')^2-4}}{2}.$$

因为 $x < 1$, 所以

$$x = \frac{(4 - 2\cos 2\delta_{\mathrm{s}}') - \sqrt{(4 - 2\cos 2\delta_{\mathrm{s}}')^2 - 4}}{2} \approx 0.297,$$

因此

$$\frac{4\pi}{\lambda} d\sqrt{n'^2 \sin^2 i_1 - 1} \approx 1.216,$$

对上式求解可得

$$d \approx 123 \text{ nm}.$$

5.7.2 FP 干涉仪

FP 干涉仪, 又称为标准具, 由两面镀有反射膜的透明平板或两平行平面反射镜组成, 能实现多光束干涉. 1899 年, 法布里和珀罗提出和制备了这种干涉仪 (Ann. Chim. Phys., 1899, 16: 115; Astrophys. J., 1899, 9: 87), 并以他们的名字命名. FP 干涉仪具有广泛的应用, 例如, 光通信中的分插复用器、滤波器、精密光谱分析仪、激光器谐振腔, 它还可应用于延长光程、提高测量仪器的灵敏度, 例如, 美国的 LIGO 和欧洲的 Virgo 的两臂中都安装了 FP 干涉仪.

FP 干涉仪的结构如图 5.45 所示.

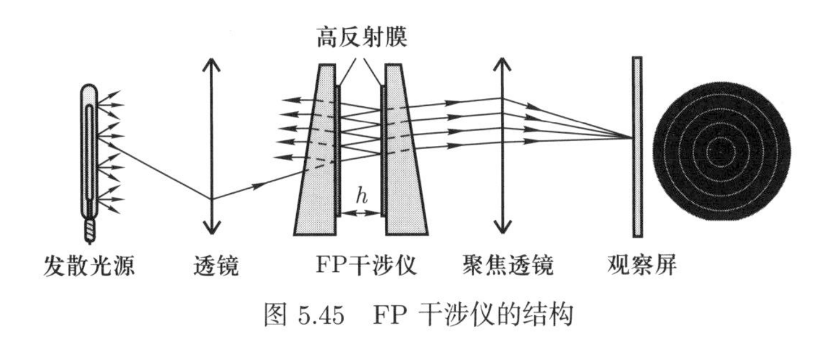

图 5.45 FP 干涉仪的结构

FP 干涉仪的多光束干涉的透射光的光强满足 (5.34) 式, 具有如下特点:

(1) R 越大, 峰值越尖锐.

(2) 相位差 δ 是一个宗变量, 内含两个光学因素, 即光波长和倾角.

由此引申出 FP 干涉仪的两个应用方向:

(1) 当光源为准单色扩展光源时, 视场中出现了十分细锐的等倾干涉环, 可用于光谱超精细分辨.

(2) 当照明光为非单色平面光时, 可用作滤波器, 以挑选波长.

下面分别对这两种应用做简单介绍.

1. 光谱超精细分辨

(1) 强度峰的宽度.

若照明光为准单色发散光, 则由 (5.34) 式可得, 当 $\delta_k = 2k\pi$ (k 为整数) 时, 透射光出现峰值, 其位置满足

$$2nh\cos\gamma_k = k\lambda, \tag{5.36}$$

其中, h 是 FP 干涉仪的腔长, n 是腔内介质的折射率, γ_k 为腔内的倾角.

透射光的光强是光线倾角的函数, 强度峰的宽度定义为光强的半高全宽对应的倾角宽度. 设倾角的强度峰的宽度对应的相位宽度为 ε, 则

$$I_{\mathrm{T}}\left(\delta_k \pm \frac{1}{2}\varepsilon\right) = \frac{1}{2}I_0.$$

由 (5.34) 式可得

$$\sin^2\left(k\pi \pm \frac{\varepsilon}{4}\right) = \frac{(1-R)^2}{4R}.$$

一般情况下, 可得出 $\varepsilon \ll \pi$, 则 $\sin(k\pi \pm \varepsilon/4) \approx \pm\varepsilon/4$, 所以

$$\varepsilon \approx \frac{2(1-R)}{\sqrt{R}}.$$

由相位差和倾角之间的关系可得

$$\Delta\delta = \left[\frac{\mathrm{d}\left(\dfrac{2\pi}{\lambda}2nh\cos\gamma\right)}{\mathrm{d}\gamma}\right]_{\gamma=\gamma_k}\Delta\gamma_k = \varepsilon,$$

因此可得, k 级峰的倾角宽度为

$$\Delta\gamma_k \approx \frac{\lambda}{2\pi nh\sin\gamma_k}\frac{1-R}{\sqrt{R}}. \tag{5.37}$$

(2) 色分辨率.

如图 5.46 所示, 不同波长光的透射峰的位置不同. 设入射光是由波长为 λ_1, λ_2 的两束光组成的准单色光, 它们的 k 级峰的位置满足

$$2nh\cos\gamma_k^{\lambda_1} = k\lambda_1, \quad 2nh\cos\gamma_k^{\lambda_2} = k\lambda_2,$$

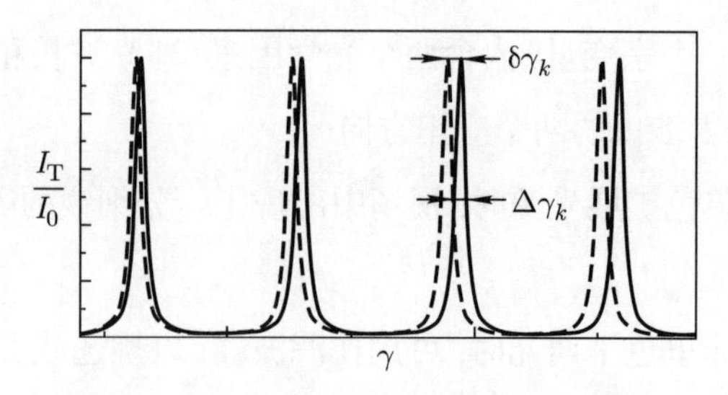

图 5.46 不同波长光的透射峰的位置

它们的 k 级峰错开的角度为

$$\delta\gamma_k = \gamma_k^{\lambda_1} - \gamma_k^{\lambda_2} \approx \frac{k(\lambda_2 - \lambda_1)}{2nh\sin\gamma_k} = \frac{k\delta\lambda}{2nh\sin\gamma_k},$$

其中, $\gamma_k = (\gamma_k^{\lambda_1} + \gamma_k^{\lambda_2})/2$.

关于波长为 λ_1, λ_2 的光谱是否可分辨的问题, 有如下判断法则:

当 $\delta\gamma_k > \Delta\gamma_k$ 时, 光谱可分辨;

当 $\delta\gamma_k = \Delta\gamma_k$ 时, 光谱恰好可分辨;

当 $\delta\gamma_k > \Delta\gamma_k$ 时, 光谱不可分辨.

此判断法则称为瑞利判据. 关于瑞利判据的物理含义见 6.4 节. 根据瑞利判据可知, $\delta\gamma_k = \Delta\gamma_k$ 对应着 FP 干涉仪可分辨的最小波长差, 即

$$\delta\gamma_k = \frac{k\delta\lambda_{\mathrm{m}}}{2nh\sin\gamma_k} = \Delta\gamma_k = \frac{\lambda}{2\pi nh\sin\gamma_k}\frac{1-R}{\sqrt{R}},$$

因此可得, FP 干涉仪可分辨的最小波长差为

$$\delta\lambda_{\mathrm{m}} = \frac{\lambda}{\pi k}\frac{1-R}{\sqrt{R}}. \tag{5.38}$$

定义 $R_{\mathrm{c}} \equiv \lambda/\delta\lambda_{\mathrm{m}}$ 为仪器的色分辨本领 (或分辨率), 其中, $\delta\lambda_{\mathrm{m}}$ 为在波长 λ 附近可分辨的最小波长差. 由 (5.38) 式可得, FP 干涉仪的色分辨本领为

$$R_{\mathrm{c}} = \pi k\frac{\sqrt{R}}{1-R}. \tag{5.39}$$

例题 5.10 一 FP 干涉仪, 腔长 $h \approx 5$ cm, 所镀薄膜的反射率为 $R \approx 0.95$, 试求此干涉仪在波长约为 500 nm 附近可分辨的最小波长差和色分辨本领.

解 先估算干涉环的级次, 即 k 值. 令倾角 γ 为一小角, 即在视场中心附近, 于是 $\cos\gamma \approx 1$, 因此

$$k \approx \frac{2nh}{\lambda} \approx \frac{2\times 5\times 10^{-2}}{500\times 10^{-9}} = 2\times 10^5,$$

可分辨的最小波长差为

$$\delta\lambda_{\mathrm{m}} = \frac{\lambda}{\pi k}\frac{1-R}{\sqrt{R}} \approx 4\times 10^{-5}\ \mathrm{nm},$$

色分辨本领为

$$R_{\mathrm{c}} = \frac{\lambda}{\delta\lambda_{\mathrm{m}}} \approx 1\times 10^7.$$

(3) 自由光谱范围.

FP 干涉仪可用于光谱超精细分辨, 它能测量的光谱范围 ($\lambda_{\mathrm{m}} \sim \lambda_{\mathrm{M}}$) 称为仪器的自由光谱范围. 当 λ_{M} 的 k 级峰和 λ_{m} 的 $k+1$ 级峰重合, 即

$$k\lambda_{\mathrm{M}} = (k+1)\lambda_{\mathrm{m}}$$

时, 相邻光谱序重叠, 从而测量失效, 因此

$$\lambda_{\mathrm{M}}-\lambda_{\mathrm{m}}=\frac{\lambda_{\mathrm{m}}}{k},$$

其中, $k\approx\frac{2nh}{\overline{\lambda}}$, $\overline{\lambda}=(\lambda_{\mathrm{M}}+\lambda_{\mathrm{m}})/2$, 于是

$$\lambda_{\mathrm{M}}-\lambda_{\mathrm{m}}=\frac{\lambda_{\mathrm{m}}}{k}\approx\frac{\overline{\lambda}\lambda_{\mathrm{m}}}{2nh}\approx\frac{\overline{\lambda}^2}{2nh}. \tag{5.40}$$

注意: 一般情况下, FP 干涉仪的自由光谱范围非常窄, 如例题 5.10 所示, 腔长 $h\approx 5$ cm 的 FP 干涉仪在波长 500 nm 附近的自由光谱范围为 $\lambda_{\mathrm{M}}-\lambda_{\mathrm{m}}\approx 3\times 10^{-3}$ nm, 所以 (5.40) 式中使用了近似: $\lambda_{\mathrm{m}}\approx\overline{\lambda}$.

2. 法布里 – 珀罗谐振腔的选频功能

光谱连续的平面光正入射于一法布里 – 珀罗谐振腔 (简称 FP 谐振腔), 光在 FP 谐振腔内多次反射和透射, 多光束干涉的结果是形成具有准分立光谱的平行透射光, 如图 5.47 所示.

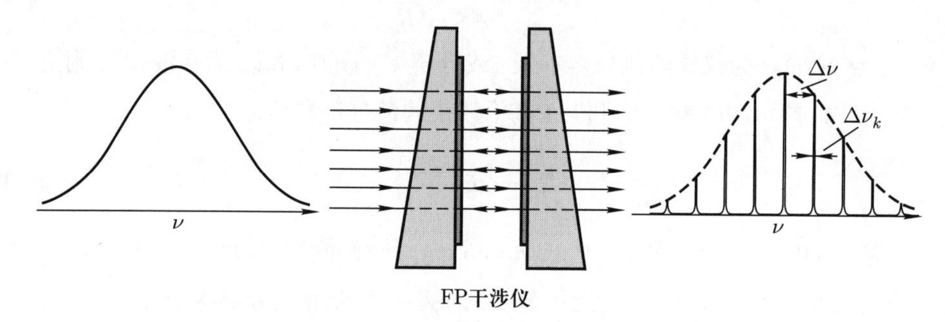

图 5.47 FP 谐振腔选频

(1) 纵模间隔.

正入射时, $\gamma=0$, 所以

$$\delta=\frac{2\pi}{\lambda}2nh.$$

当 $\delta=2k\pi$ 时, 透射光出现峰值, 则峰值波长为

$$\lambda_k=\frac{2nh}{k},$$

对应的光频率为

$$\nu_k=\frac{c}{\lambda_k}=k\frac{c}{2nh}. \tag{5.41}$$

所以两相邻峰之间的频率差, 即 FP 谐振腔的纵模间隔为

$$\Delta\nu=\nu_{k+1}-\nu_k=\frac{c}{2nh}. \tag{5.42}$$

(2) 峰谱线的宽度.

透射峰光强的半高全宽对应的光的频率范围定义为峰谱线的宽度. 同求解强度峰的倾角宽度的过程一样, 先求出透射峰光强的半高全宽对应的相位宽度:

$$\delta=\frac{2\pi}{c}\left(\nu_k\pm\frac{\Delta\nu_k}{2}\right)2nh=\delta_k\pm\frac{\varepsilon}{2},$$

其中, $\varepsilon\approx 2(1-R)/\sqrt{R}$, 因此可得, k 级峰的峰谱线的宽度为

$$\Delta\nu_k\approx\frac{c}{2\pi nh}\frac{1-R}{\sqrt{R}} \tag{5.43}$$

或

$$\Delta\lambda_k\approx\frac{\lambda_k^2}{2\pi nh}\frac{1-R}{\sqrt{R}}. \tag{5.44}$$

例题 5.11 一 FP 谐振腔, 腔长 $h=10$ cm, 腔面的反射率为 $R=0.95$, 入射光谱的中心波长为 600 nm, 光谱的波长宽度为 1 nm. 试估算该 FP 谐振腔输出的透射光谱中含有多少个纵模频率及其单模的峰谱线宽度.

解 光谱的 1 nm 的波长宽度对应的频率宽度为

$$\Delta\nu_0\approx\frac{c\Delta\lambda_0}{\lambda_0^2}=\frac{3\times10^8\times1\times10^{-9}}{(600\times10^{-9})^2}\ \text{Hz}\approx 8.3\times10^5\ \text{MHz},$$

纵模间隔为

$$\Delta\nu=\frac{c}{2nh}=\frac{3\times10^8}{2\times1\times10\times10^{-2}}\ \text{Hz}=1.5\times10^3\ \text{MHz},$$

所以输出的纵模频率数目为

$$N=\frac{\Delta\nu_0}{\Delta\nu}\approx\frac{8.3\times10^5}{1.5\times10^3}\approx5.5\times10^2.$$

单模的峰谱线宽度为

$$\Delta\nu_k\approx\frac{c}{2\pi nh}\frac{1-R}{\sqrt{R}}=\frac{3\times10^8}{2\times3.14\times1\times10\times10^{-2}}\frac{1-0.95}{\sqrt{0.95}}\ \text{Hz}\approx 24\ \text{MHz},$$

对应的波长宽度为

$$\Delta\lambda_k\approx\frac{\lambda_k^2}{2\pi nh}\frac{1-R}{\sqrt{R}}=\frac{(600\times10^{-9})^2}{2\times3.14\times1\times10\times10^{-2}}\frac{1-0.95}{\sqrt{0.95}}\ \text{m}\approx3\times10^{-5}\ \text{nm}.$$

5.8 光在分层均匀介质中的传播和介质膜理论

5.7 节讨论了单层薄膜的两界面的多次反射和透射光的多光束干涉, 求解了薄膜的反射率和透射率. 如果用 5.7 节的方法处理如图 5.48 所示的多层介质膜的多光束干

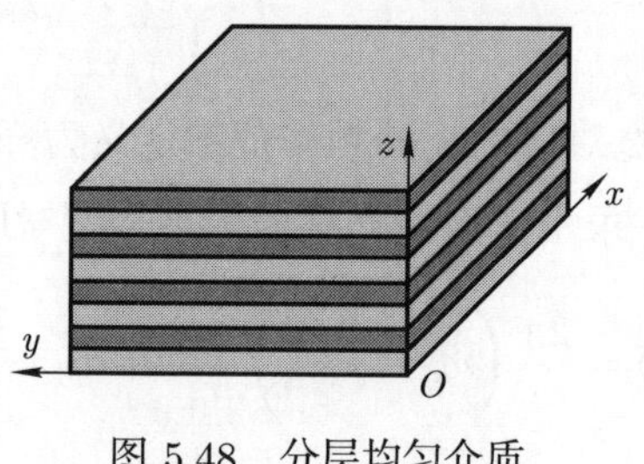

图 5.48　分层均匀介质

涉问题, 则因为其具有多个界面, 使得求解过程过于烦琐, 所以本节介绍一种介质膜理论, 它是埃伯利斯 (Abelès) 于 1950 年提出的 (Ann. Phys., 1950, 12: 596).

如果在与某一固定方向垂直的各平面上介质的光学性质到处一样, 则称其为分层均匀介质. 分层均匀介质理论在光学上相当重要, 在各种半导体光电器件和光学元件中具有广泛应用. 这种薄膜可借助高真空蒸镀技术来制备, 并且它们的厚度可以控制得非常精确.

下面介绍分层均匀介质对光的反射和透射过程. 因为 s 光和 p 光彼此独立, 所以可以把入射光分解成 s 光和 p 光. 我们分别研究 s 光和 p 光在分层均匀介质中的传播性质.

5.8.1　s 光的反射和透射

将笛卡儿坐标系的 z 轴取为上述分层均匀介质定义中的固定方向, 则 $\varepsilon=\varepsilon(z), \mu=\mu(z)$. 取入射面为 (y,z) 平面, 对于 s 光, $E_y=E_z=0,\ H_x=0$. 对于定态波, $E\propto \mathrm{e}^{-\mathrm{i}\omega t}$, 于是 $\dfrac{\partial}{\partial t}\equiv -\mathrm{i}\omega$. 设介质为绝缘介质, 且无自由电荷. 将这些条件代入麦克斯韦方程组可得

$$
\begin{aligned}
&\frac{\partial E_x}{\partial x}=0, \quad \frac{\partial E_x}{\partial y}=-\mathrm{i}\omega\mu\mu_0 H_z, \quad \frac{\partial E_x}{\partial z}=\mathrm{i}\omega\mu\mu_0 H_y,\\
&\frac{\partial H_z}{\partial x}=0, \quad \frac{\partial H_y}{\partial x}=0, \quad \frac{\partial H_z}{\partial y}-\frac{\partial H_y}{\partial z}+\mathrm{i}\omega\varepsilon\varepsilon_0 E_x=0.
\end{aligned}
$$

上述式子表明, H_y, H_z, E_x 只是 y, z 的函数. 将其中的第二式和第三式代入最后一式, 可得

$$
\frac{\partial^2 E_x}{\partial y^2}+\frac{\partial^2 E_x}{\partial z^2}+n^2k_0^2E_x=\frac{\mathrm{d}(\ln\mu)}{\mathrm{d}z}\frac{\partial E_x}{\partial z},
$$

其中, $n^2=\varepsilon\mu,\ k_0=\omega/c$. 接下来采用分离变量的方法对上式求解. 设解的形式为 $E_x(y,z)=Y(y)U(z)$, 将之代入上式, 可得

$$
\frac{1}{Y}\frac{\mathrm{d}^2Y}{\mathrm{d}y^2}=-\frac{1}{U}\frac{\mathrm{d}^2U}{\mathrm{d}z^2}-n^2k_0^2+\frac{\mathrm{d}(\ln\mu)}{\mathrm{d}z}\frac{1}{U}\frac{\mathrm{d}U}{\mathrm{d}z}.
$$

上式等号左边只是 y 的函数, 右边只是 z 的函数. 因为 y 和 z 为独立变量, 所以左右两边应该都为一个常量, 即

$$\begin{cases}\dfrac{1}{Y}\dfrac{\mathrm{d}^2Y}{\mathrm{d}y^2}=-K^2,\\ -\dfrac{1}{U}\dfrac{\mathrm{d}^2U}{\mathrm{d}z^2}-n^2k_0^2+\dfrac{\mathrm{d}(\ln\mu)}{\mathrm{d}z}\dfrac{1}{U}\dfrac{\mathrm{d}U}{\mathrm{d}z}=-K^2,\end{cases}$$

其中, K 是一个常量, 不妨令 $K^2=k_0^2a^2$, 于是上述方程组中的第一式可以改写为

$$\frac{1}{Y}\frac{\mathrm{d}^2Y}{\mathrm{d}y^2}=-k_0^2a^2,$$

对上式求解可得

$$Y=C\cdot\mathrm{e}^{\mathrm{i}k_0ay},$$

其中, C 为积分常量. 于是

$$E_x=U(z)\mathrm{e}^{\mathrm{i}(k_0ay-\omega t)}.\tag{5.45}$$

将 (5.45) 式代入 $\dfrac{\partial E_x}{\partial z}=\mathrm{i}\omega\mu\mu_0H_y,\dfrac{\partial E_x}{\partial y}=-\mathrm{i}\omega\mu\mu_0H_z,\dfrac{\partial H_z}{\partial y}-\dfrac{\partial H_y}{\partial z}+\mathrm{i}\omega\varepsilon\varepsilon_0E_x=0$, 可得

$$\begin{cases}H_y=V(z)\mathrm{e}^{\mathrm{i}(k_0ay-\omega t)},\\ H_z=W(z)\mathrm{e}^{\mathrm{i}(k_0ay-\omega t)},\end{cases}$$

其中, $U(z),V(z)$ 和 $W(z)$ 之间的关系为

$$U'=\mathrm{i}ck_0\mu\mu_0V,\quad V'=\mathrm{i}k_0(aW+c\varepsilon\varepsilon_0U),\quad aU+c\mu\mu_0W=0,$$

其中, U' 和 V' 分别表示 U 和 V 对 z 的一阶导数. 从上述三个式子中消去 W, 可以得到 U, V 满足的方程:

$$\begin{cases}U'=\mathrm{i}ck_0\mu\mu_0V,\\ V'=\mathrm{i}k_0\left(c\varepsilon\varepsilon_0-\dfrac{a^2}{c\mu\mu_0}\right)U.\end{cases}\tag{5.46}$$

将方程组 (5.46) 中的第一式等号两边同时对 z 求导, 然后将第二式代入, 消去 V 和 V'; 将方程组 (5.46) 中的第二式等号两边同时对 z 求导, 然后将第一式代入, 消去 U 和 U'. 注意 μ 和 ε 是 z 的函数, 于是方程组 (5.46) 可化为

$$\begin{cases}\dfrac{\mathrm{d}^2U}{\mathrm{d}z^2}-\dfrac{\mathrm{d}(\ln\mu)}{\mathrm{d}z}\dfrac{\mathrm{d}U}{\mathrm{d}z}+k_0^2(n^2-a^2)U=0,\\ \dfrac{\mathrm{d}^2V}{\mathrm{d}z^2}-\dfrac{\mathrm{d}\left[\ln\left(\varepsilon-\dfrac{a^2}{\mu}\right)\right]}{\mathrm{d}z}\dfrac{\mathrm{d}V}{\mathrm{d}z}+k_0^2(n^2-a^2)V=0.\end{cases}\tag{5.47}$$

它们分别是 U 和 V 的二阶线性齐次微分方程, 其通解可以表示成两个线性无关的特解 (例如, U_1, U_2 和 V_1, V_2) 的线性组合. U_1, V_1 和 U_2, V_2 满足方程组 (5.46), 即

$$\begin{cases} U_1' = \mathrm{i}ck_0\mu\mu_0 V_1, \\ V_1' = \mathrm{i}k_0\left(c\varepsilon\varepsilon_0 - \dfrac{a^2}{c\mu\mu_0}\right)U_1, \end{cases} \qquad \begin{cases} U_2' = \mathrm{i}ck_0\mu\mu_0 V_2, \\ V_2' = \mathrm{i}k_0\left(c\varepsilon\varepsilon_0 - \dfrac{a^2}{c\mu\mu_0}\right)U_2, \end{cases}$$

因此可得

$$U_1'V_2 - V_1U_2' = 0, \quad U_1V_2' - V_1'U_2 = 0,$$

即

$$\frac{\mathrm{d}}{\mathrm{d}z}(U_1V_2 - U_2V_1) = 0,$$

所以

$$D = \begin{vmatrix} U_1 & V_1 \\ U_2 & V_2 \end{vmatrix} = \text{常量} \tag{5.48}$$

为光在分层均匀介质中传播时的不变量.

设两组特解为

$$\begin{cases} U_1 = f(z), \\ V_1 = g(z), \end{cases} \qquad \begin{cases} U_2 = F(z), \\ V_2 = G(z). \end{cases}$$

$z = 0$ 时, 它们的初始条件为

$$f(0) = G(0) = 0, \quad F(0) = g(0) = 1.$$

于是 U, V 的解可表示为 $U = C_1F + C_2f, V = C_3G + C_4g$, 其中, C_1, C_2, C_3 和 C_4 为待定系数, 可以使用边界条件确定.

已知 $z = 0$ 时, $U(0) = U_0$, $V(0) = V_0$, 令

$$\begin{cases} U_0 = C_1F(0) + C_2f(0), \\ V_0 = C_3G(0) + C_4g(0), \end{cases}$$

将 U 和 V 对 z 求导, 再根据方程组 (5.46), 可得

$$\begin{cases} V_0 = C_1G(0) + C_2g(0), \\ U_0 = C_3F(0) + C_4f(0), \end{cases}$$

因此可得, $C_1 = U_0$, $C_2 = V_0$, $C_3 = U_0$ 和 $C_4 = V_0$. 于是 U, V 的解为

$$\begin{cases} U = FU_0 + fV_0, \\ V = GU_0 + gV_0. \end{cases}$$

将上述方程组表示成矩阵形式, 即

$$\begin{bmatrix} U \\ V \end{bmatrix} = \begin{bmatrix} F(z) & f(z) \\ G(z) & g(z) \end{bmatrix} \begin{bmatrix} U_0 \\ V_0 \end{bmatrix}.$$

定义 $Q=\begin{bmatrix}U\\V\end{bmatrix}$, $Q_0=\begin{bmatrix}U_0\\V_0\end{bmatrix}$, $N=\begin{bmatrix}F(z) & f(z)\\G(z) & g(z)\end{bmatrix}$, 则上式可表示为

$$Q=NQ_0. \tag{5.49}$$

由 (5.48) 式可得

$$|N|=F(z)g(z)-f(z)G(z)=F(0)g(0)-f(0)G(0)=1.$$

通常把 (5.49) 式写成

$$Q_0=MQ, \tag{5.50}$$

其中,

$$M=N^{-1}=\begin{bmatrix}g(z) & -f(z)\\-G(z) & F(z)\end{bmatrix}.$$

M 是 2×2 单位模矩阵, 其物理意义很清楚: 它使 $z=0$ 平面上的电场矢量的 x 分量和磁场矢量的 y 分量, 同任意平面 ($z=$ 常量) 上的分量建立起关系, M 叫作分层均匀介质中的特征矩阵. 下面给出几种情况下的特征矩阵.

1. 均匀介质中的特征矩阵

对于均匀介质, ε,μ 和 $n=\sqrt{\varepsilon\mu}$ 都为常量. 在 (y,z) 平面传播的平面光波为 $E_x=U(z)\mathrm{e}^{\mathrm{i}(k_0ay-\omega t)}$, 其波矢和 z 轴之间的夹角为 θ, 则 a 应该满足 $k_0a=nk_0\sin\theta$, 即 $a=n\sin\theta$. 将上面的关系式代入方程组 (5.47), 可得

$$\begin{cases}\dfrac{\mathrm{d}^2U}{\mathrm{d}z^2}+(n^2k_0^2\cos^2\theta)U=0,\\[2mm]\dfrac{\mathrm{d}^2V}{\mathrm{d}z^2}+(n^2k_0^2\cos^2\theta)V=0,\end{cases}$$

其通解为

$$\begin{cases}U(z)=A\cos(nk_0\cos\theta\cdot z)+B\sin(nk_0\cos\theta\cdot z),\\V(z)=C\cos(nk_0\cos\theta\cdot z)+D\sin(nk_0\cos\theta\cdot z).\end{cases}$$

将 U 的通解代入方程组 (5.46), 可得 V 的系数 C,D 和 U 的系数 A,B 之间的关系, 于是 V 可表示为

$$V(z)=-\mathrm{i}\sqrt{\frac{\varepsilon\varepsilon_0}{\mu\mu_0}}\cos\theta\cdot[B\cos(nk_0\cos\theta\cdot z)-A\sin(nk_0\cos\theta\cdot z)].$$

满足初始条件 $f(0)=G(0)=0$, $F(0)=g(0)=1$ 的 U 和 V 的两组特解 F,G,f,g 为

$$\begin{cases}f(z)=U_1=\dfrac{\mathrm{i}}{\cos\theta}\sqrt{\dfrac{\mu\mu_0}{\varepsilon\varepsilon_0}}\sin(nk_0\cos\theta\cdot z),\\ g(z)=V_1=\cos(nk_0\cos\theta\cdot z),\\ F(z)=U_2=\cos(nk_0\cos\theta\cdot z),\\ G(z)=V_2=\mathrm{i}\sqrt{\dfrac{\varepsilon\varepsilon_0}{\mu\mu_0}}\cos\theta\cdot\sin(nk_0\cos\theta\cdot z).\end{cases}$$

于是均匀介质中的特征矩阵为

$$M(z)=\begin{bmatrix}\cos(nk_0\cos\theta\cdot z) & -\frac{\mathrm{i}}{p}\sin(nk_0\cos\theta\cdot z)\\ -\mathrm{i}p\sin(nk_0\cos\theta\cdot z) & \cos(nk_0\cos\theta\cdot z)\end{bmatrix}, \tag{5.51}$$

其中, $p=\sqrt{\frac{\varepsilon\varepsilon_0}{\mu\mu_0}}\cos\theta$.

2. 分层均匀介质中的特征矩阵

在如图 5.49 所示的分层均匀介质中, 根据电磁场的边界关系可知, 界面两侧的 Q 不变, Q 在同一层介质中的传播规律为

$$\begin{cases}Q(0)=M(z_1-0)Q(z_1),\\ Q(z_1)=M(z_2-z_1)Q(z_2),\\ Q(z_2)=M(z_3-z_2)Q(z_3),\\ \qquad\cdots\\ Q(z_{m-1})=M(z_m-z_{m-1})Q(z_m),\\ \qquad\cdots\\ Q(z_{N-1})=M(z_N-z_{N-1})Q(z_N).\end{cases}$$

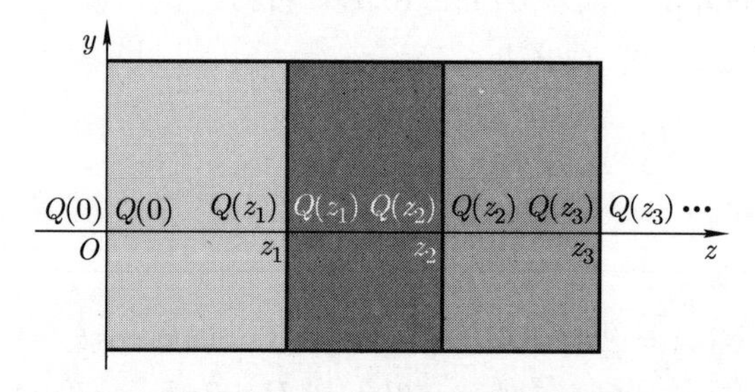

图 5.49 分层均匀介质中的特征矩阵

根据递推关系可得, 入射面的 $Q(0)$ 和出射面的 $Q(z_N)$ 之间的关系为

$$Q(0)=\left[\prod_{m=1}^{N}M(z_m-z_{m-1})\right]Q(z_N),$$

其中, $M(z_m-z_{m-1})$ 是从 z_{m-1} 到 z_m 的第 m 层均匀介质中的特征矩阵, 即

$$\begin{aligned}&M(z_m-z_{m-1})\\ &=\begin{bmatrix}\cos[n_mk_0\cos\theta_m\cdot(z_m-z_{m-1})] & -\frac{\mathrm{i}}{p_m}\sin[n_mk_0\cos\theta_m\cdot(z_m-z_{m-1})]\\ -\mathrm{i}p_m\sin[n_mk_0\cos\theta_m\cdot(z_m-z_{m-1})] & \cos[n_mk_0\cos\theta_m\cdot(z_m-z_{m-1})]\end{bmatrix},\end{aligned}$$

这里, $p_m = \sqrt{\dfrac{\varepsilon_m \varepsilon_0}{\mu_m \mu_0}}\cos\theta_m$, 其中, ε_m 和 μ_m 分别为第 m 层均匀介质的相对介电常量和磁导率. 根据折射定律可得 $n_0 \sin\theta_0 = n_1 \sin\theta_1 = \cdots = n_m \sin\theta_m$, 其中, n_0 和 θ_0 分别为入射介质的折射率和光的入射角, n_1 和 θ_1 分别为第一层介质的折射率和光在其中的折射角, $\cdots$, n_m 和 θ_m 分别为第 m 层介质的折射率和光在其中的折射角.

$M = \prod\limits_{m=1}^{N} M(z_m - z_{m-1})$ 为分层均匀介质中的特征矩阵. 如果各层介质均无吸收, 则 ε_m 和 μ_m 都是实数, 分层均匀介质中的特征矩阵具有如下形式:

$$M = \begin{bmatrix} a & \mathrm{i}b \\ -\mathrm{i}c & d \end{bmatrix},$$

其中, a, b, c, d 为实数.

3. s 光在分层均匀介质中的反射率和透射率

设入射的 s 光的电场矢量的复振幅为 A, 反射光的总复振幅为 R, 透射光的总复振幅为 T (见图 5.50). 根据电磁波的电磁场关系可知, 电场矢量和磁场矢量的方向相互垂直、同相位、振幅成正比, 即 $H_0 = \sqrt{\dfrac{\varepsilon\varepsilon_0}{\mu\mu_0}} E_0$, 因此可得入射面的 Q_0 和出射面的 Q_{t} 分别为

$$\begin{cases} U_0 = A + R, \\ V_0 = p_{\mathrm{i}}(A - R), \end{cases} \qquad \begin{cases} U(z_{\mathrm{t}}) = T, \\ V(z_{\mathrm{t}}) = p_{\mathrm{t}} T, \end{cases}$$

其中, $p_j = \sqrt{\dfrac{\varepsilon_j \varepsilon_0}{\mu_j \mu_0}}\cos\theta_j$, 若 $j = \mathrm{i}$, 则为入射介质, 若 $j = \mathrm{t}$, 则为出射介质.

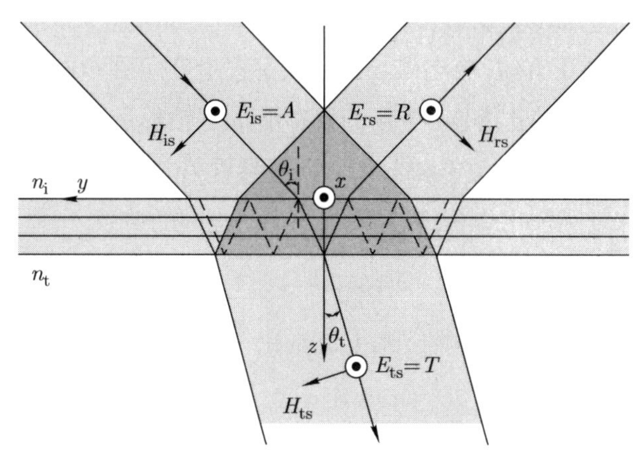

图 5.50 s 光经分层均匀介质的反射光和透射光之间的场强关系

U_0, V_0 和 U, V 通过特征矩阵相联系:

$$\begin{bmatrix} U_0 \\ V_0 \end{bmatrix} = \begin{bmatrix} m_{11} & m_{12} \\ m_{21} & m_{22} \end{bmatrix} \begin{bmatrix} U \\ V \end{bmatrix},$$

其中, $M=\begin{bmatrix} m_{11} & m_{12} \\ m_{21} & m_{22} \end{bmatrix}$ 为分层均匀介质中的特征矩阵, 即

$$\begin{bmatrix} A+R \\ p_{\mathrm{i}}(A-R) \end{bmatrix}=\begin{bmatrix} m_{11} & m_{12} \\ m_{21} & m_{22} \end{bmatrix}\begin{bmatrix} T \\ p_{\mathrm{t}}T \end{bmatrix},$$

于是

$$\begin{cases} A+R=(m_{11}+m_{12}p_{\mathrm{t}})T, \\ p_{\mathrm{i}}(A-R)=(m_{21}+m_{22}p_{\mathrm{t}})T. \end{cases}$$

将上述两式的等号两边都除以 A, 可得

$$\begin{cases} 1+r=(m_{11}+m_{12}p_{\mathrm{t}})t, \\ p_{\mathrm{i}}(1-r)=(m_{21}+m_{22}p_{\mathrm{t}})t, \end{cases}$$

其中, $r=R/A$ 为复振幅的反射率, $t=T/A$ 为复振幅的透射率. 由上述方程组可得

$$\begin{cases} r=\dfrac{(m_{11}+m_{12}p_{\mathrm{t}})p_{\mathrm{i}}-(m_{21}+m_{22}p_{\mathrm{t}})}{(m_{11}+m_{12}p_{\mathrm{t}})p_{\mathrm{i}}+(m_{21}+m_{22}p_{\mathrm{t}})}, \\ t=\dfrac{2p_{\mathrm{i}}}{(m_{11}+m_{12}p_{\mathrm{t}})p_{\mathrm{i}}+(m_{21}+m_{22}p_{\mathrm{t}})}. \end{cases} \tag{5.52}$$

5.8.2 p 光的反射和透射

对于 p 光, $H_y=H_z=0,\ E_x=0$, 设

$$\begin{cases} H_x=U(z)\mathrm{e}^{\mathrm{i}(k_0ay-\omega t)}, \\ E_y=-V(z)\mathrm{e}^{\mathrm{i}(k_0ay-\omega t)}, \\ E_z=-W(z)\mathrm{e}^{\mathrm{i}(k_0ay-\omega t)}. \end{cases}$$

下面说明上述方程组中正负号的由来, 见图 5.51. 如果 p 光的电场沿 p 的正方向, 则 p 光的磁场沿 s 的正方向. 将电磁场沿实验室直角坐标系 $Oxyz$ 的三个方向进行投影, 磁场的投影沿 x 轴的正方向, 电场的投影沿 y,z 轴的负方向, 所以 V 和 W 前面为 "−", 而 U 前面为 "+" . 关于 s, p 的方向请参看第三章中关于局域坐标系的定义. 将上述方程组代入麦克斯韦方程组, 可得 U,V,W 之间的关系:

$$\begin{cases} U'=\mathrm{i}ck_0\varepsilon\varepsilon_0V, \\ V'=\mathrm{i}k_0\left(c\mu\mu_0-\dfrac{a^2}{c\varepsilon\varepsilon_0}\right)U, \\ aU+c\varepsilon\varepsilon_0W=0. \end{cases}$$

从上述方程组中消去 W, 可以得到 U,V 满足的方程:

$$\begin{cases} \dfrac{\mathrm{d}^2U}{\mathrm{d}z^2}-\dfrac{\mathrm{d}(\ln\varepsilon)}{\mathrm{d}z}\dfrac{\mathrm{d}U}{\mathrm{d}z}+k_0^2(n^2-a^2)U=0, \\ \dfrac{\mathrm{d}^2V}{\mathrm{d}z^2}-\dfrac{\mathrm{d}\left[\ln\left(\mu-\dfrac{a^2}{\varepsilon}\right)\right]}{\mathrm{d}z}\dfrac{\mathrm{d}V}{\mathrm{d}z}+k_0^2(n^2-a^2)V=0. \end{cases}$$

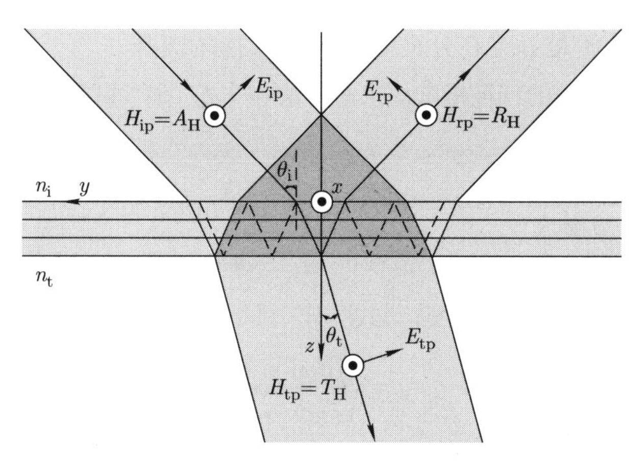

图 5.51 p 光经分层均匀介质的反射光和透射光之间的场强关系

它们分别是 U 和 V 的二阶线性齐次微分方程, 其通解可以表示成两个线性无关的特解的线性组合. 设两组特解为

$$\begin{cases} U_1 = f(z), \\ V_1 = g(z), \end{cases} \quad \begin{cases} U_2 = F(z), \\ V_2 = G(z). \end{cases}$$

$z = 0$ 时, 它们的初始条件为

$$f(0) = G(0) = 0, \quad F(0) = g(0) = 1.$$

已知 $z = 0$ 时, $U(0) = U_0, V(0) = V_0$, 则 U, V 的解为

$$\begin{cases} U = FU_0 + fV_0, \\ V = GU_0 + gV_0. \end{cases}$$

将上述方程组表示成矩阵形式, 即

$$\begin{bmatrix} U \\ V \end{bmatrix} = \begin{bmatrix} F(z) & f(z) \\ G(z) & g(z) \end{bmatrix} \begin{bmatrix} U_0 \\ V_0 \end{bmatrix}.$$

定义 $Q = \begin{bmatrix} U \\ V \end{bmatrix}$, $Q_0 = \begin{bmatrix} U_0 \\ V_0 \end{bmatrix}$, $N = \begin{bmatrix} F(z) & f(z) \\ G(z) & g(z) \end{bmatrix}$, 则上式可表示为

$$Q = NQ_0,$$

其中, N 为单位模矩阵: $|N| = F(z)g(z) - f(z)G(z) = F(0)g(0) - f(0)G(0) = 1$. 通常把 $Q = NQ_0$ 写成

$$Q_0 = MQ,$$

其中,

$$M = N^{-1} = \begin{bmatrix} g(z) & -f(z) \\ -G(z) & F(z) \end{bmatrix}.$$

2×2 单位模矩阵 M 是 p 光在分层均匀介质中的特征矩阵.

p 光在均匀介质中的特征矩阵的求解方法和 s 光一样. 可求出 p 光在均匀介质中的特征矩阵为

$$M=\begin{bmatrix}\cos(nk_0\cos\theta\cdot z) & -\dfrac{\mathrm{i}}{q}\sin(nk_0\cos\theta\cdot z)\\ -\mathrm{i}q\sin(nk_0\cos\theta\cdot z) & \cos(nk_0\cos\theta\cdot z)\end{bmatrix}. \tag{5.53}$$

它和 s 光在均匀介质中的特征矩阵形式一样, 只是将 p 换成 q, q 为

$$q=\sqrt{\frac{\mu\mu_0}{\varepsilon\varepsilon_0}}\cos\theta,$$

则 p 光在分层均匀介质中的特征矩阵亦为 $M=\prod\limits_{m=1}^{N}M(z_m-z_{m-1})$.

下面介绍 p 光在分层均匀介质中的反射率和透射率. 设入射的 p 光的磁场矢量的复振幅为 A_{H}, 反射光的总复振幅为 R_{H}, 透射光的总复振幅为 T_{H} (见图 5.51). 根据电磁波的电磁场关系可得, 入射面的 Q_0 和出射面的 Q_{t} 分别为

$$\begin{cases}U_0=A_{\mathrm{H}}+R_{\mathrm{H}},\\ V_0=q_{\mathrm{i}}(A_{\mathrm{H}}-R_{\mathrm{H}}),\end{cases}\qquad \begin{cases}U(z_{\mathrm{t}})=T_{\mathrm{H}},\\ V(z_{\mathrm{t}})=q_{\mathrm{t}}T_{\mathrm{H}},\end{cases}$$

其中, $q_j=\sqrt{\dfrac{\mu_j\mu_0}{\varepsilon_j\varepsilon_0}}\cos\theta_j$, 若 $j=\mathrm{i}$, 则为入射介质, 若 $j=\mathrm{t}$, 则为出射介质.

U_0,V_0 和 U,V 通过特征矩阵相联系:

$$\begin{bmatrix}U_0\\ V_0\end{bmatrix}=\begin{bmatrix}m_{11} & m_{12}\\ m_{21} & m_{22}\end{bmatrix}\begin{bmatrix}U\\ V\end{bmatrix}.$$

由此可得, 磁场矢量的复振幅的反射率和透射率为

$$\begin{cases}r_{\mathrm{H}}\equiv\dfrac{R_{\mathrm{H}}}{A_{\mathrm{H}}}=\dfrac{(m_{11}+m_{12}q_{\mathrm{t}})q_{\mathrm{i}}-(m_{21}+m_{22}q_{\mathrm{t}})}{(m_{11}+m_{12}q_{\mathrm{t}})q_{\mathrm{i}}+(m_{21}+m_{22}q_{\mathrm{t}})},\\ t_{\mathrm{H}}\equiv\dfrac{T_{\mathrm{H}}}{A_{\mathrm{H}}}=\dfrac{2q_{\mathrm{i}}}{(m_{11}+m_{12}q_{\mathrm{t}})q_{\mathrm{i}}+(m_{21}+m_{22}q_{\mathrm{t}})}.\end{cases} \tag{5.54}$$

由电磁波中的电场矢量和磁场矢量之间的关系, 可将方程组 (5.54) 中的磁场矢量的复振幅的反射率和透射率转化成电场矢量的复振幅的反射率和透射率:

$$\begin{cases}r=r_{\mathrm{H}},\\ t=\sqrt{\dfrac{\varepsilon_{\mathrm{i}}\mu_{\mathrm{t}}}{\varepsilon_{\mathrm{t}}\mu_{\mathrm{i}}}}t_{\mathrm{H}}.\end{cases} \tag{5.55}$$

例题 5.12 求如图 5.52 所示的薄膜的反射率和透射率 (设入射光为 s 光).

解 令 $\beta=n_2k_0\cos\theta_2\cdot h$, 则 n_2 介质中的特征矩阵为

$$M=\begin{bmatrix}\cos\beta & -\dfrac{\mathrm{i}}{p_2}\sin\beta\\ -\mathrm{i}p_2\sin\beta & \cos\beta\end{bmatrix}.$$

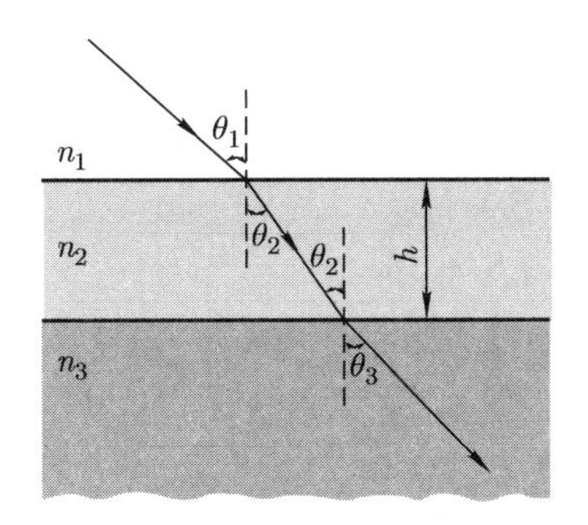

图 5.52 求解薄膜的反射率和透射率

在光波段,

$$p_j = \sqrt{\frac{\varepsilon_j \varepsilon_0}{\mu_j \mu_0}} \cos\theta_j \approx \sqrt{\frac{\varepsilon_0}{\mu_0}} n_j \cos\theta_j, \quad j = 1, 2, 3.$$

由方程组 (5.52) 可得, 复振幅的反射率和透射率为

$$\begin{cases} r = \dfrac{(p_1 - p_3)\cos\beta + \mathrm{i}\left(p_2 - \dfrac{p_1 p_3}{p_2}\right)\sin\beta}{(p_1 + p_3)\cos\beta - \mathrm{i}\left(p_2 + \dfrac{p_1 p_3}{p_2}\right)\sin\beta} = \dfrac{r_{12} + r_{23}\mathrm{e}^{\mathrm{i}2\beta}}{1 + r_{12} r_{23}\mathrm{e}^{\mathrm{i}2\beta}}, \\ t = \dfrac{2p_1}{(p_1 + p_3)\cos\beta - \mathrm{i}\left(p_2 + \dfrac{p_1 p_3}{p_2}\right)\sin\beta} = \dfrac{t_{12} t_{23}\mathrm{e}^{\mathrm{i}\beta}}{1 + r_{12} r_{23}\mathrm{e}^{\mathrm{i}2\beta}}, \end{cases}$$

其中,

$$\begin{cases} r_{ij} = \dfrac{n_i \cos\theta_i - n_j \cos\theta_j}{n_i \cos\theta_i + n_j \cos\theta_j} = \dfrac{p_i - p_j}{p_i + p_j}, \\ t_{ij} = \dfrac{2n_i \cos\theta_i}{n_i \cos\theta_i + n_j \cos\theta_j} = \dfrac{2p_i}{p_i + p_j}, \end{cases} \quad i, j = 1, 2, 3.$$

反射光和透射光的相位突变为

$$\begin{cases} \delta_{\mathrm{r}} = \arctan\left(\dfrac{p_2 - \dfrac{p_1 p_3}{p_2}}{p_1 - p_3}\tan\beta\right) - \arctan\left(-\dfrac{p_2 + \dfrac{p_1 p_3}{p_2}}{p_1 + p_3}\tan\beta\right), \\ \delta_{\mathrm{t}} = \arctan\left(\dfrac{p_2 + \dfrac{p_1 p_3}{p_2}}{p_1 + p_3}\tan\beta\right). \end{cases}$$

光功率的反射率和透射率为

$$\begin{cases} \mathfrak{R}=|r|^2=\dfrac{(p_1-p_3)^2\cos^2\beta+\left(p_2-\dfrac{p_1p_3}{p_2}\right)^2\sin^2\beta}{(p_1+p_3)^2\cos^2\beta+\left(p_2+\dfrac{p_1p_3}{p_2}\right)^2\sin^2\beta}=\dfrac{r_{12}^2+r_{23}^2+2r_{12}r_{23}\cos 2\beta}{1+r_{12}^2r_{23}^2+2r_{12}r_{23}\cos 2\beta}, \\ \mathfrak{J}=\dfrac{p_3}{p_1}|t|^2=\dfrac{4p_3p_1}{(p_1+p_3)^2\cos^2\beta+\left(p_2+\dfrac{p_1p_3}{p_2}\right)^2\sin^2\beta} \\ \qquad =\dfrac{n_3\cos\theta_3}{n_1\cos\theta_1}\dfrac{t_{12}^2t_{23}^2}{1+r_{12}^2r_{23}^2+2r_{12}r_{23}\cos 2\beta}. \end{cases}$$

光功率的反射率是 β 的函数, 所以当 $\mathrm{d}\mathfrak{R}/\mathrm{d}\beta=0$, 即

$$\frac{\mathrm{d}\mathfrak{R}}{\mathrm{d}\beta}=4r_{12}r_{23}\sin 2\beta\frac{r_{12}^2+r_{23}^2-1-r_{12}^2r_{23}^2}{(1+r_{12}^2r_{23}^2+2r_{12}r_{23}\cos 2\beta)^2}=0$$

时, $\mathfrak{R}$ 取极值, 因此可得

$$\sin 2\beta=0,$$

即

$$\beta=n_2k_0\cos\theta_2\cdot h=\frac{m}{2}\pi,$$

其中, m 为整数. 对应的薄膜厚度 h 为

$$h=\frac{m\lambda_0}{4n_2\cos\theta_2}.$$

此时, 光功率的反射率取极值.

当 m 为奇数, 即

$$h=\frac{\lambda_0}{4n_2\cos\theta_2},\frac{3\lambda_0}{4n_2\cos\theta_2},\frac{5\lambda_0}{4n_2\cos\theta_2},\cdots \text{时},\ \mathfrak{R}=\left(\frac{p_2^2-p_1p_3}{p_2^2+p_1p_3}\right)^2;$$

当 m 为偶数, 即

$$h=\frac{\lambda_0}{2n_2\cos\theta_2},\frac{\lambda_0}{n_2\cos\theta_2},\frac{3\lambda_0}{2n_2\cos\theta_2},\cdots \text{时},\ \mathfrak{R}=\left(\frac{p_1-p_3}{p_1+p_3}\right)^2.$$

当 $\beta=\dfrac{m}{2}\pi\left(\text{即 } h=\dfrac{m\lambda_0}{4n_2\cos\theta_2}\right)$ 时, 光功率的反射率取极值, 是极大值还是极小值由下面的条件判断:

当 $\left.\dfrac{\mathrm{d}^2\mathfrak{R}}{\mathrm{d}\beta^2}\right|_{\beta=\frac{m}{2}\pi}>0$, 即 $(-1)^m(p_1-p_2)(p_2-p_3)<0$ 时, $\mathfrak{R}$ 取极小值;

当 $\left.\dfrac{\mathrm{d}^2\mathfrak{R}}{\mathrm{d}\beta^2}\right|_{\beta=\frac{m}{2}\pi}<0$, 即 $(-1)^m(p_1-p_2)(p_2-p_3)>0$ 时, $\mathfrak{R}$ 取极大值.

下面介绍一种常用的特殊情况 —— 正入射, 即 $\theta_1=\theta_2=\theta_3=0$, 当 $\mathfrak{R}$ 取极值时, $h=\dfrac{m\lambda_0}{4n_2}$. 当 m 为奇数时, $\mathfrak{R}=\left(\dfrac{n_2^2-n_1n_3}{n_2^2+n_1n_3}\right)^2$; 当 m 为偶数时, $\mathfrak{R}=\left(\dfrac{n_1-n_3}{n_1+n_3}\right)^2$. 满足 $(-1)^m(n_1-n_2)(n_2-n_3)>0$ 时, $\mathfrak{R}$ 取极大值; 满足 $(-1)^m(n_1-n_2)(n_2-n_3)<0$ 时, $\mathfrak{R}$ 取极小值.

5.8.3 光学增透膜

尽管光在空气和玻璃的界面上的光强的反射率仅约为 5%, 透射率约为 95%, 但是许多光学仪器有多个界面, 因此反射光的损耗不可小视, 例如, 一些单反相机的镜头具有 20 多个透镜, 40 多个反射面, 反射光的损耗约为 $1-(0.95)^{40}\approx 0.87$, 从而大大降低了成像质量, 因此需要增透膜.

根据上面的分析, 可在玻璃表面镀一层厚度为 $h=\lambda_0/(4n_2)$ 的薄膜, 其中, n_2 是薄膜的折射率, 如果波长为 λ_0 的光正入射, 则光功率的反射率为

$$\mathfrak{R}=\left(\frac{n_2^2-n_1n_3}{n_2^2+n_1n_3}\right)^2.$$

当 $n_2=\sqrt{n_1n_3}$ 时, 光功率的反射率为零, 即薄膜对波长为 λ_0 的光具有增透作用. 我们佩戴的眼镜往往在镜片上蒸镀一层增透膜, 此时, $n_1=1$ 为空气的折射率, $n_3=n_{\rm g}$ 为镜片的折射率, 所以增透膜的折射率应该为 $n_2=\sqrt{n_{\rm g}}$, 工作波长选择人眼最敏感的波长 $\lambda_0=550$ nm.

5.8.4 周期性分层均匀介质膜

如图 5.53 所示的周期性分层均匀介质膜, 介质的介电常量和磁导率是以 $h=h_2+h_3$ 为周期的周期函数, 即 $\varepsilon(z+jh)=\varepsilon(z)$, $\mu(z+jh)=\mu(z)$, 其中, j 为小于总周期数的正整数.

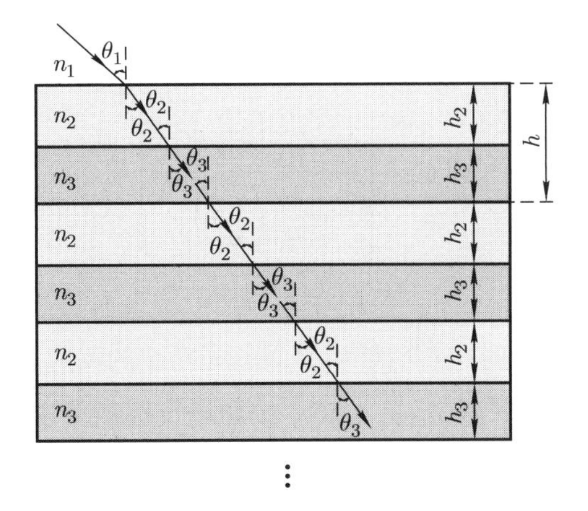

图 5.53 周期性分层均匀介质膜

s 光在单周期介质膜中的特征矩阵为

$$M(h)=\begin{bmatrix}\cos\beta_2 & -\dfrac{\mathrm{i}}{p_2}\sin\beta_2\\ -\mathrm{i}p_2\sin\beta_2 & \cos\beta_2\end{bmatrix}\begin{bmatrix}\cos\beta_3 & -\dfrac{\mathrm{i}}{p_3}\sin\beta_3\\ -\mathrm{i}p_3\sin\beta_3 & \cos\beta_3\end{bmatrix}$$

$$
= \begin{bmatrix} \cos\beta_2\cos\beta_3 - \dfrac{p_3}{p_2}\sin\beta_2\sin\beta_3 & -\dfrac{\mathrm{i}}{p_3}\cos\beta_2\sin\beta_3 - \dfrac{\mathrm{i}}{p_2}\sin\beta_2\cos\beta_3 \\ -\mathrm{i}p_2\sin\beta_2\cos\beta_3 - \mathrm{i}p_3\cos\beta_2\sin\beta_3 & \cos\beta_2\cos\beta_3 - \dfrac{p_2}{p_3}\sin\beta_2\sin\beta_3 \end{bmatrix},
$$

其中,

$$
\text{对于 } h_2 \text{ 膜}, \begin{cases} \beta_2 = \dfrac{2\pi}{\lambda_0} n_2 h_2 \cos\theta_2, \\ p_2 = \sqrt{\dfrac{\varepsilon_0}{\mu_0}} n_2 \cos\theta_2, \end{cases} \quad \text{对于 } h_3 \text{ 膜}, \begin{cases} \beta_3 = \dfrac{2\pi}{\lambda_0} n_3 h_3 \cos\theta_3, \\ p_3 = \sqrt{\dfrac{\varepsilon_0}{\mu_0}} n_3 \cos\theta_3. \end{cases}
$$

含 N 个周期的周期性分层均匀介质膜中的特征矩阵为

$$
M(Nh) = [M(h)]^N = \begin{bmatrix} M_{11} & M_{12} \\ M_{21} & M_{22} \end{bmatrix}.
$$

光学增反膜由一系列折射率一高一低交替排列的均匀介质膜构成, 高折射率介质膜的厚度为 h_2, 低折射率介质膜的厚度为 h_3, 并且 $n_2h_2 = n_3h_3 = \lambda_0/4$. 周期性分层均匀介质膜置于折射率为 n_i 和 n_t 的两种均匀介质之间. 在光波段, 仍然假定所有介质都是非磁性的 $(\mu = 1)$, 当入射角为 0 时,

$$
M(h) = \begin{bmatrix} -\dfrac{n_3}{n_2} & 0 \\ 0 & -\dfrac{n_2}{n_3} \end{bmatrix}, \quad M(Nh) = \begin{bmatrix} \left(-\dfrac{n_3}{n_2}\right)^N & 0 \\ 0 & \left(-\dfrac{n_2}{n_3}\right)^N \end{bmatrix},
$$

于是光功率的反射率为

$$
\mathfrak{R}_N = \left[\frac{1 - \dfrac{n_\mathrm{t}}{n_1}\left(\dfrac{n_2}{n_3}\right)^{2N}}{1 + \dfrac{n_\mathrm{t}}{n_1}\left(\dfrac{n_2}{n_3}\right)^{2N}}\right]^2.
$$

无论是 $n_2 > n_3$, 还是 $n_2 < n_3$, 反射率都随 N 增大而迅速增大, 当 N 足够大时, $\mathfrak{R}_N \to 1$. 当可见光正入射时, 空气/玻璃界面的光功率的反射率为 $\mathfrak{R} = [(n_\mathrm{t} - 1)/(n_\mathrm{t} + 1)]^2 = 0.04$, 玻璃的折射率为 $n_\mathrm{t} = 1.50$. 按照增反膜的要求, 在玻璃上交替蒸镀二氧化钛和氟化镁, 在可见光波段, 二氧化钛的折射率为 $n_3 = 1.80$, 氟化镁的折射率为 $n_2 = 1.38$. 如果蒸镀 5 个周期, 即 $N = 5$, 则反射率 $\mathfrak{R}_5 \approx 0.66$; 如果蒸镀 10 个周期, 即 $N = 10$, 则 $\mathfrak{R}_{10} \approx 0.97$.

p 光在周期性分层均匀介质膜中的特征矩阵和 s 光的形式一样, 只是将 p 换成 q, 反射率和透射率的求解方法也和 s 光相似, 这里不再赘述.

本 章 小 结

本章以光波的叠加原理为起点, 讨论了非相干叠加和相干叠加, 以及实现相干叠加的必要条件; 根据这些必要条件, 分析了使用普通光源获得稳定干涉的方法, 即分波前法和分振幅法. 分波前法的代表实验为杨氏干涉. 根据杨氏干涉的照明光源的几何宽度对干涉衬比度的影响, 分析了光源的空间相干性, 得到了空间相干性的反比例关系. 可以利用空间相干性测量远方星体对地球张开的角度. 分振幅法的代表实验是薄膜干涉和迈克耳孙干涉仪. 根据迈克耳孙干涉仪的照明光源的光谱宽度对干涉的影响, 分析了光源的时间相干性, 得到了时间相干性的反比例关系. 讨论了薄膜的多光束干涉和 FP 干涉仪. 为了分析分层均匀介质膜的光学性质, 引入了分层均匀介质中的特征矩阵.

习　题

1. 如习题 1 图所示杨氏干涉, 照明光为部分偏振光, 在双孔中的一孔处加一理想偏振片, 旋转偏振片时, 干涉衬比度发生变化, 干涉衬比度的最大值为 0.8. 求照明光的偏振度和干涉衬比度的最小值 (注: 在没有加入偏振片时, 干涉衬比度为 1, 且 $D, R \gg d$).

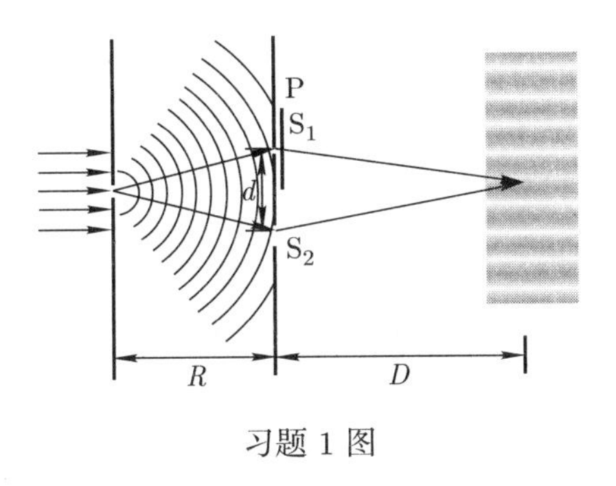

习题 1 图

2. 如习题 2 图所示, 平面光正入射, 在一薄透镜的物方焦面上开有两个小孔 O 和 Q 而成为两个次波源, 且 Q 点满足傍轴条件, 即 $a \ll F$ (焦距).

(1) 试写出次波源 O 和 Q 在薄透镜前表面 (x, y) 上产生的满足傍轴条件的波前函数 $\widetilde{U}_O(x, y)$ 和 $\widetilde{U}_Q(x, y)$, 设振幅 $A_O = A_Q = A$.

(2) 试写出上述两束光经薄透镜折射后, 在像方焦面 (x', y') 上产生的波前函数 $\widetilde{U}'_O(x', y')$ 和 $\widetilde{U}'_Q(x', y')$, 设振幅 $A'_O = A'_Q = A$.

(3) 试分析在像方焦面 (x', y') 上的干涉条纹的形状和条纹间距 (写出推导过程).

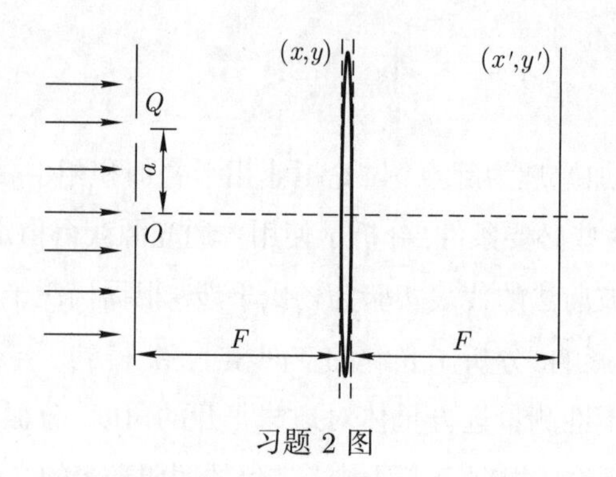

习题 2 图

3. 在杨氏干涉实验中, 照明光源 S_0 为扩展光源, 宽度为 b, 光源到开有小孔 S_1 和 S_2 的衍射屏的垂直距离为 R, S_1 和 S_2 之间的距离为 d, 设其满足傍轴条件. 如果光源 S_0 发生倾斜, 倾角为 β, 如习题 3 图所示.

(1) 求光源 S_0 发生倾斜时干涉条纹的变化.

(2) 求可以获得干涉条纹的 $\mathrm{S}_1, \mathrm{S}_2$ 之间的最大距离 d_{M}.

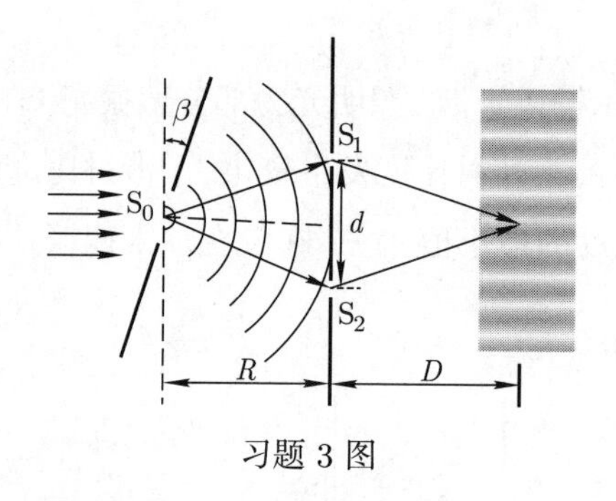

习题 3 图

4. 习题 4 图所示为劳埃德镜实验, 光源发出的光一部分直接照射到观察屏上, 另一部分经反射镜反射后照射到观察屏上, 在两束光的叠加区可以观察到干涉条纹. 如果照明光源的宽度为 b, 光源底部相对于镜面的高度为 $d = 5$ mm, 且 $d \gg b$, 照明光的波长为 $\lambda = 500$ nm, 光源到观察屏的距离为 $D = 1$ m, 反射镜的后端到观察屏的距离为 $D/2$. 求能观察到干涉条纹的最大光源宽度.

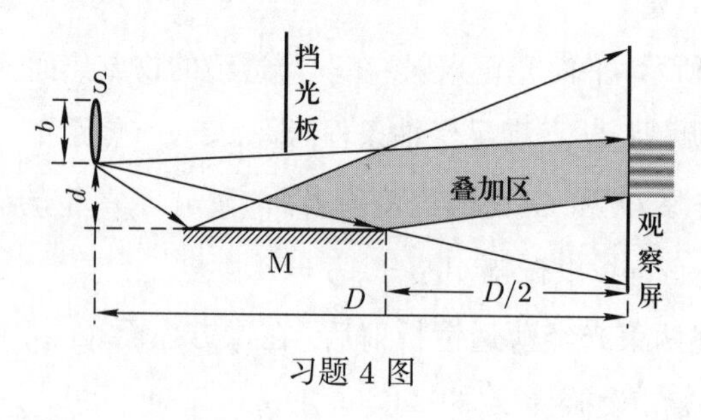

习题 4 图

5. 如习题 5 图所示, 一束平面自然光沿水平方向入射, 在竖直平面内放置观察屏,设观察屏和入射光的传播方向垂直, 使用棱镜实现分波前干涉, 该棱镜的一个边和入射光的传播方向垂直, 入射光经棱镜的底边反射后照射到观察屏上, 和直接照射到观察屏上的入射光相干叠加.设入射光的光强为 I_0, 波长为 λ, 棱镜的折射率为 1.6 (其为各向同性线性介质), 棱镜的顶角为 30°, 空气的折射率为 1.0. 设垂直于棱镜的边入射或透射时的反射对光强的损失, 以及光在棱镜中传播时的吸收均可忽略.

(1) 求观察屏上干涉条纹的间距.

(2) 求观察屏上的干涉衬比度.

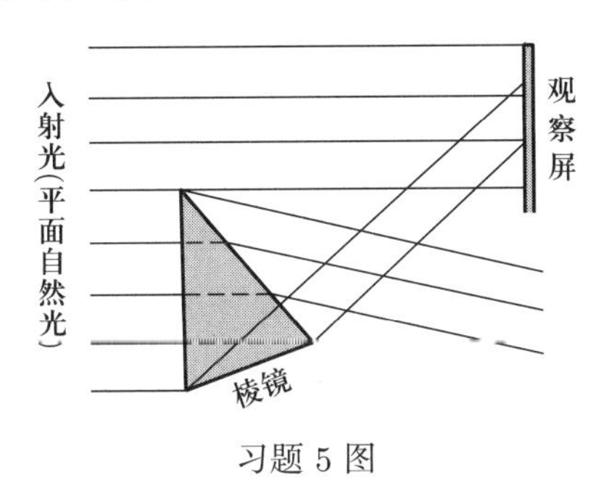

习题 5 图

6. 一种波长测量计如习题 6 图所示. 当动镜移动 Δy 时, 探测器 1 探测到干涉条纹移动的数目为 5896 条, 探测器 2 探测到干涉条纹移动的数目为 6328 条, 已知 He–Ne 激光的波长为 632.8 nm. 求:

(1) 未知波长激光的波长.

(2) 动镜移动的距离.

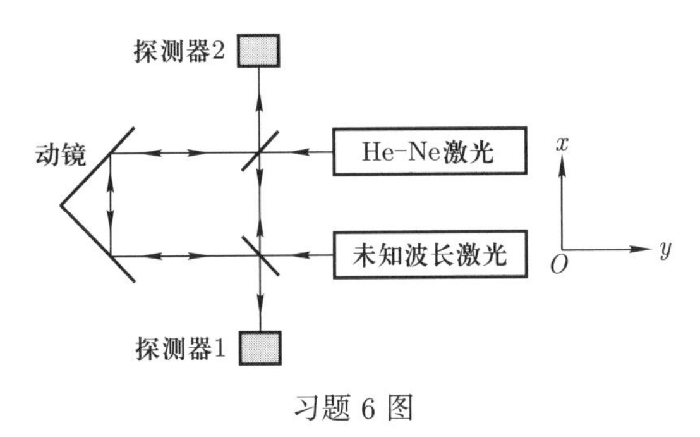

习题 6 图

7. 瑞利干涉仪的结构如习题 7 图所示, 以钠黄光为照明光源, 钠黄光的波长为 589.3 nm, 可密封玻璃管的长度 l 为 20 cm, 开始时玻璃管内为真空, 现将玻璃管内缓慢充入空气, 最终使玻璃管内外气压平衡, 在充气过程中干涉条纹移动的数目为 98 条, 求空气的折射率.

8. 使用钠黄光 (平均波长为 589.3 nm) 作为杨氏干涉实验中的光源, 光源宽度被一光阑限制为 $b = 2$ mm, 它与双缝平面相距 2.5 m, 为了能在观察屏上出现干涉条纹, 问:

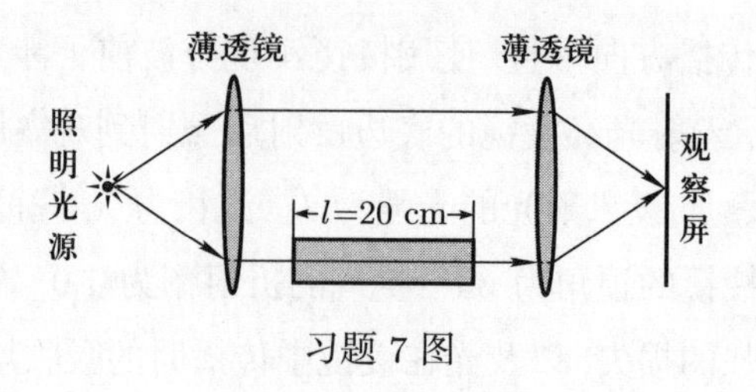

习题 7 图

(1) 双缝间距最大为多大? 设其为 d_0.

(2) 使双缝间距保持为 d_0, 光源前的光阑缝宽变为 $b/2$, 此时观察屏上的干涉衬比度为多大?

9. 使用波长 $\lambda = 600$ nm 的单色光照射具有对称结构的杨氏干涉实验装置, S_0 到开有 S_1 和 S_2 双缝的衍射屏的距离为 R =50.0 cm, S_1 和 S_2 双缝的间距 d = 1.00 mm, 测量得到干涉条纹的间距为 Δx = 2.00 mm. 将 S_1 和 S_2 双缝的间距缓慢调节到 2.00 mm, 其他部分不变, 此时干涉衬比度下降到原来的 1/2. 问:

(1) 当 S_1 和 S_2 双缝的间距缓慢调节到 2.00 mm 时, 干涉条纹的间距为多大?

(2) 光源 S_0 的宽度 b 为多大?

10. 在杨氏干涉实验中, R =100 cm, S_1 和 S_2 的间距为 d =1.00 mm, 照明光的波长为 600 nm. 开始时 S_0 的狭缝宽度为 b, 当 S_0 的狭缝宽度增大到 $2b$ 时, 干涉衬比度下降到原来的 1/2. 求:

(1) b 为多大?

(2) 若 S_0 的狭缝宽度继续增大, 则宽度为多大时干涉衬比度降为零?

11. 真空镀膜时, 基板的温度对成膜性质影响很大, 为了精确测量基板温度, 人们设计了如习题 11 图所示的激光干涉测温装置. 在基板上放置一块厚度 (h) 均匀的

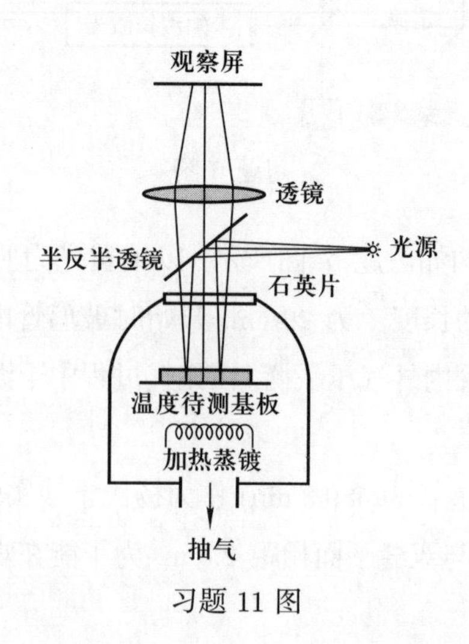

习题 11 图

石英片, 石英的折射率和厚度均随温度变化, 折射率温度系数为 $\beta=\dfrac{\mathrm{d}n}{\mathrm{d}T}=-0.55\times10^{-5}\ ^\circ\mathrm{C}^{-1}$, 厚度膨胀系数为 $\alpha=\dfrac{\mathrm{d}h}{h\mathrm{d}T}=1.02\times10^{-5}\ ^\circ\mathrm{C}^{-1}$. 在加热蒸镀过程中可在观察屏上看到干涉条纹吞吐. 已知室温 $T=20\ ^\circ\mathrm{C}$, 厚度 $h=2$ cm, 石英的折射率 $n=1.46$, 光源为 He–Ne 激光, 其波长 $\lambda=633$ nm (其相干时间足够长), 从室温开始加热蒸镀, 可以看到观察屏中心的干涉条纹吞吐了 80 条, 问此时基板的温度.

12. 在半导体元件生产中, 为测定硅 (Si) 片上 SiO_2 薄膜的厚度, 将该膜一端削成劈尖状. 已知 SiO_2 的折射率为 $n=1.46$, 用波长为 546.1 nm 的绿光垂直照射时, 观测到 SiO_2 劈尖薄膜上出现了 7 条暗条纹, 求 SiO_2 薄膜的厚度 (Si 的折射率为 3.42).

13. 使用一干涉仪, 利用薄膜等厚干涉测量样品上一个凸起的高度, 如习题 13 图所示. 使用波长为 600 nm 的光照射时, 条纹没有错位, 使用波长为 500 nm 的光照射时, 条纹错位距离为条纹间距的 3/5, 问凸起的高度 (已知凸起的高度小于 2 μm).

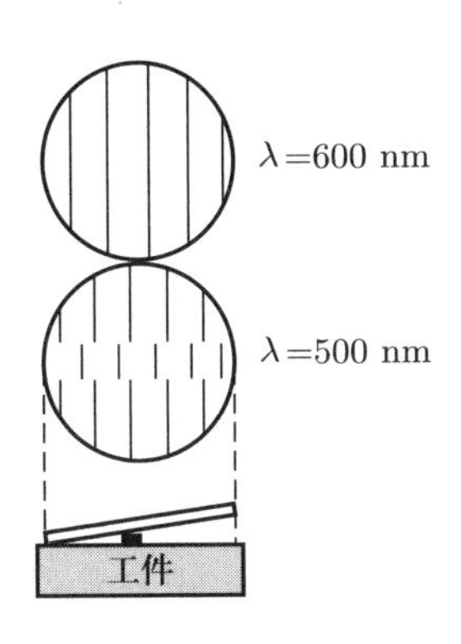

习题 13 图

14. 使光从空气垂直照射到覆盖在玻璃板上的厚度均匀的油膜上, 当所用光的波长在可见光范围 (400 ~ 750 nm) 内连续变化时, 只观察到波长为 500 nm 与 700 nm 的这两束光相继在反射光中消失. 已知空气的折射率为 1.00, 油的折射率为 1.30, 试求油膜的厚度.

15. 如习题 15 图所示为察雅曼 (Chayaman) 干涉仪, 该干涉仪使用两块厚度都为 h 的玻璃板制备而成, 玻璃板的折射率为 $n=1.5$, 两块玻璃板之间的夹角为 $\alpha=1^\circ$. 有一定发散角的光照射到玻璃板上, 中心光线的入射角为 $\phi=45^\circ$, 照明光为准单色光, 其波长为 500 nm, 因为时间相干性, 该准单色光照射一块玻璃板时无法产生稳定干涉.

(1) 玻璃板的厚度 $h=2$ cm, 求干涉条纹的间距.

(2) 如果照明光为中心波长 $\lambda_0=500$ nm 的准单色光, 玻璃板的厚度 $h=2$ cm, 能够观察到干涉条纹, 则准单色光的光谱宽度应该在什么范围内?

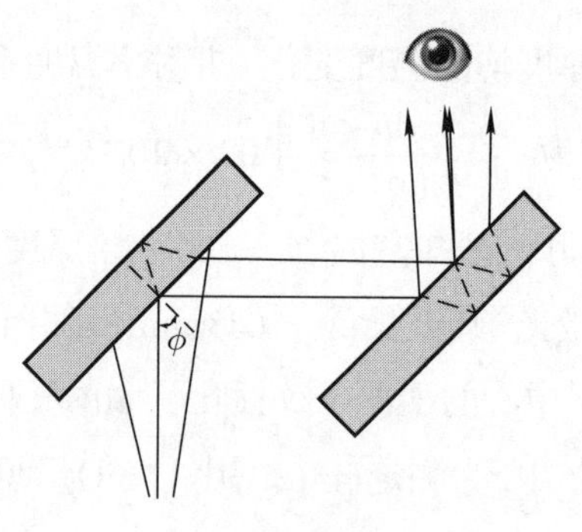

习题 15 图

16. 使用点光源照明, 观察由两块平行玻璃片组成的空气薄膜的干涉条纹, 点光源位于玻璃片的正上方, 照明光的波长为 589 nm. 开始时干涉场中存在 12 个亮环 (计及中心亮斑), 中心为亮斑, 边缘是亮环. 上下平移其中一块玻璃片时, 干涉场中心出现条纹吞吐, 还存在 6 个亮环 (计及中心亮斑), 中心为亮斑, 边缘是亮环.

(1) 玻璃片至少移动了多少?

(2) 在此条件下, 移动前两块玻璃片之间的距离为多大?

(3) 如果在距点光源水平距离为 a 处增加一独立点光源, 分析薄膜干涉图样的变化.

17. 迈克耳孙干涉仪的照明光为发散光, 我们观察到的干涉条纹为同心圆环. 半反半透镜是在一平整的石英基板上蒸镀一层金属薄膜制成的, 迈克耳孙干涉仪中参与叠加的两束光都经过半反半透镜的反射, 一束是在石英和金属界面的反射光, 另一束是在空气和金属界面的反射光. 因为反射界面不同, 所以两束光反射时的相位突变不同, 差异为 $\Delta\phi$, 下面我们通过实验测量 $\Delta\phi$. 开始时观察到干涉场中心是亮斑, 视场最外侧是亮环, 一共有 20 个亮环 (计及中心亮斑). 现在缓慢调节一臂的反射镜, 使反射镜沿臂的方向平移, 观察到干涉条纹发生亮暗变化, 并发现同心圆环越来越稀疏. 中心亮暗变化了 23 个周期, 视场最外侧亮暗变化了 20 个周期 (本题中, 条纹数目均视为精确计数值, 干涉仪两臂的长度为厘米量级).

(1) 求相位突变差异 $\Delta\phi$.

(2) 使用此干涉仪测量某一透明液体的折射率. 在迈克耳孙干涉仪的一臂中插入扁平的石英槽, 如习题 17 图所示, 使得石英槽的表面和臂的方向垂直. 然后调节石英槽和臂之间的夹角, 使之改变为 $\theta = 5°$, 在角度改变的过程中, 干涉场中心亮暗变化了 10 个周期. 现将待测液体注入石英槽, 再次调节石英槽的倾斜角度, 使其恢复到和臂垂直. 在此过程中, 干涉场中心亮暗变化了 17 个周期. 设照明光的波长为 633 nm, 石英槽内壁间距为 $t = 2$ mm, 空气的折射率为 1. 求待测液体的折射率.

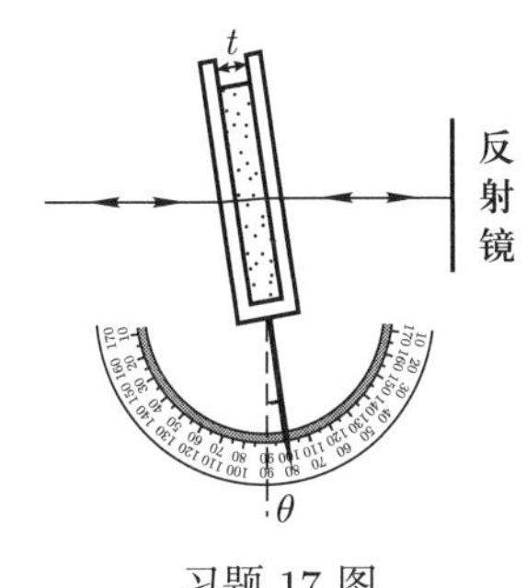

习题 17 图

18. 准直的平行光照射迈克耳孙干涉仪, 照明光的波长为 600 nm, 观察到干涉条纹为等间距的直条纹, 条纹间距为 0.3 mm.

(1) 求迈克耳孙干涉仪一臂的反射镜 M_1 对分束镜 (半反半透镜 G_1) 所成的像和另一臂的反射镜 M_2 之间的夹角.

(2) 如果沿臂的方向移动反射镜 M_1, 观察到干涉条纹移动的数目为 10 条, 求反射镜 M_1 移动的距离.

(3) 如果入射光不是单色光, 而是包含两束波长接近的单色光, 且其平均波长为 600 nm, 开始时干涉条纹最为清晰, 水平移动反射镜 M_1, 干涉条纹移动并且逐渐变模糊, 当干涉条纹移动的数目为 100 条时, 干涉条纹消失. 继续移动 M_1, 干涉条纹又重新出现, 并且越来越清晰, 到达最清晰后再逐渐变模糊, 依此反复. 问组成入射光的两束单色光的波长分别为多大?

19. 中心波长为 λ =600 nm 的准单色光照射迈克耳孙干涉仪, 开始时干涉衬比度为 $\gamma = 1$, 现在缓慢调节干涉仪的臂长, 当臂长改变 0.6 mm 时, 干涉条纹消失, 已知空气的折射率为 1. 求:

(1) 在此过程中, 中心干涉条纹的变化情况.

(2) 准单色光的光谱宽度 $\Delta\lambda$.

20. 迈克耳孙干涉仪使用中心波长为 500 nm 的平行光照明, 单臂单向移动时, 条纹移动的数目为 100 条, 干涉衬比度由 1 下降到 0.95. 求:

(1) 光源谱线的宽度.

(2) 测长量程为多大?

21. 如习题 21 图的左图所示为杨氏干涉装置, 其具有对称结构, 即小孔 S_1 和 S_2 相对于非相干光源 S 对称, 设 S 到 S_1 和 S_2 平面的距离为 R =1 m, S_1 和 S_2 平面到观察屏的距离为 D =1 m, 照明光为准单色光, 光强随波矢 $k = 2\pi/\lambda$ 的分布如习题 21 图的右图所示, 中心波矢为 $k_0 = 2\pi/\lambda_0$, 其中, $\lambda_0 = 500$ nm, $\Delta k \ll k_0$. 如果 S_1 和 S_2 的间距 d 从 1 mm 增大到 2 mm, 观察屏中心 O 点 (零级干涉条纹附近) 处的干涉衬比度降低到原来的 1/2, 而距离中心 1 cm 的 P 点处的干涉衬比度降低到原来的 1/4.

(1) 求光源 S 的宽度 b.

(2) 照明光的光谱宽度为 $\Delta\lambda$, 请分析估算结果的误差大小 (要求给出分析过程).

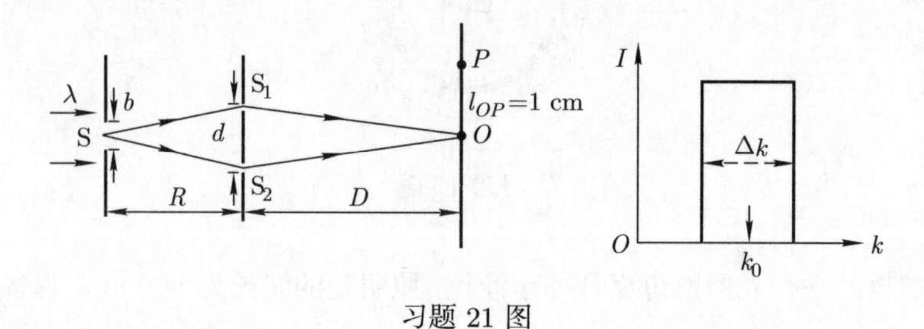

习题 21 图

22. 在杨氏干涉实验中, 使用白炽灯照明, 白炽灯的发光光谱范围为 400 ~ 700 nm. 在单缝 S 和双缝 S_1, S_2 之间垂直插入一 FP 谐振腔, 其反射层的光强的反射率均为 $R = 0.8$, 间隔层的厚度为 $d = 0.5$ μm, 折射率为 $n = 1.52$. S_1, S_2 的间距远远小于 S 到 S_1, S_2 平面的距离, 可近似认为光正入射于 FP 谐振腔. 求:

(1) 在观察屏上可以观察到什么颜色的干涉条纹?

(2) 可以观察到几级干涉条纹?

23. 如习题 23 图所示, 白炽灯发出的光经准直变为平行光, 经过使用 FP 谐振腔制备的滤波片后, 照射迈克耳孙干涉仪. 设 FP 谐振腔反射层的光强的反射率均为 $R = 0.9$, 间隔层的厚度为 $h = 0.5$ μm, 折射率为 $n = 1.52$, 白炽灯的发光光谱范围为 400 ~ 700 nm.

(1) 如果观测到干涉条纹间距为 $\Delta l = 0.5$ mm, 求反射镜 M_1 的倾角 α.

(2) 使用此系统测量长度, 如果探测器对干涉条纹计数的精度为 1/10, 求此系统的长度测量精度为多大?

(3) 求此系统测量长度的量程为多大?

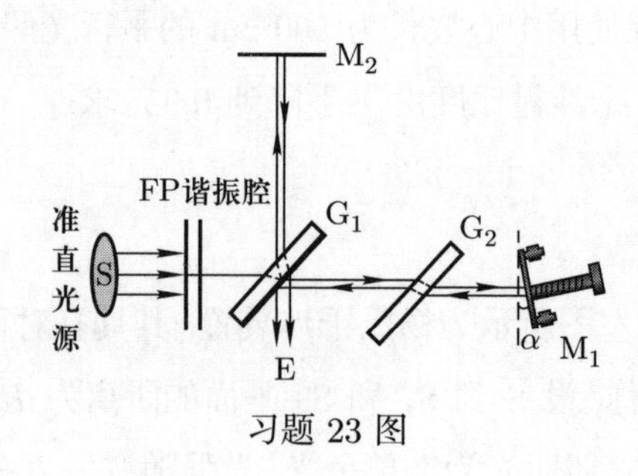

习题 23 图

24. FP 干涉仪的两个平行的反射面相距 1 cm, 干涉仪两侧各有一个焦距为 15 cm 的凸透镜, 在第一个凸透镜的物方焦面上放置一个直径为 1 cm 的单色光源, 其发出的单色光的波长为 490 nm, 仪器严格共轴, 空气的折射率为 1.

(1) 求第二个凸透镜的像方焦面上的亮条纹数目, 其中亮条纹的最大直径是多大?

(2) 如果在干涉仪中插入不透明的板, 遮住一半的光, 问第二个凸透镜像方焦面上的条纹有什么变化?

(3) 如果使用透明的玻璃板代替不透明的板, 这时第二个凸透镜像方焦面上的条纹有什么变化? (设玻璃的折射率为 1.5, 厚度为 0.5 mm.)

25. 一 FP 干涉仪, 腔长 $h = 10$ cm, 所镀薄膜的反射率为 $R = 0.95$, 试求:

(1) 在波长约为 500 nm 附近的可分辨的最小波长间隔和分辨本领.

(2) 在波长约为 500 nm 附近的自由光谱范围.

26. 使用两个等腰直角棱镜组成一个分束镜 (见图 5.44), 棱镜的折射率为 $n = 1.52$, 两个棱镜之间空气膜的厚度为 d, 空气的折射率为 1. p 偏振 (电场的振动方向垂直于入射面) 的平行光垂直于棱镜的直角边入射, 入射光在真空中的波长为 $\lambda = 500$ nm. 忽略棱镜直角边对光的反射.

(1) 如果只有一个直角棱镜存在, 则光强的反射率为多大?

(2) 如果两个直角棱镜组成如图 5.44 所示的分束镜, 要求光强的反射率为 $R = 0.5$, 试计算 d 的大小.

27. 激光多普勒测速仪可根据多普勒效应, 利用激光照射运动物体, 检测反射激光的频率移动来获得运动物体的速度. 激光光源和探测器固定在一起, 待测物体, 例如, 汽车, 与测速仪相向运动, 设光源发射的激光波长为 500 nm, 待测物体的运动速度为 20 m/s, 求:

(1) 探测器检测到的反射激光相对于发射激光的波长移动为多大?

(2) 探测器使用 FP 干涉仪来分辨发射激光和反射激光的频率移动. 设 $R = 0.985$, $h = 5.0$ cm, 腔内空气的折射率 $n = 1$. 分析此 FP 干涉仪是否可以分辨反射激光频移. FP 干涉仪测量速度的精度为多大?

28. 在玻璃 (折射率 $n_{\rm g} = 1.5$) 表面沉积一层折射率 $n = 3.0$ 的薄膜, 制备波长为 550 nm 的半反半透镜, 为此, 令波长为 550 nm 的平行光从空气垂直入射到玻璃表面的薄膜上, 光强的反射率 $R = 0.5$, 求薄膜的厚度至少为多大?

29. 如习题 29 图所示, s 光从空气入射到蒸镀在玻璃基板上分层均匀的薄膜上, 入射角为 θ_1, 此时分层均匀薄膜中的特征矩阵为 M, 已知空气的折射率为 $n_1 = 1$, 玻璃基板的折射率为 $n_{\rm g}$. 求:

(1) 光从薄膜入射到玻璃的折射角 $\theta_{\rm g}$.

(2) 薄膜的复振幅的反射率和透射率.

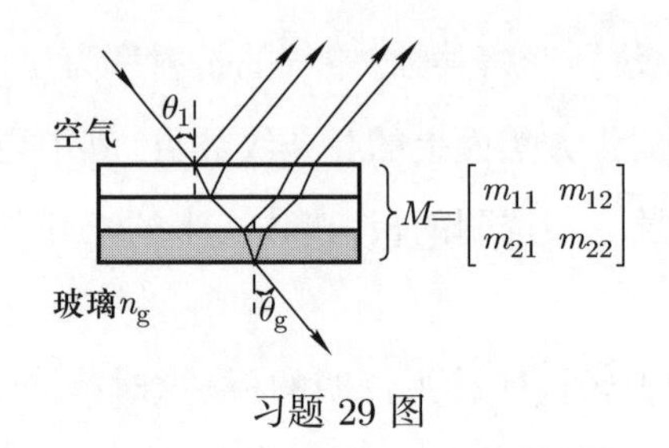

习题 29 图

30. 如习题 30 图所示, 在玻璃基板上蒸镀一层薄膜. 一 s 光从空气入射到薄膜上, 已知入射光在真空中的波长为 λ_0, 入射角 $\theta = 45°$, 玻璃的折射率为 $n_g = 1.5$, 空气的折射率为 $n_0 = 1.0$, 薄膜的折射率为 $n = \sqrt{2}$, 薄膜的厚度为 $d = \lambda_0/\sqrt{6}$.

(1) 给出薄膜中的特征矩阵.

(2) 求入射光的光强的反射率和透射率.

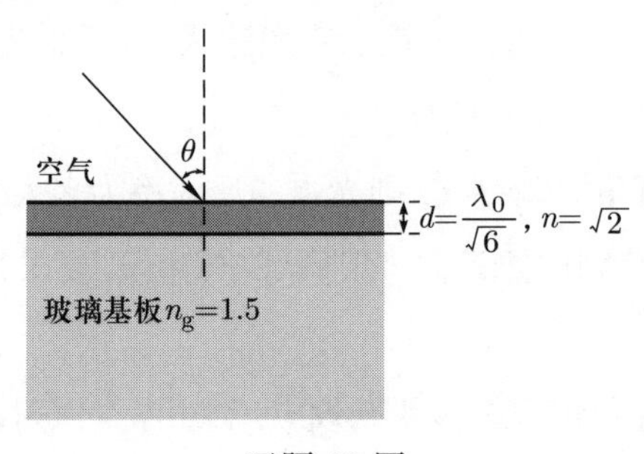

习题 30 图

31. 为增透, 在眼镜片上蒸镀一层氟化镁薄膜, 已知在可见光波段, 氟化镁的折射率为 1.38, 眼镜片的折射率为 1.76, 选择人眼的敏感波长 550 nm 增透. 求:

(1) 增透膜的厚度.

(2) 如果入射光是波长为 550 nm 的单色光, 相对于无增透膜, 有增透膜时的光强的反射率降低了多少?

(3) 如果入射光是 $400 \sim 700$ nm 范围内的具有方形光谱的白光, 相对于无增透膜, 有增透膜时的光强的反射率降低了多少?

32. 在玻璃上周期蒸镀高、低折射率的薄膜, 空气的折射率为 $n_1 = 1.0$, 高折射率 $n_2 = 2.0$, 低折射率 $n_3 = 1.4$, 制备 $n_1/n_2/n_3/n_2/n_3/\cdots/n_2/n_3/$ 玻璃的增反结构, 波长为 550 nm 的单色光从空气正入射到增反膜层和玻璃上, 玻璃的折射率为 1.5. 求:

(1) 高、低折射率薄膜的厚度.

(2) 如果要求光强的反射率 $R \geqslant 0.98$, 则需要蒸镀多少个周期?

33. 在玻璃上周期蒸镀高、低折射率的薄膜, 空气的折射率为 $n_1 = 1.0$, 高折射率 $n_2 = 2.0$, 低折射率 $n_3 = 1.4$, 制备 $n_1/n_2/n_3/n_2/n_3/\cdots/n_2/n_3/$ 玻璃的增反结构, 波

长为 550 nm 的单色光从空气斜入射到增反膜层和玻璃上, 入射角为 45°, 入射光为 s 光, 玻璃的折射率为 1.5.

(1) 如果没有增反膜层, s 光以 45° 的入射角从空气入射到玻璃上, 求空气/玻璃界面的光强的反射率.

(2) 要求最有效增反, 求高、低折射率薄膜的最薄厚度.

(3) 如果要求光强的反射率 $R \geqslant 0.98$, 则需要蒸镀多少个周期?

第六章　光 波 衍 射

费曼在《费曼物理学讲义》中谈到衍射: “至今没有人能够令人满意地界定干涉和衍射之间的区别. 这只是用法上的问题, 它们在物理上并没有明确的重大区别.” 干涉和衍射都是光的波动性的体现, 我们通过本章的学习, 能够更深刻地体会到这一点. 如果一定要给衍射一个定义, 我们可以这样粗略地说: 当光遇到障碍物时, 偏离几何传播路线而绕行的现象称为光的衍射.

衍射的一般特点为: 光偏离几何传播路线的角度和波长、限制尺度之间的一般关系为 $\rho\cdot\Delta\theta\sim\lambda$. 衍射结构与衍射光强分布相对应, 并且结构越细微, 相应的衍射光强分布越扩大. 已知衍射结构可以计算出衍射光强分布, 也可以根据衍射光强分布反推衍射结构, 例如, 20 世纪 50 年代, 富兰克林 (Franklin)、克里克 (Crick)、沃森 (Watson)、威尔金斯 (Wilkins) 研究了脱氧核糖核酸 (DNA) 的 X 射线衍射图样, 推算出了 DNA 的双螺旋结构, 这是 20 世纪最为重大的科学发现之一, 它揭开了分子生物学的新篇章.

本章我们将介绍衍射的基础理论, 分析各种光学器件的衍射性质和应用.

6.1　惠更斯 – 菲涅耳原理和基尔霍夫衍射公式

在历史上, 菲涅耳以惠更斯原理和干涉原理为基础, 用新的定量形式建立了惠更斯 – 菲涅耳原理, 奠定了光的衍射理论基础. 基尔霍夫从理论上推导出了惠更斯 – 菲涅耳原理的积分公式中没有给定的物理量. 进一步, 索末菲和瑞利指出基尔霍夫衍射理论的边界条件不自洽, 并引入新的格林函数修正了基尔霍夫衍射理论的边界条件, 从而完善了光的衍射理论.

6.1.1　惠更斯 – 菲涅耳原理

菲涅耳继承了惠更斯原理的次波源的概念, 吸取了杨氏干涉的实验结果, 提出了惠更斯 – 菲涅耳原理: 波前上的每个面元都可以看成次波源, 它们向四周发射次波. 波场中任一场点的振动都是所有次波源贡献的次级振动的相干叠加. 其数学表达式为

$$\widetilde{U}(P)=\oiint_{\Sigma}\mathrm{d}\widetilde{U},$$

其中, Σ 为分离光源 P_0 和场点 P 的闭合曲面, $\mathrm{d}\widetilde{U}$ 为每个面元发出的次波对 P 点振动的贡献, 根据图 6.1, 由直观的物理概念, 可以给出 $\mathrm{d}\widetilde{U}$ 和各物理量之间的关系:

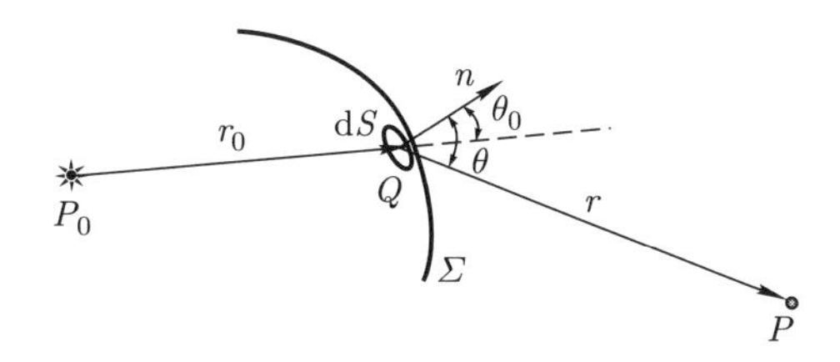

图 6.1 次波对场点振动的贡献

$\mathrm{d}\widetilde{U}(P) \propto \widetilde{U}_0(Q)$ —— $\mathrm{d}\widetilde{U}(P)$ 正比于次波源自身的复振幅;

$\mathrm{d}\widetilde{U}(P) \propto \dfrac{1}{r}\mathrm{e}^{\mathrm{i}kr}$ —— $\mathrm{d}\widetilde{U}(P)$ 正比于次波源发出的球面光波传播到场点 P 时振幅和相位的变化;

$\mathrm{d}\widetilde{U}(P) \propto f(\theta_0,\theta)$ —— $\mathrm{d}\widetilde{U}(P)$ 正比于倾斜因子 $f(\theta_0,\theta)$, 其中, θ_0 和 θ 分别为 r_0 和 r 与面元 $\mathrm{d}S$ 法线之间的夹角;

$\mathrm{d}\widetilde{U}(P) \propto \mathrm{d}S$ —— $\mathrm{d}\widetilde{U}(P)$ 正比于波前上作为次波源的微分面元.

因此惠更斯 – 菲涅耳原理的数学表达式可以写为

$$\widetilde{U}(P) = K \oiint_{\Sigma} f(\theta_0,\theta)\widetilde{U}_0(Q)\frac{\mathrm{e}^{\mathrm{i}kr}}{r}\mathrm{d}S, \tag{6.1}$$

其中, 积分系数 K 和倾斜因子 $f(\theta_0,\theta)$ 没有给定, 基尔霍夫从理论上推导出了惠更斯 – 菲涅耳原理的积分公式, 并确定了这两个没有给定的物理量.

6.1.2 基尔霍夫衍射公式

基尔霍夫衍射公式的物理基础为亥姆霍兹方程, 即光的标量波动方程:

$$\nabla^2\widetilde{U} - \varepsilon\varepsilon_0\mu\mu_0\frac{\partial^2\widetilde{U}}{\partial t^2} = 0. \tag{6.2}$$

对于定态波, 角频率 ω 单一, 所以 $\widetilde{U}$ 的数学表达式为

$$\widetilde{U}(P,t) = \widetilde{U}(P)\mathrm{e}^{-\mathrm{i}\omega t}, \tag{6.3}$$

于是 $\dfrac{\partial}{\partial t} \equiv -\mathrm{i}\omega$, 将之代入 (6.2) 式可得, 各向同性线性介质中的光的标量波动方程为

$$(\nabla^2 + k^2)\widetilde{U}(P) = 0. \tag{6.4}$$

基尔霍夫衍射公式的数学基础为格林定理, 下面先给出如下结论: 若 S 是空间 V 的闭合曲面, $\widetilde{U}(P),\widetilde{G}(P)$ 及其一阶、二阶偏导数在 S 上及 S 内连续且单值, 则

$$\iiint_V (\widetilde{G}\nabla^2\widetilde{U} - \widetilde{U}\nabla^2\widetilde{G})\mathrm{d}V = \oiint_S \left(\widetilde{G}\frac{\partial\widetilde{U}}{\partial n} - \widetilde{U}\frac{\partial\widetilde{G}}{\partial n}\right)\mathrm{d}S, \tag{6.5}$$

其中, n 表示 S 面的法线; $\dfrac{\partial \widetilde{U}}{\partial n}=\nabla \widetilde{U}\cdot \boldsymbol{e}_n, \dfrac{\partial \widetilde{G}}{\partial n}=\nabla \widetilde{G}\cdot \boldsymbol{e}_n$, 这里, $\boldsymbol{e}_n$ 为法线方向的单位矢量.

现对 (6.5) 式进行如下证明: 根据格林定理, 有

$$\oint\!\!\!\oint_S (\widetilde{G}\nabla\widetilde{U})\cdot \mathrm{d}\boldsymbol{S}=\iiint_V \nabla\cdot(\widetilde{G}\nabla\widetilde{U})\mathrm{d}V=\iiint_V(\nabla\widetilde{G}\cdot\nabla\widetilde{U}+\widetilde{G}\nabla^2\widetilde{U})\mathrm{d}V$$

$$=\iiint_V \nabla\widetilde{G}\cdot\nabla\widetilde{U}\mathrm{d}V+\iiint_V \widetilde{G}\nabla^2\widetilde{U}\mathrm{d}V,$$

同理可得

$$\oint\!\!\!\oint_S (\widetilde{U}\nabla\widetilde{G})\cdot \mathrm{d}\boldsymbol{S}=\iiint_V \nabla\widetilde{U}\cdot\nabla\widetilde{G}\mathrm{d}V+\iiint_V \widetilde{U}\nabla^2\widetilde{G}\mathrm{d}V.$$

将上述两式相减, 即得 (6.5) 式.

根据惠更斯 – 菲涅耳原理可知, 波前上的每个面元都可以看成次波源, 它们向四周发射次波. 亥姆霍兹算符的格林函数 $\widetilde{G}$ 选择为以 P 点为点光源的发散的球面光波的波函数, 即

$$(\nabla^2+k^2)\widetilde{G}(r)=-4\pi\delta^{(3)}(r), \tag{6.6}$$

其解为

$$\widetilde{G}(r)=\frac{\mathrm{e}^{\mathrm{i}kr}}{r}. \tag{6.7}$$

$\widetilde{G}$ 在 P 点处趋于无穷, 为奇异点, 为了满足格林定理的条件, 如图 6.2 所示, 以 P 点为球心, 以 ε 为半径作一球, 把该球从 V 中挖出, 则新的空间为 V'.

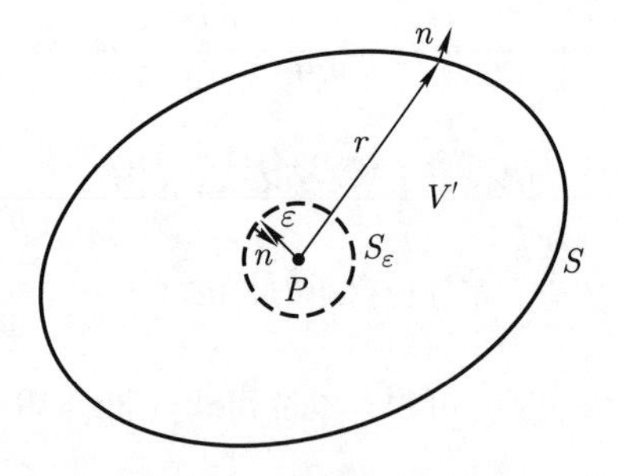

图 6.2 挖出奇异点

在空间 V' 中, (6.5) 式成立, 可写为

$$\iiint_{V'}(\widetilde{G}\nabla^2\widetilde{U}-\widetilde{U}\nabla^2\widetilde{G})\mathrm{d}V=\oint\!\!\!\oint_{S+S_\varepsilon}\left(\widetilde{G}\frac{\partial\widetilde{U}}{\partial n}-\widetilde{U}\frac{\partial\widetilde{G}}{\partial n}\right)\mathrm{d}S. \tag{6.8}$$

在空间 V' 中, $(\nabla^2+k^2)\widetilde{U}=0, (\nabla^2+k^2)\widetilde{G}=0$, 将之代入 (6.8) 式可得

$$\oiint_{S+S_\varepsilon}\left(\widetilde{G}\frac{\partial\widetilde{U}}{\partial n}-\widetilde{U}\frac{\partial\widetilde{G}}{\partial n}\right)\mathrm{d}S=-\iiint_{V'}k^2(\widetilde{G}\widetilde{U}-\widetilde{U}\widetilde{G})\mathrm{d}V=0,$$

即

$$\oiint_{S}\left(\widetilde{G}\frac{\partial\widetilde{U}}{\partial n}-\widetilde{U}\frac{\partial\widetilde{G}}{\partial n}\right)\mathrm{d}S=-\oiint_{S_\varepsilon}\left(\widetilde{G}\frac{\partial\widetilde{U}}{\partial n}-\widetilde{U}\frac{\partial\widetilde{G}}{\partial n}\right)\mathrm{d}S. \tag{6.9}$$

在 S_ε 面上, n 和 r 的方向相反, 因此有

$$\begin{cases}\widetilde{G}=\dfrac{\mathrm{e}^{\mathrm{i}k\varepsilon}}{\varepsilon},\\ \left.\dfrac{\partial\widetilde{G}}{\partial n}\right|_{r=\varepsilon}=-\left.\dfrac{\partial\widetilde{G}}{\partial r}\right|_{r=\varepsilon}=\dfrac{\mathrm{e}^{\mathrm{i}k\varepsilon}}{\varepsilon}\left(\dfrac{1}{\varepsilon}-\mathrm{i}k\right),\end{cases} \tag{6.10}$$

将之代入 (6.9) 式, 并使 ε 趋于零, 可得

$$\begin{aligned}\oiint_{S}\left(\widetilde{G}\frac{\partial\widetilde{U}}{\partial n}-\widetilde{U}\frac{\partial\widetilde{G}}{\partial n}\right)\mathrm{d}S&=\lim_{\varepsilon\to0}\left[-\oiint_{S_\varepsilon}\left(\widetilde{G}\frac{\partial\widetilde{U}}{\partial n}-\widetilde{U}\frac{\partial\widetilde{G}}{\partial n}\right)\mathrm{d}S\right]\\ &=\lim_{\varepsilon\to0}\left\{-\int_0^{4\pi}\left[\frac{\mathrm{e}^{\mathrm{i}k\varepsilon}}{\varepsilon}\frac{\partial\widetilde{U}}{\partial n}-\widetilde{U}\frac{\mathrm{e}^{\mathrm{i}k\varepsilon}}{\varepsilon}\left(\frac{1}{\varepsilon}-\mathrm{i}k\right)\right]\varepsilon^2\mathrm{d}\Omega\right\}\\ &=\lim_{\varepsilon\to0}\left[-4\pi\mathrm{e}^{\mathrm{i}k\varepsilon}\left(\varepsilon\frac{\partial\widetilde{U}}{\partial n}-\widetilde{U}+\mathrm{i}\varepsilon k\widetilde{U}\right)\right]\\ &=4\pi\widetilde{U}(P),\end{aligned}$$

其中, Ω 为 S_ε 对 P 点张开的立体角, $\mathrm{d}S=\varepsilon^2\mathrm{d}\Omega$. 因此

$$\widetilde{U}(P)=\frac{1}{4\pi}\oiint_{S}\left(\widetilde{G}\frac{\partial\widetilde{U}}{\partial n}-\widetilde{U}\frac{\partial\widetilde{G}}{\partial n}\right)\mathrm{d}S. \tag{6.11}$$

这就是基尔霍夫积分定理的数学表达式. 它表明, 在光场的无源区域, 光波在任一点 P 处的复振幅可以通过包围该点的任意闭合曲面上的光场的复振幅分布函数求得. 基尔霍夫积分定理是解决衍射问题的基本公式.

下面通过选择适当的分离光源和场点的闭合曲面, 将 (6.11) 式转化成 (6.1) 式的形式, 以确定出积分系数 K 和倾斜因子 $f(\theta_0,\theta)$. 现在讨论无限大不透明屏幕上开一透光孔所引起的衍射问题, 取如图 6.3 所示的闭合曲面. 闭合曲面由三个曲面组成: $S=S_\Sigma+S_1+S_R$, 于是 (6.11) 式成为

$$\begin{aligned}\widetilde{U}(P)&=\frac{1}{4\pi}\oiint_{S}\left[\frac{\mathrm{e}^{\mathrm{i}kr}}{r}\frac{\partial\widetilde{U}}{\partial n}-\widetilde{U}\frac{\partial}{\partial n}\left(\frac{\mathrm{e}^{\mathrm{i}kr}}{r}\right)\right]\mathrm{d}S\\ &=\frac{1}{4\pi}\iint_{S_\Sigma}\left[\frac{\mathrm{e}^{\mathrm{i}kr}}{r}\frac{\partial\widetilde{U}}{\partial n}-\widetilde{U}\frac{\partial}{\partial n}\left(\frac{\mathrm{e}^{\mathrm{i}kr}}{r}\right)\right]\mathrm{d}S\end{aligned}$$

$$+\frac{1}{4\pi}\iint\limits_{S_1}\left[\frac{e^{ikr}}{r}\frac{\partial\widetilde{U}}{\partial n}-\widetilde{U}\frac{\partial}{\partial n}\left(\frac{e^{ikr}}{r}\right)\right]dS$$
$$+\frac{1}{4\pi}\iint\limits_{S_R}\left[\frac{e^{ikr}}{r}\frac{\partial\widetilde{U}}{\partial n}-\widetilde{U}\frac{\partial}{\partial n}\left(\frac{e^{ikr}}{r}\right)\right]dS.$$

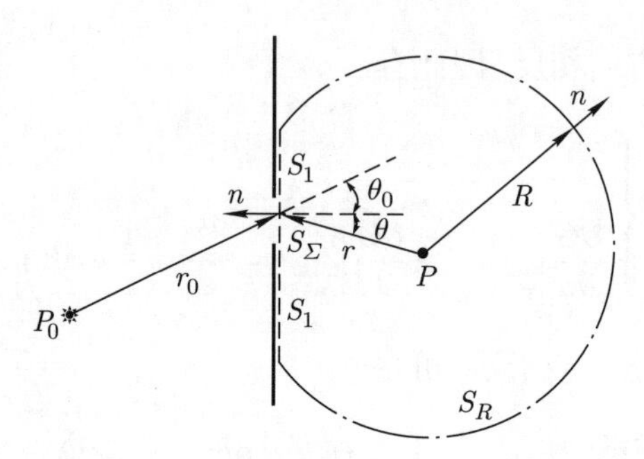

图 6.3　研究无限大不透明屏幕上开一透光孔所引起的衍射问题时所选择的闭合曲面

下面分别讨论各曲面积分:

(1) S_R 的曲面积分.

取 $R\to\infty$, S_R 的法向 n 和 R 同向, 则

$$\begin{cases}\widetilde{G}=\dfrac{e^{ikR}}{R},\\ \dfrac{\partial\widetilde{G}}{\partial n}=\dfrac{e^{ikR}}{R}\left(ik-\dfrac{1}{R}\right)\approx ik\dfrac{e^{ikR}}{R}=ik\widetilde{G},\end{cases}$$

于是

$$\frac{1}{4\pi}\iint\limits_{S_R}\left[\frac{e^{ikr}}{r}\frac{\partial\widetilde{U}}{\partial n}-\widetilde{U}\frac{\partial}{\partial n}\left(\frac{e^{ikr}}{r}\right)\right]dS=\frac{1}{4\pi}\iint\limits_{\Omega}\left[e^{ikR}\left(\frac{\partial\widetilde{U}}{\partial n}-ik\widetilde{U}\right)\right]Rd\Omega,$$

其中, Ω 为 S_R 对 P 点张开的立体角. 有限大小光源的照明满足索末菲辐射条件:

$$\lim_{R\to\infty}\left(\frac{\partial\widetilde{U}}{\partial n}-ik\widetilde{U}\right)R=0, \tag{6.12}$$

同时, e^{ikR} 和 S_R 对 P 点张开的立体角 Ω 为有限值, 于是

$$\lim_{R\to\infty}\frac{1}{4\pi}\iint\limits_{S_R}\left[\frac{e^{ikr}}{r}\frac{\partial\widetilde{U}}{\partial n}-\widetilde{U}\frac{\partial}{\partial n}\left(\frac{e^{ikr}}{r}\right)\right]dS$$
$$=\lim_{R\to\infty}\frac{1}{4\pi}\iint\limits_{\Omega}\left[e^{ikR}\left(\frac{\partial\widetilde{U}}{\partial n}-ik\widetilde{U}\right)\right]Rd\Omega=0,$$

即 S_R 的曲面积分为零.

索末菲辐射条件可简单证明如下: 首先设照明光源为点光源, 当 $R\to\infty$ 时, 光源 P_0 和场点 P 之间的有限距离对 S_R 面上光场振幅的影响可以忽略, 于是 S_R 面上光场的复振幅可近似取为

$$\begin{cases}\widetilde{U}=\dfrac{a\mathrm{e}^{\mathrm{i}k(R+\Delta P_0P)}}{R},\\[2ex]\dfrac{\partial\widetilde{U}}{\partial n}=\dfrac{a\mathrm{e}^{\mathrm{i}k(R+\Delta P_0P)}}{R}\left(\mathrm{i}k-\dfrac{1}{R}\right),\end{cases}$$

其中, ΔP_0P 是 P_0 点到 P 点的光程, 于是

$$\lim_{R\to\infty}\left(\frac{\partial\widetilde{U}}{\partial n}-\mathrm{i}k\widetilde{U}\right)R=\lim_{R\to\infty}\frac{a\mathrm{e}^{\mathrm{i}k(R+\Delta P_0P)}}{R}=0.$$

至于有限大小光源的照明情况, 可以将其分解为有限个点光源的组合, 有限个 0 的和还是 0, 所以有限大小的光源满足索末菲辐射条件.

(2) S_1 的曲面积分.

对于不透明的曲面 S_1, 基尔霍夫给出边界条件 1: 当 $r\in S_1$ 时, 有

$$\begin{cases}\widetilde{U}(r)=0,\\[1ex]\dfrac{\partial\widetilde{U}(r)}{\partial n}=0,\end{cases}$$

所以

$$\frac{1}{4\pi}\iint\limits_{S_1}\left[\frac{\mathrm{e}^{\mathrm{i}kr}}{r}\frac{\partial\widetilde{U}}{\partial n}-\widetilde{U}\frac{\partial}{\partial n}\left(\frac{\mathrm{e}^{\mathrm{i}kr}}{r}\right)\right]\mathrm{d}S=0.$$

(3) S_Σ 的曲面积分.

对于透明的曲面 S_Σ, 基尔霍夫给出边界条件 2: 在透明的曲面 S_Σ 上的光场的复振幅 $\widetilde{U}$ 及其微商 $\partial\widetilde{U}/\partial n$ 与屏幕不存在时完全相同, 即

$$\begin{cases}\widetilde{U}=A\dfrac{\mathrm{e}^{\mathrm{i}kr_0}}{r_0},\\[2ex]\dfrac{\partial\widetilde{U}}{\partial n}=\boldsymbol{e}_n\cdot\boldsymbol{e}_{r_0}\dfrac{\partial\widetilde{U}}{\partial r_0}=\cos(\boldsymbol{n},\boldsymbol{r}_0)A\dfrac{\mathrm{e}^{\mathrm{i}kr_0}}{r_0}\left(\mathrm{i}k-\dfrac{1}{r_0}\right),\end{cases}$$

其中, $\boldsymbol{e}_n$ 和 $\boldsymbol{e}_{r_0}$ 分别表示面元法向和 $\boldsymbol{r}_0$ 的单位方向矢量, $(\boldsymbol{n},\boldsymbol{r}_0)$ 为 $\boldsymbol{e}_n$ 和 $\boldsymbol{e}_{r_0}$ 之间的夹角.

当衍射屏距光源的距离 $r_0\gg\lambda$ 时, $k\gg\dfrac{1}{r_0}$, 于是近似有

$$\frac{\partial\widetilde{U}}{\partial n}\approx\cos(\boldsymbol{n},\boldsymbol{r}_0)\mathrm{i}Ak\frac{\mathrm{e}^{\mathrm{i}kr_0}}{r_0},$$

同理可得

$$\begin{cases}\widetilde{G}=\dfrac{\mathrm{e}^{\mathrm{i}kr}}{r},\\[2ex]\dfrac{\partial\widetilde{G}}{\partial n}=\boldsymbol{e}_n\cdot\boldsymbol{e}_r\dfrac{\partial\widetilde{G}}{\partial r}=\cos(\boldsymbol{n},\boldsymbol{r})\dfrac{\mathrm{e}^{\mathrm{i}kr}}{r}\left(\mathrm{i}k-\dfrac{1}{r}\right),\end{cases}$$

其中, $\boldsymbol{e}_r$ 为 $\boldsymbol{r}$ 的单位方向矢量, $(\boldsymbol{n},\boldsymbol{r})$ 为 $\boldsymbol{e}_n$ 和 $\boldsymbol{e}_r$ 之间的夹角.

当衍射屏距场点的距离 $r \gg \lambda$ 时, $k \gg \dfrac{1}{r}$, 于是近似有

$$\frac{\partial \widetilde{G}}{\partial n} \approx \cos(\boldsymbol{n},\boldsymbol{r})\mathrm{i}Ak\frac{\mathrm{e}^{\mathrm{i}kr}}{r}.$$

因此可得

$$\begin{aligned}\frac{1}{4\pi}\iint\limits_{S_\Sigma}\left[\frac{\mathrm{e}^{\mathrm{i}kr}}{r}\frac{\partial \widetilde{U}}{\partial n} - \widetilde{U}\frac{\partial}{\partial n}\left(\frac{\mathrm{e}^{\mathrm{i}kr}}{r}\right)\right]\mathrm{d}S &= \frac{1}{4\pi}\iint\limits_{S_\Sigma}\left\{\mathrm{i}kA\frac{\mathrm{e}^{\mathrm{i}kr_0}}{r_0}\frac{\mathrm{e}^{\mathrm{i}kr}}{r}[\cos(\boldsymbol{n},\boldsymbol{r}_0) - \cos(\boldsymbol{n},\boldsymbol{r})]\right\}\mathrm{d}S \\ &= \frac{-\mathrm{i}}{\lambda}\iint\limits_{S_\Sigma}\frac{\cos\theta_0 + \cos\theta}{2}\widetilde{U}_0(Q)\frac{\mathrm{e}^{\mathrm{i}kr}}{r}\mathrm{d}S,\end{aligned}$$

其中, $\cos\theta_0 = -\cos(\boldsymbol{n},\boldsymbol{r}_0), \cos\theta = \cos(\boldsymbol{n},\boldsymbol{r}),\ \widetilde{U}_0(Q) = A\dfrac{\mathrm{e}^{\mathrm{i}kr_0}}{r_0}$, 这些关系可根据图 6.3 给出.

综合 (1)、(2) 和 (3) 的讨论可得

$$\widetilde{U}(P) = \frac{-\mathrm{i}}{\lambda}\iint\limits_{S_\Sigma}\frac{\cos\theta_0 + \cos\theta}{2}\widetilde{U}_0(Q)\frac{\mathrm{e}^{\mathrm{i}kr}}{r}\mathrm{d}S. \tag{6.13}$$

这和惠更斯 – 菲涅耳原理的积分公式的主体结构式相同, 基尔霍夫衍射公式进一步明确了: 倾斜因子 $f(\theta_0,\theta) = \dfrac{\cos\theta_0 + \cos\theta}{2}$, 积分系数 $K = \dfrac{-\mathrm{i}}{\lambda} = \dfrac{1}{\lambda}\mathrm{e}^{-\mathrm{i}\frac{\pi}{2}}$.

基尔霍夫衍射公式和实际情况符合得很好, 因此得到了广泛应用. 但是在理论上存在不自洽性, 这主要是由基尔霍夫边界条件引起的. 规定在屏幕的背光面 (S_1), 复振幅 $\widetilde{U}$ 及其微商 $\partial\widetilde{U}/\partial n$ 恒等于零. 然而, 对于三维波动方程, 理论表明, 如果其存在一个解 $\widetilde{U}, \widetilde{U}$ 和 $\widetilde{U}$ 的一阶、二阶偏导数在空间处处连续且单值, 并且在空间中的任何一个非无穷小的面上, $\widetilde{U}$ 及 $\partial\widetilde{U}/\partial n$ 都为零, 则这个解 $\widetilde{U}$ 必定在全空间处处为零. 这显然与实际情况矛盾. 索末菲通过巧妙地选择格林函数 $\widetilde{G}$, 排除了边界条件中对 $\widetilde{U}$ 和 $\partial\widetilde{U}/\partial n$ 同时规定为零的要求, 从而克服了基尔霍夫积分理论的不自洽性.

关于菲涅耳的衍射公式或基尔霍夫衍射公式的适用条件, 我们回顾一下基尔霍夫在推导出和菲涅耳的衍射公式形式相同的积分公式的过程中使用了哪些近似和假定. 无论是菲涅耳衍射理论、基尔霍夫衍射理论, 还是索末菲衍射理论, 都把光作为标量波处理, 忽略了电场矢量和磁场矢量之间的耦合作用, 所采用的边界条件是近似的. 当满足以下两个条件: (1) 衍射体的尺度远远大于光波长, (2) 光源和场点到衍射体的距离远远大于光波长, 这时, 这种近似是合理的, 即标量衍射理论给出的结果相当准确. 实际工作中遇到的大量衍射问题都符合这种情况.

6.1.3 衍射系统及其分类

按照光源、衍射屏和观察屏三者之间的距离可将衍射分为两大类: 菲涅耳衍射和夫琅禾费衍射.

菲涅耳衍射: 光源 – 衍射屏 – 观察屏之间的距离为有限距离的衍射装置.

夫琅禾费衍射: 光源 – 衍射屏 – 观察屏之间的距离为无限远的衍射装置.

图 6.4(a) 和 图 6.4(b) 分别给出这两种衍射装置的示意图.

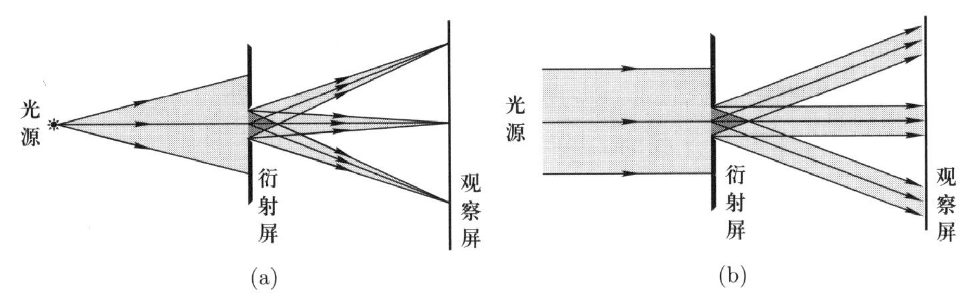

图 6.4 (a) 菲涅耳衍射装置, (b) 夫琅禾费衍射装置

6.1.4 巴比涅互补衍射屏的衍射原理

互补衍射屏如图 6.5 所示, 即 Σ_a 中的透光部分 (白色) 对应着 Σ_b 中的不透光部分 (黑色), Σ_a 中的不透光部分 (黑色) 对应着 Σ_b 中的透光部分 (白色). 两个衍射屏的数学之和为 Σ_0, 即光可自由透射.

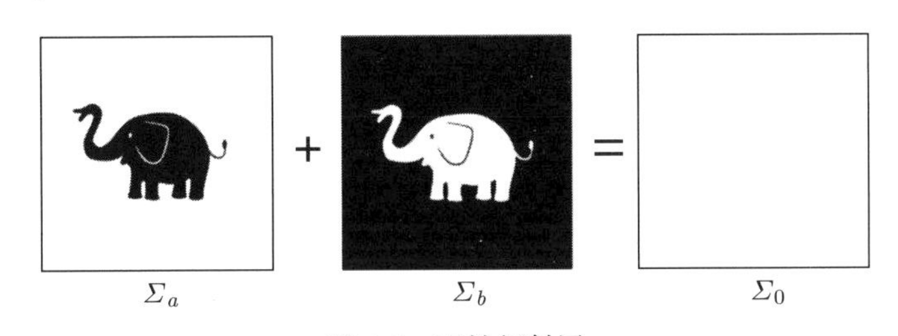

图 6.5 互补衍射屏

巴比涅给出互补衍射屏的衍射场之间的关系, 由基尔霍夫衍射公式可得

$$
\begin{aligned}
\widetilde{U}_0(P) &= \frac{-\mathrm{i}}{\lambda}\oiint\limits_{\Sigma_0=\Sigma_a+\Sigma_b}\frac{\cos\theta_0+\cos\theta}{2}\widetilde{U}_0(Q)\frac{\mathrm{e}^{\mathrm{i}kr}}{r}\mathrm{d}S \\
&= \frac{-\mathrm{i}}{\lambda}\oiint\limits_{\Sigma_a}\frac{\cos\theta_0+\cos\theta}{2}\widetilde{U}_0(Q)\frac{\mathrm{e}^{\mathrm{i}kr}}{r}\mathrm{d}S+\frac{-\mathrm{i}}{\lambda}\oiint\limits_{\Sigma_b}\frac{\cos\theta_0+\cos\theta}{2}\widetilde{U}_0(Q)\frac{\mathrm{e}^{\mathrm{i}kr}}{r}\mathrm{d}S,
\end{aligned}
$$

其中, $\widetilde{U}_0(P)$ 为光自由传播 (无衍射屏) 时的场强; $\widetilde{U}_a(P)=\dfrac{-\mathrm{i}}{\lambda}\oiint\limits_{\Sigma_a}\dfrac{\cos\theta_0+\cos\theta}{2}\widetilde{U}_0(Q)\dfrac{\mathrm{e}^{\mathrm{i}kr}}{r}\mathrm{d}S$

为光经过衍射屏 Σ_a 后的衍射场; $\widetilde{U}_b(P)=\dfrac{-\mathrm{i}}{\lambda}\iint\limits_{\Sigma_b}\dfrac{\cos\theta_0+\cos\theta}{2}\widetilde{U}_0(Q)\dfrac{\mathrm{e}^{\mathrm{i}kr}}{r}\mathrm{d}S$ 为光经过衍射屏 Σ_b 后的衍射场. 所以

$$\widetilde{U}_a(P)+\widetilde{U}_b(P)=\widetilde{U}_0(P), \tag{6.14}$$

即光经过互补衍射屏后的衍射场之和等于自由传播场, 这便是巴比涅互补衍射屏的衍射原理.

互补衍射屏的夫琅禾费衍射: 夫琅禾费衍射装置经常使用透镜将无限远的衍射场成像于透镜的像方焦面上, 如图 6.6 所示. 对于自由传播场, 平行光经透镜会聚于光轴上的焦点, 除此点以外的场强为 $\widetilde{U}_0(P)=0$. 根据巴比涅互补衍射屏的衍射原理可得

$$\widetilde{U}_a(P)=-\widetilde{U}_b(P),$$

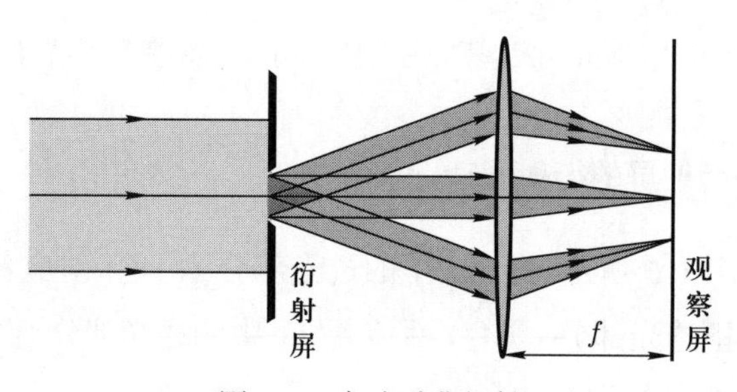

图 6.6　夫琅禾费衍射

即

$$I_a(P)=I_b(P).$$

所以两个互补衍射屏的夫琅禾费衍射场在透镜的像方焦面上的光强分布除了焦点以外处处相同. 这为我们计算夫琅禾费衍射场提供了一个选择, 如果衍射屏的衍射场不好计算, 我们可以计算它的互补衍射屏的衍射场.

6.2　圆孔和圆屏菲涅耳衍射、波带片

6.2.1　半波带法

可以用半波带法求圆孔和圆屏的菲涅耳衍射在光轴上 P 点处的场强, 下面介绍半波带法. 如图 6.7 所示, 点光源 P_0 和衍射屏之间的距离为 R, 衍射屏和场点 P 之间的距离为 b. 以 P_0 点为球心, 以 R 为半径作分离光源和场点的闭合球面, 该球面是以 P_0 点为发散点的球面光波的等相位面, 根据惠更斯 – 菲涅耳原理可知, 球面上的

每个面元都可以看成次波源, 场点 P 处的光场为所有次波源辐射的次波的相干叠加. 为了方便求次波的相干叠加, 将这些次波源按半波带进行分组: 以场点 P 为球心, 以 $b+\dfrac{1}{2}\lambda$ 为半径画出的球面和等相位闭合球面交出的球带为第一个半波带 $\Delta\Sigma_1$; 分别以 $b+\dfrac{1}{2}\lambda$, $b+2\cdot\dfrac{1}{2}\lambda$ 为半径画出的球面和等相位闭合球面交出的球带为第二个半波带 $\Delta\Sigma_2$; 分别以 $b+2\cdot\dfrac{1}{2}\lambda$, $b+3\cdot\dfrac{1}{2}\lambda$ 为半径画出的球面和等相位闭合球面交出的球带为第三个半波带 $\Delta\Sigma_3;\cdots$; 分别以 $b+(k-1)\cdot\dfrac{1}{2}\lambda$, $b+k\cdot\dfrac{1}{2}\lambda$ 为半径画出的球面和等相位闭合球面交出的球带为第 k 个半波带.

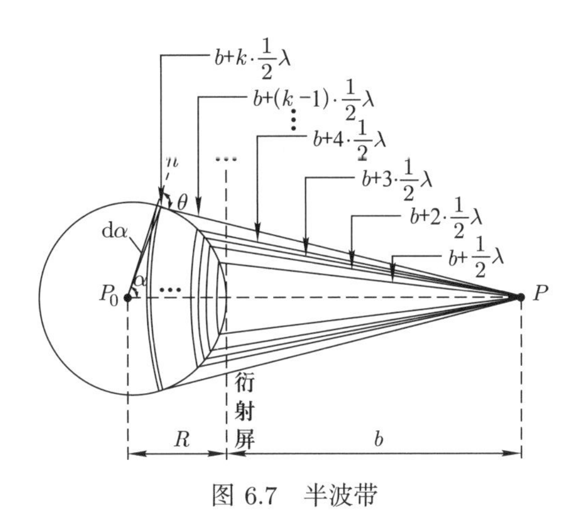

图 6.7 半波带

将次波源按半波带进行分组, 则半波带对场点 P 处振动的贡献依次为

$$\begin{cases}\Delta\widetilde{U}_1=A_1\mathrm{e}^{\mathrm{i}\phi_1},\\ \Delta\widetilde{U}_2=A_2\mathrm{e}^{\mathrm{i}\phi_2},\\ \Delta\widetilde{U}_3=A_3\mathrm{e}^{\mathrm{i}\phi_3},\\ \cdots,\end{cases}$$

则总振动为

$$\widetilde{U}(P)=\sum_k\Delta\widetilde{U}_k=\sum_k A_k\mathrm{e}^{\mathrm{i}\phi_k}. \tag{6.15}$$

下面分析每个半波带对场点处振动的贡献的相位关系、振幅关系.

(1) 相位关系.

各个半波带到场点 P 的光程差依次递增 $\lambda/2$, 故各个半波带对场点处振动的贡献的相位 ϕ_k 依次相差 π, 所以 (6.15) 式可写为

$$\widetilde{U}(P)=\sum_k(-1)^{k+1}A_k. \tag{6.16}$$

(2) 振幅关系.

根据基尔霍夫衍射公式可得

$$A_k\propto f(\theta_0,\theta_k)\frac{\Delta\Sigma_k}{r_k}, \tag{6.17}$$

其中, $\Delta\Sigma_k$ 和 r_k 分别为第 k 个半波带的面积和它到场点 P 的距离.

首先讨论 $\dfrac{\Delta\Sigma_k}{r_k}$ 随 k 的变化, 由图 6.7 可得, α 角对应的球冠面积为

$$\Sigma=2\pi R^2(1-\cos\alpha).$$

于是 $\mathrm{d}\alpha$ 角对应的球带面积为

$$\mathrm{d}\Sigma=2\pi R^2\sin\alpha\mathrm{d}\alpha.$$

由三角形的余弦定理可知

$$\cos\alpha=\frac{R^2+(R+b)^2-r^2}{2R(R+b)},$$

对上式等号两边同时求微分可得

$$-\sin\alpha\mathrm{d}\alpha=-\frac{r\mathrm{d}r}{R(R+b)},$$

将之代入上面的球带面积公式可得

$$\mathrm{d}\Sigma=\frac{2\pi R}{R+b}r\mathrm{d}r\propto r,$$

即

$$\frac{\mathrm{d}\Sigma}{r}=\frac{2\pi R}{R+b}\mathrm{d}r.$$

在两相邻半波带之间, $\Delta r=\lambda/2\ll R,b$, 因此可用 Δr 代替 $\mathrm{d}r$, 于是上式可写为

$$\frac{\Delta\Sigma_k}{r_k}\approx\frac{\pi R\lambda}{R+b}, \tag{6.18}$$

即与 k 无关.

再讨论倾斜因子随 k 的变化, 由图 6.7 可得, $\theta_0=0$, 所以

$$f(\theta_0,\theta_k)=\frac{1}{2}(1+\cos\theta_k). \tag{6.19}$$

θ 角随着 k 的增大逐渐从 0 增大到 π, 于是 A_k 逐渐减小到 0. 这一变化非常缓慢, 缓慢程度可以用一个数值计算来说明: 设照明光的波长为 $\lambda = 600$ nm, $R = 1$ m, $b = 1$ m, 有

$$\cos\theta_k = \frac{(R+b)^2 - R^2 - \left(b + k\cdot\dfrac{\lambda}{2}\right)^2}{2R\left(b + k\cdot\dfrac{\lambda}{2}\right)},$$

当 k 从 1 增大到 10^4 时, 因为 $k\cdot\dfrac{\lambda}{2} = 3\ \text{mm} \ll R, b$, 所以

$$\cos\theta_k \approx 1 - \frac{k\lambda}{2R} = 1 - 0.003,$$

则

$$f(\theta_0, \theta_{10000}) \approx 1 - 0.0015 = 0.9985 \approx 1.$$

可以看出倾斜因子的变化非常缓慢. 尽管变化非常缓慢, 但是最终 θ_k 增大到 π, 倾斜因子变为零, 对于场点 P 处振动的振幅贡献变为零, 如图 6.8 所示.

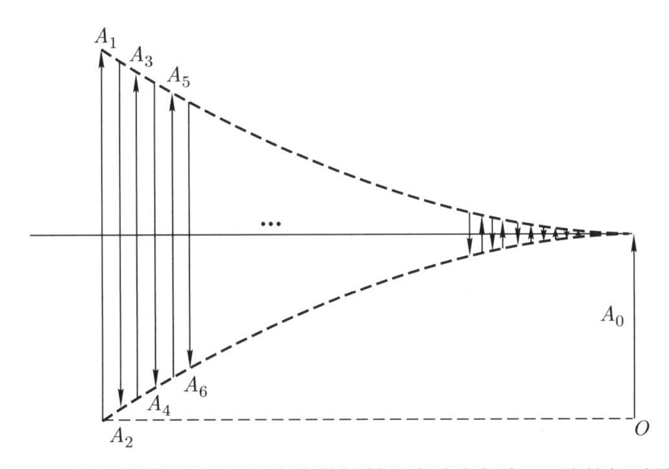

图 6.8 光自由传播时, 各个半波带辐射的次波在场点 P 处的相干叠加

根据上面的分析, 可以求得各个半波带辐射的次波在场点 P 处的相位和振幅关系, 可画出如图 6.8 所示的各个半波带辐射的次波在场点 P 处的相干叠加. 如果没有任何屏障, 则波前是完整的, 为自由传播. 由图 6.8 可得, 自由光场中 P 点处的复振幅为

$$\widetilde{U}(P) = A_1 - A_2 + A_3 - A_4 + \cdots = \frac{1}{2}A_1,$$

即自由光场中 P 点处的振幅为第一个半波带对振幅贡献的一半, 即

$$A_0 = \frac{1}{2}A_1 \tag{6.20}$$

或

$$A_1 = 2A_0. \tag{6.21}$$

下面证明 $A_0 = \dfrac{1}{2}A_1$: 设半径为 R 的闭合曲面可分割成 N 个半波带, 于是

$$\begin{aligned} A_0 &= \sum_{k=1}^{N}(-1)^{k+1}A_k \\ &= \frac{A_1}{2} + \left(\frac{A_1}{2} - A_2 + \frac{A_3}{2}\right) + \left(\frac{A_3}{2} - A_4 + \frac{A_5}{2}\right) + \cdots + \begin{cases} \dfrac{A_N}{2}, & N \text{ 为奇数}, \\ \dfrac{A_{N-1}}{2} - A_N, & N \text{ 为偶数}. \end{cases} \end{aligned}$$

不妨假设 A_k 大于与它相邻的 A_{k-1} 和 A_{k+1} 两项的平均值, 即

$$\frac{A_{k-1}}{2} - A_k + \frac{A_{k+1}}{2} < 0,$$

所以

$$A_0 < \begin{cases} \dfrac{A_1}{2} + \dfrac{A_N}{2}, & N \text{ 为奇数}, \\ \dfrac{A_1}{2} + \dfrac{A_{N-1}}{2} - A_N, & N \text{ 为偶数}. \end{cases}$$

A_0 还可以表示为

$$\begin{aligned} A_0 &= \sum_{k=1}^{N}(-1)^{k+1}A_k \\ &= A_1 - \frac{A_2}{2} - \left(\frac{A_2}{2} - A_3 + \frac{A_4}{2}\right) - \left(\frac{A_3}{2} - A_4 + \frac{A_5}{2}\right) - \cdots \\ &\quad - \begin{cases} \dfrac{A_{N-1}}{2} - A_N, & N \text{ 为奇数}, \\ \dfrac{A_N}{2}, & N \text{ 为偶数}. \end{cases} \end{aligned}$$

由此可得

$$A_0 > \begin{cases} A_1 - \dfrac{A_2}{2} - \dfrac{A_{N-1}}{2} + A_N, & N \text{ 为奇数}, \\ A_1 - \dfrac{A_2}{2} - \dfrac{A_N}{2}, & N \text{ 为偶数}. \end{cases}$$

所以

$$\begin{cases} \dfrac{A_1}{2} + \dfrac{A_N}{2} > A_0 > A_1 - \dfrac{A_2}{2} - \dfrac{A_{N-1}}{2} + A_N, & N \text{ 为奇数}, \\ \dfrac{A_1}{2} + \dfrac{A_{N-1}}{2} - A_N > A_0 > A_1 - \dfrac{A_2}{2} - \dfrac{A_N}{2}, & N \text{ 为偶数}. \end{cases}$$

因为 $A_1 \approx A_2$, $\theta_N \approx \pi$, $f(\theta_0, \theta_N) \approx 0$, $A_N \approx A_{N-1} \approx 0$, 所以可得

$$A_0 = \frac{1}{2}A_1.$$

如果 A_k 小于与它相邻的 A_{k-1} 和 A_{k+1} 两项的平均值, 同理也可以证明

$$A_0 = \frac{1}{2}A_1.$$

6.2.2 利用半波带法分析菲涅耳衍射现象

1. 圆孔菲涅耳衍射

如图 6.9 所示, 圆孔露出 k 较小的半波带的光, 挡住 k 较大的半波带的光. 当圆孔正好露出奇数 $(k=2m+1)$ 个半波带时, 场点 P 处衍射场的复振幅为

$$\widetilde{U}(P) = A_1 - A_2 + A_3 - A_4 + \cdots + A_{2m+1} \approx A_1 = 2A_0,$$

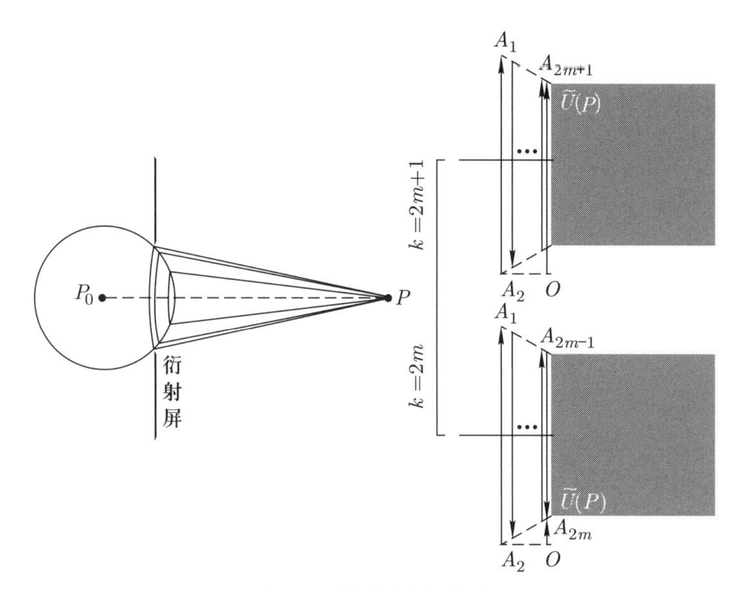

图 6.9 圆孔菲涅耳衍射

光强为

$$I(P) \approx 4A_0^2 = 4I_0,$$

即为亮斑, 亮斑光强为自由光的光强的 4 倍.

当圆孔正好露出偶数 $(k=2m)$ 个半波带时, 场点 P 处衍射场的复振幅为

$$\widetilde{U}(P) = A_1 - A_2 + A_3 - A_4 + \cdots + A_{2m-1} - A_{2m} \approx 0,$$

光强为 $I(P) \approx 0$, 即为暗斑.

由上面的分析可知, 当圆孔直径大小改变时, 场点 P 处时为亮斑时为暗斑.

2. 圆屏菲涅耳衍射

如图 6.10 所示, 圆屏挡住 k 较小的半波带的光, 而允许 k 较大的半波带的光透射. 当圆屏挡住 $k < 2m+1$ 个半波带, 即露出的第一个半波带为第 $k = 2m+1$ 个半波带时, 场点 P 处的衍射场的复振幅为

$$\widetilde{U}(P) = A_{2m+1} - A_{2m+2} + A_{2m+3} + \cdots \approx \frac{1}{2}A_{2m+1} \approx A_0,$$

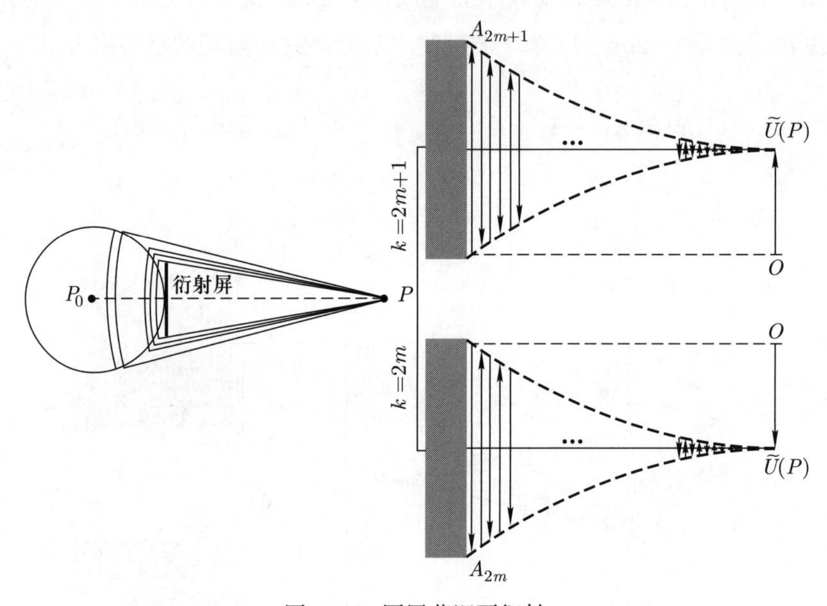

图 6.10　圆屏菲涅耳衍射

光强为

$$I(P) \approx A_0^2 = I_0,$$

即场点 P 处的光强等于自由光的光强, 为亮斑.

当圆屏挡住 $k < 2m$ 个半波带, 即露出的第一个半波带为第 $k = 2m$ 个半波带时, 场点 P 处的衍射场的复振幅为

$$\widetilde{U}(P) = -A_{2m} + A_{2m+1} - A_{2m+2} + A_{2m+3} + \cdots \approx -\frac{1}{2}A_{2m} \approx -A_0,$$

光强为

$$I(P) \approx (-A_0)^2 = I_0,$$

即场点 P 处的光强等于自由光的光强, 仍为亮斑.

综上所述, 当圆屏直径大小改变时, 在圆屏的几何阴影中心 P 点处始终为亮斑, 光强等于自由光的光强. 这个亮斑称为泊松亮斑, 数学家泊松利用惠更斯 – 菲涅耳原

理, 计算出无论圆屏的大小如何, 它的衍射中心都是一个亮斑, 这一结果看起来十分荒谬, 和我们的生活常识相违背, 几何阴影中心怎么可能出现亮斑呢? 这差点儿使得菲涅耳关于衍射理论的论文中途夭折. 阿拉戈立刻进行实验检测, 结果发现真有一个亮斑, 奇迹地出现在圆盘阴影的正中心, 这个亮斑的位置和亮度与菲涅耳衍射理论符合得相当完美.

泊松亮斑可以用于无透镜成像技术, 其优点为: 可用于高亮度物体的成像, 没有景深限制, 不存在如透镜色散引起的色像差等.

6.2.3 精细波带法

上面使用半波带法分析圆屏和圆孔的菲涅耳衍射时, 假定圆屏和圆孔恰好挡住和露出整数个半波带. 如果不是整数个半波带, 则场点 P 处的光强应如何处理? 为了求解 k 为非整数时的光强, 再将每个半波带细分成 N 个小环带, 每两个相邻小环带到场点 P 的距离差为 $\dfrac{1}{N}\cdot\dfrac{\lambda}{2}$, 如图 6.11 所示. 这样, 每个半波带对 P 点处振动的贡献可以看成每个小环带对 P 点处振动贡献的相干叠加:

$$\Delta\widetilde{U}_k=\sum_{m=1}^{N}\Delta\widetilde{U}_{km}=\Delta A_k\cdot\sum_{m=1}^{N}\mathrm{e}^{\mathrm{i}\pi\frac{m}{N}},\tag{6.22}$$

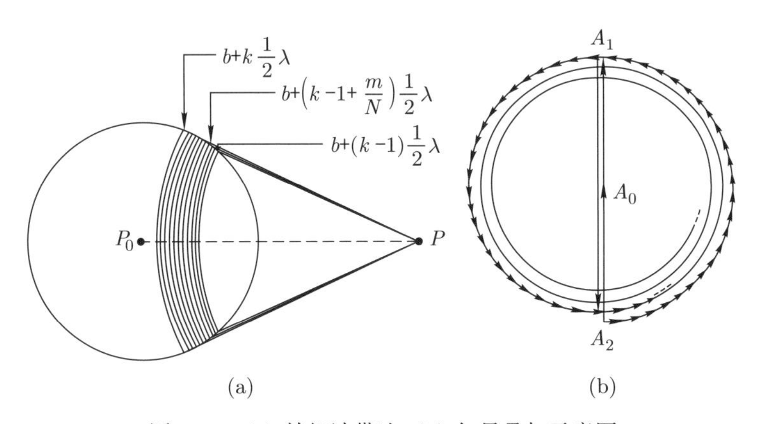

图 6.11 (a) 精细波带法, (b) 矢量叠加示意图

即可等效为 N 个小矢量之和, 相位代表各个小矢量的方向. 这些小矢量首尾相连形成半个多边形, 当 $N\to\infty$ 时, 半个多边形可过渡到半圆. 如果为自由空间, 则所有半波带对场点 P 处的场强都有贡献, 将每个半波带的精细波带的小矢量首尾相连形成一个螺旋线, 其曲率半径极为缓慢地减小, 并最终减到零, 如图 6.11(b) 所示, P 点处的自由光的场强为 $A_0=\dfrac{1}{2}A_1$.

例题 6.1 在菲涅耳衍射中, 衍射屏所开的圆孔包含了 1.5 个半波带, 问场点处的光强为多大? 如果包含 2.25 个半波带, 则场点处的光强为多大?

解　如图 6.12 所示, 第一个半圆对应着第一个半波带, 再经过第二个半圆的一半时为第 $k=1.5$ 个半波带, 因为邻近的半波带对场点处场强贡献的振幅大小影响极小, 可以忽略不计, 所以

$$A_{1.5}=\sqrt{2}A_0,$$

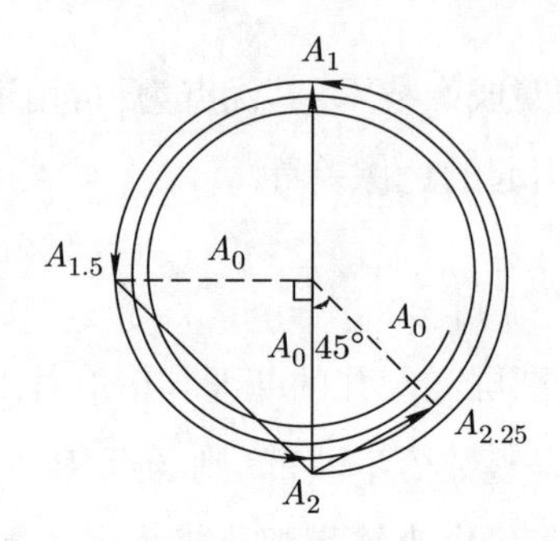

图 6.12　精细波带法解题示意图

则光强为

$$I_{1.5}=A_{1.5}^2=\left(\sqrt{2}A_0\right)^2=2I_0.$$

如果包含 $k=2.25$ 个半波带, 经过 2 个半圆, 再转过 $\pi/4$, 则

$$A_{2.25}=2A_0\sin\frac{\pi}{8},$$

所以光强为

$$I_{2.25}=A_{2.25}^2=\left(2A_0\sin\frac{\pi}{8}\right)^2\approx 0.6I_0.$$

例题 6.2　如图 6.13 所示, S 为光源, P 为场点, 如果光源 S 和 P 点之间没有衍射屏, 则 P 点处的光强为 I_0. 如果在它们中间垂直插入一圆孔衍射屏, 圆孔的圆心在光源 S 和 P 点的连线上, 距 P 点的距离为 b, 距光源 S 的距离为 R, 圆孔的半径为 r_1, 此时 P 点处的光强为 $4I_0$. 当圆孔的半径变为 r_2 时, P 点处的光强变为 I_0. 现在用半

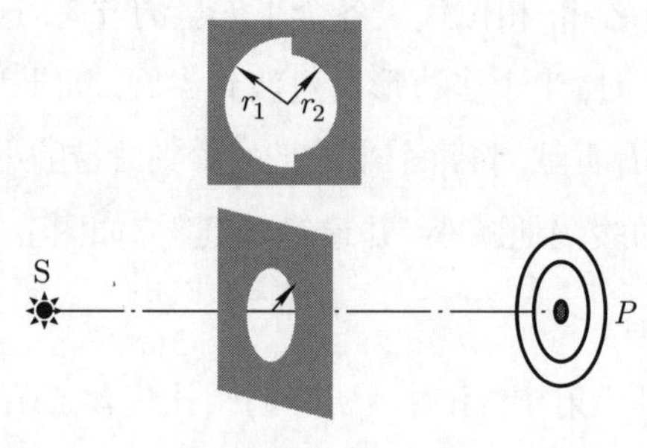

图 6.13　例题 6.2 图

径分别为 r_1 和 r_2 的两个半圆孔衍射屏代替圆孔衍射屏, 若两个半圆的圆心都在光源 S 和 P 点的连线上, 求此时 P 点处的光强.

解 使用半径为 r_1 的圆孔作为衍射屏时, 场点 P 处的光强为 $4I_0$, 所以半径为 r_1 的圆孔中包含奇数个半波带, 即 $k_{r_1}=2n+1$. 当圆孔的半径变为 r_2 时, P 点处的光强变为 I_0, 于是半径为 r_2 的圆孔中包含的半波带数目应为 $k_{r_2}=2m+\dfrac{1}{3}$ 或 $2m+1+\dfrac{2}{3}$, 如图 6.14 所示.

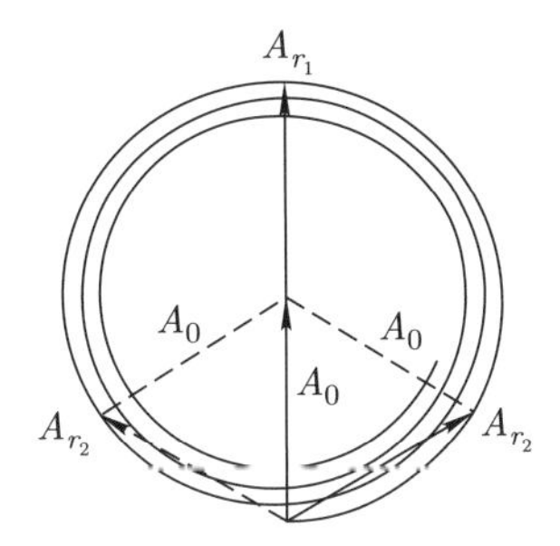

图 6.14 半径分别为 r_1, r_2 的两个半圆孔中包含的半波带数目

使用半径分别为 r_1 和 r_2 的两个半圆孔组成衍射屏时, 它们对 P 点处场强的贡献分别为 $\dfrac{1}{2}A_{r_1}$ 和 $\dfrac{1}{2}A_{r_2}$, 总场强为它们的矢量和, 于是

$$A^2=\left(\frac{A_{r_1}}{2}\right)^2+\left(\frac{A_{r_2}}{2}\right)^2+2\frac{A_{r_1}}{2}\frac{A_{r_2}}{2}\cos\frac{\pi}{3},$$

即光强为

$$I=I_0+\frac{1}{4}I_0+I_0\cos\frac{\pi}{3}=\frac{7}{4}I_0.$$

6.2.4 半波带的半径公式

下面介绍给定光源、场点和衍射屏的位置, 求第 k 个半波带的半径 (k 可以为非整数) 的方法.

由图 6.15, 根据几何关系可得

$$\begin{cases}\rho_k=R\sin\alpha_k=R\sqrt{1-\cos^2\alpha_k},\\ r_k^2=\left(b+k\dfrac{\lambda}{2}\right)^2=R^2+(R+b)^2-2R(R+b)\cos\alpha_k,\end{cases}$$

因此

$$\rho_k=R\sqrt{1-\left[\frac{R^2+(R+b)^2-\left(b+k\dfrac{\lambda}{2}\right)^2}{2R(R+b)}\right]^2}\approx\sqrt{k\frac{Rb\lambda}{R+b}}. \tag{6.23}$$

(6.23) 式中忽略了 $n \geqslant 2$ 时的 $(k\lambda)^n$ 项. $k=1$ 对应着第一个半波带的半径, 即近似有

$$\rho_1 = \sqrt{\frac{Rb\lambda}{R+b}}.$$

于是 (6.23) 式可近似写为

$$\rho_k = \sqrt{k}\rho_1. \tag{6.24}$$

两相邻半波带的半径差为

$$\Delta\rho_k = \rho_{k+1} - \rho_k = (\sqrt{k+1} - \sqrt{k})\rho_1 \approx \frac{1}{2\sqrt{k}}\rho_1. \tag{6.25}$$

在 k 比较大时有上面的近似, 由此可知, 随着 k 的增大, $\Delta\rho_k$ 越来越小, 即由里至外半波带越来越密.

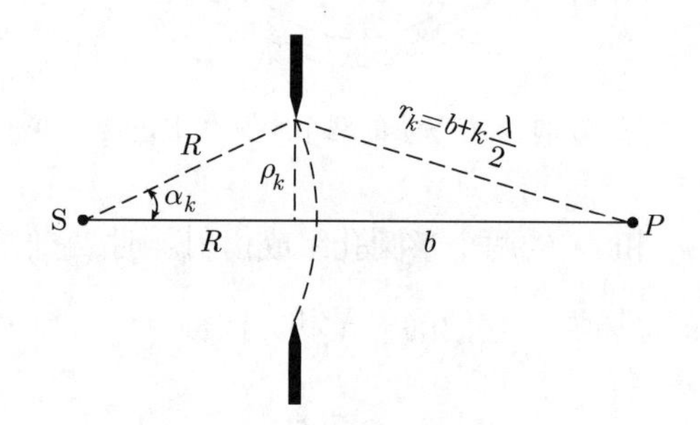

图 6.15 半波带的半径

根据 (6.23) 式可得, 半径为 ρ 的圆孔中包含的半波带数目为

$$k = \rho^2 \frac{R+b}{Rb\lambda}. \tag{6.26}$$

(6.26) 式经常改写为

$$\frac{1}{R} + \frac{1}{b} = k\frac{\lambda}{\rho^2}. \tag{6.27}$$

(6.27) 式表示, 对于圆孔不变的情况, 改变 R 和 b, 圆孔中包含的半波带数目 k 也会发生改变, 当 k 为偶数时, P 点处为暗斑; 当 k 为奇数时, P 点处为亮斑.

例题 6.3 波长为 600 nm 的平面光正入射, 圆孔的半径为 $\rho = 2$ mm, 观察衍射屏光轴上 P 点处的光强, 将 P 点从距圆孔 $b = 2$ m 移动到无穷远, 此过程中, P 点处的光强出现几次极大值? 光强出现极大值的位置在哪儿?

解 因为是平行光入射, 所以 $R \to \infty$, 因此 $b = 2$ m 时圆孔中包含的半波带数目为

$$k \approx \frac{\rho^2}{b\lambda} = \frac{(2\times 10^{-3})^2}{2\times 600\times 10^{-9}} \approx 3.3.$$

k 随着 b 的增大而减小, 当 k=3 时, 光强出现第一个极大值, 此时

$$b \approx \frac{\rho^2}{3\lambda} = \frac{(2\times10^{-3})^2}{3\times600\times10^{-9}}\ \mathrm{m} \approx 2.2\ \mathrm{m};$$

当 $k=1$ 时, 光强出现第二个极大值, 此时

$$b \approx \frac{\rho^2}{\lambda} = \frac{(2\times10^{-3})^2}{600\times10^{-9}}\ \mathrm{m} \approx 6.7\ \mathrm{m}.$$

即光强出现两次极大值.

6.2.5 利用基尔霍夫衍射公式求圆孔菲涅耳衍射光轴上的光强变化函数

下面介绍利用基尔霍夫衍射公式

$$\widetilde{U}(b) = \frac{-\mathrm{i}}{\lambda}\iint\limits_{\Sigma_0}\frac{\cos\theta_0+\cos\theta}{2}\widetilde{U}_0(Q)\frac{\mathrm{e}^{\mathrm{i}kr}}{r}\mathrm{d}S$$

求圆孔菲涅耳衍射光轴上的光强变化函数的方法. 在上式中, $\dfrac{\mathrm{d}S}{r} = \dfrac{2\pi R}{R+b}\mathrm{d}r$, 设圆孔中包含 m 个半波带, 则 r 在 b 到 $b+m\dfrac{\lambda}{2}$ 的范围内变化; $\widetilde{U}_0(Q) = \dfrac{a}{R}\mathrm{e}^{\mathrm{i}kR}$, 这里, a 是和照明光源相关的常量; $k=2\pi/\lambda$; 在傍轴条件下, 倾斜因子 $f(\theta_0,\theta)\approx1$. 将之代入基尔霍夫衍射公式可得

$$\widetilde{U}(b) = \frac{-\mathrm{i}}{\lambda}\frac{2\pi R}{R+b}\frac{a}{R}\mathrm{e}^{\mathrm{i}kR}\int_b^{b+k\frac{\lambda}{2}}\mathrm{e}^{\mathrm{i}kr}\mathrm{d}r = -\frac{a}{R+b}\left[\mathrm{e}^{\mathrm{i}k\left(b+m\frac{\lambda}{2}\right)} - \mathrm{e}^{\mathrm{i}kb}\right],$$

光强为

$$\begin{aligned} I(b) = \widetilde{U}(b)\cdot\widetilde{U}^*(b) &= \left(\frac{a}{R+b}\right)^2\left(2-2\cos\frac{km\lambda}{2}\right) = 2\left(\frac{a}{R+b}\right)^2(1-\cos m\pi) \\ &= 4\left(\frac{a}{R+b}\right)^2\sin^2\frac{m\pi}{2}. \end{aligned}$$

所以当 m 为偶数, 即圆孔中包含偶数个半波带时, 场点 P 处的光强为极小值; 当 m 为奇数, 即圆孔中包含奇数个半波带时, 场点 P 处的光强为极大值. 利用基尔霍夫衍射公式得到的结果和利用半波带法得到的结果一致.

6.2.6 波带片

根据半波带的半径公式, 可以设计一种透明和不透明交替的圆环振幅型波带片, 如图 6.16 所示. 因为波带片恰好挡住了奇数个或偶数个半波带对场点 P 处的衍射场的贡献, 所以 P 点处的场强为

$$A(P) = A_2 + A_4 + A_6 + \cdots + A_{2m} + \cdots \gg A_0$$

或

$$A(P)=A_1+A_3+A_5+\cdots+A_{2m+1}+\cdots\gg A_0,$$

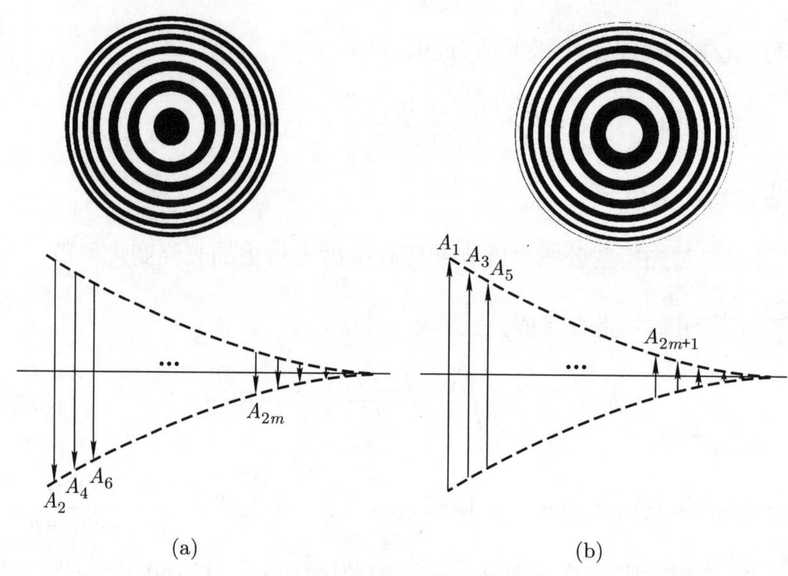

图 6.16　波带片遮挡奇数个 (a) 或偶数个 (b) 半波带

即波带片可以使入射光聚焦或成像于 P 点. 这种波带片还只是利用了奇数个或偶数个半波带的能量, 为了提高能量的利用率, 人们使用透明材料设计了浮雕式相位型波带片, 如图 6.17 所示. 它可以使两相邻半波带之间的厚度差 d 满足

$$(n-1)d=\left(m+\frac{1}{2}\right)\lambda,$$

其中, n 为透明材料的折射率, λ 为入射光的波长, m 为整数. 于是两相邻半波带的次波经过浮雕式相位型波带片后附加了大小为 π 的相位差, 这样, 两相邻半波带的次波在场点 P 处叠加时同相位, 于是

$$A(P)=A_1+A_2+A_3+\cdots+A_{2m}+A_{2m+1}+\cdots.$$

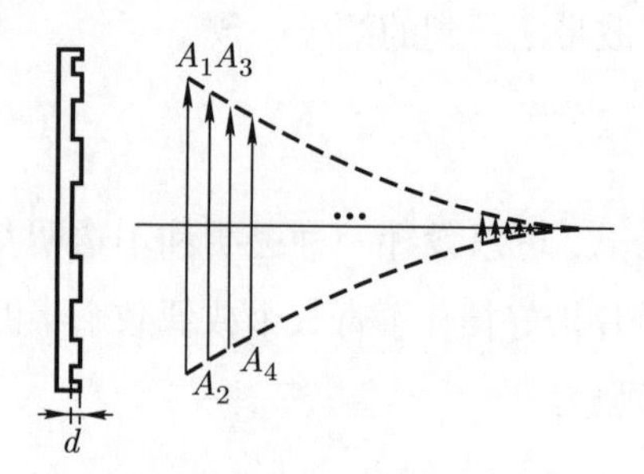

图 6.17　浮雕式相位型波带片

这样, 入射光的能量没有损耗, 焦点或像点的光振幅是图 6.16 所示波带片的 2 倍, 光强为其 4 倍.

6.3 单元的夫琅禾费衍射

夫琅禾费是德国物理学家, 他发表了平行光单缝及多缝衍射的研究成果, 做了光谱分辨率的实验, 首次定量地研究了衍射光栅, 给出了光栅方程, 用光栅测量了光的波长. 1814 年, 他发现并研究了太阳光谱中的暗线. 他设计和制造了消色差透镜, 首创用牛顿环方法检查光学表面的加工精度及透镜形状.

夫琅禾费衍射装置如图 6.4(b) 所示, 照明光为平行光, 观察屏位于衍射屏后足够远 (满足远场条件) 处, 以研究远场衍射场的分布. 为了方便观测, 一般在衍射屏后放置透镜, 观察屏位于透镜的像方焦面, 像方焦面上的场分布等同于远场分布. 本节将分析单缝、矩形孔、圆孔等单元的衍射, 在此基础上分析光学成像仪器的理论分辨极限.

6.3.1 单缝的夫琅禾费衍射

图 6.18 所示为单缝的夫琅禾费衍射装置, 设单缝的宽度为 a. 以单缝的垂直方向为 x 轴, 平行方向为 y 轴建立直角坐标系, 入射光的波矢 $\boldsymbol{k}$ 在 (x,z) 平面内, 和 z 轴之间的夹角为 θ_0, 衍射光和 z 轴之间的夹角为 θ. 设衍射光从单缝中心 O 点经透镜到达场点 P 的光程为 L_0. 入射光波矢的单位方向矢量在 x 轴的分量为 $e_{k_{0x}} = \sin\theta_0$. 衍射光波矢的单位方向矢量在 x 轴的分量为 $e_{k_x} = \sin\theta$. 光在 x 轴受限, 则在 x 方向偏离几何传播路线: $\Delta e_{k_x} = e_{k_x} - e_{k_{0x}}$.

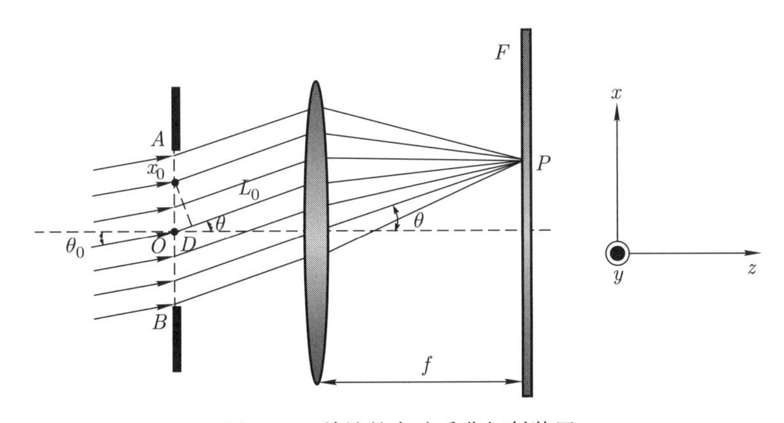

图 6.18 单缝的夫琅禾费衍射装置

由基尔霍夫衍射公式可得, 在透镜像方焦面上的衍射场分布为

$$\widetilde{U}(\theta)=\frac{-\mathrm{i}}{\lambda}\iint_{\Sigma_0}\frac{\cos\theta_0+\cos\theta}{2}\widetilde{U}_0(x_0,y_0)\frac{\mathrm{e}^{\mathrm{i}kr'}}{r}\mathrm{d}S.$$

从单缝到观察屏, 光并非自由传播, 而是经过透镜的变换, 所以决定光程的 r' 和决定振幅的 r 不是同一个物理量, 因此在上式的积分中使用不同的符号来表示它们. 上式中的各参量分别为:

照明场为 $\widetilde{U}_0(x_0,y_0)=A\mathrm{e}^{\mathrm{i}kx_0\sin\theta_0}$;

相因子为 $\mathrm{e}^{\mathrm{i}kr'}$, 根据费曼原理可知, x_0 处的光经透镜会聚到 P 点的光程比 L_0 差 $\overline{OD}$, 所以 $r'=L_0-\overline{OD}=L_0-x_0\sin\theta$;

面元为 $\mathrm{d}S=b\mathrm{d}x_0$, 这里, b 为常量 (单缝的长度);

在傍轴条件下, 倾斜因子为 $\dfrac{\cos\theta_0+\cos\theta}{2}\approx 1$;

在透镜的变换下, 振幅因子为 $\dfrac{1}{r}\approx\dfrac{1}{f}$ (关于此式, 后面将给予说明).

将这些数据代入基尔霍夫衍射公式, 可近似得到

$$\begin{aligned}\widetilde{U}(\theta)&=\frac{-\mathrm{i}}{\lambda f}Ab\mathrm{e}^{\mathrm{i}kL_0}\int_{-\frac{a}{2}}^{\frac{a}{2}}\mathrm{e}^{-\mathrm{i}k(\sin\theta-\sin\theta_0)x_0}\mathrm{d}x_0\\&=\frac{-\mathrm{i}}{\lambda f}Aab\mathrm{e}^{\mathrm{i}kL_0}\frac{\sin\left[\dfrac{\pi a}{\lambda}(\sin\theta-\sin\theta_0)\right]}{\dfrac{\pi a}{\lambda}(\sin\theta-\sin\theta_0)}\\&=\frac{-\mathrm{i}}{\lambda f}Aab\mathrm{e}^{\mathrm{i}kL_0}\frac{\sin\left(\dfrac{\pi a}{\lambda}\Delta e_{k_x}\right)}{\dfrac{\pi a}{\lambda}\Delta e_{k_x}},\end{aligned}$$

令 $\alpha=\dfrac{\pi a}{\lambda}\Delta e_{k_x}, \widetilde{c}=\dfrac{-\mathrm{i}}{\lambda f}Aab\mathrm{e}^{\mathrm{i}kL_0}$, 将之代入上式, 可得

$$\widetilde{U}(\theta)=\widetilde{c}\frac{\sin\alpha}{\alpha}. \tag{6.28}$$

位于像方焦面的观察屏上的光强分布为

$$I(\theta)=\widetilde{U}(\theta)\cdot\widetilde{U}^*(\theta)=I_0\left(\frac{\sin\alpha}{\alpha}\right)^2, \tag{6.29}$$

其中, I_0 为 $\alpha=0$, 即 $\theta=\theta_0$ 时, 几何像点处的光强.

下面说明振幅因子 $\dfrac{1}{r}\approx\dfrac{1}{f}$.

单缝 ↔ 透镜 ↔ 像方焦面之间是非自由空间, 次波源发出的发散球面光波经透镜变成会聚球面光波, 此时, 基尔霍夫衍射公式中的 r 已经失去了明确意义. 如图 6.19 所示, 物空间和像空间是两个自由空间, 次波源发出的球面光波的振幅满足 $A\propto\dfrac{1}{r}$, 由

傍轴条件可得

$$A_M = \frac{a}{r} \approx \frac{a}{s}, \quad A_N = \frac{a'}{r'} \approx \frac{a'}{s'},$$

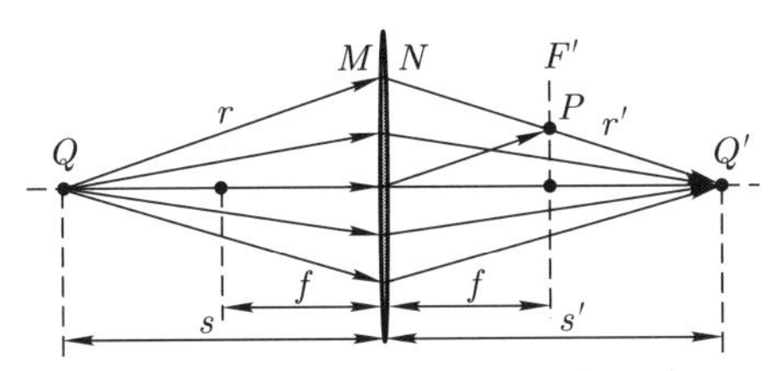

图 6.19 在傍轴条件下, 振幅因子 $\frac{1}{r} \approx \frac{1}{f}$ 的说明

其中, a 和 a' 为常量; s 和 s' 为物距和像距, 满足 $\frac{1}{s} + \frac{1}{s'} = \frac{1}{f}$. 忽略透镜对光能量的损耗, 则 $A_M = A_N$. 在夫琅禾费衍射中, 透镜的像方焦面上的场分布为

$$A_P = \frac{a'}{\overline{Q'P}} \approx \frac{a'}{s'-f} = \frac{\frac{a'}{s'}}{1-\frac{f}{s'}} = \frac{\frac{a}{s}}{1-\frac{f}{s'}} = \frac{a}{s-\frac{sf}{s'}} = \frac{a}{f},$$

所以在满足傍轴条件的夫琅禾费衍射中, 基尔霍夫衍射公式中的振幅因子 $\frac{1}{r} \approx \frac{1}{f}$.

上面介绍了利用基尔霍夫衍射公式求解单缝的夫琅禾费衍射场的方法, 下面简单介绍一下矢量图解法. 将图 6.18 中的狭缝分割成 N 等份, 若 N 趋于无穷大, 则两相邻等份的间距为 $\Delta d = a/N$, 在傍轴条件下, 每等份对 P 点处的振幅贡献均为 ΔA; 两相邻等份对 P 点处贡献的相位差为 $\Delta\delta = k\Delta d(\sin\theta - \sin\theta_0) = k\Delta d\Delta e_{k_x}$, 其中, k 为波矢. 于是 P 点处的总场强为

$$\widetilde{U}(\theta) = \sum_{m=1}^{N} \Delta A \mathrm{e}^{\mathrm{i}m\Delta\delta} = \sum_{m=1}^{N} \Delta A \mathrm{e}^{\mathrm{i}\frac{2\pi}{\lambda}m\Delta d\Delta e_{k_x}},$$

相当于一系列大小为 ΔA, 方向依次改变 $\Delta\delta$ 角度的小矢量首尾相连的矢量和, 如图 6.20 所示, 则

$$\delta = N\Delta\delta = \frac{2\pi}{\lambda}N\Delta d\Delta e_{k_x} = \frac{2\pi}{\lambda}a\Delta e_{k_x}, \quad R = \frac{N\Delta A}{\delta} = \frac{A_0}{\delta},$$

矢量和为

$$A(\theta) = 2R\sin\frac{\delta}{2} = A_0\frac{\sin\left(\frac{\pi}{\lambda}a\Delta e_{k_x}\right)}{\frac{\pi}{\lambda}a\Delta e_{k_x}},$$

其中, A_0 为 $\Delta\delta = 0$, 即 $\Delta e_{k_x} = 0$, $\theta = \theta_0$ 时, 几何像点处的场强.

引入宗量:

$$\alpha = \frac{\pi}{\lambda}a\Delta e_{k_x} = \frac{\pi a}{\lambda}(\sin\theta - \sin\theta_0),$$

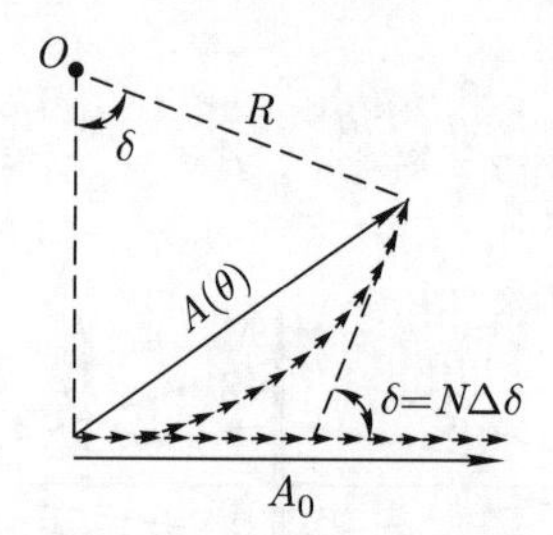

图 6.20 单缝的夫琅禾费衍射的矢量图解法

可得

$$A(\theta)=A_0\frac{\sin\alpha}{\alpha},\quad I(\theta)=|A(\theta)|^2=I_0\left(\frac{\sin\alpha}{\alpha}\right)^2,$$

其中, I_0 为 $\Delta\delta=0$, 即 $\Delta e_{k_x}=0, \theta=\theta_0$ 时, 几何像点处的光强. 矢量图解法求得的结果和利用基尔霍夫衍射公式求得的结果完全一致.

在做夫琅禾费衍射实验时, 通常是照明光正入射, 则 $e_{k_{0x}}=0$, $\Delta e_{k_x}=e_{k_x}$, 于是 $\alpha=\dfrac{\pi a}{\lambda}\sin\theta$.

下面讨论单缝的夫琅禾费衍射场的性质, 图 6.21 给出了衍射图样的基本特征.

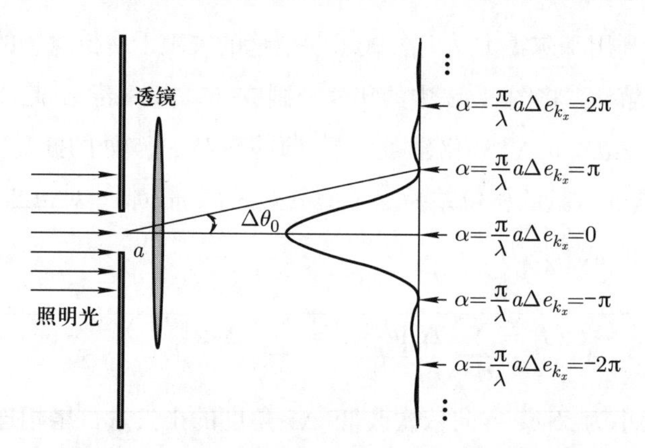

图 6.21 单缝的夫琅禾费衍射图样的基本特征

(1) 零级衍射斑的最大光强位置.

零级衍射斑的最大光强位置为 $\alpha=0$, 即 $\theta=\theta_0$, 为几何光学的像点位置.

(2) 衍射场的零点位置.

当 $\alpha=\dfrac{\pi}{\lambda}a\Delta e_{k_x}=k\pi$, 即 $a\Delta e_{k_x}=k\lambda(k=\pm1,\pm2,\cdots)$ 时, 衍射光强 $I(\theta)=0$, 出现暗纹, 也就是零点.

(3) 零级衍射斑的半角宽度 $\Delta\theta_0$.

零级衍射峰值与其相邻的暗斑之间的夹角称为衍射的半角宽度. 第一个零点的位

置满足 $a(\sin\theta_1-\sin\theta_0)=\lambda$, 因此可得 $\sin\theta_1-\sin\theta_0=\dfrac{\lambda}{a}$. 在傍轴条件下, 半角宽度为

$$\Delta\theta_0=\theta_1-\theta_0\approx\frac{\lambda}{a},$$

即

$$a\Delta\theta_0\approx\lambda.$$

它们满足衍射的一般特征, 和第五章讲解的空间相干性反比例关系式的形式相同, 那么它们是否具有相同的物理本质? 答案是肯定的, 它们都是量子力学中的位置和动量的不确定关系在经典光学中的体现.

(4) 次极大的位置.

次极大的位置满足

$$\frac{\mathrm{d}}{\mathrm{d}\alpha}\frac{\sin\alpha}{\alpha}=\frac{\cos\alpha}{\alpha}-\frac{\sin\alpha}{\alpha^2}=0,$$

即 $\alpha=\tan\alpha$ 的位置出现次极大, 图 6.22 给出次极大的位置.

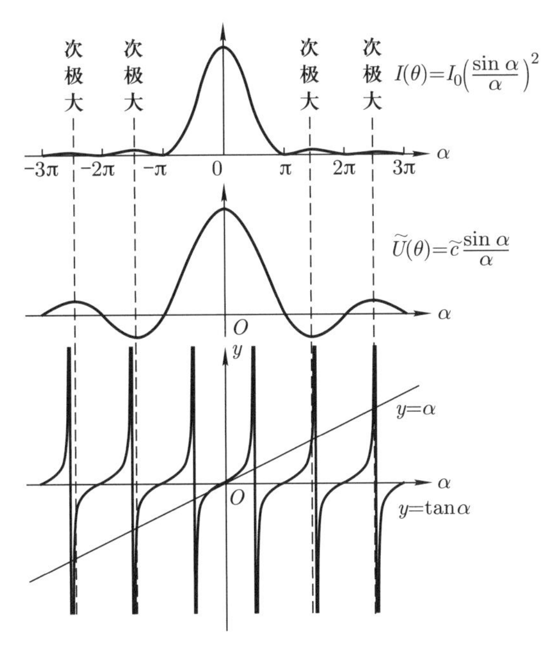

图 6.22 次极大的位置

(5) 单缝宽度对衍射图样的影响.

因为 $a\Delta\theta_0\approx\lambda$, 所以单缝宽度变大, 衍射的半角宽度变小, 根据基尔霍夫衍射公式可知, $A_0\propto S$, 其中, S 为单缝的面积, 于是 $I_0=A_0^2\propto S^2$. 如果单缝宽度从 a 增大到 $2a$, 则衍射的半角宽度减小到 $\dfrac{1}{2}\Delta\theta_0$, 衍射的最大光强增大到 $4I_0$, 如图 6.23 所示.

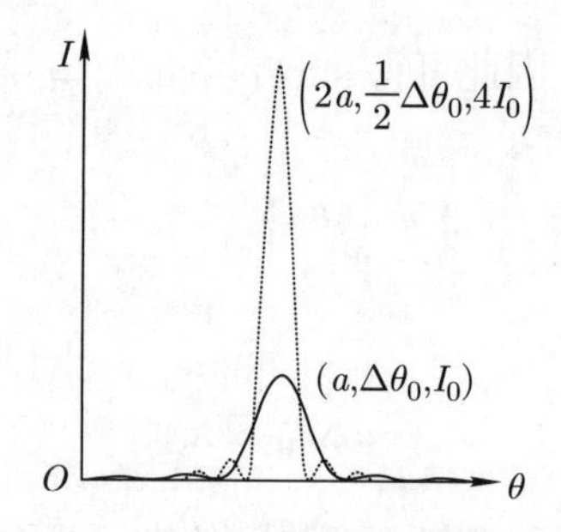

图 6.23　单缝宽度对衍射图样的影响

(6) 波长对衍射图样的影响.

由 $a\Delta\theta_0 \approx \lambda$ 可知, 长波长光衍射的半角宽度大; 由基尔霍夫衍射公式可得 $I \propto 1/\lambda^2$. 如果使用白光照明单缝, 由于蓝光波长较短, 零级衍射斑中心处的光强较强, 偏离中心时衍射光强衰减较快, 而红光波长较长, 零级衍射斑中心处的光强较弱, 偏离中心时衍射光强衰减较慢, 因此在零级衍射斑中心, 蓝光占有的比例较大, 所以呈现青白色, 而在零级衍射斑边沿, 红光成分较多, 所以颜色偏红, 如图 6.24 所示.

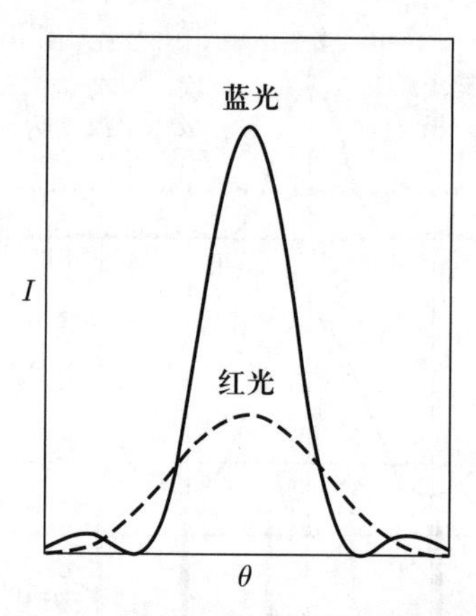

图 6.24　波长对衍射图样的影响

例题 6.4　在单缝的夫琅禾费衍射实验中, 照明光波长为 500 nm, 透镜焦距为 200 mm, 单缝宽度为 0.1 mm, 求零级衍射斑的半角宽度和屏幕上显示的零级衍射斑的几何宽度. 如果单缝宽度减小到 0.01 mm, 则零级衍射斑的几何宽度为多大?

解　半角宽度为

$$\Delta\theta_0 \approx \frac{\lambda}{a} = \frac{500 \times 10^{-9}}{0.1 \times 10^{-3}} \text{ rad} = 5 \times 10^{-3} \text{ rad}.$$

如图 6.25 所示, 零级衍射斑的半高全宽约等于半角宽度, 所以 $\Delta\theta_\text{h} \approx \Delta\theta_0 = 5 \times 10^{-3}$ rad, 于是零级衍射斑的几何宽度为

$$\Delta l = f\Delta\theta_\text{h} \approx 200 \times 10^{-3} \times 5 \times 10^{-3} \text{ m} = 1 \text{ mm}.$$

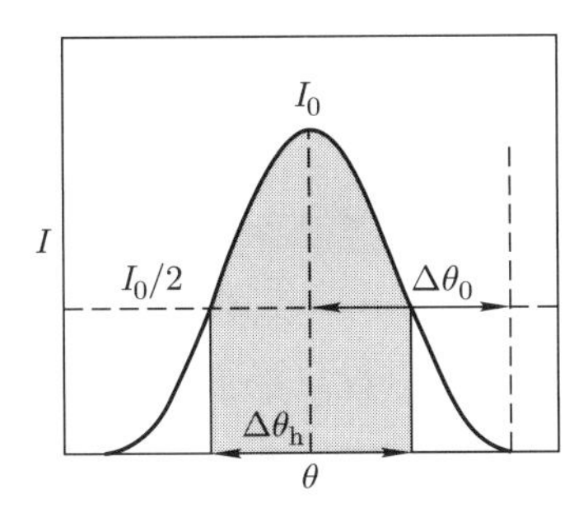

图 6.25 零级衍射斑的半角宽度和半高全宽

当单缝宽度减小到 0.01 mm 时,

$$\begin{cases} \Delta\theta_0 \approx \dfrac{500\times10^{-9}}{0.01\times10^{-3}}\ \text{rad} = 5\times10^{-2}\ \text{rad}, \\ \Delta l = f\Delta\theta_\text{h} \approx 200\times10^{-3}\times5\times10^{-2}\ \text{m} = 10\ \text{mm}, \end{cases}$$

即当单缝宽度减小到原来的 1/10 时, 零级衍射斑的几何宽度增大到原来的 10 倍.

6.3.2 矩形孔的夫琅禾费衍射

对于如图 6.26 所示的矩形孔的夫琅禾费衍射, θ_{01}, θ_{02} 为照明光的入射方向: $e_{k_{0x}} = \sin\theta_{01}$, $e_{k_{0y}} = \sin\theta_{02}$. θ_1, θ_2 为衍射光的方向: $e_{k_x} = \sin\theta_1$, $e_{k_y} = \sin\theta_2$. 其中, θ_{01}, θ_{02} 和 θ_1, θ_2 的定义如图 6.26 所示, 它们是波矢的余弦方位角的余角, $\theta_1 = \dfrac{\pi}{2} - \alpha$, $\theta_2 = \dfrac{\pi}{2} - \beta$, 这里, α, β 分别为波矢 $\boldsymbol{k}$ 和 x, y 轴之间的夹角.

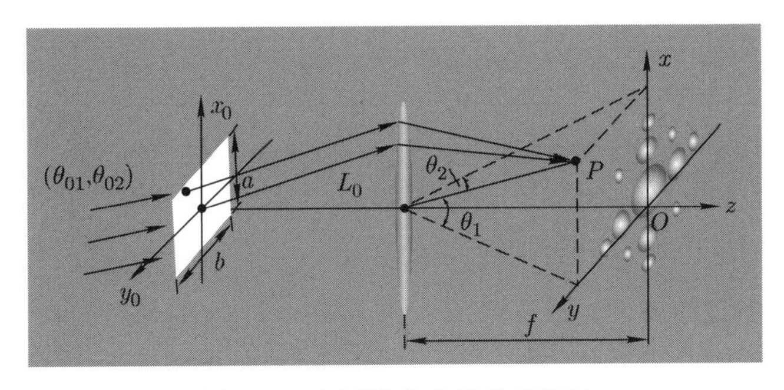

图 6.26 矩形孔的夫琅禾费衍射

入射光在 x 轴受限, 所以在 x 方向偏离几何传播路线:

$$\Delta e_{k_x} = e_{k_x} - e_{k_{0x}} = \sin\theta_1 - \sin\theta_{01};$$

入射光在 y 轴受限, 所以在 y 方向偏离几何传播路线:

$$\Delta e_{k_y} = e_{k_y} - e_{k_{0y}} = \sin\theta_2 - \sin\theta_{02}.$$

利用基尔霍夫衍射公式可以求得矩形孔的夫琅禾费衍射场, 在基尔霍夫衍射公式中, 各参量分别为:

照明场为 $\widetilde{U}_0(Q) = A\mathrm{e}^{\mathrm{i}k(x_0\sin\theta_{01}+y_0\sin\theta_{02})}$;

在傍轴条件下, 倾斜因子为 $f(\theta_0,\theta)\approx 1$, 振幅因子为 $\dfrac{1}{r}\approx\dfrac{1}{f}$;

相因子为 $\mathrm{e}^{\mathrm{i}kr}$, 其中, $kr = kL = k(L_0 - x_0\sin\theta_1 - y_0\sin\theta_2)$, 这里, L_0 是光从矩形孔中心 $(x_0=0, y_0=0)$ 到场点 P 的光程;

面元为 $\mathrm{d}S = \mathrm{d}x_0\mathrm{d}y_0$.

将这些数据代入基尔霍夫衍射公式, 可得

$$\begin{aligned}\widetilde{U}(\theta_1,\theta_2) &= \frac{-\mathrm{i}}{\lambda f}A\mathrm{e}^{\mathrm{i}kL_0}\int_{-\frac{b}{2}}^{\frac{b}{2}}\int_{-\frac{a}{2}}^{\frac{a}{2}}\mathrm{e}^{-\mathrm{i}k[(\sin\theta_1-\sin\theta_{01})x_0+(\sin\theta_2-\sin\theta_{02})y_0]}\mathrm{d}x_0\mathrm{d}y_0\\ &= \frac{-\mathrm{i}}{\lambda f}Aab\mathrm{e}^{\mathrm{i}kL_0}\frac{\sin\dfrac{\pi a(\sin\theta_1-\sin\theta_{01})}{\lambda}}{\dfrac{\pi a(\sin\theta_1-\sin\theta_{01})}{\lambda}}\frac{\sin\dfrac{\pi b(\sin\theta_2-\sin\theta_{02})}{\lambda}}{\dfrac{\pi b(\sin\theta_2-\sin\theta_{02})}{\lambda}}\\ &= \frac{-\mathrm{i}}{\lambda f}Aab\mathrm{e}^{\mathrm{i}kL_0}\frac{\sin\dfrac{\pi a\Delta e_{k_x}}{\lambda}}{\dfrac{\pi a\Delta e_{k_x}}{\lambda}}\frac{\sin\dfrac{\pi b\Delta e_{k_y}}{\lambda}}{\dfrac{\pi b\Delta e_{k_y}}{\lambda}},\end{aligned}$$

令 $\widetilde{c} = \dfrac{-\mathrm{i}}{\lambda f}Aab\mathrm{e}^{\mathrm{i}kL_0}$, $\alpha = \dfrac{\pi a(\sin\theta_1-\sin\theta_{01})}{\lambda} = \dfrac{\pi a}{\lambda}\Delta e_{k_x}$, $\beta = \dfrac{\pi b(\sin\theta_2-\sin\theta_{02})}{\lambda} = \dfrac{\pi b}{\lambda}\Delta e_{k_y}$, 将之代入上式, 可得

$$\widetilde{U}(\theta_1,\theta_2) = \widetilde{c}\frac{\sin\alpha}{\alpha}\frac{\sin\beta}{\beta}, \tag{6.30}$$

衍射光强分布为

$$I(\theta_1,\theta_2) = \widetilde{U}(\theta_1,\theta_2)\widetilde{U}^*(\theta_1,\theta_2) = I_0\left(\frac{\sin\alpha}{\alpha}\right)^2\left(\frac{\sin\beta}{\beta}\right)^2. \tag{6.31}$$

下面讨论矩形孔的夫琅禾费衍射场的性质.

(1) 零级衍射斑的最大光强位置.

零级衍射斑的最大光强位置为 $\alpha = 0$ 和 $\beta = 0$, 即 $\theta_1 = \theta_{01}$ 和 $\theta_2 = \theta_{02}$, 为几何光学的像点位置.

(2) 衍射场的零点位置.

当 $\sin\alpha = 0$ 或 $\sin\beta = 0$ 时, 衍射光强为零, 即衍射场的零点位置为

$$a\Delta e_{k_x} = a(\sin\theta_1 - \sin\theta_{01}) = k_1\lambda$$

或

$$b\Delta e_{k_y} = b(\sin\theta_2 - \sin\theta_{02}) = k_2\lambda,$$

其中, k_1 和 k_2 为非零的整数.

(3) 零级衍射斑的半角宽度.

沿 x 方向的零级衍射斑的半角宽度为 $\Delta\theta_1 \approx \dfrac{\lambda}{a}$, 即 $a\Delta\theta_1 \approx \lambda$.

沿 y 方向的零级衍射斑的半角宽度为 $\Delta\theta_2 \approx \dfrac{\lambda}{b}$, 即 $b\Delta\theta_2 \approx \lambda$.

关于矩形孔的夫琅禾费衍射的衍射角度和衍射孔的几何线度的反比例关系的推导方法同单缝的夫琅禾费衍射的半角宽度的推导方法.

在矩形孔的夫琅禾费衍射实验中, 当照明光为正入射, 即衍射屏在 (x, y) 平面内, 入射光波矢的单位方向矢量为 $\boldsymbol{e}_{k_0} = (0, 0, 1)$, 即 $\theta_{01} = 0, \theta_{02} = 0$ 时, 有

$$\begin{cases} \alpha = \dfrac{\pi a}{\lambda}\Delta e_{k_x} = \dfrac{\pi a}{\lambda}\sin\theta_1, \\ \beta = \dfrac{\pi b}{\lambda}\Delta e_{k_y} = \dfrac{\pi b}{\lambda}\sin\theta_2. \end{cases}$$

6.3.3 圆孔的夫琅禾费衍射

对于如图 6.27 所示的圆孔夫琅禾费衍射, 圆孔位于 (x_0, y_0) 平面, 圆孔的半径为 R, 照明光为正入射的平面光, 即波矢单位方向矢量 $\boldsymbol{e}_{k_0} = (0, 0, 1)$. 根据对称性可知, 衍射场具有轴对称性. 设衍射光和 z 轴之间的夹角为 θ, 于是相因子为 $\mathrm{e}^{\mathrm{i}kr} = \mathrm{e}^{\mathrm{i}k(L_0 - \rho\cos\phi\sin\theta)}$; 面元 $\mathrm{d}S = \rho\mathrm{d}\rho\mathrm{d}\phi$; 照明场 $\widetilde{U}_0 = A$. 将之代入基尔霍夫衍射公式, 并利用傍轴条件, 可得

$$\widetilde{U}(\theta) = \frac{-\mathrm{i}}{\lambda f}A\mathrm{e}^{\mathrm{i}kL_0}\int_0^R\int_0^{2\pi}\mathrm{e}^{-\mathrm{i}k\rho\cos\phi\sin\theta}\rho\mathrm{d}\rho\mathrm{d}\phi = \frac{-\mathrm{i}}{\lambda f}A\pi R^2\mathrm{e}^{\mathrm{i}kL_0}\frac{2\mathrm{J}_1\left(\dfrac{2\pi R\sin\theta}{\lambda}\right)}{\dfrac{2\pi R\sin\theta}{\lambda}},$$

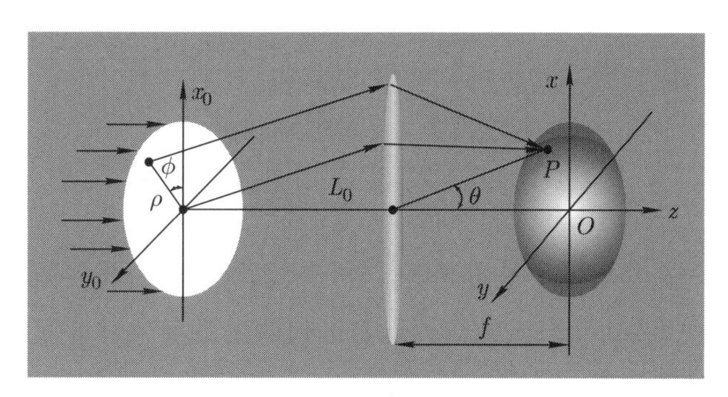

图 6.27 圆孔的夫琅禾费衍射

其中, J_1 为一阶贝塞尔 (Bessel) 函数. 令 $\widetilde{c} = \dfrac{-\mathrm{i}}{\lambda f}A\pi R^2\mathrm{e}^{\mathrm{i}kL_0}$, $x = \dfrac{2\pi R\sin\theta}{\lambda}$, 将之代入上式, 可得

$$\widetilde{U}(\theta) = \widetilde{c}\frac{2\mathrm{J}_1(x)}{x}, \tag{6.32}$$

衍射光强分布为

$$I(\theta)=\widetilde{U}(\theta)\widetilde{U}^{*}(\theta)=I_0\left[\frac{2\mathrm{J}_1(x)}{x}\right]^2. \tag{6.33}$$

当 $x=0$, 即 $\theta=0$ 时, 为几何光学的像点位置, 此处衍射光强最大. 第一个衍射光强的零点位置为 $x=1.22\pi$, 如图 6.28 所示. 从最大光强位置到第一个光强零点位置的角度差为零级衍射斑的半角宽度, 由傍轴条件可得

$$\Delta\theta_0=1.22\frac{\lambda}{D}, \tag{6.34}$$

其中, $D=2R$ 为圆孔的直径. (6.34) 式可以改写为 $D\Delta\theta_0=1.22\lambda$, 与单缝、矩形孔的夫琅禾费衍射的反比例关系一致, 只是系数有差别.

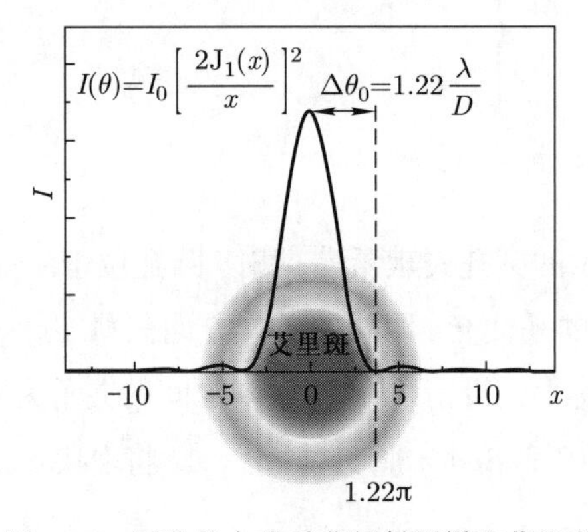

图 6.28　圆孔的夫琅禾费衍射图样和艾里斑

圆孔的夫琅禾费衍射的零级衍射斑称为艾里 (Airy) 斑, 艾里斑的半角宽度 $\Delta\theta_0$ 体现了圆孔的夫琅禾费衍射的程度, 由 (6.34) 式给出.

1835 年, 艾里等人发表了关于圆孔的夫琅禾费衍射图样 (艾里斑) 的论文. 艾里斑是分析光学仪器成像的极限分辨本领的理论基础.

6.4　光学仪器的理论分辨极限

光学仪器的理论分辨极限是指光学仪器已经消除了所有几何像差, 是完全理想成像, 仅因受限于光的波动性产生的衍射而有的仪器的极限分辨本领. 为什么光学仪器的分辨本领可以使用艾里斑的尺度进行分析?

如图 6.29 所示, 任何一个单透镜成像都可以等效于两个透镜加上一个光阑的组合. 成像过程可分解成两步: 第一步是物点发出的球面光经过前方透镜变成平面光, 第二步是光阑对入射光的限制导致夫琅禾费衍射产生, 于是在后方透镜的像方焦面上形成艾里斑, 这样, 透镜成像等效于圆孔的夫琅禾费衍射, 几何像点实际上是艾里斑的中

心. 当两个物点相互靠近时, 两个像斑可能发生重叠, 重叠到一定程度就使得两个像斑无法分辨, 这就是仪器的分辨本领问题.

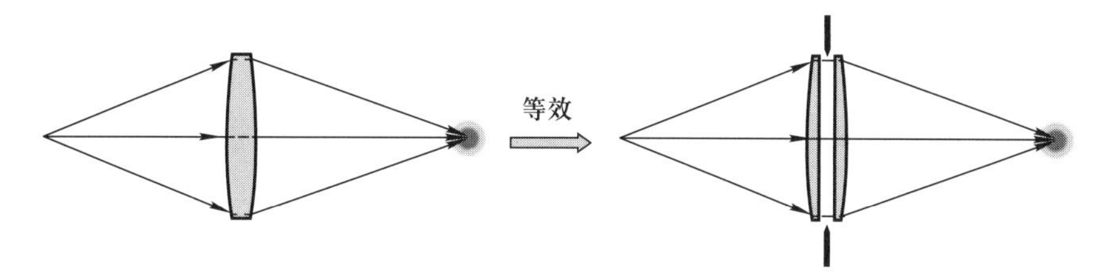

图 6.29 透镜成像等效于圆孔的夫琅禾费衍射系统

如图 6.30 所示, 几何光学理想成像是一个物点成像为一个像点, 即物方和像方点点对应. 如果考虑光的波动性, 则物点发出球面光, 只有在透镜孔径内的光才能经过透镜成像, 即光在传播过程中受到限制, 于是产生衍射, 导致像点变成艾里斑, 如图 6.30 所示, 物方的每个点都对应着像方的一个斑. 因为艾里斑有一定的几何尺度, 所以限制了光学仪器的分辨本领. 瑞利判据可给出光学仪器的分辨本领.

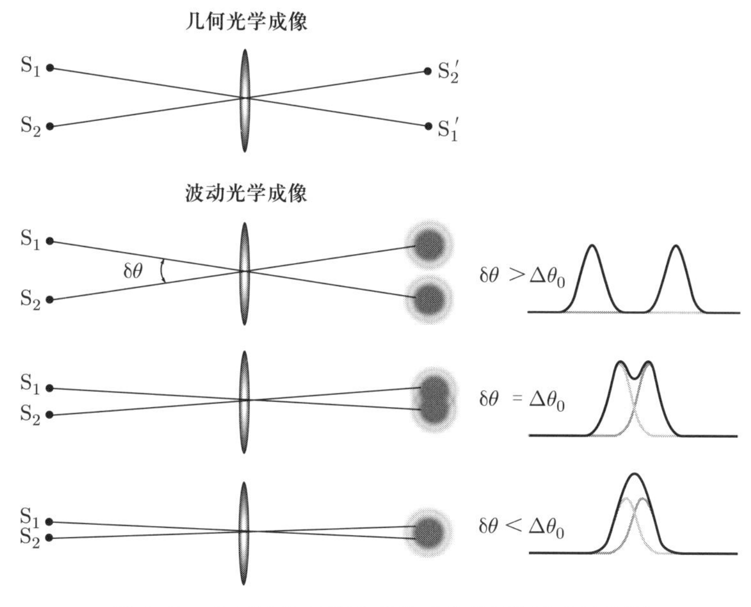

图 6.30 几何光学与波动光学成像的区别和瑞利判据

瑞利判据 设两个物点 S_1 和 S_2 对成像透镜张开的角度为 $\delta\theta$, S_1 和 S_2 成像的艾里斑的半角宽度为 $\Delta\theta_0$, 当 $\delta\theta > \Delta\theta_0$ 时, S_1 和 S_2 所成像的艾里斑分离, 因此 S_1 和 S_2 可分辨; 当 $\delta\theta = \Delta\theta_0$ 时, S_1 和 S_2 所成像的艾里斑一半重合, 即 S_1 和 S_2 所成的像重叠成两边亮、中间暗的斑, 由于此时的亮暗的衬比度较低, 约等于人眼的分辨极限, 因此 S_1和 S_2 恰好可分辨; 当 $\delta\theta < \Delta\theta_0$ 时, 两个艾里斑一多半重合, 即 S_1 和 S_2 所成的像叠加成一个斑, 则 S_1和 S_2 不可分辨.

瑞利判据给出了光学仪器的理论分辨极限, 即 $\delta\theta = \Delta\theta_0$. 下面通过几个例子来说明这个问题.

6.4.1　人眼的分辨本领

人眼的主要组成部分是眼球, 眼球主要包括眼球壁和内容物. 眼球壁最外层由角膜和巩膜组成, 中间的一层由脉络膜、睫状体悬韧带和虹膜组成, 最内层是视网膜; 内容物包含柔韧可调节的晶状体、房水和玻璃体. 虹膜中的一个可收缩的孔称为瞳孔, 其直径 D_{e} 一般可在 $2 \sim 8$ mm 的范围内调节, 以控制摄入人眼的通光量. 可把人眼类比为相机, 瞳孔便是光阑, 晶状体为成像透镜. 如图 6.31 所示, 物点成像到视网膜, 因瞳孔对光传播的限制导致衍射产生, 故像点成为艾里斑.

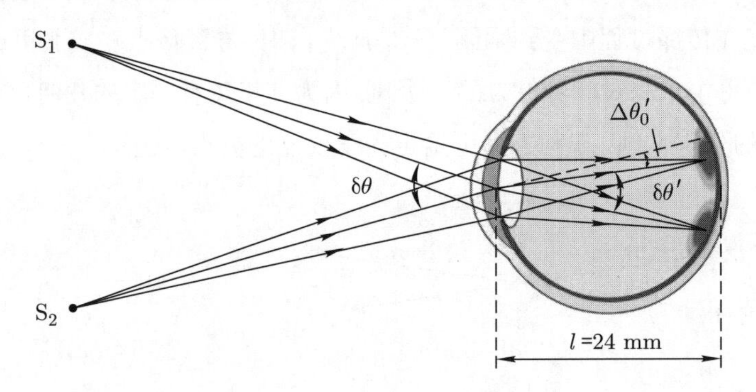

图 6.31　人眼成像和艾里斑

设 $D_{\mathrm{e}} = 2$ mm, 像方 (玻璃体) 的折射率 $n' = 1.3$, 波长取人眼最敏感的波长, 也是地面上太阳光谱中的峰值波长, 即 $\lambda = 550$ nm, 于是在视网膜上艾里斑的半角宽度为

$$\Delta\theta_0' = 1.22\frac{\lambda'}{D_{\mathrm{e}}} = 1.22\frac{\lambda}{n'D_{\mathrm{e}}} = 1.22 \times \frac{550 \times 10^{-9}}{1.3 \times 2 \times 10^{-3}}\ \mathrm{rad} \approx 2.6 \times 10^{-4}\ \mathrm{rad}.$$

根据瑞利判据可知, 当 $\delta\theta' \geqslant \Delta\theta_0'$ 时, S_1 和 S_2 可分辨. 由折射定律和小角度近似可得 (物方为空气, 折射率 $n = 1$)

$$\delta\theta = n'\delta\theta',$$

因此可得, 人眼可分辨的最小角度为

$$\delta\theta_{\mathrm{m}} = 1.22\frac{\lambda}{D_{\mathrm{e}}} = 1.22 \times \frac{550 \times 10^{-9}}{2 \times 10^{-3}}\ \mathrm{rad} \approx 3.4 \times 10^{-4}\ \mathrm{rad} \approx 1'.$$

例如, 在明视距离 ($s_0 = 25$ cm) 上, 人眼可分辨的最小间隔为

$$\Delta x_{\mathrm{m}} = s_0\delta\theta_{\mathrm{m}} \approx 25 \times 10^{-2} \times 3.4 \times 10^{-4}\ \mathrm{m} \approx 0.1\ \mathrm{mm}.$$

诸如手机屏幕、电脑屏幕和电视屏幕等显示器所显示的图像都是由一个个像素点组成的, 如果像素点的几何尺度小于 0.1 mm, 那么我们在明视距离上观看时, 将无法分辨每个像素点, 因此在视觉上认为图像为连续分布.

例题 6.5 有一液晶电视, 其屏幕尺寸为 46 英寸 (该尺寸为其对角线长度, 且 1 英寸 =2.54 cm), 屏幕比例为 16:9, 分辨率为 1920 × 1080. 问: 建议观看距离应大于多少 (设光波长为 $\lambda = 550$ nm, 人眼的瞳孔直径为 $D_{\mathrm{e}} = 2$ mm)?

解 设电视屏幕的长度为 a, 则高度为 $\dfrac{9}{16}a$, 于是对角线长度 l 为

$$l = \sqrt{a^2 + \left(\frac{9}{16}a\right)^2},$$

所以

$$a = \frac{l}{\sqrt{1 + \left(\dfrac{9}{16}\right)^2}} = \frac{2.54 \times 46 \times 10^{-2}}{\sqrt{1 + \left(\dfrac{9}{16}\right)^2}}\ \mathrm{m} \approx 101.8\ \mathrm{cm}.$$

接下来估算像素点的尺度:

$$\Delta x = \sqrt{\frac{\dfrac{9}{16}a^2}{1920 \times 1080}} \approx 0.053\ \mathrm{cm}.$$

为了观看舒适, 要求像素点的尺度小于人眼可分辨的最小间隔:

$$\Delta x_{\mathrm{m}} = s\delta\theta_{\mathrm{m}} = 1.22\frac{s\lambda}{D_{\mathrm{e}}} > \Delta x,$$

其中, s 是人眼到电视的距离, 所以

$$s > \frac{\Delta x D_{\mathrm{e}}}{1.22\lambda} \approx \frac{0.053 \times 10^{-2} \times 2 \times 10^{-3}}{1.22 \times 550 \times 10^{-9}}\ \mathrm{m} \approx 1.58\ \mathrm{m},$$

即建议观看距离 $s > 1.58$ m.

例题 6.6 试估算人眼视网膜上感光细胞的数量级, 设眼球的纵向长度约为 $l = 24$ mm, 玻璃体的折射率 n' 近似为 1.3, 波长取人眼最敏感的 $\lambda = 550$ nm.

解 如果一个感光细胞上可以排列几个艾里斑, 则对于两个相近的物点, 成像系统可分辨它们, 但是会因为感光细胞的尺度过大而导致无法分辨, 这是对成像系统的浪费. 如果感光细胞的尺度很小, 则一个艾里斑可以覆盖几个感光细胞, 这样并不能提高人眼的分辨本领, 这是对感光系统的浪费. 综上所述, 最合理的情况是感光细胞和艾里斑的尺度相当.

瞳孔取最大值 $D_{\mathrm{e}} = 8$ mm, 于是艾里斑的面积, 也就是感光细胞的面积 s, 为

$$s = \frac{\pi}{4}(l\Delta\theta_0')^2 = \frac{\pi}{4}\left(1.22\frac{\lambda l}{n' D_{\mathrm{e}}}\right)^2 \approx 1.9 \times 10^{-6}\ \mathrm{mm}^2.$$

因为单眼的水平视角约为 $\alpha = 156°$, 根据折射定律可知, 这个角度在人眼内的角度为

$$\alpha' = 2\arcsin\frac{\sin\dfrac{\alpha}{2}}{n'} \approx 98°.$$

设人眼为球体, 视网膜的面积可估算为

$$S = 2\pi\left(\frac{l}{2}\right)^2\left(1-\cos\frac{\alpha'}{2}\right) \approx 222\ \mathrm{mm}^2.$$

于是可估算出视网膜中感光细胞的数目:

$$N = \frac{S}{s} \approx 1.2\times10^8.$$

已知人眼的感光细胞分为视杆细胞和视锥细胞, 人的视网膜有约 12000 万个视杆细胞, 其对弱光刺激敏感; 有 650 万 ~ 700 万个视锥细胞, 其对强光和颜色刺激敏感. 由此可知, 我们估算的结果和实际情况一致.

6.4.2 望远镜的极限分辨本领

望远镜由物镜和目镜组成, 物镜的像方焦点和目镜的物方焦点重合, 即光学筒长为零. 望远镜的视角放大倍数为 $M = -f'_{\mathrm{o}}/f_{\mathrm{e}}$, 其中, f'_{o} 为物镜的像方焦距, f_{e} 为目镜的物方焦距. 透过物镜的正入射的光, 都能被目镜接收, 即望远镜的物镜和目镜的光阑孔径 (D_{o} 和 D_{e}) 满足 $D_{\mathrm{e}} > (f_{\mathrm{e}}/f'_{\mathrm{o}})D_{\mathrm{o}}$, 则望远镜的分辨率取决于物镜的光阑孔径 D_{o}, 可分辨的最小角度为

$$\delta\theta_{\mathrm{m}} = 1.22\frac{\lambda}{D_{\mathrm{o}}}.$$

问题 6.1　如果望远镜设计得不合理, 即 $D_{\mathrm{e}} < (f_{\mathrm{e}}/f'_{\mathrm{o}})D_{\mathrm{o}}$, 问此时望远镜的角度分辨率为多大?

答案　此时物镜的通光孔径相当于 $D'_{\mathrm{o}} = (f'_{\mathrm{o}}/f_{\mathrm{e}})D_{\mathrm{e}}$, 所以可分辨的最小角度为

$$\delta\theta'_{\mathrm{m}} = 1.22\frac{\lambda}{D'_{\mathrm{o}}} = 1.22\frac{f_{\mathrm{e}}\lambda}{f'_{\mathrm{o}}D_{\mathrm{e}}}.$$

将望远镜可分辨的最小角度到人眼可分辨的最小角度所实现的放大倍数称为有效放大倍数, 即 $M_{\mathrm{eff}} = \delta\theta_{\mathrm{e}}/\delta\theta_{\mathrm{m}}$, 其中, $\delta\theta_{\mathrm{m}}$ 为望远镜可分辨的最小角度, $\delta\theta_{\mathrm{e}}$ 为人眼可分辨的最小角度. 如果放大倍数过小, 则望远镜可分辨, 但是人眼依然不可分辨; 如果放大倍数大于 M_{eff}, 则对于望远镜不可分辨的角度, 即使放大倍数再大, 人眼也不可分辨. 望远镜一般工作在有效放大倍数附近.

例题 6.7　哈勃空间望远镜 (HST) 的主镜口径为 2.4 m, 韦布 (Webb) 空间望远镜 (NGST) 的主镜口径为 6.5 m. 问: 韦布空间望远镜的有效放大倍数是哈勃空间望远镜的多少倍?

解 有效放大倍数为

$$M_{\text{eff}} = \delta\theta_{\text{e}}/\delta\theta_{\text{m}},$$

其中, $\delta\theta_{\text{m}} = 1.22\dfrac{\lambda}{D_{\text{o}}}$. 所以

$$\frac{M_{\text{eff:韦布}}}{M_{\text{eff:哈勃}}} = \frac{D_{\text{韦布}}}{D_{\text{哈勃}}} = \frac{6.5}{2.4} \approx 2.7.$$

增大物镜的通光孔径是提升望远镜分辨率的有效方法. 据德国《明镜》周刊于 2010 年 4 月 27 日的报道, 欧洲的科学家决定在智利海拔 3060 m 的阿塔卡马荒漠高原上建一台世界上最大的光学与近红外陆基望远镜, 其主镜口径将达到 39 m, 命名为 “欧洲极大望远镜” (简称为 E-ELT), 于 2017 年 5 月 26 日开建.

大气层的扰动是限制地面望远镜分辨率的重要因素. 黑夜时仰望天空, 因为大气的运动产生的不均匀变化的大气层对星光波前的畸变, 繁星闪烁不定, 导致望远镜成像模糊不清. 为了解决这一问题, 研究人员发展了自适应光学系统. 探测和计算出被畸变的入射光的波前函数, 调节可变形镜面以补偿大气层扰动对波前相位分布的改变, 从而矫正波前畸变, 改善成像质量. 自适应光学的概念和原理由美国海尔天文台的巴布科克 (Babcock) 于 1953 年提出, 但是因为其测量和计算速度不能满足要求, 所以直到 20 世纪 90 年代, 自适应光学技术才得到广泛应用.

图 6.32 为自适应光学望远镜的工作示意图, 探测引导星发出的光经过大气层后波

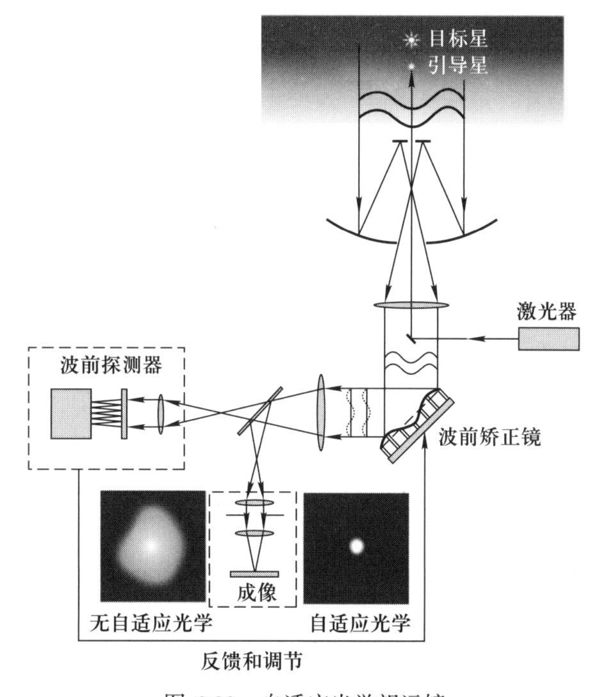

图 6.32 自适应光学望远镜

前的畸变量, 将测量结果传递给波前矫正镜, 使反射镜变形, 如果波前相位落后, 则对应的镜面将向上适当移动, 以减小该部分的反射光到达像面的光程; 反之, 如果波前相位超前, 则对应的镜面将向下适当移动, 以增大该部分的反射光到达像面的光程. 从而矫正波前畸变, 改善成像质量. 引导星可以是目标星, 但要求目标星的光强足够强. 如果目标星的光强较弱, 则可以选择目标星附近光强较强的星作为引导星. 如果附近也无光强较强的星, 则可以使用激光产生一个人造引导星, 使用波长为 589 nm 的激光 (钠的吸收和荧光波长) 激发高度约 90 km 的富钠大气层的钠元素发光, 可制造一颗橙黄色的引导星.

6.4.3　显微镜的分辨本领和物镜的数值孔径

复式显微镜由物镜和目镜组成, 观测的样品经物镜成放大的实像. 所成的像位于目镜的物方焦点的内侧, 再经目镜成放大的虚像, 像距等于人眼的明视距离. 显微镜的放大率为

$$M = -\frac{s_0 \mathit{\Delta}}{f'_{\mathrm{o}} f_{\mathrm{e}}},$$

其中, s_0 为明视距离, $\mathit{\Delta}$ 为光学筒长, 即物镜的像方焦点和目镜的物方焦点之间的距离, f'_{o} 为物镜的像方焦距, f_{e} 为目镜的物方焦距.

图 6.33 为显微镜的物镜成像示意图, 设物方和像方的折射率分别为 n 和 n'. 物面有两个物点, 间距为 δy_0, 成像于像面, 形成两个艾里斑, 两个艾里斑中心的间距为 $\delta y'$.

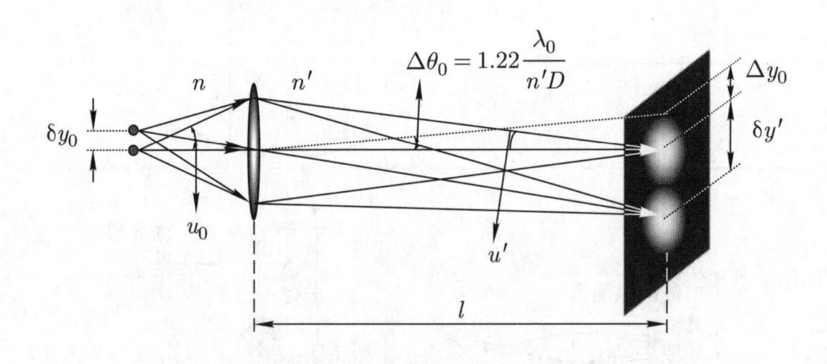

图 6.33　显微镜的物镜成像和分辨率

艾里斑的尺度为

$$\Delta y_0 = l\Delta\theta_0 = 1.22\frac{l\lambda_0}{n'D},$$

其中, D 为物镜的通光孔径, λ_0 为照明光在真空中的波长, l 为像距. 根据瑞利判据可

知, 两个像点可分辨的条件为 $\delta y' \geqslant \Delta y_0$, 即可分辨的像点的最小间距为

$$\delta y'_{\mathrm{m}} = \Delta y_0 = 1.22\frac{l\lambda_0}{n'D} = 0.61\frac{\lambda_0}{n'\dfrac{\frac{1}{2}D}{l}}.$$

由图 6.33 可知, $\sin u' \approx \frac{1}{2}D/l$, 因此可得

$$\delta y'_{\mathrm{m}} = 0.61\frac{\lambda_0}{n'\sin u'}.$$

根据几何光学成像的阿贝正弦条件: $n\delta y\sin u_0 = n'\delta y'\sin u'$, 可得显微镜可分辨的物点的最小间距为

$$\delta y_{\mathrm{m}} = 0.61\frac{\lambda_0}{n\sin u_0} = 0.61\frac{\lambda_0}{NA}, \tag{6.35}$$

其中, $NA = n\sin u_0$, 称为显微镜物镜的数值孔径. 利用齐明点成像的浸油透镜的数值孔径的最大值约为 1.5.

显微镜的有效放大倍数定义为将显微镜可分辨的最小间距 δy_{m} 恰好放大到人眼可分辨的最小尺度 δy_{e} 的放大倍数. 例如, 显微镜物镜的数值孔径为 $NA = 1.5$, 照明光的波长为 550 nm, 人眼可分辨的最小尺度为 $\delta y_{\mathrm{e}} \approx 0.1$ mm, 则显微镜的有效放大倍数为

$$M_{\mathrm{eff}} = \frac{\delta y_{\mathrm{e}}}{\delta y_{\mathrm{m}}} = \frac{\delta y_{\mathrm{e}}}{0.61\dfrac{\lambda_0}{NA}} \approx \frac{0.1\times 10^{-3}}{0.61\times\dfrac{550\times 10^{-9}}{1.5}} \approx 450.$$

下面介绍几种提高显微镜分辨本领的方法.

(1) 根据 (6.35) 式可知, 提高显微镜分辨本领的方法之一是增大其物镜的数值孔径 NA. 可通过浸油或使用广角透镜来获得较大的数值孔径, 如图 6.34 所示. 不过 NA 最大为 1.5 左右, 此时, $\delta y_{0\mathrm{m}} \approx \lambda_0/2$, 这是传统光学显微镜的极限分辨率 —— 半波长. 所以一般光学显微镜的有效放大倍数限制在 450 以下.

(2) 选择波长较短的光成像可提高有效放大倍数, 例如, 电子显微镜. 利用磁透镜使电子束成像, 电子的德布罗意波长和加速电压有关. 设电子的静止质量为 m_0, 电子从静止开始被电场加速, 加速电压为 V, 则电子的能量为

$$E^2 = \left(eV + m_0c^2\right)^2 = (pc)^2 + \left(m_0c^2\right)^2,$$

其中, p 为电子的动量, e 为电子携带的电荷, c 为真空中的光速. 对上式求解可得

$$p = \frac{1}{c}\sqrt{2eVm_0c^2\left(1+\frac{eV}{2m_0c^2}\right)}.$$

电子的德布罗意波长为

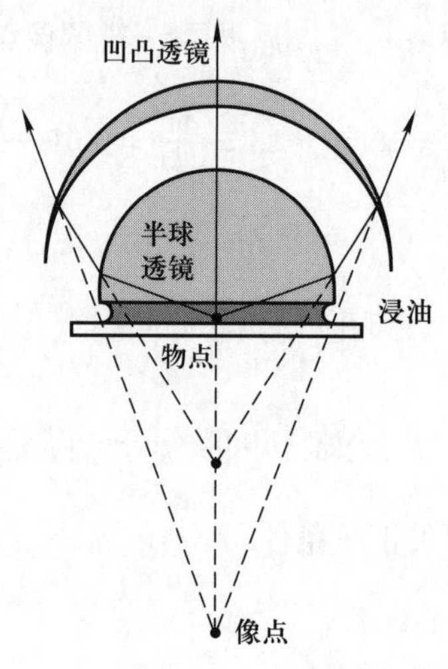

图 6.34　物镜浸油

$$\lambda = \frac{h}{p} = ch\left[2eVm_0c^2\left(1+\frac{eV}{2m_0c^2}\right)\right]^{-1/2}.$$

已知电子静止质量为 $m_0 = 9.11\times10^{-31}$ kg, 普朗克常量为 $h = 6.63\times10^{-34}$ J · s, 如果加速电压为 $V = 1\times10^4$ V, 则电子的德布罗意波长为 $\lambda_{V=1\times10^4\ \mathrm{V}} \approx 1.22\times10^{-2}$ nm; 如果加速电压为 $V = 1\times10^5$ V, 则电子的德布罗意波长为 $\lambda_{V=1\times10^5\ \mathrm{V}} \approx 3.86\times10^{-3}$ nm. 电子束的孔径角比较小, 一般在 $10^{-2}\sim10^{-3}$ rad 的范围内, 所以电子显微镜的分辨率和有效放大倍数为

$$\begin{cases} V=1\times10^4\ \mathrm{V}\ 时, & \delta y_\mathrm{m}\approx 0.61\dfrac{\lambda_{V=1\times10^4\ \mathrm{V}}}{10^{-2}}\approx 0.74\ \mathrm{nm}, & M_\mathrm{eff}\approx\dfrac{0.1\times10^{-3}}{0.74\times10^{-9}}\approx 1.4\times10^5, \\ V=1\times10^5\ \mathrm{V}\ 时, & \delta y_\mathrm{m}\approx 0.61\dfrac{\lambda_{V=1\times10^5\ \mathrm{V}}}{10^{-2}}\approx 0.24\ \mathrm{nm}, & M_\mathrm{eff}\approx\dfrac{0.1\times10^{-3}}{0.24\times10^{-9}}\approx 4.2\times10^5. \end{cases}$$

1926 年, 布施 (Busch) 发表了关于电子束磁聚焦的论文, 研制了磁透镜. 1931 年, 德国柏林的弗利兹 – 哈伯学院的克诺尔 (Knoll) 和鲁斯卡 (Ruska) 研制了第一台透射电子显微镜. 1986 年的诺贝尔物理学奖一半授予鲁斯卡, 以表彰他在电光学领域做出的基础性工作, 并设计了第一台电子显微镜; 另一半授予德国物理学家宾尼希 (Binnig) 和瑞士物理学家罗雷尔 (Rohrer), 以表彰他们设计了扫描隧道显微镜.

(3) 荧光显微镜可通过减小荧光的发光面积来提高分辨率. 例如, 双光子或多光子荧光显微镜, 它基于非线性光学效应和共焦显微镜技术来提高分辨率. 单光子吸收产生荧光, 其荧光光强正比于激发光光强, 于是荧光的发光面积和激发光的聚焦面积相同, 因为衍射效应, 最小聚焦面积为艾里斑的面积, 所以单光子荧光显微镜的最高分辨精度为艾里斑尺度. 双光子吸收为三阶非线性光学效应, 其荧光光强正比于激发光光强的平方, 于是荧光的发光面积小于激发光的聚焦面积, 所以分辨精度可以突破艾里斑尺度. 20 世纪 90 年代初, 康奈尔大学的登克 (Denk)、斯特里克勒 (Strickler)、韦布等研究者利用双光子激发共焦荧光显微镜, 搭建了第一台双光子荧光显微镜. 1996 年, 同实验室的许 (Xu), 在读博期间发明了三光子荧光显微镜. 因为多光子荧光显微镜具有分辨率高、穿透深, 以及光毒性和光漂白低等优点, 所以被广泛应用于生物活体组织的成像. 德国科学家黑尔 (Hell) 在 1994 年提出和研制了受激辐射耗尽显微镜. 一束光激发荧光, 另一束波长较长、光强分布中空的光为受激辐射耗尽光, 限制了荧光产生的空间分布, 可提高显微镜的分辨本领. 2014 年, 黑尔和两位美国科学家贝齐格、莫纳 (Moerner) 共同获得诺贝尔化学奖, 以表彰他们在超高分辨荧光显微技术领域取得的成就. 贝齐格和莫纳的工作为光激活定位显微镜.

6.5 夫琅禾费衍射场的位移相移定理和结构衍射

前面介绍了诸如单缝、矩形孔、圆孔等单元的夫琅禾费衍射, 本节讲解衍射单元在空间按照一定规律排列的结构的夫琅禾费衍射. 位移相移定理是分析结构衍射的重要手段.

6.5.1 位移相移定理

如图 6.35 所示, 入射光为平面光, 其波矢的单位方向矢量为 $\boldsymbol{e}_{k_0}=(e_{k_{0x}},e_{k_{0y}},e_{k_{0z}})$, 夫琅禾费衍射光的波矢的单位方向矢量为 $\boldsymbol{e}_k=(e_{k_x},e_{k_y},e_{k_z})$, 根据基尔霍夫衍射公式可知, 衍射屏平移之前, 观察屏上的场强分布为

$$\widetilde{U}_1(\boldsymbol{e}_k)=\frac{-\mathrm{i}}{\lambda}\iint\limits_{\Sigma}f(\theta,\theta')\widetilde{U}_0(x,y)\frac{\mathrm{e}^{\mathrm{i}kr}}{r_1}\mathrm{d}x\mathrm{d}y.$$

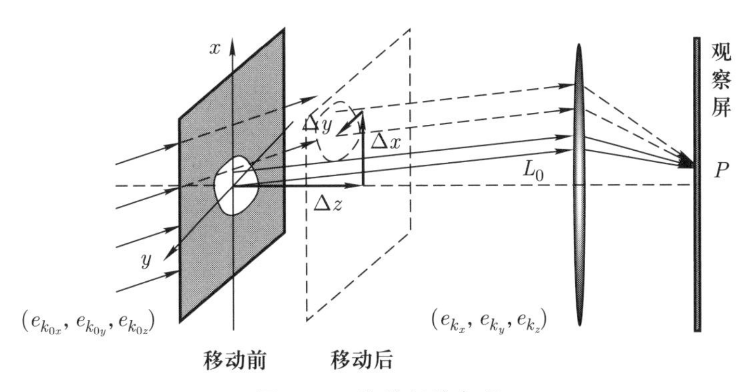

图 6.35 位移相移定理

入射平面光在衍射屏 Σ 上的波前函数为

$$\widetilde{U}_0(Q)=A\mathrm{e}^{\mathrm{i}k(e_{k_{0x}}x+e_{k_{0y}}y)}.$$

设其满足傍轴条件, 于是倾斜因子: $f(\theta,\theta')\approx 1$; 振幅因子: $\dfrac{1}{r_1}\approx\dfrac{1}{f}$, 其中, f 为透镜的像方焦距; 相因子为 e^{ikr}, 这里, $kr=kL=k(L_0-e_{k_x}x-e_{k_y}y)$, 其中, L_0 为衍射光从原点 $(0,0,0)$ 到场点 P 的光程, $k=2\pi/\lambda$. 将之代入观察屏上的场强分布公式, 近似可得

$$\widetilde{U}_1(\boldsymbol{e}_k)=\frac{-\mathrm{i}}{\lambda}\iint\limits_{\Sigma}A\mathrm{e}^{\mathrm{i}k(e_{k_{0x}}x+e_{k_{0y}}y)}\frac{\mathrm{e}^{\mathrm{i}k(L_0-e_{k_x}x-e_{k_y}y)}}{f}\mathrm{d}x\mathrm{d}y.$$

当衍射屏沿 x 轴平移 Δx, 沿 y 轴平移 Δy, 沿 z 轴平移 Δz 时, 原来衍射屏上的点 $(x,y,0)$ 变为 (x',y',z'), 且 $x'=x+\Delta x$, $y'=y+\Delta y$, $z'=\Delta z$, 对应的衍射屏 Σ 上的 $\widetilde{U}_0(Q)$ 和 kr 变为

$$\begin{cases}\widetilde{U}_0(Q)=A\mathrm{e}^{\mathrm{i}k[e_{k_{0x}}(x+\Delta x)+e_{k_{0y}}(y+\Delta y)+e_{k_{0z}}\Delta z]},\\ kr=kL=k[L_0-e_{k_x}(x+\Delta x)-e_{k_y}(y+\Delta y)-e_{k_z}\Delta z].\end{cases}$$

设衍射屏平移后仍然满足傍轴条件, 因为只是平移, 所以衍射屏的形状和面积不变, 即面积积分的区间不变, 于是平移后的场强分布为

$$\begin{aligned}&\widetilde{U}_2(\boldsymbol{e}_k)\\&=\frac{-\mathrm{i}}{\lambda}\iint\limits_{\Sigma}A\mathrm{e}^{\mathrm{i}k[e_{k_{0x}}(x+\Delta x)+e_{k_{0y}}(y+\Delta y)+e_{k_{0z}}\Delta z]}\frac{\mathrm{e}^{\mathrm{i}k[L_0-e_{k_x}(x+\Delta x)-e_{k_y}(y+\Delta y)-e_{k_z}\Delta z]}}{f}\mathrm{d}x\mathrm{d}y\\&=\mathrm{e}^{-\mathrm{i}k(\Delta e_{k_x}\Delta x+\Delta e_{k_y}\Delta y+\Delta e_{k_z}\Delta z)}\cdot\left[\frac{-\mathrm{i}}{\lambda}\iint\limits_{\Sigma}A\mathrm{e}^{\mathrm{i}k(e_{k_{0x}}x+e_{k_{0y}}y)}\frac{\mathrm{e}^{\mathrm{i}k(L_0-e_{k_x}x-e_{k_y}y)}}{f}\mathrm{d}x\mathrm{d}y\right]\\&=\mathrm{e}^{-\mathrm{i}k(\Delta e_{k_x}\Delta x+\Delta e_{k_y}\Delta y+\Delta e_{k_z}\Delta z)}\cdot\widetilde{U}_1(\boldsymbol{e}_k),\end{aligned}$$

其中, $\Delta e_{k_x}=e_{k_x}-e_{k_{0x}}$, $\Delta e_{k_y}=e_{k_y}-e_{k_{0y}}$, $\Delta e_{k_z}=e_{k_z}-e_{k_{0z}}$. 于是可得衍射屏平移前后的夫琅禾费衍射场之间的关系, 即如下的位移相移定理:

在夫琅禾费衍射系统中, 当一个衍射图像平移 $(\Delta x,\Delta y,\Delta z)$ 时, 夫琅禾费衍射场的响应相移 $(\delta_1,\delta_2,\delta_3)$ 为

$$\begin{cases}\delta_1=-k\Delta e_{k_x}\cdot\Delta x=-k(e_{k_x}-e_{k_{0x}})\cdot\Delta x,\\ \delta_2=-k\Delta e_{k_y}\cdot\Delta y=-k(e_{k_y}-e_{k_{0y}})\cdot\Delta y,\\ \delta_3=-k\Delta e_{k_z}\cdot\Delta z=-k(e_{k_z}-e_{k_{0z}})\cdot\Delta z.\end{cases}$$

平移后的夫琅禾费衍射场 $\widetilde{U}_2(\boldsymbol{e}_k)$ 和平移前的 $\widetilde{U}_1(\boldsymbol{e}_k)$ 之间的关系为

$$\widetilde{U}_2(\boldsymbol{e}_k)=\mathrm{e}^{\mathrm{i}(\delta_1+\delta_2+\delta_3)}\cdot\widetilde{U}_1(\boldsymbol{e}_k).$$

6.5.2　全同单元结构的夫琅禾费衍射场

衍射单元按某一规律在空间排列, 其夫琅禾费衍射场可以使用位移相移定理计算. 如图 6.36 所示, 衍射单元 0 单独存在时, 衍射场为 $\widetilde{U}_0(\boldsymbol{e}_k)$, 衍射单元 $i(i=1,2,3,\cdots)$ 可以看成是衍射单元 0 平移了 (x_i, y_i, z_i), 于是衍射场为

$$\widetilde{U}_i(\boldsymbol{e}_k)=\mathrm{e}^{\mathrm{i}(\delta_{i1}+\delta_{i2}+\delta_{i3})}\cdot\widetilde{U}_0(\boldsymbol{e}_k),$$

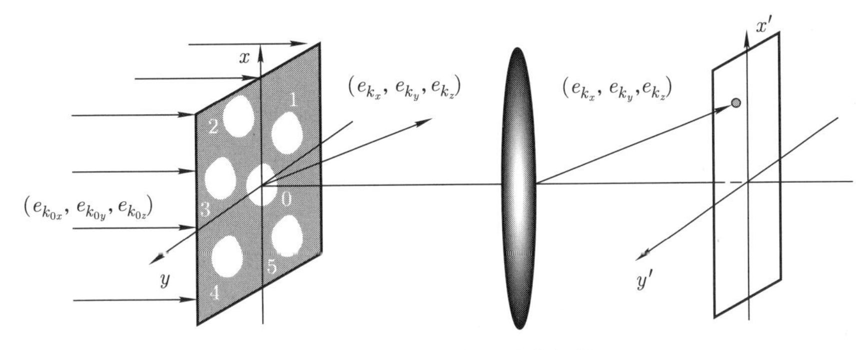

图 6.36　结构的夫琅禾费衍射

其中, $\delta_{i1}=-k\Delta e_{k_x}x_i$, $\delta_{i2}=-k\Delta e_{k_y}y_i$, $\delta_{i3}=-k\Delta e_{k_z}z_i$. 根据光的叠加原理可知, 结构的总衍射场为各个全同单元衍射场的线性叠加, 即

$$\widetilde{U}(\boldsymbol{e}_k)=\sum_i\widetilde{U}_i(\boldsymbol{e}_k)=\left[\sum_i\mathrm{e}^{\mathrm{i}(\delta_{i1}+\delta_{i2}+\delta_{i3})}\right]\cdot\widetilde{U}_0(\boldsymbol{e}_k),\quad i=0,1,2,\cdots,\tag{6.36}$$

其中, $\widetilde{U}_0(\boldsymbol{e}_k)$ 由衍射单元的形状确定, 称为单元因子; $\sum\limits_i\mathrm{e}^{\mathrm{i}(\delta_{i1}+\delta_{i2}+\delta_{i3})}$ 为位移相移因子之和, 由单元空间排列结构确定, 称为结构因子. 全同单元结构的夫琅禾费衍射场为结构因子和单元因子的乘积. 上面利用位移相移定理计算结构衍射时做了一级散射近似, 即入射光在某一单元处发生衍射时, 忽略其衍射光在其他单元处的二次及以上的衍射效应. 此近似成立的条件是衍射光的光强远远小于入射光的光强.

例题 6.8　波长为 λ 的平面光正入射于衍射体, 衍射体是由全同单元组成的边长为 a 的体心立方结构, 如图 6.37 所示. 忽略二次及以上的衍射效应. 设衍射单元 0 单独存在时的衍射场为 $\widetilde{U}_0(\boldsymbol{e}_k)$, 求该衍射体的夫琅禾费衍射场.

解　单元 0 到单元 $1\sim8$ 的位移分别为

$$1:\left(\frac{1}{2}a,\frac{1}{2}a,\frac{1}{2}a\right),\quad 2:\left(\frac{1}{2}a,-\frac{1}{2}a,\frac{1}{2}a\right),\quad 3:\left(\frac{1}{2}a,-\frac{1}{2}a,-\frac{1}{2}a\right),$$
$$4:\left(\frac{1}{2}a,\frac{1}{2}a,-\frac{1}{2}a\right),\quad 5:\left(-\frac{1}{2}a,\frac{1}{2}a,-\frac{1}{2}a\right),\quad 6:\left(-\frac{1}{2}a,\frac{1}{2}a,\frac{1}{2}a\right),$$
$$7:\left(-\frac{1}{2}a,-\frac{1}{2}a,\frac{1}{2}a\right),\quad 8:\left(-\frac{1}{2}a,-\frac{1}{2}a,-\frac{1}{2}a\right).$$

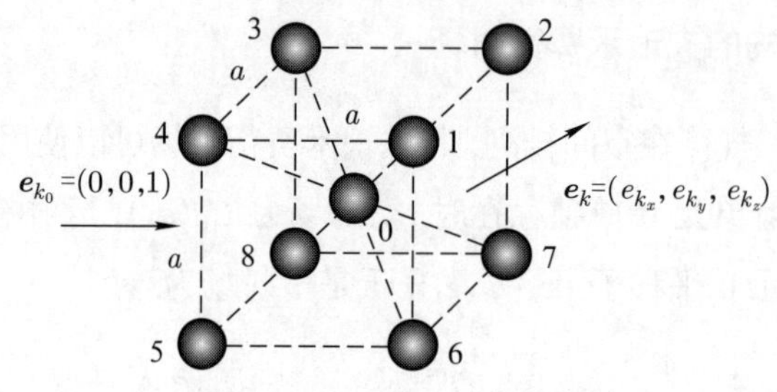

图 6.37　例题 6.8 的示意图

根据位移相移定理可知

$$\begin{cases}\widetilde{U}_1(\boldsymbol{e}_k)=\mathrm{e}^{-\mathrm{i}k\left(\frac{1}{2}a\Delta e_{k_x}+\frac{1}{2}a\Delta e_{k_y}+\frac{1}{2}a\Delta e_{k_z}\right)}\cdot\widetilde{U}_0(\boldsymbol{e}_k),\\ \widetilde{U}_2(\boldsymbol{e}_k)=\mathrm{e}^{-\mathrm{i}k\left(\frac{1}{2}a\Delta e_{k_x}-\frac{1}{2}a\Delta e_{k_y}+\frac{1}{2}a\Delta e_{k_z}\right)}\cdot\widetilde{U}_0(\boldsymbol{e}_k),\\ \widetilde{U}_3(\boldsymbol{e}_k)=\mathrm{e}^{-\mathrm{i}k\left(\frac{1}{2}a\Delta e_{k_x}-\frac{1}{2}a\Delta e_{k_y}-\frac{1}{2}a\Delta e_{k_z}\right)}\cdot\widetilde{U}_0(\boldsymbol{e}_k),\\ \widetilde{U}_4(\boldsymbol{e}_k)=\mathrm{e}^{-\mathrm{i}k\left(\frac{1}{2}a\Delta e_{k_x}+\frac{1}{2}a\Delta e_{k_y}-\frac{1}{2}a\Delta e_{k_z}\right)}\cdot\widetilde{U}_0(\boldsymbol{e}_k),\\ \widetilde{U}_5(\boldsymbol{e}_k)=\mathrm{e}^{-\mathrm{i}k\left(-\frac{1}{2}a\Delta e_{k_x}+\frac{1}{2}a\Delta e_{k_y}-\frac{1}{2}a\Delta e_{k_z}\right)}\cdot\widetilde{U}_0(\boldsymbol{e}_k),\\ \widetilde{U}_6(\boldsymbol{e}_k)=\mathrm{e}^{-\mathrm{i}k\left(-\frac{1}{2}a\Delta e_{k_x}+\frac{1}{2}a\Delta e_{k_y}+\frac{1}{2}a\Delta e_{k_z}\right)}\cdot\widetilde{U}_0(\boldsymbol{e}_k),\\ \widetilde{U}_7(\boldsymbol{e}_k)=\mathrm{e}^{-\mathrm{i}k\left(-\frac{1}{2}a\Delta e_{k_x}-\frac{1}{2}a\Delta e_{k_y}+\frac{1}{2}a\Delta e_{k_z}\right)}\cdot\widetilde{U}_0(\boldsymbol{e}_k),\\ \widetilde{U}_8(\boldsymbol{e}_k)=\mathrm{e}^{-\mathrm{i}k\left(-\frac{1}{2}a\Delta e_{k_x}-\frac{1}{2}a\Delta e_{k_y}-\frac{1}{2}a\Delta e_{k_z}\right)}\cdot\widetilde{U}_0(\boldsymbol{e}_k).\end{cases}$$

总衍射场为

$$\begin{aligned}\widetilde{U}(\boldsymbol{e}_k)&=\sum_{i=0}^{8}\widetilde{U}_i(\boldsymbol{e}_k)\\&=\left\{1+2\left[\cos\frac{\pi a(\Delta e_{k_x}+\Delta e_{k_y}+\Delta e_{k_z})}{\lambda}+\cos\frac{\pi a(\Delta e_{k_x}-\Delta e_{k_y}+\Delta e_{k_z})}{\lambda}\right.\right.\\&\qquad\left.\left.+\cos\frac{\pi a(\Delta e_{k_x}+\Delta e_{k_y}-\Delta e_{k_z})}{\lambda}+\cos\frac{\pi a(\Delta e_{k_x}-\Delta e_{k_y}-\Delta e_{k_z})}{\lambda}\right]\right\}\cdot\widetilde{U}_0(\boldsymbol{e}_k)\\&=\left(1+8\cos\frac{\pi a\Delta e_{k_x}}{\lambda}\cos\frac{\pi a\Delta e_{k_y}}{\lambda}\cos\frac{\pi a\Delta e_{k_z}}{\lambda}\right)\cdot\widetilde{U}_0(\boldsymbol{e}_k),\end{aligned}$$

其中,

$$\Delta e_{k_x}=e_{k_x}-e_{k_{0x}}=e_{k_x},\quad \Delta e_{k_y}=e_{k_y}-e_{k_{0y}}=e_{k_y},\quad \Delta e_{k_z}=e_{k_z}-e_{k_{0z}}=e_{k_z}-1.$$

6.6　一维周期结构的夫琅禾费衍射 —— 光栅和光栅光谱仪

6.6.1　光栅的夫琅禾费衍射

衍射单元, 例如, 单缝, 沿一维周期排列, 如图 6.38 所示, 透明缝的宽度为 a, 其复振幅的透射率为 1, 挡光条的宽度为 b, 其复振幅的透射率为 0, 此结构称为透射振幅型光栅. 光栅的空间周期为 $d=a+b$, 也称为光栅常量. 单位长度内的重复单元数目为 $n=1/d$, 称为单元密度.

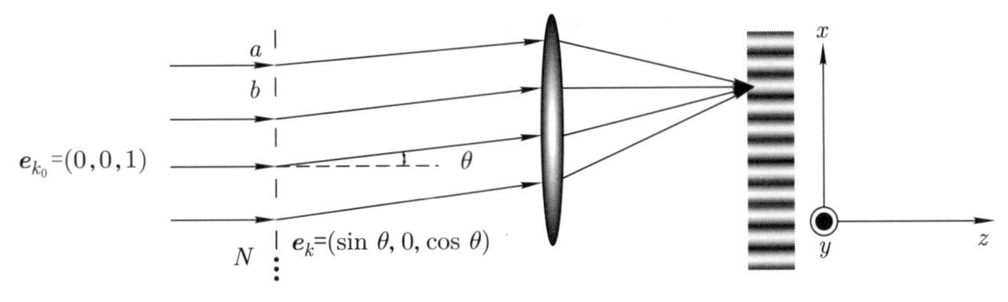

图 6.38 透射振幅型光栅的夫琅禾费衍射

如果光栅的有效尺度为 D, 则光栅的单元总数为 $N=D/d$. 设平面光正入射于光栅, 其夫琅禾费衍射场可由位移相移定理求得. 从单元 0 到单元 m, 位移为 $x_m=md$, 相移为 $\delta_m=-\dfrac{2\pi}{\lambda}md\Delta e_{k_x}=-\dfrac{2\pi}{\lambda}md\sin\theta=-m\delta$, 其中, $\delta=\dfrac{2\pi}{\lambda}\mathrm{d}\sin\theta$. 由 (6.36) 式可得, 光栅的总衍射场为

$$\widetilde{U}(\theta)=\widetilde{U}_0(\theta)\cdot\left(\sum_{m=0}^{N-1}\mathrm{e}^{-\mathrm{i}m\delta}\right)=\widetilde{U}_0(\theta)\frac{1-\mathrm{e}^{-\mathrm{i}N\delta}}{1-\mathrm{e}^{-\mathrm{i}\delta}}.$$

单元因子为单缝的光栅的夫琅禾费衍射场 (见 (6.28) 式) 为

$$\widetilde{U}_0(\theta)=\widetilde{c}\,\frac{\sin\alpha}{\alpha},$$

其中,

$$\alpha=\frac{\pi}{\lambda}a\Delta e_{k_x}=\frac{\pi}{\lambda}a\sin\theta.$$

令

$$\beta=\frac{\delta}{2}=\frac{\pi}{\lambda}d\Delta e_{k_x}=\frac{\pi}{\lambda}d\sin\theta,$$

利用公式

$$1-\mathrm{e}^{\mathrm{i}\phi}=-2\mathrm{i}\sin\frac{\phi}{2}\cdot\mathrm{e}^{\mathrm{i}\frac{\phi}{2}},$$

可得

$$\widetilde{U}(\theta)=\widetilde{c}\mathrm{e}^{-\mathrm{i}(N-1)\beta}\frac{\sin\alpha}{\alpha}\frac{\sin N\beta}{\sin\beta},\tag{6.37}$$

观察屏上的光强分布为

$$I(\theta)=\widetilde{U}(\theta)\cdot\widetilde{U}^*(\theta)=I_0\left(\frac{\sin\alpha}{\alpha}\right)^2\left(\frac{\sin N\beta}{\sin\beta}\right)^2.\tag{6.38}$$

6.6.2 光栅衍射的光强分布主要特点

光栅衍射的光强分布由单元因子 $I_0(\sin\alpha/\alpha)^2$ 和结构因子 $(\sin N\beta/\sin\beta)^2$ 的乘积决定, 如图 6.39 所示.

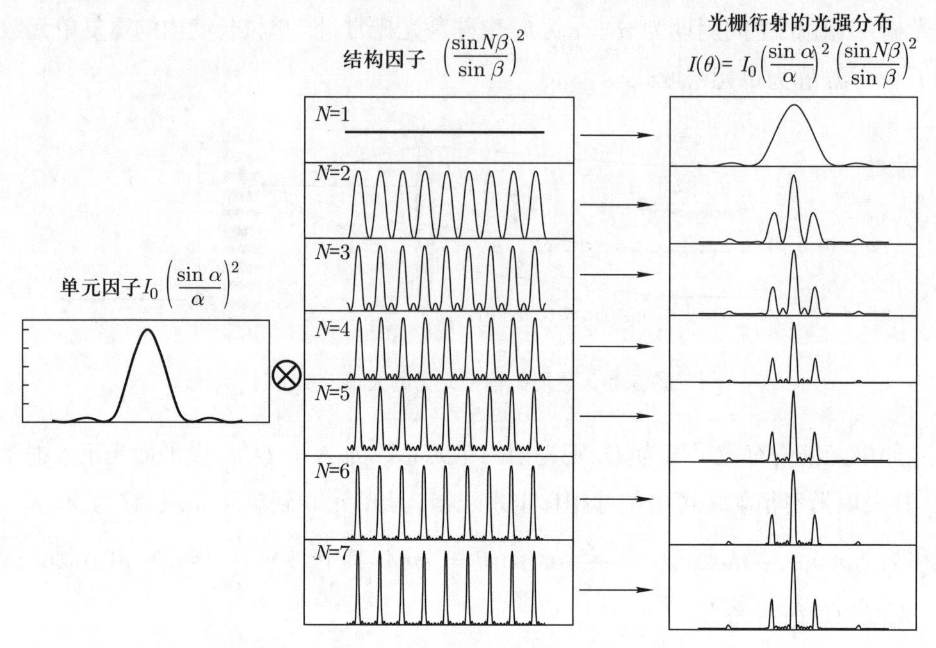

图 6.39　光栅的夫琅禾费衍射的光强分布与单元因子、结构因子之间的关系

1. 主极峰的位置

如图 6.39 所示, 主极峰的位置由结构因子确定. 由结构因子可得, 光栅衍射的主极峰的位置应该满足 $\sin\beta=0$, 即

$$\beta=\frac{\pi}{\lambda}d\Delta e_{k_x}=\frac{\pi}{\lambda}d\sin\theta=k\pi,\quad k\text{ 为整数},$$

则主极峰的衍射角满足

$$d\Delta e_{k_x}=k\lambda\quad\text{或}\quad d\sin\theta_k=k\lambda.\tag{6.39}$$

(6.39) 式称为光栅方程.

当 $\theta=\theta_k$ 时, 结构因子的极限值为 $(\sin N\beta/\sin\beta)^2=N^2$, 主极峰的光强为

$$I(\theta_k)=N^2I_0\left(\frac{\sin\alpha}{\alpha}\right)^2,$$

可见光栅的单元总数 N 越大, 主极峰的光强越大.

2 条主极峰之间存在 $N-1$ 个零点和 $N-2$ 条次极峰, 次极峰的光强随着 N 的增大而迅速变小.

2. 主极峰的半角宽度

由图 6.39 可以看到, 主极峰随着 N 的增大而变得细锐. 引入半角宽度来描述主极峰的宽度, 定义 k 级峰的峰值位置 θ_k 到第一个光强零点的角度差 $\Delta\theta_k$ 为该主极峰的半角宽度. k 到 $k+1$ 级峰之间的光强零点的位置满足 $N\beta=(Nk+m)\pi$, 其中, m 为小于 N 的正整数. $m=1$ 为第一个零点, 即

$$\frac{\pi}{\lambda}d\sin(\theta_k+\Delta\theta_k)=\left(k+\frac{1}{N}\right)\pi.$$

一般情况下, 光栅的单元总数 N 比较大, 所以 $\Delta\theta_k$ 比较小, 于是上式可近似为

$$d\cos\theta_k\cdot\Delta\theta_k=\frac{\lambda}{N},$$

即

$$\Delta\theta_k=\frac{\lambda}{Nd\cos\theta_k}=\frac{\lambda}{D\cos\theta_k}. \tag{6.40}$$

由此可知, 光栅的有效尺度 D 越大, 主极峰的半角宽度越小, 光栅衍射图样为离散的非常细锐的条纹.

3. 光栅衍射中的缺级

光栅衍射的主极峰位置由结构因子确定, 各主极峰的光强由单元因子确定, 即单元因子给出了主极峰的光强分布的包络线.

主极峰的位置满足 $d\sin\theta_k=k\lambda$, 其中, k 为整数. 单元衍射暗斑的位置满足 $a\sin\theta'_{k'}=k'\lambda$, 其中, k' 为非零的整数. 如果 $\theta_k=\theta'_{k'}$, 则 k 级峰消失, 称之为缺级, 如图 6.40 所示.

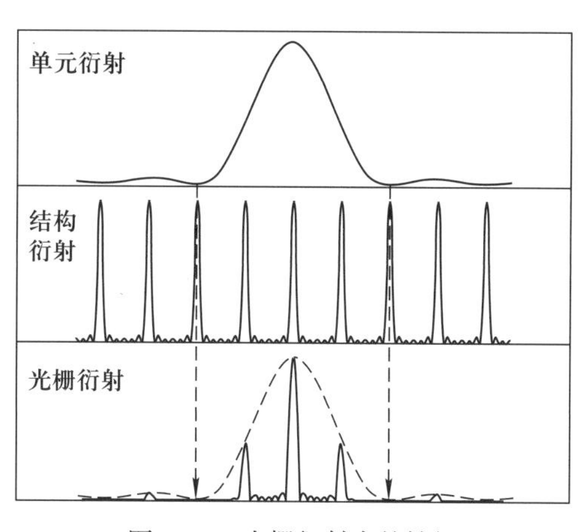

图 6.40 光栅衍射中的缺级

k 级峰缺级满足 $\dfrac{k}{k'}=\dfrac{d}{a}$, 例如:

$\dfrac{d}{a}=2=\dfrac{k}{k'}=\dfrac{\pm 2}{\pm 1}=\dfrac{\pm 4}{\pm 2}=\dfrac{\pm 6}{\pm 3}=\cdots,\quad k=\pm 2,\pm 4,\pm 6,\cdots$ 级峰缺级;

$\dfrac{d}{a}=2.5=\dfrac{k}{k'}=\dfrac{\pm 5}{\pm 2}=\dfrac{\pm 10}{\pm 4}=\dfrac{\pm 15}{\pm 6}=\cdots,\quad k=\pm 5,\pm 10,\pm 15,\cdots$ 级峰缺级.

例题 6.9 对于透射振幅型光栅, 其一个周期为一半透明一半挡光. 光栅的单元密度为 600 线/mm, 有效尺度为 1 cm, 波长为 633 nm 的 He–Ne 激光正入射于光栅, 求最多可以观察到多少条主极峰, 它们的方位角及半角宽度为多大?

解 由光栅方程可知, 可能出现主极峰的方位角为

$$\sin\theta_k = \frac{k\lambda}{d} = k\frac{633\times10^{-9}}{\dfrac{1}{600}\times10^{-3}} \approx 0.380k.$$

因为 $|\sin\theta_k| \leqslant 1$, 所以 k 的取值为 $0, \pm1, \pm2$.

又因为

$$\frac{d}{a} = 2,$$

所以 $k = \pm2$ 级峰缺级, 因此可以观察到 3 条主极峰:

$$\theta_0 = 0, \quad \theta_{\pm1} \approx \pm22.3^\circ.$$

主极峰的半角宽度为

$$\begin{cases} \Delta\theta_0 = \dfrac{\lambda}{D} = \dfrac{633\times10^{-9}}{1\times10^{-2}}\ \text{rad} = 6.33\times10^{-5}\ \text{rad}, \\ \Delta\theta_{\pm1} = \dfrac{\lambda}{D\cos\theta_{\pm1}} \approx \dfrac{633\times10^{-9}}{1\times10^{-2}\times\cos(\pm22.3^\circ)}\ \text{rad} \approx 6.84\times10^{-5}\ \text{rad}. \end{cases}$$

6.6.3 光栅光谱仪

19 世纪初, 夫琅禾费使用金属细丝绕制成光栅, 利用它分辨太阳光谱, 发现了 570 条黑线, 这些黑线命名为夫琅禾费线. 自夫琅禾费制备成光栅光谱仪至今已经有 200 多年, 光谱技术有了长足的发展. 光谱技术的进步促进了科学的发展, 例如, 氢光谱的测量促进了量子力学的诞生, 同时, 量子力学的建立为光谱学的发展奠定了理论基础; 历史上的许多新元素, 例如, 铷、铯、氦等, 都是靠光谱分析发现的. 目前, 光谱仪的研究对象已经扩展到各种物质层次和物态, 例如, 离子、原子、分子、凝聚态、等离子体、天体等, 它被广泛应用于各个领域, 例如, 生物医药、化工、安全、国防、科研等. 下面我们来分析光栅光谱仪的工作原理.

1. 光栅光谱仪的结构

光栅光谱仪的结构如图 6.41 所示, 其一般包含五个部分.

根据光栅方程 $d\sin\theta_k = k\lambda$ 可知, 不同波长的非零 $(k \neq 0)$ 的同级峰出现在不同的方位角 θ 上, 成像镜可将不同波长的光成像于不同的空间位置, 如果成像于狭缝开口处, 则光可被探测器接收. 步进电机可以带动光栅转动, 使不同波长光的像点移动, 从而依次透过狭缝, 于是可测量出光谱分布, 即光强随波长的变化. 光栅光谱仪的波长分辨率与狭缝的开口宽度和光栅的分光能力有关, 下面分析影响光栅分光能力的因素.

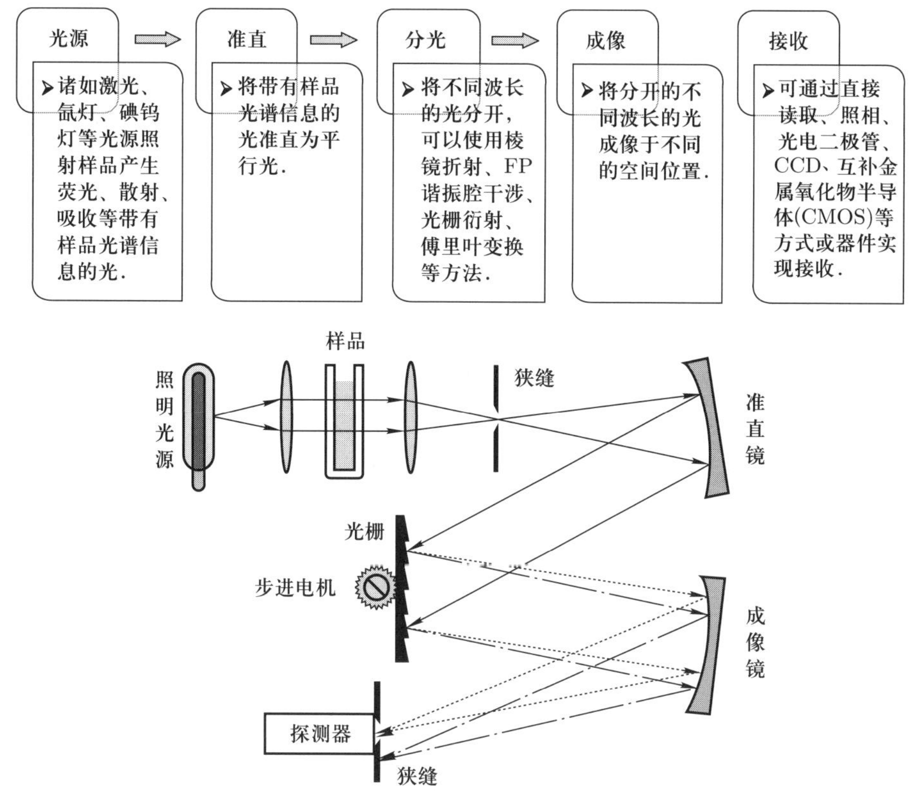

图 6.41　光栅光谱仪的结构和光路示意图

2. 角色散本领

波长分别为 λ_1 和 λ_2 ($\delta\lambda = \lambda_2 - \lambda_1 \ll \lambda_2, \lambda_1$) 的两束光经过光栅衍射, 其 k 级峰的角度分别为 θ_1 和 θ_2, 角度差为 $\delta\theta = \theta_2 - \theta_1$, 由此可定义光栅的角色射本领:

$$D_\theta = \frac{\delta\theta}{\delta\lambda}.$$

对光栅方程 (见 (6.39) 式) 等号两边同时取微分可得

$$d\cos\theta_k \mathrm{d}\theta_k = k\mathrm{d}\lambda,$$

于是

$$D_\theta = \frac{\mathrm{d}\theta_k}{\mathrm{d}\lambda} = \frac{k}{d\cos\theta_k}. \tag{6.41}$$

由 (6.41) 式可知, 光栅的角色散本领和光栅的有效尺度无关, 而反比于光栅常量 d, d 越小, 角色散本领越大; 同时正比于主极峰的级数 k, k 越大, 角色散本领越大.

3. 线色散本领

若波长差为 $\delta\lambda$, k 级峰的衍射角度差为 $\delta\theta$, 则像点的位置差为 δl, 由此可定义线

色散本领:

$$D_l = \frac{\delta l}{\delta\lambda},$$

其中, $\delta l \approx f\delta\theta$, f 为成像镜的焦距. 于是近似有

$$D_l = f\frac{\delta\theta}{\delta\lambda} = fD_\theta = \frac{fk}{d\cos\theta_k}. \tag{6.42}$$

由 (6.42) 式可知, 在相同的角色散本领下, 成像镜的焦距越大, 线色散本领越大.

4. 色分辨本领

若波长差为 $\delta\lambda$, k 级峰的衍射角度差为 $\delta\theta$, 同时, k 级峰有一定的宽度, 其半角宽度为 $\Delta\theta$ (见 (6.40) 式), 根据瑞利判据可知, 当 $\delta\theta > \Delta\theta$ 时, $\delta\lambda$ 的波长差可分辨; 当 $\delta\theta < \Delta\theta$ 时, $\delta\lambda$ 的波长差不可分辨; 当 $\delta\theta = \Delta\theta$ 时, $\delta\lambda$ 的波长差恰好可分辨, 即对应着可分辨的最小波长差 $\delta\lambda_{\mathrm{m}}$. 由此可以求出光栅在波长 λ 附近可分辨的最小波长差满足

$$\delta\theta = D_\theta\delta\lambda_{\mathrm{m}} = \frac{k\delta\lambda_{\mathrm{m}}}{d\cos\theta_k} = \Delta\theta = \frac{\lambda}{Nd\cos\theta_k},$$

因此可得

$$\delta\lambda_{\mathrm{m}} = \frac{\lambda}{kN}. \tag{6.43}$$

由此可定义光栅的色分辨本领:

$$R = \frac{\lambda}{\delta\lambda_{\mathrm{m}}}. \tag{6.44}$$

将 (6.43) 式代入 (6.44) 式可得, 光栅的色分辨本领为 $R = kN$, 它正比于所用主极峰的级数 k 和光栅的单元总数 N.

5. 自由光谱范围

和 FP 谐振腔一样, 使用光栅测量光谱时也会有量程问题, 即自由光谱范围. 若波长为 $\lambda + \Delta\lambda$ 的光的 k 级峰和波长为 λ 的光的 $k+1$ 级峰重叠, 即

$$d\sin\theta = (k+1)\lambda = k(\lambda + \Delta\lambda),$$

则 $\Delta\lambda$ 为 k 级峰的自由光谱范围. 因此可得, 自由光谱范围为

$$(\Delta\lambda)_{\text{free}} = \frac{\lambda}{k}. \tag{6.45}$$

6.6.4 闪耀光栅

图 6.42 为不同波长的光经过透射振幅型光栅后的夫琅禾费衍射的光强分布. 在光栅光谱仪 (见图 6.41) 中, 没有使用透射振幅型光栅, 而是使用反射相位型光栅 (即闪耀光栅), 其原因是透射振幅型光栅有两个方面的缺点.

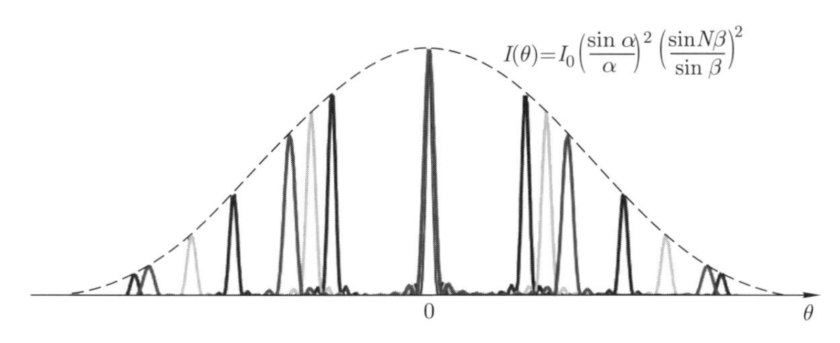

图 6.42 不同波长的光经过透射振幅型光栅后的夫琅禾费衍射的光强分布

缺点一: 不同波长光的零级峰重合, 即所谓的 "零级无色散" , 并且它们正好位于几何像点位置, 即单元衍射的零级衍射斑的最大光强处, 零级峰不具有光谱分辨能力, 但是占据了最大光强, 是对光强的极大浪费.

缺点二: 光谱测量时只使用同一级峰的光谱, 透射振幅型光栅的衍射光强分散到正负各级光谱中, 使我们使用的那级光谱只能分配到少量的能量, 这也是对光强的极大浪费.

为了克服这些缺点, 人们设计了闪耀光栅, 图 6.43 是常用闪耀光栅的结构示意图.

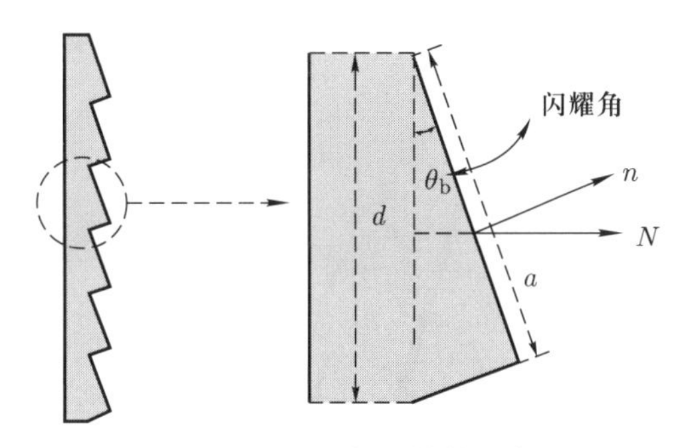

图 6.43 闪耀光栅的结构示意图

这类闪耀光栅一般在高反射金属膜上压制而成, 衍射单元尺度为 a, 结构周期为 d, 单元反射面和光栅平面之间的夹角为 $\theta_{\rm b}$, 称为闪耀角. 工作时, 平行光可沿光栅的法向 N, 也可沿单元反射面的法向 n 入射. 下面我们讨论平行光沿光栅的法向 N 入射情况下的夫琅禾费衍射场.

单元衍射的零级衍射斑的最大光强的方向应满足几何光学定律 (反射定律), 所以单元衍射的零级衍射角为 $\theta = 2\theta_{\rm b}$.

可以仿照单缝的夫琅禾费衍射场的矢量求解法推导出单元的衍射场, 见 6.3.1 小节. 把单元均分成 M 小份, 因为单元宽度为 a, 所以每小份的宽度为 a/M. 如图 6.44

所示, 单元两端衍射角为 θ 的光到达场点的光程差为

$$\Delta L=\overline{CD}-\overline{AB}=a[\sin(\theta-\theta_{\mathrm{b}})-\sin\theta_{\mathrm{b}}],$$

其中, θ_{b} 为光的入射角, $\theta-\theta_{\mathrm{b}}$ 为衍射角. 于是两相邻小份 (a/M) 的衍射光到达场点的相位差为

$$\Delta\delta=\frac{2\pi}{\lambda}\frac{\Delta L}{M}=\frac{2\pi}{\lambda}\frac{a}{M}[\sin(\theta-\theta_{\mathrm{b}})-\sin\theta_{\mathrm{b}}].$$

设每小份的衍射光对场点处的振幅的贡献为 ΔA, 由光的叠加原理可得, 场点处的总场强为

$$\widetilde{U}_0(\theta)=\sum_{m=1}^{M}\Delta A\mathrm{e}^{\mathrm{i}m\Delta\delta}.$$

令 $M\to\infty$, 则上式变为

$$\widetilde{U}_0(\theta)=A_0\frac{\sin\alpha}{\alpha}.$$

单元衍射的光强分布为

$$I_0(\theta)=\widetilde{U}_0(\theta)\widetilde{U}_0^*(\theta)=I_0\left(\frac{\sin\alpha}{\alpha}\right)^2,$$

其中, A_0 和 I_0 分别为单元衍射的零级衍射斑最大光强处 (几何像点) 的场强和光强, $\alpha=\dfrac{\pi}{\lambda}a[\sin(\theta-\theta_{\mathrm{b}})-\sin\theta_{\mathrm{b}}]$.

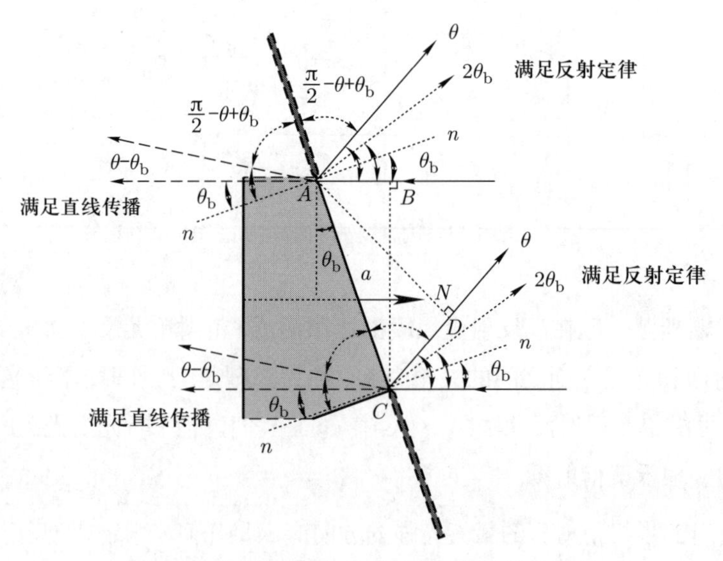

图 6.44　闪耀光栅的单元衍射等效于单缝衍射

也可以使用等效法得到上面的结论, 即单元的衍射场等效于单缝的夫琅禾费衍射场, 单元衍射光线和等效的单缝衍射光线相对于反射面呈镜面对称, 即入射光的入射

角为 θ_b, 衍射角为 $\theta-\theta_\mathrm{b}$, 单元宽度为 a, 于是光强的单元因子为 $I_0\left(\dfrac{\sin\alpha}{\alpha}\right)^2$, 其中, $\alpha=\dfrac{\pi}{\lambda}a[\sin(\theta-\theta_\mathrm{b})-\sin\theta_\mathrm{b}]$.

一维周期光栅相邻单元间干涉的相位差为 $\delta=\dfrac{2\pi}{\lambda}d\sin\theta$, 如果引入宗量: $\beta=\dfrac{\delta}{2}=\dfrac{\pi}{\lambda}d\sin\theta$, 则光强的结构因子可表示为 $\left(\dfrac{\sin N\beta}{\sin\beta}\right)^2$, 于是闪耀光栅的夫琅禾费衍射的光强分布为

$$I(\theta)=I_0\left(\frac{\sin\alpha}{\alpha}\right)^2\left(\frac{\sin N\beta}{\sin\beta}\right)^2.$$

单元因子最大光强的位置为 $\alpha=0$, 即 $\theta=2\theta_\mathrm{b}$, 为几何像点的位置. 此时, 相邻单元间干涉的相位差 $\delta=\dfrac{2\pi}{\lambda}d\sin2\theta_\mathrm{b}$ 不为零, 这表明单元衍射最大光强的位置不再是零级峰, 于是克服了透射振幅型光栅的单元零级和单元间干涉零级重合的缺点.

如果 $\delta=\dfrac{2\pi}{\lambda}d\sin2\theta_\mathrm{b}=2\pi$, 则几何像点处为一级峰, 对应的波长为 $\lambda=d\sin2\theta_\mathrm{b}$, 称为一级闪耀波长, 记作 $\lambda_{1\mathrm{b}}$.

如果 $\delta=\dfrac{2\pi}{\lambda}d\sin2\theta_\mathrm{b}=2\times2\pi$, 则几何像点处为二级峰, 对应的波长为 $\lambda=\dfrac{1}{2}d\sin2\theta_\mathrm{b}$, 称为二级闪耀波长, 记作 $\lambda_{2\mathrm{b}}$.

在光谱测量时, 闪耀光栅一般工作在它的一级、二级等闪耀波长附近, 即单元衍射的零级衍射斑处为闪耀波长所对应的那一级峰.

因为闪耀光栅的单元尺度 a 和光栅常量 d 可以相同, 所以满足 $\dfrac{k}{k'}=\dfrac{d}{a}=1$ 的 k 级峰缺级. 如图 6.45 所示, 除了单元衍射的零级衍射斑最大光强 $(k'=0)$ 处的主极峰,

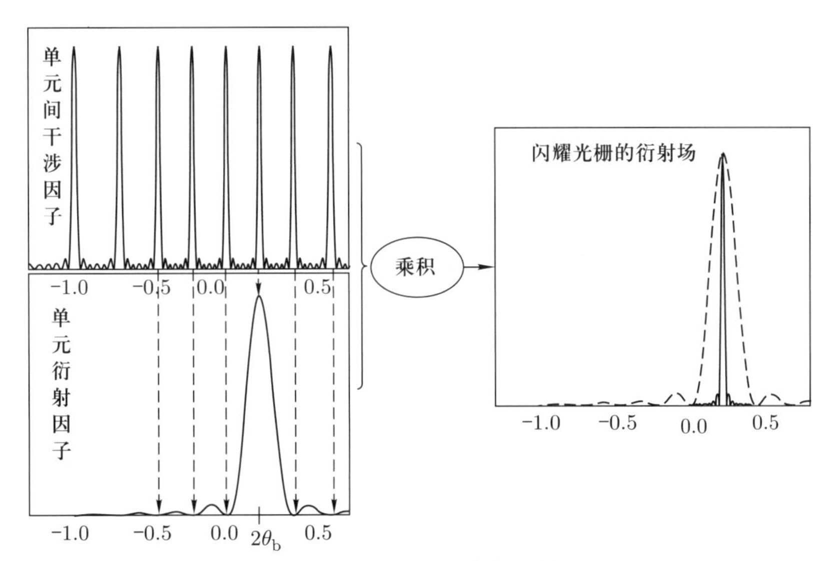

图 6.45　闪耀光栅衍射场的缺级

即闪耀波长所对应的那一级峰被保留下来外, 其他级峰正好落在单元衍射暗斑处, 从而消失, 因此闪耀光栅仅有一级光谱, 光的能量基本上都集中在这一级光谱中.

闪耀光栅克服了透射振幅型光栅的两个方面的缺点, 成为光谱测量中常用的光栅类型.

关于平行光沿单元反射面的法向 n 入射情况下的夫琅禾费衍射场的分析, 留为课下思考题.

闪耀光栅也可以是透射式的, 见例题 6.10.

例题 6.10 为了分辨钠黄光的双线结构, 使 N 块厚度为 h、折射率为 n 的均匀薄玻璃片彼此错开 d, 组成一种透射闪耀光栅 (见图 6.46). 设波长为 λ 的光正入射, 求闪耀光栅的夫琅禾费衍射的光强分布. 钠黄光双线的波长分别为 589.0 nm 和 589.6 nm. 如果 $N = 10$, $h = 0.2$ mm, $n = 1.5$, $d = 1$ mm, 判断使用此光栅是否可分辨钠黄光的双线结构.

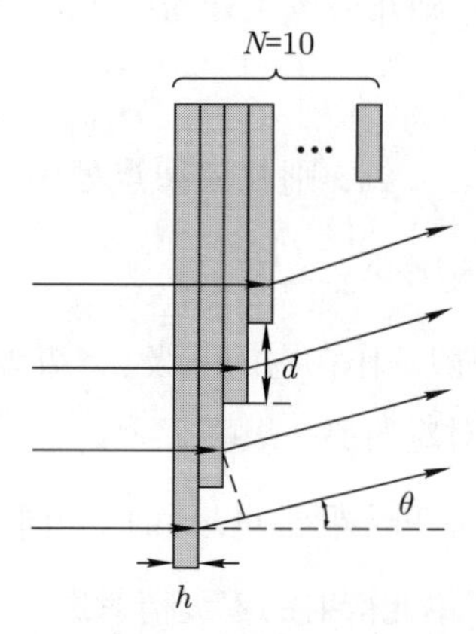

图 6.46 透射闪耀光栅的结构示意图

解 一维光栅的夫琅禾费衍射的光强分布为

$$I(\theta) = I_0 \left(\frac{\sin\alpha}{\alpha}\right)^2 \left(\frac{\sin N\beta}{\sin\beta}\right)^2.$$

单元衍射等效于单缝衍射, 所以 α 宗量为

$$\alpha = \frac{\pi d}{\lambda}\sin\theta.$$

相邻单元间干涉的相位差为

$$\delta = \frac{2\pi}{\lambda}\left(hn - h\cos\theta - d\sin\theta\right),$$

所以结构因子中的 β 宗量为

$$\beta = \frac{\delta}{2} = \frac{\pi}{\lambda}\left(hn - h\cos\theta - d\sin\theta\right).$$

下面根据光栅的色分辨本领和自由光谱范围来判断其是否可分辨钠黄光的双线结构. 钠黄光的平均波长为

$$\overline{\lambda}=\frac{589.0+589.6}{2}\ \text{nm}=589.3\ \text{nm},$$

波长差为

$$\Delta\lambda=(589.6-589.0)\ \text{nm}=0.6\ \text{nm}.$$

在估算光谱测量时所用主极峰的干涉级别 k 时, 取 $\theta=0$:

$$k=\frac{h(n-1)}{\overline{\lambda}}=\frac{0.2\times10^{-3}\times(1.5-1)}{589.3\times10^{-9}}\approx170,$$

可分辨的波长差为

$$\delta\lambda=\frac{\overline{\lambda}}{kN}=\frac{589.3}{170\times10}\ \text{nm}\approx0.3\ \text{nm}<\Delta\lambda=0.6\ \text{nm}.$$

自由光谱范围为

$$(\Delta\lambda)_{\text{free}}=\frac{\overline{\lambda}}{k}=\frac{589.3}{170}\ \text{nm}\approx3\ \text{nm}>\Delta\lambda=0.6\ \text{nm}.$$

所以使用此光栅可分辨钠黄光的双线结构.

6.6.5 光栅的由来和制备

1673 年前后, 苏格兰数学家和天文学家格雷戈里观察到阳光透射过鸟羽后分解成红、橙、黄、绿、青、蓝、紫几种颜色, 第一次发现光栅的衍射现象. 格雷戈里的这个发现恰好发生在牛顿公布棱镜色散实验之后不久, 使得人们怀疑格雷戈里是否只是观察到了光栅的色散现象. 实验证明, 使用鸟羽确实可以观察到光栅的色散现象, 如图 6.47 所示.

1785 年, 美国天文学家和发明家里滕豪斯 (Rittenhouse) 将 50 根头发缠绕在 2 个平行细纹螺丝之间, 制备了历史上第一个衍射光栅, 光栅的单元密度约为 100 线/英寸. 1821 年, 夫琅禾费采用相同的方法制备了金属丝光栅, 并使用它分析太阳光谱.

1899 年, 格雷森 (Grayson) 发明了光栅刻划机, 成功制备了单元密度高达 120000 线/英寸 (约 4700 线/mm) 的光栅. 目前, 光栅刻划机的精度可以达到 10000 线/mm. 后来人们发展了全息干涉和计算全息等模式, 结合微纳光刻和压印技术制备了更精细的光栅. 将感光胶夹在两透明基板之间, 利用多光束干涉还可以制备体相位型光栅. 为了降低制造成本和批量化生产, 人们先制备母光栅, 再通过压印的方法复制光栅.

光栅除了在光谱分析中的重要应用外, 还广泛应用于其他领域, 例如, 啁啾脉冲放大技术. 2018 年, 诺贝尔物理学奖授予美国科学家阿什金 (Ashkin)、法国科学家穆鲁

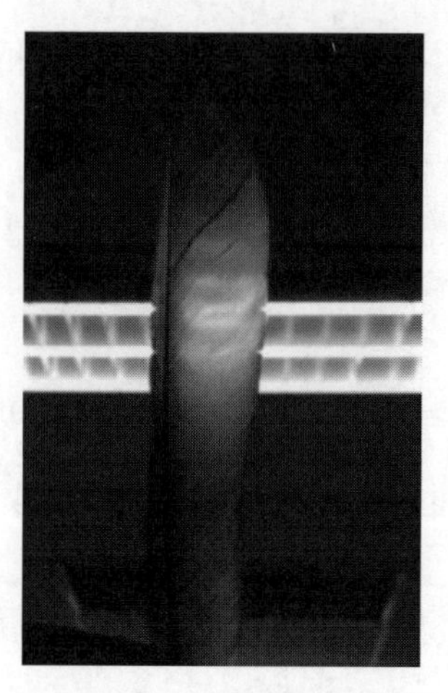

图 6.47　鸟羽的色散现象

(Mourou) 和加拿大科学家斯特里克兰 (Strickland), 以表彰他们在激光物理领域的突破性发明. 阿什金的贡献为光镊及其在生物系统中的应用, 穆鲁和斯特里克兰的贡献为利用啁啾脉冲放大技术产生高强度超短光学脉冲.

1960 年, 美国物理学家梅曼成功研制出世界上第一台激光器 —— 红宝石激光器. 1981 年, 碰撞脉冲锁模技术研发成功, 美国贝尔实验室报道了 90 fs 的超短脉冲激光, 开启了飞秒激光时代. 随着激光脉冲时间的压缩, 激光峰值功率越来越高, 高功率激光对增益介质和光学元件的损坏限制了激光光强的进一步提升. 1985 年, 穆鲁和斯特里克兰提出啁啾脉冲放大技术, 突破了超短脉冲激光的功率限制, 使得激光器的输出功率猛增了 $10^3 \sim 10^5$ 倍. 啁啾脉冲放大技术的原理如图 6.48 所示.

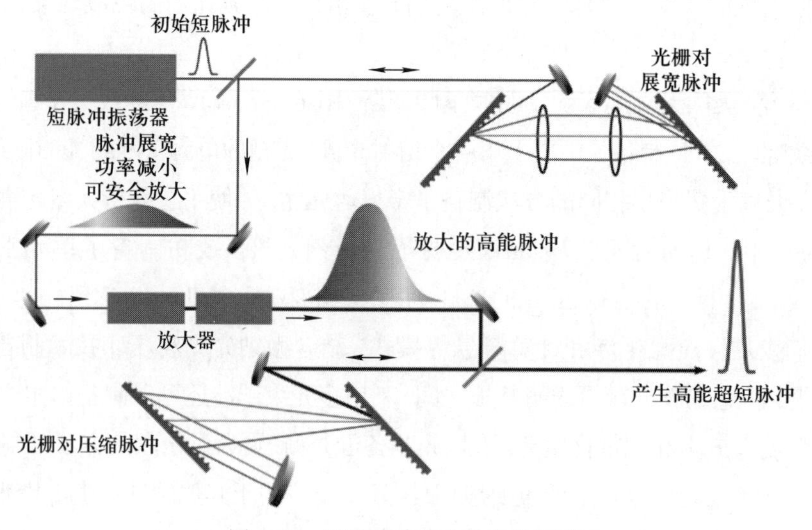

图 6.48　啁啾脉冲放大技术的原理

图 6.48 中的第一个光栅对将超短脉冲的时间宽度 (脉宽) 拉长. 由不确定关系可知, 超短脉冲激光具有一定的光谱宽度. 根据光栅方程可知, 不同波长光的衍射角不同, 于是不同波长光在光栅对之间传播的光程不同, 长波长光的光程较短, 而短波长光的光程较长, 从而将超短脉冲激光在时间上展宽, 使得脉冲前沿频率低、后沿频率高, 就像啁啾的鸟鸣声, 故称为啁啾脉冲. 啁啾脉冲时间被展宽, 有效降低了激光的峰值功率, 使其低于放大器的损伤阈值, 于是长啁啾脉冲可以进入增益介质放大. 放大后的啁啾脉冲通过图 6.48 中的第二个光栅对再次压缩为超短脉冲, 此时, 脉冲激光的峰值功率可远远高于放大器的损伤阈值, 突破了当时超短脉冲激光功率的瓶颈.

6.7 二维周期结构的夫琅禾费衍射

如图 6.49 所示, 二维周期结构 (衍射屏) 在 (x,y) 平面内, 沿 x 轴和 y 轴的周期分别为 d_1 和 d_2, 重复单元次数分别为 N_1 和 N_2.

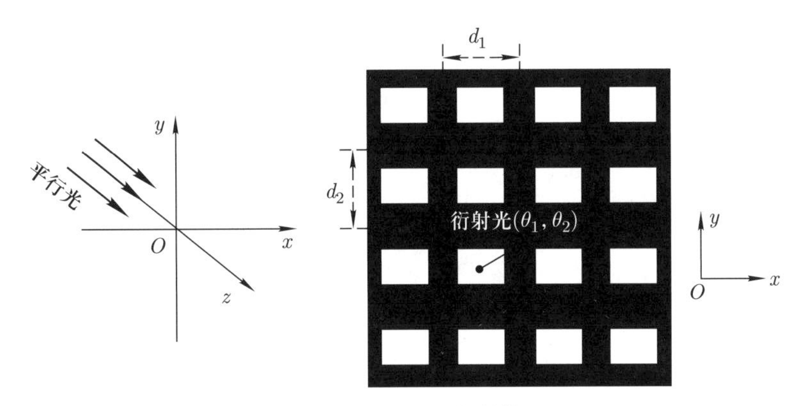

图 6.49 二维周期结构

平行光沿 z 轴正方向入射, 即入射光的波矢单位方向矢量为 $\boldsymbol{e}_{k_0}=(0,0,1)$. 衍射光的波矢单位方向矢量为 $\boldsymbol{e}_k=(\sin\theta_1,\sin\theta_2,\sqrt{1-\sin^2\theta_1-\sin^2\theta_2})$. (m,n) 单元可以看成 (0,0) 单元沿 x 方向位移 $x_m=md_1$, 相移 $\delta_{x_m}=-\dfrac{2\pi}{\lambda}md_1(e_{k_x}-e_{k_{0x}})=-\dfrac{2\pi}{\lambda}md_1\sin\theta_1=-m\delta_x$, 沿 y 方向位移 $y_n=nd_2$, 相移 $\delta_{y_n}=-\dfrac{2\pi}{\lambda}nd_2(e_{k_y}-e_{k_{0y}})=-\dfrac{2\pi}{\lambda}nd_2\sin\theta_2=-n\delta_y$ 而产生的.

由位移相移定理可以给出 (m,n) 单元的夫琅禾费衍射场:

$$\widetilde{U}_{mn}(\theta_1,\theta_2)=\widetilde{U}_0(\theta_1,\theta_2)\mathrm{e}^{-\mathrm{i}(m\delta_x+n\delta_y)},$$

二维周期结构的总衍射场为

$$\begin{aligned}\widetilde{U}(\theta_1,\theta_2)&=\sum_{m=0}^{N_1-1}\sum_{n=0}^{N_2-1}\widetilde{U}_{mn}(\theta_1,\theta_2)=\widetilde{U}_0(\theta_1,\theta_2)\sum_{m=0}^{N_1-1}\sum_{n=0}^{N_2-1}\mathrm{e}^{-\mathrm{i}(m\delta_x+n\delta_y)}\\&=\widetilde{U}_0(\theta_1,\theta_2)\left(\sum_{m=0}^{N_1-1}\mathrm{e}^{-\mathrm{i}m\delta_x}\right)\left(\sum_{n=0}^{N_2-1}\mathrm{e}^{-\mathrm{i}n\delta_y}\right)\\&=\widetilde{U}_0(\theta_1,\theta_2)\frac{1-\mathrm{e}^{-\mathrm{i}N_1\delta_x}}{1-\mathrm{e}^{-\mathrm{i}\delta_x}}\frac{1-\mathrm{e}^{-\mathrm{i}N_2\delta_y}}{1-\mathrm{e}^{-\mathrm{i}\delta_y}}\\&=\widetilde{U}_0(\theta_1,\theta_2)\mathrm{e}^{-\mathrm{i}(N_1-1)\beta_1}\mathrm{e}^{-\mathrm{i}(N_2-1)\beta_2}\frac{\sin N_1\beta_1}{\sin\beta_1}\frac{\sin N_2\beta_2}{\sin\beta_2},\end{aligned}$$

其中,

$$\beta_1=\frac{\delta_x}{2}=\frac{\pi}{\lambda}d_1\sin\theta_1,\quad \beta_2=\frac{\delta_y}{2}=\frac{\pi}{\lambda}d_2\sin\theta_2.$$

观察屏上的光强分布为

$$I(\theta_1,\theta_2)=\left|\widetilde{U}_0(\theta_1,\theta_2)\right|^2\left(\frac{\sin N_1\beta_1}{\sin\beta_1}\right)^2\left(\frac{\sin N_2\beta_2}{\sin\beta_2}\right)^2.$$

由此可知, 观察屏上的光强分布由两部分组成: 一是单元因子 $\left|\widetilde{U}_0(\theta_1,\theta_2)\right|^2$, 它取决于衍射单元的形状, 例如, 对于矩形孔单元, $\left|\widetilde{U}_0(\theta_1,\theta_2)\right|^2=I_0\left(\frac{\sin\alpha_1}{\alpha_1}\right)^2\left(\frac{\sin\alpha_2}{\alpha_2}\right)^2$, 其中, 宗量 $\alpha_1=\frac{\pi}{\lambda}a\sin\theta_1$, $\alpha_2=\frac{\pi}{\lambda}b\sin\theta_2$, 这里, a 和 b 为矩形孔的边长. 二是结构因子 $\left(\frac{\sin N_1\beta_1}{\sin\beta_1}\right)^2\left(\frac{\sin N_2\beta_2}{\sin\beta_2}\right)^2$, 它由衍射单元在二维空间的排列方式确定. 结构因子给出主极峰的方位角 (θ_1,θ_2):

$$\begin{cases}d_1\sin\theta_1=k_1\lambda, & k_1=0,\pm1,\pm2,\cdots,\\ d_2\sin\theta_2=k_2\lambda, & k_2=0,\pm1,\pm2,\cdots.\end{cases}$$

因为 x 方向和 y 方向的二维周期结构, 相应主极峰的半角宽度分为沿 x 方向和沿 y 方向的角度. 其求解方法和一维光栅情况一样, 这里不再赘述, 只是给出结果:

k_1 级峰沿 x 方向的半角宽度为

$$\Delta\theta_{1k_1}=\frac{\lambda}{N_1d_1\cos\theta_{1k_1}}=\frac{\lambda}{D_1\cos\theta_{1k_1}},$$

k_2 级峰沿 y 方向的半角宽度为

$$\Delta\theta_{2k_2}=\frac{\lambda}{N_2d_2\cos\theta_{2k_2}}=\frac{\lambda}{D_2\cos\theta_{2k_2}}.$$

二维周期结构衍射还有一种常见的情况, 即衍射屏和照明光共面, 如图 6.50 所示. 二维周期结构在 (x,z) 平面内, 沿 x 轴和 z 轴的周期分别为 d_1 和 d_2, 重复单

元次数分别为 N_1 和 N_2. 平行光沿 z 轴正方向入射, 即入射光的波矢单位方向矢量为 $\boldsymbol{e}_{k_0}=(0,0,1)$. 衍射光的波矢单位方向矢量为 $\boldsymbol{e}_k=(\sin\theta,0,\cos\theta)$. (m,n) 单元可以看成 $(0,0)$ 单元沿 x 方向位移 $x_m=md_1$, 相移 $\delta_{x_m}=-\dfrac{2\pi}{\lambda}md_1(e_{k_x}-e_{k_{0x}})=-\dfrac{2\pi}{\lambda}md_1\sin\theta=-m\delta_x$, 沿 z 方向位移 $z_n=nd_2$, 相移 $\delta_{z_n}=-\dfrac{2\pi}{\lambda}nd_2(e_{k_z}-e_{k_{0z}})=-\dfrac{2\pi}{\lambda}nd_2(\cos\theta-1)=-n\delta_z$ 而产生的.

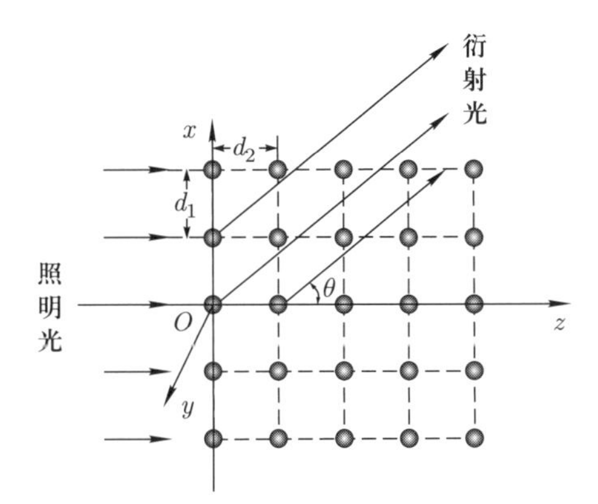

图 6.50 二维周期结构的共面夫琅禾费衍射

由位移相移定理可以给出 (m,n) 单元的夫琅禾费衍射场:

$$\widetilde{U}_{mn}(\theta)=\widetilde{U}_0(\theta)\mathrm{e}^{-\mathrm{i}(m\delta_x+n\delta_z)},$$

二维周期结构的总衍射场为

$$\begin{aligned}\widetilde{U}(\theta)&=\widetilde{U}_0(\theta)\sum_{m=0}^{N_1-1}\sum_{n=0}^{N_2-1}\mathrm{e}^{-\mathrm{i}(m\delta_x+n\delta_z)}\\&=\widetilde{U}_0(\theta)\mathrm{e}^{-\mathrm{i}(N_1-1)\beta_1}\mathrm{e}^{-\mathrm{i}(N_2-1)\beta_2}\frac{\sin N_1\beta_1}{\sin\beta_1}\frac{\sin N_2\beta_2}{\sin\beta_2},\end{aligned}$$

其中,

$$\beta_1=\frac{\delta_x}{2}=\frac{\pi}{\lambda}d_1\sin\theta,\quad \beta_2=\frac{\delta_z}{2}=\frac{\pi}{\lambda}d_2(\cos\theta-1).$$

观察屏上的光强分布为

$$I(\theta)=\left|\widetilde{U}_0(\theta)\right|^2\left(\frac{\sin N_1\beta_1}{\sin\beta_1}\right)^2\left(\frac{\sin N_2\beta_2}{\sin\beta_2}\right)^2,$$

主极峰的位置 (θ) 满足 $\beta_1=k_1\pi,\beta_2=k_2\pi$, 即 $d_1\sin\theta=k_1\lambda$, $d_2-d_2\cos\theta=k_2\lambda$, 其中, k_1,k_2 为整数.

例题 6.11 图 6.51 所示为等边菱形构成的共面 ((x,z) 平面) 二维晶体结构, 菱形的边长为 d, 顶角分别为 $60°,120°$, 入射光的波长 λ 连续, 且 $\lambda\in\left[\dfrac{d}{2},2d\right]$, 求可以观

察到多少条主极峰，以及主极峰的位置和对应的波长. 如果入射光的波长为确定值，且 $\lambda = d$，二维晶体在其平面内旋转，问可以观察到多少条主极峰，以及主极峰的位置.

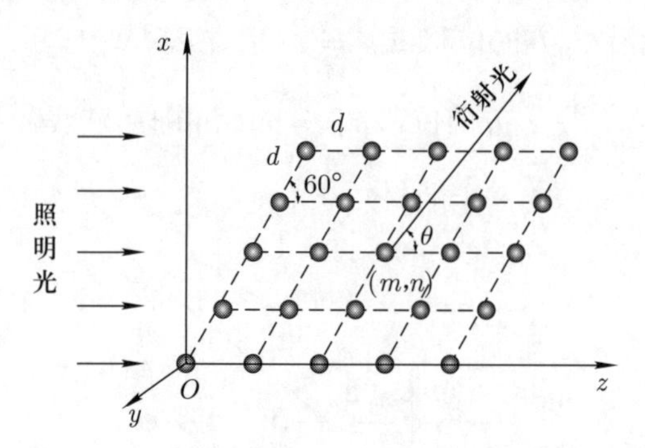

图 6.51 等边菱形构成的共面二维晶体的衍射

解 (m, n) 单元的坐标为 $\left(x = \dfrac{\sqrt{3}}{2}md, z = nd + \dfrac{1}{2}md\right)$，由位移相移定理可以给出其夫琅禾费衍射场:

$$\begin{aligned}\widetilde{U}_{mn}(\theta) &= \widetilde{U}_0(\theta)\mathrm{e}^{-\mathrm{i}\frac{2\pi}{\lambda}\left[\frac{\sqrt{3}}{2}md\sin\theta + \left(nd + \frac{1}{2}md\right)(\cos\theta - 1)\right]} \\ &= \widetilde{U}_0(\theta)\mathrm{e}^{-\mathrm{i}\frac{2\pi}{\lambda}\left[md\left(\frac{\sqrt{3}}{2}\sin\theta + \frac{1}{2}\cos\theta - \frac{1}{2}\right) + nd(\cos\theta - 1)\right]},\end{aligned}$$

二维晶体的总衍射场为

$$\begin{aligned}\widetilde{U}(\theta) &= \widetilde{U}_0(\theta)\sum_{m=0}^{N_1-1}\sum_{n=0}^{N_2-1}\mathrm{e}^{-\mathrm{i}\frac{2\pi}{\lambda}\left[md\left(\frac{\sqrt{3}}{2}\sin\theta + \frac{1}{2}\cos\theta - \frac{1}{2}\right) + nd(\cos\theta - 1)\right]} \\ &= \widetilde{U}_0(\theta)\mathrm{e}^{-\mathrm{i}(N_1-1)\beta_1}\mathrm{e}^{-\mathrm{i}(N_2-1)\beta_2}\frac{\sin N_1\beta_1}{\sin\beta_1}\frac{\sin N_2\beta_2}{\sin\beta_2},\end{aligned}$$

观察屏上的光强分布为

$$I(\theta) = \left|\widetilde{U}_0(\theta)\right|^2\left(\frac{\sin N_1\beta_1}{\sin\beta_1}\right)^2\left(\frac{\sin N_2\beta_2}{\sin\beta_2}\right)^2,$$

其中，

$$\beta_1 = \frac{\pi}{\lambda}d\left(\frac{\sqrt{3}}{2}\sin\theta + \frac{1}{2}\cos\theta - \frac{1}{2}\right), \quad \beta_2 = \frac{\pi}{\lambda}d(\cos\theta - 1).$$

于是主极峰的位置满足

$$\begin{cases} d\left(\dfrac{\sqrt{3}}{2}\sin\theta + \dfrac{1}{2}\cos\theta - \dfrac{1}{2}\right) = k_1\lambda, \\ d(\cos\theta - 1) = k_2\lambda, \end{cases}$$

因此可得

$$\sin\left(\theta + \frac{\pi}{6}\right) = \frac{1}{2} + k_1\frac{\lambda}{d},$$

因为 $\lambda \in \left[\dfrac{d}{2}, 2d\right]$, 所以 k_1 的可能取值为 $1, 0, -1, -2, -3$. 又因为

$$\cos\theta = 1 + k_2\frac{\lambda}{d},$$

所以 k_2 的可能取值为 $0, -1, -2, -3, -4$.

将两个主极峰的位置方程联立可得

$$\pm\frac{\sqrt{3}}{2}\sqrt{1-\left(1+k_2\frac{\lambda}{d}\right)^2}+\frac{1}{2}\left(1+k_2\frac{\lambda}{d}\right)-\frac{1}{2}=k_1\frac{\lambda}{d},$$

因此可得

$$\frac{\lambda}{d} = -\frac{6k_2}{3k_2^2+(2k_1-k_2)^2}.$$

由此可以计算出可能的主极峰位置和对应的波长, 见表 6.1. 所以可以观察到 8 条主极峰 (有些不同波长光的主极峰的位置重叠).

表 6.1　可能的主极峰位置和对应的波长

	k_2				
k_1	0	-1	-2	-3	-4
1	$\lambda=0$ 不满足条件	$\lambda=\frac{1}{2}d$ $\theta=60°$	$\lambda=\frac{3}{7}d$ 不满足条件	$\lambda=\frac{18}{52}d$ 不满足条件	$\lambda=\frac{2}{7}d$ 不满足条件
0	$\lambda\in\left[\frac{d}{2},2d\right]$ $\theta=0$	$\lambda=\frac{3}{2}d$ $\theta=120°$	$\lambda=\frac{3}{4}d$ $\theta=120°$	$\lambda=\frac{1}{2}d$ $\theta=120°$	$\lambda=\frac{3}{8}d$ 不满足条件
-1	$\lambda=0$ 不满足条件	$\lambda=\frac{3}{2}d$ $\theta=240°$	$\lambda=d$ $\theta=180°$	$\lambda=\frac{9}{14}d$ $\theta\approx158.2°$	$\lambda=\frac{6}{13}d$ 不满足条件
-2	$\lambda=0$ 不满足条件	$\lambda=\frac{1}{2}d$ $\theta=300°$	$\lambda=\frac{3}{4}d$ $\theta=240°$	$\lambda=\frac{9}{14}d$ $\theta\approx201.8°$	$\lambda=\frac{1}{2}d$ $\theta=180°$
-3	$\lambda=0$ 不满足条件	$\lambda=\frac{3}{14}d$ 不满足条件	$\lambda=\frac{3}{7}d$ 不满足条件	$\lambda=\frac{1}{2}d$ $\theta=240°$	$\lambda=\frac{6}{13}d$ 不满足条件

二维晶体旋转可以看成晶体不动, 而入射角 θ_0 改变, 主极峰的位置为 $\vartheta=\theta-\theta_0$, 入射光的波矢单位方向矢量为 $(\sin\theta_0, 0, \cos\theta_0)$, 于是 $\Delta e_{k_x}=\sin\theta-\sin\theta_0, \Delta e_{k_z}=\cos\theta-\cos\theta_0$. 由位移相移定理可以给出 (m,n) 单元的夫琅禾费衍射场为

$$\begin{aligned}\widetilde{U}_{mn}(\theta)&=\widetilde{U}_0(\theta)\mathrm{e}^{-\mathrm{i}\frac{2\pi}{\lambda}\left[\frac{\sqrt{3}}{2}md(\sin\theta-\sin\theta_0)+\left(nd+\frac{1}{2}md\right)(\cos\theta-\cos\theta_0)\right]}\\&=\widetilde{U}_0(\theta)\mathrm{e}^{-\mathrm{i}\frac{2\pi}{\lambda}\left[md\left(\frac{\sqrt{3}}{2}\sin\theta-\frac{\sqrt{3}}{2}\sin\theta_0+\frac{1}{2}\cos\theta-\frac{1}{2}\cos\theta_0\right)+nd(\cos\theta-\cos\theta_0)\right]},\end{aligned}$$

二维晶体的总衍射场为

$$\begin{aligned}\widetilde{U}(\theta)&=\widetilde{U}_0(\theta)\sum_{m=0}^{N_1-1}\sum_{n=0}^{N_2-1}\mathrm{e}^{-\mathrm{i}\frac{2\pi}{\lambda}\left[md\left(\frac{\sqrt{3}}{2}\sin\theta-\frac{\sqrt{3}}{2}\sin\theta_0+\frac{1}{2}\cos\theta-\frac{1}{2}\cos\theta_0\right)+nd(\cos\theta-\cos\theta_0)\right]}\\&=\widetilde{U}_0(\theta)\mathrm{e}^{-\mathrm{i}(N_1-1)\beta_1}\mathrm{e}^{-\mathrm{i}(N_2-1)\beta_2}\frac{\sin N_1\beta_1}{\sin\beta_1}\frac{\sin N_2\beta_2}{\sin\beta_2},\end{aligned}$$

其中,

$$\begin{cases}\beta_1=\dfrac{\pi}{\lambda}d\left(\dfrac{\sqrt{3}}{2}\sin\theta-\dfrac{\sqrt{3}}{2}\sin\theta_0+\dfrac{1}{2}\cos\theta-\dfrac{1}{2}\cos\theta_0\right),\\\beta_2=\dfrac{\pi}{\lambda}d(\cos\theta-\cos\theta_0),\end{cases}$$

于是主极峰的位置满足

$$\begin{cases}d\left(\dfrac{\sqrt{3}}{2}\sin\theta-\dfrac{\sqrt{3}}{2}\sin\theta_0+\dfrac{1}{2}\cos\theta-\dfrac{1}{2}\cos\theta_0\right)=k_1\lambda,\\d(\cos\theta-\cos\theta_0)=k_2\lambda.\end{cases}$$

因为 $\lambda=d$, 所以整数 k_1 和 k_2 的可能取值为 $-2,-1,0,1,2$. 由此可以计算出可能的主极峰位置 $\vartheta=\theta-\theta_0$, 见表 6.2. 所以可以观察到 4 条主极峰.

表 6.2　可能的主极峰位置

	k_2				
k_1	-2	-1	0	1	2
-2	无主极峰	$\vartheta=180°$	无主极峰	无主极峰	无主极峰
-1	$\vartheta=180°$	$\vartheta\approx70.5°$ $\vartheta\approx289.5°$	$\vartheta\approx70.5°$ $\vartheta\approx289.5°$	$\vartheta=180°$	无主极峰
0	无主极峰	$\vartheta\approx70.5°$ $\vartheta\approx289.5°$	$\vartheta=0°$	$\vartheta\approx70.5°$ $\vartheta\approx289.5°$	无主极峰
1	无主极峰	$\vartheta=180°$	$\vartheta\approx70.5°$ $\vartheta\approx289.5°$	$\vartheta\approx70.5°$ $\vartheta\approx289.5°$	$\vartheta\approx180°$
2	无主极峰	无解	无解	$\vartheta\approx180°$	无主极峰

6.8　三维光栅——X 射线晶体衍射

6.8.1　X 射线的发现

1895 年 10 月, 德国实验物理学家伦琴 (Röntgen) 在做实验时使用放在克鲁克斯 (Crookes) 阴极射线管附近的密闭避光的感光干板拍照, 显影、定影后, 发现干板上斑斑点点, 表明事先已经曝光. 为了弄清这一事实, 伦琴进行了一系列实验研究. 终于在 11 月 8 日获得了重大突破, 伦琴发现当克鲁克斯阴极射线管通电时, 它旁边的亚铂氰化钡的屏幕会发出荧光, 阴极射线管断电后, 荧光消失, 再次给阴极射线管通电后, 荧光又出现. 据此, 伦琴断定荧光的发射源于阴极射线管. 为了探明是什么射线激发亚铂氰化钡发出荧光, 伦琴使用不同材质的挡板隔绝阴极射线管和屏幕, 发现这种射线具有很强的穿透性, 可以穿透不太厚的铝、铜、银等金属板. 由此可以确定, 此种射线绝对不是阴极射线, 因为阴极射线的穿透能力比较差, 在空气中的穿透距离仅有几厘米. 伦琴意识到这是一种全新的射线, 但是无法确定它到底是什么, 所以将它命名为 X 射线, 表示它是一种未知的射线. 接下来伦琴进行了大量实验, 研究 X 射线在不同材料中的穿透能力. 他惊讶地发现, 将手放在阴极射线管和屏幕之间, 手骨骼的阴影可以清晰地投射在屏幕上. 伦琴将他的惊喜分享给他的夫人, 并邀请他的夫人来实验室参观. 伦琴将他夫人的手置于阴极射线管下, 并将避光的感光干板放在手的下方, 然后给阴极射线管通电, 拍下了历史上第一张 X 射线照片, 见图 6.52. 1895 年 12 月 28 日, 伦琴向德国维尔兹堡物理和医学学会递交了第一篇研究论文 ——《一种新射线 —— 初步报告》. 此后, 伦琴又发表了《论一种新型的射线》《关于 X 射线的进一步观察》等一系列研究论文. 1901 年, 诺贝尔物理学奖第一次颁发, 就给了伦琴, 以表彰他发现了 X 射线.

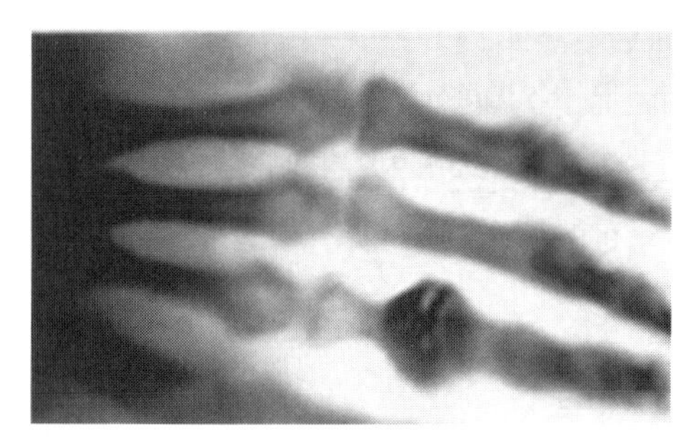

图 6.52 历史上第一张 X 射线照片 (伦琴夫人的手骨)

人们喜欢说伦琴 “意外” 地发现了 X 射线, 其实不然, 这是源于他长年实验研究的积累, 具有严谨的科学态度, 不放过实验中每一个细节的必然结果. 在伦琴发现 X 射线之前, 这个 “意外” 已经出现了多次, 只不过都被人们忽视了, 从而错过了这一伟大的发现. 英国著名物理学家、化学家克鲁克斯, 是克鲁克斯阴极射线管的发明者. 他早在 1879 年, 拍摄阴极射线管放电现象时, 在显影、定影后, 却发现照片上斑驳陆离, 模糊不清. 于是他更换了新的干板, 但是仍然是相同的结果. 他把责任推给了感光干板的供货商, 指责他们提供了劣质产品, 此后, 克鲁克斯忘记了这件事. 1890 年, 美国科学家古德斯皮德 (Goodspeed) 和詹宁斯 (Jennings) 在做阴极射线管实验时, 发现放置在其附近的感光干板变质, 但是他们没有深究其原因, 而是换了一个地方放置干板. 1892 年, 德国物理学家赫兹和莱纳德发现位于阴极射线管中铝箔后面的含铀玻璃发出荧光, 当时, 他们正全神贯注于阴极射线本身的研究, 而忽略了这一 "意外" 的荧光. 直到伦琴宣布发现了 X 射线, 大家才恍然大悟, 痛惜和这一伟大发现的擦肩而过.

X 射线的发现立刻引起了人们的高度兴趣, 拍摄 X 射线照片, 并制作成艺术品, 成为时髦. 1897 年, 还拍摄了电影短片《X 射线恶魔》. 我们现在知道 X 射线是波长极短的电磁波, 波长在 $10^{-11} \sim 10^{-8}$ m 的范围内. X 射线的产生方式主要分为两类: 一是韧致辐射, 即高能电子打到靶上, 电子受原子核电场的作用, 速度改变, 而辐射出波长连续的 X 波段的电磁波; 二是 X 荧光, 即高能电子将原子内层的电子激发出来, 使高能级电子跃迁到基态时, 辐射出 X 射线, 光谱不连续.

6.8.2 劳厄方程

X 射线的发现对科学界的影响犹如一石激起千层浪, 很快, X 射线就成为研究热点, 对于 X 射线的本质, 人们提出了不同的看法. 德国物理学家劳厄认为 X 射线是波长极短的电磁波. 既然是电磁波, 就必然有衍射现象, 那么, 怎样的衍射屏适合做这种波长极短的电磁波的衍射实验? 劳厄想到了晶体, 晶体是原子 (离子) 的有规则的三维排列, 是天然的光栅. 当时有了关于晶体结构的格子构造几何理论和原子分布的空间群对称理论, 但是这些理论并没有得到实验证实. 在劳厄的指导下, 1912 年 4 月, 弗里德里希 (Friedrich) 和克尼平 (Knipping) 搭建了实验装置, 选用 ZnS, NaCl 等单晶为衍射光栅. 但是开始时他们的实验并不顺利, 他们屡败屡战, 不断改变实验条件, 终于在感光干板上获得了对称分布的衍射斑, 这些衍射斑称为劳厄斑. 图 6.53 为当时劳厄的实验装置和 X 射线衍射图样.

劳厄根据光波衍射理论, 分析了晶体 (三维光栅) 的夫琅禾费衍射场, 成功解释了实验结果. X 射线衍射现象的发现对近代物理学的发展有重要意义, 它揭示了 X 射线的物理本质, 表明它是波长极短的电磁波, 同时证明了晶体的空间点阵假说的正确性. X 射线衍射实验和劳厄的理论解释促使 X 射线学飞速发展, 成为探索微观世界的重要工具, 例如, 蛋白质晶体的空间构形、DNA 双螺旋结构等重大发现都是借助 X 射线衍射的结果而获得的. 劳厄因 X 射线衍射的工作于 1914 年荣获诺贝尔物理学奖. 关于 X 射线的研究和应用, 先后产生了二十多项诺贝尔奖.

X 射线晶体衍射可以看成夫琅禾费衍射, 下面以正交晶系为例, 利用位移相移定理分析衍射场分布和主极峰的位置, 当然, 这种方法亦适用于其他晶系. 如图 6.54 所示, 设晶胞为长方体, 晶体沿 x 轴、y 轴和 z 轴的周期和单元总数分别为 a, b, c 和 N_1, N_2, N_3. 入射 X 射线的波矢单位方向矢量为 $(e_{k_{0x}}, e_{k_{0y}}, e_{k_{0z}})$, 衍射 X 射线的波矢

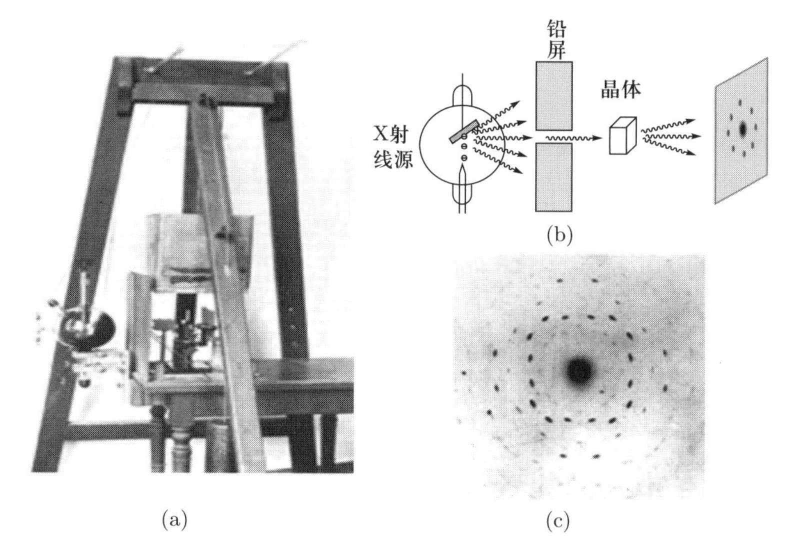

图 6.53　(a) 弗里德里希和克尼平搭建的实验装置, (b) 劳厄衍射的实验装置示意图, (c) 拍摄到的劳厄斑

单位方向矢量为 $(e_{k_x}, e_{k_y}, e_{k_z})$, 衍射 X 射线在 x 轴、y 轴和 z 轴上偏离几何传播路线的量分别为 $\Delta e_{k_x} = e_{k_x} - e_{k_{0x}}$, $\Delta e_{k_y} = e_{k_y} - e_{k_{0y}}$ 和 $\Delta e_{k_z} = e_{k_z} - e_{k_{0z}}$. 选择原点处的晶胞为 $(0,0,0)$, 其夫琅禾费衍射场为 $\widetilde{U}_0(e_{k_x}, e_{k_y}, e_{k_z})$, 晶胞 (m,n,l) 可以看成晶胞 $(0,0,0)$ 沿 x 方向位移 $x_m = ma$、沿 y 方向位移 $y_n = nb$、沿 z 方向位移 $z_l = lc$ 而产生的. 由位移相移定理可以给出其衍射场:

$$\widetilde{U}_{mnl}(e_{k_x}, e_{k_y}, e_{k_z}) = \widetilde{U}_0(e_{k_x}, e_{k_y}, e_{k_z})\mathrm{e}^{-\mathrm{i}(m\delta_1 + n\delta_2 + l\delta_3)},$$

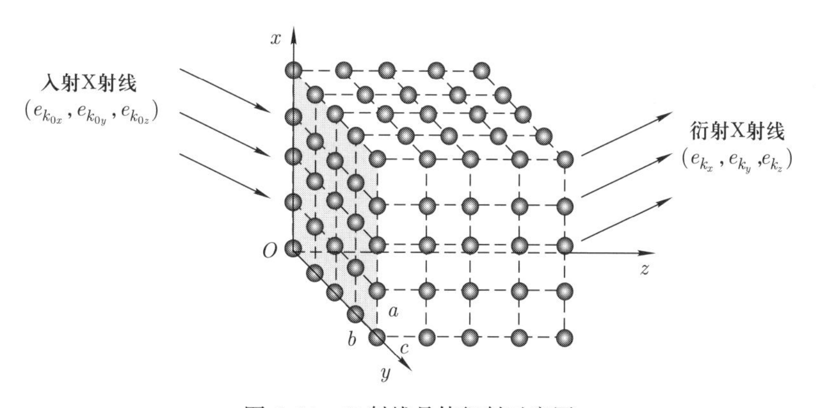

图 6.54　X 射线晶体衍射示意图

其中,

$$\delta_1 = \frac{2\pi}{\lambda} a\Delta e_{k_x}, \quad \delta_2 = \frac{2\pi}{\lambda} b\Delta e_{k_y}, \quad \delta_3 = \frac{2\pi}{\lambda} c\Delta e_{k_z}.$$

晶体的总衍射场为

$$
\begin{aligned}
\widetilde{U}(e_{k_x}, e_{k_y}, e_{k_z}) &= \sum_{m=0}^{N_1-1} \sum_{n=0}^{N_2-1} \sum_{l=0}^{N_3-1} \widetilde{U}_{mnl}(e_{k_x}, e_{k_y}, e_{k_z}) \\
&= \widetilde{U}_0(e_{k_x}, e_{k_y}, e_{k_z}) \left(\sum_{m=0}^{N_1-1} \mathrm{e}^{-\mathrm{i}m\delta_1} \right) \left(\sum_{n=0}^{N_2-1} \mathrm{e}^{-\mathrm{i}n\delta_2} \right) \left(\sum_{l=0}^{N_3-1} \mathrm{e}^{-\mathrm{i}l\delta_3} \right) \\
&= \widetilde{U}_0(e_{k_x}, e_{k_y}, e_{k_z}) \mathrm{e}^{-\mathrm{i}(N_1-1)\beta_1} \mathrm{e}^{-\mathrm{i}(N_2-1)\beta_2} \mathrm{e}^{-\mathrm{i}(N_3-1)\beta_3} \frac{\sin N_1\beta_1}{\sin\beta_1} \frac{\sin N_2\beta_2}{\sin\beta_2} \frac{\sin N_3\beta_3}{\sin\beta_3},
\end{aligned}
$$

衍射光强分布为

$$
I(e_{k_x}, e_{k_y}, e_{k_z}) = I_0 \left(\frac{\sin N_1\beta_1}{\sin\beta_1} \right)^2 \left(\frac{\sin N_2\beta_2}{\sin\beta_2} \right)^2 \left(\frac{\sin N_3\beta_3}{\sin\beta_3} \right)^2, \tag{6.46}
$$

其中, 宗量为

$$
\begin{aligned}
&\beta_1 = \frac{\delta_1}{2} = \frac{\pi}{\lambda} a\Delta e_{k_x}, \quad \beta_2 = \frac{\delta_2}{2} = \frac{\pi}{\lambda} b\Delta e_{k_y}, \quad \beta_3 = \frac{\delta_3}{2} = \frac{\pi}{\lambda} c\Delta e_{k_z}, \\
&I_0 = \left| \widetilde{U}_0(e_{k_x}, e_{k_y}, e_{k_z}) \right|^2.
\end{aligned}
$$

由此可以推导出主极峰的位置满足

$$
\beta_1 = h_1\pi, \quad \beta_2 = h_2\pi, \quad \beta_3 = h_3\pi,
$$

其中, h_1, h_2, h_3 为整数, 即

$$
e_{k_x} - e_{k_{0x}} = h_1 \frac{\lambda}{a}, \quad e_{k_y} - e_{k_{0y}} = h_2 \frac{\lambda}{b}, \quad e_{k_z} - e_{k_{0z}} = h_3 \frac{\lambda}{c}. \tag{6.47}
$$

(6.47) 式给出主极峰出现的位置, 称为劳厄方程.

令

$$
\alpha = \beta_1 - h_1\pi, \quad \beta = \beta_2 - h_2\pi, \quad \gamma = \beta_3 - h_3\pi,
$$

因为 N_1, N_2, N_3 远远大于 1, 所以主极峰的半角宽度非常小, 见 (6.40) 式, 即当衍射方向偏离主极峰的角度很小时, 衍射光强迅速减为零, 故

$$
\left(\frac{\sin N_1\beta_1}{\sin\beta_1} \right)^2 \left(\frac{\sin N_2\beta_2}{\sin\beta_2} \right)^2 \left(\frac{\sin N_3\beta_3}{\sin\beta_3} \right)^2 \approx \left(\frac{\sin N_1\alpha}{\alpha} \right)^2 \left(\frac{\sin N_2\beta}{\beta} \right)^2 \left(\frac{\sin N_3\gamma}{\gamma} \right)^2,
$$

即衍射光强分布近似为

$$
I(e_{k_x}, e_{k_y}, e_{k_z}) = I_0 \left(\frac{\sin N_1\alpha}{\alpha} \right)^2 \left(\frac{\sin N_2\beta}{\beta} \right)^2 \left(\frac{\sin N_3\gamma}{\gamma} \right)^2. \tag{6.48}
$$

下面利用劳厄方程分析 X 射线晶体衍射. 主极峰的位置必须满足劳厄方程, 即 (6.47) 式中的三个方程, 同时还应该满足 $e_{k_x}^2 + e_{k_y}^2 + e_{k_z}^2 = 1$, 即为单位方向矢量. 如果

单色 X 射线以确定方向入射到单晶上, 求解主极峰的位置时, 因为有三个未知数, 四个条件方程, 所以有可能无解, 即除了几何光学传播方向的零级峰外, 再无其他主极峰, 这种情况自然无法从 X 射线晶体衍射中推算出晶体结构信息. 为了解决这个问题, 人们发展了两种方法来实现 X 射线晶体衍射.

劳厄法 用波长连续的 X 射线以确定的方向照射单晶, 即增加一个波长变量. 可以选择适当的波长以满足劳厄方程. 这样就变成了四个条件方程, 四个未知数, 则其解必然为分离的点. 如图 6.53(c) 所示, 照相记录的是一些分离的劳厄斑, 衍射图样称为劳厄图, 劳厄图上的劳厄斑的方位角对应着晶面间距和取向, 研究劳厄图上的衍射点的分布可以推测出晶格中粒子的空间排列规律. 每条主极峰 (h_1, h_2, h_3) 对应着一个特定波长, 称为特征波长.

德拜法 用单色 X 射线照射多晶或旋转的单晶, 即波长确定, $(e_{k_{0x}}, e_{k_{0y}}, e_{k_{0z}})$ 待定, 这样就增加了三个变量, 同时增加了一个条件: $e_{k_{0x}}^2 + e_{k_{0y}}^2 + e_{k_{0z}}^2 = 1$. 于是有六个未知数, 五个条件方程, 其解为分离的线. 根据对称性可知, 主极峰应该为同心圆环, 如图 6.55 所示, 照相记录的是一些亮环, 这些亮环组成的衍射图称为德拜图.

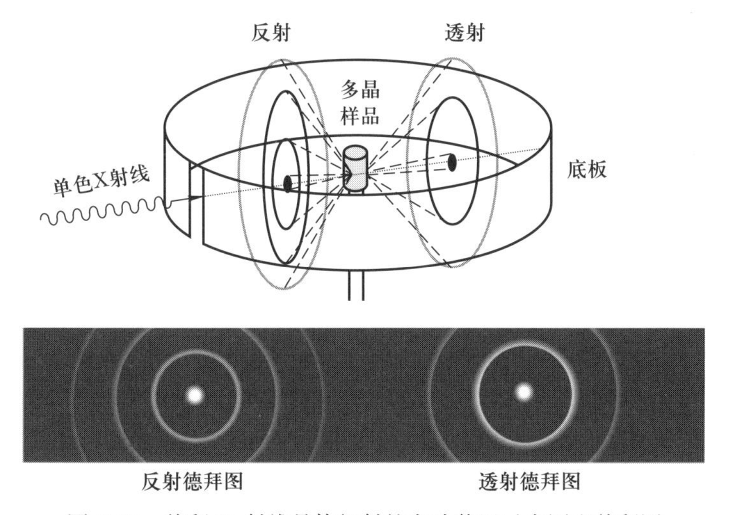

图 6.55 德拜 X 射线晶体衍射的实验装置示意图和德拜图

6.8.3 布拉格方程

1915 年, 诺贝尔物理学奖授予英国科学家威廉 · 亨利 · 布拉格 (William Henry Bragg, 简称老布拉格) 和他的儿子威廉 · 劳伦斯 · 布拉格 (William Lawrence Bragg, 简称小布拉格), 以表彰他们在 X 射线晶体结构分析领域的贡献. 小布拉格从小就和 X 射线结缘, 他在 5 岁时骨折, 老布拉格爱子心切, 非常想知道儿子的康复情况. 恰好此时伦琴宣布了 X 射线的发现, 并展示了 X 射线拍摄的骨骼照片. 老布拉格认真研读了伦琴的文献, 自己动手搭建了 X 射线机, 为儿子拍摄了 X 射线照片, 从此开始研究 X 射线. 也许这件事对儿时的小布拉格触动很大, 他大学毕业后也选择了从事 X 射线研究. 1912 年, 劳厄发现了 X 射线晶体衍射, 引起了布拉格父子的兴趣, 他们开始合作进行 X 射线晶体衍射的研究, 推导出著名的布拉格方程, 给出主极峰的位置和晶体常量、波长之间的关系. 他们搭建了 X 射线光谱仪, 并根据布拉格方程测定了金刚石、水晶等无机晶体的结构.

1. 布拉格方程的推导

现在我们从劳厄方程出发, 推导出布拉格方程. 设 X 射线的入射方向和衍射主极峰方向之间的夹角为 ϕ, 则

$$\boldsymbol{e}_k \cdot \boldsymbol{e}_{k_0} = e_{k_x} e_{k_{0x}} + e_{k_y} e_{k_{0y}} + e_{k_z} e_{k_{0z}} = \cos\phi,$$

将劳厄方程 (见 (6.47) 式) 等号两边同时求平方, 并相加, 可得

$$(e_{k_x} - e_{k_{0x}})^2 + (e_{k_y} - e_{k_{0y}})^2 + (e_{k_z} - e_{k_{0z}})^2 = \lambda^2 \left[\left(\frac{h_1}{a}\right)^2 + \left(\frac{h_2}{b}\right)^2 + \left(\frac{h_3}{c}\right)^2 \right],$$

整理得

$$2 - 2\cos\phi = \lambda^2 \left[\left(\frac{h_1}{a}\right)^2 + \left(\frac{h_2}{b}\right)^2 + \left(\frac{h_3}{c}\right)^2 \right].$$

设 n 为 h_1, h_2, h_3 的最大公因数, 即 $h_1 = nh_1^*, h_2 = nh_2^*, h_3 = nh_3^*$, 将之代入上式可得

$$4\sin^2\frac{\phi}{2} = n^2\lambda^2 \left[\left(\frac{h_1^*}{a}\right)^2 + \left(\frac{h_2^*}{b}\right)^2 + \left(\frac{h_3^*}{c}\right)^2 \right].$$

令

$$d = \frac{1}{\sqrt{\left(\frac{h_1^*}{a}\right)^2 + \left(\frac{h_2^*}{b}\right)^2 + \left(\frac{h_3^*}{c}\right)^2}}, \quad \theta = \frac{\phi}{2},$$

可以得到主极峰的位置满足

$$2d\sin\theta = n\lambda. \tag{6.49}$$

(6.49) 式便是布拉格方程. 图 6.56 给出了 (6.49) 式中的 d 和 θ 的物理含义.

和 $\Delta\boldsymbol{e}_k$ 垂直的晶面方程为

$$\frac{h_1^*}{a}x + \frac{h_2^*}{b}y + \frac{h_3^*}{c}z = m, \quad m \text{ 为整数}.$$

满足上式的晶面用 π_m 表示, (h_1^*, h_2^*, h_3^*) 称为晶面的米勒指数. $\theta = \dfrac{\phi}{2}$ 为入射 X 射线 (或衍射 X 射线) 和晶面之间的夹角, 主极峰的位置要求入射 X 射线和衍射 X 射线相

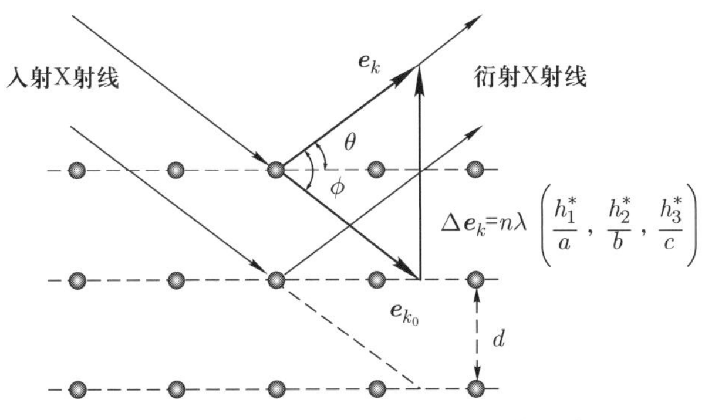

图 6.56 布拉格方程中的 d 和 θ 的物理含义

对于某一晶面满足反射定律. d 为两相邻晶面之间的距离, 常称为晶面间距. 布拉格方程给出主极峰的位置和晶体常量、波长之间的关系, 如果已知波长, 测量出主极峰的位置后, 就可以计算出晶体常量, 从而推算出晶体的空间结构.

布拉格方程和光栅方程 (见 (6.39) 式) 都是给出了周期性结构的夫琅禾费衍射的主极峰的位置, 但是两者也存在不同之处. (6.39) 式适用于一维光栅, 它只是一个方程, 而晶体是三维光栅, 有一系列不同取向的晶面, 对应着不同的晶面间距 d 和角度 θ, 因此 X 射线晶体衍射有一系列的布拉格方程. 如果 X 射线入射方向和晶体的位置确定后, 则一系列的 d 和 θ 也就确定了, 对于给定波长的 X 射线, 可能这一系列 d 和 θ 都不满足布拉格方程, 从而观察不到衍射图样. 为了便于观察 X 射线晶体衍射, 经常采用劳厄法和德拜法.

2. 布拉格方程的直观解释

X 射线照射到晶体各层面的原子上, 原子中的电子在入射 X 射线的电磁场的作用下产生受迫振动, 从而向周围发射同频率的电磁波, 即每个原子为一个次波源, 并向四周发出次波, 次波在空间相干叠加, 在干涉相长的位置出现主极峰, 如图 6.57 所示.

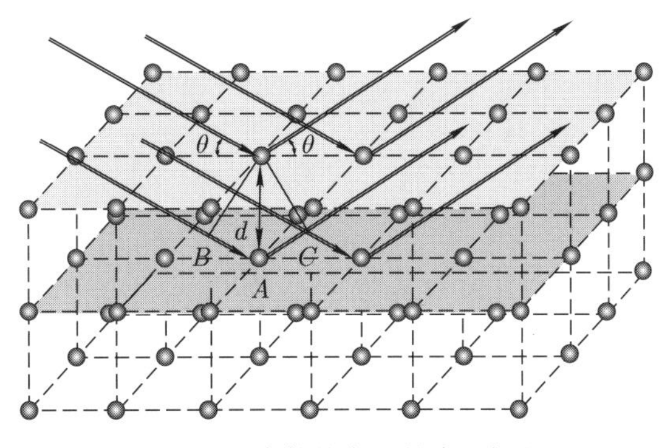

图 6.57 布拉格方程的直观解释

主极峰应该满足如下两个条件:

(1) 同一个晶面上各个次波源发出的次波干涉相长, 这要求衍射主极峰的方向和晶面之间的夹角等于入射 X 射线和晶面之间的夹角, 即入射 X 射线和衍射主极峰方向相对于晶面满足反射定律.

(2) 不同晶面之间干涉相长, 如图 6.57 所示, 单色平行的 X 射线以掠射角 θ 投射到晶面间距为 d 的晶面上, 上下两晶面所发出的反射 X 射线的光程差为

$$\delta L = \overline{AB} + \overline{AC} = 2d\sin\theta.$$

当 $2d\sin\theta = n\lambda$ (n 为整数) 时, 各晶面上的反射 X 射线干涉相长, 形成亮斑, 即为主极峰. 于是得到布拉格方程, 这便是布拉格方程的直观解释.

最后说明一下劳厄方程和布拉格方程推导过程中的近似. 我们认为晶体中的原子、离子或分子为静止的格点, 忽略了它们的热运动对 X 射线散射的影响; 入射 X 射线被格点散射, 我们只考虑一次散射, 忽略了散射 X 射线再次被散射对衍射场的影响, 即使用了一级玻恩散射近似 (见 6.9 节).

6.9 光在非均匀介质中的传播

本节主要讲解玻恩散射理论, 前几节的单元衍射、仪器的分辨本领和结构衍射等内容均可由本节的知识给出.

6.9.1 基本方程的推导

我们从麦克斯韦方程组出发, 推导出光在非均匀介质中传播的基本方程. 这里所涉及的介质仅限于线性光学、各向同性、无自由电荷、无传导电流、非磁性的静态介质, 并且介质中无场源.

对麦克斯韦方程 $\nabla \times \boldsymbol{E} = -\partial \boldsymbol{B}/\partial t$ 等号两边同时进行 “$\nabla\times$” 运算可得

$$\nabla \times (\nabla \times \boldsymbol{E}) = -\frac{\partial}{\partial t}(\nabla \times \boldsymbol{B}),$$

因此

$$\nabla(\nabla \cdot \boldsymbol{E}) - \nabla^2 \boldsymbol{E} = -\frac{\partial}{\partial t}(\nabla \times \boldsymbol{B}).$$

因为是各向同性的线性介质, 所以 $\boldsymbol{D} = \varepsilon\varepsilon_0 \boldsymbol{E}$, $\boldsymbol{B} = \mu\mu_0 \boldsymbol{H}$, 其中, ε 为相对介电常量, 为标量; μ 为相对磁导率, 因为是非磁性介质, 所以 $\mu \approx 1$, 为常数. 再根据麦克斯韦方程 $\nabla \times \boldsymbol{H} = \partial \boldsymbol{D}/\partial t$, 可将上式化为

$$\nabla(\nabla \cdot \boldsymbol{E}) - \nabla^2 \boldsymbol{E} = -\varepsilon\varepsilon_0\mu\mu_0 \frac{\partial^2 \boldsymbol{E}}{\partial t^2}. \tag{6.50}$$

因为介质中无自由电荷, 所以 $\nabla \cdot \boldsymbol{D} = \nabla \cdot (\varepsilon\varepsilon_0 \boldsymbol{E}) = 0$, 因此可得

$$\varepsilon_0(\nabla\varepsilon \cdot \boldsymbol{E} + \varepsilon\nabla \cdot \boldsymbol{E}) = 0,$$

于是

$$\nabla \cdot \boldsymbol{E} = -\frac{\nabla\varepsilon}{\varepsilon} \cdot \boldsymbol{E} = -\nabla(\ln\varepsilon) \cdot \boldsymbol{E}.$$

设入射光为单色平面光, 有 $\boldsymbol{E}(\boldsymbol{r},t) = \boldsymbol{E}(\boldsymbol{r})\mathrm{e}^{-\mathrm{i}\omega t}$, 将其和上式一起代入 (6.50) 式, 可得

$$\nabla^2 \boldsymbol{E}(\boldsymbol{r}) + k_0^2\varepsilon\boldsymbol{E}(\boldsymbol{r}) + \nabla[\nabla(\ln\varepsilon) \cdot \boldsymbol{E}(\boldsymbol{r})] = \boldsymbol{0}, \tag{6.51}$$

其中, $k_0 = \omega/c$ 为光在真空中的波矢.

如果 ε 随空间位置变化缓慢, 在一个波长 λ 范围内的改变量远远小于其自身的值, 即 $|\nabla\varepsilon| \ll \varepsilon/\lambda$, 则可进行慢变化近似, 将 (6.51) 式简化为

$$\nabla^2 \boldsymbol{E}(\boldsymbol{r}) + k_0^2\varepsilon\boldsymbol{E}(\boldsymbol{r}) = \boldsymbol{0}.$$

因为介质的折射率为 $n = \sqrt{\varepsilon\mu} \approx \sqrt{\varepsilon}$, 所以上式可近似写为

$$\nabla^2 \boldsymbol{E}(\boldsymbol{r}) + k_0^2 n^2 \boldsymbol{E}(\boldsymbol{r}) = \boldsymbol{0}.$$

在不考虑偏振特性时, $\boldsymbol{E}(\boldsymbol{r})$ 的每一个笛卡儿分量都满足相同的波动方程, 故上式可转化为标量方程:

$$\nabla^2 U(\boldsymbol{r}) + k_0^2 n^2 U(\boldsymbol{r}) = 0. \tag{6.52}$$

引入散射势:

$$F(\boldsymbol{r}) = \frac{1}{4\pi}k_0^2\left[n^2(\boldsymbol{r}) - 1\right],$$

于是 (6.52) 式可改写为

$$\nabla^2 U(\boldsymbol{r}) + k_0^2 U(\boldsymbol{r}) = -4\pi F(\boldsymbol{r})U(\boldsymbol{r}). \tag{6.53}$$

$U(\boldsymbol{r})$ 可分解成入射场, 即未被散射的场 $U^{\mathrm{i}}(\boldsymbol{r})$ 和散射场 $U^{\mathrm{s}}(\boldsymbol{r})$: $U(\boldsymbol{r}) = U^{\mathrm{i}}(\boldsymbol{r}) + U^{\mathrm{s}}(\boldsymbol{r})$, $U^{\mathrm{i}}(\boldsymbol{r})$ 为光在真空中传播的函数, 满足亥姆霍兹方程:

$$\nabla^2 U^{\mathrm{i}}(\boldsymbol{r}) + k_0^2 U^{\mathrm{i}}(\boldsymbol{r}) = 0,$$

于是散射场满足

$$\nabla^2 U^{\mathrm{s}}(\boldsymbol{r}) + k_0^2 U^{\mathrm{s}}(\boldsymbol{r}) = -4\pi F(\boldsymbol{r})U(\boldsymbol{r}). \tag{6.54}$$

因为波前上的每个点都可以看成次波源, 且次波源发出次波, 在距离次波源足够远的位置, 可将次波视为球面光波, 所以引入点源球面光波的格林函数, 使之满足

$$(\nabla^2 + k_0^2)G(\boldsymbol{r}-\boldsymbol{r}') = -4\pi\delta^{(3)}(\boldsymbol{r}-\boldsymbol{r}'), \tag{6.55}$$

选择格林函数为

$$G(\boldsymbol{r}-\boldsymbol{r}') = \frac{\mathrm{e}^{\mathrm{i}k_0|\boldsymbol{r}-\boldsymbol{r}'|}}{|\boldsymbol{r}-\boldsymbol{r}'|}.$$

下面将 (6.54) 式的微分方程转化成积分方程. 将 (6.55) 式等号两边同时乘以 $U^{\mathrm{s}}(\boldsymbol{r})$, 将 (6.54) 式等号两边同时乘以 $G(\boldsymbol{r}-\boldsymbol{r}')$, 然后将两者相减, 可得

$$\begin{aligned}&U^{\mathrm{s}}(\boldsymbol{r})\nabla^2 G(\boldsymbol{r}-\boldsymbol{r}') - G(\boldsymbol{r}-\boldsymbol{r}')\nabla^2 U^{\mathrm{s}}(\boldsymbol{r})\\ &= 4\pi F(\boldsymbol{r})U(\boldsymbol{r})G(\boldsymbol{r}-\boldsymbol{r}') - 4\pi U^{\mathrm{s}}(\boldsymbol{r})\delta^{(3)}(\boldsymbol{r}-\boldsymbol{r}').\end{aligned}$$

以 $\boldsymbol{r}'$ 点为球心, 以 R 为半径画一个球, 在球 V_R 内, $G(\boldsymbol{r}-\boldsymbol{r}')$ 在 $\boldsymbol{r}=\boldsymbol{r}'$ 处为奇异点, 为了使用格林定律, 以 $\boldsymbol{r}'$ 点为球心, 以 ε 为半径画一个球, 将 $\boldsymbol{r}'$ 点挖掉, 见图 6.58, $\boldsymbol{n}$ 为闭合曲面的法线方向.

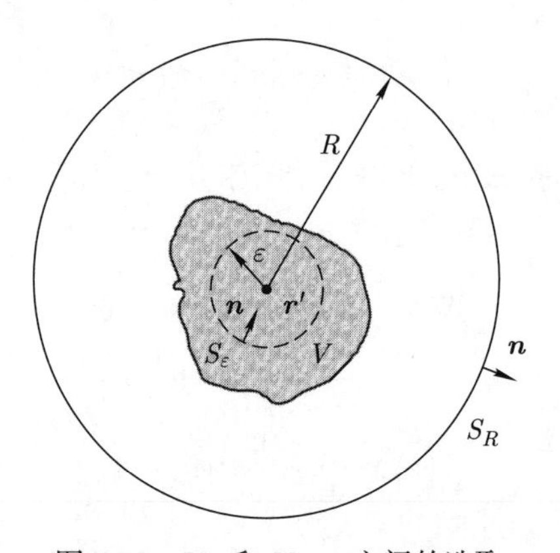

图 6.58 V_R 和 $V_{R-\varepsilon}$ 空间的选取

在挖掉 $\boldsymbol{r}'$ 点的 $V_{R-\varepsilon}$ 空间内和表面上, $G(\boldsymbol{r}-\boldsymbol{r}')$ 和 $U^{\mathrm{s}}(\boldsymbol{r})$ 及其导数无奇异点. 在 $V_{R-\varepsilon}$ 空间内, 微分方程可写为

$$U^{\mathrm{s}}(\boldsymbol{r})\nabla^2 G(\boldsymbol{r}-\boldsymbol{r}') - G(\boldsymbol{r}-\boldsymbol{r}')\nabla^2 U^{\mathrm{s}}(\boldsymbol{r}) = 4\pi F(\boldsymbol{r})U(\boldsymbol{r})G(\boldsymbol{r}-\boldsymbol{r}'),$$

将上式等号两边同时在 $V_{R-\varepsilon}$ 空间内积分可得

$$\iiint\limits_{V_{R-\varepsilon}} [U^{\mathrm{s}}(\boldsymbol{r})\nabla^2 G(\boldsymbol{r}-\boldsymbol{r}') - G(\boldsymbol{r}-\boldsymbol{r}')\nabla^2 U^{\mathrm{s}}(\boldsymbol{r})]\mathrm{d}V = \iiint\limits_{V_{R-\varepsilon}} 4\pi F(\boldsymbol{r})U(\boldsymbol{r})G(\boldsymbol{r}-\boldsymbol{r}')\mathrm{d}V.$$

根据格林定律可得

$$\begin{aligned}
&\iiint\limits_{V_{R-\varepsilon}}[U^{\mathrm{s}}(\boldsymbol{r})\nabla^2 G(\boldsymbol{r}-\boldsymbol{r}')-G(\boldsymbol{r}-\boldsymbol{r}')\nabla^2 U^{\mathrm{s}}(\boldsymbol{r})]\mathrm{d}V\\
&=\oiint\limits_{S_R+S_\varepsilon}\left[U^{\mathrm{s}}(\boldsymbol{r})\frac{\partial G(\boldsymbol{r}-\boldsymbol{r}')}{\partial n}-G(\boldsymbol{r}-\boldsymbol{r}')\frac{\partial U^{\mathrm{s}}(\boldsymbol{r})}{\partial n}\right]\mathrm{d}S\\
&=\oiint\limits_{S_R}\left[U^{\mathrm{s}}(\boldsymbol{r})\frac{\partial G(\boldsymbol{r}-\boldsymbol{r}')}{\partial n}-G(\boldsymbol{r}-\boldsymbol{r}')\frac{\partial U^{\mathrm{s}}(\boldsymbol{r})}{\partial n}\right]\mathrm{d}S\\
&\quad+\oiint\limits_{S_\varepsilon}\left[U^{\mathrm{s}}(\boldsymbol{r})\frac{\partial G(\boldsymbol{r}-\boldsymbol{r}')}{\partial n}-G(\boldsymbol{r}-\boldsymbol{r}')\frac{\partial U^{\mathrm{s}}(\boldsymbol{r})}{\partial n}\right]\mathrm{d}S\\
&=\iiint\limits_{V_{R-\varepsilon}}4\pi F(\boldsymbol{r})U(\boldsymbol{r})G(\boldsymbol{r}-\boldsymbol{r}')\mathrm{d}V.
\end{aligned}\tag{6.56}$$

取 $R\to\infty$, 则有限的散射体满足索末菲辐射条件 (见 (6.12) 式):

$$\oiint\limits_{S_{R\to\infty}}\left[U^{\mathrm{s}}(\boldsymbol{r})\frac{\partial G(\boldsymbol{r}-\boldsymbol{r}')}{\partial n}-G(\boldsymbol{r}-\boldsymbol{r}')\frac{\partial U^{\mathrm{s}}(\boldsymbol{r})}{\partial n}\right]\mathrm{d}S=0.\tag{6.57}$$

令 $\varepsilon\to 0$, 见方程组 (6.10), 则

$$\oiint\limits_{S_{\varepsilon\to 0}}\left[U^{\mathrm{s}}(\boldsymbol{r})\frac{\partial G(\boldsymbol{r}-\boldsymbol{r}')}{\partial n}-G(\boldsymbol{r}-\boldsymbol{r}')\frac{\partial U^{\mathrm{s}}(\boldsymbol{r})}{\partial n}\right]\mathrm{d}S=4\pi U^{\mathrm{s}}(\boldsymbol{r}').\tag{6.58}$$

将 (6.57) 式和 (6.58) 式代入 (6.56) 式, 可得

$$U^{\mathrm{s}}(\boldsymbol{r}')=\iiint\limits_{V_{R-\varepsilon}}F(\boldsymbol{r})U(\boldsymbol{r})G(\boldsymbol{r}-\boldsymbol{r}')\mathrm{d}V,$$

因 $G(\boldsymbol{r}-\boldsymbol{r}')=G(\boldsymbol{r}'-\boldsymbol{r})$, 故 $\boldsymbol{r}'$ 和 $\boldsymbol{r}$ 可交换位置, 于是

$$U^{\mathrm{s}}(\boldsymbol{r})=\iiint\limits_{V_{R-\varepsilon}}F(\boldsymbol{r}')U(\boldsymbol{r}')G(\boldsymbol{r}-\boldsymbol{r}')\mathrm{d}V'.\tag{6.59}$$

因为 $\boldsymbol{r}'\notin V$, $F(\boldsymbol{r}')=0$, V 为散射介质空间, 同时场点的位置 $\boldsymbol{r}\notin V$, 所以 (6.59) 式的积分范围可以改成 V. 将格林函数 $G(\boldsymbol{r}-\boldsymbol{r}')$ 代入 (6.59) 式, 可得

$$U^{\mathrm{s}}(\boldsymbol{r})=\iiint\limits_{V}F(\boldsymbol{r}')U(\boldsymbol{r}')\frac{\mathrm{e}^{\mathrm{i}k_0|\boldsymbol{r}-\boldsymbol{r}'|}}{|\boldsymbol{r}-\boldsymbol{r}'|}\mathrm{d}V'.\tag{6.60}$$

设入射光为平面光, 传播方向为 $\boldsymbol{e}_{k_0}$, 则 $U^{\mathrm{i}}(\boldsymbol{r})=\mathrm{e}^{\mathrm{i}k_0\boldsymbol{e}_{k_0}\cdot\boldsymbol{r}}$, 将 $U^{\mathrm{i}}(\boldsymbol{r})$ 和 (6.60) 式代入 $U(\boldsymbol{r})=U^{\mathrm{i}}(\boldsymbol{r})+U^{\mathrm{s}}(\boldsymbol{r})$, 可得

$$U(\boldsymbol{r})=\mathrm{e}^{\mathrm{i}k_0\boldsymbol{e}_{k_0}\cdot\boldsymbol{r}}+\iiint\limits_{V}F(\boldsymbol{r}')U(\boldsymbol{r}')\frac{\mathrm{e}^{\mathrm{i}k_0|\boldsymbol{r}-\boldsymbol{r}'|}}{|\boldsymbol{r}-\boldsymbol{r}'|}\mathrm{d}V'.\tag{6.61}$$

(6.61) 式为势散射积分方程.

6.9.2 一级玻恩散射近似

绝大多数情况下, 都无法求出 (6.61) 式的解析解. 如果介质对光的散射较弱, 即 $|U^{\mathrm{s}}(\boldsymbol{r})| \ll |U^{\mathrm{i}}(\boldsymbol{r})|$, 则可以使用微扰法近似求解, 通过迭代法依次求出微扰的各级展开项.

因为散射较弱, 所以入射光取为零级近似: $U^{(0)}(\boldsymbol{r}) = U^{\mathrm{i}}(\boldsymbol{r}) = \mathrm{e}^{\mathrm{i}k_0\boldsymbol{e}_{k_0}\cdot\boldsymbol{r}}$, 将 $U = U^{(0)}$ 代入 (6.61) 式, 进行一级迭代, 得到 $U(\boldsymbol{r})$ 的一级近似, 称为一级玻恩散射近似:

$$U^{(1)}(\boldsymbol{r}) = \mathrm{e}^{\mathrm{i}k_0\boldsymbol{e}_{k_0}\cdot\boldsymbol{r}} + \iiint\limits_V F(\boldsymbol{r}')\mathrm{e}^{\mathrm{i}k_0\boldsymbol{e}_{k_0}\cdot\boldsymbol{r}'}\frac{\mathrm{e}^{\mathrm{i}k_0|\boldsymbol{r}-\boldsymbol{r}'|}}{|\boldsymbol{r}-\boldsymbol{r}'|}\mathrm{d}V'. \tag{6.62}$$

其实, 我们之前所讲解的结构衍射就是一级玻恩散射近似的结果, 下面分析一级玻恩散射近似的特征.

1. 远场散射

所谓远场散射指的是场点到散射源的距离远大于散射源的尺度, 如图 6.59 所示.

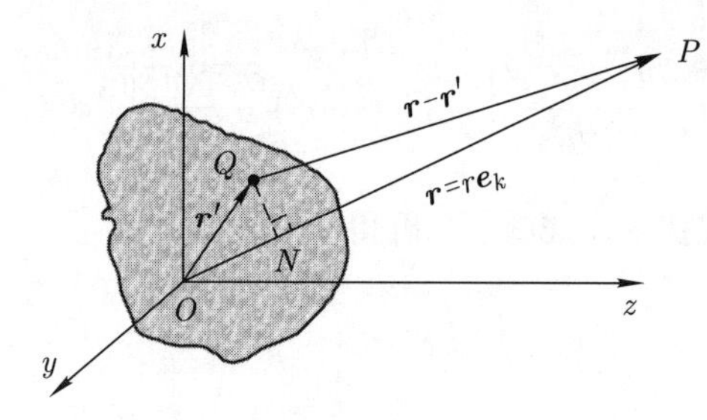

图 6.59 远场散射

因为 $r \gg r'$, 所以 $|\boldsymbol{r}-\boldsymbol{r}'| \approx r - \overline{ON} = r - \boldsymbol{e}_k\cdot\boldsymbol{r}'$, 因此有

$$\frac{\mathrm{e}^{\mathrm{i}k_0|\boldsymbol{r}-\boldsymbol{r}'|}}{|\boldsymbol{r}-\boldsymbol{r}'|} \approx \frac{\mathrm{e}^{\mathrm{i}k_0 r}}{r}\mathrm{e}^{-\mathrm{i}k_0\boldsymbol{e}_k\cdot\boldsymbol{r}'}.$$

上式中的振幅因子 $|\boldsymbol{r}-\boldsymbol{r}'| \approx r$, 将相位因子保留到一阶小量, 并代入一级玻恩散射近似公式, 可得

$$\begin{aligned}
U^{(1)}(\boldsymbol{r}) &= \mathrm{e}^{\mathrm{i}k_0\boldsymbol{e}_{k_0}\cdot\boldsymbol{r}} + \iiint\limits_V F(\boldsymbol{r}')\mathrm{e}^{\mathrm{i}k_0\boldsymbol{e}_{k_0}\cdot\boldsymbol{r}'}\left(\frac{\mathrm{e}^{\mathrm{i}k_0 r}}{r}\mathrm{e}^{-\mathrm{i}k_0\boldsymbol{e}_k\cdot\boldsymbol{r}'}\right)\mathrm{d}V' \\
&= \mathrm{e}^{\mathrm{i}k_0\boldsymbol{e}_{k_0}\cdot\boldsymbol{r}} + \frac{\mathrm{e}^{\mathrm{i}k_0 r}}{r}\iiint\limits_V F(\boldsymbol{r}')\mathrm{e}^{-\mathrm{i}k_0(\boldsymbol{e}_k-\boldsymbol{e}_{k_0})\cdot\boldsymbol{r}'}\mathrm{d}V' \\
&= \mathrm{e}^{\mathrm{i}k_0\boldsymbol{e}_{k_0}\cdot\boldsymbol{r}} + \frac{\mathrm{e}^{\mathrm{i}k_0 r}}{r}f_1(\boldsymbol{e}_k, \boldsymbol{e}_{k_0}).
\end{aligned}$$

由此可知, 在远离散射源的地方, 散射光如同球面光, 其中,

$$f_1(\boldsymbol{e}_k, \boldsymbol{e}_{k_0}) = \iiint\limits_V F(\boldsymbol{r}')\mathrm{e}^{-\mathrm{i}k_0(\boldsymbol{e}_k - \boldsymbol{e}_{k_0})\cdot \boldsymbol{r}'}\mathrm{d}V'$$

称为散射幅, 它具有重要的物理含义. 散射势 $F(\boldsymbol{r}')$ 为空间域的函数, 通过傅里叶变换, 可以求出它在频域的函数:

$$\widetilde{F}(\boldsymbol{K}) = \iiint\limits_V F(\boldsymbol{r}')\mathrm{e}^{-\mathrm{i}\boldsymbol{K}\cdot\boldsymbol{r}'}\mathrm{d}V'.$$

由此可以得到散射幅的物理含义, 它是散射势频函数在 $\boldsymbol{K} = k_0(\boldsymbol{e}_k - \boldsymbol{e}_{k_0})$ 方向上的分量, 即 $f_1(\boldsymbol{e}_k, \boldsymbol{e}_{k_0}) = \widetilde{F}(k_0(\boldsymbol{e}_k - \boldsymbol{e}_{k_0}))$. 因为 $\boldsymbol{e}_k, \boldsymbol{e}_{k_0}$ 为单位方向矢量, 所以

$$|\boldsymbol{K}| = k_0|\boldsymbol{e}_k - \boldsymbol{e}_{k_0}| \leqslant 2k_0 = \frac{4\pi}{\lambda}.$$

也就是说, 散射场中只包含了散射势小于等于 $2k_0$ 的空间频率信号. 根据对散射场的测量, 通过傅里叶逆变换可重构出近似的散射势:

$$F(\boldsymbol{r}') = \iiint\limits_{|\boldsymbol{K}|\leqslant 2k_0} \widetilde{F}(\boldsymbol{K})\mathrm{e}^{\mathrm{i}\boldsymbol{K}\cdot\boldsymbol{r}'}\mathrm{d}^3\boldsymbol{K}.$$

重构过程将导致散射体中空间频率大于 $2k_0$ 的信息丢失. 如果 Δx, Δy, Δz 为散射势的空间周期, 则

$$|K_x| = \frac{2\pi}{\Delta x}, \quad |K_y| = \frac{2\pi}{\Delta y}, \quad |K_z| = \frac{2\pi}{\Delta z},$$
$$|\boldsymbol{K}|^2 = \left(\frac{2\pi}{\Delta x}\right)^2 + \left(\frac{2\pi}{\Delta y}\right)^2 + \left(\frac{2\pi}{\Delta z}\right)^2 \leqslant \left(\frac{4\pi}{\lambda}\right)^2.$$

对于一维结构, $\Delta y \to \infty$, $\Delta z \to \infty$, 则 $\Delta x \geqslant \lambda/2$, 即远场散射测量所提供的散射体的结构信息细节不可能小于 $\lambda/2$ 量级, 这便是前面讲解的光学仪器的理论分辨极限, 超过这个极限的物体的细节无法探测.

2. 周期散射势的散射场

图 6.60 为弱散射的一维、二维、三维周期散射势介质.

设散射势在 x 轴、y 轴和 z 轴上为周期函数, 周期分别为 $\Delta x = a$, $\Delta y = b$, $\Delta z = c$, 介质的总尺度分别为 A, B, C, 即 V 的取值范围为

$$-\frac{A}{2} \leqslant x \leqslant \frac{A}{2}, \quad -\frac{B}{2} \leqslant y \leqslant \frac{B}{2}, \quad -\frac{C}{2} \leqslant z \leqslant \frac{C}{2}.$$

周期函数可以展开成傅里叶级数:

$$F(x,y,z) = \sum_{h_1}\sum_{h_2}\sum_{h_3} g(h_1,h_2,h_3)\mathrm{e}^{\mathrm{i}2\pi\left(\frac{h_1}{a}x + \frac{h_2}{b}y + \frac{h_3}{c}z\right)},$$

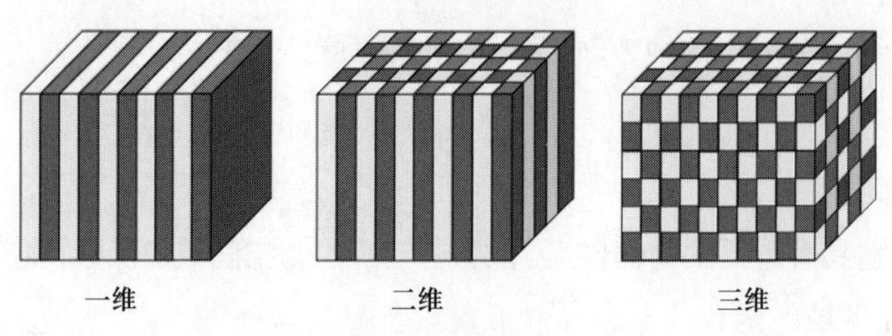

图 6.60　弱散射的周期散射势介质

其中, h_1, h_2, h_3 为整数, $g(h_1, h_2, h_3)$ 为傅里叶级数的系数. 于是散射势的傅里叶变换为

$$
\begin{aligned}
\widetilde{F}(\boldsymbol{K}) &= \iiint\limits_V F(x, y, z)\mathrm{e}^{-\mathrm{i}(K_x x+K_y y+K_z z)}\mathrm{d}x\mathrm{d}y\mathrm{d}z \\
&= \sum_{h_1}\sum_{h_2}\sum_{h_3} g(h_1, h_2, h_3)\int_{-\frac{A}{2}}^{\frac{A}{2}}\int_{-\frac{B}{2}}^{\frac{B}{2}}\int_{-\frac{C}{2}}^{\frac{C}{2}} \mathrm{e}^{\mathrm{i}\left(\frac{2\pi h_1}{a}-K_x\right)x}\mathrm{e}^{\mathrm{i}\left(\frac{2\pi h_2}{b}-K_y\right)y} \\
&\quad \times \mathrm{e}^{\mathrm{i}\left(\frac{2\pi h_3}{c}-K_z\right)z}\mathrm{d}x\mathrm{d}y\mathrm{d}z \\
&= ABC\sum_{h_1}\sum_{h_2}\sum_{h_3} g(h_1, h_2, h_3)\frac{\sin\alpha}{\alpha}\frac{\sin\beta}{\beta}\frac{\sin\gamma}{\gamma},
\end{aligned}
$$

其中的宗量为

$$
\alpha = \frac{1}{2}\left(\frac{2\pi h_1}{a} - K_x\right)A, \quad \beta = \frac{1}{2}\left(\frac{2\pi h_2}{b} - K_y\right)B, \quad \gamma = \frac{1}{2}\left(\frac{2\pi h_3}{c} - K_z\right)C.
$$

当散射体的尺度远远大于周期, 即 $A \gg a$, $B \gg b$, $C \gg c$ 时, 只有 $\alpha \approx 0$, $\beta \approx 0$, $\gamma \approx 0$ 时, $\widetilde{F}(\boldsymbol{K})$ 才不为零. 远场散射的光强正比于散射幅, 在一级玻恩散射近似下, 散射振幅是 $\boldsymbol{K} = k_0(\boldsymbol{e}_k - \boldsymbol{e}_{k_0})$ 时的 $\widetilde{F}(\boldsymbol{K})$, 即 $f_1(\boldsymbol{e}_k, \boldsymbol{e}_{k_0}) = \widetilde{F}(k_0(\boldsymbol{e}_k - \boldsymbol{e}_{k_0}))$, 所以远场散射只有在特定方向上光强才不为零, 该方向为

$$
e_{k_x} - e_{k_{0x}} = h_1\frac{\lambda}{a}, \quad e_{k_y} - e_{k_{0y}} = h_2\frac{\lambda}{b}, \quad e_{k_z} - e_{k_{0z}} = h_3\frac{\lambda}{c}.
$$

上述公式给出结构衍射主极峰的位置, 也就是我们之前讲解的劳厄方程. 从劳厄方程出发, 可以推导出布拉格方程, 见 6.8 节的内容.

一维周期散射势, 例如, 一维光栅, 在 x 轴上的周期为 $\Delta x = d$, 则主极峰的位置满足

$$
e_{k_x} - e_{k_{0x}} = h_1\frac{\lambda}{d},
$$

即 $d\Delta e_{k_x} = h_1\lambda$, 于是得到光栅方程.

从这里可以看到, 前面所讲的衍射现象和规律都是一级玻恩散射近似的结果.

6.9.3 多重散射

一级玻恩散射近似的物理含义是入射光被非均匀介质散射, 而散射光不再被散射. 对于弱散射介质, 这是一个好的近似, 可以得到很多重要的光波衍射特性. 对于非弱散射介质, 我们必须考虑散射光被多重散射的效果. 为了处理此问题, 可以采用迭代法, 将上一级的玻恩散射近似结果迭代入势散射积分方程 (6.61), 便可得到高一级的玻恩散射近似方程.

下面介绍获得二级玻恩散射近似的方法. 令 $U(\boldsymbol{r}) = U^{(1)}(\boldsymbol{r})$, 将之代入 (6.61) 式, 可得

$$
\begin{aligned}
U^{(2)}(\boldsymbol{r}) &= U^{\mathrm{i}} + \iiint\limits_V F(\boldsymbol{r}')U^{(1)}(\boldsymbol{r}')G(\boldsymbol{r}-\boldsymbol{r}')\mathrm{d}V' \\
&= U^{\mathrm{i}} + \iiint\limits_V F(\boldsymbol{r}')\left[U^{\mathrm{i}}(\boldsymbol{r}') + \iiint\limits_V F(\boldsymbol{r}'')U^{\mathrm{i}}(\boldsymbol{r}'')G(\boldsymbol{r}'-\boldsymbol{r}'')\mathrm{d}V''\right]G(\boldsymbol{r}-\boldsymbol{r}')\mathrm{d}V' \\
&= U^{\mathrm{i}} + \iiint\limits_V U^{\mathrm{i}}(\boldsymbol{r}')F(\boldsymbol{r}')G(\boldsymbol{r}-\boldsymbol{r}')\mathrm{d}V' \\
&\quad + \iiint\limits_V \iiint\limits_V U^{\mathrm{i}}(\boldsymbol{r}'')F(\boldsymbol{r}'')G(\boldsymbol{r}'-\boldsymbol{r}'')F(\boldsymbol{r}')G(\boldsymbol{r}-\boldsymbol{r}')\mathrm{d}V''\mathrm{d}V'.
\end{aligned}
$$

令

$$
\begin{cases}
U^{\mathrm{i}}FG = \iiint\limits_V U^{\mathrm{i}}(\boldsymbol{r}')F(\boldsymbol{r}')G(\boldsymbol{r}-\boldsymbol{r}')\mathrm{d}V', \\
U^{\mathrm{i}}FGFG = \iiint\limits_V \iiint\limits_V U^{\mathrm{i}}(\boldsymbol{r}'')F(\boldsymbol{r}'')G(\boldsymbol{r}'-\boldsymbol{r}'')F(\boldsymbol{r}')G(\boldsymbol{r}-\boldsymbol{r}')\mathrm{d}V''\mathrm{d}V',
\end{cases}
$$

则 $U^{(2)}(\boldsymbol{r}) = U^{\mathrm{i}} + U^{\mathrm{i}}FG + U^{\mathrm{i}}FGFG$.

将 $U(\boldsymbol{r}) = U^{(2)}(\boldsymbol{r})$ 代入 (6.61) 式, 可以得到三级玻恩散射近似:

$$
U^{(3)}(\boldsymbol{r}) = U^{\mathrm{i}} + U^{\mathrm{i}}FG + U^{\mathrm{i}}FGFG + U^{\mathrm{i}}FGFGFG, \quad \cdots,
$$

如此迭代可以得到任意高级玻恩散射近似 $U^{(n)}(\boldsymbol{r})$:

$$
U^{(n)}(\boldsymbol{r}) = U^{\mathrm{i}} + U^{\mathrm{i}}FG + U^{\mathrm{i}}FGFG + \cdots + U^{\mathrm{i}}\underbrace{FG\cdots FG}_{n\ \text{个}\ FG}.
$$

根据玻恩散射理论可知, 如果已知介质的散射势分布, 则可以求出其散射场. 如果测量出介质的散射场, 则可以反解出其散射势, 例如, X 射线晶体衍射可分析出晶体结构, B 超可以探测生物体内的生物组织. 当然, 根据此理论并不能完全真实地解出散射势, 因为任何仪器都存在理论分辨极限.

本章小结

本章我们首先讲解了惠更斯 - 菲涅耳原理及其积分公式, 并给出基尔霍夫对衍射积分公式的推导, 又根据惠更斯 - 菲涅耳原理分析了菲涅耳衍射和夫琅禾费衍射的特征. 我们使用半波带和精密半波带法讨论了菲涅耳衍射的性质, 并讲解了光学元件 —— 波带片的工作原理. 本章重点讨论了夫琅禾费衍射及其应用. 夫琅禾费衍射分为两部分: 一是单元衍射, 主要讲解了单缝、矩形孔、圆孔等单元的衍射场, 并分析了光学仪器的极限分辨本领; 二是结构衍射, 即衍射单元在空间按照一定的规律排列, 使用位移相移定律计算了一维、二维、三维周期结构的衍射场, 其衍射场等于单元因子和结构因子之积. 对于一维周期结构衍射, 即光栅衍射, 给出了光栅方程, 讲解了光栅光谱仪的工作原理; 对于三维周期结构衍射, 即 X 射线晶体衍射, 给出了劳厄方程和布拉格方程. 本章最后从麦克斯韦方程组出发分析了光在非均匀介质中的传播, 讲解了玻恩散射理论. 我们可以看到本章所讲的衍射性质都是一级玻恩散射近似下的结果.

习　题

1. 菲涅耳以惠更斯原理和干涉原理为基础, 建立了惠更斯 - 菲涅耳原理的定量形式, 即惠更斯 - 菲涅耳衍射公式, 基尔霍夫通过理论推导得到惠更斯 - 菲涅耳衍射公式, 明确了倾斜因子和比例系数, 其中, 比例系数 $K \propto 1/\lambda$, 这里, λ 为光波长, 请根据一般衍射现象, 说明 $K \propto 1/\lambda$.

2. 在菲涅耳衍射中, 如果使用透光孔作为衍射屏, 透光孔中包含 2.5 个半波带, 此时, 衍射的中心光强为 I_1; 如果使用挡光圆屏作为衍射屏, 挡住 $k < 2.5$ 的半波带, 此时, 衍射的中心光强为 I_2. 求 I_2/I_1.

3. 一波长为 500 nm 的平面光正入射到振幅型波带片, 此波带片的焦距为 2 m, 直径为 8 mm. 求:

(1) 焦点处的光强最多可达不放波带片时的几倍?

(2) 若改用折射率为 2 的介质材料制作同样大小的相位型波带片, 则焦点处的光强最多可达不放波带片时的几倍? 此时, 介质膜的厚度为多大 (忽略透明介质的反射和吸收)?

4. 在菲涅耳衍射中, 一波长为 600 nm 的平行光正入射到圆孔衍射屏, 当衍射屏和观察屏之间的距离 $b = 1$ m 时, 衍射屏的光轴上的光强为 $4I_0$, 其中, I_0 为光自由传播时的光强, 随着 b 逐渐增大, 光强逐渐减小, 当 b 增大到 1.2 m 时, 光强减小到 $2I_0$, 求圆孔衍射屏的直径.

5. 一波长为 500 nm 的单色平面光正入射到如习题 5 图所示的衍射屏上, $r_1 = \sqrt{2}$ mm, $r_2 = 1$ mm, 光轴上的观察点距离衍射屏 2 m, 求观察点处的振幅和光强.

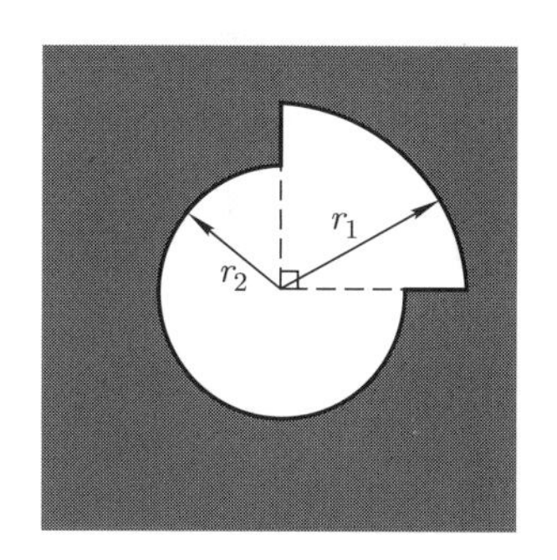

习题 5 图

6. 在如习题 6 图所示的菲涅耳衍射中, S 为光源, P 点为场点, 当光源 S 和 P 点之间没有衍射屏时, P 点处的光强为 I_0. 如果在它们中间垂直插入一相位型衍射屏, 衍射屏中心在光源 S 和 P 点的连线上, 到 P 点的距离为 b, 到光源 S 的距离为 R, 且 $R, b \gg r$. 已知照明光的波长为 λ, 相位型衍射屏的折射率为 n, 空气的折射率为 1, 且满足 $(n-1)\Delta d = \lambda/4$, 求以下两种情况对应的 P 点处的光强 (注: 以 I_0 为单位):

(1) 半径为 r 的圆中包含偶数个半波带.

(2) 半径为 r 的圆中包含奇数个半波带.

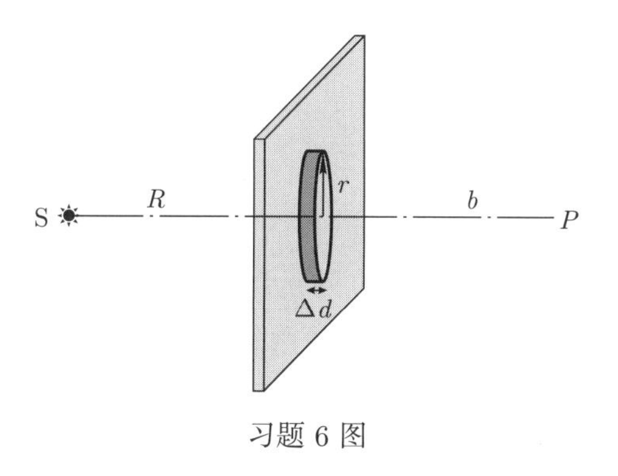

习题 6 图

7. 如习题 7 图所示, S 为光源, P 点为场点, 当光源 S 和 P 点之间没有衍射屏时, P 点处的光强为 I_0. 如果在它们中间垂直插入一圆孔衍射屏, 圆孔的圆心在光源 S 和 P 点的连线上, 到 P 点的距离为 b, 到光源 S 的距离为 R, 圆孔衍射屏的半径为 r_1, 此时, P 点处的光强为 $4I_0$. 当圆孔衍射屏的半径变为 r_2 时, P 点处的光强变为 I_0. 已知 $r_1 > r_2$, $R, b \gg r_1, r_2$. 现在用外半径为 r_1、内半径为 r_2 的透光圆环衍射屏代替圆孔衍射屏, 两个半圆的圆心都在光源 S 和 P 点的连线上, 求此时 P 点处的光强.

8. 在菲涅耳衍射中, 空间有 A 和 B 两点, A 点放置光源, 辐射单色光, 波长为

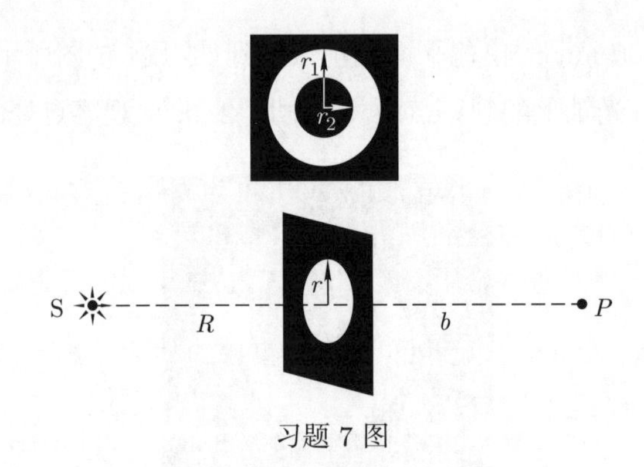

习题 7 图

500 nm, 在 A 和 B 两点的连线上放置一衍射小孔, 小孔垂直于直线 AB, 并且小孔的圆心在直线 AB 上, 已知 $\overline{AB} = 100$ cm, 观察屏置于 B 点, 观察 B 点处的光强变化.

(1) 小孔的半径可以从 0 到 1 mm 精密调节, 求 B 点处的光强最少变化多少个周期?

(2) 如果不知道小孔的半径, 我们可以这样测量: 开始时小孔位于直线 AB 的中点, 如果此时 B 点处为光强极小, 则沿直线 AB 平移小孔时, B 点处的光强慢慢变大, 移动了 10 cm 后, B 点处的光强达到极大, 求小孔的半径.

9. 一波长为 λ 的平行光正入射, 在 P 点之前放置一振幅型波带片, 波带片的中心和 P 点之间的距离为 b, 波带片挡住偶数个半波带, 露出奇数个半波带.

(1) 对于 P 点, 第 k 个半波带的半径为多大?

(2) 现将 P 点逐渐移向波带片, 当 P 点处变为暗斑时, P 点移动了 1 m, 求波带片的中心和原来的 P 点之间的距离 b.

(3) 继续将 P 点移向波带片, P 点处再次出现光强的极大值, 求此时 P 点和波带片的中心之间的距离. 并估算此时 P 点处光强和移动之前 P 点处光强之比.

(4) 如果入射光的波长为 500 nm, 振幅型波带片的直径为 8 mm (振幅型波带片以外的部分不透明). 问 P 点未移动之前, P 点处光强最大可达不放波带片时的几倍?

10. 小孔眼镜曾在 20 世纪 80 和 90 年代风靡一时, 至今仍有很多人在用. 近视患者佩戴小孔眼镜可以看清远方的物体.

(1) 分析近视患者不戴近视镜时, 可以通过小孔看清物体的原因 (设近视为轴向近视, 眼球前后径过长, 即眼轴长度超出正常范围, 轴向近视是最常见的近视疾病).

(2) 有一人需要佩戴 −200 度的近视镜, 如果此人不戴近视镜, 而使用小孔眼镜, 请分析小孔的最佳直径为多少 (已知人眼瞳孔的直径约为 2 mm, 正常人眼从瞳孔到视网膜的距离约为 22 mm, 玻璃体的折射率约为 1.3, 可见光的波长可以取为 550 nm. 眼镜和晶状体可以近似为密接薄透镜)?

11. 开普勒望远镜的物镜口径为 6 cm, 焦距为 30 cm, 已知人眼可分辨的最小视角为 $1'$, 设工作波长为 550 nm. 如果望远镜工作在其有效放大倍数上, 求目镜的焦距.

12. 设长城的宽度为 10 m, 阳光的波长可以取为 550 nm, 人眼瞳孔的直径约为 2 mm, "天宫二号" 卫星轨道的高度约为 390 km.

(1) 试分析在 "天宫二号" 卫星上裸眼是否可以看到长城.

(2) 现在有一折射率为 1.5、长度为 45 cm 的玻璃棒, 将玻璃棒两端磨成球面, 玻璃棒的中心轴长不变, 制备成望远镜, 求能使宇航员恰好可以看到长城时, 玻璃棒两端的曲率半径.

(3) 如果玻璃棒已满足第 (2) 问求出的曲率半径, 要看到长城, 对玻璃棒的直径有什么要求?

13. 有一显微镜, 其物镜的数值孔径为 1.2, 工作波长为 550 nm. 已知人眼在明视距离上可分辨的最小尺度为 0.1 mm, 求此显微镜的有效放大倍数.

14. 有一显微镜, 已知其物镜的数值孔径 $NA = 1.32$, 物镜的焦距为 $f_\mathrm{o} = 2$ mm, 目镜的焦距为 $f_\mathrm{e} = 50$ mm. 设人眼的明视距离为 $s_0 = 25$ cm, 可分辨的最小尺度为 0.1 mm, 照明光的波长为 550 nm. 求此显微镜工作在有效放大倍数时, 其光学筒长.

15. 某单反相机的有效像素约为 3635 万, 传感器类型为 CMOS, 传感器尺寸约为 35.9 mm $\times$ 24.0 mm, 求照相时的最佳光圈 (光圈即为相对孔径 D/f 的倒数, 其中, D 为透镜的直径, f 为透镜的焦距).

16. 投影仪是可将图像和视频投射到大屏幕上的仪器. DMD 芯片是投影仪的核心部件之一, 它由许多可转动的微反射镜组成, 通过控制微反射镜的俯仰角实现图像显示, 每个微反射镜对应一个像素点. DMD 芯片显示的图像经投影镜成像于大屏幕. 某品牌投影仪所用 DMD 芯片的长宽比为 16:9, 对角线长 16.5 mm, 分辨率为 3840×2160, 投影镜的焦距为 100 mm. 求适合此 DMD 芯片的投影镜的直径至少为多大?

17. 使用激光光束从地球照射月球, 已知地球和月球之间的距离约为 3.84×10^8 m, 激光波长为 500 nm, 问月球上的激光光斑的面积最小为多大? 如果激光光束的直径为 12 mm, 要求月球上的光斑最小, 要对激光光束做什么处理, 请画出光路图并给出对光学参数的要求.

18. 有一如习题 18 图所示的 "回" 字形衍射屏, 试求波长为 λ 的平行光正入射时其夫琅禾费衍射光强分布公式 $I(\theta_1, \theta_2)$, 要求:

(1) 写出自己完成此项推导的基本思路.

(2) 简要写出推导的中间过程.

(3) 给出最后结果.

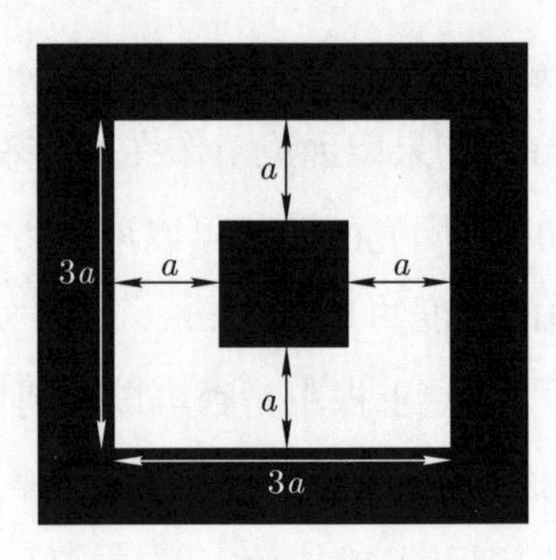

习题 18 图

19. 有一如习题 19 图所示的衍射屏, 它由边长为 a 的两个正方形孔交叠而成, 试求波长为 λ 的平行光正入射时其夫琅禾费衍射光强分布公式 $I(\theta_1, \theta_2)$.

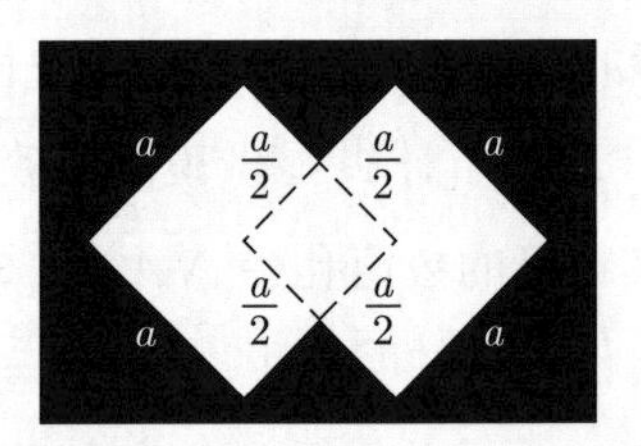

习题 19 图

20. 有一如习题 20 图所示的衍射屏, 它由边长为 a 的五个正方形孔组成, 当波长为 λ 的平行光正入射时, 求其夫琅禾费衍射场.

习题 20 图

21. 一波长为 $\lambda = 600$ nm 的平面光垂直入射到透射振幅型光栅上, 有两相邻的主极大分别出现在 $\theta' = 17.46°$ 和 $\theta'' = 26.74°$ 处 (中间没有缺级), 求光栅常量 d.

22. 光栅光谱仪用于分析波长在 600 nm 附近、波长间隔约为 5×10^{-2} nm 的若干谱线, 此谱线的单元密度为 300 线/mm, 成像反射镜的焦距为 30 cm.

(1) 要求一级峰光谱 (即 $k = 1$ 级峰) 可分辨这些谱线, 则该光栅的有效尺度至少为多大?

(2) 与之匹配的记录介质的空间分辨率应该是多大 (单位为线/mm)?

23. 一透射振幅型光栅的有效尺度为 5 cm, 刻线密度为 400 线/mm, 当波长为

500 nm 的平行光垂直入射时, 四级峰缺级, 求:

(1) 在光栅的一个单元中, 透光部分的最大宽度.

(2) 在第 (1) 问的条件下, 能观察到几条主极峰?

(3) 二级峰的半角宽度为多大?

(4) 二级峰在波长为 500 nm 附近可分辨的最小波长差.

24. 用每毫米有 300 条刻痕的衍射光栅来检验仅含有属于红和蓝两种单色成分的光谱, 已知红谱线的波长 λ_{R} 在 $0.63 \sim 0.68$ μm 的范围内, 蓝谱线的波长 λ_{B} 在 $0.43 \sim 0.49$ μm 的范围内. 当光垂直入射到该光栅上时, 发现在 24.46° 处, 红蓝两谱线同时出现. 求:

(1) 这两种单色成分的光谱线的波长?

(2) 在什么角度下只有红谱线出现?

25. 一透射振幅型光栅的有效尺度为 $D = 1$ cm, 波长为 $\lambda = 500$ nm 的光斜入射到该光栅上, 入射光和衍射光的一级峰之间的最小偏折角为 20°, 求:

(1) 光栅常量 d (即光栅的空间周期).

(2) 使用该光栅的一级峰光谱在波长 500 nm 附近可分辨的最小波长间隔 $\delta\lambda$.

26. 一包含波长为 560 nm 和 λ 的平行光垂直照射到光栅上, 测得波长为 560 nm 的光的三级峰和波长为 λ 的光的四级峰的衍射角均为 30°.

(1) 求 λ 的大小.

(2) 求光栅常量.

(3) 设光栅的有效尺度为 5 cm, 求三级峰在波长为 560 nm 附近可分辨的最小波长差.

(4) 衍射屏上共有多少条纹 (设无缺级)?

27. 如习题 27 图所示为利特罗 (Littrow) 光谱仪, 入射光通过狭缝 S, 再经透镜 L 准直, 照射到反射光栅上, L 既是准直透镜也是成像透镜. 光栅的刻线密度为 600 线/mm. 入射到光栅上的准直光的轴线和光栅法线之间的夹角 θ 可以调节, 如果入射光的波长为 525.0 nm, 它的五级峰光谱正好再次经过狭缝 S.

(1) 求此时的夹角 θ.

(2) 此时要分辨波长为 525.0 nm 和 525.1 nm 的光谱, 要求经过透镜准直的光束

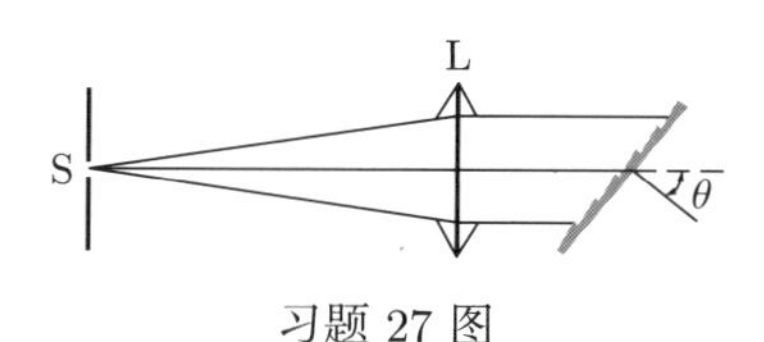

习题 27 图

的直径至少为多大?

28. 压印一透明相位型光栅, 如习题 28 图所示, 刻槽宽度和台阶宽度为 a, 刻槽深度为 t, 介质的折射率为 n, 共有 N 个周期, 平行光正入射.

(1) 求光栅的夫琅禾费衍射场.

(2) 当波长为 $\lambda = 600$ nm 的平面光正入射时, 有两相邻主极峰分别出现在 $\theta' = 6.89°$ 和 $\theta'' = 21.1°$ 处 (提示: 注意缺级), 求光栅常量 d.

(3) 如果 $\lambda = 600$ nm 处, 有两条相隔约 6×10^{-2} nm 的谱线, 要求一级峰可被分辨, 求上述光栅的有效尺度 D 至少为多大?

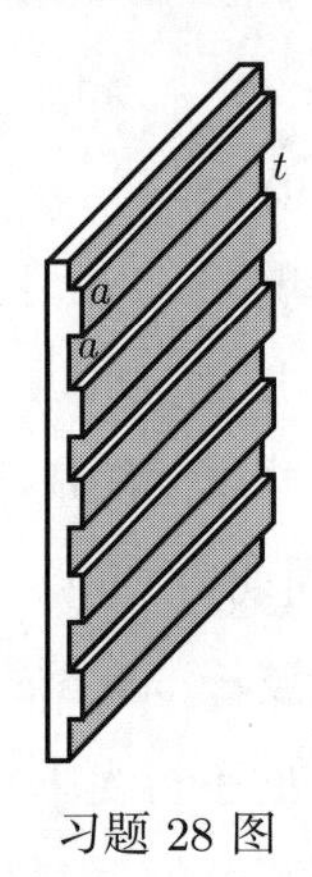

习题 28 图

29. 有两个相同的透射振幅型光栅, 其单元总数为 N, 光栅常量为 d, 透光狭缝的宽度为 a. 将这两个光栅拼接成一个光栅, 则两个光栅之间的距离为 $\varDelta$, 且 $\varDelta$ 部分不透明, 如习题 29 图所示.

(1) 设波长为 λ 的平面光正入射于此组合光栅, 求其夫琅禾费衍射光强分布.

(2) 如果 $\lambda = 700$ nm, $d = 4$ μm, $a = 3$ μm, $\varDelta = 6$ μm, $N = 1000$, 求观察到的主极峰的方位角.

(3) 在第 (2) 问的条件下, $\lambda = 700$ nm 附近可分辨的最小波长差 $\Delta\lambda$ 为多大?

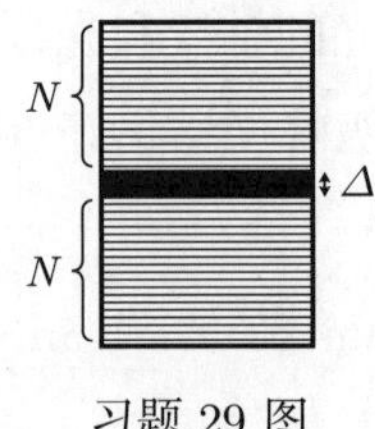

习题 29 图

30. 在透明膜上压上一系列平行且等间距的劈形纹路, 制成一个透射相位型闪耀光栅, 透明膜的折射率为 1.5, 劈角为 0.1 rad, 纹路密度为 100 条/mm, 光栅的有效尺度为 1 cm. 设照明光沿光栅法线方向入射, 求:

(1) 该光栅的单元衍射零级衍射斑的方位角.

(2) 该光栅衍射场的光强分布公式.

(3) 该光栅的一级闪耀波长.

(4) 在一级闪耀波长附近可分辨的最小波长差.

31. 图 6.48 显示啁啾脉冲放大技术的原理, 图中的第一个光栅对将超短脉冲的脉宽拉长. 设这两个光栅具有相同的光学参数, 光栅对之间的夹角为 90°, 即两个光栅的 N 方向和水平方向之间的夹角为 45°. 一波长为 800 nm、脉冲时间为 30 fs 的激光的入射方向和光栅的 N 方向之间的夹角为 75°, 而该激光的主极峰方向恰好沿水平方向, 且其为五级峰. 在这一光栅对中间共轴、共焦放置两个相同的理想透镜, 透镜的焦距为 20 cm. 第一个透镜将色散的光线变成平行光线, 第二个光栅对位于第二个透镜后 10 cm 处.

(1) 求光栅对的单元密度.

(2) 经过此光栅对, 求该超短脉冲激光的脉宽拉长到多少?

32. 已知岩盐晶体的某晶面族的晶面间距为 2.82 Å, X 射线在该晶面族上衍射时, 在掠射角为 10° 的方向上出现二级峰, 求 X 射线的波长.

33. 关于布拉格衍射, 立方晶系的边长 $a = b = 1$ Å, $c = 2$ Å, 将晶体研磨成小晶粒, 做 X 射线衍射实验, 如果入射 X 射线为准直的平面光, 波长 $\lambda = 1$ Å, 其实验装置如习题 33 图所示. 单色 X 射线照射到粉末晶体样品上产生衍射条纹, 胶片记录下衍射条纹的位置和光强.

(1) 请计算衍射主极峰相对于 X 射线入射方向的偏折角 2θ.

(2) 给出主极峰偏折角 2θ 所对应的晶面的米勒指数.

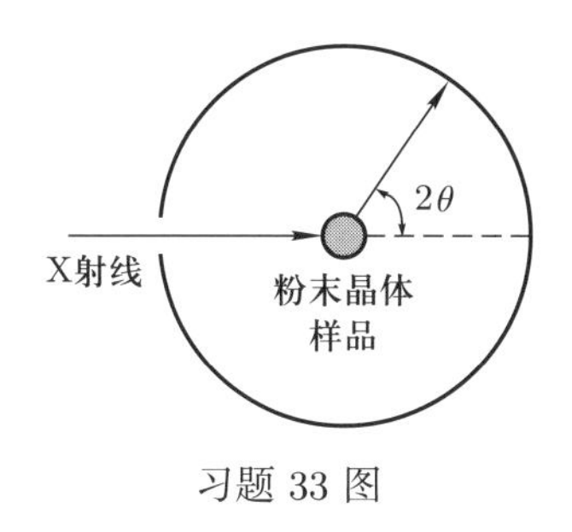

习题 33 图

34. 关于夫琅禾费衍射, 如习题 34 图所示, 一波长为 λ 的平面光正入射于衍射体, 衍射体是由全同单元组成的边长为 a 的体心立方结构. 忽略二次及以上的散射作用. 设单元 0 的衍射场为 $\widetilde{U}_0(\boldsymbol{e}_k)$.

(1) 求其夫琅禾费衍射场.

(2) 如果有一体心立方晶体, 它的周期重复单元 (晶胞) 如习题 34 图所示, 设该晶体沿立方晶胞的三个边方向的单元总数分别为 N_1, N_2, N_2 $(N_1, N_2, N_2 \gg 1)$, 波长为 λ 的 X 射线正入射, 求其夫琅禾费衍射光强分布.

(3) 如果 $\lambda = \dfrac{1}{3}a$, 求衍射的主极峰的位置.

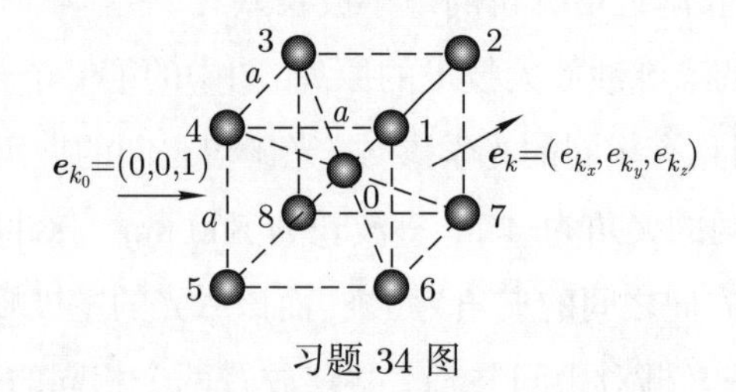

习题 34 图

35. 关于布拉格衍射, 氯化钠为立方晶系, 使用波长为 1.54056 Å的 X 射线, 测量得到衍射的主极峰的位置 2θ 为 27.334°, 31.692°, 45.449°, 53.852°, 56.477°, 66.227°, 75.302°, 83.970°, 110.04°, 119.50° 等, 求氯化钠的晶格常量和各个衍射峰对应的米勒指数.

第七章　傅里叶变换光学简介

傅里叶变换光学就是光的干涉和衍射的一种应用. 比如 X 射线晶体衍射, 在一级玻恩散射近似下, 夫琅禾费衍射场为晶体结构的傅里叶变换的频谱函数, 测量得到衍射场的分布后, 通过傅里叶逆变换, 可重构晶体的结构; 再比如使用迈克耳孙干涉仪测量红外光谱, 获得的干涉信号为红外光谱的傅里叶变换的时域函数, 通过傅里叶逆变换, 可得出其频谱函数. 本章将使用信息光学的语言来描述这些应用, 主要内容包含阿贝成像原理、空间滤波和信息处理、全息术等. 傅里叶变换光学的思想在物理学中具有重要的意义, 因为傅里叶变换光学及其应用覆盖的领域比较广泛, 我们不可能深入、细致地讲解, 只能介绍它的大致含义和原理, 所以本章的题目中加上了 "简介" 二字.

7.1　傅里叶变换光学的含义

7.1.1　衍射屏的屏函数

1. 衍射屏的屏函数的定义

如图 7.1 所示, 入射光经过一个衍射屏, 其波前函数 $\widetilde{U}_1(x,y)$ 改变成 $\widetilde{U}_2(x,y)$, 我们可以定义衍射屏的屏函数:

$$\widetilde{t}(x,y)=\frac{\widetilde{U}_2(x,y)}{\widetilde{U}_1(x,y)}. \tag{7.1}$$

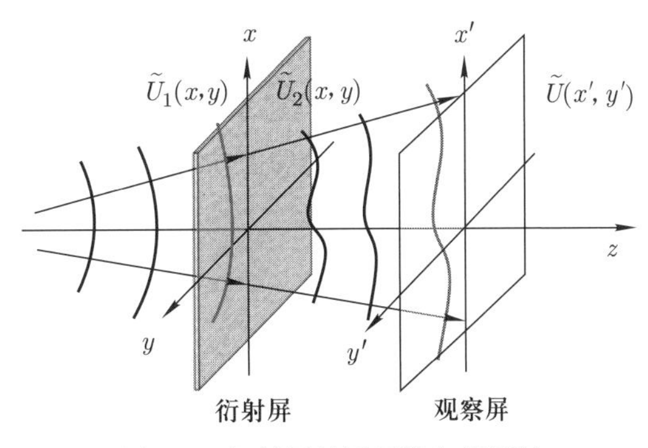

图 7.1　衍射屏的屏函数和衍射场

从衍射屏到观察屏的传播规律满足惠更斯 – 菲涅耳原理, 于是在观察屏上的波前函数为

$$\begin{aligned}\widetilde{U}(x',y') &= \frac{-\mathrm{i}}{\lambda}\iint\limits_{\Sigma_0}\frac{\cos\theta_0+\cos\theta}{2}\widetilde{U}_2(x,y)\frac{\mathrm{e}^{\mathrm{i}kr}}{r}\mathrm{d}x\mathrm{d}y\\ &= \frac{-\mathrm{i}}{\lambda}\iint\limits_{\Sigma_0}\frac{\cos\theta_0+\cos\theta}{2}\widetilde{t}(x,y)\widetilde{U}_1(x,y)\frac{\mathrm{e}^{\mathrm{i}kr}}{r}\mathrm{d}x\mathrm{d}y\\ &\neq \frac{-\mathrm{i}}{\lambda}\iint\limits_{\Sigma_0}\frac{\cos\theta_0+\cos\theta}{2}\widetilde{U}_1(x,y)\frac{\mathrm{e}^{\mathrm{i}kr}}{r}\mathrm{d}x\mathrm{d}y.\end{aligned}$$

由此可以看到, 因为衍射屏改变了入射光的波前函数, 所以引起了观察屏上波前函数的变化, 于是发生了衍射, 这是对衍射的说明.

2. 衍射屏的分类

根据屏函数的形式, 可以对衍射屏进行分类. 屏函数为复数, 可以写成振幅模和相位幅角的形式:

$$\widetilde{t}(x,y)=t(x,y)\mathrm{e}^{\mathrm{i}\phi(x,y)},$$

其中, $t(x,y)$ 为振幅模函数, 它改变波前的实振幅; $\phi(x,y)$ 为相位幅角函数, 它改变波前的相位分布.

(1) 如果 $\phi(x,y)$ 为常量, 起作用的主要是 $t(x,y)$, 则此类衍射屏为振幅型, 例如, 我们在第六章遇到的由单缝周期排列构成的光栅、经典波带片.

(2) 如果 $t(x,y)$ 为常量, 起作用的主要是 $\phi(x,y)$, 则此类衍射屏为相位型, 例如, 闪耀光栅、浮雕型波带片.

(3) 如果 $t(x,y)$ 和 $\phi(x,y)$ 共同起作用, 则此类衍射屏为相幅型.

3. 密接衍射屏

两个密接衍射屏的屏函数分别为 $\widetilde{t}_1(x,y)$ 和 $\widetilde{t}_2(x,y)$, 如图 7.2 所示. 经过第一个衍射屏, 入射光的波前函数 $\widetilde{U}_1(x,y)$ 改变为 $\widetilde{U}_2(x,y)=\widetilde{t}_1(x,y)\,\widetilde{U}_1(x,y)$, 因为两个衍射

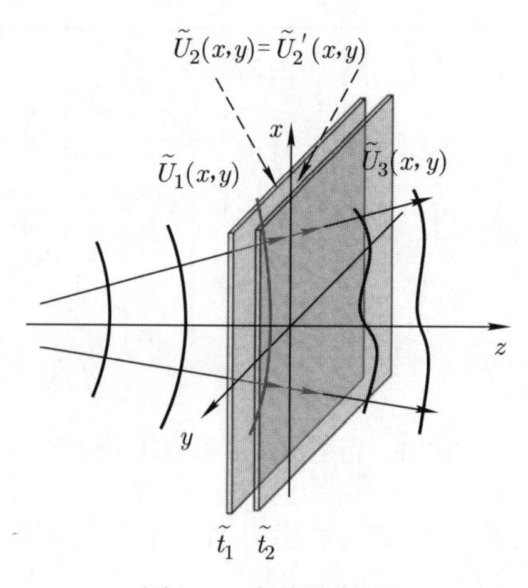

图 7.2 密接衍射屏

屏密接, 所以第二个衍射屏的入射光的波前函数 $\widetilde{U}_2'(x,y)=\widetilde{U}_2(x,y)$, 其经过第二个衍射屏改变为 $\widetilde{U}_3(x,y)=\widetilde{t}_2(x,y)\widetilde{U}_2'(x,y)$. 根据屏函数的定义可知, 总的屏函数为

$$\widetilde{t}_{12}(x,y)=\frac{\widetilde{U}_3(x,y)}{\widetilde{U}_1(x,y)}=\widetilde{t}_1(x,y)\widetilde{t}_2(x,y). \tag{7.2}$$

例题 7.1 如果薄透镜的物方焦距为 f, 介质的折射率为 n, 像方焦距为 f', 介质的折射率为 n'. 求薄透镜的屏函数, 并根据屏函数推导出傍轴物像公式.

解 如图 7.3 所示, 设平面光入射, 则其在薄透镜所在平面 (x,y) 的波前函数为 $\widetilde{U}_1(x,y)=A$. 经过薄透镜后平面光转变成傍轴会聚球面光, 会聚点为 $(0,0,f')$, 出射光在 (x,y) 平面的波前函数为 (忽略薄透镜对光强的损耗)

$$\widetilde{U}_2(x,y)=A\mathrm{e}^{-\mathrm{i}k'\frac{x^2+y^2}{2f'}},$$

其中,$k'=n'\dfrac{2\pi}{\lambda}$, 这里, λ 为入射光在真空中的波长.

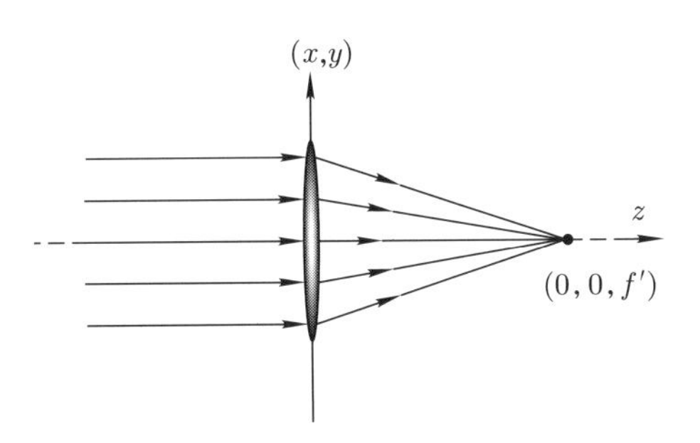

图 7.3 薄透镜的屏函数

于是屏函数为

$$\widetilde{t}_{\mathrm{L}}(x,y)=\frac{\widetilde{U}_2(x,y)}{\widetilde{U}_1(x,y)}=\mathrm{e}^{-\mathrm{i}k'\frac{x^2+y^2}{2f'}},$$

因此薄透镜为相位型衍射屏.

图 7.4 为薄透镜的傍轴成像, 设物点位于 $(0,0,-s)$, 其中, s 为物距, (x,y) 平面的物方波前函数为

$$\widetilde{U}_1(x,y)=A\mathrm{e}^{\mathrm{i}k\frac{x^2+y^2}{2s}},$$

其中, $k=n\dfrac{2\pi}{\lambda}$.

经薄透镜后的像方波前函数为

$$\widetilde{U}_2(x,y)=\widetilde{t}_{\mathrm{L}}(x,y)\widetilde{U}_1(x,y)=A\mathrm{e}^{\mathrm{i}k\frac{x^2+y^2}{2s}}\mathrm{e}^{-\mathrm{i}k'\frac{x^2+y^2}{2f'}}=A\mathrm{e}^{-\mathrm{i}k'\frac{x^2+y^2}{2\frac{n'f's}{n's-nf'}}}.$$

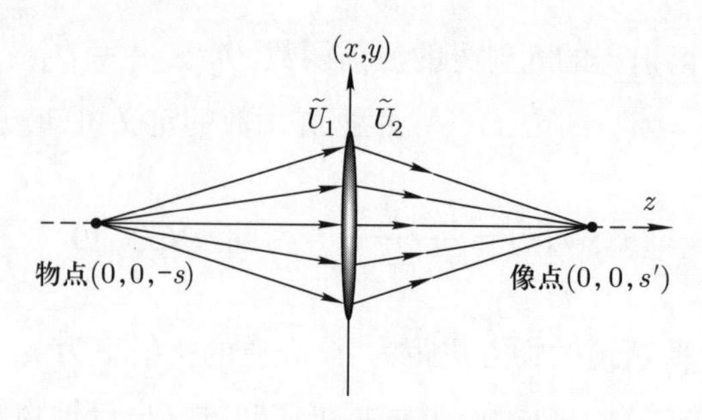

图 7.4 薄透镜的傍轴成像

根据波前相因子的分析可知, 像点位于 $(0,0,n'f's/(n's-nf'))$, 即像距为

$$s'=\frac{n'f's}{n's-nf'},$$

因为 $\dfrac{f}{f'}=\dfrac{n}{n'}$, 所以

$$\frac{f}{s}+\frac{f'}{s'}=1,$$

此即薄透镜的傍轴物像公式.

例题 7.2 设小顶角棱镜的介折射率为 n, 顶角为 α, 置于空气中, 空气的折射率为 1, 求棱镜的屏函数, 并利用棱镜的屏函数, 分析位于 $(0,0,-s)$ 的物点经棱镜成像的像点位置.

解 如图 7.5 所示, 设棱镜的高度为 h, 光经过棱镜相比于光在空气中自由传播的附加相位为

$$\Delta\phi(x,y)=\frac{2\pi}{\lambda}(n-1)\alpha(h-x)=\frac{2\pi}{\lambda}(n-1)\alpha h-\frac{2\pi}{\lambda}(n-1)\alpha x,$$

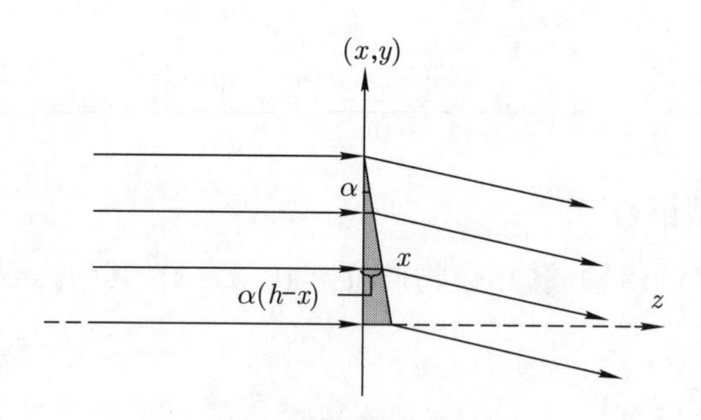

图 7.5 棱镜的屏函数

其中, λ 为入射光在真空中的波长. $\dfrac{2\pi}{\lambda}(n-1)h\alpha$ 是与 x,y 无关的常量, 对光的传播没有影响, 所以可将此常量从附加相位中略去, 于是

$$\delta\phi(x,y)=-\frac{2\pi}{\lambda}(n-1)\alpha x.$$

忽略棱镜对光强的损耗, 可得棱镜的屏函数为

$$\widetilde{t}_{\mathrm{p}}(x,y)=\mathrm{e}^{\mathrm{i}\delta\phi(x,y)}=\mathrm{e}^{-\mathrm{i}\frac{2\pi}{\lambda}(n-1)\alpha x},$$

因此棱镜为相位型衍射屏.

图 7.6 为棱镜成像示意图, 入射光的波前函数为

$$\widetilde{U}_1(x,y)=A\mathrm{e}^{\mathrm{i}\frac{2\pi}{\lambda}\frac{x^2+y^2}{2s}},$$

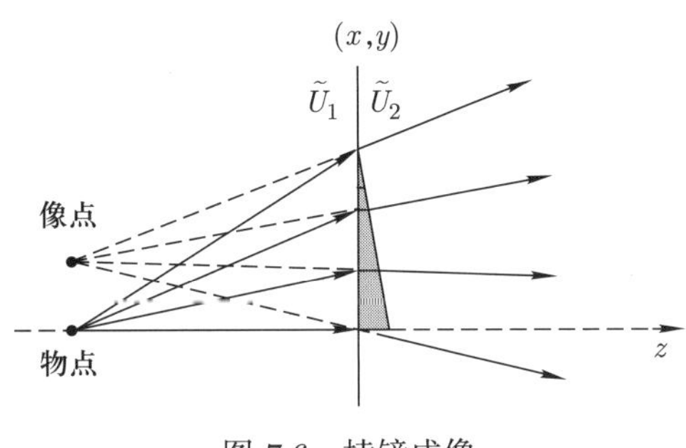

图 7.6 棱镜成像

出射光的波前函数为

$$\widetilde{U}_2(x,y)=\widetilde{t}_{\mathrm{p}}(x,y)\widetilde{U}_1(x,y)=A\mathrm{e}^{\mathrm{i}\frac{2\pi}{\lambda}\left[\frac{x^2+y^2}{2s}-\frac{(n-1)\alpha x}{s}\right]}.$$

由此可知, 出射光为傍轴发散球面光, 像点位置为 $((n-1)\alpha s,0,-s)$.

7.1.2 余弦光栅的夫琅禾费衍射场

1. 余弦光栅的制备

两束平行光干涉, 在感光干板上形成亮暗相间的条纹, 光强分布为

$$I(x)=I_0(1+\gamma\cos 2\pi f x),$$

其中,γ 为干涉衬比度, f 为干涉条纹的空间频率, 且 $f=1/\Delta x$, 这里, Δx 为干涉条纹的间距. 经过显影、定影, 感光干板的屏函数正比于曝光光强分布, 即

$$\widetilde{t}(x)=\alpha+\beta I(x)=(\alpha+\beta I_0)+\gamma\beta I_0\cos 2\pi f x=t_0+t_1\cos 2\pi f x,$$

其中, $t_0=\alpha+\beta I_0$, $t_1=\gamma\beta I_0$, α 和 β 为与感光干板性质有关的常量. 这样, 就获得了一个余弦光栅.

2. 余弦光栅的夫琅禾费衍射

如图 7.7 所示, 平面光正入射于一个余弦光栅.

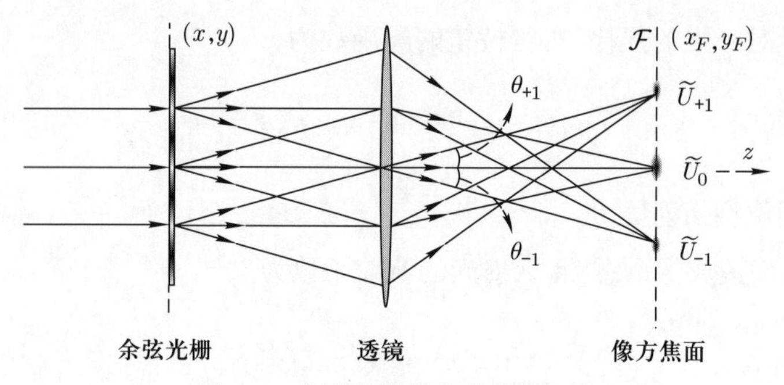

图 7.7 余弦光栅的夫琅禾费衍射

入射光的波前函数为 $\widetilde{U}=A$, 其中, A 为常量, 经过余弦光栅, 波前函数改变为

$$\widetilde{U}_{\mathrm{t}}=\widetilde{t}\widetilde{U}=At_0+At_1\cos 2\pi fx=At_0+\frac{At_1}{2}\mathrm{e}^{\mathrm{i}2\pi fx}+\frac{At_1}{2}\mathrm{e}^{-\mathrm{i}2\pi fx}.$$

衍射光可分为三束光:

(1) $\widetilde{U}_0=At_0$, 为正出射的平面光, 经过透镜聚焦到像方焦面的光轴上, 为零级衍射斑.

(2) $\widetilde{U}_{+1}=\dfrac{At_1}{2}\mathrm{e}^{\mathrm{i}2\pi fx}$, 为斜向上出射的平面光, 传播方向和光轴之间的夹角为 $\sin\theta_{+1}=f\lambda$, 在透镜的像方焦面上形成正一级衍射斑.

(3) $\widetilde{U}_{-1}=\dfrac{At_1}{2}\mathrm{e}^{-\mathrm{i}2\pi fx}$, 为斜向下出射的平面光, 传播方向和光轴之间的夹角为 $\sin\theta_{-1}=-f\lambda$, 在透镜的像方焦面上形成负一级衍射斑.

由此可知, 正负一级衍射斑的方位角与余弦光栅的空间频率相对应.

7.1.3 傅里叶变换光学的原理

从第六章的玻恩散射理论可知, 夫琅禾费衍射实现了衍射屏的屏函数到频谱函数的傅里叶变换.

周期屏函数可以展开成傅里叶级数, 为了简单起见, 我们讨论一维周期情况. 设周期为 Δx, 则基频为 $f_0=1/\Delta x$, 屏函数为

$$\begin{aligned}\widetilde{t}(x)&=\frac{a_0}{2}+\sum_{k=1}^{+\infty}(a_k\cos 2\pi kf_0x+b_k\sin 2\pi kf_0x)\\&=\frac{a_0}{2}+\sum_{k=1}^{+\infty}\left(a_k\frac{\mathrm{e}^{\mathrm{i}2\pi kf_0x}+\mathrm{e}^{-\mathrm{i}2\pi kf_0x}}{2}+b_k\frac{\mathrm{e}^{\mathrm{i}2\pi kf_0x}-\mathrm{e}^{-\mathrm{i}2\pi kf_0x}}{2\mathrm{i}}\right)\\&=\frac{a_0}{2}+\sum_{k=1}^{+\infty}\left(\frac{a_k-\mathrm{i}b_k}{2}\mathrm{e}^{\mathrm{i}2\pi kf_0x}+\frac{a_k+\mathrm{i}b_k}{2}\mathrm{e}^{-\mathrm{i}2\pi kf_0x}\right)\\&=\sum_{-\infty}^{+\infty}c_n\mathrm{e}^{\mathrm{i}2\pi nf_0x},\end{aligned}$$

其中, a_k, b_k, c_n 为傅里叶级数的展开系数. 若平面光正入射, 则夫琅禾费衍射光的波前函数为

$$\widetilde{U}_{\mathrm{t}} = \widetilde{t}A = \sum_{-\infty}^{+\infty} Ac_n \mathrm{e}^{\mathrm{i}2\pi n f_0 x}.$$

衍射光为一系列平面光, 在透镜的像方焦面形成一系列衍射斑, 衍射斑的方位角和场强分别满足

$$\sin\theta_n = nf_0\lambda = f_n\lambda, \quad A_n = Ac_n.$$

因为 f_n 为基频的整数倍, 不是连续变化的, 所以在焦面上形成分离的衍射斑, 每个衍射斑对应着衍射屏的一个空间频率的信息.

非周期屏函数相当于周期 Δx 无限大、基频 f_0 无限趋于 0 的周期屏函数, 这样, f_n 是连续变化的, 于是傅里叶级数转化成傅里叶积分的形式:

$$\widetilde{t}(x) = \int_{-\infty}^{+\infty} \widetilde{T}(f)\mathrm{e}^{\mathrm{i}2\pi f x}\mathrm{d}f,$$

$\widetilde{t}(x)$ 的频谱函数为

$$\widetilde{T}(f) = \frac{1}{2\pi}\int_{-\infty}^{+\infty} \widetilde{t}(x)\mathrm{e}^{-\mathrm{i}2\pi f x}\mathrm{d}x.$$

平面光正入射, 通过衍射屏发生夫琅禾费衍射, 平面衍射光经透镜会聚到像方焦面形成衍射斑, 衍射斑的位置坐标 (傍轴条件下) 为 $x_F = l\sin\theta = lf\lambda$, 其中, l 为透镜的焦距, 衍射光的场强正比于 $\widetilde{T}(f)$, 于是衍射场分布为 $\widetilde{U}_F(x_F) = A\widetilde{T}(f)$. 由此可知, 夫琅禾费衍射在透镜焦面的场为衍射屏的空间频谱函数, 衍射斑上的每一点都对应着衍射屏的特定空间频率的信息, 即夫琅禾费衍射完成了从衍射屏函数到它的傅里叶频谱函数的变换.

由此可以得到傅里叶变换光学的基本思想: 夫琅禾费衍射将衍射屏 (光学图像) 中不同空间频率的信息以不同方向的平面衍射光的形式输出, 经透镜会聚到像方焦面上的不同位置形成衍射斑, 这些衍射斑和图像的空间频率一一对应, 于是将光学图像中的不同空间频率的信息分开, 这样, 夫琅禾费衍射系统起到空间频率分析器的作用, 透镜的像方焦面便是光学图像的傅里叶频谱面. 这种对夫琅禾费衍射的新认识, 为光学信息处理奠定了基础.

7.2 阿贝成像原理和光学信息处理

7.2.1 阿贝成像原理

阿贝, 德国物理学家, 在蔡司公司从事显微镜设计工作, 对显微镜理论做出了重大

贡献, 其贡献主要有两个方面: 一、提出正弦条件, 这是消除显微镜彗差的充分必要条件; 二、提出阿贝成像原理, 奠定了信息光学的基础.

透镜成像是几何光学的重要研究对象, 几何光学中将物看成物点的集合, 每个物点可以看成点光源, 发出傍轴球面光, 经透镜折射后会聚于像面的一点, 称为像点, 像点的集合构成像. 从物点到像点可通过一步完成.

阿贝使用波动光学理论解释成像, 物 (光学图像) 为整体, 包含不同的空间频率信息; 在相干光照明下, 发生夫琅禾费衍射, 在透镜的像方焦面 (傅里叶频谱面) 形成一系列衍射斑 (频谱斑), 而将图像的不同空间频率信息在傅里叶频谱面上分开, 这一步称为分频. 每一个衍射斑都是一个次波源, 发出次波, 次波在像面上相干叠加, 将不同空间频率的信息重新组合在一起形成像, 这一步称为合频. 这就是阿贝成像原理, 它分为两步: 一、分频; 二、合频. 图 7.8 给出阿贝成像的两步过程.

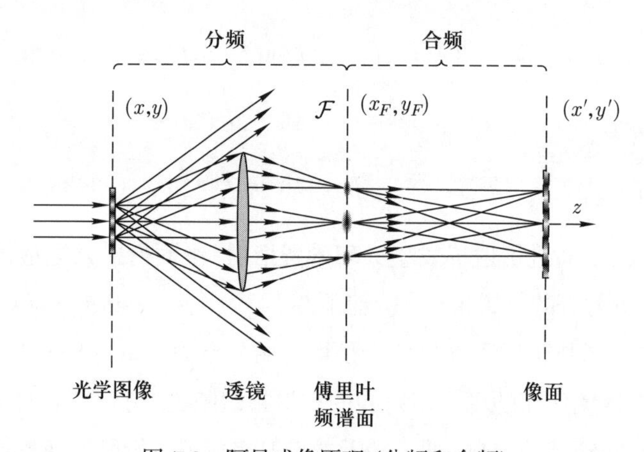

图 7.8 阿贝成像原理 (分频和合频)

阿贝成像的真正意义在于, 提供了一种新的频谱语言描述信息, 启发人们在傅里叶频谱面上改变频谱信息, 从而改变成像的性质, 实现图像的光学处理, 它是光学信息处理的基础.

根据阿贝成像原理可知, 成像仪器是一个低通滤波器. 图 7.8 显示, 因为透镜的孔径有限, 所以只有空间频率小于一定值的信息才能被透镜收集, 而高频信息的衍射角比较大, 无法通过透镜, 故透镜成像时丢失了高频信息, 高频信息对应着图像的细节, 因此图像的细节变得模糊, 或者不可分辨.

例题 7.3 透镜的焦距为 l, 孔径为 D, 请估算此透镜相干光成像可分辨的最小尺度. 如果透镜的孔径无限增大, 可分辨的尺度是否可以无限减小?

解 设图像的物距 $s \approx l$, 如图 7.9 所示.

最大衍射角满足 $\sin\theta_{\mathrm{M}} \approx D/(2l)$, 由 $\sin\theta_{\mathrm{M}} = f_{\mathrm{M}}\lambda$ 可知, 透镜可以收集的最大空

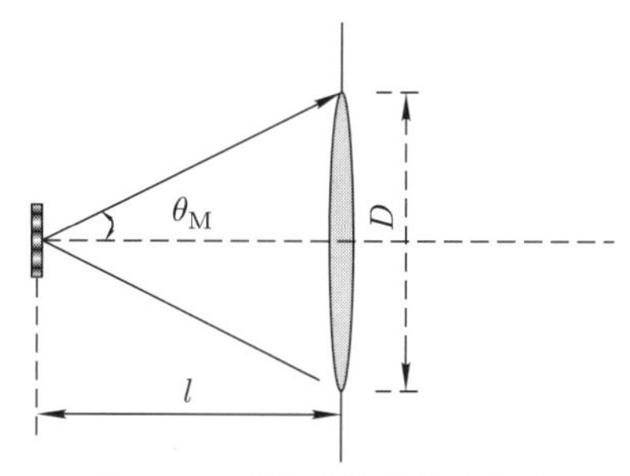

图 7.9 透镜成像的截止频率

间频率为

$$f_{\rm M}=\frac{\sin\theta_{\rm M}}{\lambda}\approx\frac{D}{2l\lambda},$$

$f_{\rm M}$ 对应着可分辨的最小细节的尺度 $\Delta x_{\rm m}$:

$$\Delta x_{\rm m}=\frac{1}{f_{\rm M}}\approx\frac{2l\lambda}{D}.$$

由此可知, 随着 D 增大, 我们可分辨出更小的细节, 但是 $\Delta x_{\rm m}$ 不能一直变小. 因为 $\sin\theta_{\rm M}=f_{\rm M}\lambda$, $|\sin\theta_{\rm M}|\leqslant 1$, 所以 $f_{\rm M}\leqslant 1/\lambda$, 所以最小的 $\Delta x_{\rm m}$ 约等于光的波长 λ.

7.2.2 图像信息处理的 $4f$ 系统

光学图像信息处理常采用 $4f$ 系统. 图 7.10 给出了 $4f$ 系统的光路图, 之所以称其为 $4f$ 系统, 是指物面到第一个透镜的距离为一个焦距 f, 第一个透镜到频谱面的距离为一个焦距 f, 频谱面到第二个透镜的距离为一个焦距 f, 第二个透镜到最终的像面的距离也为一个焦距 f, 光路中一共有四个焦距 f. $4f$ 系统具有对称性, 可以更为明确地展现阿贝成像过程. 从物面经第一个透镜到达频谱面, 实现了光学图像到其频谱函数的傅里叶变换; 从频谱面经第二个透镜到达像面, 再进行一次傅里叶变换, 实现了将频谱函数转换成像. 频谱面是我们的信息处理平台, 如图 7.10 所示, 在频谱面上放置低通滤波器, 滤掉高频信息, 这样所成的像丢失了高频信息, 使像变得模糊, 无法分辨其细节; 如果改成高通滤波器, 滤掉低频信息, 因低频信息对应着图像变化缓慢的信息, 所成像只包含高频信息时, 则凸显了图像的细节和边缘.

7.2.3 图像处理举例

1. 图像的加减运算

图 7.11 给出了图像加减运算的光路图.

物光的波前函数为

$$\widetilde{U}_{\rm O}(x,y)=\widetilde{U}_{{\rm O}A}(x,y)+\widetilde{U}_{{\rm O}B}(x,y),$$

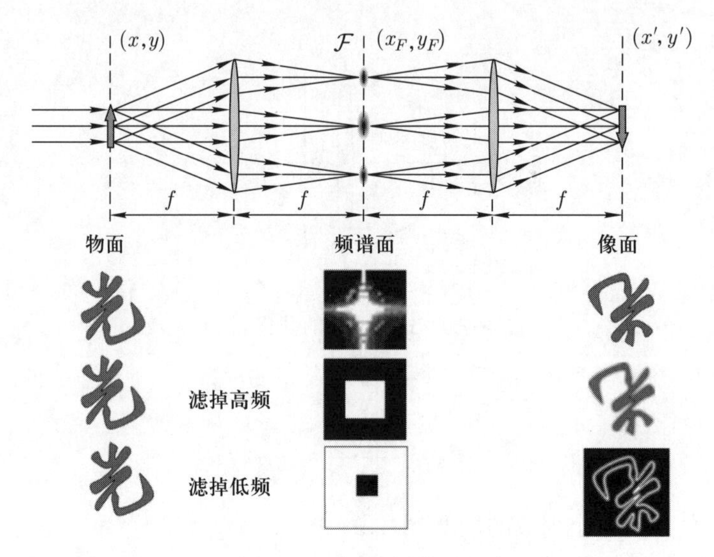

图 7.10 4f 系统和空间滤波

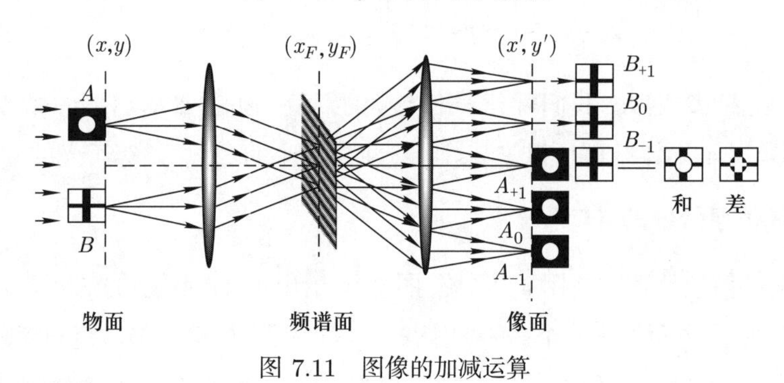

图 7.11 图像的加减运算

经傅里叶变换后, 频谱面上的频谱函数为

$$\mathcal{F}[\widetilde{U}_{\mathrm{O}}(x,y)]=\widetilde{F}(f_x,f_y)=\widetilde{F}_A(f_x,f_y)+\widetilde{F}_B(f_x,f_y).$$

在频谱面上放置余弦光栅: $\widetilde{t}(x_F)=t_0+t_1\cos(2\pi f_0x_F+\phi)$, 其中, f_0 为该余弦光栅的空间频率, ϕ 和光栅放置的位置有关, 当光栅在 x_F 轴上移动时, ϕ 随之改变, 且 $\Delta\phi=-2\pi f_0\Delta x_F$, 这里, Δx_F 为光栅沿 x_F 轴的位移, 相应地, ϕ 的变化为 $\Delta\phi$. 频谱函数经过光栅改变成

$$\begin{aligned}\widetilde{F}_{\mathrm{t}}(f_x,f_y)&=\widetilde{F}(f_x,f_y)[t_0+t_1\cos(2\pi f_0x_F+\phi)]\\&=t_0\widetilde{F}(f_x,f_y)+\frac{1}{2}t_1\mathrm{e}^{\mathrm{i}\phi}\widetilde{F}(f_x,f_y)\mathrm{e}^{\mathrm{i}2\pi f_0x_F}+\frac{1}{2}t_1\mathrm{e}^{-\mathrm{i}\phi}\widetilde{F}(f_x,f_y)\mathrm{e}^{-\mathrm{i}2\pi f_0x_F},\end{aligned}$$

其中, $x_F=l\sin\theta_x=lf_x\lambda$, $y_F=l\sin\theta_y=lf_y\lambda$, 这里, l 为透镜的焦距. 所以

$$\widetilde{F}_{\mathrm{t}}(f_x,f_y)=t_0\widetilde{F}(f_x,f_y)+\frac{1}{2}t_1\mathrm{e}^{\mathrm{i}\phi}\widetilde{F}(f_x,f_y)\mathrm{e}^{\mathrm{i}2\pi f_xlf_0\lambda}+\frac{1}{2}t_1\mathrm{e}^{-\mathrm{i}\phi}\widetilde{F}(f_x,f_y)\mathrm{e}^{-\mathrm{i}2\pi f_xlf_0\lambda}.$$

从频谱面到像面, 再次进行傅里叶变换, 变换成像场分布 $\widetilde{U}_{\mathrm{I}}$, 完成成像. 根据傅里叶变换的性质: $\mathcal{F}[\widetilde{U}(x-x_0)]=\widetilde{F}(f)\mathrm{e}^{\mathrm{i}2\pi f x_0}$, 可得

$$\begin{aligned}
&\mathcal{F}[\widetilde{F}_{\mathrm{t}}(f_x,f_y)]\\
&=\mathcal{F}\left[t_0\widetilde{F}(f_x,f_y)+\frac{1}{2}t_1\mathrm{e}^{\mathrm{i}\phi}\widetilde{F}(f_x,f_y)\mathrm{e}^{\mathrm{i}2\pi f_x l f_0\lambda}+\frac{1}{2}t_1\mathrm{e}^{-\mathrm{i}\phi}\widetilde{F}(f_x,f_y)\mathrm{e}^{-\mathrm{i}2\pi f_x l f_0\lambda}\right]\\
&=t_0\widetilde{U}_{\mathrm{I}}(x',y')+\frac{1}{2}t_1\mathrm{e}^{\mathrm{i}\phi}\widetilde{U}_{\mathrm{I}}(x'-lf_0\lambda,y')+\frac{1}{2}t_1\mathrm{e}^{-\mathrm{i}\phi}\widetilde{U}_{\mathrm{I}}(x'+lf_0\lambda,y')\\
&=t_0\widetilde{U}_{\mathrm{I}A}(x',y')+\frac{1}{2}t_1\mathrm{e}^{\mathrm{i}\phi}\widetilde{U}_{\mathrm{I}A}(x'-lf_0\lambda,y')+\frac{1}{2}t_1\mathrm{e}^{-\mathrm{i}\phi}\widetilde{U}_{\mathrm{I}A}(x'+lf_0\lambda,y')\\
&\quad+t_0\widetilde{U}_{\mathrm{I}B}(x',y')+\frac{1}{2}t_1\mathrm{e}^{\mathrm{i}\phi}\widetilde{U}_{\mathrm{I}B}(x'-lf_0\lambda,y')+\frac{1}{2}t_1\mathrm{e}^{-\mathrm{i}\phi}\widetilde{U}_{\mathrm{I}B}(x'+lf_0\lambda,y').
\end{aligned}$$

对照图 7.11, 可知

$$\begin{cases}
A_{+1}=\dfrac{1}{2}t_1\mathrm{e}^{\mathrm{i}\phi}\widetilde{U}_{\mathrm{I}A}(x'-lf_0\lambda,y'),\\
A_0=t_0\widetilde{U}_{\mathrm{I}A}(x',y'),\\
A_{-1}=\dfrac{1}{2}t_1\mathrm{e}^{-\mathrm{i}\phi}\widetilde{U}_{\mathrm{I}A}(x'+lf_0\lambda,y'),
\end{cases}
\qquad
\begin{cases}
B_{+1}=\dfrac{1}{2}t_1\mathrm{e}^{\mathrm{i}\phi}\widetilde{U}_{\mathrm{I}B}(x'-lf_0\lambda,y'),\\
B_0=t_0\widetilde{U}_{\mathrm{I}B}(x',y'),\\
B_{-1}=\dfrac{1}{2}t_1\mathrm{e}^{-\mathrm{i}\phi}\widetilde{U}_{\mathrm{I}B}(x'+lf_0\lambda,y').
\end{cases}$$

如果图像 A 和 B 之间的距离 $d_{AB}=2lf_0\lambda$, 则 A_{+1} 和 B_{-1} 在像面上重合, 总的场为

$$\widetilde{U}_{AB}(x',y')=\frac{1}{2}t_1\mathrm{e}^{\mathrm{i}\phi}[\widetilde{U}_{\mathrm{I}A}(x'-lf_0\lambda,y')+\mathrm{e}^{-\mathrm{i}2\phi}\widetilde{U}_{\mathrm{I}B}(x'+lf_0\lambda,y')].$$

当 $2\phi=2k\pi$, k 为整数时,

$$\widetilde{U}_{AB}(x',y')=\frac{1}{2}t_1\mathrm{e}^{\mathrm{i}\phi}[\widetilde{U}_{\mathrm{I}A}(x'-lf_0\lambda,y')+\widetilde{U}_{\mathrm{I}B}(x'+lf_0\lambda,y')],$$

即为两个图像相加.

当 $2\phi=(2k+1)\pi$, k 为整数时,

$$\widetilde{U}_{AB}(x',y')=\frac{1}{2}t_1\mathrm{e}^{\mathrm{i}\phi}[\widetilde{U}_{\mathrm{I}A}(x'-lf_0\lambda,y')-\widetilde{U}_{\mathrm{I}B}(x'+lf_0\lambda,y')],$$

即为两个图像相减.

ϕ 可以通过移动光栅改变, 所以移动光栅可以实现图像的加减运算.

2. 图像的微分运算

图 7.12 给出图像的微分运算的光路图. 一个余弦光栅包含两个空间频率 f_1 和 f_2, 且 $|f_1-f_2|\ll f_1,f_2$, 将余弦光栅插入频谱面, 并旋转 45°, 此时, 光栅的屏函数为

$$\begin{aligned}
\widetilde{t}(x_F,y_F)=&\,t_0+t_1\cos(2\pi f_{1x}x_F+2\pi f_{1y}y_F+\phi_1)\\
&+t_1\cos(2\pi f_{2x}x_F+2\pi f_{2y}y_F+\phi_2),
\end{aligned}$$

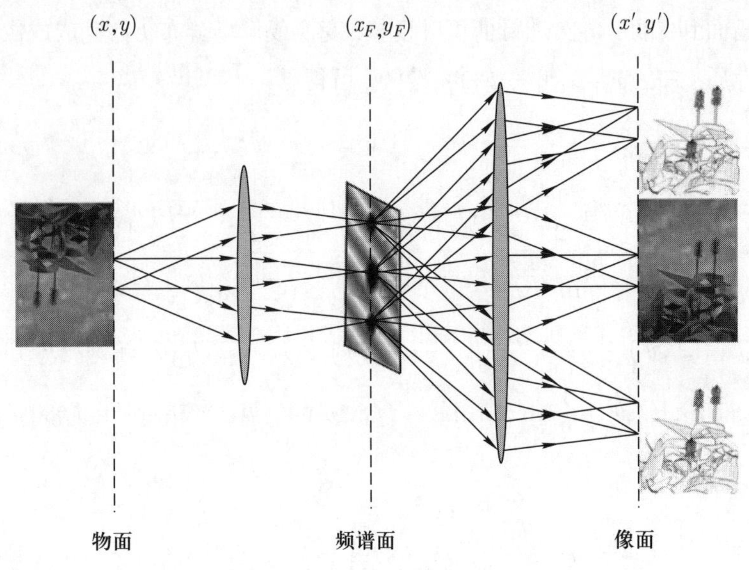

图 7.12 图像的微分运算

其中, $f_{1x}=f_{1y}=\sqrt{2}f_1$, $f_{2x}=f_{2y}=\sqrt{2}f_2$.

物光的波前函数为 $\widetilde{U}_{\mathrm{O}}(x,y)$, 经傅里叶变换后, 可以得到频谱面上的频谱函数 $\mathcal{F}[\widetilde{U}_{\mathrm{O}}(x,y)]=\widetilde{F}(f_x,f_y)$. 频谱函数经过光栅变为

$$\begin{aligned}\widetilde{F}_{\mathrm{t}}(f_x,f_y)=&t_0\widetilde{F}(f_x,f_y)+t_1\widetilde{F}(f_x,f_y)\cos(2\pi f_{1x}x_F+2\pi f_{1y}y_F+\phi_1)\\&+t_1\widetilde{F}(f_x,f_y)\cos(2\pi f_{2x}x_F+2\pi f_{2y}y_F+\phi_2)\\=&t_0\widetilde{F}(f_x,f_y)\\&+\frac{t_1}{2}\widetilde{F}(f_x,f_y)\mathrm{e}^{\mathrm{i}(2\pi f_{1x}x_F+2\pi f_{1y}y_F+\phi_1)}+\frac{t_1}{2}\widetilde{F}(f_x,f_y)\mathrm{e}^{-\mathrm{i}(2\pi f_{1x}x_F+2\pi f_{1y}y_F+\phi_1)}\\&+\frac{t_1}{2}\widetilde{F}(f_x,f_y)\mathrm{e}^{\mathrm{i}(2\pi f_{2x}x_F+2\pi f_{2y}y_F+\phi_2)}+\frac{t_1}{2}\widetilde{F}(f_x,f_y)\mathrm{e}^{-\mathrm{i}(2\pi f_{2x}x_F+2\pi f_{2y}y_F+\phi_2)},\end{aligned}$$

其中, $x_F=l\sin\theta_x=lf_x\lambda$, $y_F=l\sin\theta_y=lf_y\lambda$, 这里, l 为透镜的焦距. $\widetilde{F}_{\mathrm{t}}(f_x,f_y)$ 经傅里叶变换成像:

$$\begin{aligned}\mathcal{F}[\widetilde{F}_{\mathrm{t}}(f_x,f_y)]=&t_0\widetilde{U}_{\mathrm{I}}(x',y')\\&+\begin{cases}\dfrac{t_1}{2}\mathrm{e}^{\mathrm{i}\phi_1}\widetilde{U}_{\mathrm{I}}(x'-lf_{1x}\lambda,y'-lf_{1y}\lambda), & \text{记为 } f_1(+1,+1),\\ \dfrac{t_1}{2}\mathrm{e}^{\mathrm{i}\phi_2}\widetilde{U}_{\mathrm{I}}(x'-lf_{2x}\lambda,y'-lf_{2y}\lambda), & \text{记为 } f_2(+1,+1),\\ \dfrac{t_1}{2}\mathrm{e}^{-\mathrm{i}\phi_1}\widetilde{U}_{\mathrm{I}}(x'+lf_{1x}\lambda,y'+lf_{1y}\lambda), & \text{记为 } f_1(-1,-1),\\ \dfrac{t_1}{2}\mathrm{e}^{-\mathrm{i}\phi_2}\widetilde{U}_{\mathrm{I}}(x'+lf_{2x}\lambda,y'+lf_{2y}\lambda), & \text{记为 } f_2(-1,-1).\end{cases}\end{aligned}$$

因为 $|f_1-f_2|\ll f_1,f_2$, 所以 $f_1(+1,+1)$ 和 $f_2(+1,+1)$ 两个像基本重合, $f_1(-1,-1)$ 和

$f_2(-1,-1)$ 两个像基本重合. 令 $(\delta x', \delta y') = (l\lambda(f_{2x} - f_{1x}), l\lambda(f_{2y} - f_{1y}))$, 于是

$$\begin{cases} \widetilde{U}_{(+1,+1)} = \dfrac{t_1}{2}\mathrm{e}^{\mathrm{i}\phi_1}\widetilde{U}_\mathrm{I}(x' - lf_{1x}\lambda, y' - lf_{1y}\lambda) + \dfrac{t_1}{2}\mathrm{e}^{\mathrm{i}\phi_2}\widetilde{U}_\mathrm{I}(x' - lf_{2x}\lambda, y' - lf_{2y}\lambda) \\ \qquad\quad = \dfrac{t_1}{2}\mathrm{e}^{\mathrm{i}\phi_1}\left[\widetilde{U}_\mathrm{I}(x' + \delta x', y' + \delta y') + \mathrm{e}^{\mathrm{i}(\phi_2 - \phi_1)}\widetilde{U}_\mathrm{I}(x', y')\right], \\ \widetilde{U}_{(-1,-1)} = \dfrac{t_1}{2}\mathrm{e}^{-\mathrm{i}\phi_1}\widetilde{U}_\mathrm{I}(x' + lf_{1x}\lambda, y' + lf_{1y}\lambda) + \dfrac{t_1}{2}\mathrm{e}^{-\mathrm{i}\phi_2}\widetilde{U}_\mathrm{I}(x' + lf_{2x}\lambda, y' + lf_{2y}\lambda) \\ \qquad\quad = \dfrac{t_1}{2}\mathrm{e}^{-\mathrm{i}\phi_2}\left[\widetilde{U}_\mathrm{I}(x' + \delta x', y' + \delta y') + \mathrm{e}^{\mathrm{i}(\phi_2 - \phi_1)}\widetilde{U}_\mathrm{I}(x', y')\right]. \end{cases}$$

当 $\phi_2 - \phi_1 = (2k+1)\pi$, k 为整数时,

$$\begin{cases} \widetilde{U}_{(+1,+1)} = \dfrac{t_1}{2}\mathrm{e}^{\mathrm{i}\phi_1}\left[\widetilde{U}_\mathrm{I}(x' + \delta x', y' + \delta y') - \widetilde{U}_\mathrm{I}(x', y')\right], \\ \widetilde{U}_{(-1,-1)} = \dfrac{t_1}{2}\mathrm{e}^{-\mathrm{i}\phi_2}\left[\widetilde{U}_\mathrm{I}(x' + \delta x', y' + \delta y') - \widetilde{U}_\mathrm{I}(x', y')\right], \end{cases}$$

即实现了光学图像的微分, 凸显了图像的轮廓.

当 $\phi_2 - \phi_1 = 2k\pi$, k 为整数时,

$$\begin{cases} \widetilde{U}_{(+1,+1)} = \dfrac{t_1}{2}\mathrm{e}^{\mathrm{i}\phi_1}\left[\widetilde{U}_\mathrm{I}(x' + \delta x', y' + \delta y') + \widetilde{U}_\mathrm{I}(x', y')\right], \\ \widetilde{U}_{(-1,-1)} = \dfrac{t_1}{2}\mathrm{e}^{-\mathrm{i}\phi_2}\left[\widetilde{U}_\mathrm{I}(x' + \delta x', y' + \delta y') + \widetilde{U}_\mathrm{I}(x', y')\right], \end{cases}$$

即错开 $(\delta x', \delta y')$ 的两个光学图像相加, 使图像变得模糊.

3. 光学图像识别

光学图像识别具有广泛的应用, 例如, 指纹辨别、目标跟踪、复杂电路板查错、地质勘探等. 下面介绍两种基于阿贝成像和空间滤波的光学图像识别的工作原理, 如图 7.13 所示.

第一种光学图像识别的方法是, 将标准图像放在物面, 测量频谱面上的光强分布, 制备负片, 即频谱面上有光斑的地方对应着负片的不透光处, 而频谱面上的暗斑对应着负片的透光处. 将负片插入频谱面, 如果待测光学图像和标准图像完全一致, 则负片阻挡了所有的频谱光斑, 像面一片漆黑. 如果待测光学图像和标准图像不同, 那么即使存在细微的差异, 负片也无法阻挡所有的频谱光斑, 像面就会出现亮斑, 很容易分辨.

第二种光学图像识别的方法是, 测量频谱面上波前相位分布, 制备一个共轭相位板, 即其屏函数为 $\widetilde{t} = \widetilde{F}^*(f_x, f_y)$. 将共轭相位板插入频谱面, 则共轭相位板后的光的波前函数为 $\widetilde{F}_\mathrm{t}(f_x, f_y) = \widetilde{F}^*(f_x, f_y)\widetilde{F}(f_x, f_y)$, 为实量, 于是波前相因子为常量, 为正出射平面光的形式, 平面光经透镜会聚到像面的焦点上. 如果待测光学图像和标准图像有差异, 则光经过共轭相位板后, 波前相因子不再为常量, 于是在像面出现散斑, 这样, 便可以鉴别待测光学图像和标准图像的差别.

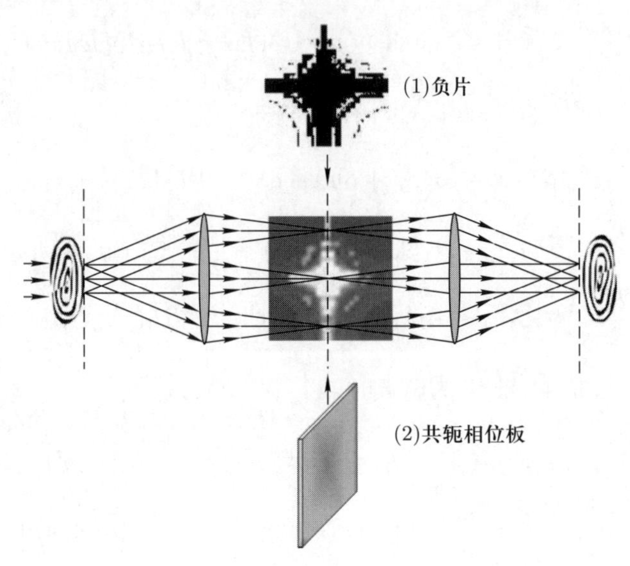

图 7.13　光学图像识别的两种方法

4. 显色滤波

显色滤波又称为调 θ 实验, 是一个比较有趣的阿贝成像和滤波实验, 如图 7.14 所示.

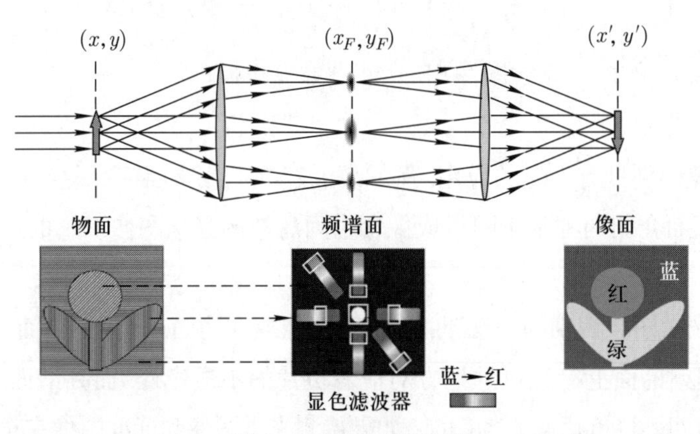

图 7.14　显色滤波实验

图像由不同取向的余弦光栅组成, 光栅的周期远远小于图像的尺度. 水平方向的光栅为背景, 竖直方向的光栅表示茎叶, 倾斜 45° 的光栅表示花朵. 当用白光照明时, 因为光栅色散满足 $\sin\theta = f\lambda$, 所以不同取向的光栅在频谱面上产生不同方向的红绿蓝彩带. 如果我们要在像面显示红花、绿叶、蓝色背景, 可以设计如图 7.14 所示的显色滤波器, 白色方框为挡光板上的开孔, 可将一个方向的频谱只保留一种颜色, 滤掉其余颜色, 那么其对应的像面上就会显示出该频率的颜色. 注意图像的尺度远远大于光栅常量, 图像的形状对应着频谱面上的低频信息, 所以中间的频谱亮斑处要开孔, 让其透射. 如果改变滤波器中的开孔位置, 图像的色彩会相应改变, 这便是调 θ 实验.

图 7.14 中, 物面的图像可以使用黑白干板分步拍摄而获得, 在干板前放置透射振幅型光栅, 在镜头前安装滤波器. 第一步, 使光栅为竖直取向, 使用绿通滤波器, 即只允许绿光透射, 其他波段的光全部被阻挡, 同时光栅会对光场进行调制, 所以只会在绿叶对应的地方出现竖直的亮暗相间的条纹分布, 按下快门, 绿叶部分被曝光. 第二步, 更换红通滤波器, 并将光栅旋转 45°, 对红花曝光. 第三步, 更换蓝通滤波器, 再将光栅旋转 45°, 即使光栅为水平取向, 对蓝色背景曝光. 之后对干板进行显影、定影, 便可获得调 θ 实验所用的图像. 黑白干板拍照加调 θ 实验, 常被戏称为 "黑白干板拍摄出彩色照片".

以上列举了几个基于阿贝成像原理的光学图像处理的案例, 可以使我们更好地理解阿贝成像原理, 并了解傅里叶变换光学的含义. 当然, 傅里叶变换光学的应用不仅仅是这些, 它的应用非常广泛, 在很多领域中都发挥着重要作用.

7.3 相衬显微镜

承接 7.2 节, 再介绍一个基于阿贝成像原理的应用, 因为这个应用非常重要, 所以单独列为一节.

显微镜是人们了解微观世界的重要工具之一. 如果样品为相位型, 即 $\widetilde{t}(x,y)=\mathrm{e}^{\mathrm{i}\phi(x,y)}$, 则物光的波前函数为 $\widetilde{U}_{\mathrm{O}}(x,y)=\widetilde{t}(x,y)A=A\mathrm{e}^{\mathrm{i}\phi(x,y)}$, 在像面的像光的波前函数应该相似于在物面的物光的波前函数, 所以 $\widetilde{U}_{\mathrm{I}}(x',y')=A'\mathrm{e}^{\mathrm{i}\phi(x',y')}$, 于是像场的光强分布为 $I'(x',y')=\widetilde{U}_{\mathrm{I}}(x',y')\widetilde{U}_{\mathrm{I}}^{*}(x',y')=A'^{2}$, 即光强均匀分布. 人眼可以感知光强的变化, 而无法探测波前相位, 所以一般的显微镜无法探测相位型样品. 但是不幸的是, 很多生物组织在可见光波段是透明的, 为了能够在显微镜下观察这些组织结构, 需要进行染色, 即使用染色剂让组织细胞着色. 常用的染色方法有简单染色法、革兰氏染色法、荚膜染色法、负染色法、抗酸染色法、芽孢染色法、荧光染色法等. 染色过程往往会破坏细胞壁和细胞膜, 改变生物组织, 这是染色的缺点. 怎么才能实现不改变生物组织, 而使用物理方法观察相位型样品呢? 荷兰物理学家泽尼克于 1935 年提出相衬原理, 但是他对相衬显微镜的推广并不顺利, 遭到了质疑和误解. 1941 年蔡司公司才开始研制和生产相衬显微镜. 直到第二次世界大战结束后, 美国军方得到相衬显微镜, 欧美光学公司的科研人员才意识到相衬技术的重要性, 并竞相生产被忽视了十多年的相衬显微镜. 泽尼克因发明相衬显微技术, 于 1953 年获得诺贝尔物理学奖.

图 7.15 给出相衬显微镜的工作原理. 如果物面放置相位型样品, 则物光的波前函

数为

$$\widetilde{U}_{\rm O}(x)=A{\rm e}^{{\rm i}\phi(x)}=\frac{a_0}{2}+\sum_{k=1}^{\infty}(a_k\cos 2\pi kf_0x+b_k\sin 2\pi kf_0x).$$

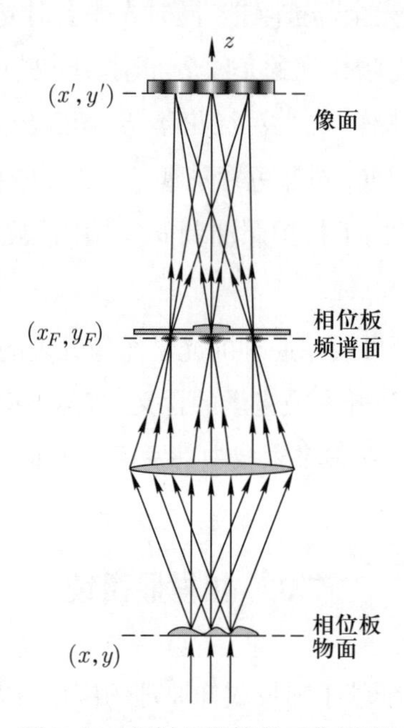

图 7.15 相衬显微镜的工作原理

如果样品为一维周期结构, 基频为 f_0, 则物光的波前函数可展开为傅里叶级数. 如果样品为非周期结构, 则傅里叶级数变成傅里叶积分, 并不影响下面的讨论. 所以我们就以周期结构来分析相衬原理.

在频谱面上放置相位板, 使零级衍射斑发生 δ 相移, 相当于物光的波前函数中的 $\dfrac{a_0}{2}$ 项变成 $\dfrac{a_0}{2}{\rm e}^{{\rm i}\delta}$, 于是新的物光的波前函数变为

$$\begin{aligned}\widetilde{U}'_{\rm O}(x)&=\frac{a_0}{2}{\rm e}^{{\rm i}\delta}+\sum_{k=1}^{\infty}(a_k\cos 2\pi kf_0x+b_k\sin 2\pi kf_0x)\\&=\frac{a_0}{2}({\rm e}^{{\rm i}\delta}-1)+\left[\frac{a_0}{2}+\sum_{k=1}^{\infty}(a_k\cos 2\pi kf_0x+b_k\sin 2\pi kf_0x)\right]\\&=\frac{a_0}{2}({\rm e}^{{\rm i}\delta}-1)+A{\rm e}^{{\rm i}\phi(x)}.\end{aligned}$$

在成像过程中, 在像面的像光的波前函数应该相似于在物面的物光的波前函数, 所以新的像光的波前函数为

$$\widetilde{U}'_{\rm I}(x')\propto\widetilde{U}'_{\rm O}(x')=\frac{a_0}{2}({\rm e}^{{\rm i}\delta}-1)+A'{\rm e}^{{\rm i}\phi(x')},$$

于是像场的光强分布为

$$I'(x') = \widetilde{U}_{\mathrm{I}}'(x')\widetilde{U}_{\mathrm{I}}'^{*}(x') \propto \left[\frac{a_0}{2}(\mathrm{e}^{\mathrm{i}\delta}-1)+A'\mathrm{e}^{\mathrm{i}\phi(x')}\right]\cdot\left[\frac{a_0}{2}(\mathrm{e}^{\mathrm{i}\delta}-1)+A'\mathrm{e}^{\mathrm{i}\phi(x')}\right]^{*}$$
$$= \left[a_0^2\sin^2\frac{\delta}{2}+A'^2\right]+a_0A'[\sin\delta\cdot\sin\phi(x')+(\cos\delta-1)\cdot\cos\phi(x')].$$

由此可知, 像场的光强分布和样品的相位信息相关联, 即相衬显微镜可以观察相位型样品.

为了提高成像的干涉衬比度, 可使相位板的相移 $\delta=\pi/2$. 同时, 如果样品的相位改变 $\phi(x')\ll\pi$, 则可进行弱相位条件近似: $\sin\phi(x')\approx\phi(x')$, $\cos\phi(x')\approx 1$, 于是

$$I'(x') = \left(\frac{a_0^2}{2}+A'^2-a_0A'\right)+a_0A'\phi(x'),$$

即光强分布和相位型样品的相位呈线性关系.

现在已发展出很多可探测相位型样品的光学方法, 例如, 暗场法、纹影法、微分法和离焦法等, 这里不再一一介绍.

7.4 全 息 术

全息术在信息光学领域具有重要应用, 例如, 三维显示、高密度数据记录、图像加密、光学计算、全息检查等. 全息的基本原理是干涉记录和衍射再现.

全息的发展可以追溯到 19 世纪末. 1891 年, 法国科学家李普曼 (Lippmann) 发明了一种使用黑白感光记录彩色图像的技术, 称为李普曼彩色摄影术. 李普曼因为他的这个发明荣获 1908 年的诺贝尔物理学奖. 图 7.16 给出李普曼彩色摄影术的原理. 在具有一定厚度的感光乳胶板后面放置金属反射镜, 当年李普曼将乳胶板浮于水银上, 使用水银作为反射镜. 拍照时, 反射光和入射光干涉, 在感光乳胶板中产生驻波场. 经曝光、显影和定影, 在感光乳胶板中形成布拉格光栅, 其晶面间距为 $d=\lambda/2$, 其中, λ 为成像光的波长, 如图 7.16 所示, 在红花成像处, $d_{\mathrm{R}}=\lambda_{\mathrm{R}}/2$, 在绿叶成像处, $d_{\mathrm{G}}=\lambda_{\mathrm{G}}/2$, 这里, λ_{R} 和 λ_{G} 为红光和绿光的波长. 当用白光照明时, 根据布拉格公式 $2d\sin\theta=k\lambda$ (k 为整数) 可知, 白光近似正入射, 所以 $\theta\approx 90°$, 布拉格光栅选择反射光波长 $\lambda'=\lambda/k$ (k 为整数). 一般来说, 可见光的范围约为 $380\sim 780$ nm, 用可见光拍照时, 选择可见光再现, k 只能取 1, 即图像再现光波长和记录光波长一样. 例如, 使用波长为 520 nm 的绿光记录时, 再现光波长为 $\lambda'=520/k$ nm, 当 $k=1$ 时, $\lambda'=520$ nm; 当 $k=2$ 时, $\lambda'=260$ nm, 这已经属于紫外线了, 所以人眼无法感知. 这样, 红花成像处的再现光波长 $\lambda_{\mathrm{R}}'=\lambda_{\mathrm{R}}$, 绿叶成像处的再现光波长 $\lambda_{\mathrm{G}}'=\lambda_{\mathrm{G}}$, 于是真实再现了拍摄图像的色彩. 图 7.17 为李普曼拍摄的彩色照片, 该照片色彩非常鲜艳.

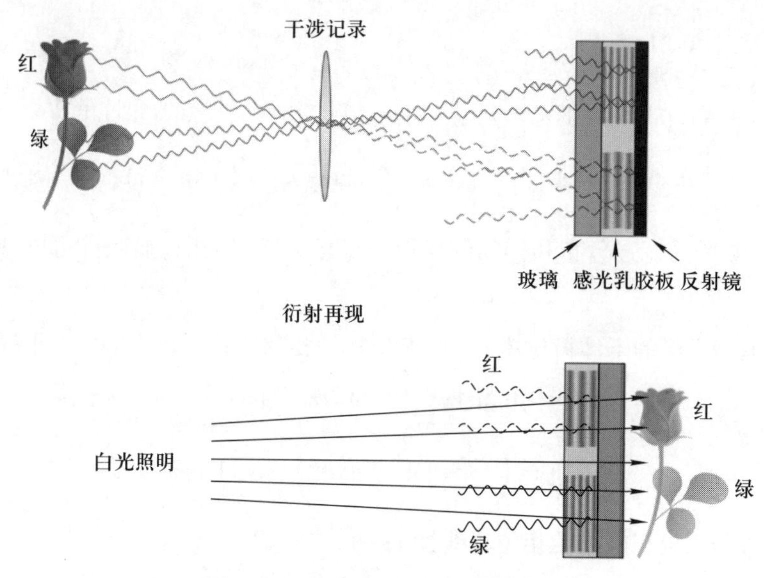

图 7.16　李普曼彩色摄影术的原理

图 7.17　李普曼利用他的彩色摄影术拍摄的彩色照片

直到 1903 年, 法国的卢米埃尔 (Lumière) 兄弟才发明出真正的彩色底片. 1936 年, 德国的沃尔芬彩色胶卷厂诞生了彩色胶卷, 彩色相片开始推广和普及.

为了提升显微镜的分辨率, 发展了全息术. 乌尔夫 (Wolfke) 在全息术上做出了开创性工作. 1947 年, 英籍匈牙利人伽柏 (Gabor) 提出并实现了共轴全息, 1948 年, 其工作以 "显微技术的一种新原理" 为题发表在 *Nature* 杂志上. 伽柏因为为全息术的发展做出的决定性贡献, 荣获 1971 年的诺贝尔物理学奖.

伽柏之所以采用共轴全息, 是因为当时没有好的相干光源. 1960 年, 美国科学家梅曼成功制造了世界上第一台可见光激光器. 激光器的诞生为全息术提供了好的相干光源, 促进其快速发展. 1962 年, 美国研究者利思 (Leith) 和乌帕特尼克斯 (Upatnieks) 实现离轴全息术. 同年, 苏联研究者丹尼苏克 (Denisyuk) 根据李普曼彩色摄影术, 发明了白光全息术, 它的优点是可以使用白炽灯或在阳光下观察全息照片. 白光全息术使用较厚的感光乳胶板记录干涉场, 在感光乳胶板内形成体布拉格光栅, 白光照明时, 可以选择出单一波长光再现图像. 1969 年, 美国研究者本顿 (Benton) 提出, 在记录光路中引入一条狭缝于一特定位置, 以限制光束方向, 从而降低复色光再现像的色模糊, 实现白光再现, 此种技术称为本顿全息术. 因为白光再现时, 以不同视角观察, 图像的色彩会发生改变, 就像雨后的彩虹, 所以此类全息术又称为彩虹全息.

1976 年, 苏联电影科学研究所放映了可供数十人观看的全息电影, 放映时用了一块 2 m × 2 m 的全息幕, 拍摄所用的感光材料是特制的 70 mm 电影胶片, 分辨率达 10000 线/mm. 全息电影可用于对超常条件下物体瞬态过程的研究. 目前, 全息术已经广泛应用于各个领域, 下面分析全息术的基本原理.

7.4.1 余弦波带片的夫琅禾费衍射场

余弦波带片的制备如图 7.18 所示. 傍轴球面光和平面光相干叠加, 使用感光干板记录其干涉条纹.

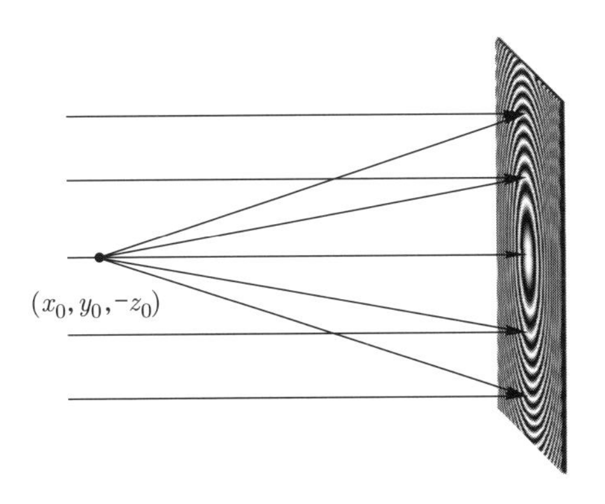

图 7.18 余弦波带片的制备

平面光的波前函数为

$$\widetilde{U}_{\mathrm{R}} = A_{\mathrm{R}},$$

傍轴球面光的波前函数为

$$\widetilde{U}_{\mathrm{O}} = A_{\mathrm{O}} \mathrm{e}^{\mathrm{i}k\frac{(x-x_0)^2+(y-y_0)^2}{2z_0}+\mathrm{i}\phi_0},$$

其中, $k = \dfrac{2\pi}{\lambda}$.

干涉光强分布为

$$\begin{aligned}I(x,y)&=(\widetilde{U}_{\mathrm{R}}+\widetilde{U}_{\mathrm{O}})\cdot(\widetilde{U}_{\mathrm{R}}+\widetilde{U}_{\mathrm{O}})^*\\&=\left[A_{\mathrm{R}}+A_{\mathrm{O}}\mathrm{e}^{\mathrm{i}k\frac{(x-x_0)^2+(y-y_0)^2}{2z_0}+\mathrm{i}\phi_0}\right]\cdot\left[A_{\mathrm{R}}+A_{\mathrm{O}}\mathrm{e}^{-\mathrm{i}k\frac{(x-x_0)^2+(y-y_0)^2}{2z_0}-\mathrm{i}\phi_0}\right]\\&=A_{\mathrm{R}}^2+A_{\mathrm{O}}^2+2A_{\mathrm{R}}A_{\mathrm{O}}\cos\left[k\frac{(x-x_0)^2+(y-y_0)^2}{2z_0}+\phi_0\right].\end{aligned}$$

经曝光、显影、定影, 得到与曝光光强呈线性关系的透射屏函数:

$$\begin{aligned}\widetilde{t}(x,y)&=\alpha+\beta I(x,y)\\&=[\alpha+\beta(A_{\mathrm{R}}^2+A_{\mathrm{O}}^2)]+2\beta A_{\mathrm{R}}A_{\mathrm{O}}\cos\left[k\frac{(x-x_0)^2+(y-y_0)^2}{2z_0}+\phi_0\right]\\&=t_0+t_1\cos\left[k\frac{(x-x_0)^2+(y-y_0)^2}{2z_0}+\phi_0\right],\end{aligned}$$

其中, $t_0=\alpha+\beta(A_{\mathrm{R}}^2+A_{\mathrm{O}}^2)$, $t_1=2\beta A_{\mathrm{R}}A_{\mathrm{O}}$. 这样, 就通过干涉获得了一个振幅型余弦波带片, 参与干涉记录的两束光称为写光束.

照明光, 又称为读光束, 为正入射的平面光, 其波长和写光束相同: $\widetilde{U}_{\mathrm{R}'}=A_{\mathrm{R}'}$, 则余弦波带片的夫琅禾费衍射场为

$$\begin{aligned}\widetilde{U}(x,y)&=\widetilde{t}(x,y)\widetilde{U}_{\mathrm{R}'}=t_0A_{\mathrm{R}'}+t_1A_{\mathrm{R}'}\cos\left[k\frac{(x-x_0)^2+(y-y_0)^2}{2z_0}+\phi_0\right]\\&=t_0A_{\mathrm{R}'}+\frac{t_1A_{\mathrm{R}'}}{2}\mathrm{e}^{\mathrm{i}k\frac{(x-x_0)^2+(y-y_0)^2}{2z_0}+\mathrm{i}\phi_0}+\frac{t_1A_{\mathrm{R}'}}{2}\mathrm{e}^{-\mathrm{i}k\frac{(x-x_0)^2+(y-y_0)^2}{2z_0}-\mathrm{i}\phi_0}\\&=\widetilde{U}_0+\widetilde{U}_{+1}+\widetilde{U}_{-1},\end{aligned}$$

其中, $\widetilde{U}_0=t_0A_{\mathrm{R}'}$, 为零级衍射光, 是正出射的平面光. $\widetilde{U}_{+1}=\dfrac{t_1A_{\mathrm{R}'}}{2}\mathrm{e}^{\mathrm{i}k\frac{(x-x_0)^2+(y-y_0)^2}{2z_0}+\mathrm{i}\phi_0}$, 为正一级衍射光, 是傍轴发散球面光, 发散点的位置为 $(x_0,y_0,-z_0)$. 它真实地再现出余弦波带片记录时的球面光的波前和其发散点的位置. $\widetilde{U}_{-1}=\dfrac{t_1A_{\mathrm{R}'}}{2}\mathrm{e}^{-\mathrm{i}k\frac{(x-x_0)^2+(y-y_0)^2}{2z_0}-\mathrm{i}\phi_0}$, 为负一级衍射光, 是傍轴会聚球面光, 会聚点的位置为 (x_0,y_0,z_0). 它真实地再现出余弦波带片记录时的球面光的共轭波前, 其会聚于记录的球面光的发散点的共轭位置.

两束相干光中, 一束光直接照射到感光干板上, 称为参考光; 另一束光照射到物体上, 被物体散射后再照射到感光干板上, 称为物光. 物体上的每个散射点都可以看成一个次波源, 大量的次波源发出大量的球面光. 这些球面光和参考光在感光干板上相干叠加, 感光干板记录下一系列余弦波带片. 之后, 照明光照射感光干板, 每个余弦波带片的夫琅禾费衍射再现出其对应的球面光的波前和其共轭波前, 于是这些余弦波带片

的衍射再现出物光的波前和其共轭波前, 形成了物体的像和共轭像. 这便是全息术的基本原理.

7.4.2 全息理论

从上面的分析可知, 全息术分为两步: 干涉记录和衍射再现. 图 7.19 给出干涉记录的光路图.

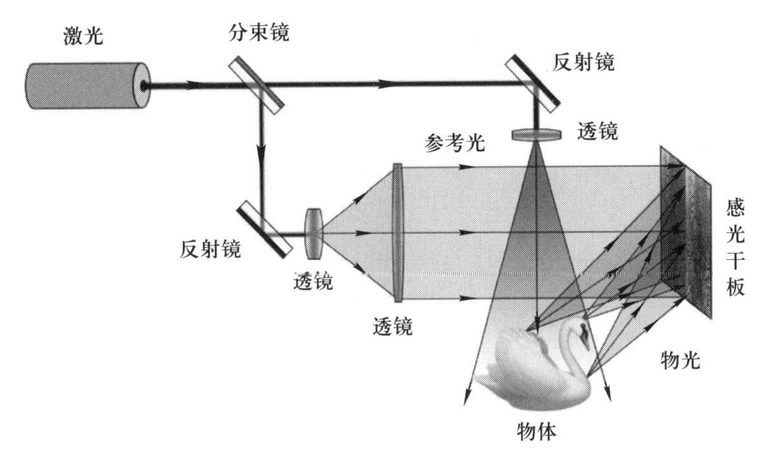

图 7.19 干涉记录的光路图

一束激光经过分束镜分为两束, 一束激光经扩束后照射到物体上, 被物体散射后再照射到感光干板上, 这些散射光带有物体的信息, 称为物光, 在感光干板上的波前函数为 $\widetilde{U}_{\rm O}=A_{\rm O}(x,y){\rm e}^{{\rm i}\phi_{\rm O}(x,y)}$; 另一束激光经扩束后直接照射到感光干板上, 称为参考光, 在感光干板上的波前函数为 $\widetilde{U}_{\rm R}=A_{\rm R}(x,y){\rm e}^{{\rm i}\phi_{\rm R}(x,y)}$. 感光干板上的干涉光强分布为

$$I_{\rm H}(x,y)=A_{\rm O}^2(x,y)+A_{\rm R}^2(x,y)+A_{\rm R}(x,y){\rm e}^{-{\rm i}\phi_{\rm R}(x,y)}\cdot\widetilde{U}_{\rm O}+A_{\rm R}(x,y){\rm e}^{{\rm i}\phi_{\rm R}(x,y)}\cdot\widetilde{U}_{\rm O}^*.$$

经显影、定影后感光干板的屏函数为

$$\begin{aligned}\widetilde{t}_{\rm H}(x,y)=\alpha+\beta I_{\rm H}(x,y)&=[\alpha+\beta A_{\rm O}^2(x,y)+\beta A_{\rm R}^2(x,y)]+\beta A_{\rm R}(x,y){\rm e}^{-{\rm i}\phi_{\rm R}(x,y)}\cdot\widetilde{U}_{\rm O}\\&\quad+\beta A_{\rm R}(x,y){\rm e}^{{\rm i}\phi_{\rm R}(x,y)}\cdot\widetilde{U}_{\rm O}^*,\end{aligned}$$

其中, α 和 β 为常量. 这样, 就完成了干涉记录. 感光干板可以使用卤化银乳胶、硬化重铬酸盐明胶、光致聚合物材料、光折变晶体等.

图 7.20 给出衍射再现的过程.

照明光照射到全息干板上, 其波前函数为 $\widetilde{U}_{\rm R'}=A_{\rm R'}(x,y){\rm e}^{{\rm i}\phi_{\rm R'}(x,y)}$, 经全息干板衍

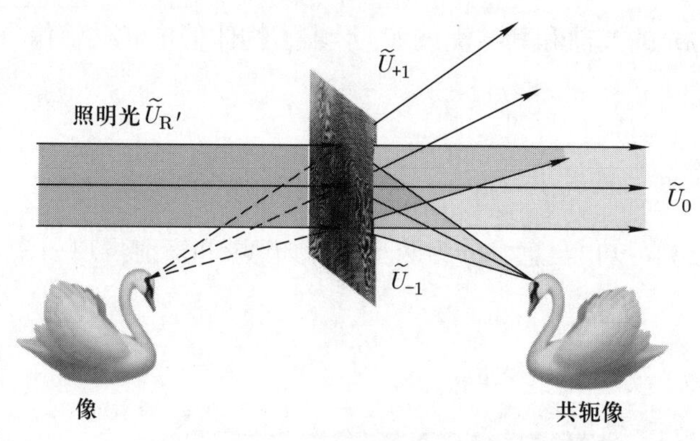

图 7.20　衍射再现的过程

射后, 波前函数改变为

$$\begin{aligned}\widetilde{U}(x,y) &= \widetilde{t}_H(x,y)\widetilde{U}_{R'}(x,y)\\ &= [\alpha+\beta A_O^2(x,y)+\beta A_R^2(x,y)]\cdot A_{R'}(x,y)e^{i\phi_{R'}(x,y)}\\ &\quad +\beta A_R(x,y)A_{R'}(x,y)e^{i[\phi_{R'}(x,y)-\phi_R(x,y)]}\cdot\widetilde{U}_O\\ &\quad +\beta A_R(x,y)A_{R'}(x,y)e^{i[\phi_{R'}(x,y)+\phi_R(x,y)]}\cdot\widetilde{U}_O^*.\end{aligned}$$

令

$$\begin{cases}T_1=\alpha+\beta A_O^2(x,y)+\beta A_R^2(x,y),\\ T_2=\beta A_R(x,y)A_{R'}(x,y)e^{i[\phi_{R'}(x,y)-\phi_R(x,y)]},\\ T_3=\beta A_R(x,y)A_{R'}(x,y)e^{i[\phi_{R'}(x,y)+\phi_R(x,y)]},\end{cases}$$

则

$$\widetilde{U}(x,y)=T_1\widetilde{U}_{R'}+T_2\widetilde{U}_O+T_3\widetilde{U}_O^*=\widetilde{U}_0+\widetilde{U}_{+1}+\widetilde{U}_{-1},$$

其中, T_1,T_2,T_3 称为三个操作因子, 它们分别作用在照明光波前、物光波前和物光共轭波前上. 分析如下:

$\widetilde{U}_0=T_1\widetilde{U}_{R'}$, T_1 作用在照明光波前上, 所得衍射光为零级衍射光. 因为物体表面相对平滑, $A_O^2(x,y)$ 在波长量级空间内的变化远远小于其自身的大小, 所以可以近似为常量. 照明光的波形比较简单, 一般为平面光或傍轴球面光, 所以 $A_R^2(x,y)$ 为常量. 因此 T_1 便是常量, 这样, T_1 几乎不改变照明光的传播行为.

$\widetilde{U}_{+1}=T_2\widetilde{U}_O, \widetilde{U}_{-1}=T_3\widetilde{U}_O^*$, 它们包含了物光波前和物光共轭波前的信息, 下面我们通过几种经典的情况, 来分析 T_2,T_3 对成像的影响.

(1) 共轴全息, 即当初伽柏所采用的方案. 照明光和参考光为波长相同的正入射的平面光, 有 $\phi_{R'}(x,y)=\phi_R(x,y)=$ 常量, 当然, $\phi_{R'}(x,y)$ 和 $\phi_R(x,y)$ 之间可以差一个常量, 常量项的存在不影响再现波前的性质. 于是 T_2, T_3 为常量, 它们作用在 $\widetilde{U}_{\mathrm{O}}$ 和 $\widetilde{U}_{\mathrm{O}}^*$ 上, 真实地再现了物光波前和物光共轭波前.

(2) 照明光和参考光为波长相同的斜入射的平面光, 有 $\phi_{\mathrm{R}'}(x,y) = \phi_{\mathrm{R}}(x,y)$ 为线性相因子, 于是 $T_2 = \beta A_{\mathrm{R}} A_{\mathrm{R}'}$ 为常量, 作用在 $\widetilde{U}_{\mathrm{O}}$ 上, 真实地再现了物光波前. $T_3 = \beta A_{\mathrm{R}} A_{\mathrm{R}'} \mathrm{e}^{\mathrm{i}[\phi_{\mathrm{R}'}(x,y)+\phi_{\mathrm{R}}(x,y)]}$ 为线性相因子, 作用在 $\widetilde{U}_{\mathrm{O}}^*$ 上, 相当于一个棱镜作用在物光共轭波前上, 改变共轭像的位置, 但是不改变共轭像的大小和形状.

(3) 照明光和参考光为傍轴球面光, 并且其波长和球心位置相同, 有 $\phi_{\mathrm{R}'}(x,y) = \phi_{\mathrm{R}}(x,y)$ 为二次相因子, 于是 $T_2 = \beta A_{\mathrm{R}} A_{\mathrm{R}'}$ 为常量, 作用在 $\widetilde{U}_{\mathrm{O}}$ 上, 真实地再现了物光波前. $T_3 = \beta A_{\mathrm{R}} A_{\mathrm{R}'} \mathrm{e}^{\mathrm{i}[\phi_{\mathrm{R}'}(x,y)+\phi_{\mathrm{R}}(x,y)]}$ 为二次相因子, 作用在 $\widetilde{U}_{\mathrm{O}}^*$ 上, 相当于一个透镜作用在物光共轭波前上, 改变共轭像的位置、大小、虚实, 但是不改变共轭像的形状.

(4) 照明光和参考光为波长相同的波前相互共轭的傍轴球面光, 有 $\phi_{\mathrm{R}'}(x,y) = -\phi_{\mathrm{R}}(x,y)$ 为二次相因子, 于是 $T_2 = \beta A_{\mathrm{R}} A_{\mathrm{R}'} \mathrm{e}^{\mathrm{i}[\phi_{\mathrm{R}'}(x,y)-\phi_{\mathrm{R}}(x,y)]}$ 为二次相因子, 作用在 $\widetilde{U}_{\mathrm{O}}$ 上, 相当于一个透镜作用在物光波前上, 改变像的位置、大小、虚实, 但是不改变像的形状. $T_3 = \beta A_{\mathrm{R}} A_{\mathrm{R}'}$ 为常量, 作用在 $\widetilde{U}_{\mathrm{O}}^*$ 上, 真实地再现了物光共轭波前.

(5) 更为一般的情况, 干涉记录时所用光的波长为 λ_1, 衍射再现时照明光的波长为 λ_2. 物点位于 $(x_0, y_0, -z_0)$, 其波前函数为

$$\widetilde{U}_{\mathrm{O}}(x,y) = A_{\mathrm{O}} \mathrm{e}^{\mathrm{i}\frac{2\pi}{\lambda_1}\left(\frac{x^2+y^2}{2z_0} - \frac{x_0 x + y_0 y}{z_0}\right)},$$

参考光为傍轴球面光, 球心位于 $(x_{\mathrm{R}}, y_{\mathrm{R}}, -z_{\mathrm{R}})$, 其波前函数为

$$\widetilde{U}_{\mathrm{R}}(x,y) = A_{\mathrm{R}} \mathrm{e}^{\mathrm{i}\frac{2\pi}{\lambda_1}\left(\frac{x^2+y^2}{2z_{\mathrm{R}}} - \frac{x_{\mathrm{R}} x + y_{\mathrm{R}} y}{z_{\mathrm{R}}}\right)},$$

照明光为傍轴球面光, 球心位于 $(x_{\mathrm{R}'}, y_{\mathrm{R}'}, -z_{\mathrm{R}'})$, 其波前函数为

$$\widetilde{U}_{\mathrm{R}'}(x,y) = A_{\mathrm{R}'} \mathrm{e}^{\mathrm{i}\frac{2\pi}{\lambda_2}\left(\frac{x^2+y^2}{2z_{\mathrm{R}'}} - \frac{x_{\mathrm{R}'} x + y_{\mathrm{R}'} y}{z_{\mathrm{R}'}}\right)},$$

于是操作因子为

$$\begin{cases} T_2 = \beta A_{\mathrm{R}} A_{\mathrm{R}'} \mathrm{e}^{\mathrm{i}\left[\frac{2\pi}{\lambda_2}\left(\frac{x^2+y^2}{2z_{\mathrm{R}'}} - \frac{x_{\mathrm{R}'} x + y_{\mathrm{R}'} y}{z_{\mathrm{R}'}}\right) - \frac{2\pi}{\lambda_1}\left(\frac{x^2+y^2}{2z_{\mathrm{R}}} - \frac{x_{\mathrm{R}} x + y_{\mathrm{R}} y}{z_{\mathrm{R}}}\right)\right]}, \\ T_3 = \beta A_{\mathrm{R}} A_{\mathrm{R}'} \mathrm{e}^{\mathrm{i}\left[\frac{2\pi}{\lambda_2}\left(\frac{x^2+y^2}{2z_{\mathrm{R}'}} - \frac{x_{\mathrm{R}'} x + y_{\mathrm{R}'} y}{z_{\mathrm{R}'}}\right) + \frac{2\pi}{\lambda_1}\left(\frac{x^2+y^2}{2z_{\mathrm{R}}} - \frac{x_{\mathrm{R}} x + y_{\mathrm{R}} y}{z_{\mathrm{R}}}\right)\right]}, \end{cases}$$

物光波前再现为

$$\begin{aligned}\widetilde{U}_{+1} &= T_2\widetilde{U}_{\mathrm{O}}\\ &= \beta A_{\mathrm{R}}A_{\mathrm{R}'}A_{\mathrm{O}}\mathrm{e}^{\mathrm{i}\left[\frac{2\pi}{\lambda_2}\left(\frac{x^2+y^2}{2z_{\mathrm{R}'}}-\frac{x_{\mathrm{R}'}x+y_{\mathrm{R}'}y}{z_{\mathrm{R}'}}\right)-\frac{2\pi}{\lambda_1}\left(\frac{x^2+y^2}{2z_{\mathrm{R}}}-\frac{x_{\mathrm{R}}x+y_{\mathrm{R}}y}{z_{\mathrm{R}}}\right)+\frac{2\pi}{\lambda_1}\left(\frac{x^2+y^2}{2z_0}-\frac{x_0x+y_0y}{z_0}\right)\right]}\\ &= \beta A_{\mathrm{R}}A_{\mathrm{R}'}A_{\mathrm{O}}\mathrm{e}^{\mathrm{i}\frac{2\pi}{\lambda_2}\left[\frac{\frac{x^2+y^2}{2z_0z_{\mathrm{R}}z_{\mathrm{R}'}}}{z_0z_{\mathrm{R}}+\frac{\lambda_2}{\lambda_1}(z_{\mathrm{R}}z_{\mathrm{R}'}-z_0z_{\mathrm{R}'})}\right]}\\ &\cdot \mathrm{e}^{-\mathrm{i}\frac{2\pi}{\lambda_2}\left\{\frac{\left[\frac{x_{\mathrm{R}'}z_0z_{\mathrm{R}}+\frac{\lambda_2}{\lambda_1}(x_0z_{\mathrm{R}}z_{\mathrm{R}'}-x_{\mathrm{R}}z_0z_{\mathrm{R}'})}{z_0z_{\mathrm{R}}+\frac{\lambda_2}{\lambda_1}(z_{\mathrm{R}}z_{\mathrm{R}'}-z_0z_{\mathrm{R}'})}\right]x+\left[\frac{y_{\mathrm{R}'}z_0z_{\mathrm{R}}+\frac{\lambda_2}{\lambda_1}(y_0z_{\mathrm{R}}z_{\mathrm{R}'}-y_{\mathrm{R}}z_0z_{\mathrm{R}'})}{z_0z_{\mathrm{R}}+\frac{\lambda_2}{\lambda_1}(z_{\mathrm{R}}z_{\mathrm{R}'}-z_0z_{\mathrm{R}'})}\right]y}{\frac{z_0z_{\mathrm{R}}z_{\mathrm{R}'}}{z_0z_{\mathrm{R}}+\frac{\lambda_2}{\lambda_1}(z_{\mathrm{R}}z_{\mathrm{R}'}-z_0z_{\mathrm{R}'})}}\right\}}.\end{aligned}$$

因为照明光的波长为 λ_2, 所以衍射光的波矢为 $k_2=2\pi/\lambda_2$. 由此可以得到像的位置为

$$\begin{cases}x_{+1}=\dfrac{x_{\mathrm{R}'}z_0z_{\mathrm{R}}+\dfrac{\lambda_2}{\lambda_1}(x_0z_{\mathrm{R}}z_{\mathrm{R}'}-x_{\mathrm{R}}z_0z_{\mathrm{R}'})}{z_0z_{\mathrm{R}}+\dfrac{\lambda_2}{\lambda_1}(z_{\mathrm{R}}z_{\mathrm{R}'}-z_0z_{\mathrm{R}'})},\\ y_{+1}=\dfrac{y_{\mathrm{R}'}z_0z_{\mathrm{R}}+\dfrac{\lambda_2}{\lambda_1}(y_0z_{\mathrm{R}}z_{\mathrm{R}'}-y_{\mathrm{R}}z_0z_{\mathrm{R}'})}{z_0z_{\mathrm{R}}+\dfrac{\lambda_2}{\lambda_1}(z_{\mathrm{R}}z_{\mathrm{R}'}-z_0z_{\mathrm{R}'})},\\ z_{+1}=-\dfrac{z_0z_{\mathrm{R}}z_{\mathrm{R}'}}{z_0z_{\mathrm{R}}+\dfrac{\lambda_2}{\lambda_1}(z_{\mathrm{R}}z_{\mathrm{R}'}-z_0z_{\mathrm{R}'})}.\end{cases}$$

物点在横向的位移导致像点发生横向位移, 成像的横向放大率定义为像点的横向位移量与物点的横向位移量的比值, 所以物光再现像的横向放大率为

$$V_{+1}=\frac{\mathrm{d}x_{+1}}{\mathrm{d}x_0}=\frac{\mathrm{d}y_{+1}}{\mathrm{d}y_0}=\frac{\dfrac{\lambda_2}{\lambda_1}z_{\mathrm{R}}z_{\mathrm{R}'}}{z_0z_{\mathrm{R}}+\dfrac{\lambda_2}{\lambda_1}(z_{\mathrm{R}}z_{\mathrm{R}'}-z_0z_{\mathrm{R}'})}.$$

物光共轭波前再现为

$$\begin{aligned}\widetilde{U}_{-1} &= T_3\widetilde{U}_{\mathrm{O}}^*\\ &= \beta A_{\mathrm{R}}A_{\mathrm{R}'}A_{\mathrm{O}}\mathrm{e}^{\mathrm{i}\left[\frac{2\pi}{\lambda_2}\left(\frac{x^2+y^2}{2z_{\mathrm{R}'}}-\frac{x_{\mathrm{R}'}x+y_{\mathrm{R}'}y}{z_{\mathrm{R}'}}\right)+\frac{2\pi}{\lambda_1}\left(\frac{x^2+y^2}{2z_{\mathrm{R}}}-\frac{x_{\mathrm{R}}x+y_{\mathrm{R}}y}{z_{\mathrm{R}}}\right)-\frac{2\pi}{\lambda_1}\left(\frac{x^2+y^2}{2z_0}-\frac{x_0x+y_0y}{z_0}\right)\right]}\\ &= \beta A_{\mathrm{R}}A_{\mathrm{R}'}A_{\mathrm{O}}\mathrm{e}^{\mathrm{i}\frac{2\pi}{\lambda_2}\left[\frac{\frac{x^2+y^2}{2z_0z_{\mathrm{R}}z_{\mathrm{R}'}}}{z_0z_{\mathrm{R}}+\frac{\lambda_2}{\lambda_1}(z_0z_{\mathrm{R}'}-z_{\mathrm{R}}z_{\mathrm{R}'})}\right]}\\ &\cdot \mathrm{e}^{-\mathrm{i}\frac{2\pi}{\lambda_2}\left\{\frac{\left[\frac{x_{\mathrm{R}'}z_0z_{\mathrm{R}}+\frac{\lambda_2}{\lambda_1}(x_{\mathrm{R}}z_0z_{\mathrm{R}'}-x_0z_{\mathrm{R}}z_{\mathrm{R}'})}{z_0z_{\mathrm{R}}+\frac{\lambda_2}{\lambda_1}(z_0z_{\mathrm{R}'}-z_{\mathrm{R}}z_{\mathrm{R}'})}\right]x+\left[\frac{y_{\mathrm{R}'}z_0z_{\mathrm{R}}+\frac{\lambda_2}{\lambda_1}(y_{\mathrm{R}}z_0z_{\mathrm{R}'}-y_0z_{\mathrm{R}}z_{\mathrm{R}'})}{z_0z_{\mathrm{R}}+\frac{\lambda_2}{\lambda_1}(z_0z_{\mathrm{R}'}-z_{\mathrm{R}}z_{\mathrm{R}'})}\right]y}{\frac{z_0z_{\mathrm{R}}z_{\mathrm{R}'}}{z_0z_{\mathrm{R}}+\frac{\lambda_2}{\lambda_1}(z_0z_{\mathrm{R}'}-z_{\mathrm{R}}z_{\mathrm{R}'})}}\right\}}.\end{aligned}$$

共轭像的位置为

$$\begin{cases} x_{-1} = \dfrac{x_{R'}z_0z_R + \dfrac{\lambda_2}{\lambda_1}(x_Rz_0z_{R'} - x_0z_Rz_{R'})}{z_0z_R + \dfrac{\lambda_2}{\lambda_1}(z_0z_{R'} - z_Rz_{R'})}, \\ y_{-1} = \dfrac{y_{R'}z_0z_R + \dfrac{\lambda_2}{\lambda_1}(y_Rz_0z_{R'} - y_0z_Rz_{R'})}{z_0z_R + \dfrac{\lambda_2}{\lambda_1}(z_0z_{R'} - z_Rz_{R'})}, \\ z_{-1} = -\dfrac{z_0z_Rz_{R'}}{z_0z_R + \dfrac{\lambda_2}{\lambda_1}(z_0z_{R'} - z_Rz_{R'})}. \end{cases}$$

共轭像的横向放大率为

$$V_{-1} = \frac{\mathrm{d}x_{-1}}{\mathrm{d}x_0} = \frac{\mathrm{d}y_{-1}}{\mathrm{d}y_0} = -\frac{\dfrac{\lambda_2}{\lambda_1}z_Rz_{R'}}{z_0z_R + \dfrac{\lambda_2}{\lambda_1}(z_0z_{R'} - z_Rz_{R'})}.$$

我们可以看到, 像 (以及共轭像) 在 x 轴和 y 轴上的横向放大率相等, 即成像过程中图像的形状不发生变化.

例题 7.4 物点位于 $(x_0, y_0, -z_0)$, 干涉记录时所用光的波长为 λ_1, 衍射再现时照明光的波长为 λ_2. 如果参考光和照明光为平面光, 求像和共轭像的位置, 及其横向放大率. 如果参考光和照明光为傍轴球面光, 并且它们的球心位于同一点, 即 $x_R = x_{R'}, y_R = y_{R'}$, $z_R = z_{R'} = z_0$, 求像和共轭像的位置, 及其横向放大率.

解 对于第一种情况,

$$\text{像的位置为}\begin{cases} x_{+1} = x_0, \\ y_{+1} = y_0, \\ z_{+1} = -\dfrac{\lambda_1}{\lambda_2}z_0, \end{cases} \qquad \text{共轭像的位置为}\begin{cases} x_{-1} = x_0, \\ y_{-1} = y_0, \\ z_{-1} = \dfrac{\lambda_1}{\lambda_2}z_0. \end{cases}$$

横向放大率为

$$V_{+1} = V_{-1} = 1.$$

对于第二种情况,

$$\text{像的位置为}\begin{cases} x_{+1} = x_{R'} + \dfrac{\lambda_2}{\lambda_1}(x_0 - x_R), \\ y_{+1} = y_{R'} + \dfrac{\lambda_2}{\lambda_1}(y_0 - y_R), \\ z_{+1} = -z_0, \end{cases} \qquad \text{共轭像的位置为}\begin{cases} x_{-1} = x_{R'} + \dfrac{\lambda_2}{\lambda_1}(x_R - x_0), \\ y_{-1} = y_{R'} + \dfrac{\lambda_2}{\lambda_1}(y_R - y_0), \\ z_{-1} = -z_0. \end{cases}$$

横向放大率为

$$V_{+1} = \frac{\lambda_2}{\lambda_1}, \quad V_{-1} = -\frac{\lambda_2}{\lambda_1}.$$

由此可知,如果使用波长较短的光记录,使用波长较长的照明光再现,可以得到放大的像,这一性质可应用于显微技术.

根据上面几种经典情况的讨论,我们可以总结出如下结论:全息图的衍射场总共包含三种主要成分,即 $T_2\widetilde{U}_{\mathrm{O}}, T_3\widetilde{U}_{\mathrm{O}}^*, T_1\widetilde{U}_{\mathrm{R}'}$,其中,$T_1$ 近似为常量,T_2 和 T_3 中的振幅因子近似为常量,相因子不外乎是单纯的线性因子、单纯的二次因子和二次因子加上线性因子,其作用分别等效于一个棱镜,或者一个透镜,再或者一个密接的透镜和棱镜. T_2 和 T_3 分别作用在 $\widetilde{U}_{\mathrm{O}}$ 和 $\widetilde{U}_{\mathrm{O}}^*$ 上,可能改变像和共轭像的位置、大小、虚实,但是不改变其形状.

全息图像还有一个重要特征,即信息记录是点面对应的. 物体上每个点的散射光照射到整个感光干板上,和参考光干涉,并记录下干涉条纹分布. 所以物体上每个点的信息都被记录在整个全息片上,这样,如果全息片被打破,则每一个碎片都可以再现出整个物体,只是碎片的尺度变小、衍射角度变大,于是像变得模糊,丢失了图像的细节而已.

7.4.3 全息的种类

根据全息记录的光路图和记录介质的厚度,可以有共轴全息、离轴全息、白光全息、彩虹全息、真彩全息等不同的种类.

共轴全息是物光和参考光共轴的全息记录的方式,当时伽柏是为了解决无良好的相干光源而设计的. 1960 年,激光器问世,为全息术提供了好的相干光源,于是离轴全息被实现,目前的全息术基本都是采用离轴的方式.

1. 白光全息

从上面的分析可以看到,衍射再现出的像和共轭像的位置、大小与照明光的波长有关. 如果使用白光照明,因为白光包含了不同波长的光,所以不同波长的光再现出不同位置、大小的像和共轭像. 它们相互交错地叠加在一起,使得再现光场变得模糊,从而不可分辨,此现象称为再现像的色模糊. 对于一般的薄膜全息图,需要使用单色光照明才能再现出清晰的像和共轭像,这为全息图的观看带来不便. 怎么解决这个问题呢? 丹尼苏克参考李普曼彩色摄影术,发明了白光全息术,可使用白光再现出清楚的像和共轭像. 如图 7.21 所示,白光全息使用体感光胶板,即感光胶膜比较厚,可以记录体光栅,所以白光全息也称为体全息.

设干涉记录时所用光的波长为 λ_{w},参考光为正入射的平面光,波矢的单位方向矢量为 $\boldsymbol{e}_{\mathrm{R}} = (0,0,1)$,其复振幅为 $\widetilde{U}_{\mathrm{R}}(x,y,z) = A_{\mathrm{R}}\mathrm{e}^{\mathrm{i}k_{\mathrm{w}}z}$,其中,$k_{\mathrm{w}} = 2\pi/\lambda_{\mathrm{w}}$. 物光可以展开成一系列不同方向的平面光,设物光某一平面光分量的传播方向在 (x,z) 平面内,和 z 轴之间的夹角为 β,即波矢的单位方向矢量为 $\boldsymbol{e}_{\mathrm{O}} = (\sin\beta, 0, \cos\beta)$,其复振幅为

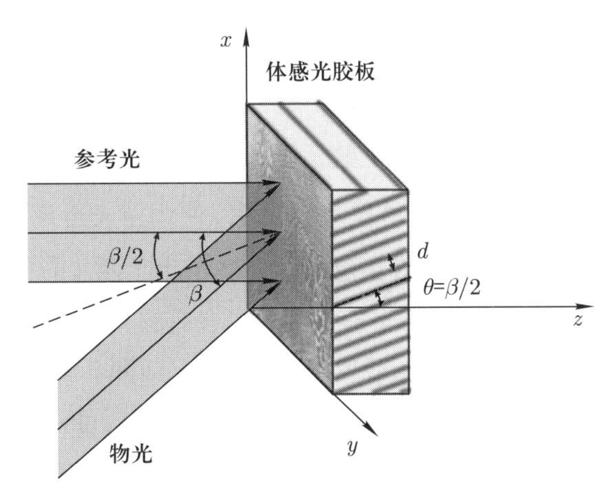

图 7.21 白光全息记录

$\widetilde{U}_{\mathrm{O}}(x,y,z)=A_{\mathrm{O}}\mathrm{e}^{\mathrm{i}k_{\mathrm{w}}(x\sin\beta+z\cos\beta)}$. 参考光和物光在空间的干涉光强分布为

$$\begin{aligned}I(x,y,z)&=[\widetilde{U}_{\mathrm{R}}(x,y,z)+\widetilde{U}_{\mathrm{O}}(x,y,z)]\cdot[\widetilde{U}_{\mathrm{R}}(x,y,z)+\widetilde{U}_{\mathrm{O}}(x,y,z)]^*\\&=[A_{\mathrm{R}}\mathrm{e}^{\mathrm{i}k_{\mathrm{w}}z}+A_{\mathrm{O}}\mathrm{e}^{\mathrm{i}k_{\mathrm{w}}(x\sin\beta+z\cos\beta)}]\cdot[A_{\mathrm{R}}\mathrm{e}^{-\mathrm{i}k_{\mathrm{w}}z}+A_{\mathrm{O}}\mathrm{e}^{-\mathrm{i}k_{\mathrm{w}}(x\sin\beta+z\cos\beta)}]\\&=A_{\mathrm{R}}^2+A_{\mathrm{O}}^2+2A_{\mathrm{R}}A_{\mathrm{O}}\cos\{k_{\mathrm{w}}[x\sin\beta+z(\cos\beta-1)]\}.\end{aligned}$$

当 $k_{\mathrm{w}}[x\sin\beta+z(\cos\beta-1)]=2m\pi$ (m 为整数) 时, 出现干涉光强极大的平面. 干涉光强极大平面和 z 轴之间的夹角为

$$\tan\theta=\frac{\mathrm{d}x}{\mathrm{d}z}=\frac{1-\cos\beta}{\sin\beta}=\tan\frac{\beta}{2},$$

即 $\theta=\dfrac{\beta}{2}$.

两相邻干涉光强极大平面之间的距离为

$$d=\frac{\lambda_{\mathrm{w}}}{\sqrt{\sin^2\beta+(\cos\beta-1)^2}}=\frac{\lambda_{\mathrm{w}}}{2\sin\dfrac{\beta}{2}}=\frac{\lambda_{\mathrm{w}}}{2\sin\theta}.$$

经过曝光和线性冲洗, 在体感光胶板内形成与干涉光强分布一致的体布拉格光栅.

使用白光照射该体布拉格光栅, 设照明光为正入射的平面光, 入射方向和体布拉格光栅面 (简称格面) 之间的夹角为 θ, 根据布拉格公式可知, 衍射再现主极峰的波矢方向和格面之间的夹角应该也是 θ, 由 $2d\sin\theta=m\lambda$ (m 为整数), 可得主极峰的波长为

$$\lambda=\frac{2d\sin\theta}{m}=\frac{\lambda_{\mathrm{w}}}{m}\quad(m\text{ 为整数}).$$

因为可见光的波长范围约为 $380\sim780\ \mathrm{nm}$, 当使用可见光拍照, 白光照明, 选择可见光再现时, m 只能取 1, 如果 $m\geqslant2$, 则再现光为紫外线, 所以不可见. 于是 $\lambda=\lambda_{\mathrm{w}}$, 即只

有波长为 λ_w 的光被挑选出来. 这样, 再现出物光波前时, 再现光的波长单一, 像的位置和大小固定, 克服了再现像的色模糊.

2. 彩虹全息

体全息可以使用白光再现, 薄膜全息是否可以使用白光再现出清晰的像? 答案是可以. 1969 年, 本顿发明了两步彩虹全息. 图 7.22 给出了两步彩虹全息记录和白光照明再现. 第一步, 制备一块薄膜全息干板 H_1, 选择合适的照明光, 衍射再现出物体的共轭波前, 在干板 H_1 和干板 H_2 之间放置一条狭缝, 再现的共轭光通过狭缝照射到 H_2 上, 和参考光相干叠加, 物光共轭光和狭缝的信息被同时记录在 H_2 上. 第二步, 用照明光照射到 H_2 上, 衍射再现出物光共轭光和狭缝, 我们只能通过狭缝看到像.

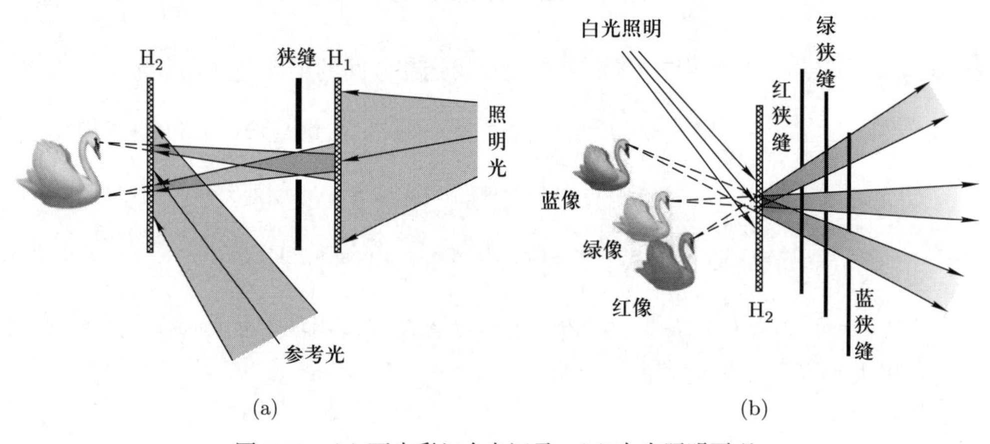

图 7.22 (a) 两步彩虹全息记录, (b) 白光照明再现

当白光照明再现时, 根据光栅方程可知, 不同波长光的衍射方向不同, 衍射再现出狭缝的位置不同. 狭缝起到滤波器的作用, 只允许衍射光中波长范围较窄的准单色光通过, 所以我们通过狭缝看到的像为准单色. 因为成像的光波长范围较窄, 所以在很大程度上减少了像的色模糊. 移动眼睛时, 我们可以通过不同波长光再现的狭缝观看像, 于是像的颜色随着眼睛的移动连续改变, 宛如彩虹, 所以此类全息称为彩虹全息.

两步彩虹全息记录过程十分复杂、烦琐, 为了简化记录工序, 1978 年, 研究者陈选和杨振寰提出一步彩虹全息, 光路如图 7.23 所示. 物体和狭缝通过透镜成倒立的实像, 物体的物距大于狭缝的物距, 则物体像的像距小于狭缝像的像距, 感光干板 H 置于两个像之间, 引入参考光和这两个成像光发生干涉, 被干板 H 记录下来, 形成彩虹全息图. 白光照明衍射再现的情况和两步彩虹全息图的情况一样.

一步彩虹全息的缺点是视场小, 不方便观察, 研究者为此做了改进, 例如, 条形散斑屏法、零光程差法和像散彩虹全息等技术, 使彩虹全息得到很大发展.

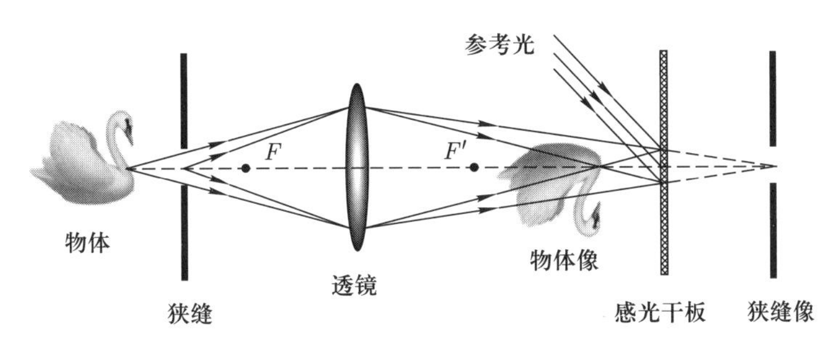

图 7.23 一步彩虹全息记录

3. 真彩全息

前面介绍的几种全息, 衍射再现时的像都是单色的, 彩虹全息的色彩并不是物体本身的颜色. 是否可以实现真彩全息? 答案是可以. 1964 年, 利思和乌帕特尼克斯提出使用红、绿、蓝三基色的三束激光同时对物体记录, 记录介质使用体全息干板. 三束激光的物光和参考光分别干涉, 在干板中形成三套体布拉格光栅. 记录光路见图 7.24.

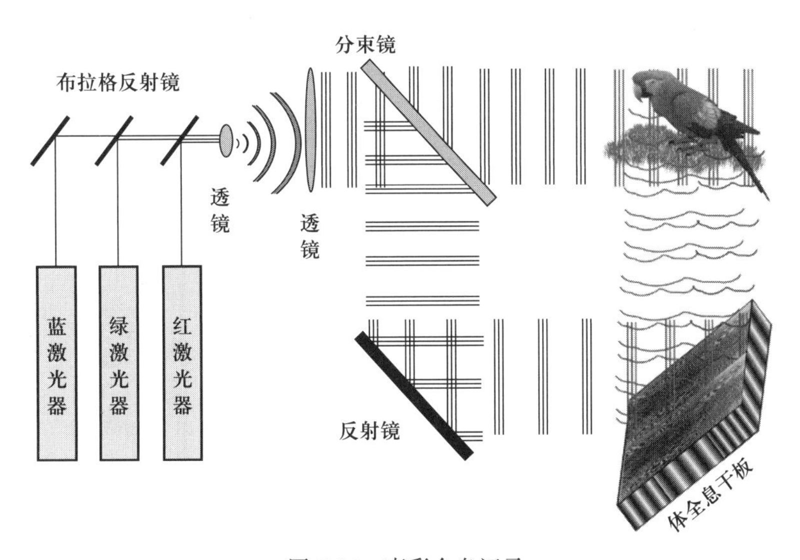

图 7.24 真彩全息记录

白光照明体全息干板时, 三基色的光分别被三套体布拉格光栅选择出来, 衍射再现出一个真彩、立体的像.

7.4.4 全息的应用

全息术已经在信息光学领域得到重要的应用, 下面举几个例子来说明这个问题.

1. 全息图像加密

全息记录时, 在物光光路中插入相位板, 相位板的屏函数为 $\widetilde{t}_{\mathrm{p}}=\mathrm{e}^{\mathrm{i}\phi(x,y)}$, 此时, 新

的物光波前函数为 $\widetilde{t}_{\mathrm{p}}\widetilde{U}_{\mathrm{O}}=\widetilde{U}_{\mathrm{O}}\mathrm{e}^{\mathrm{i}\phi(x,y)}$, 它和参考光干涉, 被干板记录形成全息图. 照明光照明, 衍射再现出新的物光波前 $\widetilde{U}_{\mathrm{O}}\mathrm{e}^{\mathrm{i}\phi(x,y)}$ 及其共轭波前 $\widetilde{U}_{\mathrm{O}}^{*}\mathrm{e}^{-\mathrm{i}\phi(x,y)}$. 因为相位板的作用, 再现出的新像和其共轭像无法分辨所拍摄的物体, 就像隔着毛玻璃看物体. 如果要再现出真实物体的像, 必须将相同的相位板插入共轭光的光路中, 这样, 共轭光经过相位板后, 其波前函数改变为 $\mathrm{e}^{\mathrm{i}\phi(x,y)}\widetilde{U}_{\mathrm{O}}^{*}\mathrm{e}^{-\mathrm{i}\phi(x,y)}=\widetilde{U}_{\mathrm{O}}^{*}$, 即补偿了共轭光的相位畸变, 可以看到真实物体的像. 这个相位板就是图像加密的密钥.

2. 畸变补偿和相位共轭镜

在物光和参考光干涉记录全息图中, 照明光衍射再现出物光波前和其共轭波前. 我们使用光折变材料作为全息记录介质, 光折变材料具有这样的特性: 光照会改变材料的折射率, 但是材料折射率的改变不是永久的, 而是会随着光强的改变而改变. 物光和参考光干涉形成亮暗相间的条纹, 相应地, 在光折变材料中产生折射率变化的相位栅. 当物光波前改变时, 干涉场的光强分布随之改变, 于是光折变光栅发生相应变化, 所以使用光折变材料作为记录介质时, 可以产生实时全息图. 在此过程中, 照明光始终存在, 则可以实时衍射再现出物光的相位共轭光. 于是光折变全息图可作为相位共轭镜, 应用于波前畸变补偿. 物光波前透过无规散射介质, 波前发生畸变, 经相位共轭镜反射, 再次透过相同的散射介质, 其波前相因子恢复到入射光的波前相因子, 即补偿了相因子畸变, 其原理与图像加密和解密一样. 图 7.25 为作者所在实验室在 20 世纪 90 年代报道的光折变实时全息实现相位共轭镜和修复波前畸变的实验图.

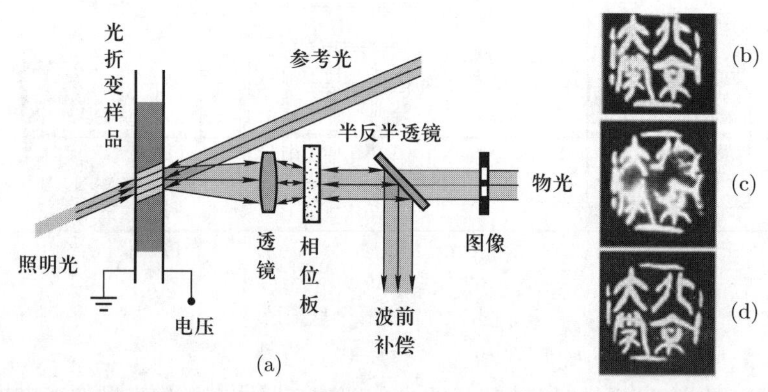

图 7.25　相位共轭镜和修复波前畸变, (a) 为光路图, (b) 为图像, (c) 为发生畸变的图像, (d) 为补偿畸变后的图像

目前, 这一技术可应用于生物体中的光吸收体成像, 它可以区分生物体中的相位散射和振幅吸收. 全息衍射产生的相位共轭光再次经过相同的相位板可以补偿相位畸变, 复原被相位散射的图样, 但是对于生物体中的光吸收体, 物光和相位共轭光在生物体中往返两次都被吸收, 无法补偿, 这样, 可以给出生物体中光吸收体分布的清晰图像.

3. 实时更新的全息立体显示

全息术是实现真正立体显示的一种潜在技术. 人们在观看时不需要诸如滤波片或偏振片眼镜等任何辅助设施, 并且不会引起视觉疲劳和眩晕, 给人一种身临其境的感觉. 三维远程即席, 即一种实时动态全息立体显示, 让人感觉即时出现在不同的地方, 这一概念源于 1977 年的科幻电影 “星球大战”, 它一直让人们梦寐以求, 让科学家们为之奋斗. 但是庞大的计算量和缺乏大面积、可实时更新的全息记录介质, 阻碍了它的实现. 2010 年, 布兰奇 (Blanche) 等人使用聚合物光折变样品作为记录介质, 展示了全息显示, 图像每 2 s 更新一次. 频率为 50 Hz 的纳秒脉冲激光用来写全息像素, 全息再现中, 采用角度复用实现多彩, 采用空间复用实现全视角显示, 其光路图和全息显示如图 7.26 所示.

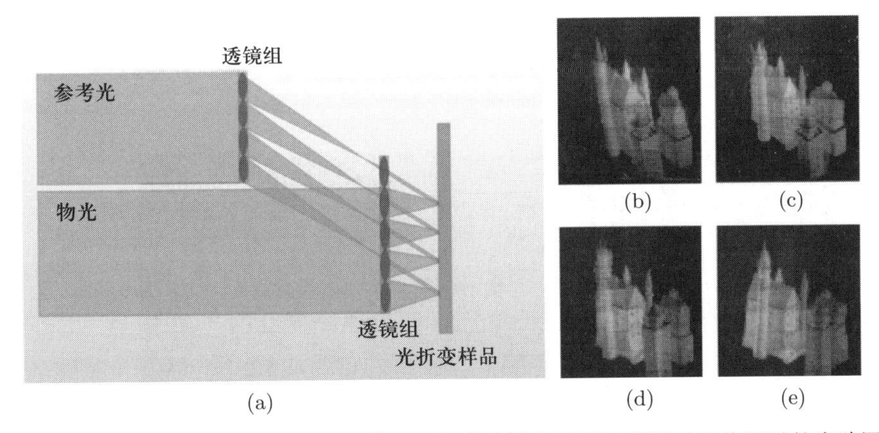

图 7.26 使用光折变样品为记录介质的图像可更新的全视角记录示意图, (a) 为记录的光路图, (b)(c)(d)和(e) 分别为不同视角下再现的图像 (Nature, 2010, 468:80)

实现三维远程即席的方案是从不同角度拍摄一个物体, 通过互联网将图像传输到远方, 然后使用空间光调制器将图像写入光折变样品, 实时再现达到准连续动态立体显示的目的. 图 7.27 是实现三维远程即席的原理图.

综上所述, 光折变材料和器件在将来的全息虚拟现实的显示技术中具有较大的潜在应用价值.

4. 全息干涉计量术

将静止物体的物光和参考光干涉记录在全息干板上, 再施加外部作用, 使物体位移、形变或折射率发生变化, 将变化后的物光和同前的参考光干涉记录在同一全息干板上. 照明光衍射再现出物体变化前后的物光波前, 它们相干叠加, 测量出干涉光强的空间分布, 可分析出物体的细微变化, 并计算出对应的物体应变模量.

下面举例说明这个问题. 杨氏模量是描述固体材料在外力作用下发生弹性形变时

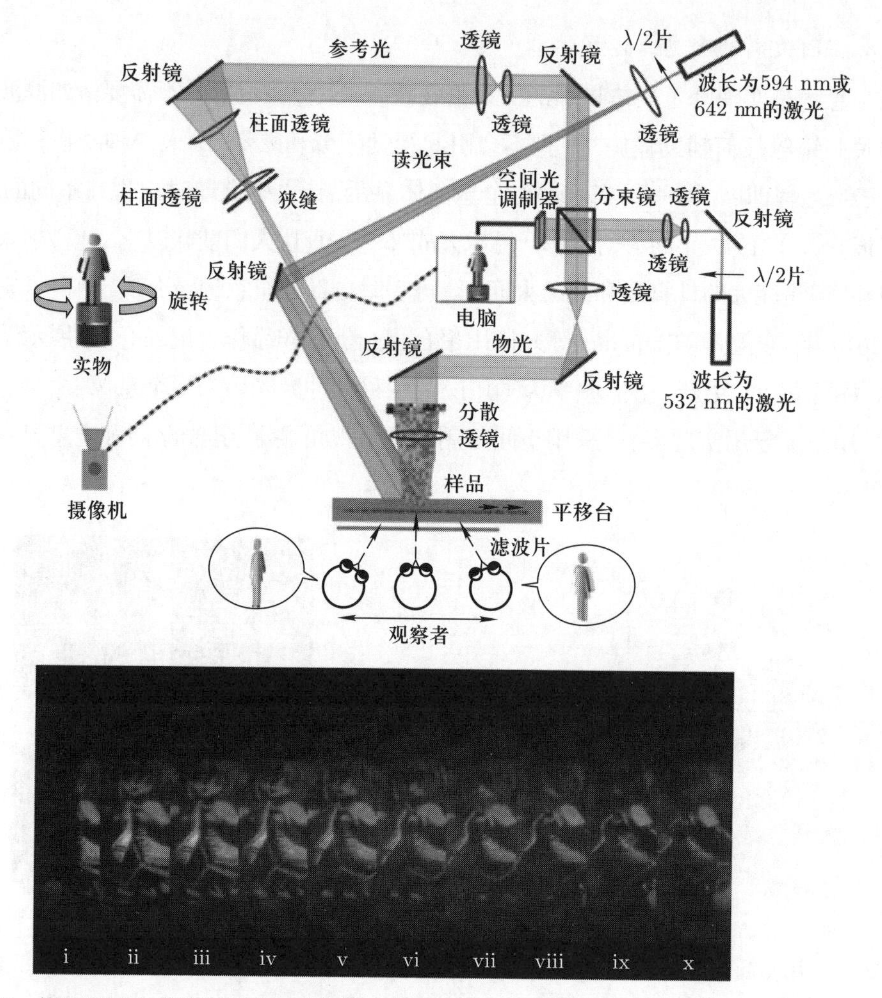

图 7.27 使用光折变样品为记录介质实现三维远程即席的原理图 (Polym. Int., 2017, 66: 167; Opt. Express, 2013, 21:19880)

材料反抗形变的应变模量, 是材料的重要力学参数. 全息干涉计量术可以精密测量材料的杨氏模量. 图 7.28 给出全息干涉计量术测量钢板杨氏模量的干涉记录和再现光路图.

设钢板未受外力时, 物光的波前函数为 $\widetilde{U}_{\mathrm{O}} = A\mathrm{e}^{\mathrm{i}\phi(x,y)}$, 它和参考光干涉, 进行第一次曝光. 施加外力后, 钢板发生形变, 物光的波前函数改变为 $\widetilde{U}_{\mathrm{O}'} = A\mathrm{e}^{\mathrm{i}\phi'(x,y)}$, 进行第二次曝光. 显影、定影后得到两次曝光的全息图. 照明光照射全息图, 衍射再现出 $\widetilde{U}_{\mathrm{O}}$ 和 $\widetilde{U}_{\mathrm{O}'}$, 它们的干涉光强分布为

$$I(x,y) = (\widetilde{U}_{\mathrm{O}} + \widetilde{U}_{\mathrm{O}'}) \cdot (\widetilde{U}_{\mathrm{O}} + \widetilde{U}_{\mathrm{O}'})^* = 2A^2 + 2A^2 \cos[\phi'(x,y) - \phi(x,y)].$$

当 $\phi'(x,y) - \phi(x,y) = 2m\pi$ (m 为整数) 时, 干涉相长, 为亮条纹.

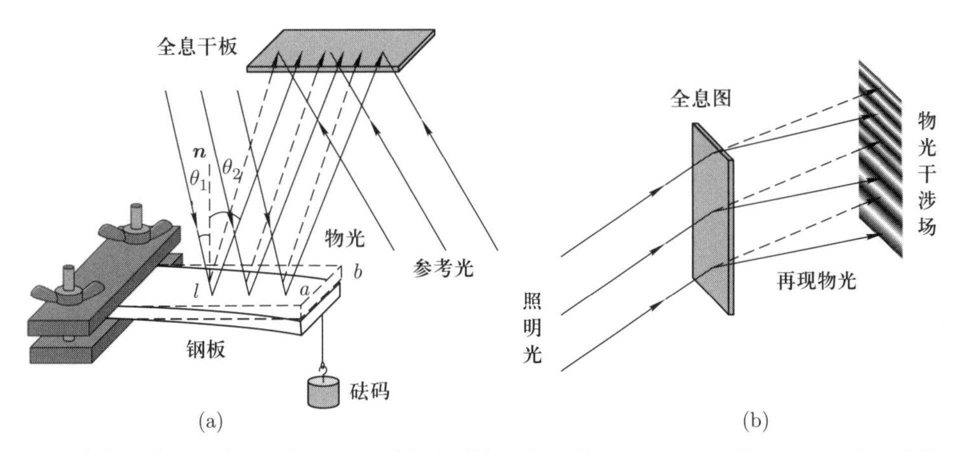

图 7.28 全息干涉计量术, (a) 钢板发生形变前后的两次干涉记录, 平面光照射钢板, 反射光为物光, 虚线表示形变前的物光光线, 实线表示形变后的物光光线, (b) 衍射再现产生的干涉条纹

当 $\phi'(x,y)-\phi(x,y)=(2m+1)\pi$ (m 为整数) 时, 干涉相消, 为暗条纹.

由再现出 $\widetilde{U}_{\mathrm{O}}$ 和 $\widetilde{U}_{\mathrm{O}'}$ 的干涉场条纹的数目可以得到 $\phi'(x,y)-\phi(x,y)$. 如果有 N 条干涉条纹, 则 $\phi'(x,y)-\phi(x,y)=2N\pi$, 注意: N 不一定是整数.

下面分析 $\phi'(x,y)-\phi(x,y)$ 和钢板形变量 δ 之间的关系. 在图 7.28 中, θ_1 为入射光和未发生形变的钢板表面法向 $\boldsymbol{n}$ 之间的夹角, θ_2 为发生形变后反射光和 $\boldsymbol{n}$ 之间的夹角, 因为钢板的形变很微弱, 所以 $\theta_2\approx\theta_1=\theta$. $\widetilde{U}_{\mathrm{O}}$ 和 $\widetilde{U}_{\mathrm{O}'}$ 的干涉等同于薄膜干涉, $\widetilde{U}_{\mathrm{O}}$ 为薄膜上表面的反射光, $\widetilde{U}_{\mathrm{O}'}$ 为薄膜下表面的反射光, 薄膜厚度等同于钢板的形变量 δ, 根据薄膜干涉的光程差公式可得

$$\phi'(x,y)-\phi(x,y)=\frac{2\pi}{\lambda}\cdot(2\delta\cos\theta),$$

于是得到钢板的形变量为

$$\delta=\frac{[\phi'(x,y)-\phi(x,y)]\lambda}{4\pi\cos\theta}=\frac{N\lambda}{2\cos\theta}.$$

已知施加的外力为 F, 则 δ 和杨氏模量之间的关系为

$$\delta=\frac{Fl^3}{3YJ},$$

其中, Y 为杨氏模量, l 为钢板的长度, $J=ab^3/12$, 这里, a 为钢板的宽度, b 为钢板的厚度. 由此可以得到杨氏模量:

$$Y=\frac{Fl^3}{3\delta J}=\frac{8Fl^3\cos\theta}{N\lambda ab^3}.$$

如果使用短脉冲激光记录, 还可以展示外部作用下物体性质变化的超快过程.

上面列举了一些全息的应用, 当然, 其应用除此之外还非常广泛, 例如, 全息防伪、全息计算、全息高密度数据存储等, 这里不再一一赘述.

本章小结

本章内容是第六章的延续, 主要讲解了干涉和衍射在信息光学领域的应用. 主要内容是波前函数的识别和变换、屏函数、余弦光栅的夫琅禾费衍射、傅里叶光学的基本思想、阿贝成像原理及其图像处理、泽尼克相衬显微镜原理、全息术的基本原理、各种全息及其应用.

习 题

1. 有一薄透镜, 其前后折射面的曲率半径分别为 r_1 和 r_2, 透镜的折射率为 n_{L}, 物方折射率为 n, 像方折射率为 n', 求透镜的屏函数, 并由屏函数推导出傍轴物像公式和横向放大率.

2. 有一凸透镜和一小顶角棱镜组成的成像系统, 凸透镜位于棱镜之前, 凸透镜的焦距为 f, 棱镜的顶角为 α, 棱镜材料的折射率为 n, 已知物点在凸透镜光轴上, 且在凸透镜前, 它们之间的距离为 s (注: 点光源对于凸透镜和棱镜满足傍轴条件).

(1) 如果凸透镜和棱镜密接, 求像点的位置.

(2) 如果凸透镜和棱镜相距 d, 求像点的位置.

3. 一余弦光栅 G 覆盖在一记录胶片 H 上, 用一束平行光照射, 然后对曝光的胶片进行线性洗印, 设 G 的屏函数为 $\widetilde{t}=t_0+t_1\cos(2\pi fx+\phi_0)$. 试问如此获得的新光栅的屏函数包含几个空间频率? 其空间频率各为多大?

4. 有一余弦光栅, 其栅条密度为 300 线/mm. 波长为 500 nm 的平面光正入射于该光栅, 透镜的焦距为 200 mm, 在其像方焦面 (x',y') 上接收光栅的夫琅禾费衍射场.

(1) 当栅条平行于 x 轴时, 写出光栅的屏函数 $\widetilde{t}(x,y)$, 并给出空间频率 (f_x,f_y), 以及透镜像方焦面上的衍射斑中心的位置 (x',y').

(2) 当光栅在 (x,y) 平面上顺时针旋转 45° 时, 写出光栅的屏函数 $\widetilde{t}(x,y)$, 并给出空间频率 (f_x,f_y), 以及透镜像方焦面上的衍射斑中心的位置 (x',y').

(3) 当光栅在 (x,y) 平面上顺时针旋转 30° 时, 写出光栅的屏函数 $\widetilde{t}(x,y)$, 并给出空间频率 (f_x,f_y), 以及透镜像方焦面上的衍射斑中心的位置 (x',y').

5. $4f$ 系统是用于相干光学信息处理的一个典型系统.

(1) 试画出 $4f$ 系统, 并标出物面、频谱面和像面的位置.

(2) 有两个全同余弦光栅, 其屏函数为 $\widetilde{t}(x,y)=t_0+t_1\cos 2\pi fx$, 将这两个光栅相互平行地叠放在物面处, 如果一个光栅相对于另一个光栅做垂直于栅条方向的平移, 频谱面的衍射图样怎么变化? 给出相应的说明.

(3) 若将两个光栅相互垂直地叠放在物面处, 画出频谱面的衍射图样, 给出相应的说明.

(4) 条件同第 (3) 问, 要求在像面输出的像场函数 $\widetilde{U}_{\mathrm{I}}(x',y')\propto\cos 2\pi f(x'+y')$, 问: 应设计怎样的空间滤波器, 以图示之.

6. 如果有一相位型样品, 其屏函数可以写为 $\widetilde{t}=t_0\mathrm{e}^{\mathrm{i}\phi(x,y)}$, 并且 $\phi(x,y)\ll\pi$.

(1) 成像时, 在透镜的像方焦点处放置一相位板, 即让零级衍射斑的相位改变 $\pi/2$, 求像面的光强分布 $I(x',y')$.

(2) 在透镜的像方焦点处放置一挡光板, 挡住零级衍射斑, 求像面的光强分布 $I(x',y')$.

7. 对于共轴全息, 记录的参考光和再现的照明光是全同的傍轴球面光, 波长为 λ. 记录时, 物点位于 $(0,0,-d)$. 再现时, 像和共轭像同为虚像, 并且共轭像的像距是像的像距的 2 倍. 求:

(1) 参考光或照明光在干板上的波前函数.

(2) 再现像和共轭像的横向放大率.

8. 如习题 8 图所示为全息记录和再现, 记录光的波长为 λ, 参考光为正入射的平面光, 物光为傍轴发散球面光, 发散点位于 $(x_0,y_0,-z_0)$, 全息记录干板位于 $z=0$ 的平面上, 经过曝光、显影和定影获得全息照片.

(1) 求全息照片的屏函数.

(2) 若照明光为斜入射的平面光, 波长为 2λ, 入射角 $\theta=45°$, 求像和共轭像的位置.

(3) 求再现像和共轭像的横向放大率.

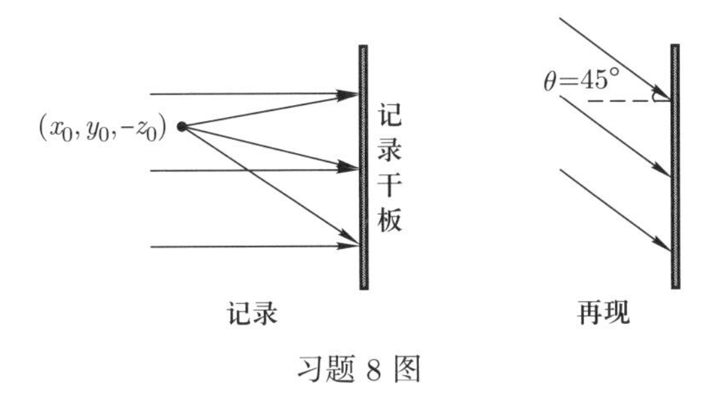

习题 8 图

9. 对于全息照相, 如果物点与感光干板之间的距离为 z_0, 参考光为傍轴发散球面光, 发散点为 $(x_1,y_1,-z_1)$, 其中, $z_1=z_0$, 波长为 λ_1, 如习题 9 图所示. 使用波长为 λ_2

的傍轴发散球面光为照明光, 发散点为 $(x', y', -z')$, 其中, $z' = z_0$. 求:

(1) 照明光再现时, 像点和共轭像点到感光干板的距离.

(2) 再现像和共轭像的横向放大率.

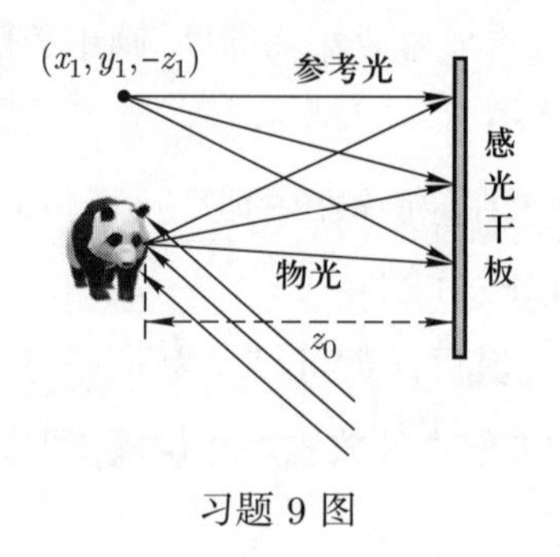

习题 9 图

10. 如习题 10 图所示, 点光源 O 发出波长为 λ 的相干球面光, 为了记录 O 点发射的球面光的波前, 使 O 点发射的直接照射到感光干板上的光为物光, O 点发射的经过置于 O 点后面的凹面镜反射后照射到感光干板上的光为参考光. 设凹面镜的光强的反射率为 100%, 曲率半径为 R, O 点位于凹面镜的光轴上, 和凹面镜顶点相距 $R/2$; 感光干板垂直于光轴, 和 O 点相距 R. 以下问题都满足傍轴条件, 求:

(1) 经过显影、定影制备一张振幅型全息图, 求全息图的屏函数.

(2) 如果使用相同波长 λ 的傍轴球面光照明, 再现的 O 点的像和共轭像均为实像, 分析照明光的发散点或会聚点的位置.

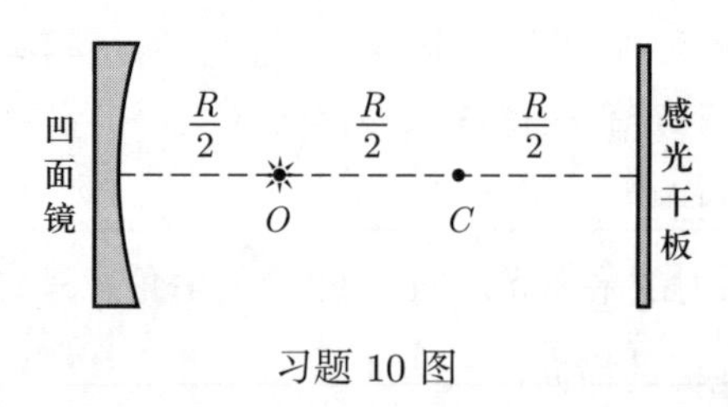

习题 10 图

11. 物点和全息记录干板 H 的距离为 $l = 10$ cm, 干板的尺寸为 5 cm, 干板的分辨本领为 1000 线/mm, 记录光为 He–Ne 激光, 波长为 633 nm, 估算能够记录的最大物体的尺度.

12. 记录介质为体全息干板, 即干板有一定的厚度 h, 记录光为 He–Ne 激光 (波长为 633 nm), 在显影、定影过程中记录介质发生体积收缩, 体积减小到原来的 80%, 设介质收缩具有各向同性, 即沿 x, y, z 轴的收缩比一样. 收缩前后, 介质折射率的变化可以忽略, 介质的色散效应也可以忽略. 再现时照明光为正入射的白光 (波长范围约为 $380 \sim 760$ nm), 问再现的像是什么颜色 (使用波长表示)? 求再现像和共轭像的位置和横向放大率 (注: $h \ll l$).

13. 如图 7.28 (b) 所示使用全息干涉计量术测量弹性板的杨氏模量, 两次曝光的全息图衍射再现出两次曝光的物光, 两束物光相干叠加, 形成干涉条纹, 共出现 8 条亮条纹. 已知钢板的宽度为 5 cm, 厚度为 0.3 cm, 长度为 10 cm, 砝码的重量为 20 N, 作用于弹性板的一端, $\theta_1 \approx \theta_2 = 10°$, 照明光的波长为 633 nm, 求弹性板的杨氏模量.

第八章　晶体光学

人们对晶体双折射现象的利用可以追溯到一千多年前, 8—11 世纪的近三百年里, 北欧的维京海盗纵横于欧洲海域, 侵扰着欧洲沿海和不列颠岛屿, 向西他们逐渐发现了冰岛和格陵兰岛, 并最终到达北美, 向东他们一度到达了里海. 维京海盗在茫茫大海上航行, 靠一块称为 “太阳石” 的石头导航, 太阳石是一块双折射晶体. 导航原理是利用阳光在天空中散射光的偏振特性和晶体的双折射特性, 即使在云雾天时, 也可以精确地判断航行方向与太阳之间的方位角. 当然, 维京海盗的导航仅是来自经验的积累, 他们并不知道导航原理, 更没有开始光的偏振特性和晶体的双折射特性的研究. 1669 年, 巴托莱纳斯 (Bartholinus) 发现了方解石中的双折射, 光经方解石一分为二, 一束光遵守折射定律, 称为寻常光, 另一束光不遵守折射定律, 称为非寻常光, 之后, 巴托莱纳斯发表论文精确地描述了双折射现象. 1678 年, 惠更斯提出了解释巴托莱纳斯发现的双折射的理论, 他认为光在晶体中传播时, 波前上的每个点都可以看成次波源, 次波源向四周发出次波, 寻常光发出的次波为球面光, 而非寻常光发出的次波为椭球面光. 根据此理论, 惠更斯利用作图的方法, 给出寻常光和非寻常光的折射方向. 1801 年, 托马斯 · 杨向皇家学会宣读了其杨氏干涉的结果, 并测量了不同颜色光的波长. 阿拉戈和菲涅耳使用双折射晶体将光一分为二, 并让这两束光在空间交叠, 希望得到杨氏干涉的结果, 但是却无法获得干涉现象. 于是阿拉戈写信给托马斯 · 杨, 详细说明了他们的实验. 托马斯 · 杨、阿拉戈、菲涅耳在这个问题上反复实验、苦思冥想了好几年. 1817 年和 1818 年, 托马斯 · 杨和阿拉戈多次往返信件, 托马斯 · 杨提出光为横波, 如同弦上的波, 最终解决了困扰他们多年的问题. 菲涅耳在此基础上发展了 “以太” 振动的力学描述, 得到了描述光的反射、透射的菲涅耳公式 (见第三章), 以及光在晶体中传播的菲涅耳方程 (见本章后面部分的内容). 这些结果都是菲涅耳和阿拉戈合作完成的, 但是论文要发表之际, 阿拉戈对光为横波的理论犹豫不定, 认为他们在这方面走得太远了, 他向菲涅耳表示, 自己没有勇气发表这些观点, 拒绝了文章署名, 菲涅耳只好以一个人的名字发表了这些工作. 这也许是阿拉戈最为后悔的一件事, 但是这也反映了阿拉戈严肃的科学精神. 菲涅耳描述的光在晶体中的传播规律, 是建立在 “以太” 理论基础上的. 麦克斯韦建立了电磁场的麦克斯韦方程组, 并证实光就是电磁波, 本章就从麦克斯韦方程组出发, 推导出光在晶体中的传播规律, 以及光在各向异性介质界面的折射规律.

8.1 双折射现象

晶体为原子、离子或分子等粒子在共价键、离子键或范德瓦耳斯力等作用下在空间呈周期性排列而成的固体. 因为粒子在不同方向上的排列和相互作用不同, 粒子外层电子沿不同方向偏离平衡位置时所受回复力的大小不同; 光与物质的相互作用主要是电场对粒子外层电子的作用, 所以不同偏振方向的光对晶体的极化强度不同, 即晶体的介电常量和光的偏振方向有关. 根据麦克斯韦折射率公式 $n=\sqrt{\varepsilon\mu}$ 可得, 不同偏振方向的光在晶体中传播时的折射率不同, 即相速度不同, 所以会出现双折射现象.

我们借助机械模型, 可以更形象地解释双折射现象. 如图 8.1 所示, 小球由弹簧连接组成空间周期阵列, 小球阵列可类比为晶体. 因为弹簧沿 x,y,z 轴的劲度系数不同, 所以小球沿 x,y,z 轴的固有振动频率不同. 如果有一列机械波在小球阵列中传播, 则其振动方向不同, 波的传播速度也不同, 这便是双折射现象.

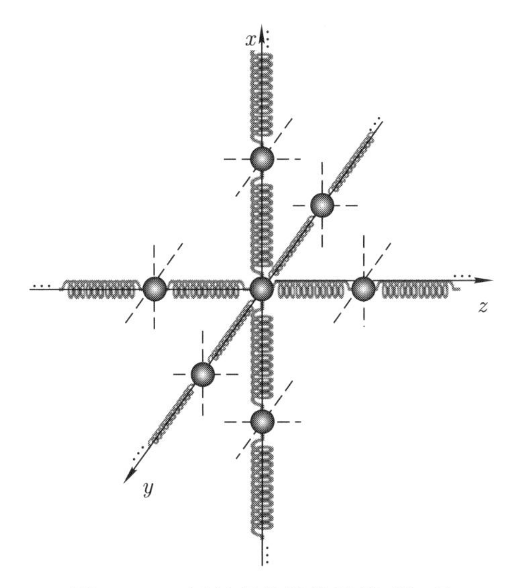

图 8.1 双折射现象的机械模型解释

8.1.1 介质的介电张量

在本章中, 我们依然只考虑非磁性的线性介质, 即介质的极化强度正比于极化电场的情况. 在各向异性介质中, 极化强度和极化电场的方向有关, 所以需要引入线性极化率张量 $\boldsymbol{\chi}$:

$$\boldsymbol{P}=\varepsilon_0\boldsymbol{\chi}:\boldsymbol{E},$$

其中, $\boldsymbol{\chi}$ 为 3×3 张量, 于是电位移矢量可表示为

$$\boldsymbol{D}=\varepsilon_0\boldsymbol{E}+\boldsymbol{P}=\varepsilon_0(1+\boldsymbol{\chi}):\boldsymbol{E}=\varepsilon_0\boldsymbol{\varepsilon}:\boldsymbol{E},$$

这里, $\boldsymbol{\varepsilon}$ 为 3×3 介电张量:

$$\boldsymbol{\varepsilon}=1+\boldsymbol{\chi}=\begin{pmatrix}\varepsilon_{xx} & \varepsilon_{xy} & \varepsilon_{xz}\\ \varepsilon_{yx} & \varepsilon_{yy} & \varepsilon_{yz}\\ \varepsilon_{zx} & \varepsilon_{zy} & \varepsilon_{zz}\end{pmatrix},$$

因此

$$D_k=\varepsilon_0\sum_l\varepsilon_{kl}E_l,$$

其中, $l,k=x,y,z$.

$\boldsymbol{\varepsilon}$ 为对称张量, 即 $\varepsilon_{kl}=\varepsilon_{lk}$, 证明如下:

电磁场的能量密度为

$$w=w_{\mathrm{e}}+w_{\mathrm{m}}=\frac{1}{2}\boldsymbol{D}\cdot\boldsymbol{E}+\frac{1}{2}\boldsymbol{B}\cdot\boldsymbol{H},$$

能流密度 (坡印亭矢量) 为

$$\boldsymbol{S}=\boldsymbol{E}\times\boldsymbol{H}.$$

如图 8.2 所示, 在空间中任取闭合曲面 Σ, 其所包围的空间为 V.

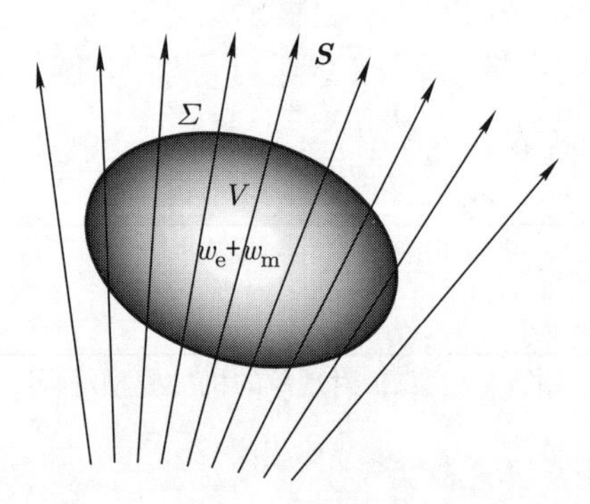

图 8.2 电磁场空间中的任意闭合曲面

介质对电磁波既没有吸收, 也没有增益, 能量守恒定律要求体积 V 内电磁能的增加量等于流入闭合曲面 Σ 的电磁能, 可用公式表示为

$$\frac{\mathrm{d}}{\mathrm{d}t}(w_{\mathrm{e}}+w_{\mathrm{m}})=-\nabla\cdot\boldsymbol{S}.\tag{8.1}$$

下面我们先分析 $\dfrac{\mathrm{d}}{\mathrm{d}t}(w_{\mathrm{e}}+w_{\mathrm{m}})$.

对于非磁性介质, $\boldsymbol{B}=\mu\mu_0\boldsymbol{H}$, $\mu\approx 1$, 于是

$$\begin{aligned}\frac{\mathrm{d}}{\mathrm{d}t}(w_\mathrm{e}+w_\mathrm{m})&=\frac{\mathrm{d}}{\mathrm{d}t}\left(\frac{1}{2}\boldsymbol{D}\cdot\boldsymbol{E}+\frac{1}{2}\boldsymbol{B}\cdot\boldsymbol{H}\right)\\&=\frac{1}{2}\left[\varepsilon_0\sum_k\left(E_k\sum_l\varepsilon_{kl}\frac{\mathrm{d}E_l}{\mathrm{d}t}+\frac{\mathrm{d}E_k}{\mathrm{d}t}\sum_l\varepsilon_{kl}E_l\right)+2\mu\mu_0H\frac{\mathrm{d}H}{\mathrm{d}t}\right]\\&=\frac{1}{2}\left[\sum_{k,l}\left(\varepsilon_0\varepsilon_{kl}E_k\frac{\mathrm{d}E_l}{\mathrm{d}t}\right)+\sum_{k,l}\left(\varepsilon_0\varepsilon_{kl}E_l\frac{\mathrm{d}E_k}{\mathrm{d}t}\right)+2\mu\mu_0H\frac{\mathrm{d}H}{\mathrm{d}t}\right]\\&=\frac{1}{2}\sum_{k,l}\left(\varepsilon_0\varepsilon_{kl}E_k\frac{\mathrm{d}E_l}{\mathrm{d}t}\right)+\frac{1}{2}\sum_{k,l}\left(\varepsilon_0\varepsilon_{lk}E_k\frac{\mathrm{d}E_l}{\mathrm{d}t}\right)+\mu\mu_0H\frac{\mathrm{d}H}{\mathrm{d}t}.\end{aligned}$$

接下来计算 $-\nabla\cdot\boldsymbol{S}$.

设介质中无自由电荷、无传导电流, 于是

$$\nabla\times\boldsymbol{H}=\frac{\partial\boldsymbol{D}}{\partial t},\quad\nabla\times\boldsymbol{E}=-\frac{\partial\boldsymbol{B}}{\partial t}.$$

$\boldsymbol{E}$ 点乘上式的左式后减去 $\boldsymbol{H}$ 点乘上式的右式, 可得

$$\begin{aligned}&\boldsymbol{E}\cdot(\nabla\times\boldsymbol{H})-\boldsymbol{H}\cdot(\nabla\times\boldsymbol{E})=-\nabla\cdot(\boldsymbol{E}\times\boldsymbol{H})\\&=-\nabla\cdot\boldsymbol{S}=\boldsymbol{E}\cdot\frac{\partial\boldsymbol{D}}{\partial t}+\boldsymbol{H}\cdot\frac{\partial\boldsymbol{B}}{\partial t}=\sum_{k,l}\left(\varepsilon_0\varepsilon_{kl}E_k\frac{\mathrm{d}E_l}{\mathrm{d}t}\right)+\mu\mu_0H\frac{\mathrm{d}H}{\mathrm{d}t}.\end{aligned}$$

将得到的 $\frac{\mathrm{d}}{\mathrm{d}t}(w_\mathrm{e}+w_\mathrm{m})$ 和 $-\nabla\cdot\boldsymbol{S}$ 代入 (8.1) 式, 可得

$$\sum_{k,l}\varepsilon_0(\varepsilon_{lk}-\varepsilon_{kl})E_k\frac{\mathrm{d}E_l}{\mathrm{d}t}=0.$$

因为任意电磁场都应该满足上式, 所以 $\varepsilon_{lk}=\varepsilon_{kl}$, 即 $\boldsymbol{\varepsilon}$ 为对称张量.

8.1.2 晶体的空间对称性和 ε 张量

因为 $\boldsymbol{\varepsilon}$ 为对称张量, 所以其 9 个张量元中最多有 6 个独立的张量元. 另外, 晶体具有一定的空间对称性, 根据空间对称性可以进一步简化 $\boldsymbol{\varepsilon}$. 根据晶胞对称性, 晶体可以分为 7 个晶系: 立方晶系、三角晶系、六角晶系、四方晶系、三斜晶系、单斜晶系和正交晶系. 在晶体中有 8 种对称操作, 它们分别是 (1) 反演 $\widehat{I}$, (2) 反映 $\widehat{O}$, (3) 一次旋转轴 E, (4) 二次旋转轴 C_2, (5) 三次旋转轴 C_3, (6) 四次旋转轴 C_4, (7) 六次旋转轴 C_6, (8) 四次旋转反演 $\widehat{S}_4$. 8 种对称操作共有 32 种组合方式, 即 32 种点群. 这 32 种点群对应于晶体的 32 种宏观对称类型, 也就是说, 自然界的千千万万种晶体都可以归纳为这 32 种宏观对称类型.

如图 8.3 所示, 将坐标轴做三维线性变换, 使 $Oxyz$ 坐标系变换为 $Ox'y'z'$ 坐标系. 对于空间中的一个不动点 P, 其坐标值由原来的 (x,y,z) 变化成新坐标系下的 (x',y',z'), (x,y,z) 和 (x',y',z') 之间的变换可以表示为

$$\begin{pmatrix} x' \\ y' \\ z' \end{pmatrix} = \begin{pmatrix} A_{11} & A_{12} & A_{13} \\ A_{21} & A_{22} & A_{23} \\ A_{31} & A_{32} & A_{33} \end{pmatrix} \begin{pmatrix} x \\ y \\ z \end{pmatrix}. \tag{8.2}$$

对称操作是指经过上面的变换后, 晶体本身的所有物理量不变, 例如, $\chi_{ij} = \chi_{i'j'}$, $\varepsilon_{ij} = \varepsilon_{i'j'}$, 而晶体本身以外的物理量, 例如, 外场、极化强度等, 必须进行如 (8.2) 式所示的变换:

$$E_{i'} = \sum_j A_{ij} E_j, \quad P_{i'} = \sum_j A_{ij} P_j.$$

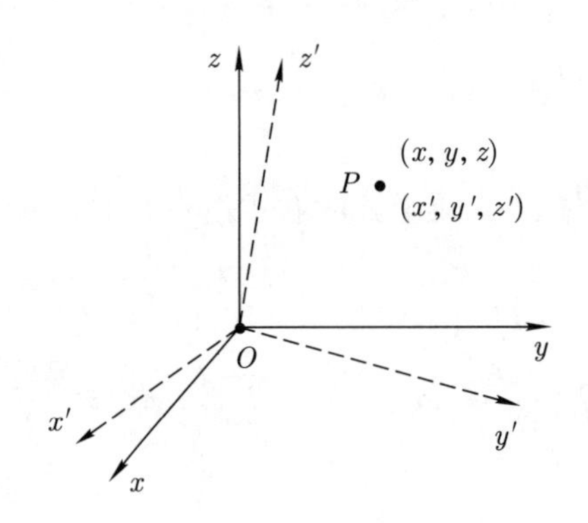

图 8.3 坐标变换

每个晶系都有其对称操作, 这些操作保持晶体本身的所有物理量不变, 这样就限定了晶体的线性极化率张量元的各自独立性. 利用这些对称操作, 可以简化线性极化率张量和介电张量的计算, 下面举例说明这个问题.

例题 8.1 磷酸二氢钾 (KDP) 晶体是最早受到人们重视的功能晶体之一, 从 20 世纪 40 年代就开始人工生长 KDP 晶体, 它有优良的光学性能, 被广泛应用于光电科技领域. KDP 晶体属于四方晶系, 共有 6 个对称操作:

1 个 4 重轴反演 (z):

$$\overline{4}: \begin{pmatrix} 0 & -1 & 0 \\ 1 & 0 & 0 \\ 0 & 0 & -1 \end{pmatrix};$$

3 个 2 重轴 (x,y,z):

$$2_x: \begin{pmatrix} 1 & 0 & 0 \\ 0 & -1 & 0 \\ 0 & 0 & -1 \end{pmatrix}, \quad 2_y: \begin{pmatrix} -1 & 0 & 0 \\ 0 & 1 & 0 \\ 0 & 0 & -1 \end{pmatrix}, \quad 2_z: \begin{pmatrix} -1 & 0 & 0 \\ 0 & -1 & 0 \\ 0 & 0 & 1 \end{pmatrix};$$

2 个对称面:

$$m_1:\begin{pmatrix}0 & -1 & 0\\ -1 & 0 & 0\\ 0 & 0 & 1\end{pmatrix},\quad m_2:\begin{pmatrix}0 & 1 & 0\\ 1 & 0 & 0\\ 0 & 0 & 1\end{pmatrix}.$$

求 KDP 晶体的介电张量的独立张量元的个数.

解 在 $Oxyz$ 坐标系和 $Ox'y'z'$ 坐标系中, 极化强度和电场之间的关系为

$$\begin{cases}P_x=\varepsilon_0(\chi_{xx}E_x+\chi_{xy}E_y+\chi_{xz}E_z),\\ P_y=\varepsilon_0(\chi_{yx}E_x+\chi_{yy}E_y+\chi_{yz}E_z),\\ P_z=\varepsilon_0(\chi_{zx}E_x+\chi_{zy}E_y+\chi_{zz}E_z),\\ P_{x'}=\varepsilon_0(\chi_{x'x'}E_{x'}+\chi_{x'y'}E_{y'}+\chi_{x'z'}E_{z'}),\\ P_{y'}=\varepsilon_0(\chi_{y'x'}E_{x'}+\chi_{y'y'}E_{y'}+\chi_{y'z'}E_{z'}),\\ P_{z'}=\varepsilon_0(\chi_{z'x'}E_{x'}+\chi_{z'y'}E_{y'}+\chi_{z'z'}E_{z'}).\end{cases}$$

由对称操作 $\bar{4}$ 可知

$$\begin{pmatrix}E_{x'}\\ E_{y'}\\ E_{z'}\end{pmatrix}=\begin{pmatrix}0 & -1 & 0\\ 1 & 0 & 0\\ 0 & 0 & -1\end{pmatrix}\begin{pmatrix}E_x\\ E_y\\ E_z\end{pmatrix},\quad \begin{pmatrix}P_{x'}\\ P_{y'}\\ P_{z'}\end{pmatrix}=\begin{pmatrix}0 & -1 & 0\\ 1 & 0 & 0\\ 0 & 0 & -1\end{pmatrix}\begin{pmatrix}P_x\\ P_y\\ P_z\end{pmatrix},$$

因此有

$$\begin{cases}E_{x'}=-E_y,\\ E_{y'}=E_x,\\ E_{z'}=-E_z,\end{cases}\quad \begin{cases}P_{x'}=-P_y,\\ P_{y'}=P_x,\\ P_{z'}=-P_z.\end{cases}$$

由 $P_{x'}=-P_y$ 可得

$$\varepsilon_0(\chi_{x'x'}E_{x'}+\chi_{x'y'}E_{y'}+\chi_{x'z'}E_{z'})=-\varepsilon_0(\chi_{yx}E_x+\chi_{yy}E_y+\chi_{yz}E_z).$$

对于对称操作, 有

$$\begin{cases}\chi_{ij}=\chi_{i'j'},\\ -\chi_{xx}E_y+\chi_{xy}E_x-\chi_{xz}E_z=-\chi_{yx}E_x-\chi_{yy}E_y-\chi_{yz}E_z,\end{cases}$$

即

$$(\chi_{xy}+\chi_{yx})E_x+(\chi_{yy}-\chi_{xx})E_y+(\chi_{yz}-\chi_{xz})E_z=0$$

对于任意电场都成立, 于是

$$\chi_{xy}=-\chi_{yx},\quad \chi_{yy}=\chi_{xx},\quad \chi_{yz}=\chi_{xz}.$$

因为 $\boldsymbol{\varepsilon}=1+\boldsymbol{\chi}$ 为对称张量, 所以 $\chi_{xy}=\chi_{yx}$, 因此可得 $\chi_{xy}=\chi_{yx}=0$.

由 $P_{y'} = P_x$ 可得

$$-(\chi_{yx} + \chi_{xy})E_y + (\chi_{yy} - \chi_{xx})E_x - (\chi_{yz} + \chi_{xz})E_z = 0,$$

因此

$$\chi_{yz} = -\chi_{xz}.$$

结合上述结果, 可得

$$\chi_{yz} = \chi_{zy} = \chi_{xz} = \chi_{zx} = 0.$$

由 $P_{z'} = -P_z$ 可得

$$(\chi_{zx} + \chi_{zy})E_x + (\chi_{zy} - \chi_{zx})E_y + (\chi_{zz} - \chi_{zz})E_z = 0,$$

因此

$$\chi_{zy} = \chi_{zx}, \quad \chi_{zx} = -\chi_{zy},$$

即

$$\chi_{zy} = \chi_{yz} = \chi_{zx} = \chi_{xz} = 0.$$

同理, 根据对称操作 $2_x, 2_y, 2_z, m_1$ 和 m_2, 可以确定线性极化率张量元之间的关系 (注: 得到的关系均包含于对称操作 $\bar{4}$ 得到的关系). 于是可得

$$\boldsymbol{\chi} = \begin{pmatrix} \chi_{xx} & 0 & 0 \\ 0 & \chi_{xx} & 0 \\ 0 & 0 & \chi_{zz} \end{pmatrix}.$$

因为 $\boldsymbol{\chi}$ 只有两个独立的张量元, 且 $\boldsymbol{\varepsilon}=1+\boldsymbol{\chi}$, 所以 $\boldsymbol{\varepsilon}$ 也只有两个独立的张量元.

根据对称操作, 我们可以简化所有 32 种类型的晶体的介质极化率和介电张量的表示. 不同晶系的介电张量的独立张量元数目总结在表 8.1 中.

表 8.1 不同晶系的介电张量的独立张量元数目

晶系	布拉格格子	独立张量元数目
立方	简单立方、体心立方、面心立方	1
三角	三角	2
六角	六角	2
四方	简单四方、体心四方	2
正交	简单正交、底心正交、体心正交、面心正交	3
单斜	简单单斜、底心单斜	4
三斜	简单三斜	6

8.1.3 主介电张量

对于对称张量, 可以选择合适的坐标系, 将其化为对角张量.

电场的能量密度为

$$w_{\mathrm{e}}=\frac{1}{2}\boldsymbol{D}\cdot\boldsymbol{E}=\frac{1}{2}\sum_{k,l}\varepsilon_0\varepsilon_{kl}E_kE_l.$$

介电张量具有对称性: $\varepsilon_{kl}=\varepsilon_{lk}$, 令 $x=\sqrt{\varepsilon_0/(2w_{\mathrm{e}})}E_x$, $y=\sqrt{\varepsilon_0/(2w_{\mathrm{e}})}E_y$, $z=\sqrt{\varepsilon_0/(2w_{\mathrm{e}})}E_z$, 可得

$$\varepsilon_{xx}x^2+\varepsilon_{yy}y^2+\varepsilon_{zz}z^2+2\varepsilon_{yz}yz+2\varepsilon_{xz}xz+2\varepsilon_{xy}xy=1.$$

这是一个一般的椭球方程. 如图 8.4 所示, 将坐标轴做三维转动变换, 新的坐标系以椭球的三个半轴方向为其 x, y, z 轴 (见图 8.4 中的虚线).

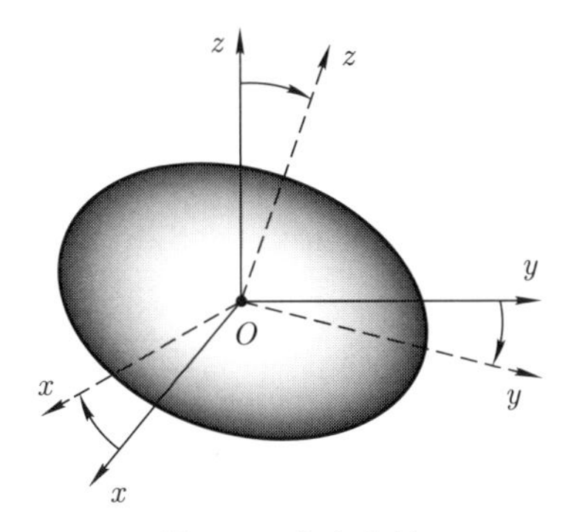

图 8.4 主介电轴

在新的 $Oxyz$ 坐标系下, 椭球方程可写为

$$\varepsilon_xx^2+\varepsilon_yy^2+\varepsilon_zz^2=1.$$

新的 x, y, z 轴称为晶体的主介电轴, $\varepsilon_x,\varepsilon_y,\varepsilon_z$ 称为主介电常量. 在主介电轴坐标系下, 介电张量可表示为

$$\boldsymbol{\varepsilon}=\begin{pmatrix}\varepsilon_x & 0 & 0\\ 0 & \varepsilon_y & 0\\ 0 & 0 & \varepsilon_z\end{pmatrix}.$$

在主介电轴坐标系下, 电位移矢量 $\boldsymbol{D}$ 和电场强度 $\boldsymbol{E}$ 之间的关系可以简化为

$$D_i=\varepsilon_0\varepsilon_iE_i,\quad i=x,y,z.$$

沿三个主介电轴, $\boldsymbol{D}$ 和 $\boldsymbol{E}$ 同向; 在其他方向, $\boldsymbol{D}$ 和 $\boldsymbol{E}$ 不同向, 除非三个主介电常量相等.

在主介电轴坐标系下, 电场的能量密度可简写为

$$w_{\mathrm{e}} = \frac{1}{2}\varepsilon_0\varepsilon_x E_x^2 + \frac{1}{2}\varepsilon_0\varepsilon_y E_y^2 + \frac{1}{2}\varepsilon_0\varepsilon_z E_z^2 = \frac{1}{2}\frac{D_x^2}{\varepsilon_0\varepsilon_x} + \frac{1}{2}\frac{D_y^2}{\varepsilon_0\varepsilon_y} + \frac{1}{2}\frac{D_z^2}{\varepsilon_0\varepsilon_z}.$$

主介电轴的方向和主介电常量还可以通过求解张量本征值的方法得到. 因为 $\boldsymbol{E}$ 在主介电轴上, 且 $\boldsymbol{D}$ 和 $\boldsymbol{E}$ 同向, 所以

$$\begin{pmatrix} D_x \\ D_y \\ D_z \end{pmatrix} = \varepsilon_0 \begin{pmatrix} \varepsilon_{xx} & \varepsilon_{xy} & \varepsilon_{xz} \\ \varepsilon_{yx} & \varepsilon_{yy} & \varepsilon_{yz} \\ \varepsilon_{zx} & \varepsilon_{zy} & \varepsilon_{zz} \end{pmatrix} \begin{pmatrix} E_x \\ E_y \\ E_z \end{pmatrix} = \varepsilon_0\varepsilon \begin{pmatrix} E_x \\ E_y \\ E_z \end{pmatrix},$$

即

$$\begin{pmatrix} \varepsilon_{xx}-\varepsilon & \varepsilon_{xy} & \varepsilon_{xz} \\ \varepsilon_{yx} & \varepsilon_{yy}-\varepsilon & \varepsilon_{yz} \\ \varepsilon_{zx} & \varepsilon_{zy} & \varepsilon_{zz}-\varepsilon \end{pmatrix} \begin{pmatrix} E_x \\ E_y \\ E_z \end{pmatrix} = 0, \tag{8.3}$$

其中, ε 为张量的本征值. 齐次方程组要有非零解, 要求其系数行列式为零:

$$\begin{vmatrix} \varepsilon_{xx}-\varepsilon & \varepsilon_{xy} & \varepsilon_{xz} \\ \varepsilon_{yx} & \varepsilon_{yy}-\varepsilon & \varepsilon_{yz} \\ \varepsilon_{zx} & \varepsilon_{zy} & \varepsilon_{zz}-\varepsilon \end{vmatrix} = 0.$$

它是 ε 的一元三次方程, ε 有三个解, 设它的解为 $\varepsilon_1, \varepsilon_2$ 和 ε_3, 它们就是三个主介电常量. 将这三个解分别代入齐次方程组 (8.3), 可以得到三组解: $(E_{x_1}, E_{y_1}, E_{z_1})$、$(E_{x_2}, E_{y_2}, E_{z_2})$ 和 $(E_{x_3}, E_{y_3}, E_{z_3})$, 它们的方向就是主介电轴的方向.

讲到此处, 大家可能会有一个疑问: 在主介电轴坐标系下, 介电张量为对角型, 最多只有三个独立变量, 但是单斜晶系和三斜晶系的独立介电张量元数目分别为四和六, 都比三大, 那么超过三个的独立变量在主介电张量上怎么体现? 答案是: 除了三个主介电常量外, 还有三个主介电轴的方向, 它们都可以是独立变量, 这样, 还是最多有六个独立变量.

一般介质都有色散效应, 即折射率随着光波长的变化而变化. 如果折射率随着光波长的增大而减小, 则称为正常色散; 如果折射率随着光波长的增大而增大, 则称为反常色散. 因为折射率 $n=\sqrt{\varepsilon\mu}$, 所以一般介质的 ε 都不是一个常量, 而是随着光波长的变化而变化. 各向异性介质的介电张量的九个张量元也随着光波长的变化而变化, 不仅会引起主介电常量 ε_x, ε_y, ε_z 的变化, 而且会导致主介电轴的方向变化, 主介电轴的方向随着光波长的变化而变化的现象称为轴色散. 只有在独立介电张量元的数目大于三的晶体中, 才有轴色散现象, 即仅单斜和三斜晶系中有轴色散现象.

8.2 菲涅耳方程

菲涅耳方程为当光在晶体中传播, 给定了传播方向时, 光的传播速度 (或折射率) 和介电张量之间关系的方程. 为了讲清楚菲涅耳方程, 我们先了解一下相速度和线速度.

8.2.1 相速度和线速度

考虑一单色定态平面光, 光的电磁矢量 $\boldsymbol{E}$, $\boldsymbol{D}$, $\boldsymbol{B}$, $\boldsymbol{H}$ 均可表示为 $\boldsymbol{A}\mathrm{e}^{-\mathrm{i}(\omega t-\boldsymbol{k}\cdot\boldsymbol{r})}=\boldsymbol{A}\mathrm{e}^{-\mathrm{i}[\omega t-(k_x x+k_y y+k_z z)]}$, 其中, ω 为光的角频率, $\boldsymbol{k}$ 为波矢. 于是, 由

$$\frac{\partial}{\partial t}\equiv-\mathrm{i}\omega,\quad \nabla\times\equiv\mathrm{i}\boldsymbol{k}\times,\quad \nabla\cdot\equiv\mathrm{i}\boldsymbol{k}\cdot,$$

可将麦克斯韦方程组改写为

$$\boldsymbol{k}\cdot\boldsymbol{D}=0, \tag{8.4}$$

$$\boldsymbol{k}\times\boldsymbol{E}=\omega\mu\mu_0\boldsymbol{H}, \tag{8.5}$$

$$\boldsymbol{k}\cdot\boldsymbol{H}=0, \tag{8.6}$$

$$\boldsymbol{k}\times\boldsymbol{H}=-\omega\boldsymbol{D}. \tag{8.7}$$

在光波段, $\mu\approx1$, 所以 $\boldsymbol{B}$ 和 $\boldsymbol{H}$ 同向. 由 (8.4) 式、(8.6) 式、(8.7) 式可知, $\boldsymbol{k},\boldsymbol{D},\boldsymbol{H}$ 构成右旋正交体系. 坡印亭矢量 $\boldsymbol{S}=\boldsymbol{E}\times\boldsymbol{H}$, 结合 (8.5) 式可知, $\boldsymbol{S},\boldsymbol{E},\boldsymbol{H}$ 也构成右旋正交体系. 这两个右旋正交体系共用一个矢量 ($\boldsymbol{H}$), $\boldsymbol{E},\boldsymbol{D},\boldsymbol{S},\boldsymbol{k}$ 同在垂直于 $\boldsymbol{H}$ 的平面内, 设 $\boldsymbol{S}$ 与 $\boldsymbol{k}$, 或者 $\boldsymbol{E}$ 与 $\boldsymbol{D}$ 之间的夹角为 α, 见图 8.5.

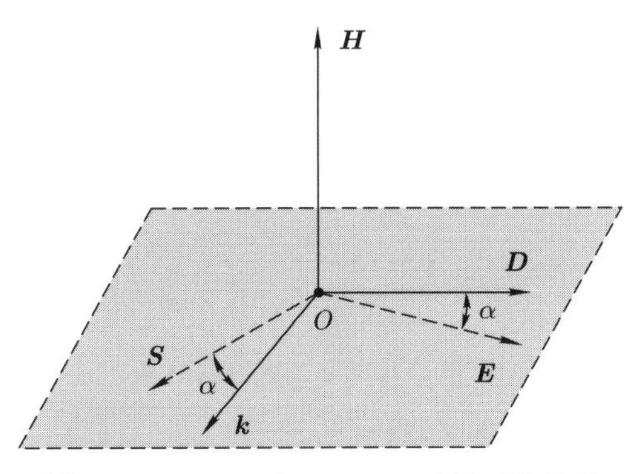

图 8.5 $\boldsymbol{k},\boldsymbol{D},\boldsymbol{H}$ 和 $\boldsymbol{S},\boldsymbol{E},\boldsymbol{H}$ 右旋正交体系

下面介绍相速度 v_{p}. 设单色平面光沿 x 轴传播,其波函数为 $\widetilde{U}(x,t)=\boldsymbol{A}\mathrm{e}^{-\mathrm{i}(\omega t-kx)}$. (x,t) 的运动状态由它的相位 $kx-\omega t$ 刻画, 经历 $\mathrm{d}t$ 时间后, 该运动状态传播到 $(x+$

$\mathrm{d}x, t+\mathrm{d}t)$. 显然, 两个运动状态的相位相等, 即

$$k(x+\mathrm{d}x)-\omega(t+\mathrm{d}t)=kx-\omega t,$$

因此

$$k\mathrm{d}x=\omega\mathrm{d}t.$$

于是得到相速度为

$$v_{\mathrm{p}}=\frac{\mathrm{d}x}{\mathrm{d}t}=\frac{\omega}{k}=\frac{c}{n},$$

其中, n 为介质的折射率. 这个速度的定义是运动状态的传播速度, 或者说是相位的传播速度, 故称为相速度, 其方向同 $\boldsymbol{k}$.

下面介绍线速度 v_{t}. 线速度定义为在单位时间内流过单位横截面积的电磁能量与该处的电磁场能量密度的比值, 即

$$v_{\mathrm{t}}=\frac{S}{w}=\frac{S}{w_{\mathrm{e}}+w_{\mathrm{m}}}.$$

线速度指的是光的能量的传播速度, 其方向同 $\boldsymbol{S}$.

下面分析相速度和线速度之间的关系.

电磁场的能量密度为

$$w=w_{\mathrm{e}}+w_{\mathrm{m}}=\frac{1}{2}\boldsymbol{D}\cdot\boldsymbol{E}+\frac{1}{2}\boldsymbol{B}\cdot\boldsymbol{H},$$

因为 $\boldsymbol{k}\times\boldsymbol{H}=-\omega\boldsymbol{D}, \boldsymbol{k}\times\boldsymbol{E}=\omega\boldsymbol{B}$, 所以上式可以改写为

$$\begin{aligned}w&=\frac{1}{2\omega}\boldsymbol{E}\cdot(\boldsymbol{H}\times\boldsymbol{k})+\frac{1}{2\omega}\boldsymbol{H}\cdot(\boldsymbol{k}\times\boldsymbol{E})=\frac{1}{\omega}(\boldsymbol{E}\times\boldsymbol{H})\cdot\boldsymbol{k}\\&=\frac{1}{\omega}\boldsymbol{S}\cdot\boldsymbol{k}=\frac{k}{\omega}S\cos\alpha=\frac{n}{c}S\cos\alpha.\end{aligned}$$

将上式代入线速度的定义式, 可得

$$v_{\mathrm{t}}=\frac{S}{\dfrac{n}{c}S\cos\alpha}=\frac{c}{n}\cdot\frac{1}{\cos\alpha}=\frac{v_{\mathrm{p}}}{\cos\alpha}$$

或

$$v_{\mathrm{p}}=v_{\mathrm{t}}\cos\alpha,$$

即相速度等于线速度沿波矢 $\boldsymbol{k}$ 方向的投影分量, 如图 8.6 所示.

当平面光在介质中传播时, 能量和相位同时到达同一平面, 相速度垂直于等相位面. 我们将真空中的光速 c 与介质中的相速度 v_{p} 的比值定义为介质的折射率 n. 模仿

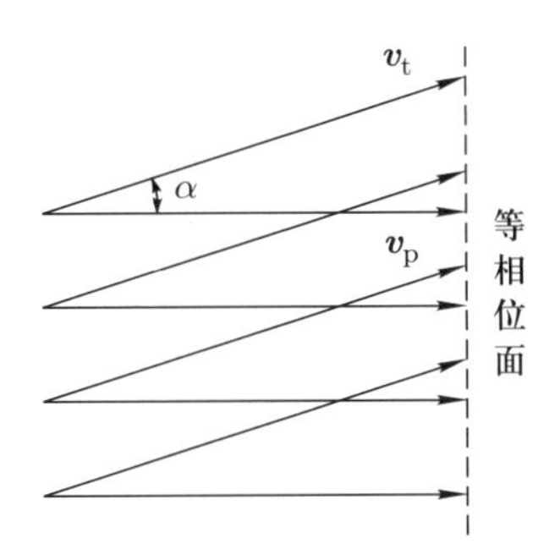

图 8.6 相速度和线速度之间的关系

折射率的定义, 我们将介质的线折率 n_{t} 定义为真空中的光速 c 与介质中的线速度 v_{t} 的比值:

$$n_{\mathrm{t}} = \frac{c}{v_{\mathrm{t}}} = \frac{c}{\dfrac{v_{\mathrm{p}}}{\cos\alpha}} = n\cos\alpha.$$

对于各向同性介质, $\alpha = 0$, 则 $\boldsymbol{v}_{\mathrm{p}} = \boldsymbol{v}_{\mathrm{t}}$. 在之前讨论的光学问题中, 假定介质都是各向同性的, 所以没有区分相速度和线速度, 而是统一简称为光的传播速度.

8.2.2 波法线菲涅耳方程

给定了相位的传播方向, 菲涅耳方程确定了相速度 (或折射率) 和介电张量之间的关系.

将麦克斯韦方程组中的 $\boldsymbol{k}\times\boldsymbol{E} = \omega\mu\mu_0\boldsymbol{H}$ 代入 $\boldsymbol{k}\times\boldsymbol{H} = -\omega\boldsymbol{D}$, 可得

$$\boldsymbol{D} = -\frac{1}{\mu\mu_0\omega^2}[\boldsymbol{k}\times(\boldsymbol{k}\times\boldsymbol{E})] = \frac{1}{\mu\mu_0\omega^2}[k^2\boldsymbol{E} - (\boldsymbol{k}\cdot\boldsymbol{E})\boldsymbol{k}]. \tag{8.8}$$

在主介电轴坐标系下, $D_i = \varepsilon_0\varepsilon_i E_i$, 引入主折射率: $n_i = \sqrt{\varepsilon_i}$, 其中, $i = x, y, z$. 在光波段, $\mu \approx 1$, 折射率为 $n = \sqrt{\varepsilon}$; 波矢为 $\boldsymbol{k} = (n\omega/c)\boldsymbol{e}_k = \omega\sqrt{\varepsilon_0\mu_0}n\boldsymbol{e}_k$, 其中, $\boldsymbol{e}_k$ 为波矢的单位方向矢量, $e_{k_x}^2 + e_{k_y}^2 + e_{k_z}^2 = 1$. 将上面的关系式代入 (8.8) 式, 可得

$$E_i = \frac{n^2}{n_i^2}[E_i - e_{k_i}(\boldsymbol{e}_k\cdot\boldsymbol{E})], \tag{8.9}$$

即

$$(n_i^2 - n^2)E_i + n^2 e_{k_i}(e_{k_x}E_x + e_{k_y}E_y + e_{k_z}E_z) = 0 \quad (i = x, y, z)$$

是 E_x, E_y, E_z 的线性齐次方程组, 可写为

$$\begin{pmatrix} n_x^2 - n^2e_{k_y}^2 - n^2e_{k_z}^2 & n^2e_{k_x}e_{k_y} & n^2e_{k_x}e_{k_z} \\ n^2e_{k_y}e_{k_x} & n_y^2 - n^2e_{k_x}^2 - n^2e_{k_z}^2 & n^2e_{k_y}e_{k_z} \\ n^2e_{k_z}e_{k_x} & n^2e_{k_z}e_{k_y} & n_z^2 - n^2e_{k_x}^2 - n^2e_{k_y}^2 \end{pmatrix}\begin{pmatrix} E_x \\ E_y \\ E_z \end{pmatrix} = 0.$$

因为电磁波能在介质中传播, 所以 E_x, E_y, E_z 必然有非零解, 有非零解的条件是上述线性齐次方程组的系数行列式为零:

$$\begin{vmatrix} n_x^2 - n^2 e_{k_y}^2 - n^2 e_{k_z}^2 & n^2 e_{k_x} e_{k_y} & n^2 e_{k_x} e_{k_z} \\ n^2 e_{k_y} e_{k_x} & n_y^2 - n^2 e_{k_x}^2 - n^2 e_{k_z}^2 & n^2 e_{k_y} e_{k_z} \\ n^2 e_{k_z} e_{k_x} & n^2 e_{k_z} e_{k_y} & n_z^2 - n^2 e_{k_x}^2 - n^2 e_{k_y}^2 \end{vmatrix} = 0,$$

即

$$\begin{aligned} &(n_x^2 e_{k_x}^2 + n_y^2 e_{k_y}^2 + n_z^2 e_{k_z}^2) n^4 \\ &-[n_x^2(n_y^2+n_z^2)e_{k_x}^2 + n_y^2(n_x^2+n_z^2)e_{k_y}^2 + n_z^2(n_x^2+n_y^2)e_{k_z}^2]n^2 + n_x^2 n_y^2 n_z^2 = 0. \end{aligned}$$

上式是菲涅耳方程的一种表述, 它是 n^2 的二次方程, 对于每一个给定的波矢方向 $\boldsymbol{e}_k$, n^2 都有两个解, 这意味着光在晶体中传播的双折射现象. 将 n^2 的两个解分别代入上述线性齐次方程组, 可以得到 (E_{1x}, E_{1y}, E_{1z}) 和 (E_{2x}, E_{2y}, E_{2z}) 两组解, 这是给定波矢方向, 电磁波在介质中传播时允许的两个偏振态. 因为线性齐次方程组的系数均为实数, 所以 $E_{1x} : E_{1y} : E_{1z}$ 和 $E_{2x} : E_{2y} : E_{2z}$ 都是实数, 因此允许的两个偏振态均为线偏振态, 两者的偏振面不同.

下面介绍波法线菲涅耳方程的其他形式.

由 (8.9) 式可得

$$E_i = \frac{n^2 e_{k_i}(\boldsymbol{e}_k \cdot \boldsymbol{E})}{n^2 - n_i^2}, \quad i = x, y, z. \tag{8.10}$$

将 (8.10) 式等号两边同时乘以 e_{k_i}, 并对 i 求和, 然后再将等号两边同时除以 $\boldsymbol{e}_k \cdot \boldsymbol{E}$, 可得

$$\frac{e_{k_x}^2}{n^2 - n_x^2} + \frac{e_{k_y}^2}{n^2 - n_y^2} + \frac{e_{k_z}^2}{n^2 - n_z^2} = \frac{1}{n^2}. \tag{8.11}$$

(8.11) 式是波法线菲涅耳方程的一种形式.

将 (8.11) 式等号两边同时乘以 n^2, 然后减去等式 $e_{k_x}^2 + e_{k_y}^2 + e_{k_z}^2 = 1$, 可得

$$\frac{e_{k_x}^2}{\dfrac{1}{n^2} - \dfrac{1}{n_x^2}} + \frac{e_{k_y}^2}{\dfrac{1}{n^2} - \dfrac{1}{n_y^2}} + \frac{e_{k_z}^2}{\dfrac{1}{n^2} - \dfrac{1}{n_z^2}} = 0. \tag{8.12}$$

(8.12) 式也是波法线菲涅耳方程的一种形式.

引入三个主速度:

$$v_i = \frac{c}{n_i}, \quad i = x, y, z.$$

将之代入 (8.12) 式可得

$$\frac{e_{k_x}^2}{v_{\mathrm{p}}^2 - v_x^2} + \frac{e_{k_y}^2}{v_{\mathrm{p}}^2 - v_y^2} + \frac{e_{k_z}^2}{v_{\mathrm{p}}^2 - v_z^2} = 0. \tag{8.13}$$

(8.13) 式也是波法线菲涅耳方程的一种形式.

由波法线菲涅耳方程可以获得如下重要结论:

(1) 菲涅耳方程是 n^2 (或 v_p^2) 的二次方程, 对于一个给定的波矢方向, n^2 (或 v_p^2) 有两个解, 这意味着双折射.

(2) 将 n^2 (或 v_p^2) 的两个解分别代入线性齐次方程组, 可以得到 (E_{1x}, E_{1y}, E_{1z}) 和 (E_{2x}, E_{2y}, E_{2z}) 两组解, 对应于 (D_{1x}, D_{1y}, D_{1z}) 和 (D_{2x}, D_{2y}, D_{2z}), 且 $E_{1x} : E_{1y} : E_{1z}$, $E_{2x} : E_{2y} : E_{2z}$ 和 $D_{1x} : D_{1y} : D_{1z}$, $D_{2x} : D_{2y} : D_{2z}$ 都是实数, 即给定波矢方向, 单色平面电磁波在各向异性晶体中传播时仅允许两个特定的线偏振态.

(3) 允许的两个特定的线偏振态的相速度不同, 两束光的电位移矢量 $\boldsymbol{D}$ 的方向相互垂直.

从上述分析中很容易得到结论 (1) 和 (2), 但是很难直观地得到结论 (3). 要想得到结论 (3), 需要求解出波法线菲涅耳方程, 然后将 n^2 的两个解分别代入线性齐次方程组, 得到允许传播的电磁波的两个电场方向, 再求出它们对应的电位移矢量方向, 最后证明允许传播的电磁波的两个电位移矢量的方向相互垂直. 论证过程比较复杂, 下面介绍图解波法线菲涅耳方程的方法, 该方法可以简单、直观地解出给定波矢方向的平面光允许传播的电磁波的两个特定电位移矢量的方向和对应的折射率.

8.2.3 图解波法线菲涅耳方程

为了图解波法线菲涅耳方程, 我们引入波法线椭球, 又称为折射率椭球. 在主介电轴坐标系下, 电场的能量密度可简写为

$$w_\mathrm{e} = \frac{1}{2}\frac{D_x^2}{\varepsilon_0\varepsilon_x} + \frac{1}{2}\frac{D_y^2}{\varepsilon_0\varepsilon_y} + \frac{1}{2}\frac{D_z^2}{\varepsilon_0\varepsilon_z}.$$

令 $i = D_i/\sqrt{2w_\mathrm{e}\varepsilon_0}$, $i = x, y, z$, 于是

$$\frac{x^2}{n_x^2} + \frac{y^2}{n_y^2} + \frac{z^2}{n_z^2} = 1. \tag{8.14}$$

(8.14) 式是椭球方程, 它便是波法线椭球方程, 又称为折射率椭球方程.

折射率椭球的物理含义 当电磁波在介质中传播时, 给定电磁波的电位移矢量的振动方向, 过折射率椭球的球心沿电位移矢量的方向作直线, 从球心到该直线和椭球表面交点的距离 r 等于该电磁波在介质中的折射率 n. 证明如下:

如图 8.7 所示, 有

$$r = \sqrt{x^2 + y^2 + z^2} = \sqrt{\frac{D_x^2 + D_y^2 + D_z^2}{2w_\mathrm{e}\varepsilon_0}} = \frac{D}{\sqrt{2w_\mathrm{e}\varepsilon_0}}. \tag{8.15}$$

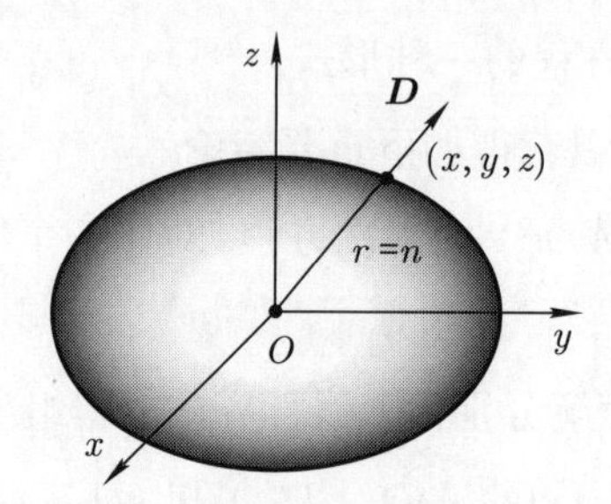

图 8.7 折射率椭球的物理含义

如图 8.8 所示, 有

$$2w_{\mathrm{e}} = \boldsymbol{D} \cdot \boldsymbol{E} = DE_{\perp}.$$

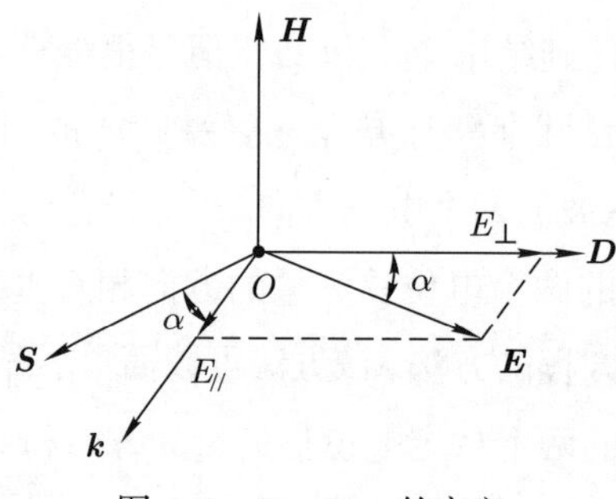

图 8.8 $E_{\perp}, E_{//}$ 的定义

由 (8.8) 式可得

$$\begin{aligned}\boldsymbol{D} &= \frac{1}{\mu\mu_0\omega^2}[k^2\boldsymbol{E} - (\boldsymbol{k}\cdot\boldsymbol{E})\boldsymbol{k}] = \frac{k^2}{\mu\mu_0\omega^2}[\boldsymbol{E} - (\boldsymbol{e}_k\cdot\boldsymbol{E})\boldsymbol{e}_k] = \frac{k^2}{\mu\mu_0\omega^2}(\boldsymbol{E} - \boldsymbol{E}_{//}) \\ &= \frac{k^2}{\mu\mu_0\omega^2}\boldsymbol{E}_{\perp},\end{aligned}$$

因此

$$2w_{\mathrm{e}} = DE_{\perp} = \frac{\mu\mu_0\omega^2}{k^2}D^2,$$

因为 $\mu \approx 1$, $k = \omega\sqrt{\varepsilon_0\mu_0}n$, 所以上式可改写为

$$2w_{\mathrm{e}} = \frac{D^2}{n^2\varepsilon_0},$$

将之代入 (8.15) 式, 可得 $r = n$.

下面介绍图解波法线菲涅耳方程的方法, 其可分为如下四步:

(1) 画出折射率椭球.

(2) 给定波矢的方向.

(3) 过球心 O 作垂直于波矢方向的平面, 该平面与折射率椭球交出一个椭圆.

(4) 画出椭圆的短半轴和长半轴, 短半轴和长半轴的方向为给定波矢方向的电磁波允许的两个特定的线偏振态对应的电位移矢量 $\boldsymbol{D}_1$ 和 $\boldsymbol{D}_2$ 的方向, 短半轴和长半轴的长度为两个特定的线偏振态对应的折射率 n_1 和 n_2.

图 8.9 描述了图解波法线菲涅耳方程的过程. 因为允许的两个特定的线偏振态对应的电位移矢量 $\boldsymbol{D}_1$ 和 $\boldsymbol{D}_2$ 的方向为椭圆的短半轴和长半轴的方向, 它们必然相互垂直, 所以通过图解很容易得到 8.2.2 小节给出的结论 (3).

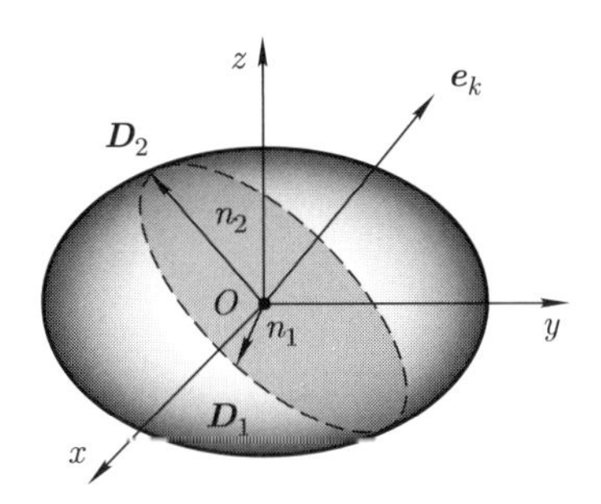

图 8.9 图解波法线菲涅耳方程的方法

图解的结果是否为波法线菲涅耳方程的解, 我们需要证明. 证明思路为: 图解出的 n_1 和 n_2 分别为椭圆的短半轴和长半轴的长度, 它们是满足折射率椭球方程和垂直波矢平面方程 $r=\sqrt{x^2+y^2+z^2}$ 的极值. 利用拉格朗日乘子法, 可以求出极值所要满足的条件. 如果极值条件和波法线菲涅耳方程相同, 就证明了图解结果就是波法线菲涅耳方程的解. 证明如下:

$$r^2=x^2+y^2+z^2$$

满足 $\dfrac{x^2}{n_x^2}+\dfrac{y^2}{n_y^2}+\dfrac{z^2}{n_z^2}=1$ 和 $e_{k_x}x+e_{k_y}y+e_{k_z}z=0$.

下面引入 λ_1 和 λ_2, 利用拉格朗日乘子法, 求解 r^2 的极值条件, 定义

$$F=x^2+y^2+z^2+2\lambda_1(e_{k_x}x+e_{k_y}y+e_{k_z}z)+\lambda_2\left(\frac{x^2}{n_x^2}+\frac{y^2}{n_y^2}+\frac{z^2}{n_z^2}-1\right),$$

则 r^2 为极值的点应该满足

$$\begin{cases}\dfrac{\partial F}{\partial x}=2x+2\lambda_1e_{k_x}+2\lambda_2\dfrac{x}{n_x^2}=0,\\ \dfrac{\partial F}{\partial y}=2y+2\lambda_1e_{k_y}+2\lambda_2\dfrac{y}{n_y^2}=0,\\ \dfrac{\partial F}{\partial z}=2z+2\lambda_1e_{k_z}+2\lambda_2\dfrac{z}{n_z^2}=0,\\ \dfrac{\partial F}{\partial \lambda_1}=2(e_{k_x}x+e_{k_y}y+e_{k_z}z)=0,\\ \dfrac{\partial F}{\partial \lambda_2}=\dfrac{x^2}{n_x^2}+\dfrac{y^2}{n_y^2}+\dfrac{z^2}{n_z^2}-1=0.\end{cases}$$

可以解得 r^2 为极值的条件为

$$i\left(1-\frac{r^2}{n_i^2}\right)+e_{k_i}r^2\left(\frac{e_{k_x}x}{n_x^2}+\frac{e_{k_y}y}{n_y^2}+\frac{e_{k_z}z}{n_z^2}\right)=0,\quad i=x,y,z.$$

将 $i=D_i/\sqrt{2w_\mathrm{e}\varepsilon_0}$, $D_i=\varepsilon_0\varepsilon_iE_i$, $n_i^2=\varepsilon_i$ 和 $r^2=x^2+y^2+z^2=n^2$ 代入上式, 可得

$$(n_i^2-n^2)E_i+n^2e_{k_i}(e_{k_x}E_x+e_{k_y}E_y+e_{k_z}E_z)=0$$

为 E_i 的线性齐次方程组, 它便是 r^2 取极值的条件. r^2 能取极值, 则上面的线性齐次方程组必然有非零解, 即系数行列式为零, 这便是波法线菲涅耳方程. 由此得到图解的结果就是波法线菲涅耳方程的解.

8.2.4 晶体的分类

下面根据折射率椭球的形状对晶体进行分类.

1. 各向同性晶体

如果 $n_x=n_y=n_z$, 则折射率椭球变为球, 见图 8.10. 给定任一方向的波矢, 过球心作垂直于波矢方向的截面, 截面都是圆. 圆没有短半轴和长半轴之分, 也可以说, 截面上任何一个方向都既是短半轴又是长半轴, 并且短半轴和长半轴的长度相等. 这意味着电磁波可沿任意方向在此类晶体中传播, 允许所有可能的偏振态, 并且所有不同偏振态的电磁波的折射率都相等, 即不发生双折射, 此类晶体称为各向同性晶体. 立方晶系, 例如, 氯化钠等晶体, 为各向同性晶体.

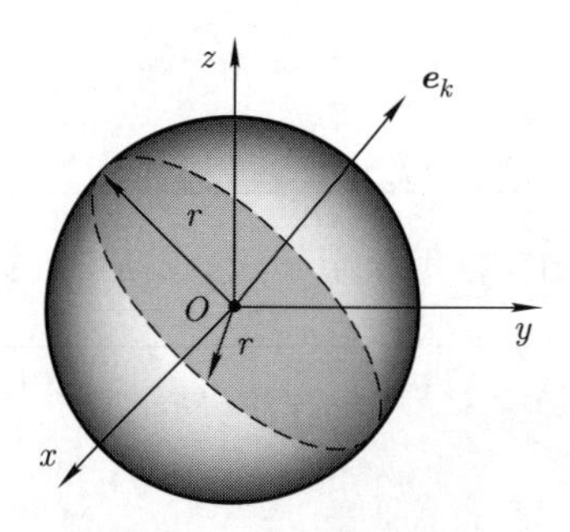

图 8.10 各向同性晶体

2. 单轴晶体

如果 $n_x=n_y\neq n_z$, 则折射率椭球绕 z 轴旋转对称, 见图 8.11. 给定任一方向的波矢, 过球心作垂直于波矢方向的截面, 截面一般为椭圆. 椭圆的短半轴和长半轴方向为允许的两个特定电位移矢量的线偏振方向, 短半轴和长半轴的长度为两个特定线偏振光的折射率, 短半轴和长半轴的长度不相等, 即发生双折射. 有一特殊的波矢方向, 即 z 轴, 此时的截面为圆, 也就是电磁波的相位沿 z 轴传播, 不发生双折射, 我们把这

个方向称为晶体光轴. 旋转对称椭球有且仅有一个光轴, 所以此类晶体称为单轴晶体. 三角、六角、四方晶系, 例如, 方解石、红宝石、石英、冰等晶体, 属于单轴晶体.

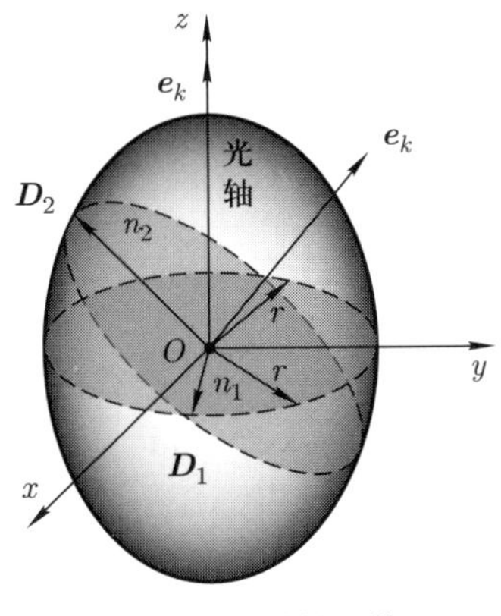

图 8.11 单轴晶体

3. 双轴晶体

如果 $n_x \neq n_y \neq n_z$, 即三个主折射率彼此两两不等, 则折射率椭球为一般椭球. 椭球有两个通过球心的圆截面, 这两个圆截面的法线方向称为光轴, 如图 8.12 所示. 因为此类晶体有两个光轴, 故称为双轴晶体. 正交、单斜、三斜晶系, 例如, 硬石膏、蓝宝石、云母、正方铅矿等晶体, 属于双轴晶体.

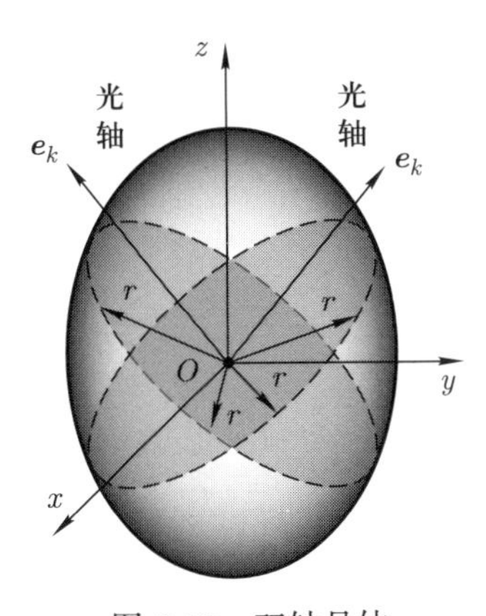

图 8.12 双轴晶体

8.2.5 光线菲涅耳方程

光线菲涅耳方程给出随光线方向 (即坡印亭矢量的方向) 改变而改变的线折射率 (线速度) 和介电张量之间的关系.

如图 8.13 所示, 有

$$\begin{cases} \boldsymbol{D}_{//} = \boldsymbol{e}_S(\boldsymbol{D} \cdot \boldsymbol{e}_S), \\ \boldsymbol{D}_{\perp} = \boldsymbol{D} - \boldsymbol{e}_S(\boldsymbol{D} \cdot \boldsymbol{e}_S) = \dfrac{\boldsymbol{E}}{E}\left(\boldsymbol{D} \cdot \dfrac{\boldsymbol{E}}{E}\right), \end{cases}$$

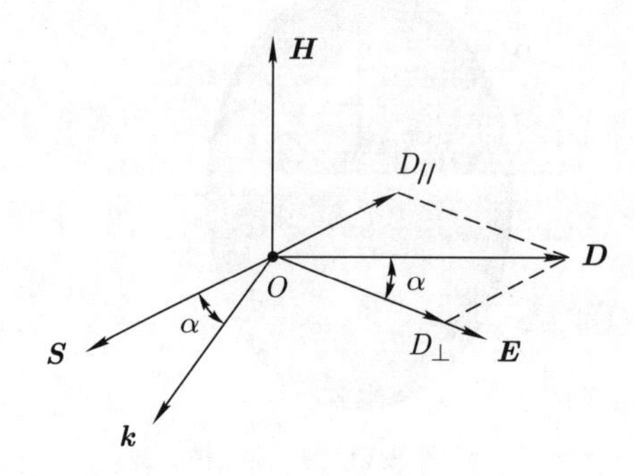

图 8.13 $D_{\perp}$, $D_{//}$ 的定义

其中, $\boldsymbol{e}_S$ 是坡印亭矢量 $\boldsymbol{S}$ 的单位方向矢量. 于是

$$\boldsymbol{E} = \frac{E^2}{\boldsymbol{D} \cdot \boldsymbol{E}}[\boldsymbol{D} - \boldsymbol{e}_S(\boldsymbol{D} \cdot \boldsymbol{e}_S)], \tag{8.16}$$

$$\boldsymbol{D} \cdot \boldsymbol{E} = DE\cos\alpha = DE_{\perp}, \tag{8.17}$$

其中, $E_{\perp}$ 的定义见图 8.8. 由 (8.8) 式可得

$$\boldsymbol{D} = \frac{1}{\mu\mu_0\omega^2}[k^2\boldsymbol{E} - (\boldsymbol{k} \cdot \boldsymbol{E})\boldsymbol{k}] = \frac{k^2}{\mu\mu_0\omega^2}[\boldsymbol{E} - (\boldsymbol{e}_k \cdot \boldsymbol{E})\boldsymbol{e}_k] = n^2\varepsilon_0\boldsymbol{E}_{\perp}.$$

即

$$\boldsymbol{E}_{\perp} = \frac{\boldsymbol{D}}{n^2\varepsilon_0}. \tag{8.18}$$

将 (8.18) 式代入 (8.17) 式, 可得

$$E = \frac{D}{\varepsilon_0 n^2 \cos\alpha}, \tag{8.19}$$

再将 (8.17) 式和 (8.19) 式代入 (8.16) 式, 可得

$$\boldsymbol{E} = \frac{E\left(\dfrac{D}{\varepsilon_0 n^2\cos\alpha}\right)}{DE\cos\alpha}[\boldsymbol{D} - \boldsymbol{e}_S(\boldsymbol{D} \cdot \boldsymbol{e}_S)] = \frac{1}{\varepsilon_0(n\cos\alpha)^2}[\boldsymbol{D} - \boldsymbol{e}_S(\boldsymbol{D} \cdot \boldsymbol{e}_S)].$$

因为 $n_{\mathrm{t}} = n\cos\alpha$, 在主介电轴坐标系下, $D_i = \varepsilon_0\varepsilon_i E_i$, $i = x, y, z$, 将之代入上式, 可得

$$D_i = \frac{n_i^2}{n_{\mathrm{t}}^2}[D_i - e_{S_i}(\boldsymbol{D} \cdot \boldsymbol{e}_S)],$$

即

$$\left(\frac{1}{n_i^2}-\frac{1}{n_{\mathrm{t}}^2}\right)D_i+\frac{1}{n_{\mathrm{t}}^2}e_{S_i}(e_{S_x}D_x+e_{S_y}D_y+e_{S_z}D_z)=0$$

为 D_x, D_y, D_z 的线性齐次方程组, 即

$$\begin{pmatrix}\frac{1}{n_x^2}-\frac{1}{n_{\mathrm{t}}^2}e_{S_y}^2-\frac{1}{n_{\mathrm{t}}^2}e_{S_z}^2 & \frac{1}{n_{\mathrm{t}}^2}e_{S_x}e_{S_y} & \frac{1}{n_{\mathrm{t}}^2}e_{S_x}e_{S_z}\\ \frac{1}{n_{\mathrm{t}}^2}e_{S_y}e_{S_x} & \frac{1}{n_y^2}-\frac{1}{n_{\mathrm{t}}^2}e_{S_x}^2-\frac{1}{n_{\mathrm{t}}^2}e_{S_z}^2 & \frac{1}{n_{\mathrm{t}}^2}e_{S_y}e_{S_z}\\ \frac{1}{n_{\mathrm{t}}^2}e_{S_z}e_{S_x} & \frac{1}{n_{\mathrm{t}}^2}e_{S_z}e_{S_y} & \frac{1}{n_z^2}-\frac{1}{n_{\mathrm{t}}^2}e_{S_x}^2-\frac{1}{n_{\mathrm{t}}^2}e_{S_y}^2\end{pmatrix}\begin{pmatrix}D_x\\ D_y\\ D_z\end{pmatrix}=0.$$

因为电磁波能在介质中传播, 所以 D_x, D_y, D_z 必然有非零解, 这要求

$$\begin{vmatrix}\frac{1}{n_x^2}-\frac{1}{n_{\mathrm{t}}^2}e_{S_y}^2-\frac{1}{n_{\mathrm{t}}^2}e_{S_z}^2 & \frac{1}{n_{\mathrm{t}}^2}e_{S_x}e_{S_y} & \frac{1}{n_{\mathrm{t}}^2}e_{S_x}e_{S_z}\\ \frac{1}{n_{\mathrm{t}}^2}e_{S_y}e_{S_x} & \frac{1}{n_y^2}-\frac{1}{n_{\mathrm{t}}^2}e_{S_x}^2-\frac{1}{n_{\mathrm{t}}^2}e_{S_z}^2 & \frac{1}{n_{\mathrm{t}}^2}e_{S_y}e_{S_z}\\ \frac{1}{n_{\mathrm{t}}^2}e_{S_z}e_{S_x} & \frac{1}{n_{\mathrm{t}}^2}e_{S_z}e_{S_y} & \frac{1}{n_z^2}-\frac{1}{n_{\mathrm{t}}^2}e_{S_x}^2-\frac{1}{n_{\mathrm{t}}^2}e_{S_y}^2\end{vmatrix}=0,$$

即

$$\begin{aligned}&\left(\frac{1}{n_x^2}e_{S_x}^2+\frac{1}{n_y^2}e_{S_y}^2+\frac{1}{n_z^2}e_{S_z}^2\right)\frac{1}{n_{\mathrm{t}}^4}\\ &-\left[\frac{1}{n_x^2}\left(\frac{1}{n_y^2}+\frac{1}{n_z^2}\right)e_{S_x}^2+\frac{1}{n_y^2}\left(\frac{1}{n_x^2}+\frac{1}{n_z^2}\right)e_{S_y}^2+\frac{1}{n_z^2}\left(\frac{1}{n_x^2}+\frac{1}{n_y^2}\right)e_{S_z}^2\right]\frac{1}{n_{\mathrm{t}}^2}+\frac{1}{n_x^2}\frac{1}{n_y^2}\frac{1}{n_z^2}=0.\end{aligned}$$

这便是光线菲涅耳方程. 可以得出如下结论: 光线菲涅耳方程是 $1/n_{\mathrm{t}}^2$ (或 v_{t}^2) 的二次方程, 对于每一个给定的坡印亭矢量的方向, $1/n_{\mathrm{t}}^2$ (或 v_{t}^2) 都有两个解, 对应着双折射. 将 $1/n_{\mathrm{t}}^2$ 的两个解分别代入上述线性齐次方程组, 可得 (D_{1x}, D_{1y}, D_{1z}) 和 (D_{2x}, D_{2y}, D_{2z}) 两组解, 及其对应的 (E_{1x}, E_{1y}, E_{1z}) 和 (E_{2x}, E_{2y}, E_{2z}), 即在各向异性介质中, 给定光线方向, 仅允许单色平面光以两种特定的偏振态 (E_{1x}, E_{1y}, E_{1z}) 和 (E_{2x}, E_{2y}, E_{2z}) 传播, 可以证明这两个允许的特定偏振态为线偏振态, 并且其 $\boldsymbol{E}$ 偏振方向相互垂直, 速度不同.

从上述讲解中可以看出, 波法线菲涅耳方程和光线菲涅耳方程的形式和结论相似, 但是方程中的物理量不同, 它们之间的对应关系为

$$\begin{cases} \boldsymbol{E} \\ \boldsymbol{D} \\ \boldsymbol{e}_k \\ \varepsilon_0 \\ \varepsilon_i \\ n_i \\ n \\ v_{\mathrm{p}} \end{cases} \xLeftrightarrow{\text{波法线菲涅耳方程}\quad\text{光线菲涅耳方程}} \begin{cases} \boldsymbol{D} \\ \boldsymbol{E} \\ \boldsymbol{e}_S \\ 1/\varepsilon_0 \\ 1/\varepsilon_i \\ 1/n_i \\ 1/n_{\mathrm{t}} \\ 1/n_{\mathrm{p}} \end{cases}$$

根据上述对应关系和 (8.11) ~ (8.13) 式, 可以得到光线菲涅耳方程的其他形式:

$$\frac{e_{S_x}^2}{\dfrac{1}{n_{\mathrm{t}}^2}-\dfrac{1}{n_x^2}}+\frac{e_{S_y}^2}{\dfrac{1}{n_{\mathrm{t}}^2}-\dfrac{1}{n_y^2}}+\frac{e_{S_z}^2}{\dfrac{1}{n_{\mathrm{t}}^2}-\dfrac{1}{n_z^2}}=n_{\mathrm{t}}^2, \tag{8.20}$$

$$\frac{e_{S_x}^2}{n_{\mathrm{t}}^2-n_x^2}+\frac{e_{S_y}^2}{n_{\mathrm{t}}^2-n_y^2}+\frac{e_{S_z}^2}{n_{\mathrm{t}}^2-n_z^2}=0, \tag{8.21}$$

$$\frac{e_{S_x}^2}{\dfrac{1}{v_{\mathrm{t}}^2}-\dfrac{1}{v_x^2}}+\frac{e_{S_y}^2}{\dfrac{1}{v_{\mathrm{t}}^2}-\dfrac{1}{v_y^2}}+\frac{e_{S_z}^2}{\dfrac{1}{v_{\mathrm{t}}^2}-\dfrac{1}{v_z^2}}=0. \tag{8.22}$$

8.2.6 图解光线菲涅耳方程

我们引入光线椭球, 光线菲涅耳方程同样可以图解. 在主介电轴坐标系下, 电场的能量密度可简写为

$$w_{\mathrm{e}}=\frac{1}{2}\varepsilon_0\varepsilon_x E_x^2+\frac{1}{2}\varepsilon_0\varepsilon_y E_y^2+\frac{1}{2}\varepsilon_0\varepsilon_z E_z^2.$$

令 $i=\sqrt{\varepsilon_0/(2w_{\mathrm{e}})}E_i$, $i=x,y,z$, 于是

$$n_x^2x^2+n_y^2y^2+n_z^2z^2=1. \tag{8.23}$$

该椭球称为光线椭球. 其物理含义为: 给定在介质中传播的电磁波的电场矢量 $\boldsymbol{E}$ 的振动方向, 过光线椭球的球心沿电场矢量 $\boldsymbol{E}$ 方向作直线, 从球心到该直线和椭球表面交点的距离 r 等于该电磁波在介质中的线折射率 n_{t} 的倒数, 即 $r=1/n_{\mathrm{t}}$, 其证明可以参考前面论证折射率椭球的物理含义的内容, 这里不再赘述.

图解光线菲涅耳方程和图解波法线菲涅耳方程相似, 可分为如下四步:

(1) 画出光线椭球.

(2) 给定坡印亭矢量的方向.

(3) 过原点作垂直于坡印亭矢量方向的平面, 该平面与光线椭球交出一个椭圆.

(4) 画出椭圆的长半轴和短半轴, 长半轴和短半轴的方向为给定坡印亭矢量方向的电磁波允许的两个特定的线偏振态对应的电场矢量的振动方向, 长半轴和短半轴的长度为两个特定的线偏振光的线折射率的倒数.

关于图解得到的结论是否正确, 其证明方法仍然是采用拉格朗日乘子法, 和前面图解波法线菲涅耳方程的论证相似, 这里不再重复.

8.3 光在各向异性晶体中的传播

8.3.1 单轴晶体中的相位传播

根据波法线菲涅耳方程 (见 (8.13) 式), 可得

$$(v_{\mathrm{p}}^2-v_y^2)(v_{\mathrm{p}}^2-v_z^2)e_{k_x}^2+(v_{\mathrm{p}}^2-v_x^2)(v_{\mathrm{p}}^2-v_z^2)e_{k_y}^2+(v_{\mathrm{p}}^2-v_x^2)(v_{\mathrm{p}}^2-v_y^2)e_{k_z}^2=0.$$

设单轴晶体的光轴为 z 轴, 则 $n_x=n_y\neq n_z$, 令 $n_x=n_y=n_{\mathrm{o}}$, $n_z=n_{\mathrm{e}}$, 则三个主速度分别为 $v_x=v_y=v_{\mathrm{o}}$, $v_z=v_{\mathrm{e}}$, 将之代入上式可得

$$(v_{\mathrm{p}}^2-v_{\mathrm{o}}^2)[(e_{k_x}^2+e_{k_y}^2)(v_{\mathrm{p}}^2-v_{\mathrm{e}}^2)+e_{k_z}^2(v_{\mathrm{p}}^2-v_{\mathrm{o}}^2)]=0. \tag{8.24}$$

设波矢方向和 z 轴之间的夹角为 θ, 如图 8.14 所示, 则

$$\begin{cases} e_{k_x}^2+e_{k_y}^2=\sin^2\theta, \\ e_{k_z}^2=\cos^2\theta, \end{cases}$$

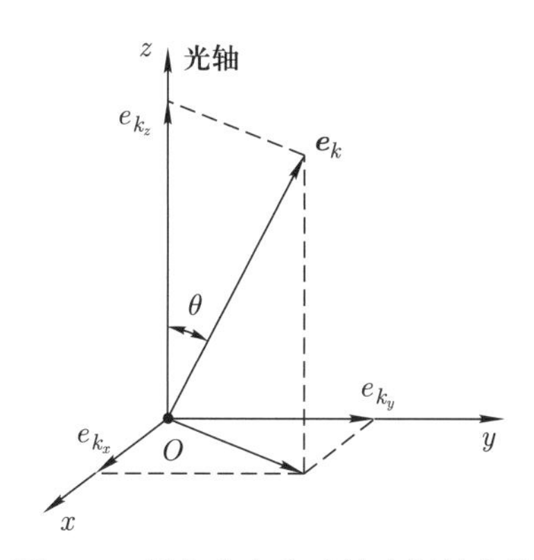

图 8.14 波矢方向和光轴之间的夹角

将之代入 (8.24) 式, 可得

$$(v_{\mathrm{p}}^2-v_{\mathrm{o}}^2)[\sin^2\theta(v_{\mathrm{p}}^2-v_{\mathrm{e}}^2)+\cos^2\theta(v_{\mathrm{p}}^2-v_{\mathrm{o}}^2)]=0, \tag{8.25}$$

于是可得相速度的两个解为

$$\begin{cases} v_{\mathrm{p}}'^2=v_{\mathrm{o}}^2, \\ v_{\mathrm{p}}''^2=v_{\mathrm{o}}^2\cos^2\theta+v_{\mathrm{e}}^2\sin^2\theta. \end{cases} \tag{8.26}$$

波法线曲面　以晶体内某点为原点, 以波矢方向所对应的相速度的大小为半径, 使波矢方向在全空间任意取向所作的曲面称为波法线曲面. 因为同一波矢方向有两个相速度, 所以有两个波法线曲面. 对于 $v_{\rm p}'^2 = v_{\rm o}^2$, 给出的波法线曲面为球面, 它在单轴晶体中的传播行为和在各向同性介质中一样, 即为寻常光或 o 光; 对于 $v_{\rm p}''^2 = v_{\rm o}^2\cos^2\theta + v_{\rm e}^2\sin^2\theta$, 给出的波法线曲面为旋转卵形曲面, 它在单轴晶体中的传播行为和在各向同性介质中不一样, 即为非寻常光或 e 光. 因为光沿光轴传播时无双折射现象, 所以两个波法线曲面在光轴方向相切, 如图 8.15 所示.

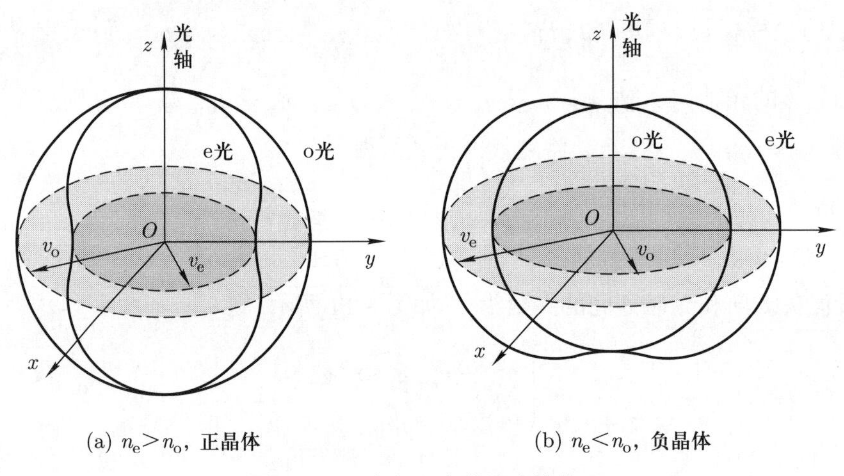

(a) $n_{\rm e}>n_{\rm o}$, **正晶体**　　(b) $n_{\rm e}<n_{\rm o}$, **负晶体**

图 8.15　o 光和 e 光的波法线曲面

如果 $n_{\rm e} > n_{\rm o}$, 则 $v_{\rm e} < v_{\rm o}$, e 光的波法线曲面内切于 o 光的波法线曲面, 此类晶体称为正晶体; 如果 $n_{\rm e} < n_{\rm o}$, 则 $v_{\rm e} > v_{\rm o}$, o 光的波法线曲面内切于 e 光的波法线曲面, 此类晶体称为负晶体.

8.3.2　单轴晶体中的光线传播

设单轴晶体的光轴为 z 轴, 根据光线菲涅耳方程 (见 (8.22) 式), 可得

$$\left(\frac{1}{v_{\rm t}^2}-\frac{1}{v_{\rm o}^2}\right)\left[(e_{S_x}^2+e_{S_y}^2)\left(\frac{1}{v_{\rm t}^2}-\frac{1}{v_{\rm e}^2}\right)+e_{S_z}^2\left(\frac{1}{v_{\rm t}^2}-\frac{1}{v_{\rm o}^2}\right)\right]=0.$$

设坡印亭矢量方向和 z 轴之间的夹角为 θ, 则上式可改写为

$$\left(\frac{1}{v_{\rm t}^2}-\frac{1}{v_{\rm o}^2}\right)\left[\sin^2\theta\left(\frac{1}{v_{\rm t}^2}-\frac{1}{v_{\rm e}^2}\right)+\cos^2\theta\left(\frac{1}{v_{\rm t}^2}-\frac{1}{v_{\rm o}^2}\right)\right]=0,$$

于是可得给定光线方向 $\boldsymbol{e}_S$ 的两个线速度:

$$\begin{cases} \dfrac{1}{v_{\mathrm{t}}'^2} = \dfrac{1}{v_{\mathrm{o}}^2}, \\ \dfrac{1}{v_{\mathrm{t}}''^2} = \dfrac{1}{v_{\mathrm{o}}^2}\cos^2\theta + \dfrac{1}{v_{\mathrm{e}}^2}\sin^2\theta. \end{cases} \tag{8.27}$$

光线曲面 以晶体内某点为原点, 以光线方向所对应的线速度的大小为半径, 使光线方向在全空间任意取向所作的曲面称为光线曲面. 由方程组 (8.27) 可知, 同一光线方向有两个线速度. 对于 $\dfrac{1}{v_{\mathrm{t}}'^2} = \dfrac{1}{v_{\mathrm{o}}^2}$, o 光的光线曲面为球面; 对于 $\dfrac{1}{v_{\mathrm{t}}''^2} = \dfrac{1}{v_{\mathrm{o}}^2}\cos^2\theta + \dfrac{1}{v_{\mathrm{e}}^2}\sin^2\theta$, e 光的光线曲面为旋转椭球面. o 光和 e 光的光线曲面沿光轴方向相切. 对于正晶体, e 光的光线曲面内切于 o 光的光线曲面; 对于负晶体, o 光的光线曲面内切于 e 光的光线曲面. 如图 8.16 所示.

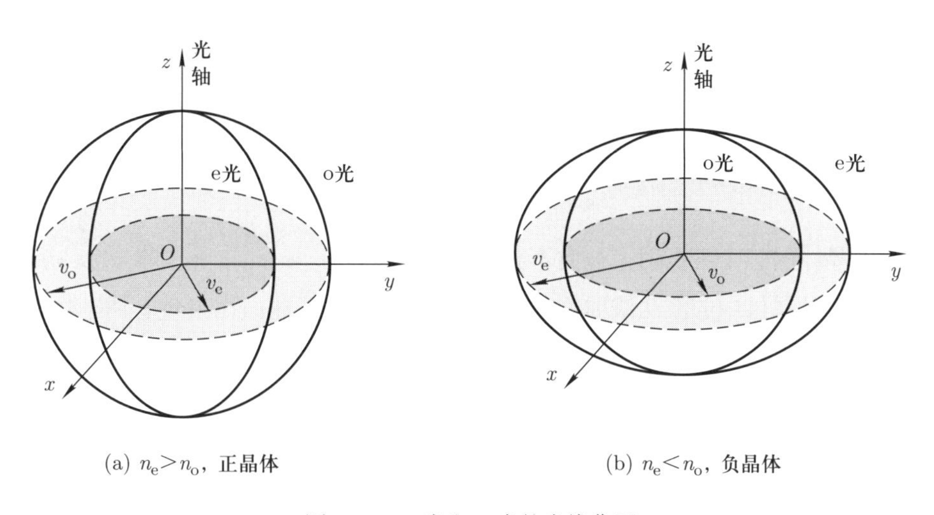

图 8.16 o 光和 e 光的光线曲面

8.3.3 单轴晶体的光线曲面和波法线曲面之间的关系

(1) o 光在单轴晶体中的传播行为和在各向同性线性介质中一样, 其波法线曲面和光线曲面重合, 且均为球面.

(2) e 光的波法线曲面为旋转卵形曲面, 而光线曲面为旋转椭球面, 两者不同, 但是可以根据相速度和线速度之间的关系 (见图 8.6), 从 e 光的光线曲面得到它的波法线曲面, 如图 8.17 所示. 在光线曲面上任选一点, 以球心到该点连线方向为光线方向, 连线长度为此光线方向的线速度. 过该点作光线曲面的切面, 从球心作切面的垂线, 垂点为波法线曲面上的一点. 球心到垂点连线方向为沿上述给定光线方向的平面光的相位传播方向, 光线方向和相位传播方向之间的夹角为 α, 垂线长度为此相位传播方向的相速度. 反复使用上面的方法, 画出光线曲面上不同点所对应的波法线曲面上的点, 将所得到的点连接起来, 就组成波法线曲面.

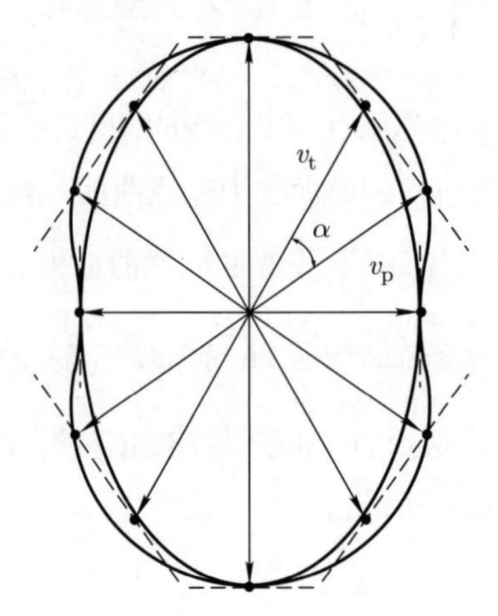

图 8.17　e 光的光线曲面和波法线曲面之间的关系

8.3.4　光在双轴晶体中的传播

双轴晶体的三个主折射率彼此不相等, 不妨假设 $n_x < n_y < n_z$, 即 $v_x > v_y > v_z$. 研究光在双轴晶体中的波法线曲面时, 我们先考虑波法线曲面在主介电轴坐标系下的三个坐标面, 即 $x=0, y=0$ 和 $z=0$ 三个平面内的情况.

对于 $x=0$ 平面 $(e_{k_x}=0, e_{k_y}^2+e_{k_z}^2=1)$, 根据波法线菲涅耳方程 (见 (8.13) 式), 可得

$$(v_{\rm p}^2-v_x^2)[(v_{\rm p}^2-v_z^2)e_{k_y}^2+(v_{\rm p}^2-v_y^2)e_{k_z}^2]=0,$$

因此可得相速度的两个解为

$$\begin{cases} v_{\rm p}'^2=v_x^2, \\ v_{\rm p}''^2=v_z^2e_{k_y}^2+v_y^2e_{k_z}^2. \end{cases} \tag{8.28}$$

波法线曲面和 $x=0$ 平面的交线为一个圆和一个卵形曲线, 如图 8.18 所示.

同理可得 $y=0$ 和 $z=0$ 平面和波法线曲面的交线, 如图 8.19 所示.

由此可以得到双轴晶体的波法线曲面, 如图 8.20 所示为 $\dfrac{1}{8}$ 象限内的情形.

双轴晶体的光线曲面可以由光线菲涅耳方程求得, 方法和求解波法线曲面相似, 这里不再赘述, 留为课下练习题目.

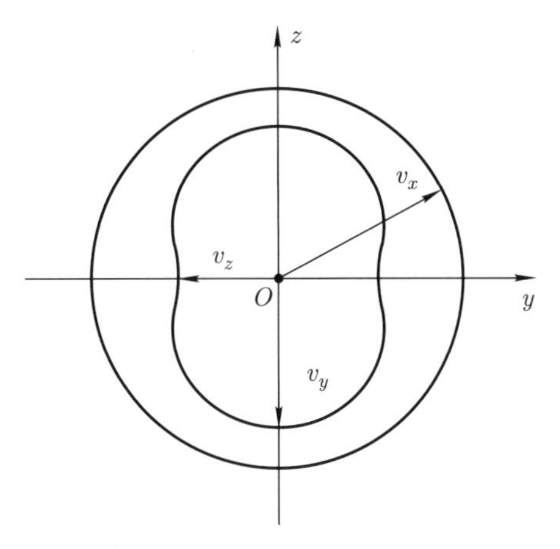

图 8.18 双轴晶体中的波法线曲面和 $x = 0$ 平面的交线

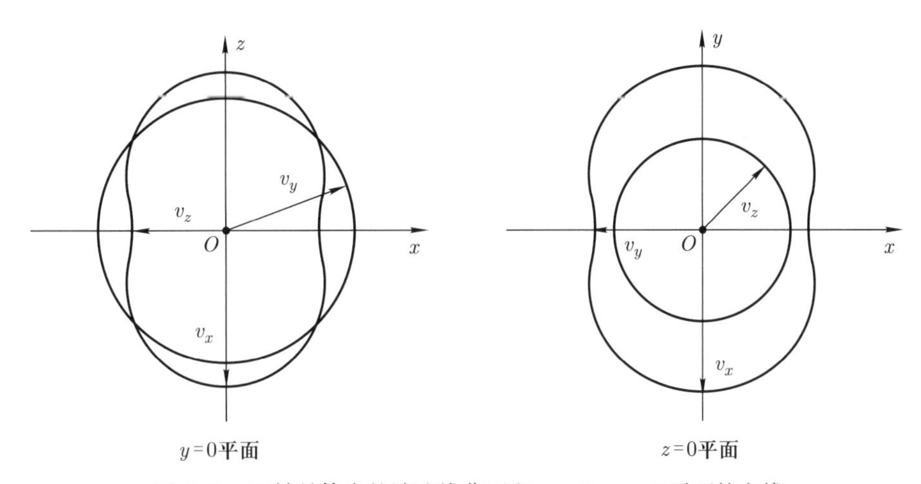

图 8.19 双轴晶体中的波法线曲面和 $y = 0, z = 0$ 平面的交线

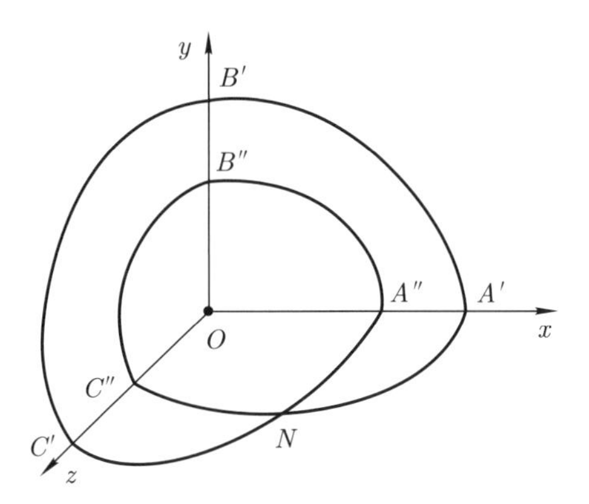

图 8.20 1/8 象限的双轴晶体的波法线曲面

8.4 单轴晶体的界面折射

当光从各向同性线性介质进入各向异性晶体时, 折射光的波法线方向、光线方向

与入射角之间满足什么关系? 下面我们来分析这个问题.

8.4.1 折射光的波法线方向 (即波矢方向)

设平面光从空气进入单轴晶体, 入射光的波函数为

$$E_1(\boldsymbol{r},t)=E_1\mathrm{e}^{-\mathrm{i}\left(\omega t-\frac{\omega}{c}\boldsymbol{r}\cdot\boldsymbol{e}_k\right)},$$

折射光的波函数为

$$E_2(\boldsymbol{r},t)=E_2\mathrm{e}^{-\mathrm{i}\left(\omega t-\frac{\omega}{v_{\mathrm{p}}}\boldsymbol{r}\cdot\boldsymbol{e}_{k'}\right)},$$

其中, $\boldsymbol{e}_k,\boldsymbol{e}_{k'}$ 分别为入射光和折射光的波法线的单位方向矢量. 入射光和折射光在折射界面 Σ 上相位连续, 即当 $\boldsymbol{r}\in\Sigma$ 时, 有

$$\omega t-\frac{\omega}{c}\boldsymbol{r}\cdot\boldsymbol{e}_k=\omega t-\frac{\omega}{v_{\mathrm{p}}}\boldsymbol{r}\cdot\boldsymbol{e}_{k'},$$

因此可得

$$\boldsymbol{r}\cdot\left(\frac{\boldsymbol{e}_{k'}}{v_{\mathrm{p}}}-\frac{\boldsymbol{e}_k}{c}\right)=0\quad(\boldsymbol{r}\in\Sigma).\tag{8.29}$$

设 $z=0$, 即 (x,y) 平面为界面, 光在晶体中传播时有两个相速度, 于是 (8.29) 式可改写为

$$\frac{xe_{k_x}+ye_{k_y}}{c}=\frac{xe_{k'_x}+ye_{k'_y}}{v'_{\mathrm{p}}}=\frac{xe_{k''_x}+ye_{k''_y}}{v''_{\mathrm{p}}},$$

因为上式对于任意的 x,y 都成立, 所以

$$\frac{e_{k'_x}}{e_{k_x}}=\frac{e_{k'_y}}{e_{k_y}},\quad\frac{e_{k''_x}}{e_{k_x}}=\frac{e_{k''_y}}{e_{k_y}}.\tag{8.30}$$

由 (8.30) 式可知, 两束折射光的波法线 (即波矢方向) 都在入射面内. 由 (8.29) 式可知, $\dfrac{\boldsymbol{e}_{k'}}{v'_{\mathrm{p}}}-\dfrac{\boldsymbol{e}_k}{c}$ 和 $\dfrac{\boldsymbol{e}_{k''}}{v''_{\mathrm{p}}}-\dfrac{\boldsymbol{e}_k}{c}$ 都垂直于界面, 于是波法线折射方向如图 8.21 所示. 因此有

$$\frac{1}{c}\sin i=\frac{1}{v'_{\mathrm{p}}}\sin i'=\frac{1}{v''_{\mathrm{p}}}\sin i'',$$

即

$$\frac{\sin i}{\sin i'}=\frac{c}{v'_{\mathrm{p}}},\quad\frac{\sin i}{\sin i''}=\frac{c}{v''_{\mathrm{p}}}.$$

两束折射光遵循的折射定律与各向同性介质中的折射定律在形式上相同, 但是内涵不同. 对于单轴晶体, o 光的相速度和 i' 无关, 它的传播性质与各向同性介质中的性质完全一样, 所以称为寻常光; e 光的相速度和 i'' 有关, 它表现出与各向同性介质中不同的传播性质, 所以称为非寻常光.

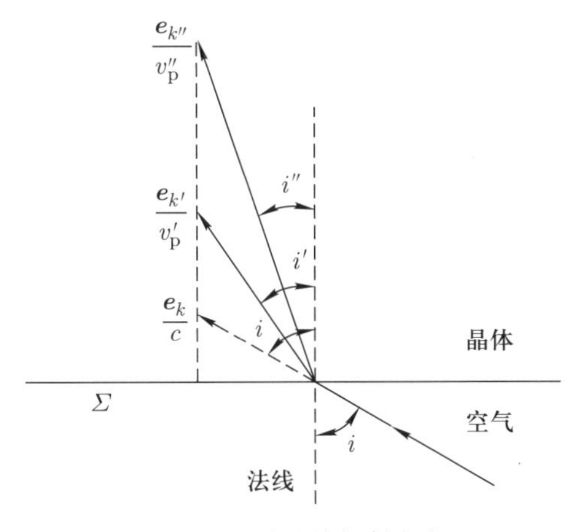

图 8.21 波法线折射方向

下面引入倒波法线曲面, 并作图求解波法线折射方向. 倒波法线曲面定义为: 以晶体内某点为原点, 以波矢方向所对应的相速度倒数 $(1/v_p)$ 的大小为半径, 使波矢方向在全空间任意取向所作的曲面称为倒波法线曲面. 图 8.22 给出利用倒波法线曲面图解波法线折射方向的过程.

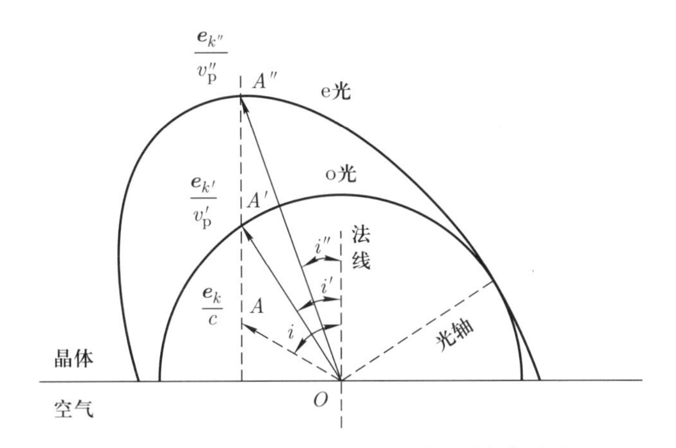

图 8.22 倒波法线曲面和图解波法线折射方向

如图 8.22 所示, 以入射点 O 为原点在晶体中作倒波法线曲面, o 光的倒波法线曲面为球面, e 光的倒波法线曲面为旋转椭球面, 且两曲面沿光轴方向相切. 画出入射光的倒波矢 e_k/c, 过倒波矢的端点 A 作界面的垂线, 垂线和 o 光的倒波法线曲面交于 A' 点, $\overline{OA'} = 1/v'_p$, 其方向为 o 光的波法线折射方向; 垂线和 e 光的倒波法线曲面交于 A'' 点, $\overline{OA''} = 1/v''_p$, 其方向为 e 光的波法线折射方向.

8.4.2 折射光的光线方向 (即坡印亭矢量的方向)

人眼看到一束光入射到晶体后被一分为二, 这是光线的双折射现象. 因为人眼可以感知光的能量, 而无法探测其相位, 所以我们看到的通过晶体的光的传播方向应该是光线的折射方向. 我们可以利用惠更斯作图法绘出光线的折射方向. 在前面的章节中, 我们利用惠更斯作图法证明了光在两个各向同性线性介质界面的反射和折射定律, 现在我们将它应用于各向异性介质, 来分析光线的折射方向. 为了更好地理解光线的折射, 我们引入几个特殊平面.

主截面　光轴和晶体表面的光入射点处的法线组成的平面, 称为主截面.

主平面　晶体中的光线方向 (o 光或 e 光) 和光轴构成的平面, 称为主平面. o 光的光线方向和光轴构成的平面, 称为 o 光的主平面; e 光的光线方向和光轴构成的平面, 称为 e 光的主平面.

图 8.23 给出主截面和主平面的示意图.

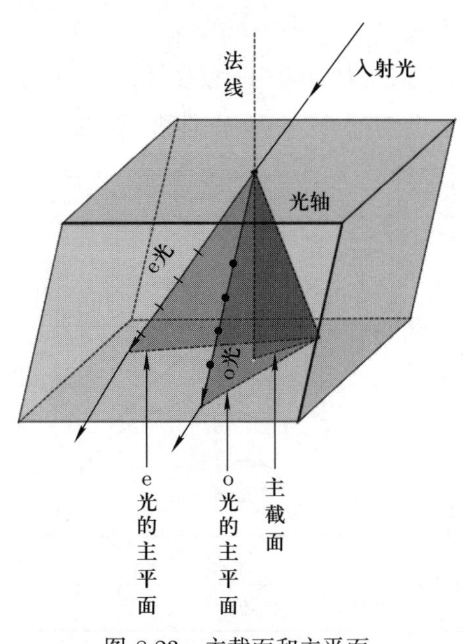

图 8.23　主截面和主平面

图 8.24 给出了光线曲面和给定光线方向 $\boldsymbol{e}_S$ 的主平面. 当 $\boldsymbol{e}_S$ 的方向改变时, e 光的折射率改变, 但是 o 光的折射率不变, 由此可以推出: o 光的电场振动方向垂直于 o 光的主平面; e 光的电场振动方向平行于 e 光的主平面.

o 光的传播方向符合折射定律, 其光线总是在入射面内. e 光的传播方向一般不符合折射定律, 其光线一般不在入射面内. 当入射面和主截面重合, 或者入射面和光轴垂直时, e 光的折射光线在入射面内, 此时, o 光和 e 光的主平面重合, 两束光的偏振方向互相垂直. 其他情况下, e 光的折射光线就可能不在入射面内, 此时, o 光和 e 光的偏振方向不一定垂直.

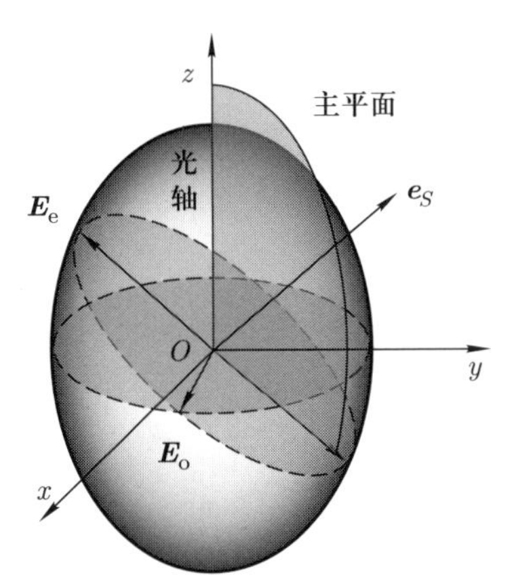

图 8.24 o 光、e 光的电场振动方向和其主平面的关系

利用惠更斯作图法能够确定折射光的光线方向, 下面我们举例说明.

例题 8.2 对于负晶体, $n_e < n_o$, 给定光轴方向, 平面光从空气正入射到晶体上, 求折射光线和波法线的方向.

解 光线同时到达晶体界面, 根据惠更斯原理可知, 波前上的每个点都为次波源, 都可以向四周发出次波.

o 光的光线曲面为球面, 以入射点为球心, 以 $v_o = c/n_o$ 为半径作球 (在纸面内显示为圆), 作这些球的公切面, 从入射点到切点的连线方向为 o 光的光线方向, 如图 8.25 所示. o 光的折射角为零, o 光的偏振方向垂直于其主平面, 即垂直于纸面, 所以用点表示 o 光的偏振方向.

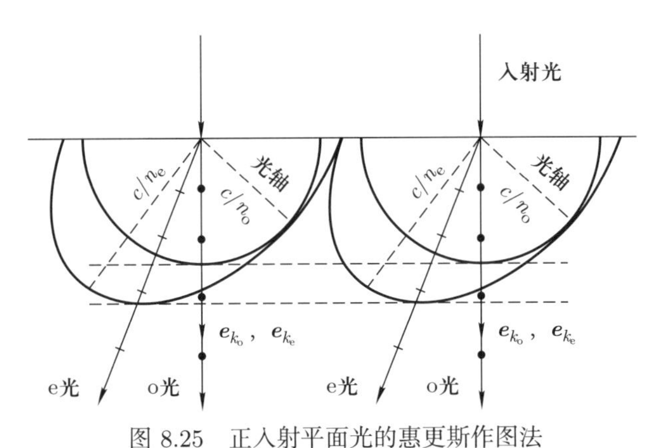

图 8.25 正入射平面光的惠更斯作图法

e 光的光线曲面为旋转椭球面, 以入射点为球心, 以 $v_o = c/n_o$ 为短半轴 (光轴), 以 $v_e = c/n_e$ 为长半轴 (垂直于光轴) 作椭球. 椭球沿光轴方向与 o 光的光线曲面相切. 作这些椭球的公切面, 从入射点到切点的连线方向为 e 光的光线方向. e 光的偏振方向平行于其主平面, 即在纸面内, 所以用线段表示 e 光的偏振方向.

对于平面光, 光线曲面的公切面是光线同时到达的平面, 也是等相位面, 所以波法线应该垂直于公切面, 图 8.25 中标出了 $\boldsymbol{e}_{k_{\mathrm{o}}}$ 和 $\boldsymbol{e}_{k_{\mathrm{e}}}$, o 光和 e 光波法线的折射角均为零.

例题 8.3 对于正晶体, $n_{\mathrm{e}} > n_{\mathrm{o}}$, 给定光轴方向, 平面光从空气斜入射到晶体上, 求折射光线和波法线的方向.

解 如图 8.26 所示, A 点和 B 点为平面光同时到达的点, A 点发出的次波在晶体中传播, B 点发出的次波继续在空气中传播距离 d 后到达晶体界面的 C 点, 所用时间为

$$\Delta t = \frac{d}{c}.$$

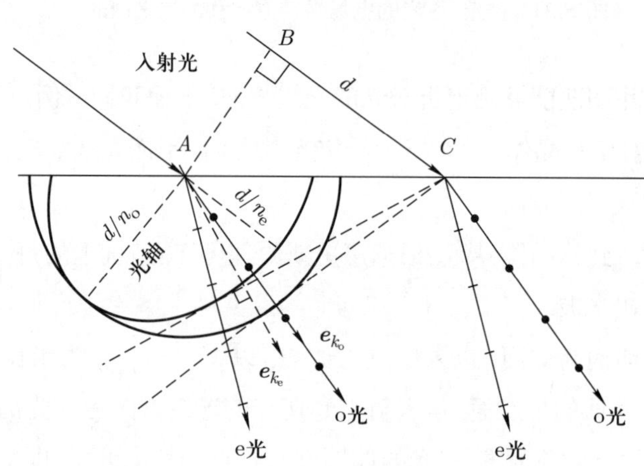

图 8.26 斜入射平面光的惠更斯作图法

在 Δt 时间内, A 点发出的 o 光次波的光线传播距离为

$$r = v_{\mathrm{o}}\Delta t = \frac{c}{n_{\mathrm{o}}}\frac{d}{c} = \frac{d}{n_{\mathrm{o}}}.$$

以 A 点为圆心, 以 d/n_{o} 为半径作圆, 此圆为 o 光光线在 Δt 时间后在纸面内所到达的曲线. 过 C 点作圆的切线, 从 A 点到切点的连线方向为 o 光的折射光线方向, 其波法线和折射光线方向一致, o 光的偏振方向垂直于其主平面, 即垂直于纸面, 所以用点表示 o 光的偏振方向.

在 Δt 时间内, A 点发出的 e 光次波的光线在纸面内到达的曲线为椭圆, 对于长半轴 (光轴), $a = v_{\mathrm{o}}\Delta t = \dfrac{d}{n_{\mathrm{o}}}$; 对于短半轴 (垂直于光轴), $b = v_{\mathrm{e}}\Delta t = \dfrac{d}{n_{\mathrm{e}}}$.

以 A 点为圆心, 以 a 和 b 为长半轴和短半轴作椭圆. 椭圆和 o 光的圆沿光轴方向相切. 过 C 点作椭圆的切线, 从 A 点到切点的连线方向为 e 光的折射光线方向. e 光的偏振方向平行于其主平面, 即在纸面内, 所以用线段表示 e 光的偏振方向. 切线也是等相位面的位置, 所以过 A 点作切线的垂线, 此方向为 e 光的波法线方向.

例题 8.4 如果平面光从空气正入射到单轴晶体上, 光轴平行于晶体界面, 求光进入晶体的传播特性.

解 利用惠更斯作图法绘出 o 光和 e 光的折射方向, 如图 8.27 所示.

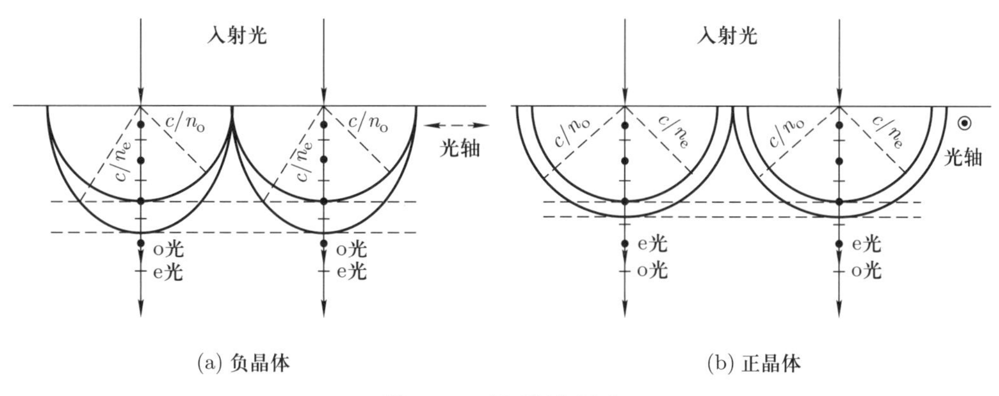

图 8.27 惠更斯作图法

注意: 在图 8.27 (b) 中, 光轴垂直于纸面, 所以光线的主平面垂直于纸面, o 光的偏振方向和其主平面垂直, 所以 o 光的偏振面平行于纸面, 用线段表示; e 光的偏振方向平行于其主平面, 所以 e 光的偏振面垂直于纸面, 用点表示.

从上面的作图法可知, o 光和 e 光的折射光线和波法线方向一致, 但是 o 光和 e 光的折射率不同, 所以通过晶体后, o 光和 e 光会附加一个双折射相位差. 这一特点可以用来实现波片和相位补偿器.

8.4.3 波片

将单轴晶体沿光轴方向切成有一定厚度的晶片, 即光轴平行于晶片表面, 设晶片的厚度为 d. 如图 8.28 所示, 平面光正入射到晶片上, 在晶片中分解为 o 光 (偏振面垂直于光轴) 和 e 光 (偏振面平行于光轴) 两线偏振光, 它们在入射界面可分别表示为

$$\begin{cases} E_{\text{o}} = E_{0\text{o}} \cos \omega t, \\ E_{\text{e}} = E_{0\text{e}} \cos(\omega t + \Delta\phi). \end{cases}$$

入射光的偏振态由两线偏振光的振幅之比 $E_{0\text{o}}/E_{0\text{e}}$ 和相位差 $\Delta\phi$ 决定.

o 光和 e 光在晶片中的传播方向 (波法线和光线方向) 垂直于光轴, 它们的传播速度 (相速度和线速度) 不同, 这样, 传播到晶片的后表面时, o 光和 e 光就有了附加相位差:

$$\delta\phi = \frac{2\pi}{\lambda}(n_{\text{o}} - n_{\text{e}})d.$$

若 $\delta\phi > 0$, 表示 o 光落后; 若 $\delta\phi < 0$, 表示 o 光超前.

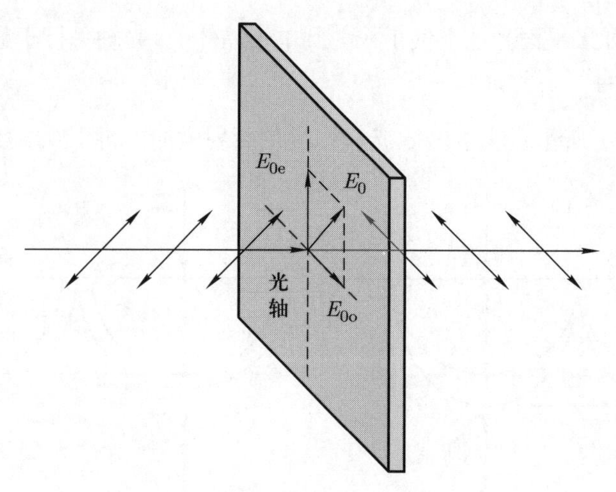

图 8.28 光经过晶片后, 偏振态的改变

设晶片无吸收, 经过晶片后, 两线偏振光的振幅不变, 而相位关系改变, 于是出射光为

$$\begin{cases} E_o = E_{0o}\cos\omega t, \\ E_e = E_{0e}\cos(\omega t + \Delta\phi + \delta\phi). \end{cases}$$

出射光相对于入射光的偏振态发生了改变.

(1) 当 $\delta\phi = (2k+1)\pi$ (k 为整数), 即 $(n_o - n_e)d = \left(k + \dfrac{1}{2}\right)\lambda$ 时, 可得

$$d = \left(k + \frac{1}{2}\right)\frac{\lambda}{n_o - n_e}.$$

这种晶片称为二分之一波片 ($\lambda/2$ 片).

如果入射光为线偏振光, 偏振面在 1, 3 象限, 即 $\Delta\phi = 0$, 经过 $\lambda/2$ 片后, 两线偏振光 E_o 和 E_e 的相位关系改变为 $\Delta\phi + \delta\phi = (2k+1)\pi$, 则出射光仍然为线偏振光, 但是偏振面发生了旋转, 此时偏振面在 2, 4 象限.

(2) 当 $\delta\phi = \left(2k + \dfrac{1}{2}\right)\pi$ (k 为整数), 即 $(n_o - n_e)d = \left(k + \dfrac{1}{4}\right)\lambda$ 时, 可得

$$d = \left(k + \frac{1}{4}\right)\frac{\lambda}{n_o - n_e}.$$

这种晶片称为四分之一波片 ($\lambda/4$ 片).

如果入射光为线偏振光, 即 $\Delta\phi = 0$ 或 π, 经过 $\lambda/4$ 片后, 两线偏振光 E_o 和 E_e 的相位关系改变为 $\Delta\phi + \delta\phi = \left(2k + \dfrac{1}{2}\right)\pi$ 或 $\left(2k + \dfrac{3}{2}\right)\pi$. 当 $\Delta\phi + \delta\phi = \left(2k + \dfrac{1}{2}\right)\pi$ 时, 出射光变为右旋圆偏振光 ($E_{0o}/E_{0e} = 1$) 或右旋正椭圆偏振光 ($E_{0o}/E_{0e} \neq 1$). 当 $\Delta\phi + \delta\phi = \left(2k + \dfrac{3}{2}\right)\pi$ 时, 出射光变为左旋圆偏振光 ($E_{0o}/E_{0e} = 1$) 或左旋正椭圆偏

振光 $(E_{0o}/E_{0e} \neq 1)$.

如果入射光为圆偏振光或正椭圆偏振光, 即 $\Delta\phi = \dfrac{1}{2}\pi$ (右旋) 或 $\dfrac{3}{2}\pi$ (左旋), 经过 $\lambda/4$ 片后, 两线偏振光 E_o 和 E_e 的相位关系改变为 $\Delta\phi + \delta\phi = (2k+1)\pi$ 或 $2k\pi$, 则出射光为线偏振光.

如果入射光为斜椭圆偏振光, 即 $\Delta\phi$ 为非 $0, \pi, \dfrac{1}{2}\pi$ 和 $\dfrac{3}{2}\pi$ 的任意确定的值, 经过 $\lambda/4$ 片后, $\Delta\phi + \delta\phi$ 仍为非 $0, \pi, \dfrac{1}{2}\pi$ 和 $\dfrac{3}{2}\pi$ 的任意确定的值, 所以出射光仍为斜椭圆偏振光, 不过, 斜椭圆的倾斜方向、偏振面的旋转方向可能发生改变.

如果入射光为自然光或部分偏振光, $\Delta\phi$ 为随机变化值, 经过 $\lambda/4$ 片后, $\Delta\phi + \delta\phi$ 为随机变化值加上确定值, 依然为随机变化值, 则出射光依然为自然光或部分偏振光.

如何区分圆偏振光和自然光, 椭圆偏振光和部分偏振光? 现在我们可以根据晶片对入射光偏振态的改变, 来回答第二章留下的这个问题了.

(1) 自然光和圆偏振光的鉴别.

令待鉴别的光正入射, 通过理想偏振片, 检测透射光的光强. 以光的入射方向为轴旋转偏振片, 如果透射光的光强没有变化, 证明入射光为圆偏振光或自然光. 将 $\lambda/4$ 片置于偏振片前, 如果入射光为圆偏振光, 则透射光变为线偏振光, 旋转偏振片时, 透射光的光强改变, 并出现消光; 如果入射光为自然光, 则透射光依然为自然光, 旋转偏振片时, 透射光的光强不改变. 这样, 就可以鉴别自然光和圆偏振光.

(2) 部分偏振光和椭圆偏振光的鉴别.

令待鉴别的光正入射, 通过理想偏振片, 旋转偏振片, 如果透射光的光强改变, 但是没有出现消光, 证明入射光为椭圆偏振光或部分偏振光. 首先通过旋转偏振片, 找出最大或最小透射光的光强时偏振片的透偏方向. 然后让光轴平行于最大或最小透射光的光强时偏振片的透偏方向, 将 $\lambda/4$ 片置于偏振片前. 如果入射光为椭圆偏振光, 则透射光变为线偏振光, 旋转偏振片时, 透射光的光强改变, 并出现消光; 如果入射光为部分偏振光, 则透射光仍为部分偏振光, 旋转偏振片时, 透射光的光强改变, 但是没有出现消光. 以此可鉴别部分偏振光和椭圆偏振光.

8.4.4 相位补偿器

上面介绍了 $\lambda/4$ 片、$\lambda/2$ 片, 可以使透射光的两垂直偏振分量 (E_o 和 E_e) 的相位关系改变 $\pi/2$, π, 而在一些光路中, 需要对两垂直偏振分量的相位关系连续调节, 于是人们设计了相位补偿器. 将单轴晶体按要求切割和抛光, 然后按照如图 8.29 所示的结构把切割好的晶体组装起来.

光进入晶体后, 分为 o 光和 e 光, 因为 d_1, d_2 的光轴相互垂直, 所以在 d_1 中的 o

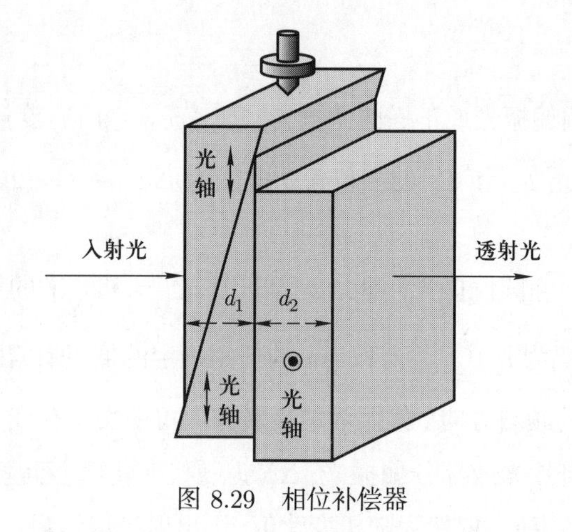

图 8.29 相位补偿器

光传播到 d_2 变为 e 光, 在 d_1 中的 e 光传播到 d_2 变为 o 光. 于是透射光的两垂直偏振分量的相位关系改变为

$$\delta\phi = \frac{2\pi}{\lambda}\left[(n_{\mathrm{o}} - n_{\mathrm{e}})d_1 + (n_{\mathrm{e}} - n_{\mathrm{o}})d_2\right] = \frac{2\pi}{\lambda}(n_{\mathrm{o}} - n_{\mathrm{e}})(d_1 - d_2).$$

当 $d_1 = d_2$ 时, $\delta\phi = 0$. d_1 可以通过旋钮连续调节, 所以可获得任意 $\delta\phi$.

8.4.5 偏光棱镜

双折射晶体的一个重要应用是制备偏光棱镜, 下面举例说明其工作原理.

1. 尼科耳棱镜

尼科耳棱镜是利用晶体的双折射和全反射制成的一种偏振仪器, 1828 年, 由英国物理学家尼科耳发明. 其制法如下: 天然方解石晶体有一个 78° 的锐角, 将它磨成 68°, 然后沿钝角的对角线 ($ABCD$) 切成两块, 最后使用加拿大树胶将它们粘起来, 如图 8.30 所示.

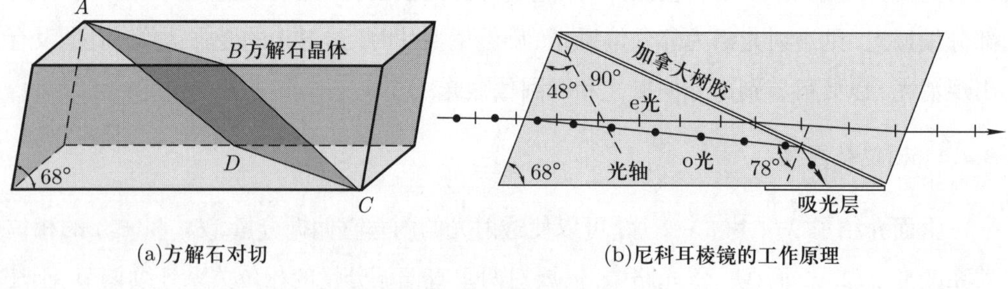

(a)方解石对切 (b)尼科耳棱镜的工作原理

图 8.30 尼科耳棱镜

自然光入射, 在方解石晶体中发生双折射, 分为 o 光和 e 光, 加拿大树胶对钠黄光的折射率为 1.55, 介于方解石晶体的 $n_{\mathrm{e}} = 1.486$ 和 $n_{\mathrm{o}} = 1.658$ 之间. o 光从晶体入射

到加拿大树胶为从光密介质入射到光疏介质, 入射角为 71°, 大于全反射临界角, 发生全反射, 然后被吸光层吸收, 于是透射光为偏振面同 e 光的线偏振光.

2. 格兰 – 汤普森棱镜

格兰 – 汤普森 (Glan–Thompson) 棱镜是一种偏光棱镜, 结构和尼科耳棱镜相似. 它由两块使用加拿大树胶粘在一起的方解石直角棱镜构成, 晶体光轴平行于直角通光面, 如图 8.31 所示.

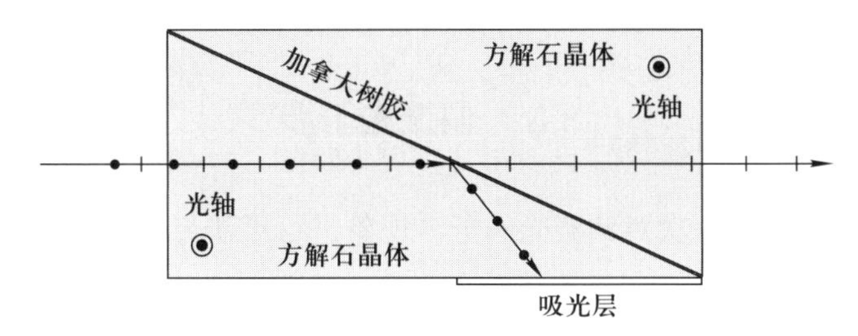

图 8.31 格兰 – 汤普森棱镜

自然光从端面垂直入射, 在晶体中分解为 o 光和 e 光, o 光在胶面上发生全反射, 而 e 光可透过胶面, 从而获得线偏振光. 它的优点是: 光垂直入射到端面上, 反射较小, 转动棱镜时, 透射光无横向位移.

3. 罗雄棱镜

罗雄 (Rochon) 棱镜由光轴相互垂直的两块方解石等腰直角棱镜组成, 结构如图 8.32 所示. 自然光入射时, 能产生偏振方向相互垂直、彼此分开的两线偏振光.

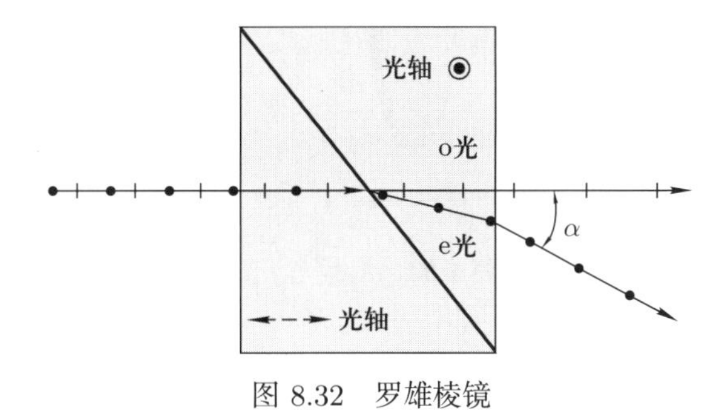

图 8.32 罗雄棱镜

4. 沃拉斯顿棱镜

沃拉斯顿 (Wollaston) 棱镜和罗雄棱镜类似, 也是由两块方解石等腰直角棱镜组成, 只不过两棱镜的光轴方向和罗雄棱镜不同, 图 8.33 给出沃拉斯顿棱镜的结构. 自然光入射时, 在第一块晶体中的 o 光传播到第二块晶体时变为 e 光, 折射率变小, 于是向下偏折; 在第一块晶体中的 e 光传播到第二块晶体时变为 o 光, 折射率变大, 于是向上偏折. 这样, 就将一自然光分解成偏振面相互垂直、彼此分开的两线偏振光.

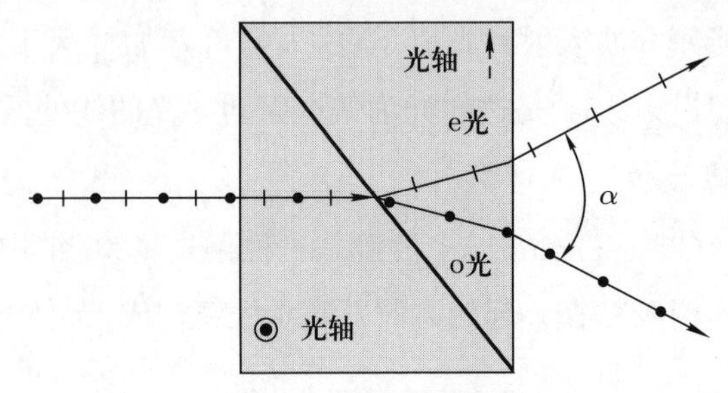

图 8.33　沃拉斯顿棱镜

8.5　偏振光干涉

1811 年, 阿拉戈第一次对偏振光的干涉现象进行了研究. 偏振光干涉可应用于晶体的 n_{e} 和 n_{o} 的测定、光测弹性力学模拟实验、薄膜折射率的测定等.

8.5.1　偏振光干涉装置

如图 8.34(a) 所示, 平行自然光正入射到理想偏振片 P_1 上, 产生线偏振光, 线偏振光的偏振面平行于 P_1 的透偏方向, 振幅为 A_1.

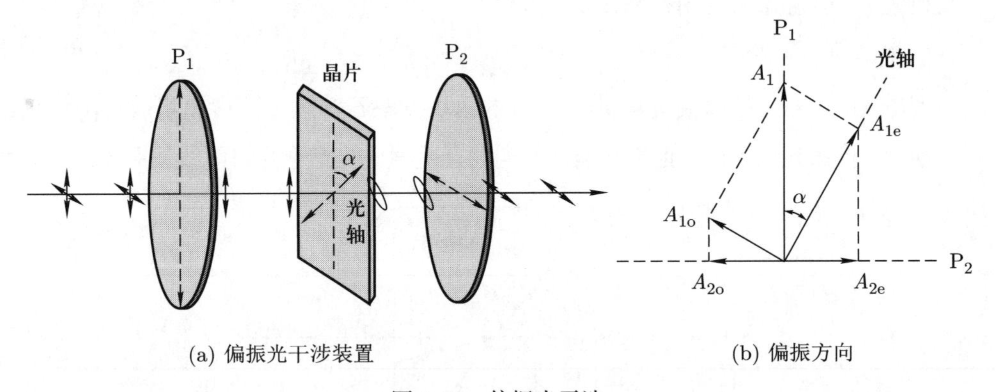

(a) 偏振光干涉装置　　(b) 偏振方向

图 8.34　偏振光干涉

线偏振光进入晶片 (晶片的光轴和 P_1 的透偏方向之间的夹角为 α), 分解为 o 光和 e 光:

$$\begin{cases} A_{1\mathrm{o}} = A_1 \sin\alpha, \\ A_{1\mathrm{e}} = A_1 \cos\alpha. \end{cases}$$

只有沿偏振片 P_2 的透偏方向的偏振分量可以透过 P_2. 设 P_2 和 P_1 的透偏方向相互垂直, 则 o 光和 e 光沿 P_2 的透偏方向的偏振分量为

$$\begin{cases} A_{2\mathrm{o}} = A_{1\mathrm{o}} \cos\alpha = A_1 \sin\alpha\cos\alpha, \\ A_{2\mathrm{e}} = A_{1\mathrm{e}} \sin\alpha = A_1 \sin\alpha\cos\alpha. \end{cases}$$

设晶片厚度为 d, 则 $A_{2\mathrm{o}}$ 和 $A_{2\mathrm{e}}$ 的相位差为

$$\delta\phi = \frac{2\pi}{\lambda}(n_\mathrm{o} - n_\mathrm{e})d + \pi,$$

相位差分为两项, 第一项由晶体的双折射产生, 第二项 π 是投影相位差 (o 光和 e 光沿 P_2 的透偏方向的投影分量的方向相反).

根据光的干涉可知, 透射光的光强为

$$I = A_{2\mathrm{o}}^2 + A_{2\mathrm{e}}^2 + 2A_{2\mathrm{o}}A_{2\mathrm{e}}\cos\delta\phi = \frac{1}{2}A_1^2\sin^2 2\alpha(1+\cos\delta\phi).$$

当 $\delta\phi = 2k\pi$ (k 为整数), 即 $d = \left(k - \frac{1}{2}\right)\frac{\lambda}{n_\mathrm{o} - n_\mathrm{e}}$ 时, 干涉相长, 透射光出现亮斑.

当 $\delta\phi = (2k+1)\pi$ (k 为整数), 即 $d = k\frac{\lambda}{n_\mathrm{o} - n_\mathrm{e}}$ 时, 干涉相消, 透射光出现暗斑.

如果将 P_2 旋转 90°, 使 P_1 和 P_2 的透偏方向相互平行, 如图 8.35 所示, 则 o 光和 e 光沿 P_2 的透偏方向的偏振分量变为

$$\begin{cases} A_{2\mathrm{o}} = A_{1\mathrm{o}}\sin\alpha = A_1\sin^2\alpha, \\ A_{2\mathrm{e}} = A_{1\mathrm{e}}\cos\alpha = A_1\cos^2\alpha. \end{cases}$$

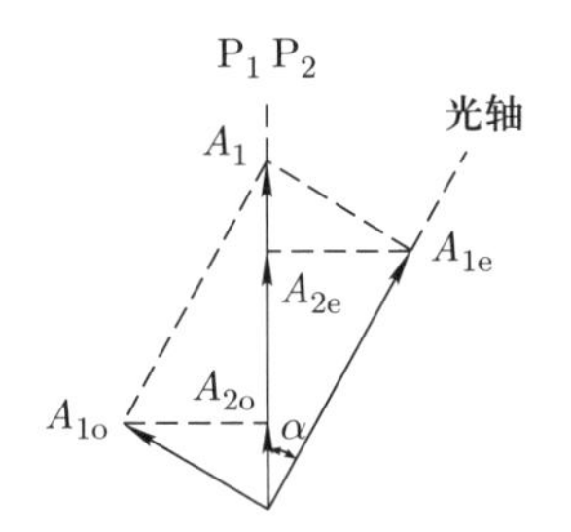

图 8.35 偏振光干涉中的偏振方向

此时, $A_{2\mathrm{o}}$ 和 $A_{2\mathrm{e}}$ 的相位差变为

$$\delta\phi = \frac{2\pi}{\lambda}(n_\mathrm{o} - n_\mathrm{e})d.$$

因为 o 光和 e 光沿 P_2 的透偏方向的投影分量的方向相同, 所以投影相位差为零, 因此相位差只是由晶体的双折射产生的.

透射光的光强为

$$I = A_{2\mathrm{o}}^2 + A_{2\mathrm{e}}^2 + 2A_{2\mathrm{o}}A_{2\mathrm{e}}\cos\delta\phi = A_1^2\left(1 - \frac{1}{2}\sin^2 2\alpha + \frac{1}{2}\sin^2 2\alpha\cos\delta\phi\right).$$

当 $\delta\phi = 2k\pi$ (k 为整数), 即 $d = k\frac{\lambda}{n_\mathrm{o} - n_\mathrm{e}}$ 时, 干涉相长, 透射光出现亮斑.

当 $\delta\phi = (2k-1)\pi$ (k 为整数), 即 $d = \left(k - \frac{1}{2}\right)\frac{\lambda}{n_\mathrm{o} - n_\mathrm{e}}$ 时, 干涉相消, 透射光出

现暗斑.

根据上面的分析, 可以得到下面的结论:

当 $P_1//P_2$ 情形满足亮斑条件时, $P_1 \perp P_2$ 情形为暗斑; 当 $P_1//P_2$ 情形满足暗斑条件时, $P_1 \perp P_2$ 情形为亮斑. 如果从 $P_1 \perp P_2$ 到 $P_1//P_2$, 旋转第二块偏振片, 则观察到的斑的亮暗互补.

例题 8.5 如图 8.36 所示, 在透偏方向相互垂直的两理想偏振片之间放置由两双折射晶体制备的直角棱镜密接而成的偏光棱镜, 直角棱镜的顶角 β 很小, 光轴方向如图所示, 折射率分别为 $n_\mathrm{o}, n_\mathrm{e}$. 波长为 λ 的平行自然光正入射, 透射光出现亮暗相间的条纹, 求条纹间距.

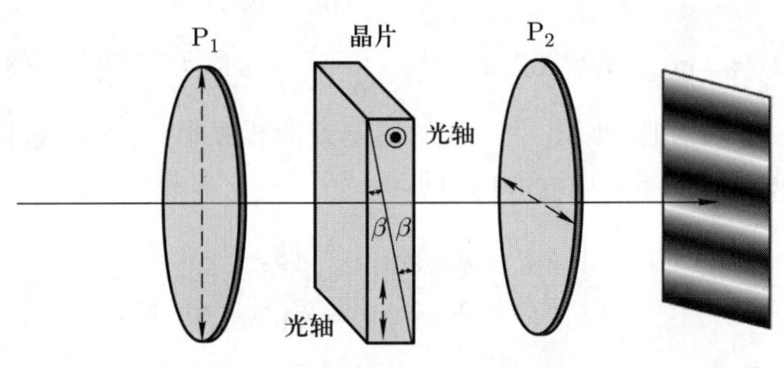

图 8.36 偏振光干涉的例题

解 根据偏振光干涉可知, 透射光的光强为

$$I = \frac{1}{2} A_1^2 \sin^2 2\alpha (1 + \cos \delta\phi).$$

设偏光棱镜高为 l, 则 $\delta\phi$ 和高度 x 之间的关系为

$$\delta\phi = \frac{2\pi}{\lambda}[(n_\mathrm{o} - n_\mathrm{e})\beta(l - x) + (n_\mathrm{e} - n_\mathrm{o})\beta x] + \pi = \frac{2\pi}{\lambda}(n_\mathrm{o} - n_\mathrm{e})\beta(l - 2x) + \pi.$$

当 $\delta\phi = 2k\pi$ (k 为整数), 即 $x = \dfrac{l}{2} - \left(k - \dfrac{1}{2}\right)\dfrac{\lambda}{2\beta(n_\mathrm{o} - n_\mathrm{e})}$ 时, 干涉相长, 透射光为亮条纹.

当 $\delta\phi = (2k+1)\pi$ (k 为整数), 即 $x = \dfrac{l}{2} - k\dfrac{\lambda}{2\beta(n_\mathrm{o} - n_\mathrm{e})}$ 时, 干涉相消, 透射光为暗条纹.

干涉条纹间距为

$$\Delta x = \frac{\lambda}{2\beta|n_\mathrm{o} - n_\mathrm{e}|}.$$

8.5.2 光弹性测量

光弹性测量的基本原理是偏振光干涉. 构件的应力分布是工程设计的重要参量之一, 当构件的几何形状和载荷条件都比较复杂时, 很难通过理论计算模拟出应力值. 我们可以使用塑料、玻璃、环氧树脂等非晶体材料制备构件的模型, 以模拟真实的工作情景, 对模型施加载荷, 介质内部可形成一定的应力分布, 使介质变成各向异性, 而且产生双折射现象. 图 8.37 给出测量光路图, 在理想偏振片 P_1 后, 加上 $\lambda/4$ 片, 其光轴和 P_1 的透偏方向之间的夹角为 $45°$, $\lambda/4$ 片将线偏振光转化成圆偏振光. $\lambda/4$ 片的作用是: 如果没有 $\lambda/4$ 片, 则当应力方向和 P_1 的透偏方向相互平行或垂直时, 光经过模型后, 只有 e 光或 o 光出射, 这样, 双折射相位差为零, 因此透射光始终为暗条纹, 与作用力的大小分布无关, $\lambda/4$ 片的加入可以避免这种情况发生.

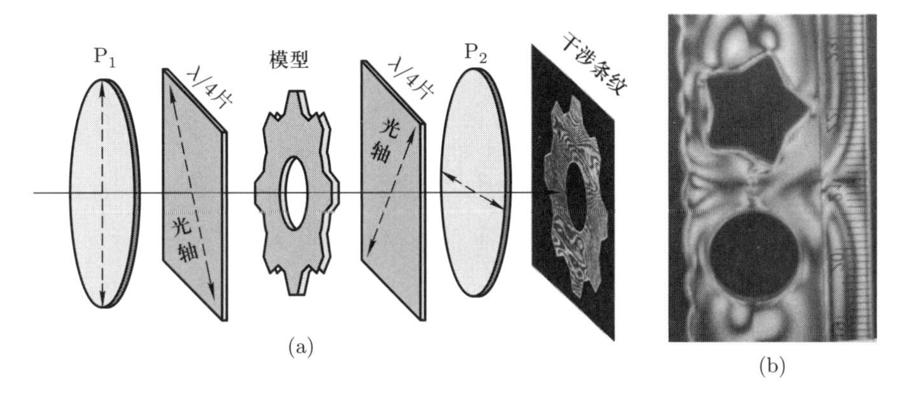

图 8.37　(a) 光弹性测量的光路图, (b) 偏振光干涉图样的照片

设模型的厚度为 d, 则

$$\Delta n(x,y)=n_{\mathrm{o}}-n_{\mathrm{e}}\Leftrightarrow \delta\phi(x,y)=\frac{2\pi}{\lambda}\Delta n(x,y)d\Leftrightarrow I(x,y).$$

在一定的应力范围内, Δn 和应力成正比, Δn 的空间分布反映在偏振光的干涉条纹图样上, 于是可根据干涉条纹分布, 计算出构件中的应力. 注意: 如果照明光为白光, 则 $\delta\phi$ 不仅和 Δn 有关, 还和波长 λ 有关, 在同一位置处, 某一波长的光干涉相长, 而另一波长的光可能干涉相消, 所以干涉场呈现彩色条纹.

光弹性测量可广泛应用于断裂力学、岩石力学、生物力学、黏弹性理论、复合材料力学等领域.

8.5.3　泡克耳斯效应

静电场 (或低频电场) 能引起材料的折射率变化, 即外加静电场改变了介质的光学性质. 如果介质的折射率变化正比于外加静电场的电场强度, 则称之为线性电光效应. 它是由泡克耳斯于 1893 年发现的, 故又称之为泡克耳斯效应. 泡克耳斯效应的响应时间极短, 一般小于 10^{-9} s, 它可广泛应用于电光调制, 例如, 光开关、光调制器、激光调 Q、激光锁模开关、显示技术、数据处理等.

可使用折射率椭球在静电场下的形变理论对泡克耳斯效应进行描述和处理. 选择主介电轴坐标系, 在无外加电场的条件下, 晶体的折射率椭球方程为

$$\frac{x^2}{n_x^2}+\frac{y^2}{n_y^2}+\frac{z^2}{n_z^2}=1.$$

在外加电场时, 折射率发生变化, 导致折射率椭球发生相应的变化, 此时, 折射率椭球方程变为一般形式:

$$\left(\frac{1}{n^2}\right)_1 x^2+\left(\frac{1}{n^2}\right)_2 y^2+\left(\frac{1}{n^2}\right)_3 z^2+2\left(\frac{1}{n^2}\right)_4 yz+2\left(\frac{1}{n^2}\right)_5 xz+2\left(\frac{1}{n^2}\right)_6 xy=1.$$

当无外加电场时, 上式的系数变为

$$\left(\frac{1}{n^2}\right)_1=\frac{1}{n_x^2},\quad \left(\frac{1}{n^2}\right)_2=\frac{1}{n_y^2},\quad \left(\frac{1}{n^2}\right)_3=\frac{1}{n_z^2},$$
$$\left(\frac{1}{n^2}\right)_4=0,\quad \left(\frac{1}{n^2}\right)_5=0,\quad \left(\frac{1}{n^2}\right)_6=0.$$

当有外加电场 E^0 时, $\left(\frac{1}{n^2}\right)_i$ 的变化量为

$$\Delta\left(\frac{1}{n^2}\right)_i=\left(\frac{1}{n^2}\right)_i\bigg|_{E^0}-\left(\frac{1}{n^2}\right)_i\bigg|_0=\sum_j \gamma_{ij}E_j^0,$$

上式可用矩阵形式表示为

$$\begin{bmatrix}\Delta\left(\frac{1}{n^2}\right)_1\\ \vdots\\ \Delta\left(\frac{1}{n^2}\right)_6\end{bmatrix}=\begin{bmatrix}\gamma_{11} & \gamma_{12} & \gamma_{13}\\ \vdots & \vdots & \vdots\\ \gamma_{61} & \gamma_{62} & \gamma_{63}\end{bmatrix}\begin{bmatrix}E_x^0\\ E_y^0\\ E_z^0\end{bmatrix},$$

其中, γ_{lk} 为线性电光系数, 为 3×6 张量, 张量元之间的关系和晶体的对称性有关. 利用对称操作, 可以简化线性电光系数的计算. 例如, 磷酸二氢钾、磷酸二氢胺等常用线性电光晶体的线性电光张量只有 3 个非零张量元, 并且这 3 个非零张量元中有 2 个相等, 也就是独立的张量元只有 2 个. 选择 z 轴为光轴方向, 则张量的矩阵形式为

$$\boldsymbol{\gamma}=\begin{bmatrix}0 & 0 & 0\\ 0 & 0 & 0\\ 0 & 0 & 0\\ \gamma_{41} & 0 & 0\\ 0 & \gamma_{41} & 0\\ 0 & 0 & \gamma_{63}\end{bmatrix}.$$

在有些情形下, $\Delta\left(\dfrac{1}{n^2}\right)_l$ 还可以写成 $\Delta\left(\dfrac{1}{n^2}\right)_{ij}$ (其中, l 和 ij 的对应关系见表 8.2), 那么

$$\Delta\left(\frac{1}{n^2}\right)_{ij} = \sum_k \gamma_{ijk} E_k^0,$$

其中, γ_{ijk} 为线性电光系数, 且 $\gamma_{ijk} = \gamma_{lk}$, l 和 ij 的对应关系见表 8.2.

表 8.2 l 和 ij 的对应关系

l	1	2	3	4	5	6
ij	xx	yy	zz	$yz(zy)$	$zx(xz)$	$xy(yx)$

处理线性电光效应的方法:

(1) 由外加电场和介质的 γ_{lk} 求得 $\Delta\left(\dfrac{1}{n^2}\right)_l$, 写出外加电场作用下畸变的折射率椭球方程.

(2) 找出在外加电场下新的主介电轴坐标系, 得出新的正折射率椭球方程.

(3) 在新的主介电轴坐标系下, 利用晶体光学的方法讨论问题.

例题 8.6 对于 KDP 晶体 (四方晶系、单轴晶体), 其线性电光系数的张量元为 $\gamma_{41} = 8.6 \times 10^{-12}$ m/V, $\gamma_{63} = 10.6 \times 10^{-12}$ m/V. 设外加电场的方向平行于 z 轴 (光轴), 即

$$\boldsymbol{E}^0 = \begin{bmatrix} 0 \\ 0 \\ E_z^0 \end{bmatrix}.$$

求外加电场下, 新的主折射率.

解 外加电场对折射率的改变为

$$\begin{bmatrix} \Delta\left(\dfrac{1}{n^2}\right)_1 \\ \Delta\left(\dfrac{1}{n^2}\right)_2 \\ \Delta\left(\dfrac{1}{n^2}\right)_3 \\ \Delta\left(\dfrac{1}{n^2}\right)_4 \\ \Delta\left(\dfrac{1}{n^2}\right)_5 \\ \Delta\left(\dfrac{1}{n^2}\right)_6 \end{bmatrix} = \begin{bmatrix} 0 & 0 & 0 \\ 0 & 0 & 0 \\ 0 & 0 & 0 \\ \gamma_{41} & 0 & 0 \\ 0 & \gamma_{41} & 0 \\ 0 & 0 & \gamma_{63} \end{bmatrix} \begin{bmatrix} 0 \\ 0 \\ E_z^0 \end{bmatrix} = \begin{bmatrix} 0 \\ 0 \\ 0 \\ 0 \\ 0 \\ \gamma_{63} E_z^0 \end{bmatrix}.$$

KDP 为单轴晶体, 选其光轴方向为 z 轴, $n_x = n_y = n_{\mathrm{o}}$, $n_z = n_{\mathrm{e}}$, 畸变的折射率

椭球方程为

$$\frac{x^2}{n_{\mathrm{o}}^2}+\frac{y^2}{n_{\mathrm{o}}^2}+\frac{z^2}{n_{\mathrm{e}}^2}+2\gamma_{63}E_z^0xy=1.$$

由新方程可以看到, 其中没有 z 的混合项, 所以新坐标系的 z' 轴和旧坐标系的 z 轴一致. x,y 有混合项, 并且对称, 所以取新坐标系的 x',y' 轴相对于旧坐标系的 x,y 轴绕 z 轴旋转 45°, 如图 8.38 所示, 虚线表示的坐标轴为新的主介电轴.

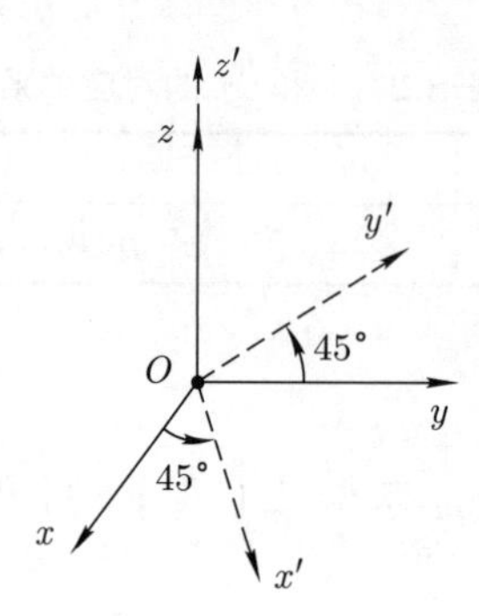

图 8.38　新、旧主介电轴坐标系

新、旧坐标系之间的关系为

$$\begin{cases}x=x'\cos 45^\circ-y'\sin 45^\circ=\dfrac{\sqrt{2}}{2}x'-\dfrac{\sqrt{2}}{2}y',\\ y=x'\sin 45^\circ+y'\cos 45^\circ=\dfrac{\sqrt{2}}{2}x'+\dfrac{\sqrt{2}}{2}y',\end{cases}$$

将之代入畸变的折射率椭球方程, 可得

$$\left(\frac{1}{n_{\mathrm{o}}^2}+\gamma_{63}E_z^0\right)x'^2+\left(\frac{1}{n_{\mathrm{o}}^2}-\gamma_{63}E_z^0\right)y'^2+\frac{1}{n_{\mathrm{e}}^2}z'^2=1,$$

即获得正椭球方程. 则新的主折射率满足

$$\begin{cases}\dfrac{1}{n_{x'}^2}=\dfrac{1}{n_{\mathrm{o}}^2}+\gamma_{63}E_z^0,\\ \dfrac{1}{n_{y'}^2}=\dfrac{1}{n_{\mathrm{o}}^2}-\gamma_{63}E_z^0,\\ \dfrac{1}{n_{z'}^2}=\dfrac{1}{n_{\mathrm{e}}^2}.\end{cases}$$

一般情况下, $\gamma_{63}E_z^0\ll 1/n_{\mathrm{o}}^2$, 所以新的主折射率可近似为

$$\begin{cases}n_{x'}=n_{\mathrm{o}}-\dfrac{1}{2}n_{\mathrm{o}}^3\gamma_{63}E_z^0,\\ n_{y'}=n_{\mathrm{o}}+\dfrac{1}{2}n_{\mathrm{o}}^3\gamma_{63}E_z^0,\\ n_{z'}=n_{\mathrm{e}}.\end{cases}$$

可以看出 $n_{x'}\neq n_{y'}\neq n_{z'}$, 所以在外加电场作用下, 单轴晶体变成了双轴晶体. 下面说明线性电光效应的应用.

1. 相位补偿器

以 KDP 晶体为例, 以光轴方向为 z 轴建立 $Oxyz$ 主介电轴坐标系, 折射率椭球为绕 z 轴旋转的椭球. 沿 z 轴方向外加电场, 则电光效应导致折射率椭球发生变化, 使单轴晶体变为双轴晶体, 光沿 z 轴传播时便有了双折射现象, 新的主介电轴 (x', y', z') 相对于旧的主介电轴 (x, y, z) 绕 z 轴旋转 45°. 入射光沿 z 轴 (或 z' 轴) 传播, 根据图解菲涅耳方程可知, 允许的两个特定偏振方向为 x', y' 方向. 设晶体沿 z 轴的长度为 l, $E_{x'}$ 和 $E_{y'}$ 两线偏振光经过晶体后, 它们的相对相位差为

$$\delta\phi = \frac{2\pi}{\lambda}(n_{y'} - n_{x'})l = \frac{\omega}{c}n_o^3\gamma_{63}E_z^0 l = \frac{\omega n_o^3}{c}\gamma_{63}V,$$

其中, $V = E_z^0 l$ 为加在晶体两端的电压. 当 $\delta\phi = \pi$ 时, 对应的电压为

$$V_\pi = \frac{\pi c}{\omega n_o^3 \gamma_{63}} = \frac{\lambda}{2n_o^3\gamma_{63}},$$

称之为半波电压, 则

$$\delta\phi = \pi\frac{V}{V_\pi}.$$

在 $\lambda = 500$ nm 时, KDP 晶体的 $\gamma_{63} = 10.5 \times 10^{-12}$ m/V, $n_o = 1.51$, 则半波电压为 $V_\pi = 6915$ V.

2. 电光振幅调制

在如图 8.39 所示的装置中, 线性电光晶体两端放置透偏方向相互垂直的两块偏振片, 由于相位延迟会导致透射光的偏振态发生改变, 因此可以调节透射光的振幅. 设 P_1 的透偏方向和 y 轴平行, 则其透偏方向和 x' 轴、y' 轴之间的夹角都为 $\alpha = 45°$. 透射光的光强和 $\delta\phi$ 之间的关系为

$$I_{透} = \frac{1}{2}A_1^2\sin^2 2\alpha(1 - \cos\delta\phi) = A_1^2\sin^2\frac{\delta\phi}{2}.$$

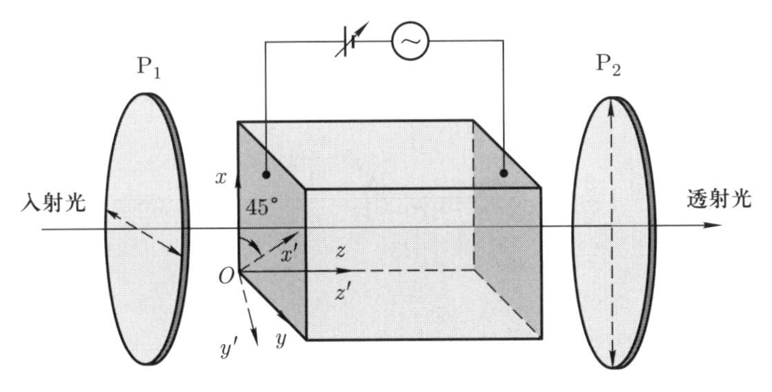

图 8.39 电光调制器示意图

当 $V=0, \delta\phi=0$ 时, 透射光的光强为零; 当 $V=V_\pi, \delta\phi=\pi$ 时, 透射光的光强最大. 则透射率为

$$T=\frac{I_{透}}{A_1^2}=\sin^2\frac{\delta\phi}{2}.$$

如果所加的电压为正弦电压, 即 $V=V_\mathrm{m}\sin\omega_\mathrm{m}t$, 则两偏振光经过晶体后产生的相位差为 $\delta\phi=\pi V_\mathrm{m}\sin\omega_\mathrm{m}t/V_\pi=\delta\phi_\mathrm{m}\sin\omega_\mathrm{m}t$, 其中, $\delta\phi_\mathrm{m}=\pi V_\mathrm{m}/V_\pi$, 则透射率为

$$T=\sin^2\left(\frac{1}{2}\delta\phi_\mathrm{m}\sin\omega_\mathrm{m}t\right).$$

如果在晶体两端加调制电压, 则可获得输出光强的调制, 如图 8.40 所示. 透射光光强的调制如图 8.40 中的点划线所示, 透射率 $T\sim V_\mathrm{m}\sin\omega_\mathrm{m}t$ 的线性关系不好, 为了提高调制的性能, 通常在晶体两端加一恒定的直流偏压 $V_{\pi/2}$ ($V_{\pi/2}$ 是使得 $\delta\phi=\pi/2$ 的电压) 或在晶体后加一 $\lambda/4$ 片. 这样, $E_{x'}$ 和 $E_{y'}$ 两线偏振光经过晶体后产生的相位差为

$$\delta\phi=\frac{\pi}{2}+\delta\phi_\mathrm{m}\sin\omega_\mathrm{m}t,$$

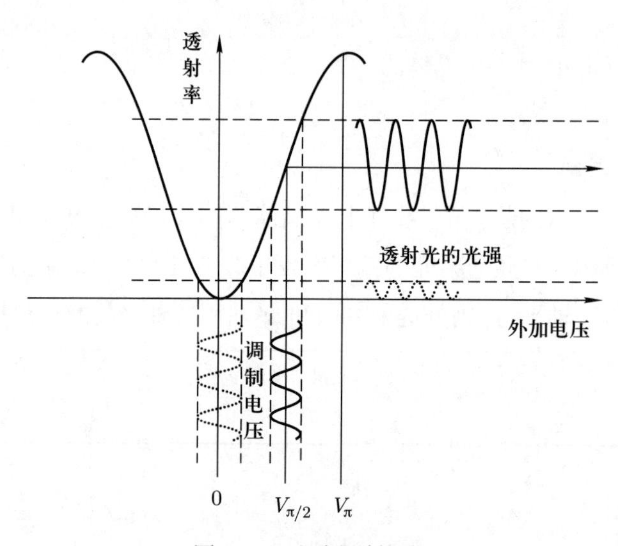

图 8.40　电光调制振幅

则透射率为

$$T=\sin^2\left(\frac{\pi}{4}+\frac{1}{2}\delta\phi_\mathrm{m}\sin\omega_\mathrm{m}t\right)=\frac{1}{2}[1+\sin(\delta\phi_\mathrm{m}\sin\omega_\mathrm{m}t)].$$

当 $\delta\phi_\mathrm{m}\ll\pi$ 时,

$$T=\frac{1}{2}+\frac{1}{2}\delta\phi_\mathrm{m}\sin\omega_\mathrm{m}t.$$

此时, T 和调制电压之间的关系见图 8.40 中的实线, 它具有较好的线性调制性质.

8.5.4 克尔效应

某些各向同性的透明介质 (例如, 非晶体和液体), 在外加电场的作用下, 分子发生取向, 从而打破介质的各向同性, 显示出双折射现象, 光轴方向平行于外加电场方向, 称为克尔效应. 1875 年, 该效应由克尔 (Kerr) 发现, 故用他的名字命名. 克尔盒的结构如图 8.41(a) 所示.

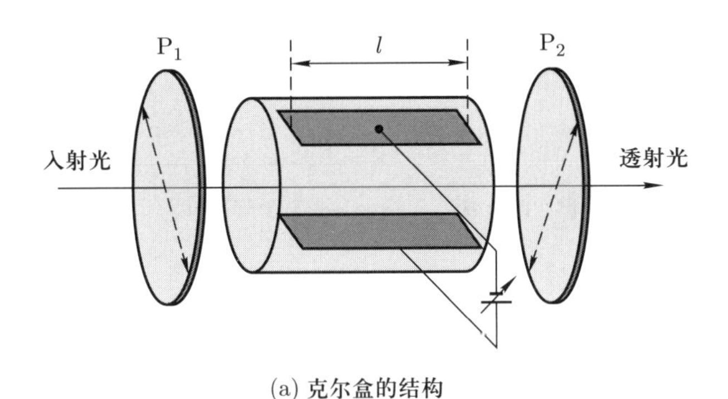

(a) 克尔盒的结构

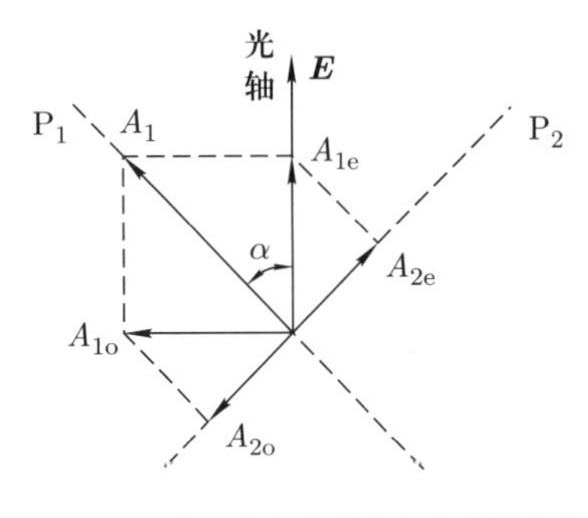

(b) 偏振片的透偏方向和外加电场的方向

图 8.41 克尔盒

双折射和外加电场之间的关系为 $\Delta n = n_{\mathrm{o}} - n_{\mathrm{e}} \propto E^2$, 引入比例系数 b, 可得

$$\Delta n = bE^2.$$

因为双折射和外加电场的平方成正比, 所以克尔效应也称为二次电光效应. o 光、e 光经过长度为 l 的电场区, 克尔效应产生的附加相位差为

$$\delta\phi = \frac{2\pi}{\lambda} lbE^2.$$

引入克尔常量: $K = b/\lambda$, 可得

$$\delta\phi = 2\pi KlE^2.$$

设 P_1 的透偏方向和外加电场的方向之间的夹角为 α, P_2 的透偏方向和 P_1 的透偏方向垂直, 由偏振光干涉可得, 透过 P_2 的光强为

$$I = \frac{1}{2} A_1^2 \sin^2 2\alpha (1 - \cos 2\pi KlE^2).$$

当 $E = 0$, 即 $\delta\phi = 0$ 时, 透射光的光强为 $I = 0$.

当 $\delta\phi = 2\pi KlE^2 = \pi$ 时, 透射光的光强为 $I = A_1^2 \sin^2 2\alpha$, 达到最大值. 此时的外加电场为

$$E = \frac{1}{\sqrt{2Kl}},$$

对应的外加电压称为半波电压. 设两电极之间的距离为 d, 则半波电压为

$$V_{\pi} = Ed = \frac{d}{\sqrt{2Kl}}.$$

当外加电压在半波电压与零之间变换时, 克尔盒可使光路通、断切换, 故可用作电光开关. 若克尔盒的电极与调制信号电压相接, 则透过 P_2 的光强将随信号电压的改变而改变, 这时的克尔盒就是一个光调制器. 由于克尔效应随外加电场变化的响应时间极短, 约为 10^{-9} s, 因此可制成高速光闸和光调制器等, 可用于高速摄影、电影、电视, 以及激光通信等领域.

8.6 旋光现象

8.6.1 旋光现象的发现

线偏振光在诸如石英、氯酸钠、糖的水溶液、酒石酸溶液、松节油等一些介质中传播时, 偏振面发生旋转的性质称为旋光性, 如图 8.42 所示.

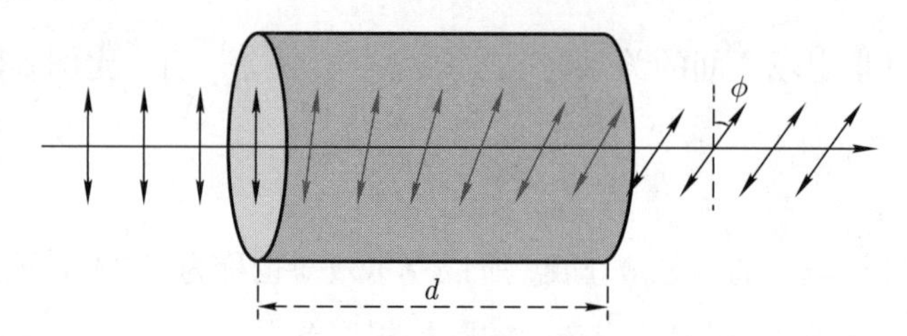

图 8.42 介质对线偏振光偏振面的旋转

偏振面旋转的角度和传播距离 d 之间的关系为

$$\phi = \alpha d,$$

其中, α 为旋光率, 它与入射光的波长和旋光物质有关.

1811 年, 阿拉戈在石英中观察到线偏振光偏振面的旋转, 这是第一次发现旋光现象. 1812 年, 法国科学家毕奥在有机材料 (松节油) 的溶液和蒸气中观察到旋光现象. 之后菲涅耳对旋光现象做出了解释.

我们知道, 任意偏振态的光都可以分解为同频、同向、偏振面相互垂直的两线偏振光, 两线偏振光的振幅之比和相位关系决定了合成的光的偏振态. 例如, 右旋、左旋圆偏振光可以分解成偏振面相互垂直的两线偏振光, 两线偏振光的振幅相等, 相位差为 $\pi/2$, $3\pi/2$. 同样, 线偏振光可以认为是同频、同向、等振幅的右旋、左旋圆偏振光的叠加, 两圆偏振光的相位关系决定了合成的线偏振光的偏振面的取向.

菲涅耳认为左旋和右旋圆偏振光在旋光介质中传播的相速度、折射率不同: $v_{\rm L}\neq v_{\rm R}$, $n_{\rm L}\neq n_{\rm R}$, 经过厚度为 d 的旋光介质, 左旋和右旋圆偏振光的相位突变不同:

$$\phi_{\rm L}=\omega t-\frac{2\pi}{\lambda}n_{\rm L}d,\quad \phi_{\rm R}=\omega t-\frac{2\pi}{\lambda}n_{\rm R}d.$$

如图 8.43 所示, 线偏振光经过旋光介质, 透射光相对于入射光的偏振面旋转的角度为

$$\phi=\frac{1}{2}(\phi_{\rm R}-\phi_{\rm L})=\frac{1}{2}\left[\left(\omega t-\frac{2\pi}{\lambda}n_{\rm R}d\right)-\left(\omega t-\frac{2\pi}{\lambda}n_{\rm L}d\right)\right]=\frac{\pi}{\lambda}(n_{\rm L}-n_{\rm R})d.$$

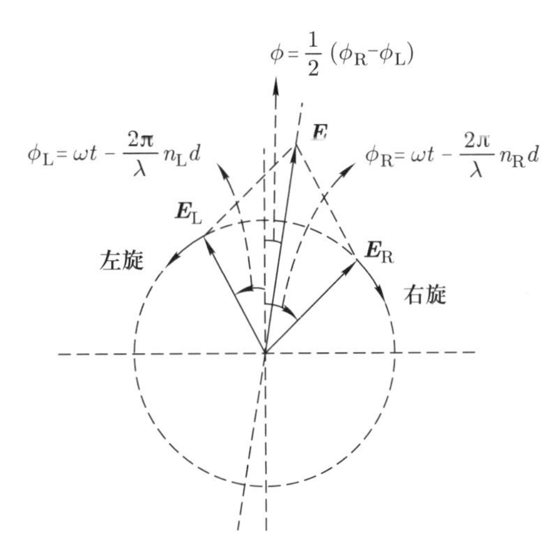

图 8.43 线偏振光经过旋光介质, 偏振面旋转的角度

当 $n_{\rm L}=n_{\rm R}$ 时, $\phi=0$, 介质无旋光效应;

当 $n_{\rm L}>n_{\rm R}$ 时, $\phi>0$, 偏振面右旋, 称为右旋 (R) 介质;

当 $n_{\rm L}<n_{\rm R}$ 时, $\phi<0$, 偏振面左旋, 称为左旋 (L) 介质.

菲涅耳为了证实他的旋光理论, 将左旋介质棱镜和右旋介质棱镜交替组合成菲涅耳复合棱镜, 复合棱镜的结构如图 8.44 所示.

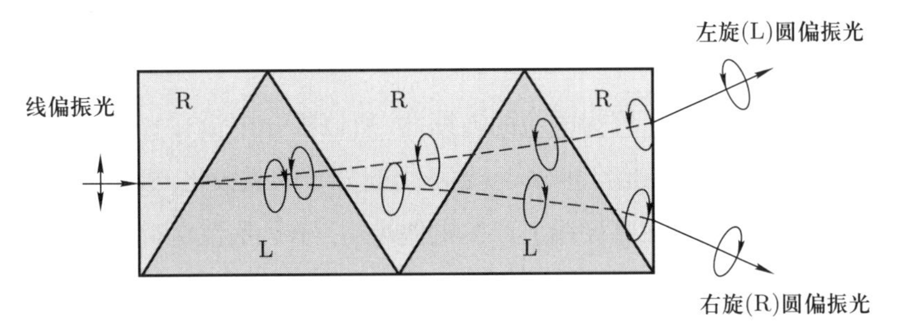

图 8.44 菲涅耳复合棱镜, 其中, R 为右旋介质, L 为左旋介质

如果光从 R 介质 ($n_{\mathrm{L}} > n_{\mathrm{R}}$) 入射到 L 介质 ($n_{\mathrm{L}} < n_{\mathrm{R}}$), L 光是从光密介质入射到光疏介质, 则光线向棱镜顶偏折; R 光是从光疏介质入射到光密介质, 则光线向棱镜底偏折. 如果光从 L 介质入射到 R 介质, L 光是从光疏介质入射到光密介质, 则光线向棱镜底偏折; R 光是从光密介质入射到光疏介质, 则光线向棱镜顶偏折. 一束线偏振光入射到菲涅耳复合棱镜, 可以分解成左旋、右旋圆偏振光, 每经过一个三棱镜, 左旋、右旋圆偏振光的分离角度都会增大, 这样, 透射光为分开的两左旋、右旋圆偏振光.

菲涅耳复合棱镜的意义:

(1) 证实了菲涅耳提出的关于晶体旋光性机理的解释.

(2) 提供了一种产生圆偏振光的典型器件.

8.6.2 手性和旋光现象

菲涅耳的假设可以解释旋光现象, 但是并不能告诉我们为什么有些材料有旋光性, 而另一些材料没有旋光性, 旋光和材料的什么性质有关? 下面我们一起分析这些问题.

1848 年, 法国科学家巴斯德 (Pasteur) 发现了一种有趣的现象, 他注意到制酒时酒石酸的晶体会在发酵过程中沉积, 酒石酸盐是由结构极为相似, 但不相同的两种晶体混合而成的, 它们就好像人的左手和右手一样, 不能完全重叠. 他用放大镜和镊子细心地将这两种晶体分离, 将它们分别溶于水后测其旋光, 发现一种晶体具有右旋光学特性, 另一种晶体具有左旋光学特性. 如果将它们混合后, 则旋光现象消失.

1874 年, 荷兰化学家范托夫 (van't Hoff) 和法国化学家勒贝尔 (Le Bel) 各自独立地宣布了旋光性与分子结构之间的关系方面的理论, 并提出碳的四面体结构学说, 有助于立体化学的建立. 他们的理论明确了分子的手性是判断该材料是否具有旋光性的必要条件. 实物与其镜像不能重叠的特性, 称为物质的手性, 具有手性的分子叫作手性分子.

为什么具有手性的物质就有旋光性? 1978 年, 贾加尔德 (Jaggard)、米克尔森 (Mickelson) 和帕帕斯 (Papas) 等人使用一匝平面螺旋金属丝和与其相连的垂直于该平面的直导线组成的结构作为手性分子的简化模型, 如图 8.45 所示, 分析了分子手性和旋光性之间的关系.

电场引起分子的极化, 因为电流的连续性, 所以极化电流在直导线上产生电偶极矩, 同时电流也通过螺旋结构产生磁矩. 磁场引起分子的磁极化, 极化电流在螺旋结构上产生磁矩, 同时电流也在直导线上产生电偶极矩. 于是手性材料的电磁极化强度可分别表示为

$$\boldsymbol{P} = \varepsilon_0 \chi_{\mathrm{e}} \boldsymbol{E} + \gamma_{\mathrm{e}} \boldsymbol{B}, \quad \boldsymbol{M} = \frac{1}{\mu_0} \chi_{\mathrm{m}} \boldsymbol{B} + \gamma_{\mathrm{m}} \boldsymbol{E}.$$

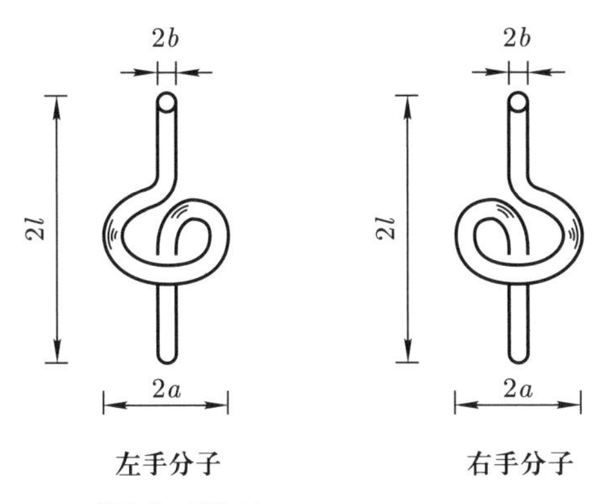

图 8.45 手性分子模型 (Appl. Phys., 1979, 18: 211)

由电极化强度和磁化强度的定义:

$$\boldsymbol{P}=\boldsymbol{D}-\varepsilon_0\boldsymbol{E},\quad \boldsymbol{M}=\frac{1}{\mu_0}\boldsymbol{B}-\boldsymbol{H},$$

可得

$$\begin{cases}\boldsymbol{D}=\varepsilon_0\boldsymbol{E}+\boldsymbol{P}=\varepsilon_0(1+\chi_{\rm e})\boldsymbol{E}+\gamma_{\rm e}\boldsymbol{B}=\varepsilon\varepsilon_0\boldsymbol{E}+\gamma_{\rm e}\boldsymbol{B},\\ \boldsymbol{H}=\dfrac{1}{\mu_0}\boldsymbol{B}-\boldsymbol{M}=\dfrac{1}{\mu_0}(1-\chi_{\rm m})\boldsymbol{B}-\gamma_{\rm m}\boldsymbol{E}=\dfrac{1}{\mu\mu_0}\boldsymbol{B}-\gamma_{\rm m}\boldsymbol{E},\end{cases}$$

其中, $\varepsilon=1+\chi_{\rm e},\mu=1+\chi_{\rm m}\approx\dfrac{1}{1-\chi_{\rm m}}$ (注: 对于非磁性介质, $\chi_{\rm m}\ll 1$).

可以证明, 对于无损耗介质, $\gamma_{\rm e}=\gamma_{\rm m}^*$, 并且为纯虚数, 于是可以令 $\gamma_{\rm e}=\gamma_{\rm m}^*=-{\rm i}\gamma$, 其中, γ 为实数, 其正负由分子手性决定. 因此

$$\begin{cases}\boldsymbol{D}=\varepsilon\varepsilon_0\boldsymbol{E}-{\rm i}\gamma\boldsymbol{B},\\ \boldsymbol{H}=\dfrac{1}{\mu\mu_0}\boldsymbol{B}-{\rm i}\gamma\boldsymbol{E}.\end{cases}$$

设入射光为定态平面光, 根据麦克斯韦方程组中的 $\nabla\times\boldsymbol{H}=\dfrac{\partial\boldsymbol{D}}{\partial t}=-{\rm i}\omega\boldsymbol{D}$, 可得

$$\frac{1}{\mu\mu_0}\nabla\times\boldsymbol{B}-{\rm i}\gamma\nabla\times\boldsymbol{E}=-{\rm i}\omega\varepsilon\varepsilon_0\boldsymbol{E}-\omega\gamma\boldsymbol{B}.$$

再将麦克斯韦方程组中的 $\nabla\times\boldsymbol{E}=-\dfrac{\partial\boldsymbol{B}}{\partial t}={\rm i}\omega\boldsymbol{B}$ 代入上式, 可得

$$\frac{1}{{\rm i}\omega\mu\mu_0}\nabla\times(\nabla\times\boldsymbol{E})-{\rm i}\gamma\nabla\times\boldsymbol{E}=-{\rm i}\omega\varepsilon\varepsilon_0\boldsymbol{E}+{\rm i}\gamma\nabla\times\boldsymbol{E}.$$

因为 $\nabla\times(\nabla\times\boldsymbol{E})=\nabla(\nabla\cdot\boldsymbol{E})-\nabla^2\boldsymbol{E}$, 以及在自由空间中, 有 $\nabla\cdot\boldsymbol{E}=0$, 所以

$$\nabla^2\boldsymbol{E}-2\omega\mu\mu_0\gamma\nabla\times\boldsymbol{E}+\omega^2\varepsilon\varepsilon_0\mu\mu_0\boldsymbol{E}=\boldsymbol{0}.$$

设入射光为沿 z 轴传播的平面光, 可表示为 $\boldsymbol{E}(z,t)=(\widetilde{E}_{0x}\boldsymbol{e}_x+\widetilde{E}_{0y}\boldsymbol{e}_y)\mathrm{e}^{-\mathrm{i}(\omega t-kz)}$, 其中, $\boldsymbol{e}_x$ 和 $\boldsymbol{e}_y$ 分别为 x 和 y 方向的单位矢量, 将之代入上式可得

$$-k^2(\widetilde{E}_{0x}\boldsymbol{e}_x+\widetilde{E}_{0y}\boldsymbol{e}_y)-2\mathrm{i}k\omega\mu\mu_0\gamma(-\widetilde{E}_{0y}\boldsymbol{e}_x+\widetilde{E}_{0x}\boldsymbol{e}_y)+\omega^2\varepsilon\varepsilon_0\mu\mu_0(\widetilde{E}_{0x}\boldsymbol{e}_x+\widetilde{E}_{0y}\boldsymbol{e}_y)=\boldsymbol{0},$$

由上式可知, $\boldsymbol{e}_x$, $\boldsymbol{e}_y$ 方向的分量分别相等, 且为零, 即

$$\begin{cases}(\omega^2\varepsilon\varepsilon_0\mu\mu_0-k^2)\widetilde{E}_{0x}+2\mathrm{i}k\omega\mu\mu_0\gamma\widetilde{E}_{0y}=0,\\-2\mathrm{i}k\omega\mu\mu_0\gamma\widetilde{E}_{0x}+(\omega^2\varepsilon\varepsilon_0\mu\mu_0-k^2)\widetilde{E}_{0y}=0,\end{cases}$$

上述方程组是关于 $\widetilde{E}_{0x}$, $\widetilde{E}_{0y}$ 的齐次方程组. 齐次方程组有非零解要求

$$\begin{vmatrix}\omega^2\varepsilon\varepsilon_0\mu\mu_0-k^2 & 2\mathrm{i}k\omega\mu\mu_0\gamma\\-2\mathrm{i}k\omega\mu\mu_0\gamma & \omega^2\varepsilon\varepsilon_0\mu\mu_0-k^2\end{vmatrix}=0,$$

即

$$(\omega^2\varepsilon\varepsilon_0\mu\mu_0-k^2)^2-4(k\omega\mu\mu_0\gamma)^2=0.$$

对上式求解可得

$$\begin{cases}k_1=\omega\mu\mu_0\left(\sqrt{\gamma^2+\dfrac{\varepsilon\varepsilon_0}{\mu\mu_0}}+\gamma\right),\\k_2=\omega\mu\mu_0\left(\sqrt{\gamma^2+\dfrac{\varepsilon\varepsilon_0}{\mu\mu_0}}-\gamma\right).\end{cases}$$

平面光在手性介质中传播时有两个本征模式, 下面求这两个本征模式的偏振态和对应的折射率.

(1) $k_1=\omega\mu\mu_0\left(\sqrt{\gamma^2+\dfrac{\varepsilon\varepsilon_0}{\mu\mu_0}}+\gamma\right)$, 将之代入齐次方程组可得 $\widetilde{E}_{0x}=\mathrm{i}\widetilde{E}_{0y}$, 则平面光的方程为

$$\boldsymbol{E}(z,t)=\widetilde{E}_{0x}(\boldsymbol{e}_x-\mathrm{i}\boldsymbol{e}_y)\mathrm{e}^{-\mathrm{i}(\omega t-k_1z)}=\widetilde{E}_{0x}(\boldsymbol{e}_x+\mathrm{e}^{\mathrm{i}\frac{3\pi}{2}}\boldsymbol{e}_y)\mathrm{e}^{-\mathrm{i}(\omega t-k_1z)},$$

该平面光为右旋圆偏振光, 由 $k_1=n_\mathrm{R}k_0$ 可得其折射率为

$$n_\mathrm{R}=\frac{k_1}{k_0}=\frac{\omega\mu\mu_0\left(\sqrt{\gamma^2+\dfrac{\varepsilon\varepsilon_0}{\mu\mu_0}}+\gamma\right)}{\dfrac{\omega}{c}}=c\mu\mu_0\left(\sqrt{\gamma^2+\frac{\varepsilon\varepsilon_0}{\mu\mu_0}}+\gamma\right).$$

(2) $k_2=\omega\mu\mu_0\left(\sqrt{\gamma^2+\dfrac{\varepsilon\varepsilon_0}{\mu\mu_0}}-\gamma\right)$, 将之代入齐次方程组可得 $\widetilde{E}_{0x}=-\mathrm{i}\widetilde{E}_{0y}$, 则平面光的方程为

$$\boldsymbol{E}(z,t)=\widetilde{E}_{0x}(\boldsymbol{e}_x+\mathrm{i}\boldsymbol{e}_y)\mathrm{e}^{-\mathrm{i}(\omega t-k_2z)}=\widetilde{E}_{0x}(\boldsymbol{e}_x+\mathrm{e}^{\mathrm{i}\frac{\pi}{2}}\boldsymbol{e}_y)\mathrm{e}^{-\mathrm{i}(\omega t-k_2z)},$$

该平面光为左旋圆偏振光, 由 $k_2 = n_{\mathrm{L}}k_0$ 可得其折射率为

$$n_{\mathrm{L}} = \frac{k_2}{k_0} = \frac{\omega\mu\mu_0\left(\sqrt{\gamma^2 + \dfrac{\varepsilon\varepsilon_0}{\mu\mu_0}} - \gamma\right)}{\dfrac{\omega}{c}} = c\mu\mu_0\left(\sqrt{\gamma^2 + \frac{\varepsilon\varepsilon_0}{\mu\mu_0}} - \gamma\right).$$

总结: 在手性介质中, 左旋、右旋圆偏振光的折射率不同, 发生旋光现象. 介质分子的手性改变, γ 的符号发生变化.

注意: 在非晶态材料中, 分子取向不同, 要对分子空间取向进行平均.

下面对旋光效应的应用进行举例说明.

1. 测糖计

旋光性物质的旋光度大小取决于该物质的分子结构, 并与测定旋光度时溶液的浓度、线偏振光在溶液中传播的距离、溶液的温度、所用光源的波长等因素有关. 为了比较各种不同旋光性物质的旋光度大小, 一般用比旋光度来对其进行描述. 比旋光度与从旋光仪中读到的旋光角度之间的关系为

$$[\alpha]_\lambda^T = \frac{\phi}{Cl},$$

其中, ϕ 为旋光角度; C 为旋光性物质的浓度 (单位为 g/mL), 若为纯液体, 则为其密度; l 为液体的长度 (单位为 dm); T 为溶液的温度; λ 为照明光的波长. 在表示测定结果时, 还需要注明所使用的溶剂.

我们可通过测量已知浓度的化合物溶液的旋光角度, 计算出其比旋光度 $[\alpha]_\lambda^T$, 作为该物质定性鉴定的依据. 先测定待定浓度的物质溶液的旋光角度 ϕ, 然后通过 $C = \phi/([\alpha]_\lambda^T l)$ 计算出溶液的浓度. 该技术可作为化验分析或生产过程中质量控制的方法, 广泛应用于制糖、制药、药检、食品、香料、味精, 以及化工、石油等工业生产、科研等领域.

2. 氨基酸年代学

氨基酸年代学是一门利用化石中的 D/L 值测定年代的科学, 其基本原理为: 当生命有机体死亡后, 维持生命体内仅含 L– 氨基酸的酶也同时失去活性. 从此, L– 氨基酸便开始缓慢地转化为 D– 氨基酸, 旋光性缓慢消失, 该反应遵循一级可逆动力学规律. 消旋光程度 (D/L) 与时间之间的关系为

$$\ln\frac{1 + D/L}{1 - D/L} = 2kt + C,$$

其中, D/L 为化石中 D – 氨基酸和 L – 氨基酸的物质的量之比, k 为反应速度常量, t 为化石年龄, C 为常量. 根据化石中的 D/L 值和 k, 可求得化石的年代.

8.6.3 磁致旋光效应

对于没有手性的材料, 是否可以施加外场, 打破手性的对称性, 从而产生旋光效应? 答案是肯定的. 1845 年, 法拉第在研究电和磁对偏振光的影响时发现, 原来没有旋光性的重玻璃在强磁场的作用下也会产生旋光性. 这是人类第一次认识到电磁现象和光现象之间的关系, 称为磁致旋光效应或法拉第效应.

如图 8.46 所示, 线偏振光通过介质后, 其偏振面的旋转角 ϕ 正比于光在介质中通过的距离 d 和介质内的磁感应强度 B, 即

$$\phi = VBd,$$

其中, V 称为韦尔代 (Verdet) 常数, 它的大小取决于介质的性质与入射光的波长.

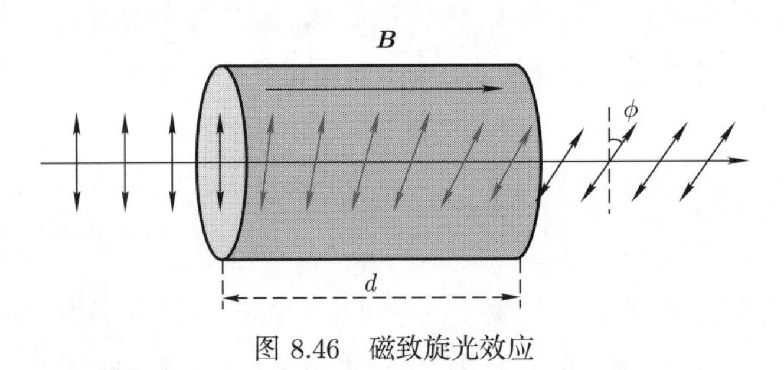

图 8.46 磁致旋光效应

磁致旋光效应的经典解释 外加磁场时, 分子外层运动的电子受到外加磁场的洛伦兹 (Lorentz) 力 $\boldsymbol{f} = -e\boldsymbol{v} \times \boldsymbol{B}$. 分子外层的电子原本做无规则运动, 左旋和右旋概率均等, 但是在洛伦兹力作用下, 电子做圆周运动, 无论电子的初始速度方向如何, 圆周运动的旋转方向都相同, 从而破坏了左旋和右旋的对称性, 使得原来没有手性的材料产生手性. 基于这个经典解释, 可以计算韦尔代常数 V.

求解思路 计算分子 (或原子) 的外层电子在入射光的作用下的位移 $\widetilde{r}(t)$. 根据 $\widetilde{p} = -e\widetilde{r}$, 计算出电偶极矩. 设介质的分子 (或原子) 数密度为 N (单位为 $1/\mathrm{m}^3$), 每个分子 (或原子) 可提供的外层弱束缚电子数为 Z, 可得极化强度为 $\widetilde{P} = NZ\widetilde{p} = -eNZ\widetilde{r}$. 根据 $\widetilde{P} = \varepsilon_0\chi\widetilde{E} = \varepsilon_0\chi E_0\mathrm{e}^{-\mathrm{i}\omega t}$ (其中, $\widetilde{E}$ 为入射光), 计算出 $\chi(\omega)$. 根据 $\varepsilon = 1 + \chi$ 和 $n = \sqrt{\varepsilon}$, 计算出 $n(\omega)$.

为了求解外层电子的位移 $\widetilde{r}(t)$, 我们要建立介质的模型 (电介质的洛伦兹模型), 如图 8.47 所示.

介质是由分子 (或原子) 组成的, 在无外场作用时, 分子 (或原子) 的外层电子处于平衡位置. 我们仅需考虑外场对外层电子的作用, 因为内层电子受原子核的作用远远大于外场的作用, 所以外场对内层电子的影响可以忽略不计.

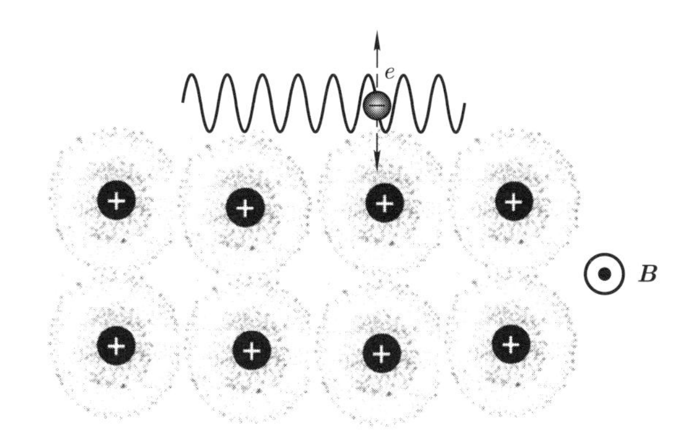

图 8.47 电介质的洛伦兹模型

当外层电子偏离平衡位置时, 受到弹性回复力 $\boldsymbol{F}_{\text{res}}=-k\boldsymbol{r}$, 其中, $\boldsymbol{r}$ 为外层电子偏离平衡位置的位移.

外层电子运动时受到正比于其速度的阻尼力 $\boldsymbol{F}_{\text{dam}}=-g\dot{\boldsymbol{r}}$, 其中, g 为阻尼系数.

入射光对电子的施迫力为 $\boldsymbol{F}_{\text{for}}=-e(\boldsymbol{E}_0+\dot{\boldsymbol{r}}\times\boldsymbol{B}_0)$, 在一般光强下, $e\dot{\boldsymbol{r}}\times\boldsymbol{B}_0\ll e\boldsymbol{E}_0$, 所以可忽略 $e\dot{\boldsymbol{r}}\times\boldsymbol{B}_0$, 于是近似有 $\boldsymbol{F}_{\text{for}}=-e\boldsymbol{E}_0$.

外加磁场时, 运动电子还受到洛伦兹力 $\boldsymbol{F}_B=-e\dot{\boldsymbol{r}}\times\boldsymbol{B}$.

所以光在外加磁场的介质中传播时, 电子运动的动力学方程为

$$m\ddot{\boldsymbol{r}}=-k\boldsymbol{r}-g\dot{\boldsymbol{r}}-e(\boldsymbol{E}_0+\dot{\boldsymbol{r}}\times\boldsymbol{B}),$$

其中, m 为电子的质量. 如果入射光的波长远离介质的共振吸收波段, 则为弱阻尼、低损耗, 可忽略阻尼项 $g\dot{\boldsymbol{r}}$, 于是运动学方程变为

$$m\ddot{\boldsymbol{r}}=-k\boldsymbol{r}-e(\boldsymbol{E}_0+\dot{\boldsymbol{r}}\times\boldsymbol{B}).$$

设 $\boldsymbol{B}$ 沿 z 轴正方向, 光的传播方向也沿 z 轴正方向, 于是

$$\begin{cases} m\ddot{r}_x+e\dot{r}_yB+kr_x=-eE_{0x}, \\ m\ddot{r}_y-e\dot{r}_xB+kr_y=-eE_{0y}. \end{cases}$$

设入射光为定态波, 电场与时间之间的关系为 $\mathrm{e}^{-\mathrm{i}\omega t}$, 外层电子受迫振动的振动项与时间之间的关系同为 $\mathrm{e}^{-\mathrm{i}\omega t}$, 所以 $\partial/\partial t\equiv-\mathrm{i}\omega$, $\partial^2/\partial t^2\equiv-\omega^2$, 于是上述方程组可化为

$$\begin{cases} (\omega_0^2-\omega^2)r_x-\mathrm{i}\omega\varOmega r_y=-\dfrac{e}{m}E_{0x}, \\ (\omega_0^2-\omega^2)r_y+\mathrm{i}\omega\varOmega r_x=-\dfrac{e}{m}E_{0y}, \end{cases}$$

其中, $\varOmega=\dfrac{eB}{m}$ 为回旋频率, $\omega_0=\sqrt{\dfrac{k}{m}}$ 为介质的共振频率.

对于左旋圆偏振光, $E_+ = E_{0x} + \mathrm{i}E_{0y}$, 则 $r_+ = r_x + \mathrm{i}r_y$. 将 $(\omega_0^2 - \omega^2)r_x - \mathrm{i}\omega\Omega r_y = -\dfrac{e}{m}E_{0x}$ 和 $\mathrm{i}\cdot\left[(\omega_0^2 - \omega^2)r_y + \mathrm{i}\omega\Omega r_x = -\dfrac{e}{m}E_{0y}\right]$ 等号左右两边分别相加, 可得

$$(\omega_0^2 - \omega^2 - \omega\Omega)r_+ = -\frac{e}{m}E_+,$$

因此

$$r_+ = -\frac{e}{m(\omega_0^2 - \omega^2 - \omega\Omega)}E_+.$$

设介质的原子数密度为 N (单位为 $1/\mathrm{m}^3$), 每个原子可提供的外层弱束缚电子数为 Z, 则极化强度为

$$P_+ = \varepsilon_0\chi_+E_+ = -eNZr_+ = \frac{NZe^2}{m(\omega_0^2 - \omega^2 - \omega\Omega)}E_+,$$

所以

$$\chi_+ = \frac{NZe^2}{\varepsilon_0 m(\omega_0^2 - \omega^2 - \omega\Omega)},$$

左旋圆偏振光的折射率为

$$n_+^2 = \varepsilon_+ = 1 + \chi_+ = 1 + \frac{NZe^2}{\varepsilon_0 m(\omega_0^2 - \omega^2 - \omega\Omega)}.$$

对于右旋圆偏振光, $E_- = E_{0x} - \mathrm{i}E_{0y}$, 则 $r_- = r_x - \mathrm{i}r_y$. 将 $(\omega_0^2 - \omega^2)r_x - \mathrm{i}\omega\Omega r_y = -\dfrac{e}{m}E_{0x}$ 和 $\mathrm{i}\cdot\left[(\omega_0^2 - \omega^2)r_y + \mathrm{i}\omega\Omega r_x = -\dfrac{e}{m}E_{0y}\right]$ 等号左右两边分别相减, 可得

$$(\omega_0^2 - \omega^2 + \omega\Omega)r_- = -\frac{e}{m}E_-,$$

因此

$$\begin{cases} r_- = -\dfrac{e}{m(\omega_0^2 - \omega^2 + \omega\Omega)}E_-, \\ P_- = \varepsilon_0\chi_-E_- = -eNZr_- = \dfrac{NZe^2}{m(\omega_0^2 - \omega^2 + \omega\Omega)}E_-, \end{cases}$$

所以

$$\chi_- = \frac{NZe^2}{\varepsilon_0 m(\omega_0^2 - \omega^2 + \omega\Omega)},$$

右旋圆偏振光的折射率为

$$n_-^2 = \varepsilon_- = 1 + \chi_- = 1 + \frac{NZe^2}{\varepsilon_0 m(\omega_0^2 - \omega^2 + \omega\Omega)}.$$

综上所述, 可知左旋和右旋圆偏振光的折射率不同. 任何线偏振光都可以分解成两同向、同频、等振幅, 并且有稳定相位关系的左旋和右旋圆偏振光. 因为折射率不同, 所以左旋和右旋圆偏振光经过介质后的相位落后不同, 于是经过外加磁场的介质

后, 线偏振光的偏振面发生旋转. 设外加磁场方向和光的传播方向一致, 光在介质中传播的距离为 d, 则偏振面的旋转角为

$$\phi = \frac{\pi}{\lambda}(n_+ - n_-)d.$$

接下来求 $n_+ - n_-$. 我们有

$$n_+^2 - n_-^2 = (n_+ - n_-)(n_+ + n_-) = \frac{NZe^2}{\varepsilon_0 m}\frac{2\omega\Omega}{(\omega_0^2 - \omega^2)^2 - \omega^2\Omega^2}.$$

一般情况下, 回旋频率 Ω 远远小于光频率 ω, 并且光频率 ω 不在共振频率 ω_0 附近, 则 $\omega_0^2 - \omega^2 \gg \omega\Omega$, 于是上式第二个等号右边分母中的 $\omega^2\Omega^2$ 可以忽略, 并且 $n_+ + n_- \approx 2n$, 其中, n 为无外加磁场时介质的折射率, 所以

$$n_+ - n_- = \frac{NZe^2}{2n\varepsilon_0 m}\frac{2\omega\Omega}{(\omega_0^2 - \omega^2)^2} = \frac{NZe^3}{2n\varepsilon_0 m^2}\frac{2\omega B}{(\omega_0^2 - \omega^2)^2}.$$

于是

$$\phi = \frac{\pi}{\lambda}(n_+ - n_-)d = \frac{\omega}{2c}(n_+ - n_-)d = \frac{NZe^3}{2c\varepsilon_0 m^2 n}\frac{\omega^2}{(\omega_0^2 - \omega^2)^2}Bd = VBd,$$

因此可得韦尔代常数为

$$V = \frac{NZe^3}{2c\varepsilon_0 m^2 n}\frac{\omega^2}{(\omega_0^2 - \omega^2)^2}.$$

磁致旋光性的右旋和左旋与光相对于磁场的传播方向有关, 如果光沿磁场方向传播, 则是左旋的; 如果光逆着磁场方向传播, 则变为右旋. 根据磁致旋光这一性质可以制备光隔离器, 光经过理想偏振片后, 出射光为偏振面平行于偏振片的透偏方向的线偏振光, 如果光沿磁场方向传播, 则偏振面左旋了 ϕ 角, 那么, 当光沿原路径逆着磁场方向返回时, 物质变为右旋, 偏振面又旋转了 ϕ 角, 这样往返两次通过同一物质, 偏振面共旋转了 2ϕ 角, 如果令 $\phi = 45°$, 则返回光的偏振面旋转了 $90°$, 即和偏振片的透偏方向垂直, 于是反射光被阻隔, 这样便制成了光隔离器.

本 章 小 结

本章讲解了光在晶体中传播的性质, 包括相位的传播和光线的传播. 给出了菲涅耳方程, 它描述了相速度和线速度与介电张量之间的关系. 引入了折射率椭球和光线椭球, 借助二者分别通过作图法求解给定波矢方向或光线方向下允许的 $\boldsymbol{D}$ 和 $\boldsymbol{E}$ 的偏振方向及其对应的折射率和线折射率. 介绍了光在晶体中传播的波法线曲面和光线曲面, 并讨论了晶体的折射行为. 讲述了偏振光的干涉和应用, 介绍了线性和二次电光效应. 分析了物质的手性和旋光性, 讨论了磁致旋光的机理.

习 题

1. 设晶体具有三个相互垂直的四次旋转对称轴, 分别为 x, y, z 轴, 分析该介质的线性极化张量中各个张量元之间的关系, 以及有多少个独立张量元.

2. 已知晶体的介电张量为

$$\varepsilon = \begin{pmatrix} 2 & 0.5 & 0.3 \\ 0.5 & 2.5 & 0.5 \\ 0.3 & 0.5 & 3 \end{pmatrix},$$

求晶体的主介电轴的方向和主介电常量.

3. 已知在晶体的主介电轴坐标系下, 三个主折射率分别为 $n_x = n_y = 1.5$, $n_z = 1.6$, 平面光在晶体中传播, 给定波法线方向 $\boldsymbol{e}_k = (0, \sqrt{2}/2, \sqrt{2}/2)$.

(1) 求平面光在晶体中传播时的相速度.

(2) 求两个允许的电位移矢量 $\boldsymbol{D}$ 的方向, 并计算 $\boldsymbol{e}_{D_1} \cdot \boldsymbol{e}_{D_2}$.

(3) 求两个允许的电位移矢量 $\boldsymbol{D}$ 对应的电场 $\boldsymbol{E}$ 的方向, 并计算 $\boldsymbol{e}_{E_1} \cdot \boldsymbol{e}_{E_2}$.

4. 已知在晶体的主介电轴坐标系下, 三个主折射率分别为 $n_x = 1.4$, $n_y = 1.5$, $n_z = 1.6$, 平面光在晶体中传播, 给定光线方向 $\boldsymbol{e}_S = (\sqrt{2}/3, \sqrt{2}/3, \sqrt{5}/3)$.

(1) 求平面光在晶体中传播时的线速度.

(2) 求两个允许的电场 $\boldsymbol{E}$ 的方向, 并计算 $\boldsymbol{e}_{E_1} \cdot \boldsymbol{e}_{E_2}$.

(3) 求两个允许的电场 $\boldsymbol{E}$ 对应的电位移矢量 $\boldsymbol{D}$ 的方向, 并计算 $\boldsymbol{e}_{D_1} \cdot \boldsymbol{e}_{D_2}$.

5. 平面光在冰洲石中传播, 冰洲石的 $n_{\mathrm{o}} = 1.65836$, $n_{\mathrm{e}} = 1.48641$, 求光线方向和波法线方向之间的最大夹角.

6. 对于 He–Ne 激光 (波长为 632.8 nm), 水晶的 $n_{\mathrm{o}} = 1.544$, $n_{\mathrm{e}} = 1.553$, 使用该水晶制备 $\lambda/2$ 片, 求该水晶的最小厚度.

7. 对于钠黄光, 方解石的 $n_{\mathrm{e}} = 1.486$, $n_{\mathrm{o}} = 1.658$, 根据如图 8.30 (b) 所示的尼科耳棱镜的结构和角度, 求 e 光的折射率.

8. 罗雄棱镜由光轴相互垂直的两块方解石等腰直角棱镜组成, 其结构如图 8.32 所示. 一自然光经过罗雄棱镜, 产生偏振方向相互垂直、彼此分开的两线偏振光. 求出射的两线偏振光之间的夹角 α.

9. 沃拉斯顿棱镜由两块方解石等腰直角棱镜组成, 图 8.33 给出沃拉斯顿棱镜的结构. 对于入射的一自然光, 求两出射光之间的夹角 α.

10. 在两正交偏振片之间插入一 $\lambda/2$ 片, 光强为 I_0 的单色自然光通过这一系统. 若将 $\lambda/2$ 片绕光的传播方向旋转一周.

(1) 可以观察到几个光强极大和极小? 并求出相应的 $\lambda/2$ 片的光轴的角度及光强.

(2) 用 $\lambda/4$ 片和全波片替代 $\lambda/2$ 片, 情况如何?

11. 在平面反射镜上依次放置一 $\lambda/4$ 片和一偏振片, 偏振片的透偏方向和 $\lambda/4$ 片的光轴之间的夹角为 θ, 光强为 I_0 的自然光垂直入射. 求:

(1) 反射光经过上述偏振系统后的光强 (忽略光吸收和光反射损耗).

(2) 什么情况下, 反射光经过上述偏振系统后的光强为零?

12. 有两偏振片和一 $\lambda/4$ 片, 如习题 12 图所示堆叠在一起, 开始时 $\lambda/4$ 片的光轴方向和偏振片 P_1 的透偏方向相互平行, 然后 $\lambda/4$ 片以恒定的角速度 ω 绕光传播方向旋转, 设入射光为自然光, 光强为 I_0, 波长为 600 nm (在真空中的波长). 求:

(1) $\lambda/4$ 片的最小厚度应该为多大 (晶片的主折射率为 $n_o = 1.544, n_e = 1.553$)?

(2) 当两偏振片的透偏方向相互垂直, 即 $P_1 \perp P_2$ 时, I_1, I_2 和 I_3 为多大?

(3) 当两偏振片的透偏方向相互平行, 即 $P_1 // P_2$ 时, I_3 为多大?

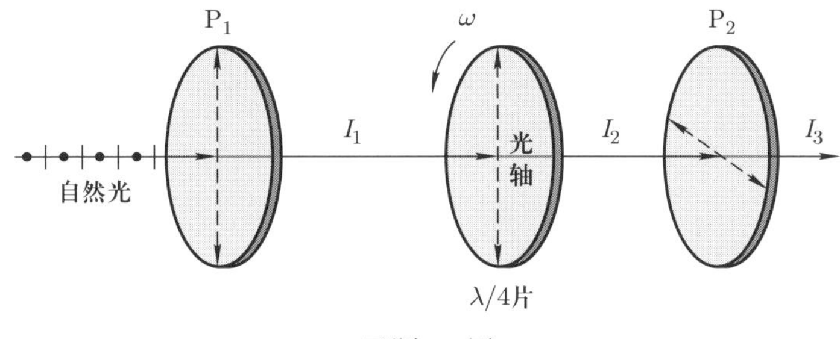

习题 12 图

13. 波长为 404.7 nm 的平行自然光正入射于一偏振光干涉系统, 即在两透偏方向相互垂直的偏振片 P_1 和 P_2 之间放置一楔形水晶薄棱镜, 棱镜的顶角 $\beta = 0.5°$, 光轴平行于棱边, 且与偏振片的透偏方向之间成 45° 角 (如习题 13 图所示). 已知水晶的 $n_o = 1.5572, n_e = 1.5667$. 求:

(1) 通过 P_2 后的干涉图样的条纹间距 d 为多大?

(2) 如果 P_2 绕光传播方向旋转 90°, 则干涉图样怎么变?

14. 如习题 14 图所示杨氏干涉, 照明光是波长为 λ 的单色自然光, 在双孔中的一孔处加入 $\lambda/4$ 片.

(1) 求干涉衬比度变为多大 (注: 在没有加入 $\lambda/4$ 片时, 干涉衬比度为 1. 且 $D, R \gg d$)?

(2) 如果将 $\lambda/4$ 片换成 $\lambda/2$ 片, 求此时的干涉衬比度为多大?

15. 有机电致发光是一种新型显示技术, 已经被广泛应用于手机屏幕、超薄电视和柔性显示器件中. 有机电致发光器件在透明阳极和金属阴极之间依次制备上有机空

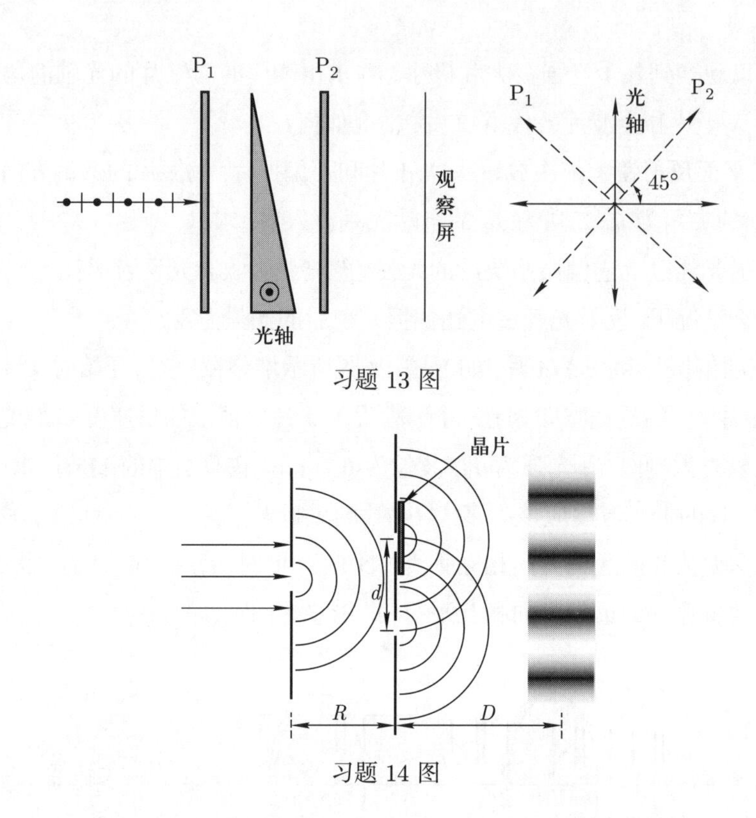

习题 13 图

习题 14 图

穴传输层、发光层和电子传输层. 其工作原理是: 在外加电压的驱动下, 电子和空穴分别从阴极和阳极注入, 在有机发光层形成激子, 激子失活发射光子. 光从透明的阳极出射. 器件的阴极一般为金属, 例如, 镁银合金和铝, 具有很高的光强的反射率. 这样使用有机电致发光器件制备的显示器对环境光的反射率过高, 当环境光的光强比较大时, 我们将无法看到屏幕显示.

(1) 在不改变器件结构的情况下, 请设计光学系统, 以减少器件对环境光的反射率, 并说明其工作原理.

(2) 如果环境光的光谱如习题 15 图所示, $k = 2\pi/\lambda$, 其中, λ 为入射光的波长, 环境光的波长范围为 400~700 nm, k_0 为中心波矢, 且 $k_0 = (k_1 + k_2)/2$. 当然, 这是一个

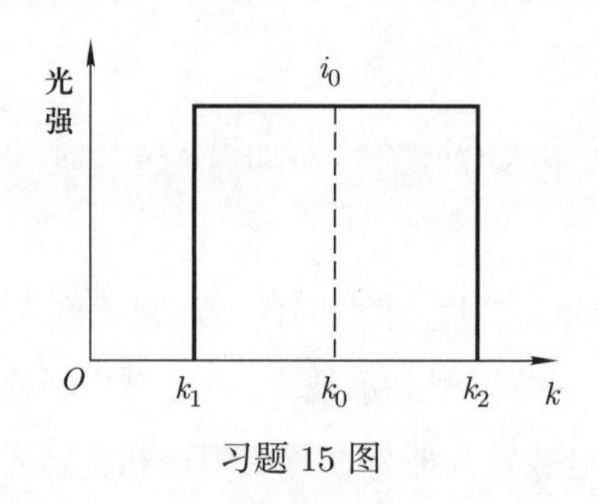

习题 15 图

简化模型. 假设环境光为正入射的自然光, 请根据你设计的光学系统, 要求在 k_0 处完全消除器件对环境光的反射, 分析理想情况下总光强的反射率可以减小到多大, 并给出相关参数. 在分析过程中, 透明阳极、有机层和所用的光学系统的吸收和反射均可忽略, 所有材料的色散效应都可以忽略不计, 阴极的光强的反射率为 100%.

16. 一种观测太阳光谱用的单色滤波器如习题 16 图所示, 它由双折射晶体 C 和偏振片 P 交替放置而成. 滤波器的第一个和最后一个元件都是偏振片, 晶体的厚度递增, 后一块的厚度是前一块的 2 倍, 且所有晶体的光轴都相互平行, 并与光的传播方向相互垂直. 所有偏振片的透偏方向相互平行, 并与晶体光轴之间成 45° 角. 设该滤波器共由 N 块晶体组成, 晶体的 n_o 和 n_e 为已知量. 求:

(1) 光强的透射率.

(2) 透射光谱峰的波长.

(3) 谱峰的半角宽度 $\Delta\lambda$ (从谱峰到最近一个零点).

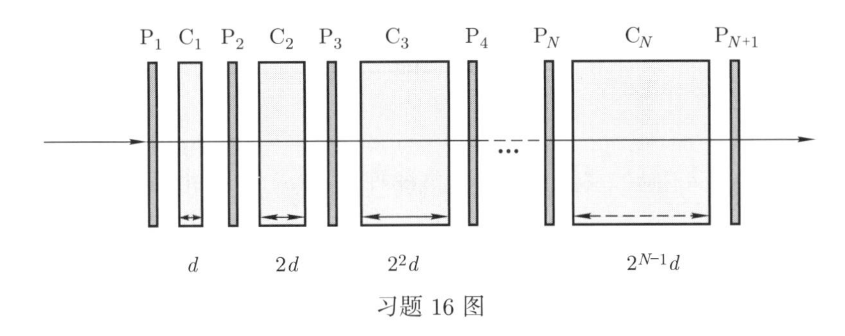

习题 16 图

17. 利用偏振光干涉测量晶片的厚度.单轴晶体的折射率分别为 n_e 和 n_o, 不考虑色散. 测量晶片厚度的装置如习题 17 图所示, 光源为光谱连续的发光二极管 (LED) 灯, 光谱的波长范围为 400 ~ 650 nm. LED 灯发出的光经过透镜准直为平行光束, 平行光束正入射到一透射振幅型光栅, 设在光栅的一个周期中, 透光部分的宽度为 a, 挡光部分的宽度也为 a, 光束经光栅发生衍射, 衍射光经过理想偏振片 P_1、晶片 C 和理想偏振片 P_2, 被探测器 D 探测到. P_1、晶片 C、P_2 和 D 组成探测系统, 它们固定于一个可以在水平面内绕 O 点旋转的光学臂上(注: 光学臂旋转时, 光栅和照明光路不旋转). 开始时, 光源、光栅和探测系统在同一条直线上, $\theta = 0°$. 沿一个方向旋转光学臂, 测量光强的变化, 记录下光强出现极大值时的角度, 计算出晶片的厚度, 并分析下面的问题:

(1) 如果光强为 I_0 的自然光正入射, 依次经过 P_1、晶片 C 和 P_2, 已知 P_1 的透偏方向和晶片 C 的光轴方向之间成 45° 角, P_2 的透偏方向和 P_1 的透偏方向垂直, 晶片 C 的折射率为 n_o 和 n_e, 晶片的厚度为 h, 求透射光的光强.

(2) 使用准直的 LED 灯照明, 光谱的波长范围为 400 ~ 650 nm. 从 $\theta = 0°$ 开始, 缓慢旋转光学臂, 探测光强随旋转角度的变化. 当 $\theta = 12.37°$ 时, 出现第一个光强的极大值; 当 $\theta = 17.46°$ 时, 出现第二个光强的极大值. 已知 P_1、晶片 C 和 P_2 的摆放方式同问题 (1), 晶片的 $n_o = 1.55, n_e = 1.56$, 光栅周期 $d = 2a = 2\ \mu m$. 请根据上面提供的数据计算晶片的厚度.

(3) 如果继续旋转光学臂, 还可以观察到几个光强的极大值? 其角度分别为多大?

(4) 如果将 P_2 旋转 90°, 也就是使 P_1 和 P_2 的透偏方向平行, 重复问题 (2) 的过程, 则第一次出现光强的极大值的角度为多大?

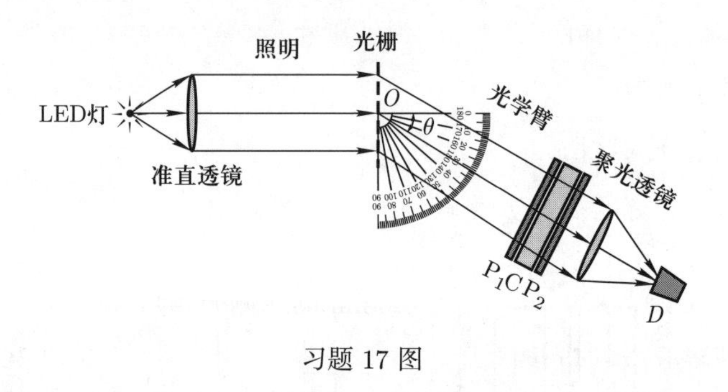

习题 17 图

18. KDP 晶体为单轴晶体, 具有良好的线性电光效应, 可用于电光调制. 对于横向线性电光调制, 电场方向垂直于光的传播方向, 如习题 18 图所示, 外加电场方向沿晶体光轴 (z 或 z' 轴), (x', y', z') 为沿 z 方向施加外电场时的新的主介电轴坐标系. 光沿着晶体的新的主介电轴坐标系的 x' 方向传播, 第二块晶体相对于第一块晶体, 光轴绕 x' 轴旋转 90°, 所加的外电场方向也相应地旋转 90°. 设晶体的长度为 l, 厚度为 d, 求半波电压 (r_{41} 和 r_{63} 为已知量).

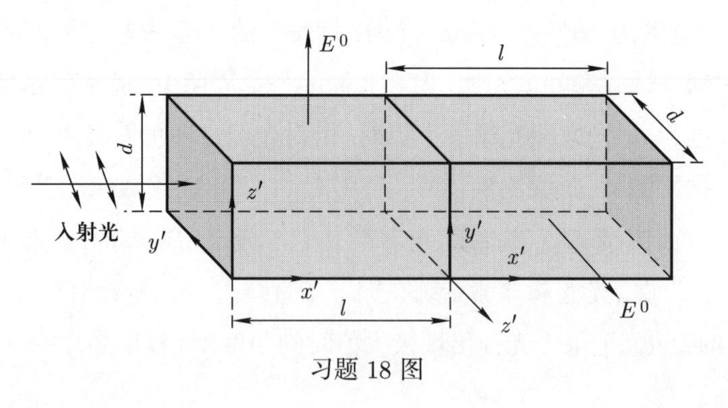

习题 18 图

19. 与通常采用的机械转镜式光束偏转技术相比, 电光偏转技术具有高速、高稳定性的特点, 因此在光束扫描、光计算等应用中备受重视. 习题 19 图是一种由两块 KDP 楔形棱镜组成的双棱镜偏转器, z 或 z' 方向为未加外电场时晶体的光轴方向,

(x', y', z') 为沿 z 方向施加外电场时的新的主介电轴坐标系. 上下两块棱镜的光轴方向 (z' 轴) 相反, 棱镜外加电压沿 z' 方向, 光线沿下棱镜的 y' 方向入射, 振动方向沿 x' 方向. 求光穿过偏转器后的偏转角和外加电压之间的关系 (r_{41} 和 r_{63} 为已知量).

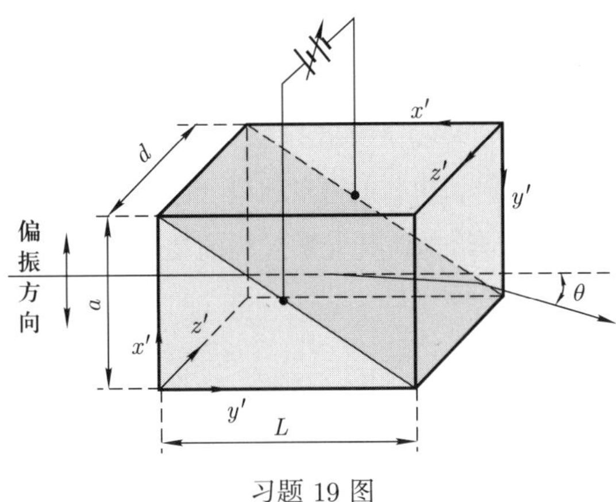

习题 19 图

20. 在温度为 20 °C 时, 波长为 589.3 nm 的线偏振光经过长度为 10 cm 的浓度为 1 g/cm^3 的蔗糖溶液, 透射光相对于入射光, 偏振面旋转 66.45°. 现在有待测浓度的蔗糖溶液, 盛放在长度为 5 cm 的透明容器中, 在温度为 20 °C 时, 波长为 589.3 nm 的线偏振光经过该长度为 5 cm 的蔗糖溶液, 透射光相对于入射光, 偏振面旋转 10.34°, 求待测溶液的浓度.

21. 一线偏振光垂直入射到厚度为 L 的磁光介质平板上, 光的传播方向与介质内的磁场方向相同, 介质的 $n_{\mathrm{R}} = 1 - \dfrac{K}{\omega(\omega - \varOmega)}, n_{\mathrm{L}} = 1 - \dfrac{K}{\omega(\omega + \varOmega)}$, 其中, $K, \varOmega$ 为常量, ω 为入射光的角频率, 求光透过介质平板后的偏振面相对于入射光的偏振面转过的角度.

第九章　光的吸收、色散、散射

本章介绍光与物质的相互作用, 主要内容为光的吸收、色散、波包的群速度和展宽、散射 (包括瑞利散射、米 (Mie) 散射、拉曼 (Raman) 散射和布里渊 (Brillouin) 散射), 这将使我们重新认识反射和折射的微观机理. 完全求解光与物质的相互作用问题必须借助量子理论, 本章只是给出这些光学过程的物理模型, 所以仍然使用经典物理进行近似处理.

9.1　光的吸收

9.1.1　吸收系数

光在均匀介质中传播时, 光强随传播距离增大而减小的现象, 称为介质对光的吸收, 如图 9.1 所示.

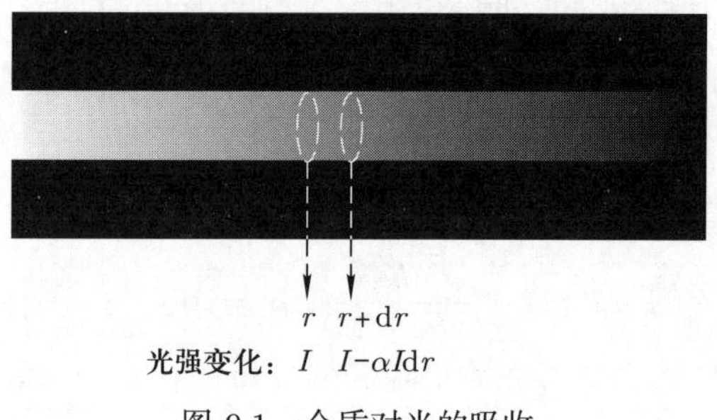

图 9.1　介质对光的吸收

光在均匀介质中传播时, 光强的减小量正比于此刻的光强 I, 即

$$\mathrm{d}I = -\alpha I \mathrm{d}r, \tag{9.1}$$

其中, $\alpha = -\mathrm{d}I/(I\mathrm{d}r)$ 称为介质的吸收系数. 在线性光学介质中, α 与光强无关, 与波长有关. 由 (9.1) 式可得, 光强随传播距离的变化为

$$I(r) = I_0 \mathrm{e}^{-\alpha r}, \tag{9.2}$$

其中, I_0 为 $r = 0$ 处的光强, 即入射光的光强.

说明: 在光强比较强时, 光与物质相互作用的非线性效应明显表现出来, 此时, α 与光强有关. 例如, 光限幅效应, 当入射光的光强比较弱时, α 为常量, 于是透射光的光强正比于入射光的光强; 当入射光的光强比较强时, α 可以随着光强的增强而迅速增大, 随着入射光的光强增强, 透射光的光强趋于饱和, 这种非线性吸收在激光防护领域具有潜在应用.

吸收分为普遍吸收和选择吸收两种, 图 9.2 给出两种吸收的特点.

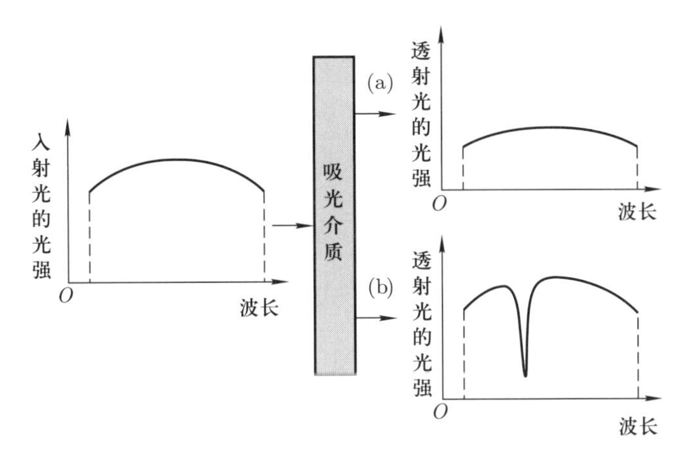

图 9.2 (a) 普遍吸收, (b) 选择吸收

普遍吸收 若某物质对不同波长的光具有相同的吸收系数, 即 α 和波长无关, 如图 9.2 (a) 所示, 称这种物质具有普遍吸收性. 这种物质并不多见, 为了实现普遍吸收, 往往需要几种不同材料按一定比例混合, 当然也只能在某一波段内实现普遍吸收.

选择吸收 若某物质对某些波段的光具有强烈吸收, 而对其他波段的光几乎无吸收, 即 α 和波长有关, 如图 9.2 (b) 所示, 称这种物质具有选择吸收性. 物质的选择吸收普遍存在, 它对应着分子的电子能级、振动能级和转动能级, 通常, 分子处于能量最低的基态, 从外界吸收能量后, 引起分子能级的跃迁. 选择吸收的光谱与物质的化学结构有关, 吸收光谱是鉴别物质化学成分的重要参考量之一.

吸收光谱可以使用光栅光谱仪进行测量, 首先测量出没有样品时的照明光的光谱 $I_0(\lambda)$, 再测量出照明光经过样品后的光谱 $I_l(\lambda)$. 设光在样品中传播的距离为 l, 根据 (9.2) 式可得, 样品的吸收光谱为

$$\alpha(\lambda) = \frac{1}{l} \ln \frac{I_0(\lambda)}{I_l(\lambda)}.$$

1802 年, 英国科学家沃拉斯顿首次发现太阳光谱中的黑线. 1814 年, 夫琅禾费独立地再次发现太阳光谱中的黑线, 并且系统地研究和测量了这些谱线的波长, 他绘出了 570 多条谱线, 并给出了表示这些谱线的字母, 目前已观察到数千条谱线. 德国科学家基尔霍夫和本生 (Bunsen) 指出每个化学元素都具有一套特有的谱线, 并推断出太阳光谱中的黑线来自太阳大气层中的一些元素的吸收. 吸收光谱对物质成分非常敏感,

已经被广泛应用于化学、生物和医药等领域. 历史上曾依据吸收光谱的测量发现了铯、铷、铊、铟、镓等多种新元素.

9.1.2 复折射率

光在吸收介质中传播时, 随着传播距离的增大, 空间相位逐步落后, 需要使用折射率 n 来描述. 同时, 振幅也随之变小, 它由吸收系数 α 确定. 因此可以引入复折射率将这两个参数结合在一起.

光强正比于振幅的平方, 由 (9.2) 式可得

$$A(r)=A_0\mathrm{e}^{-\frac{\alpha}{2}r},$$

所以, 在有吸收的介质中的波函数 (复数形式) 可以写成

$$\widetilde{E}(r,t)=A_0\mathrm{e}^{-\frac{\alpha}{2}r}\mathrm{e}^{-\mathrm{i}(\omega t-kr)}=A_0\mathrm{e}^{\mathrm{i}\left(k+\mathrm{i}\frac{\alpha}{2}\right)r}\mathrm{e}^{-\mathrm{i}\omega t}=A_0\mathrm{e}^{\mathrm{i}\widetilde{k}r}\mathrm{e}^{-\mathrm{i}\omega t}.$$

引入复波矢: $\widetilde{k}=k+\mathrm{i}\alpha/2$. 根据无吸收介质中的波矢和折射率之间的关系: $k=n\omega/c$, 可以引入复折射率 $\widetilde{n}$. 因为

$$\widetilde{k}=\frac{\omega}{c}\left(n+\mathrm{i}\frac{c\alpha}{2\omega}\right)=\frac{\omega}{c}\widetilde{n},$$

所以

$$\widetilde{n}=n+\mathrm{i}\frac{c\alpha}{2\omega},$$

其中, $\widetilde{n}$ 为介质的复折射率, 往往可表示为

$$\widetilde{n}=n(1+\mathrm{i}\kappa),$$

这里,

$$\kappa=\frac{c\alpha}{2n\omega}=\frac{\lambda_0\alpha}{4\pi n},$$

其中, λ_0 为光在真空中的波长, κ 为衰减系数, 反映了介质的吸收.

9.2 色 散

光在介质中传播时, 相速度或折射率随波长改变而改变的现象, 称为色散. 色散分为正常色散和反常色散.

9.2.1 正常色散

当光波长远离介质的共振吸收波长时, 折射率 n 随波长 λ 的增大而减小, 色散曲线 (n-λ 关系曲线) 如图 9.3 所示, 称为正常色散.

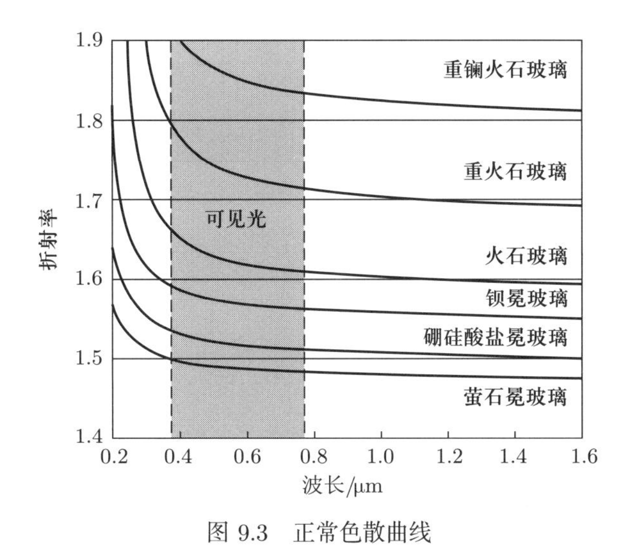

图 9.3 正常色散曲线

一般情况下, 色散曲线可以用一些经验公式来描绘, 例如, 柯西公式、塞米尔 (Sellmeier) 公式.

1. 柯西公式

1836 年, 法国数学家柯西首先给出了正常色散的经验公式:

$$n=A+\frac{B}{\lambda^2}+\frac{C}{\lambda^4}.$$

此式称为柯西公式, 其中, λ 为光在真空中的波长, A,B,C 是和材料有关的常量. 对于大多数光学玻璃, 在可见光波段, 柯西公式和实验测量得到的色散曲线十分吻合. 当波长变化范围不太大时, 只要取柯西公式的前两项就足够精确了, 即

$$n=A+\frac{B}{\lambda^2},$$

则

$$\frac{\mathrm{d}n}{\mathrm{d}\lambda}=-\frac{2B}{\lambda^3}.$$

上式表明, 波长越短色散效应越大, 这和图 9.3 中的各种光学玻璃的色散曲线吻合.

2. 塞米尔公式

柯西公式的形式非常简单, 具有很多应用, 但柯西公式只适用于正常色散区, 对于常用光学玻璃, 柯西公式在可见光波段和实际情况吻合得比较好, 但是在红外波段的误差却比较大. 1871 年, 塞米尔首次提出塞米尔公式, 是继柯西公式之后, 进一步发展的经验公式, 它可以用于反常色散, 且从紫外到红外波段都和实际情况吻合得比较好. 塞米尔公式为

$$n^2 = 1 + \frac{B_1\lambda^2}{\lambda^2 - C_1} + \frac{B_2\lambda^2}{\lambda^2 - C_2} + \frac{B_3\lambda^2}{\lambda^2 - C_3},$$

其中, λ 为光在真空中的波长, $B_1, B_2, B_3, C_1, C_2, C_3$ 是和材料有关的常量.

9.2.2　反常色散

在介质的共振吸收波段, 折射率随波长增大而增大, 即色散率

$$\frac{\mathrm{d}n}{\mathrm{d}\lambda} > 0.$$

这与正常色散相反, 故称为反常色散. 正常色散和反常色散都是正常的物理现象, 只不过正常色散现象最先被发现, 人们先入为主, 把后发现的, 和之前不同的色散关系称为反常色散.

勒鲁 (Le Rowo) 于 1860 年首先在碘蒸气棱镜内观察到反常色散现象, 伍德 (Wood) 于 1904 年利用交叉棱镜法成功地显示出钠蒸气在可见光波段内的反常色散现象, 其实验装置如图 9.4 所示.

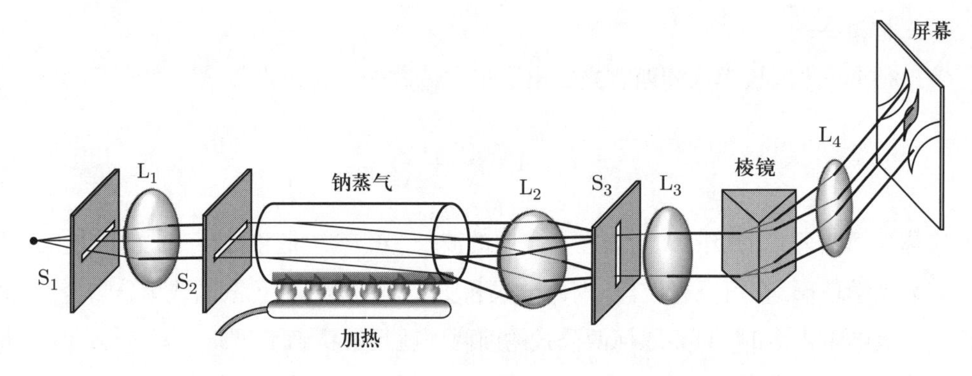

图 9.4　钠蒸气在可见光波段内的反常色散实验装置示意图

如图 9.4, 白光照明, 经过水平缝隙 S_1、透镜 L_1 和水平缝隙 S_2, 形成在水平方向展宽的扁光束. 钢管中放入适量金属钠, 钢管两端使用石英片覆盖, 加热钢管, 使钠蒸发, 钠蒸气在钢管上端稀薄、下端浓密, 等效于顶在上、底在下的棱镜, 于是扁光束经过钠蒸气的色散效应后, 不同波长的光在竖直方向分开. 出射光经过透镜 L_2、竖直缝隙 S_3 和透镜 L_3, 形成在竖直方向展宽的扁光束, 经过棱镜, 不同波长的光在水平方向分开, 在可见光范围内, 普通棱镜为正常色散介质, 色散效应导致在屏幕上形成彩带. 如果钠蒸气在整个可见光波段内为正常色散, 则彩带连续, 且位置随波长单调变化. 伍德在实验中观察到色散彩带严重扭曲, 并在黄光 (钠原子的共振吸收波段) 处被割断, 其形状见图 9.4, 这表明钠蒸气在吸收带处存在反常色散. 根据实验结果, 可以绘出钠蒸气在可见光波段的色散曲线, 如图 9.5 所示.

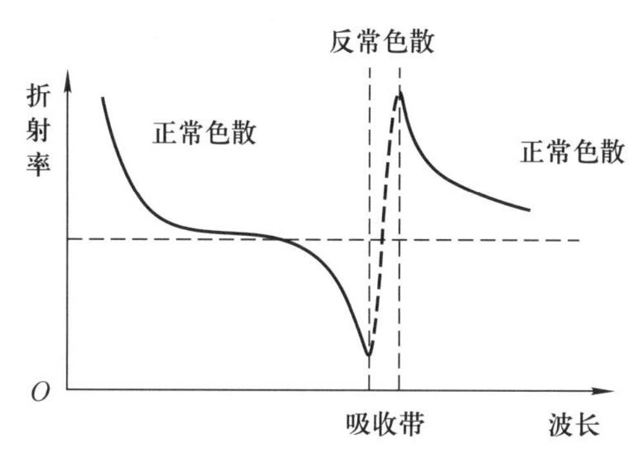

图 9.5 钠蒸气在可见光波段的色散曲线 (正常色散和反常色散)

9.2.3 色散的经典解释

1. 单一本征频率介质

下面我们给出色散曲线的经典解释. 介质采用洛伦兹模型 (见第八章中磁致旋光部分), 设介质有单一本征频率. 分子 (或原子) 的外层电子在入射电磁波的作用下做受迫振动的方程为

$$m\frac{\mathrm{d}^2 r}{\mathrm{d}t^2}+g\frac{\mathrm{d}r}{\mathrm{d}t}+kr=-eE_0\mathrm{e}^{-\mathrm{i}\omega t}, \tag{9.3}$$

其中, m 为电子的质量, r 为外层电子偏离平衡位置的位移, g 为阻尼系数, k 为回复力系数, $E_0\mathrm{e}^{-\mathrm{i}\omega t}$ 为光的电场强度. 谐振子的本征频率为 $\omega_0=\sqrt{k/m}$, 令 $\gamma=g/m$, 于是 (9.3) 式可改写为

$$\frac{\mathrm{d}^2 r}{\mathrm{d}t^2}+\gamma\frac{\mathrm{d}r}{\mathrm{d}t}+\omega_0^2 r=-\frac{e}{m}E_0\mathrm{e}^{-\mathrm{i}\omega t},$$

因为入射光波为定态波, 则在稳定情况下, $\dfrac{\mathrm{d}r}{\mathrm{d}t}=-\mathrm{i}\omega r, \dfrac{\mathrm{d}^2 r}{\mathrm{d}t^2}\equiv-\omega^2 r$, 所以上式的复数解为

$$r(t)=-\frac{e}{m}\frac{1}{(\omega_0^2-\omega^2)-\mathrm{i}\gamma\omega}E_0\mathrm{e}^{-\mathrm{i}\omega t}.$$

电子的电偶极矩为

$$p=-er(t)=\frac{e^2}{m}\frac{1}{(\omega_0^2-\omega^2)-\mathrm{i}\gamma\omega}E_0\mathrm{e}^{-\mathrm{i}\omega t}. \tag{9.4}$$

(9.4) 式表明电子的电偶极矩正比于极化电场. 引入单分子或原子的线性极化率 α:

$$\alpha=\frac{e^2}{\varepsilon_0 m}\frac{1}{(\omega_0^2-\omega^2)-\mathrm{i}\gamma\omega}=\frac{e^2}{\varepsilon_0 m}\frac{1}{\sqrt{(\omega_0^2-\omega^2)^2+\gamma^2\omega^2}}\mathrm{e}^{\mathrm{i}\arctan\frac{\gamma\omega}{\omega_0^2-\omega^2}}, \tag{9.5}$$

则

$$p=\varepsilon_0\alpha E_0\mathrm{e}^{-\mathrm{i}\omega t},$$

激发的电偶极矩振动相对于光波的相位落后量为

$$\Delta\phi_0 = \arctan\frac{\gamma\omega}{\omega_0^2-\omega^2}.$$

设介质单位体积内的分子 (或原子) 数为 N, 每个分子 (或原子) 的外层电子数为 Z, 则极化强度为

$$P(t) = NZp = \varepsilon_0 NZ\alpha E_0 \mathrm{e}^{-\mathrm{i}\omega t},$$

引入介质的线性极化率:

$$\chi = NZ\alpha = \frac{NZe^2}{\varepsilon_0 m}\frac{1}{(\omega_0^2-\omega^2)-\mathrm{i}\gamma\omega} = \frac{\omega_\mathrm{p}^2}{(\omega_0^2-\omega^2)-\mathrm{i}\gamma\omega},$$

这里, $\omega_\mathrm{p}^2 = \dfrac{NZe^2}{\varepsilon_0 m}$. 复折射率为

$$\begin{aligned}\widetilde{n}^2 = \widetilde{\varepsilon} = 1+\chi &= 1+\frac{\omega_\mathrm{p}^2}{(\omega_0^2-\omega^2)-\mathrm{i}\gamma\omega}\\ &= 1+\frac{\omega_\mathrm{p}^2(\omega_0^2-\omega^2)}{(\omega_0^2-\omega^2)^2+\gamma^2\omega^2}+\mathrm{i}\left[\frac{\omega_\mathrm{p}^2\gamma\omega}{(\omega_0^2-\omega^2)^2+\gamma^2\omega^2}\right].\end{aligned}$$

因为 $\widetilde{n} = n(1+\mathrm{i}\kappa)$, 所以

$$\begin{cases} n^2(1-\kappa^2) = 1+\dfrac{\omega_\mathrm{p}^2(\omega_0^2-\omega^2)}{(\omega_0^2-\omega^2)^2+\gamma^2\omega^2}, \\ 2n^2\kappa = \dfrac{\omega_\mathrm{p}^2\gamma\omega}{(\omega_0^2-\omega^2)^2+\gamma^2\omega^2}. \end{cases}$$

在弱阻尼、低损耗, 即 $\kappa \ll 1$ 的条件下, 取近似: $n^2(1-\kappa^2) \approx n^2$. 因为色散曲线通常表示为 n 随 λ 变化的函数, 所以用真空中的波长 $\lambda = 2\pi c/\omega$, $\lambda_0 = 2\pi c/\omega_0$ 代替上述方程组中的 ω 和 ω_0, 近似可得

$$\begin{cases} n^2 = 1+\omega_\mathrm{p}^2\cdot\dfrac{\lambda_0^2\lambda^2(\lambda^2-\lambda_0^2)}{4\pi^2c^2(\lambda^2-\lambda_0^2)^2+\gamma^2\lambda_0^4\lambda^2}, \\ 2n^2\kappa = \dfrac{\omega_\mathrm{p}^2}{2\pi c}\cdot\dfrac{\gamma\lambda_0^4\lambda^3}{4\pi^2c^2(\lambda^2-\lambda_0^2)^2+\gamma^2\lambda_0^4\lambda^2}. \end{cases}$$

在共振波长 λ_0 附近, n 和 $2n^2\kappa$ 随波长 λ 的变化如图 9.6 所示.

当光波长远离共振波长 λ_0 时, 介质透明, 阻尼项 $\gamma^2\lambda_0^4\lambda^2$ 可以忽略, 下面分两种情况进行讨论:

(1) 若 $\lambda \gg \lambda_0$, 则

$$n = \sqrt{1+\omega_\mathrm{p}^2\cdot\frac{\lambda_0^2}{4\pi^2c^2\left(1-\dfrac{\lambda_0^2}{\lambda^2}\right)}}.$$

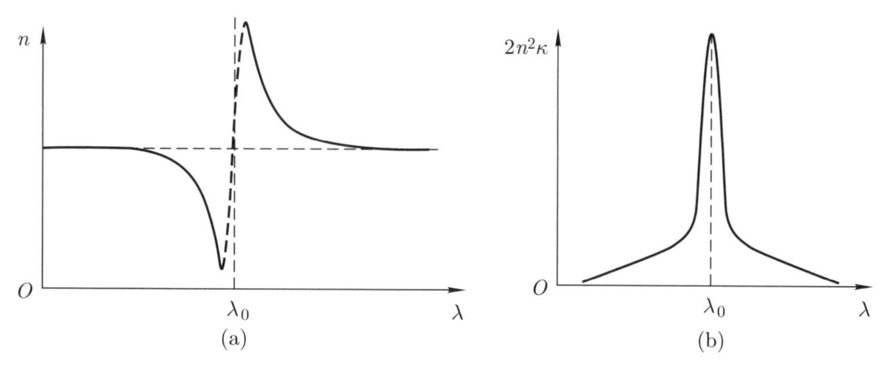

图 9.6 单一本征频率介质的 (a) 色散曲线和 (b) 吸收曲线

因为 $\lambda_0/\lambda \ll 1$, 所以可对上式进行泰勒展开, 并保留到一阶小量, 于是

$$n = \sqrt{1 + \omega_{\mathrm{p}}^2 \cdot \frac{\lambda_0^2}{4\pi^2 c^2}} + \frac{\omega_{\mathrm{p}}^2 \lambda_0^4}{8\pi^2 c^2 \sqrt{1 + \omega_{\mathrm{p}}^2 \cdot \dfrac{\lambda_0^2}{4\pi^2 c^2}}} \cdot \frac{1}{\lambda^2},$$

令

$$A = \sqrt{1 + \omega_{\mathrm{p}}^2 \cdot \frac{\lambda_0^2}{4\pi^2 c^2}}, \quad B = \frac{\omega_{\mathrm{p}}^2 \lambda_0^4}{8\pi^2 c^2 \sqrt{1 + \omega_{\mathrm{p}}^2 \cdot \dfrac{\lambda_0^2}{4\pi^2 c^2}}},$$

可得柯西公式:

$$n = A + \frac{B}{\lambda^2}.$$

(2) 若 $\lambda \ll \lambda_0$, 则 $\lambda/\lambda_0 \ll 1$, 于是

$$n^2 = 1 + \omega_{\mathrm{p}}^2 \cdot \frac{\lambda^2}{4\pi^2 c^2 \left(\dfrac{\lambda^2}{\lambda_0^2} - 1 \right)} = 1 - \omega_{\mathrm{p}}^2 \cdot \frac{\lambda^2}{4\pi^2 c^2} - \frac{\lambda^4}{4\pi^2 c^2 \lambda_0^2} + \cdots.$$

色散曲线已经偏离柯西公式, 和塞米尔公式还可以比较好地吻合.

2. 多个本征频率介质

分子 (或原子) 的外层电子的跃迁对应着可见光、紫外线的吸收, 内层电子的跃迁对应着远紫外、X 射线的吸收, 分子的振动能级和转动能级的跃迁对应着红外线的吸收, 所以介质一般具有多个本征频率 ω_j, 相应地, 具有多个共振波长 λ_j、阻尼常数 γ_j 和振子个数 f_j, 其中, $j = 1, 2, 3, \cdots$, 且 $\sum\limits_j f_j = Z$, 这里, Z 为每个分子 (或原子) 所提供的对极化强度有贡献的电子总数. 我们假设每个振子的运动都是独立的, 可仿照

单一本征频率的推导, 得

$$\begin{aligned}\widetilde{n}^2=\widetilde{\varepsilon}&=1+\omega_{\mathrm{p}}^2\sum_j\frac{f_j}{Z}\frac{1}{(\omega_j^2-\omega^2)-\mathrm{i}\gamma_j\omega}\\&=1+\frac{\omega_{\mathrm{p}}^2}{Z}\sum_j\frac{f_j(\omega_j^2-\omega^2)}{(\omega_j^2-\omega^2)^2+\gamma_j^2\omega^2}+\mathrm{i}\left[\frac{\omega_{\mathrm{p}}^2}{Z}\sum_j\frac{f_j\gamma_j\omega}{(\omega_j^2-\omega^2)^2+\gamma_j^2\omega^2}\right].\end{aligned}$$

在弱阻尼、低损耗, 即 $\kappa\ll1$ 的条件下, 近似有

$$\begin{cases}n^2=1+\dfrac{\omega_{\mathrm{p}}^2}{Z}\cdot\displaystyle\sum_j\frac{f_j\lambda_j^2\lambda^2(\lambda^2-\lambda_j^2)}{4\pi^2c^2(\lambda^2-\lambda_j^2)^2+\gamma_j^2\lambda_j^4\lambda^2},\\2n^2\kappa=\dfrac{\omega_{\mathrm{p}}^2}{2\pi Zc}\cdot\displaystyle\sum_j\frac{f_j\gamma_j\lambda_j^4\lambda^3}{4\pi^2c^2(\lambda^2-\lambda_j^2)^2+\gamma_j^2\lambda_j^4\lambda^2}.\end{cases}$$

当光波长远离共振波长 λ_j 时, 介质透明, 阻尼项 $\gamma_j^2\lambda_j^4\lambda^2$ 可以忽略, 于是

$$n^2=1+\sum_j\frac{\omega_{\mathrm{p}}^2f_j\lambda_j^2}{4\pi^2c^2Z}\cdot\frac{\lambda^2}{\lambda^2-\lambda_j^2}=1+\sum_j\frac{a_j\lambda^2}{\lambda^2-\lambda_j^2},$$

其中, $a_j=\dfrac{\omega_{\mathrm{p}}^2f_j\lambda_j^2}{4\pi^2c^2Z}$.

下面讨论两种经典情况:

(1) 若光波长位于两个共振波长之间, 且 $\lambda_j\ll\lambda\ll\lambda_{j+1}$, 则

$$\begin{aligned}n&=\sqrt{1+\sum_j\frac{a_j\lambda^2}{\lambda^2-\lambda_j^2}}\approx\sqrt{1+a_1+a_2+\cdots+a_{j-1}+\cfrac{a_j}{1-\cfrac{\lambda_j^2}{\lambda^2}}}\\&\approx\sqrt{1+a_1+a_2+\cdots+a_{j-1}+a_j}+\frac{a_j\lambda_j^2}{2\sqrt{1+a_1+a_2+\cdots+a_{j-1}+a_j}}\frac{1}{\lambda^2},\end{aligned}$$

令

$$A=\sqrt{1+a_1+a_2+\cdots+a_{j-1}+a_j},\quad B=\frac{a_j\lambda_j^2}{2A},$$

近似可得柯西公式:

$$n=A+\frac{B}{\lambda^2}.$$

由此可知, 柯西公式的常量项 A 的值随 j 增大而增大, 所以多个本征频率介质的色散曲线如图 9.7 所示.

(2) 若光波长极短, 满足 $\lambda\ll\lambda_1$, 则

$$n\approx\sqrt{1-\cfrac{a_1\cfrac{\lambda^2}{\lambda_1^2}}{1-\cfrac{\lambda^2}{\lambda_1^2}}}\approx1-\frac{a_1}{2}\frac{\lambda^2}{\lambda_1^2}<1.$$

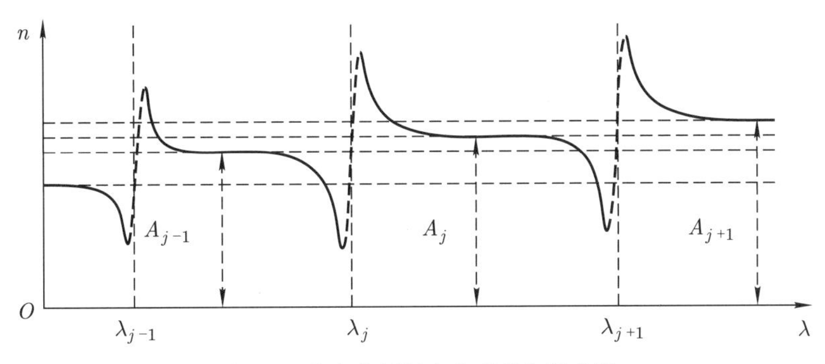

图 9.7 多个本征频率介质的色散曲线

当 $\lambda \to 0$ 时, $n \to 1$.

由此可知, 当光波长极短时, 折射率可以小于 1, 它的物理含义是什么? 我们将在 9.4 节给出折射率的微观解释, 以回答此问题.

3. 介质极化率的修正

上面我们求解了介质的极化率, 求解思路为: 首先求出分子 (或原子) 在光的电场作用下被极化而产生的电偶极矩, 再做系统平均获得介质的极化强度, 最后通过介质的极化强度与光的电场之间的关系获得介质的极化率. 上面的求解过程中忽略了分子和分子、原子和原子之间的相互作用, 在气体介质中, 分子 (或原子) 的间距比较大, 采用此近似方法得到的极化率和实际测量值比较吻合, 但是在液体和固体介质中, 这种相互作用不能忽略. 如图 9.8 所示, 分子 (或原子) 的极化电场对周围的分子 (或原子) 的极化有贡献, 同时, 周围分子 (或原子) 的极化电场对它也有贡献.

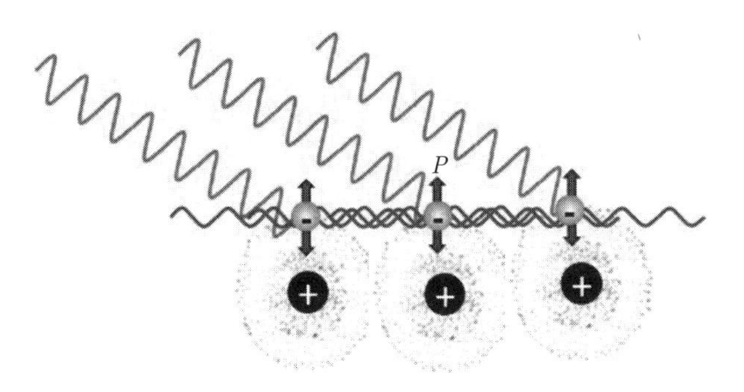

图 9.8 分子 (或原子) 极化之间的相互作用示意图

分子 (或原子) 感受到的总电场 $\boldsymbol{E}$ 为入射光的电场 $\boldsymbol{E}_0$ 加上周围分子 (或原子) 被极化产生的退极化电场 $\boldsymbol{E}'$, 即 $\boldsymbol{E} = \boldsymbol{E}_0 + \boldsymbol{E}'$. 介质的极化强度的表达式有以下两种形式:

(1) 线性极化率是未修正的, 而场为总电场 $\boldsymbol{E}$, 则 $\boldsymbol{P} = \varepsilon_0 \chi \boldsymbol{E}$, 其中, $\chi = NZ\alpha$.

(2) 使用修正的极化率, 场为入射光的电场 $\boldsymbol{E}_0$, 则 $\boldsymbol{P} = \varepsilon_0 \chi_l \boldsymbol{E}_0$, 其中, χ_l 为考虑

相互作用后修正过的极化率.

两种形式的极化强度的值必须相等, 即

$$\varepsilon_0\chi_l\boldsymbol{E}_0=\varepsilon_0\chi\boldsymbol{E}=\varepsilon_0NZ\alpha\boldsymbol{E}.$$

设介质各向同性, 光波长远远大于分子 (或原子) 的尺度, 并且只考虑与它相邻的分子 (或原子) 的极化电场的贡献, 则 $\boldsymbol{E}'$ 可近似为介质球在均匀外电场中的退极化电场, 即

$$\boldsymbol{E}'=-\frac{\boldsymbol{P}}{3\varepsilon_0}=-\frac{\varepsilon_0NZ\alpha\boldsymbol{E}}{3\varepsilon_0},$$

于是

$$\boldsymbol{E}=\boldsymbol{E}_0-\frac{\varepsilon_0NZ\alpha\boldsymbol{E}}{3\varepsilon_0},$$

则总电场为

$$\boldsymbol{E}=\frac{3}{3+NZ\alpha}\boldsymbol{E}_0.$$

将上式代入 $\varepsilon_0\chi_l\boldsymbol{E}_0=\varepsilon_0\chi\boldsymbol{E}=\varepsilon_0NZ\alpha\boldsymbol{E}$, 可以得到修正过的极化率 χ_l:

$$\chi_l=\frac{3}{3+NZ\alpha}NZ\alpha=\frac{3}{3+\chi}\chi.$$

9.3 波包的群速度和波包的展宽

钠黄光的光谱为双线结构, 波长分别为 589.0 nm, 589.6 nm. 在历史上, 迈克耳孙于 1885 年利用钠黄光测定了液体 CS_2 的相对于空气的折射率. 迈克耳孙用两种方法测量了 CS_2 介质的折射率: 一种方法是测量光从空气入射到 CS_2 介质的入射角和折射角, 根据折射定律得到的 CS_2 介质的折射率为 1.64; 另一种方法是测量光在空气和 CS_2 介质中的传播速度, 使用速度的比值得到的 CS_2 介质的折射率为 1.76. 两者的差别远大于当时的测量误差. 为了解决这一矛盾, 瑞利提出了群速度的概念. 具有一定相位关系的不同频率的光叠加在一起, 形成波包, 波包的传播速度就是群速度.

9.3.1 群速度

我们以具有双线结构的准单色光为例, 引入群速度的概念. 设准单色光含有两个波长 λ_1 和 λ_2, 相应地, 含有两个角频率 ω_1 和 ω_2、两个波矢 k_1 和 k_2, 且 $\Delta\lambda=\lambda_2-\lambda_1\ll\lambda_1,\lambda_2$, $\Delta\omega=\omega_2-\omega_1\ll\omega_1,\omega_2$, $\Delta k=k_2-k_1\ll k_1,k_2$. 设两平面光沿 x 轴传播, 波函数分别为 $U_1(x,t)=A\cos(\omega_1t-k_1x)$, $U_2(x,t)=A\cos(\omega_2t-k_2x)$, 则总波函

数为

$$\begin{aligned}U(x,t)&=U_1(x,t)+U_2(x,t)=A\cos(\omega_1 t-k_1x)+A\cos(\omega_2 t-k_2x)\\&=2A\cos\left(\frac{\omega_2-\omega_1}{2}t-\frac{k_2-k_1}{2}x\right)\cdot\cos\left(\frac{\omega_2+\omega_1}{2}t-\frac{k_2+k_1}{2}x\right)\\&=2A\cos\left(\frac{\Delta\omega}{2}t-\frac{\Delta k}{2}x\right)\cdot\cos(\overline{\omega}t-\overline{k}x).\end{aligned}$$

于是形成拍, 如图 9.9 所示.

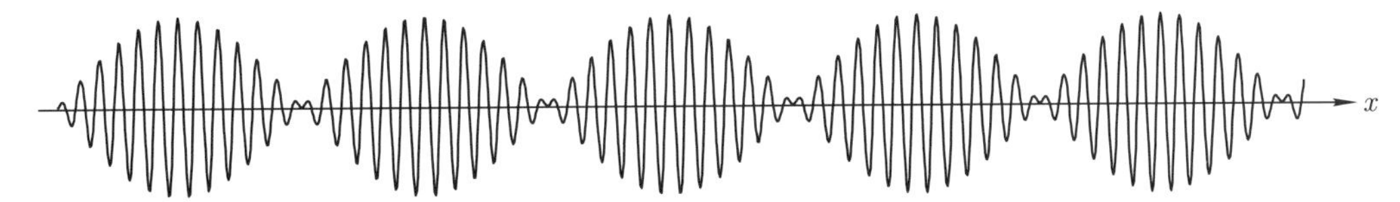

图 9.9 具有双线结构的准单色光形成的拍

因为 $\Delta\omega\ll\overline{\omega}$, $\Delta k\ll\overline{k}$, 所以 $\cos\left(\frac{\Delta\omega}{2}t-\frac{\Delta k}{2}x\right)$ 为低频包络因子, 形成拍. 光在空间传播时, 能量集中在拍, 拍的传播速度由低频包络因子确定, 即

$$v_{\rm g}=\frac{\Delta\omega}{\Delta k},$$

此速度表示非单色光的波包 (或能量) 的传播速度, 称为群速度.

设波长为 λ_1,λ_2 的光在介质中的折射率为 n_1,n_2, 相速度为 $v_1=c/n_1,v_2=c/n_2$, $\omega_1=k_1v_1,\omega_2=k_2v_2$, 所以群速度为

$$v_{\rm g}=\frac{k_2v_2-k_1v_1}{k_2-k_1}=v_1+\frac{k_2}{k_2-k_1}(v_2-v_1)=v_2+\frac{k_1}{k_2-k_1}(v_2-v_1),$$

于是

$$v_{\rm g}=\frac{v_2+v_1}{2}+\frac{k_2+k_1}{2}\cdot\frac{v_2-v_1}{k_2-k_1}=\overline{v}+\overline{k}\frac{\Delta v}{\Delta k},$$

其中, $\overline{v}=\dfrac{v_2+v_1}{2}$ 为平均相速度, $\overline{k}=\dfrac{k_2+k_1}{2}$ 为平均波矢, $\dfrac{\Delta v}{\Delta k}=\dfrac{c\lambda_1\lambda_2}{2\pi n_1n_2}\cdot\dfrac{n_2-n_1}{\lambda_2-\lambda_1}\approx\dfrac{c\overline{\lambda}^2}{2\pi\overline{n}^2}\cdot\dfrac{\Delta n}{\Delta\lambda}$ 为色散项.

如果是正常色散, 则 $\Delta n/\Delta\lambda<0$, 于是 $v_{\rm g}<\overline{v}$;

如果是反常色散, 则 $\Delta n/\Delta\lambda>0$, 于是 $v_{\rm g}>\overline{v}$;

如果无色散, 则 $\Delta n/\Delta\lambda=0$, 于是 $v_{\rm g}=\overline{v}=v_1=v_2$.

对迈克耳孙实验的说明: 钠黄光的波长为 $\lambda_1=589.0\ \rm nm$, $\lambda_2=589.6\ \rm nm$. 使用折射定律可以得到 n_1,n_2 的平均值 $\overline{n}$ 为 $\overline{n}=c/\overline{v}=1/1.64$. 测量速度时, 探测器感受到的是拍带来的能量流, 即测量的速度为群速度, 所以 $v_{\rm g}/c=1/1.76$, 即

$$\frac{v_{\rm g}}{c}=\frac{\overline{v}}{c}+\frac{\Delta v}{c}\frac{\overline{k}}{\Delta k}=\frac{1}{1.76},$$

由此可得

$$\Delta v = c\left(\frac{v_{\rm g}}{c}-\frac{\overline{v}}{c}\right)\frac{\Delta k}{\overline{k}} = 3.0\times10^8\times\left(\frac{1}{1.76}-\frac{1}{1.64}\right)\times\frac{589.0-589.6}{589.3}\ {\rm m/s}$$
$$\approx 1.27\times10^4\ {\rm m/s}.$$

于是有:

$\lambda_1 = 589.0$ nm 光的相速度为 $v_1 = \overline{v}-\Delta v/2 \approx (1.83-0.64\times10^{-4})\times10^8$ m/s;

$\lambda_2 = 589.6$ nm 光的相速度为 $v_2 = \overline{v}+\Delta v/2 \approx (1.83+0.64\times10^{-4})\times10^8$ m/s;

群速度为

$$v_{\rm g} = \frac{c}{1.76} \approx 1.70\times10^8\ {\rm m/s}.$$

9.3.2　连续光谱的波包的展宽和群速度

接下来我们讨论高斯型准单色光谱, 如图 9.10 所示. 振幅随频率的变化为高斯型: $A(\omega) = A_0{\rm e}^{-\beta(\omega-\omega_0)^2}$, 其中, ω_0 为中心角频率, A_0 为 ω_0 处的振幅, β 是和光谱宽度有关的常量. 定义振幅下降到 A_0 的 1/e 时的波矢 ω 的范围为光谱宽度: $\Delta\omega = 2/\sqrt{\beta}$, 对于准单色光, $\Delta\omega \ll \omega_0$.

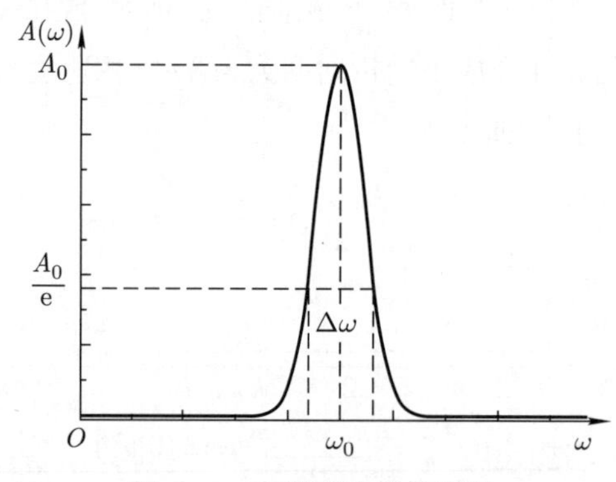

图 9.10　高斯型准单色光谱

此准单色平面光在均匀各向同性介质中沿 x 轴传播的波函数为

$$\widetilde{U}(x,t) = \int_0^{+\infty} A(\omega){\rm e}^{-{\rm i}(\omega t-kx)}{\rm d}\omega. \tag{9.6}$$

k 和 ω 之间的关系为 $k = n(\omega)\omega/c$, 其中, $n(\omega)$ 为介质的折射率, 因为介质有色散, 所以折射率为频率的函数. 将波矢 k 在 ω_0 处进行泰勒展开, 并保留到二阶小量:

$$k \approx n(\omega_0)\frac{\omega_0}{c} + \left(\frac{{\rm d}k}{{\rm d}\omega}\right)_{\omega_0}(\omega-\omega_0) + \frac{1}{2}\left(\frac{{\rm d}^2k}{{\rm d}\omega^2}\right)_{\omega_0}(\omega-\omega_0)^2$$
$$= k_0 + \dot{K}\varOmega + \ddot{K}\varOmega^2,$$

其中,

$$\begin{cases} k_0 = n(\omega_0)\dfrac{\omega_0}{c}, \\ \varOmega = \omega - \omega_0, \\ \dot{K} = \left(\dfrac{\mathrm{d}k}{\mathrm{d}\omega}\right)_{\omega_0} = \dfrac{1}{c}\left[\omega_0\left(\dfrac{\mathrm{d}n}{\mathrm{d}\omega}\right)_{\omega_0} + n(\omega_0)\right], \\ \ddot{K} = \dfrac{1}{2}\left(\dfrac{\mathrm{d}^2k}{\mathrm{d}\omega^2}\right)_{\omega_0} = \dfrac{1}{2c}\left[\omega_0\left(\dfrac{\mathrm{d}^2n}{\mathrm{d}\omega^2}\right)_{\omega_0} + 2\left(\dfrac{\mathrm{d}n}{\mathrm{d}\omega}\right)_{\omega_0}\right]. \end{cases}$$

将之代入 (9.6) 式, 近似可得

$$\begin{aligned} \widetilde{U}(x,t) &= \int_{-\omega_0}^{+\infty} A_0\mathrm{e}^{-\beta\varOmega^2}\cdot\mathrm{e}^{-\mathrm{i}[(\omega_0+\varOmega)t-(k_0+\dot{K}\varOmega+\ddot{K}\varOmega^2)x]}\mathrm{d}\varOmega \\ &= A_0\mathrm{e}^{-\mathrm{i}(\omega_0 t-k_0x)}\cdot\mathrm{e}^{-\frac{(\dot{K}x-t)^2}{4(\beta-\mathrm{i}\ddot{K}x)}}\int_{-\omega_0}^{+\infty}\mathrm{e}^{-(\beta-\mathrm{i}\ddot{K}x)\left[\varOmega-\mathrm{i}\frac{\dot{K}x-t}{2(\beta-\mathrm{i}\ddot{K}x)}\right]^2}\mathrm{d}\varOmega \\ &\approx A_0\mathrm{e}^{-\mathrm{i}(\omega_0 t-k_0x)}\cdot\mathrm{e}^{-\frac{(\dot{K}x-t)^2}{4(\beta-\mathrm{i}\ddot{K}x)}}\int_{-\infty}^{+\infty}\mathrm{e}^{-(\beta-\mathrm{i}\ddot{K}x)\left[\varOmega-\mathrm{i}\frac{\dot{K}x-t}{2(\beta-\mathrm{i}\ddot{K}x)}\right]^2}\mathrm{d}\varOmega \\ &= A_0\sqrt{\frac{\pi}{\beta-\mathrm{i}\ddot{K}x}}\mathrm{e}^{-\frac{(\dot{K}x-t)^2}{4(\beta-\mathrm{i}\ddot{K}x)}}\cdot\mathrm{e}^{-\mathrm{i}(\omega_0 t-k_0x)} \\ &= A_0\sqrt{\frac{\pi}{\sqrt{\beta^2+\ddot{K}^2x^2}}}\cdot\mathrm{e}^{-\frac{\beta(\dot{K}x-t)^2}{4(\beta^2+\ddot{K}^2x^2)}}\cdot\mathrm{e}^{\mathrm{i}\left[\frac{1}{2}\arctan\frac{\ddot{K}x}{\beta}-\frac{(\dot{K}x-t)^2\ddot{K}x}{4(\beta^2+\ddot{K}^2x^2)}\right]}\cdot\mathrm{e}^{-\mathrm{i}(\omega_0 t-k_0x)}. \end{aligned}$$

注意: 对于准单色光, $\Delta\omega \ll \omega_0$, 当 ω 减小到 0 时, $A \approx 0$, 为了方便求上式中的积分, 可以采用近似, 把上式中的积分限从 $(-\omega_0, +\infty)$ 扩展到 $(-\infty, +\infty)$.

$\widetilde{U}(x,t)$ 在空间形成波包, 如图 9.11 所示.

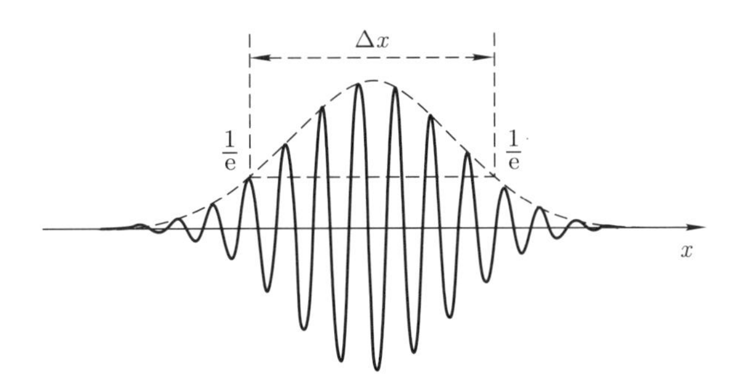

图 9.11 高斯型准单色光形成的波包

根据 $\widetilde{U}(x,t)$ 的表达式, 可以确定该高斯型准单色光形成的波包的波包函数为

$$P(x,t) = A_0\sqrt{\frac{\pi}{\sqrt{\beta^2+\ddot{K}^2x^2}}}\cdot\mathrm{e}^{-\frac{\beta(\dot{K}x-t)^2}{4(\beta^2+\ddot{K}^2x^2)}}, \tag{9.7}$$

该函数确定了波包的中心位置和高度、宽度. 下面分两种情况分析波包的形状随传播距离或时间的变化.

(1) 若介质无色散, 即 $\mathrm{d}n/\mathrm{d}\omega=0$, 则 $\dot{K}=n(\omega_0)/c$, $\ddot{K}=0$, 于是

$$P(x,t)=A_0\sqrt{\frac{\pi}{\beta}}\cdot\mathrm{e}^{-\frac{(\dot{K}x-t)^2}{4\beta}},$$

波包中心位置满足

$$\dot{K}x_0-t=0,$$

即

$$x_0=\frac{1}{\dot{K}}t=\left(\frac{\mathrm{d}\omega}{\mathrm{d}k}\right)_{\omega_0}t,$$

所以波包的传播速度 (群速度) 为

$$v_{\mathrm{g}}=\left(\frac{\mathrm{d}\omega}{\mathrm{d}k}\right)_{\omega_0}=\frac{c}{n(\omega_0)}.$$

即在无色散介质中, 波包的群速度等于光的相速度.

当偏离波包中心位置时, 场强衰减, 如图 9.11 所示. 定义场强衰减到最大值的 1/e 时的 x 的范围 Δx 为波包宽度, 于是

$$\Delta x=\frac{4}{\dot{K}}\sqrt{\beta},$$

波包在时间上的宽度为

$$\Delta t=\frac{\Delta x}{v}=4\sqrt{\beta},$$

其中, $v=c/n(\omega_0)$. 即波包宽度不随传播距离或时间变化, 并且波包高度也不变化.

(2) 若介质有色散, 即 $\mathrm{d}n/\mathrm{d}\omega\neq 0$, 则 $\ddot{K}\neq 0$, 由 (9.7) 式可得波包中心位置满足

$$\dot{K}x_0-t=0,$$

即 $x_0=\dfrac{1}{\dot{K}}t=\left(\dfrac{\mathrm{d}\omega}{\mathrm{d}k}\right)_{\omega_0}t$, 所以波包的传播速度 (群速度) 为

$$v_{\mathrm{g}}=\left(\frac{\mathrm{d}\omega}{\mathrm{d}k}\right)_{\omega_0}=\frac{c}{\omega_0\left(\dfrac{\mathrm{d}n}{\mathrm{d}\omega}\right)_{\omega_0}+n(\omega_0)}.$$

如果是正常色散介质, 则 $\mathrm{d}n/\mathrm{d}\omega>0$, 于是 $v_{\mathrm{g}}<c/n(\omega_0)$, 即群速度小于中心频率光的相速度.

如果是反常色散介质, 则 $\mathrm{d}n/\mathrm{d}\omega<0$, 于是 $v_{\mathrm{g}}>c/n(\omega_0)$, 即群速度大于中心频率光的相速度.

波包宽度为

$$\Delta x = \frac{4}{\dot{K}}\sqrt{\beta + \frac{\ddot{K}^2 x^2}{\beta}},$$

波包在时间上的宽度为

$$\Delta t = 4\sqrt{\beta + \frac{\ddot{K}^2 x^2}{\beta}} = 4\sqrt{\beta + \frac{\ddot{K}^2 t^2}{\beta \dot{K}^2}}.$$

即波包宽度随传播距离或时间的增大而增大, 同时波包高度逐渐变矮.

在 $x = 0$ $(t = 0)$ 时刻 (或在无色散介质中), 波包宽度和光谱宽度之间的关系为

$$\Delta t \cdot \Delta \omega = 8,$$

即

$$\Delta t \cdot \Delta \upsilon \approx 1,$$

其中, $\Delta \upsilon = 2\pi \Delta \omega$ 为准单色光的频谱宽度, 这便是第五章中所讲的时间相干性.

脉冲光在光纤中传播, 由于色散, 波包逐渐展宽, 限制了光纤通信的传输速率和传输距离. 为了补偿光纤通信中的色散, 人们发展了反色散光纤补偿法、啁啾光纤光栅法、预啁啾技术、谱反转法等技术. 1973 年, 长谷川 (Hasegawa) 和塔珀特 (Tappert) 提出光孤子的概念. 在光强比较弱时, 忽略了非线性项 (极化强度的电场高次项), 得到的线性极化强度为 $\boldsymbol{P} = \varepsilon_0 \boldsymbol{\chi} \cdot \boldsymbol{E}$. 在光强比较强时, 非线性项必须考虑, 此时, 极化强度可表示为

$$\boldsymbol{P} = \varepsilon_0 \boldsymbol{\chi}^{(1)} \cdot \boldsymbol{E} + \varepsilon_0 \boldsymbol{\chi}^{(2)} : \boldsymbol{E}\boldsymbol{E} + \varepsilon_0 \boldsymbol{\chi}^{(3)} : \boldsymbol{E}\boldsymbol{E}\boldsymbol{E} + \cdots.$$

非线性光学相位调制可以压缩脉宽, 以平衡色散展宽效应, 使得光脉冲传播时波包不变形, 形成光孤子. 1973 年, 光孤子的概念提出后, 同年, 布洛 (Bullough) 第一次在数学上描述了光孤子, 并提议将其应用于光学通信. 1987 年, 比利时布鲁塞尔自由大学和法国利摩日大学的昂普利特 (Emplit)、阿迈德 (Hamaide)、雷诺 (Reynaud)、弗勒利 (Froehly) 和巴泰勒米 (Barthelemy) 等人第一次在实验上实现了光孤子在光纤中的传输. 1988 年, 莫勒瑙尔 (Mollenauer) 和他的研究组实现了 4000 km 的光孤子传输. 1991 年, 贝尔实验室实现了 14000 km 的光孤子传输. 光孤子通信在超长距离、高速、大容量的全光通信中有着光明的发展前景.

9.4 散　　射

很多绚丽的自然景色来自光的散射, 例如, 朝阳彩霞、蓝天白云、血月等. 图 9.12 展示了大气层对阳光的散射.

图 9.12 大气层对阳光的散射

原子、分子、颗粒中的电子吸收入射的电磁波, 并瞬间辐射电磁波, 此过程为电磁波散射. 散射光的频率相对于入射光可以保持不变, 例如, 瑞利散射和米氏散射; 也可以发生变化, 例如, 拉曼散射和布里渊散射.

9.4.1 瑞利散射

入射光在颗粒中产生时间周期变化的极化强度, 于是颗粒向四周辐射同频率的电磁波. 当颗粒的几何尺度远远小于入射光的波长时, 散射可近似为电偶极辐射, 称为瑞利散射.

如图 9.13 所示, 设入射光为线偏振定态波, 角频率为 ω, 沿 z 轴传播, 电场振动方向沿 x 轴. 在入射光的激发下, 小颗粒 (例如, 分子、原子) 的电偶极矩为

$$\boldsymbol{p}(t)=\boldsymbol{p}_0\mathrm{e}^{-\mathrm{i}(\omega t-\Delta\phi_0)},$$

其中, $\Delta\phi_0$ 表示电偶极子的受迫振动相对于入射光的相位落后.

以散射颗粒为原点, 以 $\boldsymbol{p}$ 方向为极轴建立球坐标系. 在辐射区, 散射光的电场 $\boldsymbol{E}$ 沿经线方向振动, 磁场 $\boldsymbol{B}$ 沿纬线方向振动 (见图 9.13), 则场强为

$$\begin{cases}\boldsymbol{B}=\dfrac{1}{4\pi\varepsilon_0c^3r}\mathrm{e}^{\mathrm{i}kr}\ddot{\boldsymbol{p}}\times\boldsymbol{e}_r=\dfrac{\ddot{p}}{4\pi\varepsilon_0c^3r}\mathrm{e}^{\mathrm{i}kr}\sin\theta\boldsymbol{e}_\phi,\\[2ex]\boldsymbol{E}=\dfrac{1}{4\pi\varepsilon_0c^2r}\mathrm{e}^{\mathrm{i}kr}(\ddot{\boldsymbol{p}}\times\boldsymbol{e}_r)\times\boldsymbol{e}_r=\dfrac{\ddot{p}}{4\pi\varepsilon_0c^2r}\mathrm{e}^{\mathrm{i}kr}\sin\theta\boldsymbol{e}_\theta.\end{cases}$$

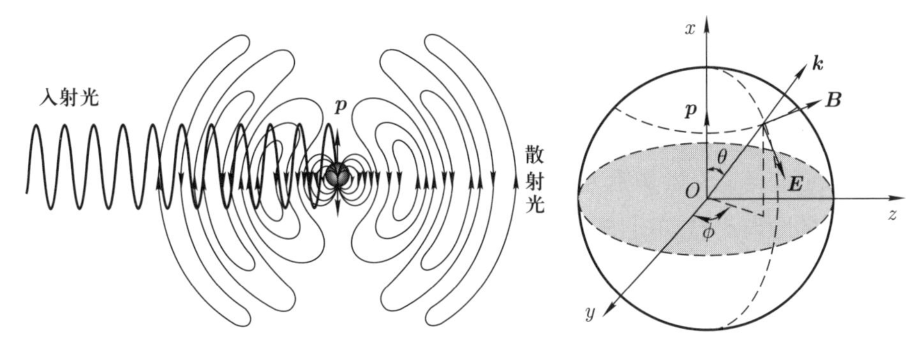

图 9.13 瑞利散射 (电偶极辐射的电力线和电场、磁场振动方向)

散射光的能流密度 —— 坡印亭矢量 $\boldsymbol{S}=\boldsymbol{E}\times\boldsymbol{H}$, 则平均能流密度为

$$\begin{aligned}\overline{\boldsymbol{S}}&=\frac{1}{T}\int_0^T\boldsymbol{E}\times\boldsymbol{H}\mathrm{d}t=\frac{1}{T}\int_0^T\frac{|\ddot{p}|^2\boldsymbol{e}_r}{16\pi^2\varepsilon_0^2\mu_0c^5r^2}\sin^2\theta\cos^2(\omega t-kr)\mathrm{d}t\\&=\frac{|\ddot{p}|^2\boldsymbol{e}_r}{32\pi^2\varepsilon_0c^3r^2}\sin^2\theta.\end{aligned}$$

于是得到散射的能流角度分布, 如图 9.14 所示, $\theta\in[0,\pi]$. 如果 $\theta=\pi/2$, 即在垂直于电偶极矩的平面上, 则 $\overline{\boldsymbol{S}}$ 最大; 如果 $\theta=0$ 或 π, 即沿电偶极矩方向, 则 $\overline{\boldsymbol{S}}=\boldsymbol{0}$.

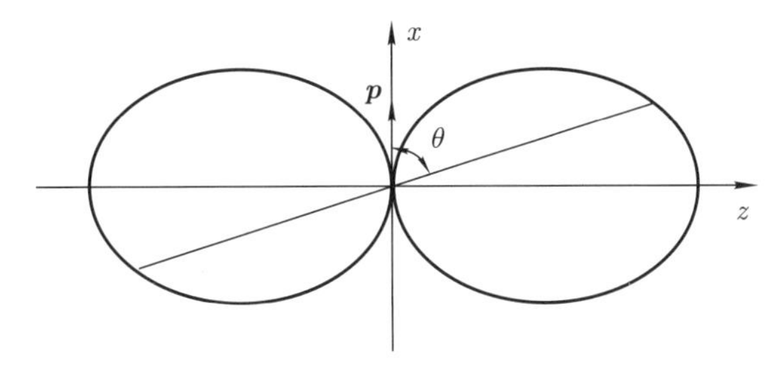

图 9.14 散射的能流角度分布

总散射场功率为

$$\begin{aligned}P&=\oiint\overline{\boldsymbol{S}}\cdot\mathrm{d}\boldsymbol{s}=\oiint\frac{|\ddot{p}|^2}{32\pi^2\varepsilon_0c^3r^2}\sin^2\theta\cdot r^2\mathrm{d}\Omega=\int_0^{\pi}\int_0^{2\pi}\frac{|\ddot{p}|^2}{32\pi^2\varepsilon_0c^3}\sin^3\theta\mathrm{d}\theta\mathrm{d}\phi\\&=\frac{1}{4\pi\varepsilon_0}\frac{|\ddot{p}|^2}{3c^3},\end{aligned}$$

其中, Ω 为以电偶极子为原点的立体角. 电偶极子在做简谐振动, 所以 $\ddot{p}=-\omega^2p_0\cdot\mathrm{e}^{-\mathrm{i}(\omega t-\Delta\phi_0)}$, 则 $|\ddot{p}|=\omega^2p_0$, 将之代入上式可得

$$P\propto\omega^4\propto\frac{1}{\lambda^4},$$

即瑞利散射光的光强与入射光波长的四次方成反比. 根据瑞利散射的这一特征, 我们可以解释蔚蓝的天空和瑰丽的朝阳的成因. 当阳光入射到地球大气层时, 遇到大气分

子而被散射, 分子的尺度远远小于可见光的波长, 故主要为瑞利散射, 散射光的光强与入射光波长的四次方成反比. 在阳光中, 青、蓝、紫等光的波长较短, 被散射较强, 而波长较长的橙、红等光被散射较弱, 因此在高空的散射光便以青、蓝、紫等光为主, 我们看到的天空便是高空的散射光, 所以天空呈蔚蓝色. 早晨阳光横穿大气层, 在稀薄大气层中传播的距离更长, 并且短波长光相对于长波长光的散射更强, 所以透射光以橙、红等光为主, 我们看到的朝阳便是透射光, 所以朝阳呈红色.

若入射光为沿 z 轴传播的自然光, 则可以将其分解成电场振动方向沿 x 轴和 y 轴的无固定相位关系的两线偏振光. 根据上面的分析, 分别求出两线偏振光的散射场和能流角度分布, 总散射场是两者的非相干叠加, 如图 9.15 所示.

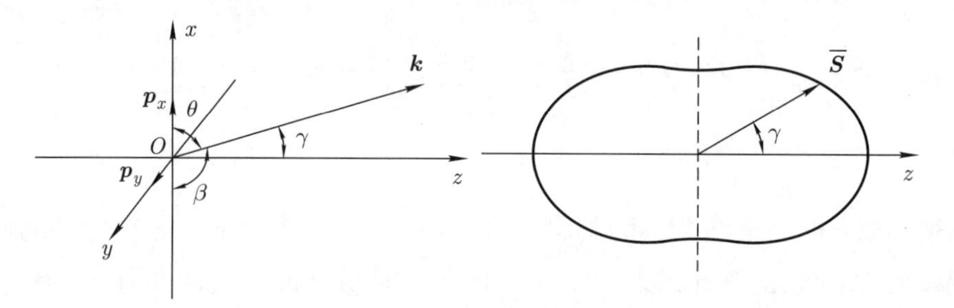

图 9.15 自然光瑞利散射的能流角度分布

自然光瑞利散射的平均能流密度为

$$\overline{\boldsymbol{S}} = \overline{\boldsymbol{S}}_x + \overline{\boldsymbol{S}}_y = \frac{1}{32\pi^2\varepsilon_0 c^3 r^2}(|\ddot{p}_x|^2\sin^2\theta + |\ddot{p}_y|^2\sin^2\beta)\boldsymbol{e}_r.$$

因为入射光为自然光, 所以 $|\ddot{p}_x| = |\ddot{p}_y| = \omega^2 p_0$, $\omega = 2\pi c/\lambda$, 同时 $\cos^2\theta+\cos^2\beta+\cos^2\gamma = 1$, 故上式变为

$$\overline{\boldsymbol{S}} = \frac{\pi^2 p_0^2 c}{2\varepsilon_0 r^2}\frac{1}{\lambda^4}(1+\cos^2\gamma)\boldsymbol{e}_r.$$

下面介绍自然光的散射光的偏振态, E_x 的散射光的电场沿以 x 轴为极轴的经线方向振动, E_y 的散射光的电场沿以 y 轴为极轴的经线方向振动. 根据上面的分析, 可以绘出不同方向散射光的偏振态, 见图 9.16.

如图 9.16, 自然光沿 z 轴入射, 在 z 轴方向的散射光仍为自然光; 沿 x 轴和 y 轴的散射光为线偏振光, 电场振动方向分别沿 y 轴和 x 轴; 沿其他方向的散射光为部分偏振光. 阳光经过大气层, 受到大气分子的散射, 变成部分偏振光. 通过测量天空中散射光的偏振态, 就可以确定测量者和太阳的相对位置. 一些昆虫, 例如, 蜜蜂, 可以通过检测阳光的散射光的偏振态进行导航, 蜜蜂的复眼是由 6300 只小眼组成的, 每只小眼里有 8 个做辐射状排列的感光细胞, 蜜蜂靠这些小眼来感受偏振态.

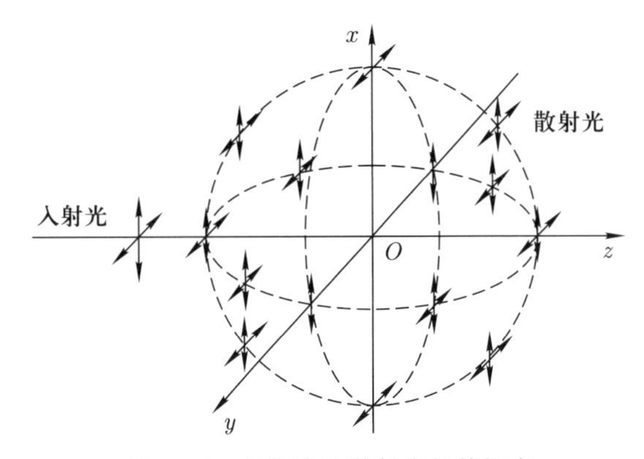

图 9.16 自然光的散射光的偏振态

9.4.2 米氏散射

瑞利散射理论适用于尺度小于 $\lambda/10$ 的极小颗粒. 当颗粒的尺度接近或大于 λ 时, 应采用米氏散射理论分析散射光的性质. 1908 年, 德国物理学家米首先提出米氏散射理论, 该理论因此得名. 洛伦兹和米以导电小球为模型分析了电磁波的散射. 图 9.17 给出散射截面积与光波长、散射颗粒的几何尺度之间的关系.

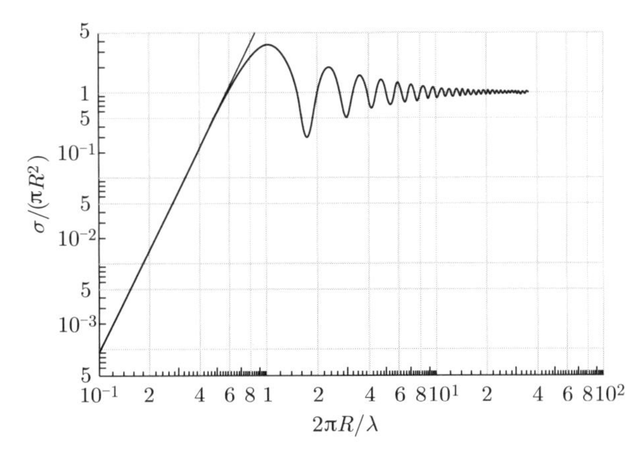

图 9.17 散射截面积与光波长、散射颗粒的几何尺度之间的关系, 其中, R 为散射颗粒的半径, λ 为入射光的波长, σ 为散射截面积

由图 9.17 可知, 当 $2\pi R < \lambda$ 时, 遵循瑞利散射理论; 当 $R \gg \lambda$ 时, 遵循米氏散射理论, 且 $\sigma/(\pi R^2) \approx 1$, 即散射光的光强和波长近似无关. 根据这一特性, 可以解释白云的形成. 云中水滴的尺度一般大于可见光波长, 所以以米氏散射为主, 米氏散射和光波长没有明显的关系, 因此阳光被散射后基本上仍为白光.

9.4.3 折射率的微观解释

当入射光波长不在介质的分子 (或原子) 的共振吸收光谱范围内时, 介质对入射光透明. 但是电子在入射光的驱动下在基态振动, 且无延迟地辐射同频的电磁波, 这种散射就是瑞利散射, 上面已经论证过散射光的光强正比于 $1/\lambda^4$.

问题 9.1　光在稀薄气体中传播时, 容易观察到侧向散射光, 例如, 蓝天; 但是光在均匀的稠密介质中传播时, 很少观察到侧向或背向散射光, 例如, 我们观看远方的雪山时, 尽管它距离我们几十千米, 但并没有因为瑞利散射而让我们看到橙红色的雪山. 这是为什么?

答案　如果入射光为平面光, 如图 9.18 中的 A 和 B 两个分子侧向相距 $\lambda/2$, 则两个分子侧向辐射的电磁波在侧边同一点的相位差为 π, 于是完全干涉相消. 如果两个分子 A 和 C 前后相距 $\lambda/4$, 则两个分子辐射的电磁波在背向同一点的相位差为 π, 于是完全干涉相消. 对于地球表面的空气, 温度约为 300 K, 压强约为 1×10^5 Pa, 利用理想气体状态方程可以估算出大气的分子浓度约为 $10^6/\lambda^3$ (可见光的波长约为 500 nm), 液体和固体介质中的分子浓度更高, 所以在稠密介质中总可以找到相距 $\lambda/4$, $\lambda/2$ 的分子. 干涉引起能量的重新分布, 可将能量从干涉相消的区域转移到干涉相长的区域, 于是在稠密介质中, 光向前传播, 很少观察到侧向和背向散射, 即在均匀介质中, 光沿直线传播. 界面处光的反射和折射方向必须满足散射光的干涉相长, 由此可以推导出光的反射定律和折射定律.

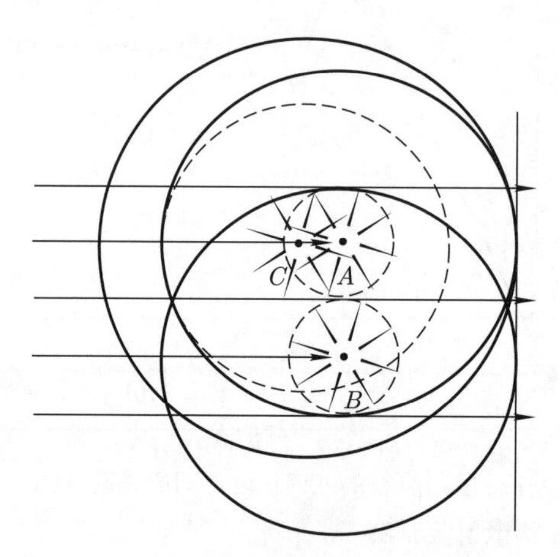

图 9.18　光在介质中的传播和散射

对于稀薄气体, 例如, 高空大气层, 气体稀薄, 分子数密度涨落明显, 在光的相干空间内的分子数不足以抑制侧向和背向瑞利散射, 于是我们看到的天空是蓝色的.

在稠密介质中, 光向前传播, 散射光组成次级波, 而没有被散射的光为初级波. 次级波和初级波都以光速 c 在分子 (或原子) 之间传播, 分子 (或原子) 在吸收一个光子的同时无延迟地辐射一个同频光子.

问题 9.2　为什么光在介质中传播的速度不等于光速 c?

答案 因为次级波和初级波的相位不同. 次级波和初级波的相位不同有两个成因:

(1) 分子 (或原子) 中的电子在入射电磁波的驱动下的振动相位落后于电磁波的相位 $\Delta\phi_0$. 相位落后量随电磁波频率的增大而增大, 在频率较高处, 相位落后量可以达到 π.

(2) 各散射次波相干叠加形成的次级波的相位落后于振子 $\pi/2$. 关于这一点, 我们通过例题 9.1 来说明.

例题 9.1 一平面光沿 x 轴正方向传播, 其波函数为 $U_0(x,t) = A\mathrm{e}^{-\mathrm{i}(\omega t - k_0 x)}$, 其中, $k_0 = c/\omega$ 为光在真空中的波矢. 如果光透过一厚度为 Δx、折射率为 n 的无吸收的玻璃, 当 $\Delta x \ll \lambda$ 时, 求透射光的波函数.

解 透射光的波函数为

$$U(x,t) = A\mathrm{e}^{-\mathrm{i}[\omega t - k_0(n-1)\Delta x - k_0 x]}.$$

因为 $\Delta x \ll \lambda$, 所以 $k_0(n-1)\Delta x \ll \pi$, 于是可对上式做泰勒展开, 并保留到一阶小量:

$$\begin{aligned} U(x,t) &= A\mathrm{e}^{-\mathrm{i}(\omega t - k_0 x)} + \mathrm{i}A\mathrm{e}^{-\mathrm{i}(\omega t - k_0 x)} k_0(n-1)\Delta x \\ &= U_0(x,t) + k_0(n-1)\Delta x U_0(x,t)\mathrm{e}^{\mathrm{i}\frac{\pi}{2}}, \end{aligned}$$

其中, $U_0(x,t)$ 为初级波的波函数, $k_0(n-1)\Delta x U_0(x,t)\mathrm{e}^{\mathrm{i}\frac{\pi}{2}}$ 为玻璃中振子对入射光散射产生的次级波. 因为玻璃无吸收, 所以 (9.5) 式中的阻尼项 $\gamma = 0$, $\Delta\phi_0 = 0$, 即玻璃中振子的相位和初级波相同, 次级波相对于振子的相位落后 $\pi/2$.

考虑到这两方面原因, 可知次级波相对于初级波的相位落后 $\phi_0 = \pi/2 + \Delta\phi_0$. 如果 $\phi_0 \in (\pi/2, \pi]$, 则次级波和初级波叠加后的合成波的相位落后于初级波, 于是相速度 $v < c$, 即介质的折射率 $n > 1$. 如果 $\phi_0 \in (\pi, 3\pi/2]$, 相当于次级波的相位超前 $\phi_0' = 2\pi - \phi_0$, 于是合成波的相位超前于初级波, 则相速度 $v > c$, 即介质的折射率 $n < 1$.

折射率 n 和 ϕ_0 之间的关系 设光沿 x 轴传播, 在 (x,t) 处的波函数为

$$U(x,t) = A\mathrm{e}^{-\mathrm{i}[\omega t - \psi(x)]}.$$

经过 $\mathrm{d}t$ 时间, 光传播到 $x + \mathrm{d}x$ 处, 在散射光的光强不太大的情况下, 光子被散射的概率可近似正比于 $\mathrm{d}x$, 设为 $\beta\mathrm{d}x$, 于是

$$\begin{aligned} U(x+\mathrm{d}x, t+\mathrm{d}t) &= A(1-\beta\mathrm{d}x)\mathrm{e}^{-\mathrm{i}[\omega(t+\mathrm{d}t) - \psi(x) - k_0\mathrm{d}x]} \\ &\quad + A\beta\mathrm{d}x\mathrm{e}^{-\mathrm{i}[\omega(t+\mathrm{d}t) - \psi(x) - k_0\mathrm{d}x - \phi_0]} \\ &= A'\mathrm{e}^{-\mathrm{i}[\omega(t+\mathrm{d}t) - \psi(x) - k_0\mathrm{d}x - \phi]}, \end{aligned}$$

其中, ϕ 和 ϕ_0 之间的关系可参考图 9.19, 求解得

$$\sin\phi = \frac{A\beta\mathrm{d}x}{A'}\sin\phi_0.$$

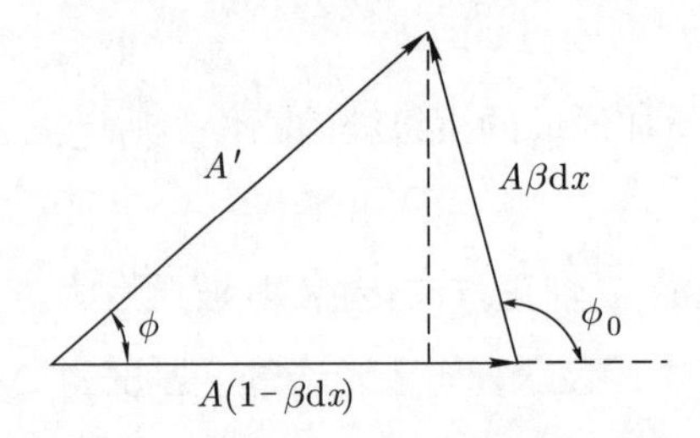

图 9.19　初级波、次级波及其合成波的振幅和相位之间的关系

因为 $\mathrm{d}x$ 为小量, 所以 $A' \approx A$, ϕ 很小, 因此近似有

$$\phi = \beta\mathrm{d}x \cdot \sin\phi_0,$$

于是

$$U(x+\mathrm{d}x, t+\mathrm{d}t) = A\mathrm{e}^{-\mathrm{i}\left[\omega(t+\mathrm{d}t)-\psi(x)-k_0\mathrm{d}x\left(1+\frac{\beta}{k_0}\sin\phi_0\right)\right]},$$

相位传播:

$$\omega(t+\mathrm{d}t) - \psi(x) - k_0\mathrm{d}x\left(1+\frac{\beta}{k_0}\sin\phi_0\right) = \omega t - \psi(x),$$

即

$$\omega\mathrm{d}t = k_0\mathrm{d}x\left(1+\frac{\beta}{k_0}\sin\phi_0\right),$$

于是可得相速度为

$$v_\mathrm{p} = \frac{\mathrm{d}x}{\mathrm{d}t} = \frac{\omega}{k_0\left(1+\dfrac{\beta}{k_0}\sin\phi_0\right)} = \frac{c}{1+\dfrac{\beta\lambda}{2\pi}\sin\phi_0},$$

折射率为

$$n = \frac{c}{v_\mathrm{p}} = 1 + \frac{\beta\lambda}{2\pi}\sin\phi_0. \tag{9.8}$$

由 (9.8) 式可以看到, 当 $\phi_0 < \pi$ 时, $n > 1$; 当 $\phi_0 > \pi$ 时, $n < 1$.

9.4.4　拉曼散射

1922 年, 印度科学家拉曼在《光的分子衍射》一书中预言了光和分子的非弹性散射, 即拉曼散射, 1928 年, 拉曼和克里希南 (Krishnan) 首次在四氯化碳、苯、甲苯、水和其他液体中观察到拉曼散射. 同年, 苏联物理学家兰茨贝格 (Landsberg) 和曼德尔施塔姆 (Mandelstam) 在晶体中各自独立地发现拉曼散射. 拉曼散射的原理和散射光谱如图 9.20 所示.

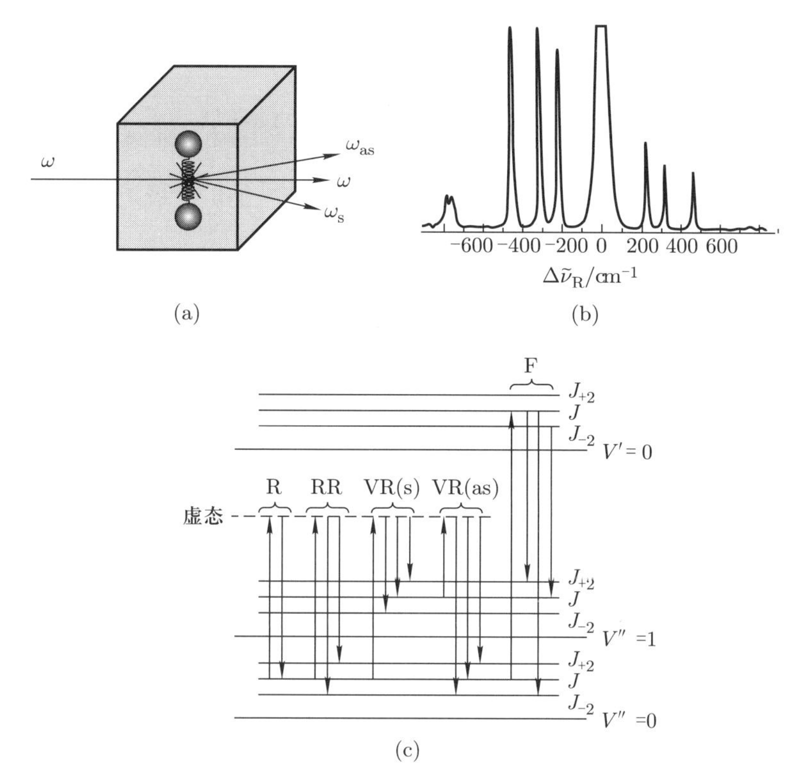

图 9.20 (a) 拉曼散射的经典模型, (b) 拉曼散射光谱, (c) 拉曼散射的量子模型, 其中, R 代表瑞利散射, RR 代表转动拉曼散射, VR 代表振动拉曼散射, s 代表斯托克斯线, as 代表反斯托克斯线, F 代表荧光

拉曼散射的经典解释 介质由分子组成, 分子中不同的基团由化学键连接, 它们之间以固有频率做相对振动和转动. 分子的极化率与基团之间的相对距离和转动角度有关, 于是入射光对介质分子的极化产生的电偶极矩发出的频率不再仅为入射光的频率, 还包含了入射光的频率减去或加上分子基团的振动、转动的固有频率之后的频率. 电偶极辐射的电磁波, 即散射光的频率除了和入射光频率相同的瑞利散射外, 还有频率等于入射光频率加上分子基团的振动、转动的固有频率之后的频率的电磁波 (拉曼散射的反斯托克斯线), 以及频率等于入射光频率减去分子基团的振动、转动的固有频率之后的频率的电磁波 (拉曼散射的斯托克斯线).

下面以振动模型为例, 说明拉曼散射的机理. 分子基团在平衡位置附近做简谐振动, 振动方程为

$$r(t) = r_0 + q_0 \cos \omega_v t,$$

其中, r_0 为平衡位置, ω_v 为分子基团的简谐共振角频率, q_0 为振幅. 分子的极化率 $\alpha(r)$ 随分子振动而变化, 即它是分子之间距离的函数. 因为 $q_0 \ll r_0$, 所以可将 $\alpha(r)$ 在 r_0

处做泰勒展开, 并保留到一阶小量:

$$\alpha(r) = \alpha(r_0) + \left(\frac{\partial \alpha}{\partial r}\right)_{r_0} q_0 \cos \omega_v t.$$

若入射光为 $E(t) = E_0 \cos \omega t$, 则电场激发分子产生的电偶极矩为

$$\begin{aligned} p(t) = \alpha(r) E(t) &= \alpha(r_0) E_0 \cos \omega t + \left(\frac{\partial \alpha}{\partial r}\right)_{r_0} q_0 E_0 \cos \omega_v t \cos \omega t \\ &= \alpha(r_0) E_0 \cos \omega t + \frac{q_0 E_0}{2} \left(\frac{\partial \alpha}{\partial r}\right)_{r_0} [\cos(\omega - \omega_v) t + \cos(\omega + \omega_v) t]. \end{aligned}$$

由此可知, 电偶极子的振动角频率分别为 $\omega, \omega - \omega_v, \omega + \omega_v$, 电偶极辐射的电磁波的角频率和电偶极子的振动角频率相同, 所以介质的散射光的角频率为 ω (瑞利散射), $\omega - \omega_v$ (拉曼散射的斯托克斯线), $\omega + \omega_v$ (拉曼散射的反斯托克斯线). 经典物理给出的斯托克斯线和反斯托克斯线的强度相同, 但是实验测量得到的拉曼散射光谱 (见图 9.20(b)) 表明斯托克斯线的强度明显大于反斯托克斯线的强度. 显然, 经典物理可以很好地解释拉曼散射中的频率移动, 但是无法解释斯托克斯线的强度大于反斯托克斯线的强度的实验结果.

拉曼散射的量子解释 入射光子将分子中的电子激发到虚态, 电子向下跃迁时, 有可能落在相对较高的振动能级或转动能级, 即入射光子能量的一部分转移成介质分子的振动或转动能, 这时辐射的电磁波的频率小于入射光的频率, 由能量守恒定律可得, 两者频率差为 $\Delta\omega$, $\hbar\Delta\omega$ 等于分子的振动或转动能, 对应着拉曼散射的斯托克斯线; 也有可能落在相对较低的振动能级或转动能级, 即介质分子的振动或转动能转换成光子的能量, 这时辐射的电磁波的频率大于入射光的频率, 由能量守恒定律可得, 两者频率差为 $\Delta\omega$, $\hbar\Delta\omega$ 等于分子的振动或转动能, 对应着拉曼散射的反斯托克斯线. 因为在热平衡下, 处于较低振动和转动能级的电子浓度大于处于较高振动和转动能级的电子浓度, 所以斯托克斯线的强度大于反斯托克斯线的强度.

拉曼散射光谱的纵坐标表示散射光的光强, 横坐标为波数差, 单位常用 cm^{-1}, 图 9.20 (b) 中的 $\Delta\widetilde{\nu}_{\mathrm{R}} = 1/\lambda - 1/\lambda_{\mathrm{R}}$, 其中, λ 为入射光的波长, λ_{R} 为散射光的波长. 拉曼散射光谱和红外吸收光谱一样, 都对应着分子的振动和转动能级, 但是两者的产生机理不同, 所以将两者相互补充则能够更好地反映分子结构的信息. 拉曼散射光谱已经成为光谱学的一个重要分支, 是研究分子结构和分子动力学的有力工具.

9.4.5 布里渊散射

1922 年, 法国物理学家布里渊首次预言了由于热激发产生的声波而引起的光散射, 这一现象称为自发布里渊散射. 但是更多人认为, 其实是 1918 年曼德尔施塔姆最先提

出光可以被介质中的声波散射, 并在 1926 年发表了对此效应的理论分析结果, 所以有时候又称此现象为布里渊 – 曼德尔施塔姆散射. 其原理是: 在均匀介质中, 组成它的质点连续不断地做热运动, 于是引起介质中密度 ρ 的变化, 从而引起光学参量的变化, 例如, 介电常量 ε、折射率 n 等, 这些光学参量的变化导致入射光产生散射.

1964 年, 迟奥 (Chiao) 等人发现可以用光激发介质中的声波, 介质中的声波可引起介质的光学参量的时间和空间调制, 从而引起电磁波和声波的能量耦合. 如果入射光将部分能量转移给介质中的声波, 使得散射光的频率减小, 即为斯托克斯散射; 如果介质中的声波将部分能量转移给入射光, 使得散射光的频率增大, 即为反斯托克斯散射. 入射光和散射光的频率差正好等于声波的频率, 这种散射是由强相干光激发的介质中的声波引起的, 称为受激布里渊散射 (Stimulated Brillouin Scattering, 简称 SBS). 图 9.21 为 1964 年的受激布里渊散射的实验装置图. 入射光的方向垂直于石英和蓝宝石晶体的 (0,0,1) 格面, 测量得到的受激布里渊散射的波数差 (频移) 分别为 0.99 cm^{-1} ($\approx$ 29.7 GHz) 和 2.07 cm^{-1} ($\approx$ 62 GHz). 由于散射光相对于入射光的频移很小, 所以采用了高分辨率的光谱分析器, 即 FP 干涉仪.

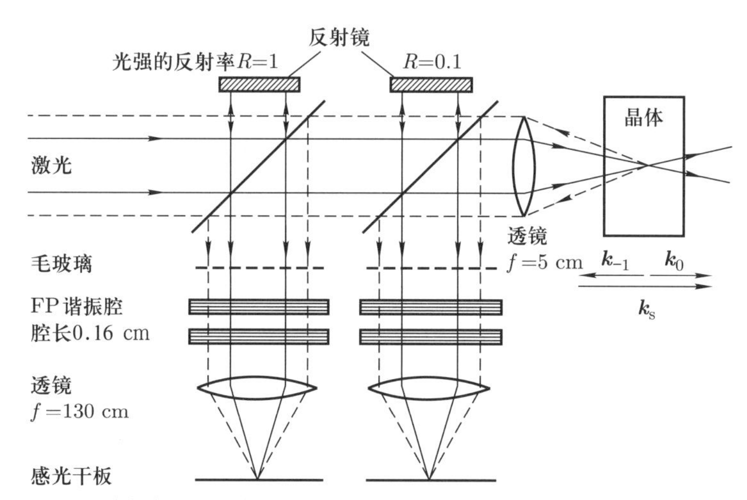

图 9.21 受激布里渊散射的实验装置图 (Phys. Rev. Lett., 1964, 12: 592)

受激布里渊散射是由光和介质中声波相互作用产生的, 其物理过程基于电致收缩, 即介质在光强梯度场下产生收缩和光弹性效应. 图 9.22 以背向受激布里渊散射为例, 给出了此效应的基本过程.

如图 9.22, 频率为 ω_l 的泵浦光和频率为 ω_s 的探测光在介质中相向传播. 如果两者的频率相等, 则形成稳定的干涉场 (驻波场), 其干涉条纹周期为 $2\pi/|\Delta k|$, 其中, Δk 为泵浦光和探测光波矢的矢量差. 由于电致伸缩效应, 稳定的干涉场产生稳定的材料密度涨落, 光弹性效应产生稳定的折射率光栅, 稳定的折射率光栅对泵浦光进行散射,

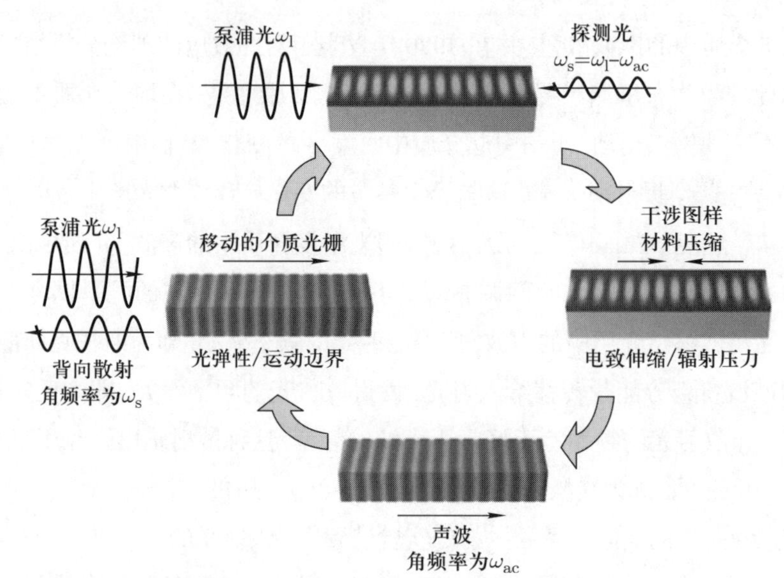

图 9.22 受激布里渊散射的过程示意图 (Advances in Optics and Photonics, 2013, 5: 536)

散射光频率不变. 如果泵浦光和探测光存在一个小的频率差 $\Delta\omega=\omega_l-\omega_s$, 干涉条纹将以 $v=\Delta\omega/\Delta k$ 的速度移动, 则干涉场产生的材料密度涨落也以 $v=\Delta\omega/\Delta k$ 的速度在介质中移动. 如果这个速度和介质中的声速 (v_{ac}) 匹配, 即 $v_{ac}=\Delta\omega/\Delta k$, 则声波将被共振放大. 此时, $\omega_l-\omega_s$ 就等于布里渊频移 ω_{ac}, 探测光频率被称为布里渊散射的斯托克斯频率. 增强的声波信号产生更强的可移动的折射率光栅, 更强的折射率光栅对泵浦光产生更强的散射, 同时, 由于折射率光栅的移动, 散射光频率发生多普勒频移, 使得散射光频率恰好等于探测光频率 (即散射的斯托克斯频率), 于是放大了探测光光强, 放大的探测光进一步增强介质中的声波, 增强的声波再次放大探测光光强. 这种正反馈, 形成了受激布里渊散射. 在此过程中, 泵浦光光子、声子和散射光光子 (散射光包括斯托克斯线和反斯托克斯线) 应该满足能量守恒和动量守恒定律.

自从首次在晶体中发现受激布里渊散射后, 人们先后在不同介质中观察到了这种现象. 1964 年, 布鲁尔 (Brewer) 等人研究了水和苯的液体介质的受激布里渊散射 (Phys. Rev. Lett., 1964, 13: 334). 1965 年, 哈根洛克 (Hagenlocker) 等人通过实验研究了 1000 atm 下氢、氮、氩等气体的受激布里渊散射 (Appl. Phys. Lett., 1965, 7: 236). 1972 年, 伊彭 (Ippen) 等人研究了玻璃光纤的受激布里渊散射 (Appl. Phys. Lett., 1972, 21: 539). 受激布里渊散射成了一种被广泛使用的材料机械性能测量的手段, 并且可应用于传感器、光纤激光器和陀螺仪. 图 9.23 给出受激布里渊散射的研究发展的时间表. 随着材料制备和加工技术的进步, 纳米尺寸的光子器件得到发展. 受激布里渊散射在纳米器件上的应用不仅可以实现诸如布里渊激光、慢光、传感、微波和光信号处理等应用的光子集成, 而且纳米尺度下的辐射压力增强受激布里渊散射还为制备低功率纳米激光器和裁剪光子与声学声子的相互作用提供了新机遇和新技术 (Nat. Commun., 2013, 4: 1944).

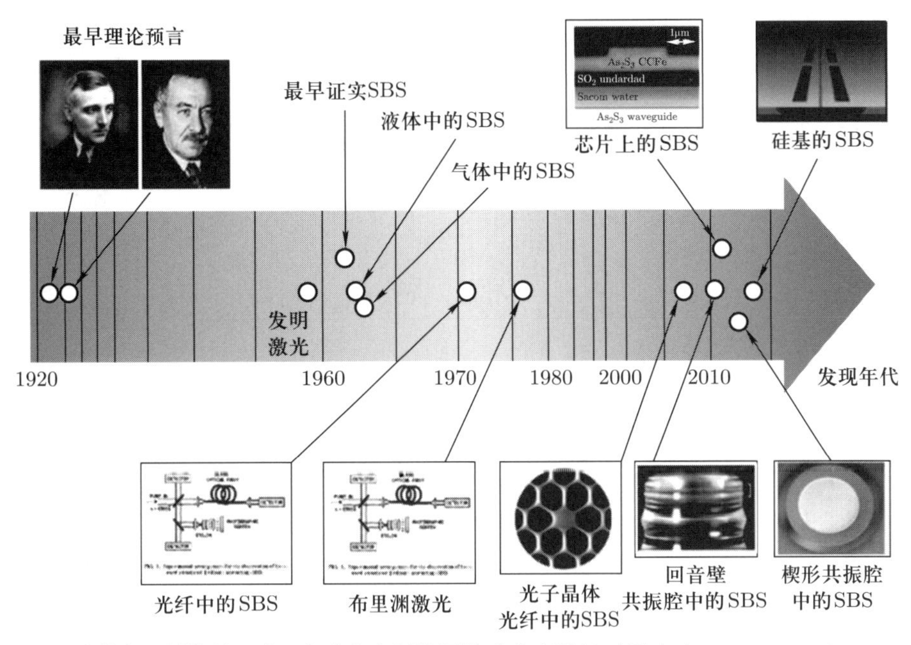

图 9.23 受激布里渊散射理论、实验和应用发展的重大事件的时间表 (Advances in Optics and Photonics, 2013, 5: 536)

从上述分析可知, 拉曼散射与布里渊散射都是光子和介质中声子的相互作用产生的. 它们之间有什么不同?

如图 9.24 所示, 在晶体中的声子可分为两种形式: (1) 光学声子, 对应着单元中各

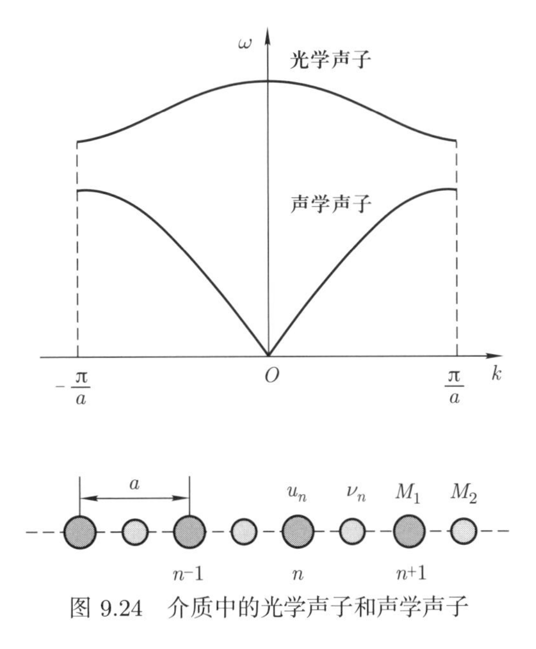

图 9.24 介质中的光学声子和声学声子

基团之间的相对运动. (2) 声学声子, 对应着单元中质心的运动. 在拉曼散射过程中, 激发光学声子 ω_v 约为 10^{13} Hz. 在布里渊散射中, 激发声学声子 $\omega_{\rm ac}$ 约为 $10^9 \sim 10^{11}$ Hz.

本章小结

本章围绕着光与物质的相互作用, 介绍了光的吸收、介质的色散、波包的群速度和波包展宽、光的散射 (瑞利散射、米氏散射、拉曼散射和布里渊散射) 等内容.

习题

1. 当一光强为 I_0 的平行光通过某一介质平板后, 透射光的光强变为原来的 2/3, 如果将介质平板的厚度增大一倍, 问透射光的光强应为多大?

2. 当一光强为 I_0 的平行光从空气正入射到某一厚度为 1 cm 的介质平板上时, 透射光的光强变为 0.74 I_0. 如果将介质平板的厚度变为 2 cm, 则透射光的光强变为 0.66 I_0. 求:

(1) 介质的吸收系数.

(2) 介质平板端面的光强的反射率.

3. 一波长为 500 nm 的单色光在某一介质中传播, 介质的复折射率 $\tilde{n} = 1.54 + {\rm i}1.00 \times 10^{-7}$, 求该单色光的传播速度和介质的吸收系数.

4. 已知下列相速度和波长之间的关系, 求这几种情况下中心波长为 λ 的准单色光的波包的群速度 (其中, β 为一常量):

(1) $v_{\rm p} = \beta$.

(2) $v_{\rm p} = \beta\sqrt{\lambda}$.

(3) $v_{\rm p} = \beta/\lambda$.

5. 对于单层石墨烯支持传播的等离激元波, 其色散为 $\omega = A\sqrt{k}$, 其中, ω 是角频率, k 是波矢. 求中心频率为 f 的等离激元波的相速度和群速度.

6. 自由电子气对光的色散关系为 $n(\omega) = \sqrt{1 - \omega_{\rm p}^2/\omega^2}$, 其中, $\omega_{\rm p}$ 是与电子数密度有关的一个特征频率, 光在自由电子气介质中传播. 求:

(1) 频率为 ω_0 的单色光的相速度.

(2) 中心频率为 ω_0 的准单色光的群速度.

7. 迈克耳孙于 1885 年用钠黄光测定了液体 CS_2 的折射率 (相对于空气, 已知空气的折射率为 1.00), 钠黄光是双线结构, 波长分别为 589.0 nm, 589.6 nm. 迈克耳孙曾用两种方法测量 CS_2 的折射率: 一种方法是测量光从空气入射到 CS_2 介质的入射角和折射角, 根据折射定律得到的 CS_2 介质的折射率为 1.64; 另一种方法是测量光在空气和 CS_2 介质中的传播速度, 使用速度的比值得到 CS_2 介质的折射率为 1.76.

(1) 求波长为 589.0 nm, 589.6 nm 的钠黄光的相速度分别为多大? 钠黄光的双线组成的波包的群速度为多大?

(2) 如果在钠黄光波段附近, CS_2 介质的折射率和波长之间的关系满足柯西公式: $n = A + B/\lambda^2$, 其中, A, B 为常量, λ 为光在真空中的波长. 请确定 A 和 B 的值.

8. 电子的静止质量为 m_0, 电子从静止开始被电场加速, 加速电压为 V, 因为速度比较大, 所以需要考虑相对论效应. 求: 电子相应的波的相速度和群速度.

9. 脉冲星, 就是旋转的中子星, 因不断地发出电磁脉冲信号而得名. 金牛座 CM (CM Tau), 又名 PSR B0532+21, 即蟹状星云的中心星, 是银河系里最著名的一颗脉冲星, 距离地球约 6300 光年. 它的闪烁周期为 0.0331 s, 能在射电、红外线、可见光、X 射线及 γ 射线等波段发出脉冲辐射. 测量发现射电脉冲与可见光脉冲到达地面的时间差 $\Delta t = 1.27$ s. 设射电波的波长为 30 cm, 可见光的波长为 500 nm.

(1) 如果认定光子的静止质量为零, 宇宙空间中存在自由电子, 自由电子气对电磁波的色散关系为 $n(\omega) = \sqrt{1 - \omega_{\mathrm{p}}^2/\omega^2}$, 其中, $\omega_{\mathrm{p}} = Ne^2/(\varepsilon_0 m)$, N 为自由电子数密度, m 为电子质量, 请估算宇宙空间中的自由电子数密度 N.

(2) 如果认定宇宙空间为绝对真空, 而光子的静止质量不严格等于零, 请估算光子的静止质量的上限.

10. 一玻璃的色散关系符合柯西公式: $n = A + B/\lambda^2$, 其中, $A = 1.7280$, $B = 0.01342\ \mu\mathrm{m}^2$, λ 为光在真空中的波长. 一中心波长为 800 nm, 最短脉宽为 100 fs 的脉冲光正入射到玻璃板上, 求:

(1) 脉冲光在玻璃中传播的群速度.

(2) 设玻璃板的厚度为 2 cm, 请估算出射光脉冲的脉宽.

11. 如习题 11 图所示, 测量正上方 (z 轴正方向) 蓝天的散射光的偏振度为 0.20, 旋转理想偏振片 P, 使透射光的光强为最大值时, 偏振片的透偏方向和 x 轴相互平行, 求此时太阳的方位角.

12. 某分子的振动能级差为 0.121 eV, 波长为 488 nm 的氩离子激光入射到该分子上, 求最靠近瑞利散射光谱的拉曼散射光谱的斯托克斯线和反斯托克斯线的波长.

13. 下面使用全经典模型计算拉曼散射. 设介质分子可以近似为理想气体. 分子由两基团 (基团可视为质点) 通过共价键连接而成, 两基团的质量为 $m = 1.2 \times 10^{-25}$ kg. 两基团之间的相互作用力为

$$F = \frac{a^2}{r^5} - \frac{b^2}{r^4},$$

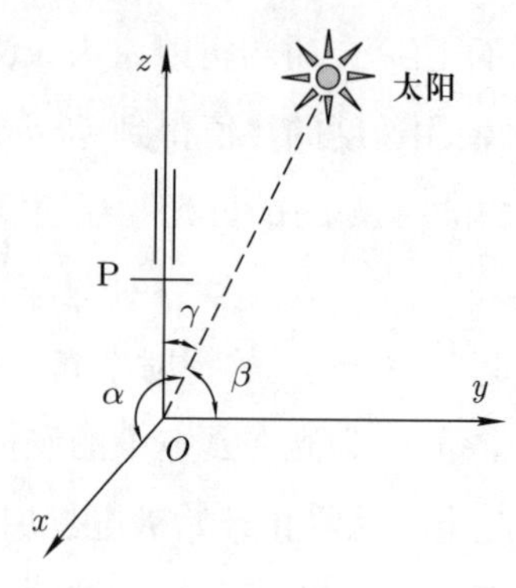

习题 11 图

其中, r 为两原子之间的距离, a,b 为常量. 在室温 $T_1=300$ K 下, 分子的平均尺度为 $r_0=3\times10^{-10}$ m. 当温度达到 $T_2=1000$ K 时, 分子分裂, 分裂时两原子之间的距离为 $r_{\mathrm{d}}=5\times10^{-10}$ m.

(1) 电场下分子的极化强度为 $\boldsymbol{P}=\alpha\boldsymbol{E}$, 其中,$\alpha$ 为分子极化率. α 随分子振动而变化, 即它是分子中两基团之间距离的函数. 在分子中, 两原子在平衡位置附近振动时, 分子极化率 α 可近似为 $\alpha=\alpha_0+\alpha_1 q$, 其中,$q$ 为原子偏离平衡位置的位移量. 求在室温下, 波长为 $\lambda=500$ nm 的激光入射到介质上时, 散射光的波长可能为多大.

(2) 如习题 13 图所示, 使 20 块厚度为 $h=0.1$ mm、折射率为 $n=1.50$ 的均匀薄玻璃片彼此错开 $d=1$ mm, 组成迈克耳孙光栅. 设入射光正入射到光栅上, 请给出迈克耳孙光栅的夫琅禾费衍射场, 并判断使用此光栅是否可分辨上面的散射光谱.

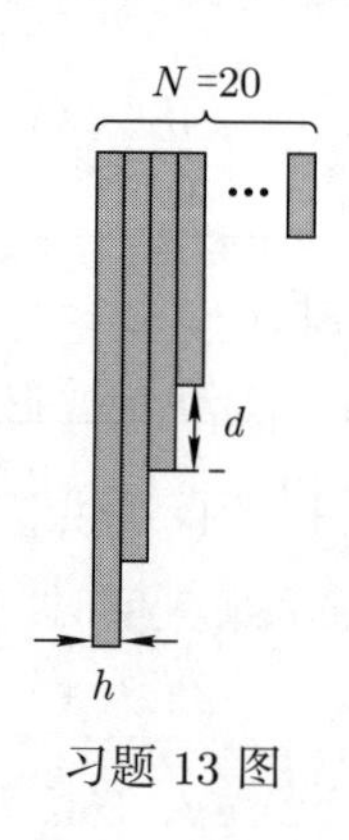

习题 13 图

14. 利用布里渊散射测量介质中的声速, 其装置如习题 14 图所示. 泵浦光的波长为 500.00000 nm, 经反射镜发射进入待测介质, 调节反射镜的俯仰角, 使得入射角 $\theta=6^\circ$. 介质内部分子的热运动诱发热声波, 热声波的波长范围为从分子之间的距离到介质的宏观长度. 热声波对入射光进行散射, 对于不同波长的声波, 散射光的散射角度不同, 声波波长越短, 散射角度越小. 通过带小孔的挡板选择水平方向的散射光透射,使用 FP 干涉仪测量散射光光谱, 散射光中包含波长为 500.00000 nm, 500.00019 nm 和 499.99981 nm 的光. 请根据实验结果, 计算介质的声波速度.

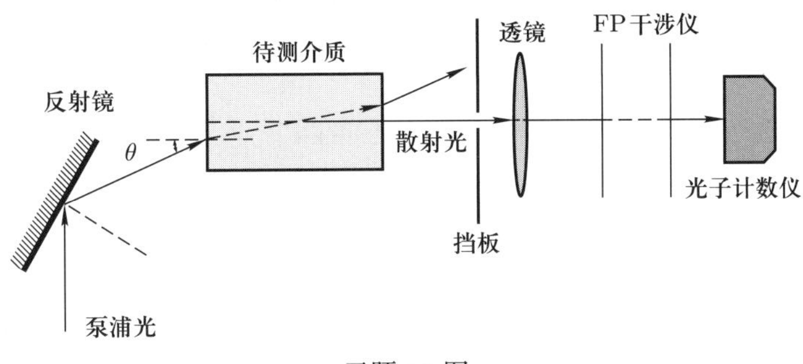

习题 14 图

第十章　光度学和色度学

我们在挑选照明灯具或显示器时, 阅读其说明书, 经常看到 “流明” “坎德拉” “色域” 和 “CIE 坐标” 等名词, 但是往往不太清楚它们的具体含义. 为此, 本章就简单介绍一下光度学和色度学.

10.1　光度学的基本概念

辐射度量学是研究各种电磁波的辐射强弱的学科, 与此相应, 光度学是研究光的强弱的学科.

1. 辐射能通量 (辐射功率)

辐射能通量为光源在单位时间内辐射的能量, 用符号 $\varPsi$ 表示, 单位为瓦 (W) 或千瓦 (kW).

2. 辐射能通量的谱密度

辐射能通量的谱密度为光源在单位时间、单位波长范围内辐射的能量, 用符号 ψ 表示.

辐射能通量的谱密度和辐射能通量之间的关系为

$$\psi(\lambda)=\frac{\mathrm{d}\varPsi}{\mathrm{d}\lambda},\quad \varPsi=\int\psi(\lambda)\mathrm{d}\lambda.$$

3. 光谱响应曲线

光谱响应曲线是检测器件对不同波长的电磁波的灵敏度. 人眼对光的灵敏度随波长的变化曲线称为视见函数, 定义为对人眼产生相同亮暗感觉所需要的波长为 555 nm 的光的辐射能通量和波长为 λ 的光的辐射能通量之比, 即

$$V(\lambda)=\frac{\varPsi_{555}}{\varPsi_{\lambda}}.$$

人眼的视见函数昼夜不同, 如图 10.1 所示. 相对于适亮性视见函数, 适暗性视见函数的敏感波长蓝移, 所以夜间看到的景物的颜色偏蓝. 适亮性视见函数的实线是 1931 年的标准, 虚线是 1978 年的修正线, 点线是 2005 年的数据.

4. 光通量

光通量为将辐射能通量以视见函数为权重因子折合成对人眼的有效数量, 用 $\varPhi$ 表示, 单位为流明 (lm). 因为

$$\mathrm{d}\varPhi\propto V(\lambda)\mathrm{d}\varPsi,$$

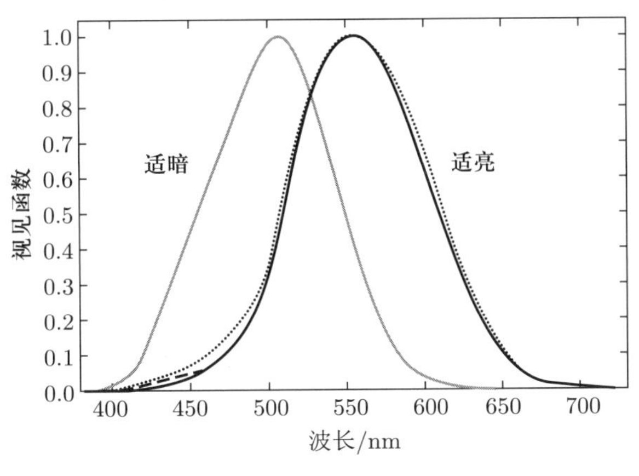

图 10.1 视见函数

所以光通量和辐射能通量之间的关系为

$$\Phi = K_{\max}\int V(\lambda)\mathrm{d}\Psi = K_{\max}\int V(\lambda)\psi(\lambda)\mathrm{d}\lambda,$$

其中, $K_{\max}$ 是波长为 555 nm 光的光功当量, 也称为最大光功当量, 其值由 Φ 和 Ψ 的单位决定, 若 Φ 以 lm、ψ 以 W 为单位, 则 $K_{\max} = 683$ lm/W.

5. 发光强度

发光强度为点光源沿某一方向在单位立体角内发出的光通量, 用 I 表示, 单位为坎德拉 (cd). 如图 10.2, 点光源的发光强度的定义为

$$I = \frac{\mathrm{d}\Phi}{\mathrm{d}\Omega},$$

其中, Ω 为立体角.

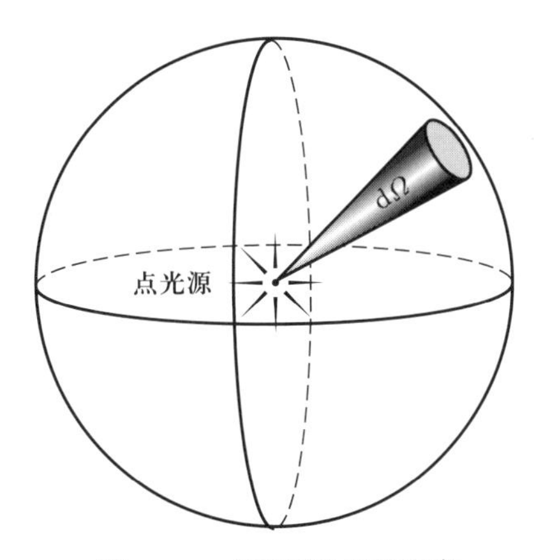

图 10.2 点光源的发光强度

大多数光源的发光强度是方向的函数. 图 10.3 给出不同形状 LED 灯的发光强度和方向之间的关系.

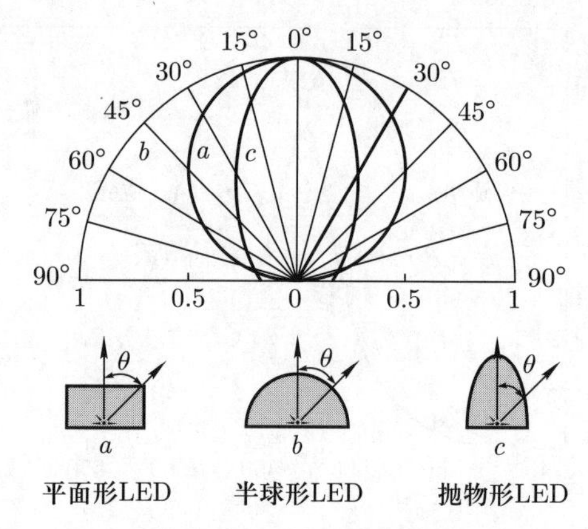

图 10.3　不同形状 LED 灯的发光强度和方向之间的关系

6. 光亮度

对于面光源, 我们引入光亮度来表示其发光强弱. 光源表面的面元 $\mathrm{d}S$ 沿某一方向 $\boldsymbol{r}$ 的发光强度为 $\mathrm{d}I$, $\boldsymbol{r}$ 和面元 $\mathrm{d}S$ 的法线 $\boldsymbol{n}$ 之间的夹角为 θ, 迎着 $\boldsymbol{r}$ 方向观察, 在垂直于 $\boldsymbol{r}$ 的平面内 $\mathrm{d}S$ 的投影面元为 $\mathrm{d}S^* = \mathrm{d}S\cos\theta$, 如图 10.4 所示.

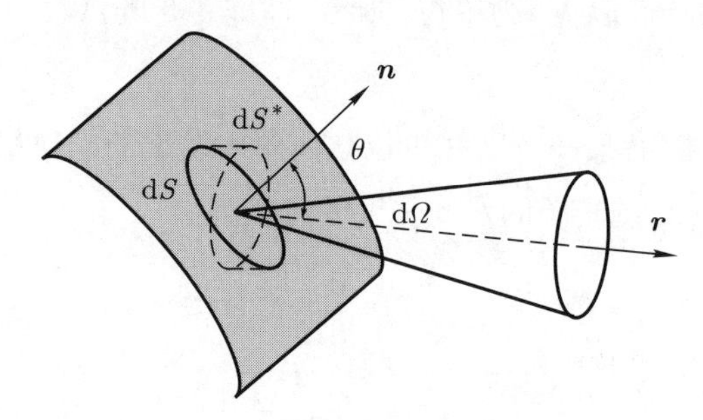

图 10.4　面光源的光亮度

光亮度的定义为

$$B = \frac{\mathrm{d}I}{\mathrm{d}S^*} = \frac{\mathrm{d}I}{\mathrm{d}S\cos\theta} = \frac{\mathrm{d}^2\Phi}{\mathrm{d}\Omega\mathrm{d}S\cos\theta},$$

光亮度的单位为坎德拉/平方米 ($\mathrm{cd/m^2}$), $1\ \mathrm{cd/m^2} = 1\ \mathrm{lm/(m^2{\cdot}sr)}$ (流明/(米 ^{2} · 球面度)); 还有常用单位熙提 (sb), $1\ \mathrm{sb} = 1\ \mathrm{lm/(cm^2 \cdot sr)} = 1\times10^4\ \mathrm{cd/m^2}$. 下面给出常见光源的光亮度: 太阳约为 $1.6\times10^9\ \mathrm{cd/m^2}$、蓝天约为 $8\times10^3\ \mathrm{cd/m^2}$、荧光灯约为 $(0.5\sim1.5)\times10^4\ \mathrm{cd/m^2}$、一般显示器约为 $300\ \mathrm{cd/m^2}$.

如果光源在各方向上的光亮度 B 不变, 则此类光源称为朗伯 (Lambert) 体. 由光亮度的定义可知, 朗伯体的发光强度应该满足 $\mathrm{d}I \propto \cos\theta$, 所以也称为余弦发光体. 绝对黑体和理想漫反射体就是两种典型的朗伯体.

7. 照度

照度为照射在单位面积上的光通量:

$$E=\frac{\mathrm{d}\Phi'}{\mathrm{d}S'},$$

照度的单位为勒克斯 (lx), 或者辐透 (ph), 它们的定义和换算关系为

$$1\ \mathrm{lx}=1\ \mathrm{lm/m^2},\quad 1\ \mathrm{ph}=1\ \mathrm{lm/cm^2}=10000\ \mathrm{lx}.$$

对于点光源 (如图 10.5 所示), 有

$$\mathrm{d}\Phi'=I\mathrm{d}\Omega=I\frac{\mathrm{d}S'\cos\theta'}{r^2},$$

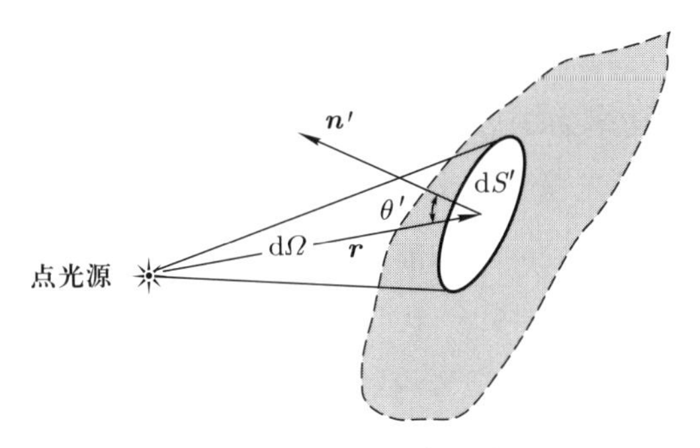

图 10.5 点光源的照度

于是照度为

$$E=\frac{\mathrm{d}\Phi'}{\mathrm{d}S'}=\frac{I\dfrac{\mathrm{d}S'\cos\theta'}{r^2}}{\mathrm{d}S'}=\frac{I\cos\theta'}{r^2}.$$

对于面光源 (如图 10.6 所示), 面元 $\mathrm{d}S$ 的照度为

$$\mathrm{d}E=\frac{\mathrm{d}\Phi'}{\mathrm{d}S'}=\frac{B\cos\theta\cos\theta'\mathrm{d}S}{r^2},$$

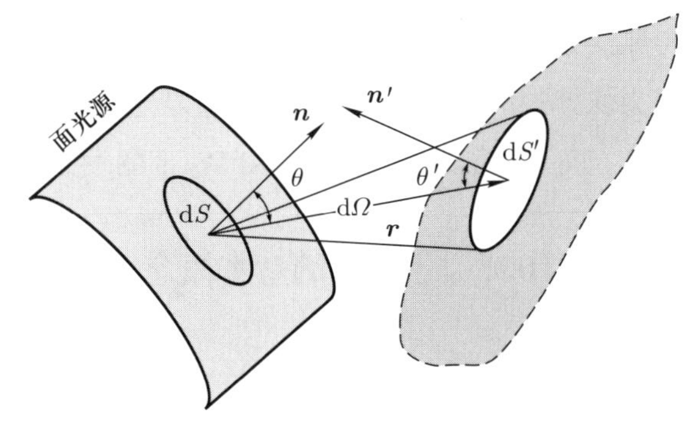

图 10.6 面光源的照度

面光源 S 在面元 $\mathrm{d}S'$ 位置的总照度为

$$E=\int_S \mathrm{d}E=\iint_S \frac{B\cos\theta\cos\theta'}{r^2}\mathrm{d}S.$$

8. 光度学的单位定义

光度学中采用发光强度的单位 cd 为基本单位, cd 是国际单位制中的基本单位之一. 其他光度学中的单位, 例如, lm, sb, lx 等, 都是 cd 的导出单位.

坎德拉的定义 早期使用烛光作为发光强度的单位, 烛光依据一个标准蜡烛所发出的光而定. 标准蜡烛由英国制定, 是用鲸油制成的直径为 2.2 cm 的蜡烛, 每小时燃烧鲸油 7.78 g, 这样的标准蜡烛所发出的光的强度为 1 烛光, 且

$$1\ \text{烛光} \approx 1\ \text{坎德拉}.$$

中国早些时候, 把功率为 1 W 的白炽灯的发光强度称为 1 烛光, 约为 1 cd, 则功率为 25 W 的白炽灯的发光强度为 25 烛光, 约为 25 cd.

1908 年, 韦约尔纳 (Waiolner) 和伯吉斯 (Burgess) 提出用黑体辐射器作为发光强度的标准. 1937 年, 国际照明委员会 (CIE) 和国际计量委员会决定从 1940 年起使用 "新烛光" 为发光强度的单位, 定义为: 在铂的凝固点 (2042.15 K), 绝对黑体的面积为 1/60 cm^2 的表面的发光强度为 1 烛光. 由于第二次世界大战, 这一标准没有被执行. 1946 年, 国际计量委员会根据 1933 年第 8 届国际计量大会授予的权力, 定义: 1 旧烛光 =1.005 新烛光.

1948 年, 第 9 届国际计量大会决定用拉丁文 candela (cd, 坎德拉) 取代新烛光, candela 意为 "用兽油制作的蜡烛".

1967 年, 第 13 届国际计量大会考虑到原有定义的措辞还欠严密, 决定将坎德拉定义为: 坎德拉是在 101325 $\mathrm{N/m^2}$ 的压力下, 处于铂的凝固点的绝对黑体的面积为 1/600000 m^2 的表面在垂直方向上的发光强度.

1979 年 10 月 8 日, 第 16 届国际计量大会废除了原来的坎德拉的定义. 同时, 通过了一项关于重新定义坎德拉的重要决定: 1 cd 被重新定义为频率为 540×10^{12} Hz 的单色辐射光源在给定方向上的辐射强度为 1/683 W/sr 的发光强度.

10.2 色度学的基本概念

10.2.1 三基色

因为人眼有感知红、绿、蓝三种不同颜色的视锥细胞, 所以我们所能感知的色彩

空间通常可以由红、绿、蓝三种颜色来表达, 故称这三种颜色为三基色. 三基色可以按照不同的比例合成混色, 混色有两种情况:

(1) 加法混色.

例如, 红、绿、蓝三束光重叠合成白光, 如图 10.7 (a) 所示, 这种混色称为加法混色, 其物理本质是照明光的光谱叠加. 显示屏能显示彩色图像就是利用这类混色.

(2) 减法混色.

例如, 红、绿、蓝三种颜料混合成黑色, 如图 10.7 (b) 所示, 这种混色称为减法混色, 其物理本质是染料的吸收光谱的叠加. 绘画时, 我们可以利用三基色的减法混色调出缤纷的色彩.

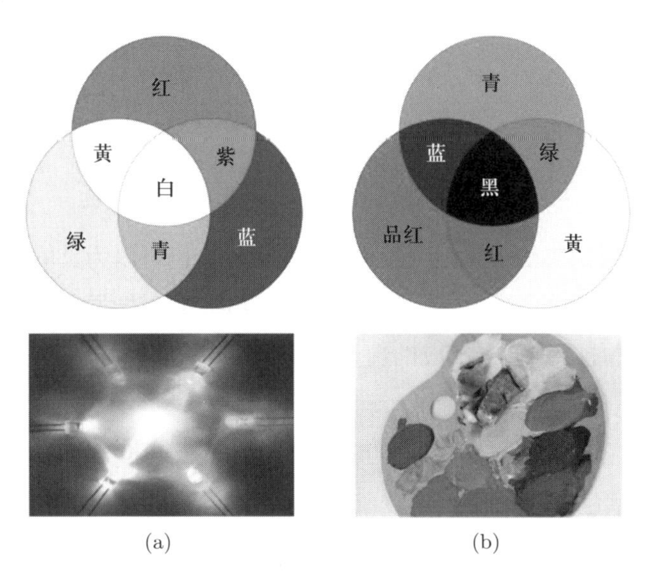

图 10.7 (a) 加法混色, (b) 减法混色

10.2.2 颜色匹配

我们可以使用红 (R)、绿 (G)、蓝 (B) 三基色的加法混色, 调节它们的比例, 混合出与给定颜色具有相同视觉效果的颜色, 此过程称为颜色匹配.

颜色匹配的实验装置如图 10.8 所示. 在图 10.8 (a) 中, 白屏幕被黑挡板分开, (R)、(G)、(B) 三基色的光照射在白屏幕的一侧, 而给定颜色 (C) 的光照射在白屏幕的另一侧. 调节 (R)、(G)、(B) 的量, 使得混合色和给定色的视觉效果相同, 此时, (R) 的量为 R、(G) 的量为 G、(B) 的量为 B, (C) 的颜色匹配表达式为

$$(\mathrm{C}) \equiv R(\mathrm{R}) + G(\mathrm{G}) + B(\mathrm{B}).$$

如果 (R)、(G)、(B) 不能直接和 (C) 匹配, 如图 10.8 (b) 所示, 需要将一种基色

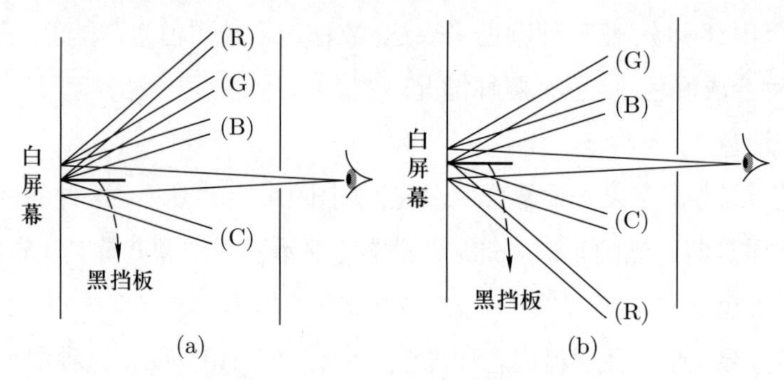

图 10.8　颜色匹配的实验装置示意图

加到 (C) 的一侧, 则颜色匹配表达式为

$$(\mathrm{C}) + R(\mathrm{R}) \equiv G(\mathrm{G}) + B(\mathrm{B}),$$

即

$$(\mathrm{C}) \equiv -R(\mathrm{R}) + G(\mathrm{G}) + B(\mathrm{B}),$$

其中, "≡" 表示匹配; R, G, B 称为 (C) 的三刺激值, 它们可以为负值. 规定三刺激值的度量方法为: 在可见光的波长范围 (380 ~ 780 nm) 内, 辐射能通量的谱密度为常量, 即为等能光谱; 由等能光谱的光组成的白光称为等能白光; 规定等能白光的三刺激值相等, 均为 1 单位.

等能光谱色 (C_λ) 指的是辐射能通量相同的各单一波长光的颜色. 等能光谱色的三刺激值称为光谱色三刺激值, 记作 $\overline{r}(\lambda)$, $\overline{g}(\lambda)$, $\overline{b}(\lambda)$, 也称为颜色匹配函数. 因此颜色匹配表达式为

$$(\mathrm{C}_\lambda) \equiv \overline{r}(\lambda)(\mathrm{R}) + \overline{g}(\lambda)(\mathrm{G}) + \overline{b}(\lambda)(\mathrm{B}).$$

10.2.3　色品坐标

我们不直接使用三刺激值表示颜色, 而是采用它们的占比, 即

$$r = \frac{R}{R+G+B}, \quad g = \frac{G}{R+G+B}, \quad b = \frac{B}{R+G+B},$$

且

$$r + g + b = 1,$$

其中, r, g, b 为色品坐标. 光谱色的色品坐标为

$$r(\lambda) = \frac{\overline{r}(\lambda)}{\overline{r}(\lambda) + \overline{g}(\lambda) + \overline{b}(\lambda)}, \quad g(\lambda) = \frac{\overline{g}(\lambda)}{\overline{r}(\lambda) + \overline{g}(\lambda) + \overline{b}(\lambda)},$$
$$b(\lambda) = \frac{\overline{b}(\lambda)}{\overline{r}(\lambda) + \overline{g}(\lambda) + \overline{b}(\lambda)},$$

三基色的色品坐标 (r,g,b) 分别为

$$(\mathrm{R}):(1,0,0),\quad (\mathrm{G}):(0,1,0),\quad (\mathrm{B}):(0,0,1).$$

三个色品坐标只有两个是独立的, 所以色品可以使用平面直角坐标系表示, 横轴表示 r, 纵轴表示 g, 这个表示颜色的平面称为色品图.

10.2.4 颜色相加原理

颜色 (C_1) 和 (C_2) 混合成颜色 (C), 即 $(\mathrm{C})\equiv(\mathrm{C}_1)+(\mathrm{C}_2)$. 三个颜色的颜色匹配表达式分别为

$$\begin{cases}(\mathrm{C}_1)\equiv R_1(\mathrm{R})+G_1(\mathrm{G})+B_1(\mathrm{B}),\\ (\mathrm{C}_2)\equiv R_2(\mathrm{R})+G_2(\mathrm{G})+B_2(\mathrm{B}),\\ (\mathrm{C})\equiv R(\mathrm{R})+G(\mathrm{G})+B(\mathrm{B}),\end{cases}$$

于是

$$R(\mathrm{R})+G(\mathrm{G})+B(\mathrm{B})\equiv R_1(\mathrm{R})+G_1(\mathrm{G})+B_1(\mathrm{B})+R_2(\mathrm{R})+G_2(\mathrm{G})+B_2(\mathrm{B}),$$

因此

$$R=R_1+R_2,\quad G=G_1+G_2,\quad B=B_1+B_2,$$

即混合色的三刺激值为各组成色对应的三刺激值之和, 这个关系称为颜色相加原理.

如果混合色 $(\mathrm{C})\equiv R(\mathrm{R})+G(\mathrm{G})+B(\mathrm{B})$, 有多个组成色 $(\mathrm{C}_1)\equiv R_1(\mathrm{R})+G_1(\mathrm{G})+B_1(\mathrm{B})$, $(\mathrm{C}_2)\equiv R_2(\mathrm{R})+G_2(\mathrm{G})+B_2(\mathrm{B})$, $\cdots$, $(\mathrm{C}_n)\equiv R_n(\mathrm{R})+G_n(\mathrm{G})+B_n(\mathrm{B})$. 逐次利用颜色相加原理, 可得

$$\begin{cases}R=R_1+R_2+\cdots+R_n=\displaystyle\sum_{i=1}^{n}R_i,\\ G=G_1+G_2+\cdots+G_n=\displaystyle\sum_{i=1}^{n}G_i,\\ B=B_1+B_2+\cdots+B_n=\displaystyle\sum_{i=1}^{n}B_i.\end{cases}$$

以此类推, 可以计算光谱连续的颜色的三刺激值. 引入颜色刺激函数 $\varphi(\lambda)$, 如果是光源, 则 $\varphi(\lambda)=\psi(\lambda)$, 为光源的辐射能通量的谱密度; 如果是物体表面的反射光, 则 $\varphi(\lambda)=\rho(\lambda)\psi(\lambda)$, 其中, $\rho(\lambda)$ 为物体表面的光谱反射比; 如果是物体的透射光, 则 $\varphi(\lambda)=\tau(\lambda)\psi(\lambda)$, 其中, $\tau(\lambda)$ 为物体的光谱透射比. 光谱连续的颜色的三刺激值分

别为

$$
\begin{cases}
R = K\int_{380\ \mathrm{nm}}^{780\ \mathrm{nm}} \varphi(\lambda)\overline{r}(\lambda)\mathrm{d}\lambda, \\
G = K\int_{380\ \mathrm{nm}}^{780\ \mathrm{nm}} \varphi(\lambda)\overline{g}(\lambda)\mathrm{d}\lambda, \\
B = K\int_{380\ \mathrm{nm}}^{780\ \mathrm{nm}} \varphi(\lambda)\overline{b}(\lambda)\mathrm{d}\lambda,
\end{cases}
$$

其中, K 为常量.

10.2.5 CIE 1931 – RGB 标准色度学系统

20 世纪 20 年代, 两位颜色学科学家赖特 (Wright) 和吉尔德 (Guild) 各自进行了颜色匹配实验. 赖特选择波长为 650 nm (R), 540 nm (G) 和 460 nm (B) 的单色光为三基色. 吉尔德选择波长为 630 nm (R), 540 nm (G) 和 460 nm (B) 的单色光为三基色.

根据赖特和吉尔德的实验, 1931 年, 国际照明委员会第八次会议首先提出 CIE 1931–RGB 和 CIE 1931–XYZ 标准色度学系统 (分别简称 RGB 和 XYZ 系统).

我们首先介绍 RGB 系统, 选择波长为 700 nm (R), 546.1 nm (G) 和 435.8 nm (B) 的单色光为三基色, 并规定等能白光的三刺激值相等, 均为 1 单位. 三基色 (R)、(G)、(B) 单位刺激值的光亮度之比为 1.0000 : 4.5907 : 0.0601. 光谱色三刺激值 $\overline{r}(\lambda), \overline{g}(\lambda), \overline{b}(\lambda)$ 由颜色匹配实验确定. 图 10.9 给出 RGB 系统的颜色匹配函数.

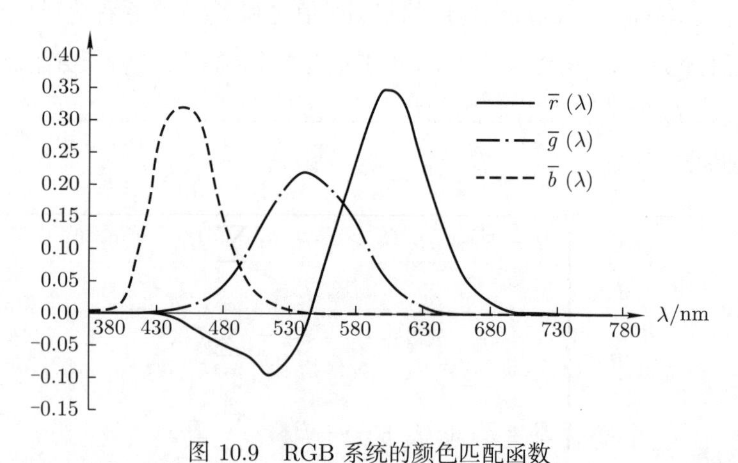

图 10.9 RGB 系统的颜色匹配函数

10.2.6 CIE 1931 – XYZ 标准色度学系统

因为在 RGB 系统中, 颜色的三刺激值可能为负值, 为了避免三刺激值为负值, XYZ 系统给出了三个假定的三基色 (X)、(Y)、(Z). 三基色的选取要求 (X)、(Y)、(Z) 在 rg

色品图中对应的点围成的三角形应该包括 RGB 系统的全部光谱色品轨迹, 同时要求轨迹外的面积最小, 此外, 还要求 (Y) 的量 Y 表示颜色的光亮度. 根据这些要求, 绘出图 10.10 中的 (X)、(Y)、(Z) 在 rg 色品图中对应的点围成的三角形.

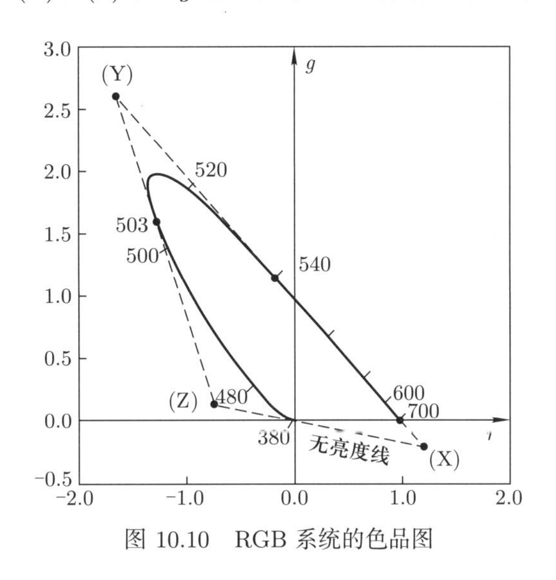

图 10.10 RGB 系统的色品图

(X)(Y) 边过 540 nm 和 700 nm 光谱色品点, 直线方程为 $r + 0.99g - 1 = 0$;

(Y)(Z) 边靠近 503 nm 光谱色品点, 直线方程为 $1.45r + 0.55g + 1 = 0$;

(X)(Z) 边取为无亮度线.

设 $(\mathrm{C}) \equiv R(\mathrm{R}) + G(\mathrm{G}) + B(\mathrm{B})$, 根据单位三刺激值对应的光亮度之比, 可得 (C) 的光亮度为

$$Y(\mathrm{C}) = R + 4.5907G + 0.0601B,$$

将上式等号两边同时除以 $R + G + B$, 可得

$$\frac{Y(\mathrm{C})}{R+G+B} = \frac{R + 4.5907G + 0.0601B}{R+G+B} = r + 4.5907g + 0.0601b,$$

对于无亮度线, $Y(\mathrm{C}) = 0$, 于是

$$r + 4.5907g + 0.0601b = 0.$$

将 $r + g + b = 1$ 的关系式代入上式, 可得

$$0.9399r + 4.5306g + 0.0601 = 0.$$

由三角形三条边的直线方程, 可以解出三角形的三个顶点 (X)、(Y)、(Z) 的色品

坐标分别为

$$\begin{cases}(\mathrm{X}):\ r=1.2750, g=-0.2778, b=0.0028,\\(\mathrm{Y}):\ r=-1.7392, g=2.7671, b=-0.0279,\\(\mathrm{Z}):\ r=-0.7431, g=0.1409, b=1.6022.\end{cases}$$

因为 (X)、(Y)、(Z) 并不是真实颜色, 所以无法通过实验确定 XYZ 系统的颜色的三刺激值, 因此要从 RGB 系统的色品坐标变换到 XYZ 系统的色品坐标. 由三个 XYZ 系统的三基色的色品坐标可得

$$\begin{cases}(\mathrm{X})\equiv C_X[1.2750(\mathrm{R})-0.2778(\mathrm{G})+0.0028(\mathrm{B})],\\(\mathrm{Y})\equiv C_Y[-1.7392(\mathrm{R})+2.7671(\mathrm{G})-0.0279(\mathrm{B})],\\(\mathrm{Z})\equiv C_Z[-0.7431(\mathrm{R})+0.1409(\mathrm{G})+1.6022(\mathrm{B})],\end{cases}$$

其中, $C_X=R_X+G_X+B_X$, $C_Y=R_Y+G_Y+B_Y$, $C_Z=R_Z+G_Z+B_Z$. 对上述方程组求解可得 (R)、(G)、(B) 的 (X)、(Y)、(Z) 表示:

$$\begin{cases}(\mathrm{R})\equiv \dfrac{0.9088}{C_X}(\mathrm{X})+\dfrac{0.0912}{C_Y}(\mathrm{Y})+\dfrac{0.0000}{C_Z}(\mathrm{Z}),\\(\mathrm{G})\equiv \dfrac{0.5749}{C_X}(\mathrm{X})+\dfrac{0.4188}{C_Y}(\mathrm{Y})+\dfrac{0.0063}{C_Z}(\mathrm{Z}),\\(\mathrm{B})\equiv \dfrac{0.3709}{C_X}(\mathrm{X})+\dfrac{0.0055}{C_Y}(\mathrm{Y})+\dfrac{0.6236}{C_Z}(\mathrm{Z}),\end{cases}$$

颜色 (C) 可表示为

$$\begin{aligned}(\mathrm{C})&\equiv R(\mathrm{R})+G(\mathrm{G})+B(\mathrm{B})\\&=R\left[\frac{0.9088}{C_X}(\mathrm{X})+\frac{0.0912}{C_Y}(\mathrm{Y})+\frac{0.0000}{C_Z}(\mathrm{Z})\right]\\&\quad+G\left[\frac{0.5749}{C_X}(\mathrm{X})+\frac{0.4188}{C_Y}(\mathrm{Y})+\frac{0.0063}{C_Z}(\mathrm{Z})\right]\\&\quad+B\left[\frac{0.3709}{C_X}(\mathrm{X})+\frac{0.0055}{C_Y}(\mathrm{Y})+\frac{0.6236}{C_Z}(\mathrm{Z})\right]\\&=\frac{1}{C_X}(0.9088R+0.5749G+0.3709B)(\mathrm{X})\\&\quad+\frac{1}{C_Y}(0.0912R+0.4188G+0.0055B)(\mathrm{Y})\\&\quad+\frac{1}{C_Z}(0.0000R+0.0063G+0.6236B)(\mathrm{Z})\\&=X(\mathrm{X})+Y(\mathrm{Y})+Z(\mathrm{Z}),\end{aligned}$$

因此可得 RGB 和 XYZ 系统之间三刺激值的变换关系:

$$\begin{cases} X = \dfrac{1}{C_X}(0.9088R + 0.5749G + 0.3709B), \\ Y = \dfrac{1}{C_Y}(0.0912R + 0.4188G + 0.0055B), \\ Z = \dfrac{1}{C_Z}(0.0000R + 0.0063G + 0.6236B). \end{cases}$$

下面确定 C_X, C_Y 和 C_Z 的值. Y 表示颜色的光亮度, 对于等能白光, $R = G = B = 1$, 根据三基色单位量的光亮度之比, 可得

$$Y = \frac{1}{C_Y}(0.0912 + 0.4188 + 0.0055) = 1 + 4.5907 + 0.0601 = 5.6508,$$

于是

$$\frac{1}{C_Y} = \frac{5.6508}{0.5155} \approx 10.9618.$$

对于等能白光, $X = Y = Z$, 于是

$$\begin{cases} \dfrac{1}{C_X} \approx 3.0469, \\ \dfrac{1}{C_Z} \approx 8.9709. \end{cases}$$

因此 RGB 系统到 XYZ 系统的三刺激值的变换关系近似为

$$\begin{cases} X = 2.7690R + 1.7517G + 1.1301B, \\ Y = 0.9997R + 4.5909G + 0.0603B, \\ Z = 0.0000R + 0.0565G + 5.5943B, \end{cases}$$

XYZ 系统的色品坐标分别为

$$x = \frac{X}{X+Y+Z}, \quad y = \frac{Y}{X+Y+Z}, \quad z = \frac{Z}{X+Y+Z},$$

且

$$x + y + z = 1.$$

将 RGB 系统到 XYZ 系统的三刺激值的变换关系代入 XYZ 系统的色品坐标, 并将其分子和分母同时除以 $R + G + B$ 和光亮度系数 5.6508, 可以得到 RGB 系统到 XYZ 系统的色品坐标的变换关系:

$$\begin{cases} x = \dfrac{2.7690R + 1.7517G + 1.1301B}{3.7687R + 6.3991G + 6.7847B} = \dfrac{0.4900r + 0.3100g + 0.2000b}{0.6669r + 1.1324g + 1.2006b}, \\ y = \dfrac{0.9997R + 4.5909G + 0.0603B}{3.7687R + 6.3991G + 6.7847B} = \dfrac{0.1769r + 0.8124g + 0.0107b}{0.6669r + 1.1324g + 1.2006b}, \\ z = \dfrac{0.0000R + 0.0565G + 5.5943B}{3.7687R + 6.3991G + 6.7847B} = \dfrac{0.0000r + 0.0100g + 0.9900b}{0.6669r + 1.1324g + 1.2006b}. \end{cases}$$

光谱色品坐标变换关系同上, 即

$$\begin{cases} x(\lambda) = \dfrac{0.4900r(\lambda) + 0.3100g(\lambda) + 0.2000b(\lambda)}{0.6669r(\lambda) + 1.1324g(\lambda) + 1.2006b(\lambda)}, \\ y(\lambda) = \dfrac{0.1769r(\lambda) + 0.8124g(\lambda) + 0.0107b(\lambda)}{0.6669r(\lambda) + 1.1324g(\lambda) + 1.2006b(\lambda)}, \\ z(\lambda) = \dfrac{0.0000r(\lambda) + 0.0100g(\lambda) + 0.9900b(\lambda)}{0.6669r(\lambda) + 1.1324g(\lambda) + 1.2006b(\lambda)}. \end{cases}$$

XYZ 系统规定刺激值 Y 表示颜色的光亮度, 等能光谱色的光亮度是三刺激值中的 $\overline{y}(\lambda)$, 且正比于视见函数 $V(\lambda)$, 所以规定

$$\overline{y}(\lambda) = V(\lambda),$$

等能光谱色品坐标为

$$\begin{cases} x(\lambda) = \dfrac{\overline{x}(\lambda)}{\overline{x}(\lambda) + \overline{y}(\lambda) + \overline{z}(\lambda)}, \\ y(\lambda) = \dfrac{\overline{y}(\lambda)}{\overline{x}(\lambda) + \overline{y}(\lambda) + \overline{z}(\lambda)}, \\ z(\lambda) = \dfrac{\overline{z}(\lambda)}{\overline{x}(\lambda) + \overline{y}(\lambda) + \overline{z}(\lambda)}. \end{cases}$$

将 $\overline{y}(\lambda)$ 的规定代入上述方程组中的第二式, 可得

$$\overline{x}(\lambda) + \overline{y}(\lambda) + \overline{z}(\lambda) = \frac{V(\lambda)}{y(\lambda)},$$

于是

$$\begin{cases} \overline{x}(\lambda) = \dfrac{V(\lambda)}{y(\lambda)} x(\lambda), \\ \overline{z}(\lambda) = \dfrac{V(\lambda)}{y(\lambda)} z(\lambda). \end{cases}$$

根据光谱色品坐标变换关系, 可以求得 $x(\lambda)$, $y(\lambda)$ 和 $z(\lambda)$, 于是得到 XYZ 系统的颜色匹配函数, 如图 10.11 所示.

三个色品坐标 (x, y, z) 只有两个是独立的, 所以色品可以使用平面直角坐标系表示, 横轴表示 x, 纵轴表示 y, 如图 10.12 所示.

美国国家电视标准委员会 (NTSC) 对彩色显示屏规定了三基色的 CIE 坐标值: 红为 (0.67, 0.33)、绿为 (0.21, 0.71)、蓝为 (0.14, 0.08), 并在图 10.12 中用黑点标出它们的坐标位置.

色域就是指某种表色模式 (例如, 显示器、打印机等) 所能表达的颜色构成的区域范围. 一些显示器的宣传广告中经常出现 “广色域”, 指的是色彩覆盖率能达到 NTSC 的 92%.

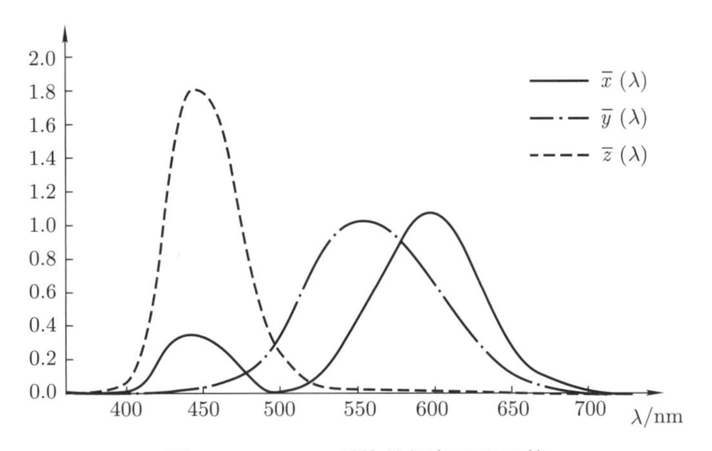

图 10.11　XYZ 系统的颜色匹配函数

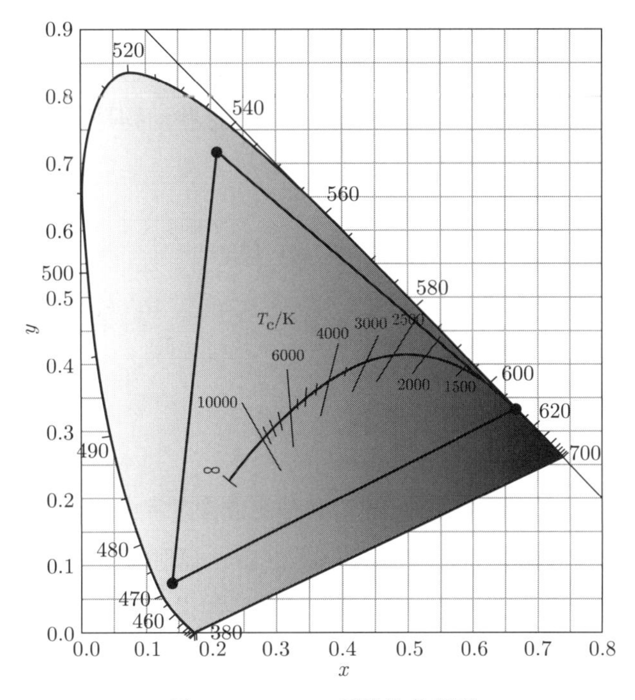

图 10.12　XYZ 系统的色品图

根据颜色相加原理可知, 复色光的 XYZ 三刺激值分别为

$$\begin{cases} X = K\displaystyle\int_{380\ \text{nm}}^{780\ \text{nm}} \varphi(\lambda)\overline{x}(\lambda)\mathrm{d}\lambda, \\ Y = K\displaystyle\int_{380\ \text{nm}}^{780\ \text{nm}} \varphi(\lambda)\overline{y}(\lambda)\mathrm{d}\lambda, \\ Z = K\displaystyle\int_{380\ \text{nm}}^{780\ \text{nm}} \varphi(\lambda)\overline{z}(\lambda)\mathrm{d}\lambda, \end{cases}$$

其中, $\varphi(\lambda)$ 为刺激函数, K 为常量. 由计算得到的三刺激值, 可以得到色品坐标 x, y, z.

10.2.7 色温

色温是表示光线中包含颜色成分的一个计量单位, 单位为 K. 随着黑体温度的逐渐上升, 黑体辐射光的颜色依次为红、黄、白、蓝. 如果某一光源发出光的颜色与某一温度下黑体辐射光的颜色相同, 就使用这个温度表示光源的色温. 例如, 功率为 100 W 的白炽灯发出的光的颜色与黑体在 2527 °C (约为 2800 K) 时发出的光的颜色相同, 那么此白炽灯辐射光的色温就是 2800 K. 图 10.12 给出色温和 XYZ 系统的坐标值之间的对应关系.

人类和动物的视觉 人类的眼睛有三种对颜色敏感的视锥细胞, 可感知红光、绿光和蓝光. 鸟类有四种对颜色敏感的视锥细胞, 除了可感知红光、绿光、蓝光外, 还可感知紫外线. 皮皮虾拥有十六种视锥细胞, 它们不仅可感知可见光, 还可感知紫外线、红外线, 甚至可感知偏振方向. 大多数哺乳动物只有两种视锥细胞, 这些动物被称为二色性视觉动物. 还有一些动物只有一种视锥细胞, 这些动物是单色性视觉动物. 例如, 很多海洋哺乳动物只有红色视锥细胞.

本章小结

本章介绍了光度学和色度学的基本概念.

习题

1. 忽略透镜对光线能量的损耗, 证明在理想成像过程中, 物像的光亮度不变.

2. He–Ne 激光器辐射的激光波长为 632.8 nm, 辐射能通量为 10 mW, 光束的发散角为 8×10^{-4} rad, 求光束的光通量和发光强度. 如果激光器发出光束的横截面直径为 1 mm, 求其光亮度.

3. 已知某颜色的色品坐标为 $x=0.67$, $y=0.33$, 颜色 Y 的刺激值为 30, 求颜色 X, Z 的刺激值.

第十一章　光学研究促进现代物理学的诞生和发展

19 世纪末, 牛顿力学的确立, 光的波动性的确定, 麦克斯韦方程组预言了电磁波, 并确认光就是电磁波, 以及统计物理规律的建立, 这些成果标志着经典物理学的大厦已经建成, 它成功地解释了当时的绝大多数现象, 并正确预言了一些事物的存在, 但是也遇到了无法解释的实验和现象, 正是解决这些困难的尝试为我们打开了现代物理学的大门, 之后人们相继创建了相对论和量子力学. 在此过程中, 光学起到了极为重要的作用, 现代物理学的发展又反馈于光学, 爱因斯坦提出受激辐射的概念, 促进了激光器的诞生. 激光器的诞生使光学发生了巨大的变化, 产生了很多新分支, 例如, 非线性光学、超快光谱学、量子光学等.

11.1　黑 体 辐 射

所有物体在任何温度下都要发射电磁波, 这种与温度有关的辐射称为热辐射. 基尔霍夫证明, 辐射本领 $E(\lambda,T)$ (辐射体在单位时间、单位表面积和单位波长间隔内辐射的能量) 与吸收率 $A(\lambda,T)$ 之比仅与辐射波长和温度有关, 亦即它是与辐射体的物质无关的普适函数:

$$f(\lambda,T)=\frac{E(\lambda,T)}{A(\lambda,T)}.$$

能完全吸收各种波长的电磁波而无反射的物体, 称为黑体. 显然, 黑体的吸收率 $A(\lambda,T)=1$, 所以 $f(\lambda,T)=E(\lambda,T)$.

11.1.1　黑体辐射的实验规律

(1) 斯特藩 – 玻尔兹曼 (Stefan–Boltzmann) 定律: 辐射体在单位时间、单位表面积、全波段辐射的总能量正比于绝对温度的四次方, 即

$$\int_0^{\infty}E(\lambda,T)\mathrm{d}\lambda=\sigma T^4,$$

其中, σ 为斯特藩 – 玻尔兹曼常量, 其值为 $\sigma=5.67\times10^{-8}\ \mathrm{W\cdot m^{-2}\cdot K^{-4}}$.

(2) 维恩位移定律: 黑体辐射峰值的波长和绝对温度成反比, 即

$$\lambda_{\text{peak}}T=b,$$

其中, $b=2.897\times10^{-3}\ \mathrm{m\cdot K}$.

图 11.1 给出温度 $T=3000$ K 下的黑体辐射本领和波长之间的关系, 两条虚线分别为维恩, 以及瑞利和金斯使用经典物理学计算所得的曲线.

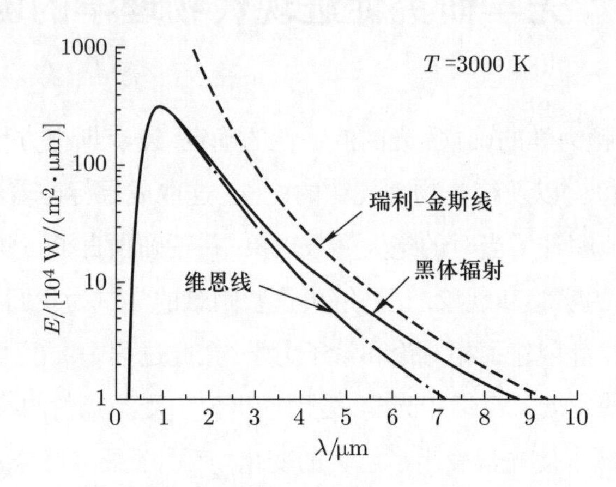

图 11.1　黑体辐射本领和波长之间的关系

11.1.2　黑体辐射特性的经典物理解释和困难

(1) 维恩公式: 维恩提出一个模型, 根据热力学第二定律得出黑体辐射本领为

$$E(\lambda,T)=C_1\cdot\frac{c^4}{\lambda^5}\cdot\mathrm{e}^{-\frac{C_2c}{\lambda T}},$$

其中, C_1 和 C_2 为常量, c 为光在真空中的光速.

维恩公式在短波区域和实验数据吻合得较好, 但在长波区域明显偏离实验数据, 无法很好地解释黑体辐射的性质.

(2) 瑞利 – 金斯公式: 瑞利和金斯根据电动力学和统计物理学, 把辐射近似为电偶极辐射, 根据能量的玻尔兹曼概率分布可知, 电偶极子处于 $E\sim E+\mathrm{d}E$ 区间的概率为

$$\frac{\mathrm{e}^{-\frac{E}{k_{\mathrm{B}}T}}}{\displaystyle\int_0^{\infty}\mathrm{e}^{-\frac{E}{k_{\mathrm{B}}T}}\,\mathrm{d}E},$$

其中, E 为电偶极子的能量, k_{B} 为玻尔兹曼常量. 所以电偶极子的平均能量为

$$\overline{E}=\int_0^{\infty}E\frac{\mathrm{e}^{-\frac{E}{k_{\mathrm{B}}T}}}{\displaystyle\int_0^{\infty}\mathrm{e}^{-\frac{E}{k_{\mathrm{B}}T}}\,\mathrm{d}E}\mathrm{d}E=k_{\mathrm{B}}T.$$

根据电偶极辐射的规律可知, 辐射本领为

$$E(\lambda,T)=\frac{2\pi c}{\lambda^4}k_{\mathrm{B}}T.$$

瑞利 – 金斯公式在长波区域符合实验数据, 但在短波区域不符合, 波长越短辐射本领越大, 出现所谓的 "紫外灾难", 这显然不符合能量守恒定律, 无法解释黑体辐射规律.

11.1.3 普朗克的能量子假设

经典物理不能解释黑体辐射的实验结果, 为此, 普朗克于 1900 年大胆地提出假设, 认为黑体辐射是以分离的能量模式进行的, 可以把黑体看成由大量具有不同固有频率的振子组成的系统, 振子的能量以 $\varepsilon = h\nu$ 为最小单元, 能量只能为最小单元的整数倍:

$$E = nh\nu,$$

其中, ν 是振子的振动频率, h 为普朗克常量, 其数值为 $h = 6.63 \times 10^{-34}\ \mathrm{J \cdot s}$.

根据玻尔兹曼概率分布可知, 振子的能量处在 $E = nh\nu$ 的概率为

$$\frac{\mathrm{e}^{-\frac{nh\nu}{k_{\mathrm{B}}T}}}{\sum\limits_{m=0}^{\infty} \mathrm{e}^{-\frac{mh\nu}{k_{\mathrm{B}}T}}},$$

振子的平均能量为

$$\overline{E} = \sum_{n=0}^{\infty} nh\nu \frac{\mathrm{e}^{-\frac{nh\nu}{k_{\mathrm{B}}T}}}{\sum\limits_{m=0}^{\infty} \mathrm{e}^{-\frac{mh\nu}{k_{\mathrm{B}}T}}} = \frac{h\nu}{\mathrm{e}^{\frac{h\nu}{k_{\mathrm{B}}T}} - 1}.$$

由电偶极辐射的公式可得, 辐射本领为

$$E(\lambda, T) = \frac{2\pi c}{\lambda^4}\overline{E} = \frac{2\pi c}{\lambda^4} \frac{h\nu}{\mathrm{e}^{\frac{h\nu}{k_{\mathrm{B}}T}} - 1} = \frac{2\pi hc^2}{\lambda^5\left(\mathrm{e}^{\frac{hc}{k_{\mathrm{B}}T\lambda}} - 1\right)}.$$

在普朗克假设下推导出的辐射本领, 无论在长波区域还是短波区域都能和实验数据完美吻合. 由普朗克假设下的黑体辐射公式可推导出斯特藩 – 玻尔兹曼定律和维恩位移定律.

斯特藩 – 玻尔兹曼定律:

$$\int_0^{\infty} E(\lambda, T)\mathrm{d}\lambda = \int_0^{\infty} \frac{2\pi hc^2}{\lambda^5\left(\mathrm{e}^{\frac{hc}{k_{\mathrm{B}}T\lambda}} - 1\right)}\mathrm{d}\lambda = \frac{2\pi^5 k_{\mathrm{B}}^4}{15h^3c^2}T^4 = \sigma T^4,$$

其中, 斯特藩 – 玻尔兹曼常量为 $\sigma = \dfrac{2\pi^5 k_{\mathrm{B}}^4}{15h^3c^2}$.

维恩位移定律: 在确定温度下, 黑体辐射本领为峰值的波长应该满足辐射本领对于波长的一阶导数为零, 即

$$\left[\frac{\mathrm{d}}{\mathrm{d}\lambda}E(\lambda, T)\right]_{\lambda_{\mathrm{peak}}} = \left\{\frac{2\pi hc^2}{\mathrm{e}^{\frac{hc}{k_{\mathrm{B}}T\lambda}} - 1}\left[\frac{hc}{k_{\mathrm{B}}T\lambda^7\left(1 - \mathrm{e}^{-\frac{hc}{k_{\mathrm{B}}T\lambda}}\right)} - \frac{5}{\lambda^6}\right]\right\}_{\lambda_{\mathrm{peak}}} = 0,$$

即

$$\frac{hc}{k_{\mathrm{B}}T\lambda_{\mathrm{peak}}\left(1-\mathrm{e}^{-\frac{hc}{k_{\mathrm{B}}T\lambda_{\mathrm{peak}}}}\right)}-5=0.$$

对上式求解可得出

$$\lambda_{\mathrm{peak}}T=2.897\times10^{-3}\ \mathrm{m}\cdot\mathrm{K}.$$

维恩公式和瑞利 - 金斯公式分别是普朗克公式在短波区域和长波区域的近似结果.

在短波区域, 即 $k_{\mathrm{B}}T\lambda\ll hc$, 有

$$\mathrm{e}^{\frac{hc}{k_{\mathrm{B}}T\lambda}}-1\approx\mathrm{e}^{\frac{hc}{k_{\mathrm{B}}T\lambda}}.$$

将该近似代入普朗克公式, 可得

$$E(\lambda,T)\approx\frac{2\pi hc^{2}}{\lambda^{5}}\mathrm{e}^{-\frac{hc}{k_{\mathrm{B}}T\lambda}}.$$

这便是维恩公式, 且 $C_1=2\pi h/c^2, C_2=h/k_{\mathrm{B}}$.

在长波区域, 即 $k_{\mathrm{B}}T\lambda\gg hc$, 有

$$\mathrm{e}^{\frac{hc}{k_{\mathrm{B}}T\lambda}}-1\approx\frac{hc}{k_{\mathrm{B}}T\lambda}.$$

将该近似代入普朗克公式, 可得

$$E(\lambda,T)\approx\frac{2\pi c}{\lambda^{4}}k_{\mathrm{B}}T.$$

这便是瑞利 - 金斯公式.

11.2 光电效应

在一定频率光的照射下, 金属或其化合物表面发出电子的现象叫作光电效应, 发出的电子叫作光电子. 1887 年, 德国物理学家赫兹发现紫外线照射负电极更易于放电. 莱纳德设计了光电效应实验, 并得到经典物理无法解释的实验规律. 1905 年, 爱因斯坦提出了光量子假设, 给出光电效应方程, 成功地解释了光电效应. 1916 年, 密立根通过实验证实了爱因斯坦的光电效应方程. 围绕光电效应, 科学家们曾三次获得诺贝尔物理学奖, 莱纳德于 1905 年获奖, 以表彰他用实验发现了光电效应的重要规律; 爱因斯坦于 1921 年获奖, 以表彰他提出的光电效应方程对光电效应实验规律的解释; 密立根于 1923 年因为关于基本电荷和光电效应的工作获奖.

11.2.1 光电效应的实验规律和经典物理的无奈

图 11.2 给出光电效应的实验装置和光电流的测量结果.

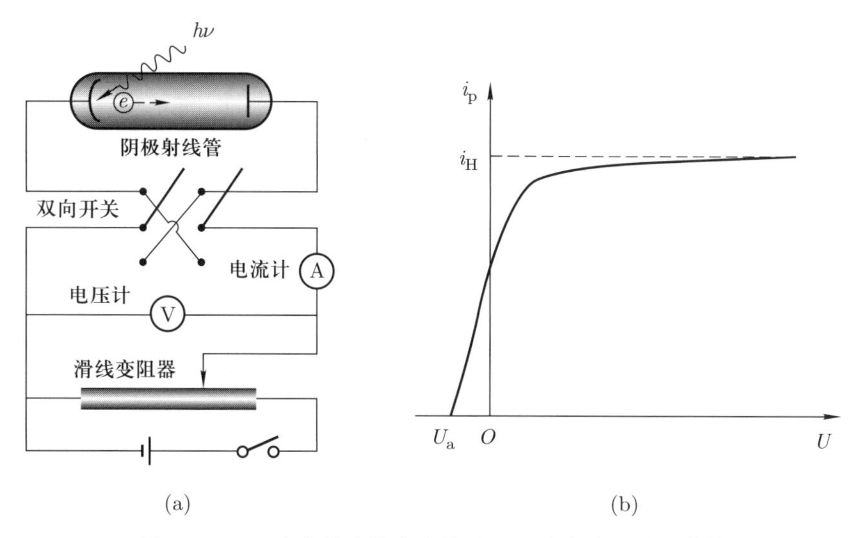

图 11.2 (a) 光电效应的实验装置, (b) 光电流 – 电压曲线

在光的照射下, 光电子从金属阴极表面逸出, 在电场作用下飞向阳极, 形成光电流. 增大正向电压, 则加快光电子飞向阳极, 减小光电子被阴极俘获的概率, 所以光电流 i_p 随电压 U 增大而增大. 若正向电压继续增大, 则光电流将趋于饱和值 i_H, 因为阴极产生的光电子全部被阳极收集, 此时的光电流仅取决于照射光在单位时间内从阴极激发出来的光电子数目, 而和外加电压无关. 因为从阴极激发出来的光电子具有一定的初始动能, 所以外加电压 $U=0$ 时, 光电流并不为零. 用加反向电压的方法来测量逃逸电子的初始动能, 光电流减到零时的反向电压称为遏止电压 (U_a). 光电子的初始动能和遏止电压之间的关系为

$$\frac{1}{2}mv_0^2 = eU_a,$$

其中, m 为光电子的质量, e 为光电子的电荷量, v_0 为光电子的初始逃逸速率.

光电效应的实验规律为:

(1) 改变照射光的光强, 测量光电流, 发现饱和光电流与照射光的光强成正比.

经典物理解释: 电子从金属中逸出时要克服阻力做功. 光强越大, 即光振幅 E_0 越大, 受迫振动的电子获得的动能越大, 能克服阻力逃逸出金属表面的电子数目就越多, 故饱和光电流与光强成正比.

(2) 改变照射光的光强和波长, 测量光电流, 发现遏止电压 (光电子的初始动能) 随照射光的频率增大而线性增大, 与照射光的光强无关.

这是经典物理无法解释的. 按照经典物理, 光振幅 E_0 越大, 受迫振动的电子获得的动能越大, 则逃逸出的光电子的初始动能越大, 而实验结果并非如此.

(3) 当照射光的频率小于某一频率 (红限频率) 时, 无论照射光光强的大小, 都不能产生光电效应. 表 11.1 为不同金属的红限频率.

表 11.1 不同金属的红限频率

金属	铯	钠	锌	铱	金	铂
红限频率/(10^{14} Hz)	4.545	5.50	8.065	11.53	11.6	19.29

这是经典物理无法解释的. 按照经典物理的电磁理论, 光强越大, 电磁波的振幅越大, 电子的受强迫力越大, 只要光强足够大, 电子就会逃逸出物质表面, 不应存在红限频率.

(4) 光电效应是瞬间的, 只要照射光的频率大于红限频率, 就会立即产生光电子, 响应时间 ($\approx 10^{-9}$ s) 与照射光的光强无关.

这是经典物理无法解释的. 按照经典物理, 电子从光场中吸收能量要有一定的时间积累, 光强越小, 积累的时间越长, 则光电效应的响应时间越长.

11.2.2 爱因斯坦的解释

爱因斯坦在普朗克黑体中振子能量量子化的基础上, 提出了光量子化, 认为光是由大量光子组成的, 每个光子的能量为 $\varepsilon = h\nu$. 在光电效应过程中, 电子一次只能吸收整数个光子, 在一般光强下, 电子一次吸收一个光子. 因此, 由能量守恒定律可以给出

$$h\nu = \frac{1}{2}mv_0^2 + w.$$

这便是爱因斯坦光电效应方程, 其中, w 称为逃逸功或功函数, 为电子能逃逸出金属表面所需要的最小动能.

注意: 在较大光强下, 电子一次可以吸收多个光子, 但是一定是整数个光子. 例如, 1983 年, 福尔卡什 (Forkas) 等人用 CO_2 激光器发出的波长为 10.6 μm 的激光照射金靶, 观察到了一次吸收 40 个光子的过程.

爱因斯坦光电效应方程使困扰经典物理的光电效应的实验规律得到很好的解释.

遏止电压满足

$$eU_{\mathrm{a}} = \frac{1}{2}mv_0^2 = h\nu - w,$$

即

$$U_{\mathrm{a}} = \frac{h\nu - w}{e}.$$

由上式可知, 遏止电压随照射光的频率增大而线性增大, 而与照射光的光强无关.

产生光电效应要求逃逸电子的初始动能必须大于等于零, 即

$$\frac{1}{2}mv_0^2 = h\nu - w \geqslant 0,$$

所以红限频率为

$$\nu \geqslant w/h.$$

光电效应的时间响应: 电子吸收一个光子即可发生逃逸, 不需要能量的积累, 所以光电效应是瞬间过程.

爱因斯坦的光量子假设和光电效应方程完美地解释了光电效应的各种现象, 但并没有立即得到人们的承认, 直到 1916 年, 密立根用精确的实验证实了爱因斯坦的光电效应方程. 密立根测量了遏止电压和照射光频率之间的关系, 发现当光频率大于红限频率时, 遏止电压随光频率的增大而线性增大. 由爱因斯坦光电效应方程可知, 遏止电压与光频率之间的关系直线的斜率应该为 h/e, 根据实验测量得到的斜率可以计算出普朗克常量 h, 该结果与普朗克按照黑体辐射定律得到的值完全一致.

11.3　康普顿散射

1923 年, 康普顿和德拜做了 X 射线散射实验, 其实验装置如图 11.3 所示.

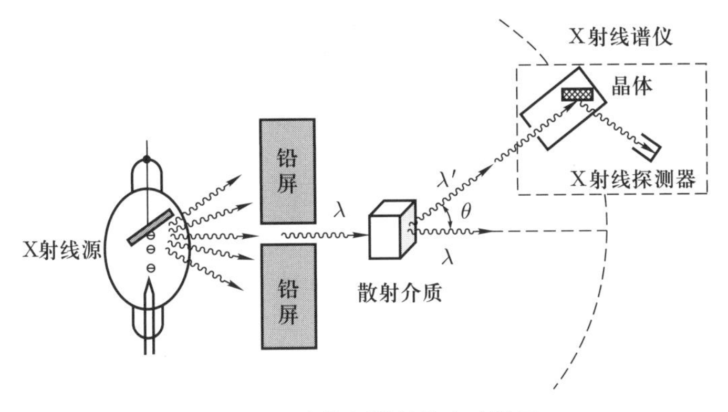

图 11.3　康普顿散射的实验装置

实验发现, 散射 X 射线的波长和入射 X 射线的波长不同. 对于这个实验结果, 经典物理无法解释. 经典散射理论认为散射是由在入射 X 射线的作用下做受迫振动的电偶极子辐射的电磁波, 因为受迫振动的频率和施迫源的频率一致, 所以沿各个方向的散射 X 射线的波长都应该和入射 X 射线的波长一致.

康普顿和德拜采用了爱因斯坦的光量子假设, 成功地解释了该实验现象, 证明了光量子假设的正确性, 认为 X 射线与电子相互作用时以 “粒子” 的形式出现, 在碰撞过程中交换能量和动量, 满足能量和动量守恒定律.

如图 11.4 所示, 能量守恒定律 (m_0 为电子的静止质量) 为

$$h\nu + m_0c^2 = h\nu' + \frac{m_0}{\sqrt{1-\dfrac{v^2}{c^2}}}c^2,$$

动量守恒定律为

$$\frac{h\nu}{c}\boldsymbol{e}_k = \frac{m_0\boldsymbol{v}}{\sqrt{1-\dfrac{v^2}{c^2}}} + \frac{h\nu'}{c}\boldsymbol{e}_{k'}.$$

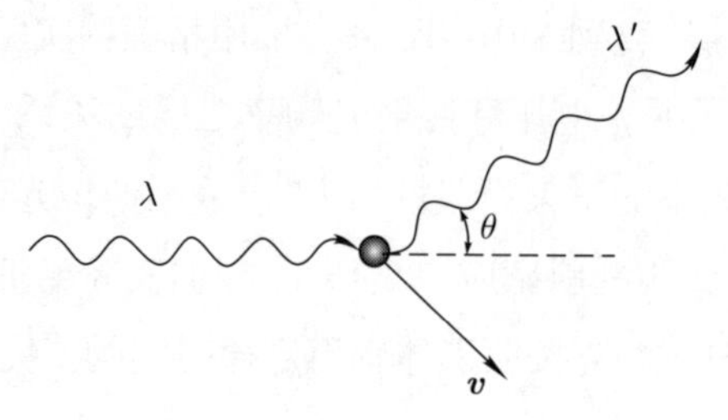

图 11.4 光子和自由电子的碰撞

注意: 碰撞前的电子可以认为是静止和自由的, 这是因为 X 射线的光子能量 ε 约为 $10^4 \sim 10^5$ eV, 远远大于外层电子的束缚能 (约为 1 eV) 和热运动的电子动能 (约为 10^{-2} eV), 光子的动量也远远大于热运动的电子动量.

将上述两式联合求解, 可得

$$2m_0c^2h(\nu-\nu') = 2h^2\nu\nu'(1-\cos\theta).$$

波长和频率之间的关系为 $\nu = c/\lambda$, 于是

$$\Delta\lambda = \lambda' - \lambda = \frac{h}{m_0c}(1-\cos\theta) = \lambda_{\mathrm{c}}(1-\cos\theta),$$

其中, $\lambda_{\mathrm{c}} = h/(m_0c) = 2.43 \times 10^{-12}$ m, 称为康普顿波长.

我国科学家吴有训以波长 $\lambda = 5.62$ nm 的 X 射线为照射光, 在散射角 $\theta = 120°$ 的方向上测量了 15 种元素的康普顿散射光谱, 见图 11.5.

分析实验结果, 可以得到如下结论:

(1) $\Delta\lambda$ 与散射物质无关, 仅与散射角有关.

(2) 对于轻元素的康普顿散射, 波长改变的散射光的光强大于波长不变的散射光的光强; 对于重元素的康普顿散射, 波长改变的散射光的光强小于波长不变的散射光的光强.

关于康普顿散射的几个问题:

问题 11.1 为什么康普顿散射中还有波长 λ 不变的光呢?

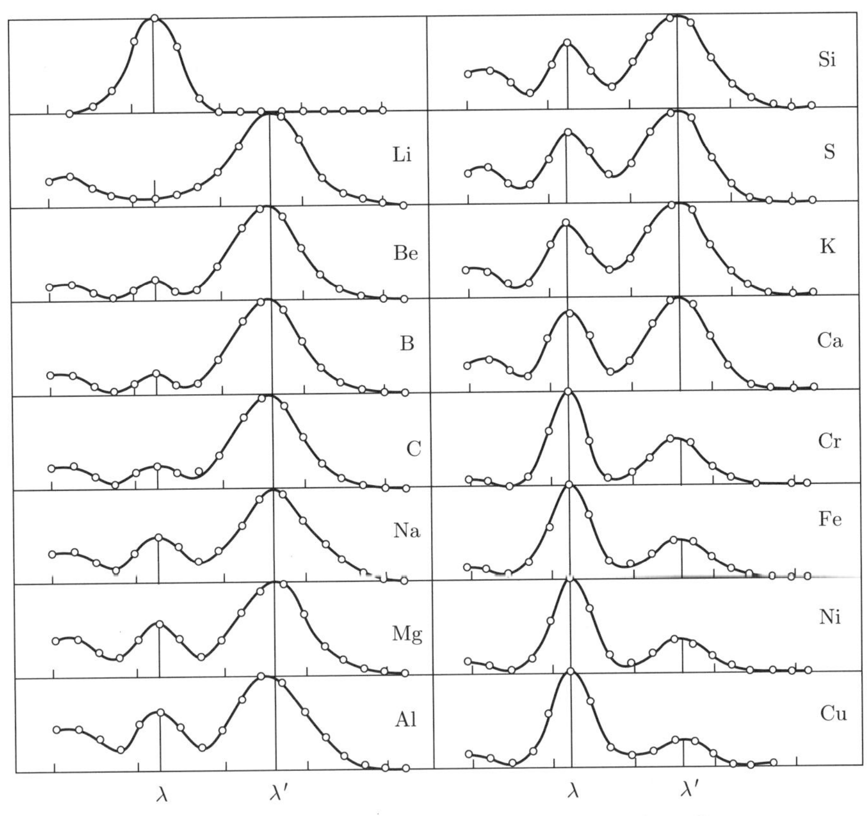

图 11.5 吴有训测量的 15 种元素的康普顿散射光谱

答案 因为原子内层电子的束缚能约为 $10^3 \sim 10^4$ eV, 不能视为自由电子, 所以 X 射线与内层电子的碰撞必须考虑电子与原子的相互作用, 相当于光子和整个原子的碰撞, 于是

$$\Delta\lambda = \frac{h}{m_{\text{原子}}c}(1-\cos\theta).$$

因为 $m_{\text{原子}} \gg m_0$, 所以 X 射线与内层电子碰撞的散射光的波长几乎不变. 原子的质量越大, 原子核对电子的束缚就越大, 紧束缚的电子数目越多, 所以波长不变的散射光的光强越大, 吴有训的实验揭示了这一点.

问题 11.2 为什么对可见光观察不到康普顿散射?

答案 因为可见光的光子能量约为 1 eV, 而原子对外层电子的束缚能已经和可见光的光子能量相当, 所以原子内的电子, 包括外层电子, 都不能看成自由电子. 此时的碰撞相当于光子和整个原子的碰撞.

问题 11.3 在康普顿散射中, 自由电子能否吸收光子, 然后再辐射光子?

答案 不能, 因为这个过程不能同时满足动量和能量守恒定律.

如果静止的自由电子可以吸收光子, 设自由电子吸收光子后的速度为 v, 由动量

守恒定律可得

$$\frac{h\nu}{c}=\frac{m_0 v}{\sqrt{1-\frac{v^2}{c^2}}},$$

于是

$$v=\frac{h\nu}{\sqrt{h^2\nu^2+m_0^2c^4}}c.$$

由能量守恒定律可得

$$h\nu+m_0c^2=\frac{m_0}{\sqrt{1-\frac{v^2}{c^2}}}c^2,$$

于是

$$v=\frac{\sqrt{h\nu(h\nu+2m_0c^2)}}{h\nu+m_0c^2}c.$$

由动量和能量守恒定律分别求出两个不同的速度 v, 即不能同时满足动量和能量守恒定律, 因此自由电子不能吸收光子, 只能散射光子.

综上所述, 光在传播和叠加等方面表现出波的性质, 光在与粒子发生相互作用时, 与粒子交换能量和动量, 又表现出粒子的性质, 即光具有波粒二象性 (注: 光子的静止质量为零).

11.4 激光诞生简史

光谱学的研究结果启迪玻尔提出了他的包含量子思想的原子论. 1913 年 2 月, 玻尔的同事汉森 (Hansen) 拜访他, 提到了 1885 年瑞士数学教师巴耳末的工作, 以及巴耳末公式, 玻尔顿时恍然大悟. 后来他回忆道: 就在我看到巴耳末公式的那一瞬间, 突然一切都清楚了. 这就像是七巧板游戏中的最后一块. 1913 年 7 月、9 月、11 月, 经卢瑟福 (Rutherford) 推荐,《哲学》杂志接连刊载了玻尔的三篇论文, 标志着玻尔模型的正式提出.

光学的研究, 例如, 黑体辐射、光电效应、康普顿散射、光谱学等, 打开了量子力学的大门. 量子力学对光学最伟大的反馈是受激辐射, 并最终产生了激光.

激光诞生简史:

1917 年, 爱因斯坦提出受激辐射的概念. 考虑的是热平衡体系的黑体辐射问题, 没有考虑相干性.

1924 年, 托尔曼 (Tolman) 仔细讨论了受激辐射和吸收, 指出受激辐射光与激发光的相干性.

1928 年, 兰登贝里 (Landenberg) 证实了受激辐射和负吸收的存在.

1940 年, 法布里坎特 (Fabrikant) 预言了受激辐射可放大短脉冲电磁波.

1947 年, 兰姆 (Lamb) 和卢瑟福在实验上观察到了氢原子的受激辐射.

1951 年, 汤斯开始利用分子受激放大来获得强微波源.

1954 年, 汤斯和他的博士生戈登成功制备了一台微波激射器, 为后来激光技术的发展开辟了道路.

1958 年, 汤斯和肖洛提出了一维谐振腔在激光器中的应用.

1960 年, 休斯顿航空公司的梅曼用人造红宝石制造了第一台激光器 (发出激光的波长为 694 nm).

1960 年, 贾万 (Javan) 成功制备了第一台连续激光器, 即 He–Ne 激光器 (发出激光的波长为 632.8 nm).

1962 年, 霍耳 (Hall) 等人成功研制了砷化镓半导体激光器.

1963 年, 锁模技术第一次被提出.

1985 年, 穆鲁和斯特里克兰发展了啁啾脉冲放大技术, 开启了超快、超强激光的研究.

……

激光器的主要组成部分有谐振腔、增益介质和泵浦源. 谐振腔提供正反馈和选模, 泵浦源向增益介质提供能量, 实现上能级粒子数反转, 产生受激放大, 当光在增益介质中的增益大于它在传播过程中的全部损耗的总和时, 形成激光振荡, 此时输出光强陡增, 光谱线宽变窄, 方向性变好, 于是得到激光输出. 激光具有优异的光学性质, 例如, 好的相干性、单色性和方向性. 目前激光研究的发展趋势是: 激光介质扩展激光波长、激光技术缩短激光脉宽、激光技术提高激光能量和功率、激光技术稳频 – 频标, 以及利用激光, 用新的理论研究新的现象, 特别是极端条件下的物理等. 激光的出现使光学获得突破性发展, 产生了多个学科分支.

光学的后续课程包括: 激光物理、非线性光学、光谱学、量子光学等.

我们以法拉第的一段话结束本书: “自然哲学家应当是这样的人: 他愿意倾听每一种意见, 却下定决心要自己做判断; 他应当不被表面现象所迷惑, 不对某一种假设有偏爱, 不属于任何学派, 在学术上不盲从大师; 他应当重事不重人, 真理应当是他的首要目标. 如果有了这些品质, 再加上勤勉, 那么他确实可以有希望走进自然的圣殿.”

本 章 小 结

本章阐述了光学研究和现代物理学发展之间的关系.

参 考 书 目

[1] 钟锡华. 现代光学基础 [M]. 2 版. 北京: 北京大学出版社, 2012.

[2] 玻恩, 沃耳夫. 光学原理 [M]. 7 版. 杨葭荪, 译. 北京: 电子工业出版社, 2009.

[3] 赵凯华. 新概念物理教程 · 光学 [M]. 北京: 高等教育出版社, 2004.

[4] 赫克特. 光学[M]. 5版. 秦克诚，林福成，译. 北京：电子工业出版社，2019.

[5] 章志鸣，沈元华，陈惠芬. 光学[M]. 3版. 北京：高等教育出版社，2009.

[6] 张以谟. 应用光学[M]. 5版. 北京：电子工业出版社，2021.

[7] 龚中麟. 近代电磁理论 [M]. 2 版. 北京: 北京大学出版社, 2010.